液压缸设计与制造

唐颖达 著

YEYAGANG
SHEJI YU ZHIZAO

化学工业出版社
·北京·

本书是对液压缸设计与制造技术和作者30多年工作经验的总结。本书按照标准、全面、准确、实用、新颖的原则，介绍了液压缸参数及其计算示例；液压缸及主要零部件的技术要求；现在液压缸设计与制造中存在的一些常见问题以及重点、难点问题，液压缸及液压缸试验方法中存在的一些问题；液压缸机械加工工艺和装配工艺，液压缸试验、使用及其维护方法，以及作者设计、审核、制造、试验、验收、安装、使用和现场维修过的多种液压缸等。

本书不但提出了问题，而且能帮助读者解决问题。其中，缸筒最小壁厚计算公式的确定，双作用液压缸无杆端缓冲装置设计，针对液压缸行程终端活塞杆偏摆问题的修改设计，可调行程液压缸结构设计、精度设计、优化设计、简化设计、试验方法与精度检验以及缸体和活塞杆机械加工工艺，缸筒车加工用工艺装备设计——定心胀芯设计，液压缸密封性能检测技术等，全部为作者的专门技术，一并在本书中呈献给读者参考、使用，但不包括在各项标准中的使用。

本书可供工作涉及液压缸以及以液压缸为执行部（元）件的液压机械、设备的人员参考和使用，包括从事液压缸及液压机械、设备设计、工艺、加工、装配、试验、验收、安装、使用和现场维护、产品营销的人员以及高等院校相关专业的师生等。

图书在版编目（CIP）数据

液压缸设计与制造/唐颖达著. —北京：化学工业出版社，2016.11（2020.5重印）
ISBN 978-7-122-28234-7

Ⅰ.①液… Ⅱ.①唐… Ⅲ.①液压缸-设计②液压缸-制造 Ⅳ.①TH137.51

中国版本图书馆CIP数据核字（2016）第240248号

责任编辑：张兴辉　　文字编辑：陈　喆
责任校对：王素芹　　装帧设计：王晓宇

出版发行：化学工业出版社（北京市东城区青年湖南街13号　邮政编码100011）
印　　装：北京虎彩文化传播有限公司
787mm×1092mm　1/16　印张20¾　字数518千字　2020年5月北京第1版第6次印刷

购书咨询：010-64518888　　售后服务：010-64518899
网　　址：http://www.cip.com.cn
凡购买本书，如有缺损质量问题，本社销售中心负责调换。

定　　价：98.00元

前言

Foreword

在液压系统中，功率是通过在密闭回路内的受压液体来传递和控制的。液压缸是这类系统中的部（元）件之一，它是将液压功率转换成直线机械力和运动的装置。液压缸由一些运动的缸零件组成，即由在缸筒中运行的活塞和与活塞同轴并联为一体的活塞杆等组成。

在 GB/T 17446—2012《流体传动系统及元件　词汇》中没有“液压缸”、“液压油缸”或“油缸”，只有“缸”这个术语，即提供直线运动的执行元件。而执行元件是将流体能量转换成机械功的元件，所以将液压缸定义为“将流体能量转换成直线机械功的装置”最为科学。

液压缸的分类是一件困难的事。到目前为止，只有在 JB/T 10205—2010《液压缸》中有一个明确分类，即液压缸以工作方式划分为单作用缸和双作用缸两类。在其他标准如 JB/T 2184—2007《液压元件　型号编制方法》中列出了 7 种液压缸；在 GB/T 17446—2012《流体传动系统及元件　词汇》和 GB/T 17446—1998《流体传动系统及元件　术语》（已被代替）中定义了 20 多种液压缸；在 GB/T 9094—2006《液压缸气缸安装尺寸和安装型式代号》中规定了 64 种安装型式等。

仅依据 JB/T 10205—2010《液压缸》没有办法设计出一台液压缸，且忽略其中的问题不说，单就其规范性引用文件中缺少静密封件沟槽一点来说，任何一台双作用液压缸都不可能没有静密封。因此，实际设计液压缸时还必须依据（参照）若干相关标准和参考文献来进行。

与其他液压元件或装置比较，液压缸的设计、制造相对简单、容易，但要真正设计、制造出一台好的液压缸却是很难。就其工况而言，比液压阀、液压泵都难确定准；况且，液压缸经常为单件或小批量生产，其材料、热处理、设备、工艺、工艺装备、装配、检验等很难做到尽善尽美，任何一个细小的失误都可能引起一个大的事故。以液压机用液压缸为例，如果密封系统设计不合理或设计、制造中零部件几何精度没处理好而造成内、外泄漏，仅需频繁更换密封圈一项就会造成很大人力、物力上的浪费；现场曾发生过因热处理造成带凸缘的活塞杆端裂纹而引起早期疲劳断裂，液压机滑块脱落造成人身伤害事故。作者的亲身经历告诫每位设计者：设计时必须考虑周全，遵守标准，小心谨慎，落笔千斤，责任重于泰山。

现在液压缸的制造比过去更容易，表现在有符合 JB/T 11718—2013《液压缸　缸筒技术条件》规定的商品缸筒可以选用，但随之而来的就是前后端盖的连接和密封问题，如果处理不好，可能会造成批量废品。因此，液压缸的机械制造工艺就显得十分重要。根据液压缸生产实践经验总结设计出的加工工艺及工艺装备，对正确指导生产、保证产品质量十分必要。

液压缸的装配是需要专门技术的。因生产批量原因，液压缸装配一般不能采用完全互换法装配，经常需要采用分组选配、调整、修配法等装配工艺配合法。因此，不仅需要操作者熟知图样和装配工艺，还应熟练掌握测量技术、装配尺寸链计算、钳工技术等知识。在液压缸装配中，各密封件的装配尤为重要。就此意义上讲，一台好的液压缸不但是设计出来的，也是装配出来的。

内、外泄漏量大可能是一台液压缸质量变差的最先、最直观的表象，液压缸的实际使用寿命也经常由泄漏量多少来判定。因此，液压缸密封装置或密封系统的设计尤为重要。但各密封件的组合的确是一个系统工程，如果组合不好，不但不能提高使用寿命，反而会降低使用寿命，这方面作者有很多经验教训。

目前，依据本书所列任何一本参考文献（包括各版本手册）都很难完成对一台液压缸的设计、加工、装配、试验。因此，笔者给自己和同行写了这样一本全面、准确、实用且符合现行标准的关于液压缸设计与制造的书。

因个人能力和学识水平所限，书中难免存在不足之处，恳请读者批评指正。

著　者

目录
CONTENTS

Chapter 4

第4章 液压缸产品设计

第1章 液压缸设计与制造技术基础

1.1 液压缸的分类与结构

1.1.1 液压缸的类型及分类

类是具有某种共同属性（或特征）的事物或概念的集合；分类则是按照选定的属性（或概念）区分分类对象，将具有某种共同属性（或特征）的分类对象集合在一起的过程。

按项目的用途或任务（功能或作用）分类，液压缸提供驱动线性机械运动用机械能。

对液压缸做进一步分类（划分下位类）很困难，到目前为止，只有在 JB/T 10205—2010《液压缸》中有一个明确分类。在其他标准中，JB/T 2184—2007《液压元件　型号编制方法》列出了 7 种液压缸；GB/T 17446—2012《流体传动系统及元件　词汇》和 GB/T 17446—1998《流体传动系统及元件　术语》（已被代替）定义了 20 多种液压缸；而 GB/T 9094—2006《液压缸气缸安装尺寸和安装型式代号》则规定了 64 种安装型式。

注：在 GB/T 13342—2007《船用往复式液压缸通用技术条件》中规定："常用的船用液压缸有下列两种型式：a）柱塞式液压缸；b）双作用活塞式液压缸。"但其适用范围仅限于船用往复式液压缸，而非所有液压缸。

液压缸以工作方式划分可分为单作用缸和双作用缸两类。单作用缸是流体仅能在一个方向作用于活塞（或活塞杆）的缸；双作用缸是流体力可以沿两个方向施加于活塞的缸。

在各标准（包括被代替标准）中曾经被定义过的液压缸有：

① 可调行程缸。其行程停止位置可以改变，以允许行程长度变化的缸。

② 带缓冲的缸。带有缓冲装置的缸。

③ 带有不可转动活塞杆的缸。能防止缸体与活塞杆相对转动的缸。

④ 膜片缸。流体压力作用在膜片上产生机械力的缸。

⑤ 差动缸。一种双作用缸，其活塞两侧的有效面积不同。活塞两侧有效面积之比在回路中起主要作用的双作用缸。

⑥ 双活塞杆缸。具有两根相互平行动作的活塞杆的缸。

⑦ 冲击缸。一种双作用缸，带有整体配置的油箱和阀座，为活塞和活塞杆总成提供外伸时的快速加速。

⑧ 磁性活塞缸。一种在活塞上带有永久磁体的缸，该磁体可以用来沿着行程长度操纵定位的传感器。

⑨ 多位缸。除了静止位置外，提供至少两个分开位置的缸。在同一轴上至少安装两个活塞在公共缸体内移动，这个缸体分成几个单独控制腔，允许选择不同的位置。

⑩ 多杆缸。在不同轴线上具有一个以上活塞杆的缸。

⑪ 柱塞缸。缸筒内没有活塞，压力直接作用于活塞杆的单作用缸。

⑫ 伺服缸。＜气动＞能够响应可变控制信号而采取特定行程位置的缸。

⑬ 单杆缸。只从一端伸出活塞杆的缸。

⑭ 串联缸。在同一活塞杆上至少有两个活塞在同一个缸的分隔腔室内运动的缸。

⑮ 伸缩缸。靠空心活塞杆一个在另一个内部滑动来实现两级或多级外伸的缸。

⑯ 双杆缸。活塞杆从缸体两端伸出的缸。

⑰ 活塞缸。流体压力作用在活塞上生产机械力的缸。

⑱ 弹簧复位单作用缸。靠弹簧复位的单作用缸。

⑲ 重力作用单作用缸。靠重力复位的单作用缸。

⑳ 双联缸。单独控制的两个缸机械地连接在同一轴上的，根据工作方式可获三四个定位的装置。

㉑ 多级伸缩缸。具有两个或多个套装在一起的空心活塞杆，靠一个在另一个内滑动来实现的逐个伸缩的缸。

㉒ 数字液压缸。由电脉冲信号控制位置、速度和方向的液压缸。

㉓ 伺服液压缸。有静态和动态指标要求的液压缸。通过与内置或外置传感器、伺服阀或比例阀与控制器等配合，可构成具有较高控制精度和较快响应速度的液压控制系统。静态指标包括试运行、耐压、内泄漏、外泄漏、最低启动压力、带载动摩擦力、偏摆、低压下的泄漏、行程检测、负载效率、高温试验、耐久性等。动态指标包括阶跃响应、频率响应等。

注：作者认为上述伺服液压缸定义存在一定问题。其应是伺服液压缸这一概念的表述，反映伺服液压缸的本质特征和区别于其他液压缸的区别特征，不应包含要求，且宜能在上下文表述中代替其术语。

㉔ 气液转换器。将功率从一种介质（气体）不经增强传递给另一种介质（液体）的装置。

㉕ 增压器。将初级流体进口压力转换成较高值的次级流体出口压力的元件。

注：1. ＜气动＞伺服缸尽管是气动术语，但笔者认为其对定义液压伺服缸有参考价值。

2. 有将“气液转换器”称为气液缸的；也有将“增压器”称为增压缸的。

在 JB/T 2184—2007《液压元件　型号编制方法》给出的液压缸名称和代号有：代号为 ZG 的单作用柱塞式液压缸、代号为 HG 的单作用活塞式液压缸、代号为※TG 的单作用伸缩式套筒液压缸、代号为※SG 的双作用伸缩式套筒液压缸、代号为 SG 的双作用单活塞杆液压缸、代号为 2HG 的双作用双活塞杆液压缸、代号为 MG 的电液步进液压缸等七种。

除在 GB/T 9094—2006《液压缸气缸安装尺寸和安装型式代号》、JB/T 2162—2007《冶金设备用液压缸（$PN \leqslant$16MPa)》、JB/T 6134—2006《冶金设备用液压缸（$PN \leqslant$25MPa)》、JB/T 11588—2013《大型液压油缸》、CB/T 3812—2013《船用舱口盖液压缸》和 CB/T 3318—2001《船用双作用液压缸基本参数与安装连接尺寸》等标准中给出的液压缸安装型式（尺寸）外，在 GB/T 17446—2012（1998）中被以文字型式定义（过）的液压缸安装型式有：

① 缸脚架安装。用角形结构的支架固定缸的方法。

② 缸的双耳环安装。利用一个 U 字形安装装置，以销轴或螺栓穿过它实现缸的铰接安装的安装方式。

③ 缸的耳环安装。利用突出缸结构外的耳环，以销轴或螺栓穿过它实现缸的铰接安装的安装方式。

④ 缸前端螺纹安装。在缸有杆端借助于与缸轴线同轴的螺纹凸台的安装。

⑤ 缸的铰接安装。允许缸有角运动的安装。

⑥ 缸的球铰安装。允许缸在包含其轴线的任何平面内角位移的安装（如在耳环或双耳环安装中的球面轴承）。

⑦ 缸拉杆安装。借助于在缸体外侧并与之平行的缸装配用拉杆的延长部分，从缸的一端或两端安装缸的方式。

⑧ 缸的横向安装。靠与缸的轴线成直角的一个平面来界定的所有安装方法。

⑨ 缸耳轴安装。利用缸两侧与缸轴线垂直的一对销轴或销孔来实现的铰接安装。

下面是在 GB/T 17446—1998 中给出的缸安装的术语和定义，尽管此标准已被代替，但对理解上面在 GB/T 17446—2012 中给出的缸安装的术语和定义有一定帮助，且市场（或合同定制）还需要。

① 侧面安装。在平行于缸轴线的面上的所有安装方法。

② 角架安装。在具有一定角度的支架上固定缸的安装方法。

③ 锥孔安装。借助缸外壳上的锥孔而使缸固定的安装方法。

④ 脚架安装。用超出缸轮廓的脚架来实现的安装。脚架可与缸轴线平行。

⑤ 横向安装。在垂直于缸轴线的面上的所有安装方法。

⑥ 销孔安装。伸出缸轮廓外的缸结构突出物组成的安装。它借助于与缸轴线成直角的销轴来安装。

⑦ 法兰安装。利用缸壳体上合适的盘或法兰来实现的横向安装（通常带有适当的安装孔）。

⑧ 端螺纹安装。利用与缸同轴线的具有外螺纹的凸台或内螺纹的凹槽来实现的横向安装。

⑨ 拉杆安装。利用把缸盖和缸筒夹紧的长螺杆伸出部分来实现的横向安装。

⑩ 杆端螺纹安装。利用活塞杆端部螺纹来实现的横向安装。

⑪ 铰接安装。允许缸有角运动的所有安装方法。

⑫ 双耳环安装。采用耳轴或轴销穿过 U 形安装装置的铰接安装。

⑬ 销轴安装。带销轴孔的外伸凸缘的安装。

⑭ 耳轴安装。利用与缸轴线垂直的一对轴销或销孔来实现的铰接安装。

⑮ 球铰安装。能绕通过缸轴线的铰接点任意方向摆动的铰接安装。

安装尺寸（型式）是液压缸的基本参数，液压缸设计时必须给出。在 GB/T 9094—2006 中包括的液压缸，其安装尺寸和安装型式应按标准规定的尺寸标注方法和标识代号表示。

注：1.“项目”的定义见于 GB/T 5094.1—2002《工业系统、装置与设备以及工业产品　结构原则与参照代号　第 1 部分：基本规则》。

2. 在 DB44/T 1169.2—2013《伺服液压缸　第 2 部分：试验方法》中将伺服缸分为双作用、单 作用、带位移传感器伺服液压缸。这样分类不科学，且与在 DB44/T 1169.1—2013《伺服液压缸　第 1 部分：技术条件》中的分类不一致。

3. 根据对 GB/T 24946—2010《船用数字液压缸》中“图 1 数字缸的典型结构示意图”与参考文献 [15] 第 1309 页中“图 9.3-24 电液步进缸原理图”及参考文献 [19] 第 1375 页“图 22.2-8 电液步进缸结构原理图”的比较，此 3 幅图样相同，作者因此判定：所谓“数字液压缸”与在 JB/T 2184—2007《液压元件　型号编制方法》中规定的“电液步进液压缸”为同一类型液压缸。

4. 液压缸安装型式的标识代号请见本章第 1.3.11.1 节表 1-36。

5. 在 GB/T 15622—2005《液压缸试验方法》的范围中列出的“组合式液压缸”定义请见本书第 5.1.3.1 节。

1.1.2 标准液压缸的基本结构

1.1.2.1 各标准液压缸型号表示方法

通常液压缸的型号由两部分组成，前部分表示名称和结构特征，后部分表示压力参数、主参数及连接和安装方式。

在液压缸型号中允许增加第三部分表示其他特征和其他详细说明。

在 JB/T 2184—2007《液压元件　型号编制方法》中规定液压缸的主参数为缸内径×行程，单位为 mm×mm。

在 QC/T 460—2010《自卸汽车液压缸技术条件》中规定液压缸主参数代号用缸径乘以行程表示，单位为毫米（mm）。活塞缸缸径指缸的内径，柱塞缸的缸径指柱塞直径，套筒缸缸径指伸出第一级套筒直径，行程指总行程。

(1) GB/T 24946—2010《船用数字液压缸》标记示例

公称压力为 16MPa，缸径 100mm，杆径 63mm，行程 1100mm，脉冲当量 0.1mm/脉冲的船用数字缸：

数字缸　GB/T 24946—2010　CSGE100/63×1100-0.1

(2) JB/T 2162—2007《冶金设备用液压缸（$PN\leqslant$16MPa）》标记示例

液压缸内径 $D=50$mm，行程 $S=400$mm 的脚架固定式液压缸：

液压缸　G50×400　JB/T 2162—2007

(3) JB/T 2184—2007《液压元件　型号编制方法》附录 A 中示例 5

单作用活塞式液压缸，额定压力为 16MPa，缸径为 50mm，行程为 500mm，进出油口螺纹连接活塞端部耳环安装，行程终点阻尼，活塞杆直径 25mm，结构代号为 0，设计序号为 1，则其型号为：

HG-E50×500L-E25ZC1

(4) JB/T 6134—2006《冶金设备用液压缸（$PN\leqslant$25MPa）》标记示例

液压缸内径 $D=160$mm，活塞杆直径 $d=100$mm，行程 $S=800$mm 的端部脚架式液压缸：

液压缸　G-160/100×800　GB/T 6134—2006

液压缸内径 $D=200$mm，活塞杆直径 $d=160$mm，行程 $S=1000$mm 的前端固定耳轴式液压缸：

液压缸　B1-200/160×1000　GB/T 6134—2006

液压缸内径 $D=125$mm，活塞杆直径 $d=90$mm，行程 $S=900$mm 的装关节轴承的后端耳环式液压缸：

液压缸　S1-125/90×900　GB/T 6134—2006

(5) JB/T 9834—2014《农业双作用油缸　技术条件》标记示例

压力等级为 16MPa，缸径为 80mm，活塞杆直径为 35mm，有效行程为 600mm，具有定位功能的双作用油缸：

DGN-E80/35-600-S

(6) JB/T 11588—2013《大型液压油缸》标记示例

公称压力 16MPa，液压油缸内径 900mm，活塞杆外径 560mm，工作行程 2000mm，中间耳轴安装型式，有缓冲，采用矿物油的大型液压油缸：

DXG16-900/560-2000-MT4-E　大型液压油缸　JB/T 11588—2013

(7) CB/T 3812—2013《船用舱口盖液压缸》标记示例

公称压力为 25MPa，缸筒内径为 220mm，活塞杆外径为 125mm，活塞行程为 450mm，两端内螺纹舱口盖液压缸：

船用舱口盖液压缸　CB/T 3812—2013　CYGa-G220/125×450

公称压力为 28MPa、缸筒内径为 125mm，活塞杆外径为 70mm，活塞行程为 400mm，头段焊接缸盖端内卡键舱口盖液压缸：

船用舱口盖液压缸　CB/T 3812—2013　CYGb-H125/70×400

(8) QC/T 460—2010《自卸汽车液压缸技术条件》型号示例

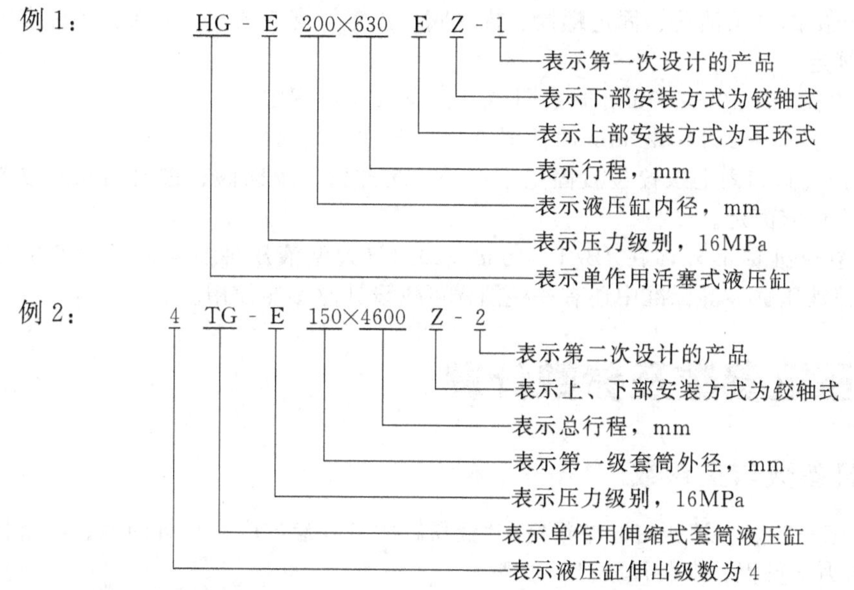

1.1.2.2 液压缸结构特征

(1) 液压缸结构特征

在液压缸型号组成的前部分中，前项数字表示液压缸的活塞杆数或伸缩式套筒液压缸的级数（单活塞杆缸的前项数字省略）。

名称、主参数相同而结构不同的液压缸，根据定型先后用顺序编排的阿拉伯数字表示。一般包括：

① 缸体端部连接结构。

② 活塞结构及连接结构。

③ 活塞杆结构。

④ 缸盖结构。

⑤ 缸底结构。

⑥ 导向套结构。

⑦ 密封结构。

⑧ 连接和安装结构。

⑨ 油口结构。

⑩ 其他结构，如放气、限位、定位、缓冲以及组合的传动、传感、控制、能量转换等元件、附件、装置等。

对液压缸而言，其控制主要是针对工作腔（如无杆腔和有杆腔）压力、可动件（如活塞及活塞杆）速度（含方向）、缸行程（如最大行程和可调行程）（或含方向）的控制；能量转换包括气液和电液间转换。

更细的结构特征还可能包括如材料及力学性能、热处理、表面处理、防腐蚀、防污染等。

(2) 各标准液压缸图样设计

① JB/T 2162—2007《冶金设备用液压缸（$PN \leqslant 16$MPa）》附录 A（规范性附录）液压缸图样设计。液压缸的进出油孔、固定螺栓、排气阀、压盖、支架的圆周分布位置标准图样设计按图 A.1、表 A.1 的规定。选用时除排气阀和固定螺栓位置固定不动外，进出油孔的位置和连接螺纹均可根据需要与生产厂家商定。

② JB/T 6134—2006《冶金设备用液压缸（$PN \leqslant 25$MPa）》附录A（规范性附录）液压缸图样设计。液压缸的进出油孔、固定螺栓、排气阀、压盖、支架的圆周分布位置标准图样设计应符合以下规定。

a. 液压缸缸内径 $D=40 \sim 200$mm 时按图A.1、表A.1的规定。

b. 液压缸缸内径 $D=220 \sim 320$mm 时按图A.2、表A.2的规定。

c. 选用时除排气阀和固定螺栓位置固定不动外，缓冲阀、单向阀、进出油孔的位置均可根据需要与生产厂家商定。

除上述两项液压缸标准外，在JB/T 11588—2013《大型液压油缸》和CB/T 3812—2013《船用舱口盖液压缸》等标准中还有一些图样可供设计时参照使用。

1.2 液压缸参数及参数计算

1.2.1 液压缸参数与主参数

在JB/T 10205—2010《液压缸》中规定："液压缸的基本参数应包括缸内径、活塞杆直（外）径、公称压力、行程、安装尺寸。"

除在上述标准中规定的液压缸基本参数外，在液压缸相关的其他标准中还将公称压力下的推力和拉力、活塞速度、额定压力、较小活塞杆直（外）径、柱塞式液压缸的柱塞直径、极限或最大行程、两腔面积比、螺纹油口及油口公称通径、活塞杆螺纹型式和尺寸、质量、安装型式和连接尺寸等列入了液压缸的基本参数。

在JB/T 2184—2007《液压元件　型号编制方法》中规定液压缸主参数为"缸内径×行程"，单位为"mm×mm"。

液压缸相关各标准规定的液压缸参数见表1-1。

表1-1　液压缸相关各标准规定的液压缸参数

标　准	参　数
GB/T 7935—2005	公称压力、缸内径和活塞杆外径、缸活塞行程、活塞杆螺纹型式和尺寸、油口、活塞杆端带关节轴承耳环安装尺寸等
GB/T 13342—2007	按照CB/T 3004规定的有：液压缸的公称压力、内径和柱塞直径、活塞杆外径、两腔面积比、行程、油口公称通径 按照CB/T 3317规定的有：公称压力、柱塞直径、柱塞行程、进出油口、安装型式和连接尺寸 按照CB/T 3318规定的有：公称压力、缸的内径、两腔面积比、活塞杆直径、缸的活塞行程、进出油口、安装型式和连接尺寸
GB/T 24946—2010	公称压力、缸径、杆径、行程，数字缸的脉冲当量一般为0.01～0.2mm/脉冲
JB/T 2162—2006	液压缸内径、活塞杆直径、极限行程、公称压力、公称压力下的推力和拉力、安装型式
JB/T 3042—2011	基孔直径(缸内径)、活塞杆直径、活塞杆行程、进出油口连接螺纹、较小活塞杆直径
JB/T 6134—2006	液压缸内径、两腔面积比、活塞杆直径、液压缸活塞速度、公称压力、公称压力下的推力和拉力、极限行程
JB/T 11588—2013	缸径、活塞杆外径、油口、公称压力下的推力和拉力、安装型式和连接尺寸、质量、最大行程等
QC/T 460—2010	液压缸产品型号由级数代号、液压缸类别代号、压力等级代号、主参数代号、连接和安装方式代号、产品序号组成，其中主参数代号用缸径乘以行程表示，单位为毫米

注："额定压力"见于JB/T 9834—2014《农用双作用油缸　技术条件》等标准中。

1.2.2 液压缸参数计算公式

(1) 缸理论输出力计算公式

① 双作用单活塞杆液压缸。推力计算公式为

$$F_1=pA_1 \tag{1-1}$$

式中　F_1——双作用单活塞杆液压缸缸理论输出推力，N；

p——（公称）压力，MPa；

A_1——无杆腔有效面积，mm^2，$A_1=\frac{\pi}{4}D^2$；

D——缸（内）径，mm。

式（1-1）还适用于单作用活塞式液压缸缸理论输出推力的计算。

注：缸输出推力亦可称为“缸进程输出力”。

双作用单活塞杆液压缸的拉力计算公式为

$$F_2=pA_2 \tag{1-2}$$

式中　F_2——双作用单活塞杆液压缸缸理论输出拉力，N；

p——（公称）压力，MPa；

A_2——有杆腔有效面积，mm^2，$A_2=\frac{\pi}{4}(D^2-d^2)$；

D——缸（内）径，mm；

d——活塞杆外径，mm。

注：缸输出拉力亦可称为“缸回程输出力”。

② 单作用柱塞式液压缸。推力计算公式为

$$F_3=pA_3 \tag{1-3}$$

式中　F_3——单作用柱塞式液压缸缸理论输出推力，N；

p——（公称）压力，MPa；

A_3——活塞杆面积，mm^2，$A_3=\frac{\pi}{4}d^2$；

d——活塞杆外径，mm。

式（1-3）适用于柱塞缸以及以液压缸为执行元件的差动回路中双作用单活塞杆液压缸的理论输出推力的计算。

注：在 JB/T 10205—2010《液压缸》中规定的“理论输出力”是指包括一个公称压力值在内的额定压力下（或范围内）的缸理论输出推力。严格来讲，上面各式如以公称压力计算，则应是公称压力这一个压力值下的缸理论输出力。

(2) 缸运动阻力的计算公式

缸的实际输出力小于缸理论输出力，因为在缸理论输出力计算时忽略了背压、摩擦产生的阻力以及泄漏的影响等。

$$F=F_1+F_2+F_3\pm F_4\pm F_5 \tag{1-4}$$

式中　F——缸运动总阻力，或折算到活塞（活塞杆）上的一切外部载荷，N；

F_1——包括外部摩擦力在内的外载荷阻力，其主要由缸连接的运动零部件摩擦阻力和所驱动的外负载反作用力组成，数值上与缸实际输出力相等，N；

F_2——液压缸密封装置或系统的摩擦阻力，一般可按缸理论输出力的 4% 估算，N；

F_3——背压产生的阻力，包括带缓冲的液压缸进入缓冲状态时产生的缓冲压力，N；

F_4——缸及缸连接运动零部件折算到缸轴线上的重力 N，重力与运动方向相反时取“+”，重力与运动方向相同时取“－”，$F_4=mg$；

F_5——液压缸在启动、制动或换向时，缸及缸连接运动零部件折算到活塞（活塞杆）上的惯性阻力，N，加速启动时取“+”，减速制动时取“－”，$F_5=ma$；

m——缸及缸连接运动零部件折算到活塞（活塞杆）上的质量，kg；

g——重力加速度，m/s^2，$g_n=9.80665m/s^2$；

a——加速度，m/s^2，匀速运动时 $a=0$。

注：可以使用公式 $m=F_4/g_n$ 求取缸及缸连接运动零部件折算到活塞（活塞杆）上的质量。

(3) 缸运行速度的计算公式

① 双作用单活塞杆液压缸。缸进程速度的计算公式为

$$v_1=\frac{Q}{60A_1}\times10^6 \tag{1-5}$$

式中 v_1——双作用单活塞杆液压缸缸进程速度，mm/s；

Q——无杆腔输入流量，L/min；

A_1——无杆腔有效面积，mm^2，$A_1=\frac{\pi}{4}D^2$；

D——缸（内）径，mm。

缸回程速度的计算公式为

$$v_2=\frac{Q}{60A_2}\times10^6 \tag{1-6}$$

式中 v_2——双作用单活塞杆液压缸缸回程速度，mm/s；

Q——有杆腔输入流量，L/min；

A_2——有杆腔有效面积，mm^2，$A_2=\frac{\pi}{4}(D^2-d^2)$；

D——缸（内）径，mm；

d——活塞杆外径，mm。

② 单作用柱塞式液压缸。缸进程速度的计算公式为

$$v_3=\frac{Q}{60A_3}\times10^6 \tag{1-7}$$

式中 v_3——单作用柱塞式液压缸缸进程速度，mm/s；

Q——工作腔输入流量，L/min；

A_3——活塞杆面积，mm^2，$A_3=\frac{\pi}{4}d^2$；

d——活塞杆外径，mm。

式（1-7）适用于柱塞缸以及以液压缸为执行元件的差动回路中双作用单活塞杆液压缸缸进程速度的计算。

(4) 双作用单活塞杆液压缸往复运动速比计算公式

速比的计算公式为

$$\varphi=\frac{v_1}{v_2}=\frac{D^2-d^2}{D^2}=\frac{1}{\phi} \tag{1-8}$$

式中 φ——双作用单活塞杆液压缸缸进程速度与缸回程速度之比，简称速比；

ϕ——两腔面积比，$\phi=\frac{A_1}{A_2}=\frac{\frac{\pi}{4}D^2}{\frac{\pi}{4}(D^2-d^2)}$；

A_1——无杆腔有效面积，mm^2；

A_2——有杆腔有效面积，mm^2；

D——缸（内）径，mm；

d——活塞杆外径，mm。

注：1. 液压缸往复运动速比不是液压缸参数，且在各版手册中皆以 $\varphi=v_2/v_1=\phi$ 定义速比，即速比

等于两腔面积比，速比本身及这样定义速比是否科学值得商榷。本书以 $\varphi=v_2/v_1=1/\phi$ 定义速比，敬请读者注意。

2. 在 JB/T 7939—2010《单活塞杆液压缸两腔面积比》中规定了单活塞杆液压缸两腔面积比的标准比值。

(5) 缸全行程时间计算公式

① 双作用单活塞杆液压缸全行程时间。缸进程全行程时间的计算公式为

$$t_1=\frac{60V_1}{Q}\times10^{-6}=\frac{15\pi D^2 s}{Q}\times10^{-6} \tag{1-9}$$

式中 t_1——缸进程全行程时间，s；

V_1——缸进程全行程无杆腔（湿）容积最大变化量（值），$V_1=\frac{\pi}{4}D^2 s$，即缸进程时的充油量，mm^3；

Q——无杆腔输入流量，L/min；

D——缸（内）径，mm；

s——缸全行程（或缸的活塞行程、极限行程、最大行程），mm。

缸回程全行程时间的计算公式为

$$t_2=\frac{60V_2}{Q}\times10^{-6}=\frac{15\pi(D^2-d^2)s}{Q}\times10^{-6} \tag{1-10}$$

式中 t_2——缸进程全行程时间，s；

V_2——缸回程全行程有杆腔（湿）容积最大变化量（值），$V_2=\frac{\pi}{4}(D^2-d^2)s$，即缸回程时的充油量，$mm^3$；

Q——有杆腔输入流量，L/min；

D——缸（内）径，mm；

d——活塞杆外径，mm；

s——缸全行程（或缸的活塞行程、极限行程、最大行程），mm。

② 单作用柱塞式液压缸缸进程全行程时间。缸进程全行程时间的计算公式为

$$t_3=\frac{60V_3}{Q}\times10^{-6}=\frac{15\pi d^2 s}{Q}\times10^{-6} \tag{1-11}$$

式中 t_3——缸进程全行程时间，s；

V_3——缸进程全行程无杆腔（湿）容积最大变化量（值），$V_3=\frac{\pi}{4}d^2 s$，即缸进程时的充油量，mm^3；

Q——无杆腔输入流量，L/min；

d——缸（内）径，mm；

s——缸全行程（或缸的活塞行程、极限行程、最大行程），mm。

式（1-11）适用于柱塞缸以及以液压缸为执行元件的差动回路中双作用单活塞杆液压缸缸进程全行程时间的计算。

(6) 液压缸理论输出功和功率计算公式

① 双作用单活塞杆液压缸理论输出功和功率。缸进程全行程理论输出功的计算公式为

$$W_1=F_1 s=pA_1 s=\frac{\pi}{4}D^2 ps\times10^{-3} \tag{1-12}$$

式中 W_1——缸进程全行程理论输出功，J；

F_1——双作用单活塞杆液压缸缸理论输出推力，N；

p——公称压力，MPa；

A_1——无杆腔有效面积，mm²，$A_1=\frac{\pi}{4}D^2$；

D——缸（内）径，mm；

s——缸全行程（或缸的活塞行程、极限行程、最大行程），mm。

缸回程全行程理论输出功的计算公式为

$$W_2=F_2s=pA_2s=\frac{\pi}{4}(D^2-d^2)\ ps\times10^{-3} \tag{1-13}$$

式中 W_2——缸回程全行程理论输出功，J；

F_2——双作用单活塞杆液压缸缸理论输出拉力，N；

p——公称压力，MPa；

A_2——有杆腔有效面积，mm²，$A_1=\frac{\pi}{4}(D^2-d^2)$；

D——缸（内）径，mm；

d——活塞杆外径，mm；

s——缸全行程（或缸的活塞行程、极限行程、最大行程），mm。

缸理论输出功率或输入功率的计算公式为

$$P_1=\frac{W_1}{t_1}=F_1v_1=pA_1\frac{Q}{60A_1}=\frac{pQ}{60}$$

或

$$P_2=\frac{W_2}{t_2}=F_2v_2=pA_2\frac{Q}{60A_2}=\frac{pQ}{60}$$

亦即

$$P=\frac{pQ}{60} \tag{1-14}$$

式中 P——缸理论输出功率或输入功率，kW；

p——公称压力，MPa；

Q——工作腔输入流量，L/min。

式（1-14）不但适用于双作用单活塞杆液压缸的驱动功率计算，而且还适用于柱塞缸的驱动功率计算。

② 单作用柱塞式液压缸理论输出功。缸进程全行程理论输出功的计算公式为

$$W_3=F_3s=pA_3s=\frac{\pi}{4}d^2ps\times10^{-3} \tag{1-15}$$

式中 W_3——缸进程全行程理论输出功，J；

F_3——单作用柱塞式液压缸缸理论输出推力，N；

p——公称压力，MPa；

A_3——活塞杆面积，mm²，$A_3=\frac{\pi}{4}d^2$；

d——活塞杆外径，mm；

s——缸全行程（或缸的活塞杆行程、极限行程、最大行程），mm。

(7) 缸输出力效率计算公式

缸的输出力效率为缸的实际输出力与理论输出力的比值，在液压缸各相关标准中这一量的名称还称为“负载效率”。其计算公式为

$$\eta=\frac{F_1}{F}\times100\%=\frac{F_1}{pA}\times100\% \tag{1-16}$$

式中 η——缸输出力效率或负载效率；

F_1——缸实际输出力，N；

F——缸理论输出力，N；

p——包括一个公称压力值在内的额定压力，MPa；

A——缸有效面积，分别为无杆腔有效面积、有杆腔有效面积和活塞杆面积等，mm^2。

在液压缸及其相关标准中规定液压缸的负载效率不得低于90%。

注：缸实际输出力 F_1 一般应在液压缸水平安装、缸进程匀速运动下（中）测量。

(8) 缸效率计算公式

液压缸是将流体能量转换成直线机械功的装置，因此存在能量转化（液压传动）效率问题。

一般结构的液压缸总效率 η_t 由以下效率组成：

① 机械效率 η_m。因有液压缸密封装置或系统等所产生的摩擦阻力而造成的能量损失，一般液压缸机械效率 $\eta_m \geqslant 90\%$。

② 容积效率 η_v。因液压缸密封装置或系统等存在泄漏，尤其采用活塞环密封时泄漏更大，一般液压缸容积效率 $\eta_v \geqslant 98\%$。

③ 液压力效率 η_y。因液压缸一般存在液压力损失，如作用于缸有效面积上的液压力需克服背压或缓冲压力所产生的阻力等。

仅以背压为 p_1 的双作用单活塞杆液压缸为例，其在缸进程时液压（推）力效率为

$$\eta_y=\frac{pA_1-p_1A_2}{pA_1}\times 100\% \tag{1-17}$$

其在缸回程时液压（拉）力效率为

$$\eta_y=\frac{pA_2-p_1A_1}{pA_2}\times 100\% \tag{1-18}$$

式中　η_y——液压力效率；

p——公称压力（进油压力），MPa；

p_1——背压（排油压力），MPa；

A_1——无杆腔有效面积，mm^2，$A_1=\frac{\pi}{4}D^2$；

A_2——有杆腔有效面积，mm^2，$A_2=\frac{\pi}{4}(D^2-d^2)$；

D——缸（内）径，mm；

d——活塞杆外径，mm。

液压缸的总效率为

$$\eta_t=\eta_m\eta_v\eta_y \tag{1-19}$$

注：液压缸总效率（值）一定低于缸输出力效率（值），且其不是现行液压缸及其相关标准规定的参数，但却是以液压缸为执行元件的液压系统设计所需要的参数。

1.2.3 液压缸参数计算示例

(1) 理论输出力计算示例

在选定液压缸公称压力、缸内径和活塞杆外径后，依据式（1-1）和式（1-2）可以对双作用单活塞杆液压缸公称压力值下的理论输出推力和拉力进行计算，计算结果见表1-2。

表 1-2　双作用单活塞杆液压缸的理论输出力

缸内径 D /mm	活塞杆外径 d /mm	公称压力/MPa					
		10		16		25	
		推力/kN	拉力/kN	推力/kN	拉力/kN	推力/kN	拉力/kN
40	20	12.57	9.42	20.11	15.08	31.42	23.56
	22		8.77		14.02		21.91
50	25	19.63	14.73	31.42	23.56	49.09	36.82
	28		13.48		21.56		33.69
63	32	31.17	23.13	49.88	37.01	77.93	67.82
	36		20.99		33.59		52.48
80	40	50.27	37.70	80.42	60.32	125.66	94.25
	45		34.36		54.98		85.90
100	45	78.54	62.64	125.66	100.22	196.35	156.59
	56		53.91		86.26		134.77
	63		47.37		75.79		118.42
	70		40.06		64.09		100.14
125	56	122.72	98.09	196.35	156.94	306.80	245.22
	70		84.23		134.77		210.58
	80		72.45		115.92		181.13
	90		59.10		94.56		147.75
140	63	153.94	122.77	246.30	196.43	384.85	306.91
	80		103.67		165.88		259.18
	90		90.32		144.51		225.80
	100		75.40		120.64		188.50
160	70	201.06	162.58	321.70	260.12	502.65	406.44
	90		137.45		219.91		343.61
	100		122.52		196.04		306.31
	110		106.03		169.65		265.07
180	80	254.47	204.20	407.15	326.73	636.17	510.51
	100		175.93		281.49		440.15
	110		159.44		255.10		398.59
	125		131.75		210.80		329.38
200	90	314.16	250.54	502.65	400.87	785.40	626.45
	110		219.13		350.60		547.81
	125		191.44		306.31		478.60
	140		160.22		256.35		400.55
220	100	380.13	301.59	608.21	482.55	950.33	753.98
	125		257.41		411.86		643.54
	140		226.19		361.91		565.47
	160		179.07		286.51		447.68
225	100	397.61	319.07	636.17	510.51	994.02	797.67
	125		274.89		439.82		687.22
	140		243.67		389.88		609.17
	160		196.55		314.47		491.36
250	110	490.87	395.84	785.40	633.34	1227.18	989.60
	140		336.94		539.10		842.34
	160		289.81		463.71		724.53
	180		236.40		378.25		591.01
280	160			985.20	663.50	1539.38	1036.72
	180				578.05		903.21
	200				482.55		753.98

续表

缸内径 D /mm	活塞杆外径 d /mm	公称压力/MPa					
		10		16		25	
		推力/kN	拉力/kN	推力/kN	拉力/kN	推力/kN	拉力/kN
320	180			1286.80	879.65	2010.62	1374.45
	200				784.14		1225.22
	220				678.58		1060.29
360	220					2544.69	1594.36
	250						1317.50
400	250					3141.59	1914.41
	280						1602.21
450	280					3976.08	2436.70
	320						1965.46
500	320					4908.73	2898.12
	360						2364.05
630	380					7789.11	4957.82
	450						3817.03
710	440					9897.97	6096.65
	500						4989.24
800	500					12566.36	7657.63
	580						5961.17
900	560					15904.30	9746.78
	640						7861.83
950	580					17720.53	11115.34
	640						9678.06
1000	620					19634.94	12087.27
	710						9736.97

注：1. 参考了 GB/T 2348、JB/T 2162、JB/T 3042、JB/T 6134、JB/T 7939、JB/T 11588 和 CB/T 3812 等标准。

2. JB/T 2162—2007 中表 1 和 JB/T 11588—2013 中表 2 中有错误。

3. 公称压力值 20MPa 和 31.5MPa 下的液压缸理论输出推力、拉力可参考 MT/T 94—1996 中的表 B3（千斤顶公称承载力与内径配比关系）。

4. 对液压机主参数（公称力）以吨表示的，在工程上可按 1 N=10^{-4}t 换算液压缸的推、拉力。

(2) 缸内径计算示例

① 如果给定了液压系统公称（或额定）压力、液压机主参数（公称力）等，即可对液压缸缸内径进行设计计算。

如给定液压系统公称压力为 $p_n(p)=16\text{MPa}$，粉末制品液压机公称力为 $F=400\text{kN}$，根据由式（1-1）导出的公式

$$D=\sqrt{\frac{4F}{\pi p}} \tag{1-20}$$

式中 D——缸（内）径，mm；

F——液压缸缸理论输出推力，N；

p——公称压力或额定压力，MPa。

计算缸内径，有

$$D=\sqrt{\frac{4F}{\pi p}}=\sqrt{\frac{4\times400\times10^3}{3.14159\times16}}=178.412(\text{mm})$$

根据 GB/T 2348—1993《液压气动系统及元件 缸内径及活塞杆外径》规定圆整计算值，此液压机用液压缸缸内径可选取为 $D=180\text{mm}$。

如选用的额定压力小于公称压力（如选用的额定压力为 14MPa）或需要有一定的缸输出力裕量（度），还可进一步考虑选取缸内径为 $D=200\text{mm}$，但应认真权衡利弊；然而，不

能选取缸内径 $D=160\text{mm}$ 的液压缸用于该液压机，因为在液压系统公称压力下，其缸输出推力只有 $F=\frac{\pi}{4}D^2p=\frac{3.14159}{4}\times160^2\times16=321698.816(\text{N})\approx321.70(\text{kN})$，无法达到该粉末制品液压机所要求的公称力 $F=400\text{kN}$。

上述粉末制品液压机公称力由一台双作用单活塞杆液压缸缸输出推力提供，但大多数液压机公称力是由两台或多台液压缸缸输出力共同提供的（特殊结构的液压机公称力还有由液压缸输出拉力提供的），因此，在依据液压机公称力计算缸内径时要注意折算公称力。

另外，作者不同意一些参考文献中提出的靠提高液压系统工作压力（超过公称压力或额定压力的压力）的办法来增大液压缸的缸输出力的说法和做法，因为这样做将会给液压缸、液压系统乃至液压机带来危险，而且这种做法也是液压机安全技术要求所不允许的。

② 如果给定了液压系统向液压缸的输入流量、缸进程速度或缸进程时间等参数，即可对液压缸缸内径进行计算。

如给定缸进程（工进）速度为 $v\leqslant8\text{mm/s}$，WC67Y—100T 液压板料折弯机液压系统向单台液压缸输入流量为 $Q=12.125\text{L/min}$，根据由式（1-5）导出的公式

$$D=\sqrt{\frac{Q}{15\pi v}}\times10^3 \tag{1-21}$$

式中 D——缸内径，mm；

Q——液压系统向缸无杆腔输入流量，L/min；

v——缸进程速度，mm/s。

计算缸内径，则

$$D=\sqrt{\frac{Q}{15\pi v}}\times10^3=\sqrt{\frac{12.125}{15\times3.14259\times8}}\times10^3=179.34(\text{mm})$$

根据 GB/T 2348—1993《液压气动系统及元件　缸内径及活塞杆外径》规定圆整计算值，此液压机用液压缸缸内径可选取为 $D=180\text{mm}$。

(3) 活塞杆直径计算示例

① 对于双作用单活塞杆液压缸，如果给定了液压系统公称（或额定）压力、液压缸输出拉力等参数，在选取缸内径后，即可对液压缸活塞杆外径进行设计计算。

根据式（1-2）可推出活塞杆外径计算公式，即

$$d=\sqrt{D^2-\frac{4F}{\pi p}} \tag{1-22}$$

式中 d——活塞杆外径，mm；

D——缸（内）径，mm；

F——液压缸缸理论输出拉力，N；

p——公称压力或额定压力，MPa。

如果给定液压系统公称压力为 $p=16\text{MPa}$，液压缸理论输出拉力为 $F=200\text{kN}$，缸内径选定为 $D=160\text{mm}$，则

$$d=\sqrt{D^2-\frac{4F}{\pi p}}=\sqrt{160^2-\frac{4\times200\times10^3}{3.14159\times16}}=98.41(\text{mm})$$

根据 GB/T 2348—1993《液压气动系统及元件　缸内径及活塞杆外径》规定及圆整计算值，该液压缸活塞杆外径可选取为 $d=90\text{mm}$。

一般不能选取活塞杆外径为 $d=100\text{mm}$，因为在液压系统公称压力下，其缸输出拉力只有 $F=\frac{\pi}{4}(D^2-d^2)p=\frac{3.14159}{4}\times(160^2-100^2)\times16=196035.216(\text{N})=196.04(\text{kN})$，无

法达到液压缸输出理论拉力 $F=200\text{kN}$ 的设计要求。

② 如果给定液压缸往复运动速比或两腔面积比，在选取缸内径后，即可对液压缸活塞杆外径进行设计计算。

根据式（1-8）可导出活塞杆外径的计算公式，即

$$d=D\sqrt{1-\varphi} \tag{1-23}$$

或

$$d=D\sqrt{\frac{\phi-1}{\phi}} \tag{1-24}$$

式中 d——活塞杆外径，mm；

D——缸（内）径，mm；

φ——双作用单活塞杆液压缸缸进程速度与缸回程速度之比；

ϕ——两腔面积比。

因 $\phi=1/\varphi$，在已知速比 φ 时即可计算出两腔面积比 ϕ，可进一步根据 JB/T 7939—2010《单活塞杆液压缸两腔面积比》的规定圆整计算值，再根据 GB/T 2348—1993《液压气动系统及元件　缸内径及活塞杆外径》选取活塞杆外径；也可根据两腔面积比直接选取活塞杆外径。

如给定两腔面积比为 $\phi=1.46$，在选定缸内径为 $D=160\text{mm}$ 后，依据式（1-23），有

$$d=D\sqrt{\frac{\phi-1}{\phi}}=160\sqrt{\frac{1.46-1}{1.46}}=89.81(\text{mm})$$

根据 GB/T 2348—1993《液压气动系统及元件　缸内径及活塞杆外径》的规定圆整计算值，该液压缸活塞杆外径可选取为 $d=90\text{mm}$。

③ 如果给定了液压系统向液压缸的输入流量、缸回程速度或缸回程时间等，在选定缸内径后，即可对液压缸活塞杆外径进行计算。

如给定缸回程速度为 $v\geqslant 70\text{mm/s}$，还以 WC67Y—100T 液压板料折弯机液压系统为例，该液压系统向单台液压缸输入流量为 $Q=12.125\text{L/min}$，根据由式（1-6）导出的公式

$$d=\sqrt{D^2-\frac{Q}{15\pi v}\times 10^6} \tag{1-25}$$

式中 d——活塞杆外径，mm；

D——缸内径，mm；

Q——液压系统向缸有杆腔输入流量，L/min；

v——缸回程速度，mm/s。

计算活塞杆外径，有

$$d=\sqrt{D^2-\frac{Q}{15\pi v}\times 10^6}=\sqrt{180^2-\frac{12.125}{15\times 3.14159\times 70}\times 10^6}=169.48(\text{mm})$$

经圆整计算值，该液压缸活塞杆外径可选取为 $d=170\text{mm}$（非标）。

在选取活塞杆外径时主要应注意以下问题：

a. 在 JB/T 7939—2010 中给出的各两腔面积比（1.06、1.12、1.25、1.4、1.6、2、2.5、5）是优先数而非实际值。

b. 当两腔面积比大时（如 $\phi\geqslant 5$），应注意防止由于无杆腔有效面积与有杆腔有效面积差大，即缸内径与活塞杆外径差小所引起的增压超过额定压力或公称压力极限值。

c. 当两腔面积比大时（如 $\phi\geqslant 5$），应注意避免以活塞与其他缸零件接触作为缸进程的限位器。

d. 当两腔面积比小时（如 $\phi\leqslant 1.06$），应注意避免活塞杆由于无杆腔有效面积与有杆腔

有效面积差小，即缸内径与活塞杆外径差大所产生的弯曲或失稳；必要时应对活塞杆进行强度、刚度及压杆稳定性验算。

对于非标的活塞杆外径选取应考虑活塞杆密封装置或系统中各密封件的选取；两腔面积比大的液压缸有杆腔应设置安全阀。

④ 活塞杆强度计（验）算。

a. 当活塞杆处于稳定状态下，仅承受轴向载荷（忽略自身重力）作用时，按简单拉伸（压缩）强度条件

$$\sigma \leqslant \sigma_1 - \sigma_3 = \sigma_p = \frac{\sigma_s}{n} \tag{1-26}$$

或

$$\sigma \leqslant \sigma_1 - \upsilon\sigma_3 = \sigma_p = \frac{\sigma_s}{n} \tag{1-27}$$

式中 σ——在常温、静载荷作用下危险截面最大拉（压）应力，MPa；

σ_p——材料的许用应力，MPa；

σ_s——屈服点，MPa；

n——安全系数，对于$\sigma_b = \sigma_{bc}$的塑性材料，如低碳钢、非淬硬中碳钢、退火球墨铸铁等，$n=1.4 \sim 1.6$，对于$\sigma_b < \sigma_{bc}$的脆性材料，如灰口铸铁等，$n=2.5 \sim 3$。

以材料为20钢正火、45钢正火、45钢调质处理的实心活塞杆为例，分别在公称压力16MPa、25MPa下，符合强度条件的活塞杆外径见表1-3。

表 1-3 符合强度条件的活塞杆外径 mm

缸内径 D	在公称压力16MPa下			在公称压力25MPa下		
	20钢正火	45钢正火	45钢调质	20钢正火	45钢正火	45钢调质
	活塞杆外径 $d \geqslant$					
50	18	14	14	22	18	16
63	22	18	16	28	22	20
80	28	25	20	36	28	25
100	36	28	25	45	36	32
125	45	36	32	56	45	40
160	56	45	40	70	56	50
200	70	56	50	90	70	63
250	90	70	63	110	90	80

注：因产品选取的活塞杆外径通常为表1-3所列在GB/T 2348中规定的活塞杆外径系列内至少大一个规格，因此，对只承受单向载荷作用（如只输出推力）的中碳钢材料的活塞杆可以不进行调质处理；在一定条件下，可以用正火或正火+回火代替调质。表1-3不但是活塞杆外径选取的基本依据，还是提出这些活塞杆技术要求的基本根据。

b. 当活塞杆处于稳定状态下，承受偏心（忽略自身重力）载荷作用即有弯曲力矩作用时，按偏心拉伸（压缩）强度条件

$$\sigma = \left(\frac{F}{A} + \frac{M}{W}\right) \times 10^{-6} \leqslant \sigma_p = \frac{\sigma_s}{n} \tag{1-28}$$

式中 σ——在常温、静载荷作用下危险截面最大偏心拉（压）应力，MPa；

F——平行但不重合于活塞杆轴线的与缸理论输出推力或拉力相等的外部载荷，N；

A——危险面截面积，m^2

M——偏心载荷对活塞杆产生的弯曲力矩，N·m；

W——活塞杆截面系数，m^3。

其他同上。

(4) 缸行程限值计算

在一定条件下，缸行程存在一个限值，当液压缸缸行程超过这一限值时，液压缸及活塞杆即可能存在强度、刚度及压杆稳定性问题。

① 双作用单活塞杆液压缸缸行程限值。各液压缸产品标准中规定的双作用单活塞杆液压缸缸行程限值见表 1-4 和表 1-5。

表 1-4 双作用单活塞杆液压缸缸行程限值（*PN*≤16MPa）

缸内径 *D* /mm	活塞杆外径 *d* /mm	在公称压力 16MPa 下，缸行程限值 s_{max}/mm				
		安装型式				
		G	B	S	T	W
50	28	1000	630	400	1000	450
63	36	1250	800	550	1250	630
80	45	1600	1000	800	1600	800
100	56	2000	1250	1000	2000	1000
125	70	2500	1600	1250	2500	1250
160	90	3200	2000	1600	3200	1800
200	110	3600	2500	2000	3600	2000
250	140	4750	3200	2500	4750	2800

注：1. 摘自 JB/T 2162—2007《冶金设备用液压缸（*PN*≤16MPa）》中表 1，各安装型式代号所对应的安装型式与尺寸见该标准。

2. “一定条件”至少还应包括活塞杆材料、结构型式、热处理、表面处理等。

3. 除 JB/T 2162—2007 规定的液压缸外，其他仅供参考。

表 1-5 双作用单活塞杆液压缸缸行程限值（*PN*≤25MPa）

缸内径 *D* /mm	活塞杆外径 *d* /mm	在公称压力 25MPa 下，缸行程限值 s_{max}/mm					
		安装型式					
		S1 S2	B1	B2	B3	G F1	F2
40	22	40	200	135	80	450	120
50	28	140	400	265	180	740	265
63	36	210	550	375	250	990	375
80	45	280	700	480	320	1235	505
100	56	360	900	600	400	1520	610
125	70	465	1100	760	550	1915	785
	90	960	2200	1415	1000	3310	1480
140	80	550	1400	900	630	2200	900
	90	800	1800	1210	800	2905	1260
	100	1055	2200	1560	1100	3640	1630
160	90	630	1400	1000	700	2500	1000
	100	840	2000	1295	900	3120	1350
	110	1095	2500	1630	1100	3835	1705
200	110	700	1800	1100	800	2800	1250
	125	1065	2200	1625	1100	3890	1700
	140	1445	3200	2135	1400	4975	2240
220	125	800	2200	1400	1000	3600	1400
	140	1205	2800	1850	1250	4440	1930
	160	1730	3600	2550	1800	5920	2675
250	140	900	2200	1400	1100	3600	1600
	160	1445	3200	2180	1600	5255	2280
	180	1965	4000	2875	2000	6630	3020
320	180	1250	2800	2000	1400	5000	2000
	200	1710	3600	2600	1800	6205	2730
	220	2215	4000	3270	2200	7635	3445

注：1. 摘自 JB/T 6134—2006《冶金设备用液压缸（*PN*≤25MPa）》中表 1，各安装型式代号所对应的安装型式与尺寸见该标准。

2. “一定条件”至少还应包括活塞杆材料、结构型式、热处理、表面处理等。

3. 除 JB/T 6134—2006 规定的液压缸外，其他仅供参考。

② 由压杆临界载荷决定的缸行程限程。由压杆稳定条件

$$F_p \leqslant [F_p] = \frac{F_{kp}}{n_k} \tag{1-29}$$

式中 F_p——与缸理论输出推力相等的压缩压杆的外部载荷，N；

$[F_p]$——压杆的许用载荷，N；

F_{kp}——压杆受压产生纵向弯曲的临界载荷，N；

n_k——压杆稳定安全系数，一般按 $n_k=4\sim6$ 选取。

当安装距加行程为 l 且与 d 之比大于 10 时，亦即 $l/d>10$ 时，根据式（1-29）及欧拉公式，有

$$F_p \leqslant \frac{n^2\pi^2 EJ}{n_k l^2}$$

即

$$l \leqslant \sqrt{\frac{n^2\pi^2 EJ}{n_k F_p}} \tag{1-30}$$

式中 l——安装距与行程限值之和（或称计算长度），m；

n——末端条件系数；

E——材料弹性模量，Pa；

J——截面的转动惯量，m^4；

n_k——压杆稳定安全系数，一般按 $n_k=4\sim6$ 选取；

F_p——与缸理论输出推力相等的压缩压杆的外部载荷，N。

如选择两端为球铰约束（两端采用球轴承，如 CB/T 3812 规定的 d 型）的液压缸，因 $n=1$，则

$$l \leqslant \pi\sqrt{\frac{EJ}{n_k F_p}} \tag{1-31}$$

选择实心活塞杆材料为 45 钢调质处理，其材料弹性模量选取 $E=210\times10^9$ Pa。在选取的几种压杆稳定安全系数（n=2、3、4、5、6）下，按式（1-31）计算安装距与行程限值之和 l，计算结果见表 1-6。

表 1-6 选取的几种安全系数下的安装距与行程限值之和

缸内径 D /mm	活塞杆外径 d /mm	转动惯量 J /$10^{-6}m^4$	在公称压力 25MPa 下						
			推力 F_p /kN	选取在各压杆稳定安全系数 n_k 下					参考值
				2	3	4	5	6	
				安装距与行程限值之和 $l\leqslant$/m					
100	56	0.48275	196	1.597	1.304	1.129	1.010	0.922	—
125	70	1.17859	306	1.998	1.631	1.412	1.263	1.153	—
140	80	2.01062	384	2.329	1.902	1.647	1.473	1.345	—
160	90	3.22062	502	2.578	2.105	1.823	1.630	1.488	—
180	100	4.90873	636	2.828	2.309	1.999	1.788	1.633	—
200	110	7.18688	785	3.080	2.515	2.178	1.948	1.778	2.030
220	125	11.9842	950	3.616	2.952	2.556	2.228	2.087	2.280
250	140	18.8574	1227	3.991	3.258	2.821	2.524	2.304	—

因 $l=L+s_{max}$（其中安装距为 L，行程限值为 s_{max}），当安装距给定一个值，则按表 1-6，行程限值即可确定。

例如，CB/T 3812—2013 规定的船用舱口盖液压缸 CYGd-G220/125×□的安装距（最小）为 680mm，按表 1-6，$n_k=5$ 时 $l\leqslant2.228$m，则 $s_{max}\leqslant2228-680=1528$mm，与在 CB/T 3812 中规定的行程 1600mm 基本相符。

几点说明如下。

a. 严格地讲有两种不同类型的稳定（性）计算，即稳定（性）校核计算和稳定（性）设计计算，根据式（1-31）的计算属于稳定性设计计算。

b. 式（1-30）及（1-31）适用于等截面、液压缸及活塞杆承受轴向（非偏心）载荷作用且应力没有超过比例极限的大柔度压杆计算。

c. 表1-6中参考值来源于CB/T 3812—2013《船用舱口盖液压缸》的表9。

d. 各参考文献中的压杆稳定安全系数可选取范围不尽相同，如$n_k=2\sim4$或$n_k=3.5\sim6$等，本书作者建议按$n_k=4\sim6$选取。

1.3 液压缸设计与制造技术要求

1.3.1 液压缸的技术要求

1.3.1.1 JB/T 10205—2010《液压缸》标准规定的技术要求

(1) 一般要求

① 液压缸的公称压力符合GB/T 2346《液压传动系统及元件　公称压力系列》的规定。

② 液压缸内径、活塞杆外径符合GB/T 2348《液压气动系统及元件缸内径及活塞杆外径》的规定。

③ 油口连接螺纹尺寸符合GB/T 2878.1《液压传动连接　带米制螺纹和O形圈密封的油口和螺柱　第1部分：油口》的规定。

④ 活塞杆螺纹型式和尺寸符合GB/T 2350《液压气动系统元件　活塞杆螺纹型式和尺寸系列》的规定。

⑤ 密封沟槽符合GB/T 2879《液压缸活塞和活塞杆动密封沟槽尺寸和公差》、GB 2880—1981《液压缸活塞和活塞杆窄断面动密封沟槽尺寸系列和公差》、GB 6577—1986《液压缸活塞用带支承环密封沟槽型式、尺寸和公差》、GB/T 6578—2008《液压缸活塞杆用防尘圈沟槽型式、尺寸和公差》的规定。

⑥ 液压缸工作的环境温度在－20～＋50℃，工作介质温度在－20～＋80℃。

(2) 性能要求

① 最低启动压力试验测量值符合JB/T 10205—2010《液压缸》中6.2.1条的规定。

② 内泄漏量试验测量值符合JB/T 10205—2010《液压缸》中6.2.2条的规定。

③ 外渗漏试验测量值符合JB/T 10205—2010《液压缸》中6.2.3.1条和6.2.3.2条的规定。

④ 低压下的泄漏符合JB/T 10205—2010《液压缸》中6.2.4条的规定。

⑤ 耐压性符合JB/T 10205—2010《液压缸》中6.2.7条的规定。

⑥ 缓冲符合JB/T 10205—2010《液压缸》中6.2.8条的规定。

(3) 装配和外观要求

① 液压缸的装配质量符合JB/T 10205—2010《液压缸》中6.3.2条的规定。

② 液压缸的外观质量符合JB/T 10205—2010《液压缸》中6.4条的规定。

(4) 其他要求

在与客户签订的合同或技术协议中约定的其他要求。

(5) 说明

当选择遵守《液压缸》标准时，在试验报告、产品目录和销售文件中应使用以下说明：“本公司液压缸产品符合JB/T 10205—2010《液压缸》的规定”。

注：1. 可能的话，应在液压缸技术要求中剔除 GB 2880 标准，并增加如 GB/T 3452.1—2005、GB/T 15242.3—1994 等标准。

2. 工作介质温度最好通过技术协议规定为－20～＋65℃。

3. 出厂试验最好通过技术协议规定在室温下进行。

4. 有专门（产品）标准规定的液压缸或油缸除外。

5. 上述文件经常用作液压缸制造商提供给买方的技术文件之一。

1.3.1.2 其他标准规定的液压缸技术要求

（1）适用性

① 抗失稳。为避免液压缸的活塞杆在任何位置产生弯曲或失稳，应注意缸的行程长度、负载和安装型式。

② 结构设计。液压缸的设计应考虑预定的最大负载和压力峰值。

③ 安装额定值。确定液压缸的所有额定负载时，应考虑其安装型式。

注：液压缸的额定压力仅反映缸体的承压能力，而不能反映安装结构的力传递能力。

④ 限位产生的负载。当液压缸被作为限位器使用时，应根据被限制机件所引起的最大负载确定液压缸的尺寸和选择其安装型式。

⑤ 抗冲击和振动。安装在液压缸上或与液压缸连接的任何元件和附件，其安装或连接应能防止使用时由冲击和振动等引起的松动。

⑥ 意外增压。在液压系统中应采取措施，防止由于有效活塞面积差引起的压力意外增高超过额定压力。

（2）安装和调整

液压缸宜采取的最佳安装方式是使负载产生的反作用沿液压缸的中心线作用。液压缸的安装应尽量减小（少）下列情况：

由于负载推力或拉力导致液压缸结构过度变形；引起侧向或弯曲载荷；铰接安装型式的转动速度（其可能迫使采用连续的外部润滑）。

① 安装位置。安装面不应使液压缸变形，并应留出热膨胀的余量。液压缸安装位置应易于接近，以便于维修、调整缓冲装置和更换全套部件。

② 安装用紧固件。液压缸及其附件安装用的紧固件的选用和安装，应能使之承受所有可预见的力。脚架安装的液压缸可能对其安装螺栓施加剪切力。如果涉及剪切载荷，宜考虑使用具有承受剪切载荷机构的液压缸。安装用的紧固件应足以承受倾覆力矩。

（3）缓冲器和减速装置

当使用内部缓冲时，液压缸的设计应考虑负载减速带来压力升高的影响。

（4）可调节行程终端挡块

应采取措施，防止外部或内部的可调节行程终端挡块松动。

（5）活塞行程

行程长度（包括公差）如果在相关标准中没有规定，应根据液压系统的应用做出规定。

注：行程长度的公差参见 JB/T 10205—2010，或可在液压缸基本参数中添加“最大行程”或“极限行程”，以适应允许行程长度变化的缸，如“可调行程液压缸”。

（6）活塞杆

① 材料、表面处理和保护。应选择合适的活塞杆材料和表面处理方式，使磨损、腐蚀和可预见的碰撞损伤降至最低程度。宜保护活塞杆免受来自压痕、刮伤和腐蚀等可预见的损伤，可使用保护罩。

② 装配。为了装配，带有螺纹端的活塞杆应具有可用扳手施加反向力的结构，参见 ISO 4395。活塞应可靠地固定在活塞杆上。

(7) 密封装置和易损件的维护

密封装置和其他预定维护的易损件宜便于更换。

(8) 单作用液压缸

单作用活塞式液压缸应设计放气口，并设置在适当位置，以避免排除的油液喷射对人员造成危险。

(9) 更换

整体式液压缸是不合需要的，但当其被采用时，可能磨损的部件宜是可更换的。

(10) 气体排放

① 放气位置。在固定式工业机械上安装液压缸，应使其能自动放气或提供易于接近的外部放气口。安装时，应使液压缸的放气口处于最高位置。当这些要求不能满足时，应提供相关的维修和使用资料。

② 排气口。有充气腔的液压缸应设计或配置排气口，以避免危险。液压缸利用排气口应能无危险地排出空气。

(11) 密封性

密封应符合工作介质和工况的技术要求。

液压缸在 1.5 倍或 1.25 倍公称压力下，所有结合面包括滑动配合面（静止情况下）处应无外泄漏。

液压缸在公称（或额定）压力下，其内泄漏量和活塞杆处外泄漏量符合标准规定。

液压缸的密封件应能耐高温、耐腐蚀、耐老化、耐水解、密封性能好，既能满足油液的密封，又能满足（如海洋性空气）环境的要求。

① 非举重用途液压缸，其密封推荐采用支撑环加动密封件的密封结构，支撑材料推荐采用填充青铜粉四氟乙烯或采用长分子链的增强聚甲醛。

② 举重用途液压缸，对于油液泄漏会造成重物下降的油腔，其动密封宜采用橡胶夹织物 V 形密封圈。

③ 一些液压缸可以采用沉降量标定（计算）内泄漏量。

注：尽管第②条出自标准规定，但适用性有问题。

(12) 装配要求

① 元件应使用经检验合格的零件和外购件，按相关产品标准或技术文件的规定和要求进行装配。任何变形、损伤和锈蚀的零件及外购件不能应用于装配。

② 缸体经 100%的无损探伤后，应达到 JB/T 4730.3 中规定的Ⅰ级；焊缝强度不应低于母材的强度指标，焊缝质量应达到 GB/T 3323 中规定的Ⅱ级；采用铰轴的液压缸，其铰轴宜采用整体锻造，并应经 100%无损探伤后符合 GB/T 6402 中规定的Ⅱ级要求。

③ 机械加工零件上的尖锐边缘，除密封沟槽槽棱外，在工作图上未示出的，均应去掉。零件在装配前应清除毛刺，并仔细清洗干净，不应带有任何污染物如铁屑、毛刺、纤维状杂质等。

④ 装配时不应使用棉纱、纸张等纤维易脱落物擦拭缸体内腔、零件配合表面和进出流道。

⑤ 装配时不应使用有缺陷及超过有效使用期限的密封件。各防尘圈及密封件不允许有划伤、扭曲、卷边或脱出等异常现象。

⑥ 出厂试验合格后，液压缸外露油口应盖以防尘盖，活塞杆外露螺纹和其他连接部位加保护套，运动部位应涂以防锈润滑脂。

⑦ 应在液压缸上适当且明显位置做出清晰和永久的标记或标牌，或按图样规定的位置

固定预制标牌，标牌应清晰、正确、平整。

注：更为详尽的装配技术要求请见本章第 1.3.12 节，但各密封沟槽槽棱即使在工作图上没有示出，也不可由钳工倒角或倒圆，包括使用各种电动工具进行倒角或倒圆。

(13) 外观要求

① 液压缸外表面不应有折叠及明显波浪、裂纹、毛刺、碰伤、划痕、锈蚀等缺陷。

② 外露表面应采用镀层或钝化层、漆层等进行防腐（锈）处理。镀层应无裂纹、起皮、脱落或空泡等缺陷；在涂漆前表面应除锈或去氧化皮，不应有锈坑。

③ 涂漆时应先涂防锈漆，再涂面漆。涂层应均匀，色泽一致且光滑和顺。喷涂前处理不应涂腻子。

(14) 安全技术要求

液压缸设计与制造必须为用户在规定使用寿命内的使用提供基本的安全保证。任何一种液压机械在调整、使用和维护时都可能存在危险，所以用户只能按该液压机械的安全技术条件或要求调整、使用和维护，才能减小或消除危险。

① 有必要的如特殊场合使用的液压缸，应在设计时进行风险评价。

② 设计、制造时应采取减少风险的措施，如各种紧固件应采取可靠的防松措施等。

③ 对于液压缸设计、制造不能避免的危险，如（液压缸带动的）滑块的意外行程和自重意外下落，应由主机厂采取安全防护措施，包括风（危）险警告。

④ 更加具体的安全技术要求（条件），请参考相关标准并加以遵守。

1.3.2 缸体（筒）的技术要求

缸体是液压缸的本体，广义的液压缸缸体是指能形成液压缸这种特殊密闭压力容器的所有承压零部件，几乎包括组成液压缸的所有零部件。狭义的液压缸缸体是指活塞和/或活塞杆在其中做相对往复运动的中空的承压件。缸体可以是一端封闭，也可两端都不封闭。其中两端都不封闭的管状缸体被称为缸筒。

缸体是液压缸的主要零件之一，其必须使用规定的材料加工且达到特定的技术要求。

本书中所述缸体即为狭义缸体，缸体内孔为圆孔，但不全为管状体，其两端面要求垂直于内孔中心（轴）线。

各种缸体（筒）结构型式请见本书第 4 章中各图样。

注：将液压缸缸体（筒）理解为金属承压壳体更为合适。具体可参见 GB/T 19934.1—2005《液压传动 金属承压壳体的疲劳压力试验 第 1 部分：试验方法》。

1.3.2.1 总则

液压缸缸体（筒）应有足够的强度、刚度、塑性和冲击韧度（性）。对需要后期焊接缸底（端盖）的缸体（筒）要求其材料（与缸底为同种钢或异种钢）应具有良好的焊接性，焊缝强度不应低于母材的强度指标，焊缝质量应达到 GB/T 3323 中规定的Ⅱ级。液压缸油口凸起部（接管）与缸底（端盖）宜同步焊接。

对缸体（筒）内孔有耐磨损或防腐蚀等要求的液压缸，可在缸孔内套装合适材料的内衬结构。

同一制造厂生产的型号相同的液压缸的缸体（筒），必须具有互换性。

必要的如特殊场合使用的液压缸，应在设计时对缸体（筒）做风险评价。

1.3.2.2 材料

有产品标准的液压缸或是主机标准有规定的液压缸，其缸体或缸筒应按相关标准的规定选用材料，其“缸体”是指广义的液压缸缸体。

用于制造缸体（筒）的材料的力学性能屈服强度一般应不低于 280MPa，常用材料如下：

① 优质碳素结构钢牌号。如 20、30、35、45、20Mn、25Mn 等。

② 合金结构钢牌号。如 20MnMo、20MnMoNb、27SiMn、30CrMo、40Cr、42CrMo 等。

③ 低合金高强度结构钢牌号。如 Q345B 等。

④ 不锈钢牌号。如 12Cr18Ni9 等。

⑤ 铸造碳钢牌号。如 ZG270-500、ZG310-570 等。

⑥ 球墨铸铁牌号。如 QT500-7、QT550-3、QT600-3 等。

在液压缸耐压试验时，保证缸体（筒）不能产生永久变形。在额定静态压力下不得出现 JB/T 5924—1991《液压元件压力容腔体的额定疲劳压力和额定静态压力试验方法》规定的被试压力容腔的任何一种失效模式。

对于液压缸工作的环境温度低于－50℃的缸体（筒）材料必须选用经调质处理的 35、45 钢或低温用钢。

缸体（筒）常用材料力学性能见表 1-7。

表 1-7 缸（体）筒常用材料力学性能（摘自 GB/T 699—1999、GB/T 3077—1999、GB/T 1220—2007、GB/T 1591—2008、GB/T 11353—2009、GB/T 1348—2009、GB/T 17107—1997）

材料牌号	试样毛坯尺寸（直径或厚度）/mm	热处理	σ_s /MPa	σ_b /MPa	δ_5 /%	Ψ /%	A_{kU2} /J
			不小于				
20	25	正火或正火＋回火	245	410	25	55	—
30	25		295	490	21	50	63
35	25		315	530	20	45	55
45	25		355	600	16	40	39
20Mn	25		275	450	24	50	—
25Mn	25		295	490	22	50	71
20MnMo	≤300	调质	305	500	14	40	39
	301～500		275	470	14	40	39
20MnMoNb	100～300	调质	490	635	15	45	47
	301～500		440	590	15	45	47
	501～800		345	490	15	45	39
27SiMn	25	淬火＋回火	835	980	12	40	39
30CrMo	25		785	930	12	50	63
40Cr	25		785	980	9	45	47
42CrMo	25		930	1080	12	45	63
材料牌号	试样毛坯尺寸	热处理	R_{eL}/MPa	R_m/MPa	A/%	Z/%	A_{kU2}/J
Q345B	≤16	—	345	470～630	20	—	—
	16～40	—	335	470～630	20	—	—
	40～63	—	325	470～630	19	—	—
	63～80	—	315	470～630	19	—	—
	80～100	—	305	470～630	19	—	—
	100～150	—	285	450～600	18	—	—
	150～200	—	275	450～600	17	—	—
	200～250	—	265	450～600	17	—	—
	250～400	—	265	450～600	—	—	—
材料牌号	铸件壁厚/mm	热处理	$R_{p0.2}$/MPa	R_m/MPa	A/%	Z/%	A_{kU2}/J
12Cr18Ni9	—	1010～1150℃快冷	205	520	40	60	—

续表

材料牌号	铸件壁厚/mm	热处理	$R_{p0.2}$/MPa	R_m/MPa	A/%	Z/%	A_{kU2}/J
ZG270-500	—	—	270	500	18	25	27
ZG310-570	—	—	310	570	15	21	24
QT500-7A	≤30	—	320	500	7	—	—
	30～60	—	300	450	7	—	—
	60～200	—	290	420	5	—	—
QT550-5A	≤30	—	350	550	5	—	—
	30～60	—	330	520	4	—	—
	60～200	—	320	500	3	—	—
QT600-3A	≤30	—	370	600	3	—	—
	30～60	—	360	600	2	—	—
	60～200	—	340	550	1	—	—

注：因 20 钢力学性能偏低，又不能进行调质处理，且 20 钢管的使用温度下限仅为 0℃，所以一般应尽量少采用。

1.3.2.3 热处理

用于制造缸体（筒）的铸、锻件，应采用热处理或其他降低应力的方法消除内应力。用于制造缸体（筒）的锻钢（铸钢）、优质碳素结构钢和合金结构钢等，应在加工前或粗加工后进行调质处理。采用 35、45、40Cr、42CrMo 钢调质处理的锻件制造的缸体（筒）的力学性能见表 1-8。

注：缸体（筒）的热处理或可表述为：宜在加工前或粗加工后进行调质处理。符合 JB/T 11718—2013 规定的缸筒应在交货时按供需双方的商定，供方按需方的要求对交货的缸筒的热处理状态进行特别说明。

警告：缸体（筒）不可进行在 GB/T 12603 或 GB/T 16924 中规定的工艺代号为 513 或 513-♯ 的整体热处理。

表 1-8　碳素、合金结构钢锻件力学性能（摘自 JB/T 6397—2006、GB/T 6396—2008）

材料牌号	热处理状态	截面尺寸(直径或厚度)/mm	R_m/MPa	R_{eL}/MPa	HB
35	调质	≤16	630～780	≥430	—
		16～40	600～750	≥370	—
		40～100	550～700	≥320	196～241
		100～250	490～640	≥295	189～229
		250～500	490～640	≥275	163～219
45	调质	≤16	700～850	≥500	—
		16～40	650～800	≥430	—
		40～100	630～780	≥370	207～302
		100～250	590～740	≥345	197～269
		250～500	590～740	≥345	187～255
40Cr	调质	≤100	≥540	≥735	217～269
		101～300	≥490	≥685	207～255
		301～500	≥440	≥635	196～255
		501～800	≥345	≥590	176～241
42CrMo	调质	≤100	≥650	900～1100	269～321
		101～160	≥550	800～950	241～302
		161～250	≥500	750～900	225～269
		251～500	≥460	690～840	207～255
		501～750	≥390	590～740	176～241

对于使用 JB/T 11718—2013 规定的采用焊接连接缸底（端盖）的缸体（筒），不能采用

热处理的方法消除内应力，可尝试采用如振动时效、静压拉伸等方法消除内应力，且应对所采用的方法进行工艺验证。

1.3.2.4 几何尺寸、几何公差

(1) 基本尺寸

缸体基本尺寸包括缸内径、缸体内孔位置、缸体外形、缸体（内孔）长度和油口尺寸；对于内孔与外圆同心的管状体缸筒，缸筒基本尺寸包括缸内径、缸筒外径或缸筒壁厚（优先采用缸筒壁厚）和缸筒长度。

(2) 缸内径

① 缸内径应优先选用如表 1-9 所示的推荐尺寸。

表 1-9 缸内径推荐尺寸 mm

25	(90)	(180)	(360)
32	100	200	400
40	(110)	(220)	(450)
50	125	250	500
63	(140)	(280)	
80	160	320	

注：圆括号内尺寸为非优先选用者。

对于缸内径不小于 630mm 的大型液压油缸，其缸内径应优先选用如表 1-10 所示的推荐尺寸。

表 1-10 大型液压油缸缸内径推荐尺寸 mm

630	800	950	1120	1500
710	900	1000	1250	2000

注：所谓“大型液压油缸”在现行标准中没有定义。以缸径 $D \geqslant 630$mm 的液压缸为大型液压缸或大型液压油缸，值得商榷。

② 缸内径尺寸公差宜采用 GB/T 1801—2009 规定的 H8；对用于中、低压或长的缸筒也可采用 GB/T 1801—2009 规定的 H9 或 H10。

孔 H8、H9、H10 的上极限偏差 ES 值见表 1-11。

表 1-11 孔 H8、H9、H10 的上极限偏差 ES 值（摘自 GB/T 1800.2—2009） μm

公称尺寸/mm	H8	H9	H10	公称尺寸/mm	H8	H9	H10
25	+33	+52	+84	220	+72	+115	+185
32	+39	+62	+100	250	+72	+115	+185
40	+39	+62	+100	280	+81	+130	+210
50	+39	+62	+100	320	+89	+140	+230
63	+46	+74	+120	630	+110	+175	+280
80	+46	+74	+120	710	+125	+200	+320
90	+54	+87	+140	800	+125	+200	+320
100	+54	+87	+140	900	+140	+230	+360
110	+54	+87	+140	950	+140	+230	+360
125	+63	+100	+160	1000	+140	+230	+360
140	+63	+100	+160	1120	+165	+260	+420
160	+63	+100	+160	1250	+165	+260	+420
180	+63	+100	+160	1500	+195	+310	+500
200	+72	+115	+185	2000	+230	+370	+600

(3) 缸筒外径

缸筒外径允许偏差应不超过缸筒外径公称尺寸的±0.5%。

(4) 缸筒壁厚

缸筒壁厚应根据强度计算结果，在保证有足够的安全裕量的前提下，优先选用表 1-12 中最接近的推荐值。

表 1-12　缸筒推荐壁厚　mm

缸内径 D	缸筒壁厚 δ	缸内径 D	缸筒壁厚 δ
25～70	4、5.5、6、7.5、8、10	>250～320	15、17.5、20、22.5、25、28.5
>70～120	5、6.5、7、8、10、11、13.5、14	>320～400	15、18.5、22.5、25.5、28.5、30、35、38.5
>120～180	7.5、9、10.5、12.5、13.5、15、17、19	>400～500	20、25、28.5、30、35、40、45
>180～250	10、12.5、15、17.5、20、22.5、25		

(5) 缸筒壁厚偏差

缸筒壁厚偏差应符合表 1-13 的规定。

表 1-13　缸筒壁厚允许偏差　mm

缸筒种类	缸筒壁厚 δ			
	4～7	7～13.3	13.5～20	>20
	缸筒壁厚允许偏差			
机加工	±4.5%δ	±4%δ	±3%δ	±2.5%δ
冷拔加工	±8%δ	±6%δ	±5%δ	±4.5%δ

(6) 缸筒长度

缸体（筒）内孔长度必须满足液压缸缸行程要求，长度偏差应符合表 1-14 的规定，且参考缸行程长度公差（见表 1-15）。

表 1-14　缸筒长度允许偏差　mm

缸筒长度 大于	缸筒长度 至	允许偏差
—	500	$^{+0.63}_{0}$
500	1000	$^{+1.00}_{0}$
1000	2000	$^{+1.32}_{0}$
2000	4000	$^{+1.70}_{0}$
4000	7000	$^{+2.00}_{0}$
7000	10000	$^{+2.65}_{0}$
10000	—	$^{+3.35}_{0}$

表 1-15　缸行程长度公差　mm

缸行程 s 大于	缸行程 s 至	允许偏差
—	500	$^{+2.0}_{0}$
500	1000	$^{+3.0}_{0}$
1000	2000	$^{+4.0}_{0}$
2000	4000	$^{+5.0}_{0}$
4000	7000	$^{+6.0}_{0}$
7000	10000	$^{+8.0}_{0}$
10000	—	$^{+10.0}_{0}$

(7) 几何公差

设计时，缸体（筒）内孔轴线一般被确定为基准要素。

① 内孔圆度。缸体（筒）内孔圆度分为四个等级，其公差数值以小于内径公差值的百分数表示。对应关系如下：A 级—50%；B 级—60%；C 级—70%；D 级—80%。

或可要求缸体（筒）内孔的圆度公差不低于 GB/T 1184—1996 中的 8 级。

② 内孔轴线直线度。缸筒内孔轴线直线度分为四个等级：A 级—0.06/1000；B 级—0.20/1000；C 级—0.50/1000；D 级—1.00/1000，其对应值可参考表 1-16。

注：0.06/1000 表示在 1000mm 长度上，直线度公差为 ϕ0.06mm。

③ 内孔表面素线直线度。或可要求缸体内孔表面素线任意 100mm 的直线度公差应不低于 GB/T 1184—1996 中的 7 级，直线度公差值见表 1-16。

④ 内孔表面相对素线平行度。内孔圆柱度误差由内孔圆度、内孔轴线直线度和内孔表面相对素线平行度组成，其内孔表面素线平行度公差应不低于 GB/T 1184—1996 中的 8 级，平行度公差值见表 1-16。

⑤ 内孔圆柱度。根据功能要求，缸体内孔的圆柱度公差值可单独注出，尤其当要求其圆柱度公差值小于其组成的综合结果时。缸体内孔圆柱度公差应不低于 GB/T 1184—1996 中的 8 级，圆柱度公差值见表 1-16。

⑥ 缸体（筒）端面垂直度。缸体（筒）两端端面应与内孔轴线（中心线）垂直，缸体法兰端面与缸体内孔轴线的垂直度公差应不低于 GB/T 1184—1996 中的 7 级；缸体法兰端面轴向圆跳动公差应不低于 GB/T 1184—1996 中的 8 级；垂直度和圆跳动公差见表 1-16。

⑦ 耳轴垂直度、位置度。当缸体（筒）上（前端、中部、后端）有固定耳轴时，耳轴中心线对缸体中心线的垂直度公差不应低于 GB/T 1184—1996 中的 9 级；垂直度公差值见表 1-16。耳轴中心线与缸体中心线距离不应大于 0.03mm。

表 1-16　几何公差值（摘自 GB/T 1182—2008、GB/T 1184—1996）　μm

公差类型	几何特征	有无基准	主参数/mm	6 级	7 级	8 级	9 级
形状公差	直线度	无	>250～400	20	30	50	80
			>400～630	25	40	60	100
			>630～1000	30	50	80	120
			>1000～1600	40	60	100	150
			>1600～2500	50	80	120	200
			>2500～4000	60	100	150	250
			>4000～6300	80	120	200	300
			>6300～10000	100	150	250	400
	圆度（圆柱度）	无	>30～50	4	7	11	16
			>50～80	5	8	13	19
			>80～120	6	10	15	22
			>120～180	8	12	18	25
			>180～250	10	14	20	29
			>250～315	12	16	23	32
			>315～400	13	18	25	36
			>400～500	15	20	27	40
方向公差	垂直度（平行度）	有（内孔轴线）	>40～63	20	30	50	80
			>63～100	25	40	60	100
			>100～160	30	50	80	120
			>160～250	40	60	100	150
			>250～400	50	80	120	200
			>400～630	60	100	150	250
			>630～1000	80	120	200	300
			>1000～1600	100	150	250	400
			>1600～2500	120	200	300	500
			>2500～4000	150	250	400	600
跳动公差	轴向圆跳动	有（内孔轴线）	>30～50	12	20	30	60
			>50～120	15	25	40	80
			>120～250	20	30	50	100
			>250～500	25	40	60	120
			>500～800	30	50	80	150
			>800～1250	40	60	100	200
			>1250～2000	50	80	120	250
			>2000～3150	60	100	150	300

注：内孔表面相对素线平行度为线对线平行度，基准线为与被测素线相对的另一条素线。

⑧ 当缸体（筒）与缸底（头）或端盖采用螺纹连接时，螺纹应选取 6 级精度的细牙普通螺纹 M。

1.3.2.5 机械性能

完全用机加工制成的缸筒，其机械性能应不低于所用材料的标准规定的机械性能要求。

冷拔加工的缸筒受材料和加工工艺的影响，其材料机械性能由供需双方商定。

1.3.2.6 表面质量

(1) 内孔表面

① 内孔表面粗糙度值一般应不大于 $Ra0.4\mu m$，也可根据设计要求从表 1-17 中选取。

② 内孔表面光滑，不应有目视可见的缺陷，如缩孔、夹杂（渣）、白点、波纹、划擦痕、磕碰伤、凹坑、裂纹、结疤、翘皮及锈蚀等。

表 1-17 内孔表面粗糙度 μm

等级	A	B	C	D
Ra	0.1	0.2	0.4	0.8

(2) 外表面

外表面不应有目视可见的缩孔、夹杂（渣）、折叠、波纹、裂纹、划痕、磕碰伤及冷拔时因外模有积屑瘤造成的拉痕等缺陷。

缸体（筒）上的尖锐边缘，除密封沟槽槽棱外，在工作图上未示出的，均应去掉。

缸体（筒）外表面应经防锈处理，也可采用镀层或钝化层、漆层等进行防腐。外表面在涂漆前应无氧化皮、锈坑。涂漆时应先涂防锈漆，再涂面漆，漆层不应有疤瘤等缺陷。

1.3.2.7 密实性

缸体采用锻件的应进行 100%的探伤检查，缸体经无损探伤后，应达到 JB/T 4730.3 中规定的Ⅰ级。

缸底（头）与缸体焊接的焊缝，按 GB/T 5777 规定的方法对焊缝进行 100%的探伤，质量应符合 JB/T 4730.3 中规定的Ⅰ级要求。

密实性检验按 GB/T 7735—2004 中验收等级 A 的规定进行涡流探伤，或按 GB/T 12606 中验收等级 L4 的规定进行漏磁探伤。

在耐压试验压力作用下，缸体（筒）的外表面或焊缝不得有渗漏。

注："渗漏"这一术语仅见于 GB/T 241—2007《金属管 液压试验方法》。

1.3.2.8 其他要求

① 安装密封件的导入倒角按所选用的密封件要求确定，但其与内孔交接处必须倒圆。安装密封件时需要经（通）过的沟槽、卡键槽、流道交接处等应倒圆或倒角并去毛刺。

② 一般认为缸筒（体）的光整加工工艺应与密封件（圈）的密封材料相适应；缸筒（体）珩磨内孔后宜对其进行抛光，滚压孔包括采用二刃或三刃刀具复合镗-滚（刮削滚光）工艺缸筒内孔亦可进行抛光。

注：关于滚压孔和珩孔工艺选择问题可进一步参见本书第 3.1.7 节。

③ 缸体（筒）内孔也可以进行内表面处理，包括镀硬铬等，但镀后必须抛光或研磨。

④ 必要时应对缸体（筒）的强度、刚度进行验算。

1.3.3 活塞的技术要求

在 GB/T 17446—2012 标准中界定了活塞这一术语，即：靠压力下的流体作用，在缸径中移动并传递机械力和运动的缸零件。

通常活塞通过密封件与缸孔（径）密封配合，且将缸孔（径）分割（隔）为两腔。

1.3.3.1 结构型式

液压缸活塞应有足够的强度和导向长度。对需要与活塞杆焊接连接的活塞，要求其材料有良好的焊接性。

根据活塞上密封沟槽结构型式决定活塞是采用整体式或组合式。活塞的密封系统（密封、导向等元件的组合）要合理、可靠、寿命长；活塞与活塞杆连接必须有可靠的连接结构（包括锁紧措施）、足够的连接强度，同时应便于拆装。

各种活塞结构型式请见本书第4章中各图样。

同一制造厂生产的型号相同的液压缸的活塞，必须具有互换性。

1.3.3.2 材料

用于制造活塞的常用材料如下：

① 灰铸铁牌号。如HT200、HT250、HT300等。

② 球墨铸铁牌号。如QT400-15、QT400-18、QT450-10等。

③ 碳素结构钢牌号。如Q235、Q275等。

④ 优质碳素结构钢牌号。如20、30、35、45等。

⑤ 合金结构钢牌号。如40Cr等。

⑥ 低合金高强度结构钢牌号。如Q345等。

⑦ 其他。如铝合金、复合材料、塑料等。

在液压缸耐压试验时，要保证活塞不能产生永久变形包括压溃。在额定静态压力下不得出现JB/T 5924—1991《液压元件压力容腔体的额定疲劳压力和额定静态压力试验方法》规定的被试压力容腔的任何一种失效模式。

大型液压缸活塞材料的屈服强度应不低于280MPa。

对于缸筒内孔与活塞外径配合为H8/f8或H9/f9及更小间隙配合的活塞材料不宜采用钢。

注：“压溃”这一术语除具有在GB/T 17446—2012中定义的含义外，在上述应用中还具有零件接触面间因挤压应力所造成的“压溃”这种失效（模式），但与高副机构因挤压应力而失效的模式不同。本书下文中“压溃”含义同。

1.3.3.3 热处理

CB/T 3812—2013《船用舱口盖液压缸》技术要求活塞材料采用调质处理的45钢。

与活塞杆焊接后的活塞应采用热处理或其他降低应力的方法消除内应力。

1.3.3.4 几何尺寸、几何公差

设计时，活塞内孔轴线（或活塞杆轴线）一般被确定为基准要素。

(1) 基本尺寸

活塞的基本尺寸包括活塞（名义）外径、活塞配用外径、活塞厚度、密封、导向和连接尺寸。

(2) 活塞（名义）外径

① 活塞（名义）外径应优先选用表1-18中的推荐尺寸。

表1-18 活塞（名义）外径推荐尺寸 mm

25	(90)	(180)	(360)
32	100	200	400
40	(110)	(220)	(450)
50	125	250	500
63	(140)	(280)	
80	160	320	

注：圆括号内尺寸为非优先选用者。

② 直接滑动于缸体（筒）内孔表面的活塞外径尺寸公差宜采用 GB/T 1801—2009 规定的 f8 或 f9，其配合选择为 H8/f8 或 H9/f9。

③ 标准规定的活塞配用外径。在 GB/T 6577—1986《液压缸活塞用带支承环密封沟槽型式、尺寸和公差》中规定的活塞（名义）外径 D 与活塞配用外径 D_1 尺寸见表 1-19。

表 1-19 活塞配用外径尺寸（摘自 GB/T 6577—1986） mm

D	D_1	D	D_1	D	D_1	D	D_1
25	24	(90)	88.5/88	(180)	178	(360)	357
32	31	100	98.5/98	200	197	400	397
40	39	(110)	108.5/108	(220)	217	(450)	447
50	49/48.5	125	123	250	247	500	497
63	62/61.5	(140)	138	(280)	277		
80	78.5/78	160	158	320	317		

注：圆括号内尺寸为非优先选用者。

表 1-19 中 D 尺寸与标准中密封沟槽外径（缸内径）尺寸相等；D_1 尺寸与标准中活塞配合直径尺寸相等。

④ 活塞配用外径。活塞配用外径尺寸及公差、几何公差、表面粗糙度等按相关标准和选用的密封件样本要求选取。

(3) 活塞厚度

活塞厚度由导向长度和密封结构（密封系统）决定，一般为活塞（名义）外径的 0.6～1.0 倍。

(4) 圆度公差

配合为 H8/f8 或 H9/f9 的活塞外表面圆度公差按 GB/T 1184—1996 规定的 7 级。

(5) 圆柱度公差

配合为 H8/f8 或 H9/f9 的活塞外表面圆柱度公差按 GB/T 1184—1996 规定的 8 级。

(6) 同轴度公差

活塞（配用）外表面对内孔轴线（或活塞杆轴线）的同轴度公差应不低于 GB/T 1184—1996 中规定的 8 级；配合为 H8/f8 或 H9/f9 的活塞外表面对内孔轴线（或活塞杆轴线）同轴度公差按 GB/T 1184—1996 规定的 7 级。

(7) 垂直度公差

活塞端面对轴线的垂直度公差应不低于 GB/T 1184—1996 中规定的 7 级；活塞端面对轴线径向圆跳动公差应不低于 GB/T 1184—1996 中规定的 8 级。

1.3.3.5 表面质量

(1) 外表面

① 配合为 H8/f8 或 H9/f9 的活塞外表面粗糙度值一般不大于 $Ra0.8\mu m$，也可根据设计要求从表 1-20 中选取。

② 表面不应有目视可见的缺陷，如缩孔、夹杂（渣）、白点、波纹、划擦痕、磕碰、凹坑、裂纹、结疤、翘皮及锈蚀等。

活塞上的尖锐边缘，除密封沟槽槽棱外，在工作图上未示出的，均应去掉。

表 1-20 表面粗糙度 μm

等级	A	B	C	D
Ra	0.4	0.8	1.6	3.2

(2) 端面

活塞端面表面粗糙度值一般应不大于 $Ra3.2\mu m$，也可根据设计要求从表 1-20 中选取；

但选作检验基准的端面其表面糙度值一般应不大于 $Ra0.8\mu m$。

注：作者试将“液压缸密封系统”这一术语给出如下定义：产生密封、控制泄漏和/或污染的一组按液压缸密封要求串联排列的密封件的配置。其一般由活塞密封系统和/或活塞杆密封系统两个子密封系统组成，进一步可参考《液压缸密封技术及其应用》等专著。

1.3.4 活塞杆的技术要求

在 GB/T 17446—2012 标准中界定了活塞杆这一词汇，即与活塞同轴并联为一体、传递来自活塞的机械力和运动的缸零件。

柱塞缸中因没有活塞，压力直接作用在活塞杆上，所以定义活塞杆是传递机械力和运动的缸零件则更为准确。

1.3.4.1 总则

液压缸活塞杆应有足够的强度、刚度和冲击韧度（性）。对需要焊接的组合式（空心或活塞与活塞杆焊接）活塞杆要求其材料有良好的焊接性，焊缝强度不应低于母材的强度指标，焊缝质量应达到 GB/T 3323—2005 中规定的Ⅱ级。

活塞杆与活塞连接必须有可靠的连接结构（包括锁紧措施）、足够的连接强度，同时应便于拆装（或可表述为活塞应可靠地固定在活塞上）。

活塞杆与固定式缓冲装置中的缓冲柱塞最好做成一体。

活塞杆的结构设计必须有利于提高受压时纵向抗弯曲强度和稳定性。

带有外螺纹或内螺纹端头的活塞杆上，应设置适合标准的扳手平面或钩板手孔、槽。当活塞杆太小以致无法设置规定平面的情况下，可以省去。

焊接组合的闭式空心活塞杆必须在活塞杆外连接端预留通气孔。

各种活塞杆结构型式请见本书第 4 章中各图样。

同一制造厂生产的型号相同的液压缸的活塞杆，必须具有互换性。

1.3.4.2 材料

用于制造活塞杆的材料的力学性能屈服强度一般应不低于 280MPa，对于采用铬覆盖层的活塞杆本体的抗拉强度应大于或等于 345MPa，常用材料如下：

① 优质碳素结构钢牌号。如 35、45、50 等。

② 合金结构钢牌号。如 27SiMn、30CrMo、30CrMnSiA、35CrMo、40Cr、42CrMo 等。

③ 不锈钢牌号。如 12Cr18Ni9、14Cr17Ni2 等。

④ 铸造碳钢牌号。如 ZG270-500、ZG310-570 等。

⑤ 其他。特殊使用工况条件下的材料还有锻铝、加工青铜、可锻铸铁、冷硬铸铁等。

活塞杆常用材料力学性能参见表 1-7 和表 1-8。

1.3.4.3 热处理

活塞杆一般应在粗加工后进行调质处理，结构钢调质硬度见表 1-8 或表 1-21；对于只承受单向载荷作用的活塞杆，公称压力低、缸内径小或行程短的活塞杆也可不进行调质处理。活塞杆外径滑动表面最好进行表面淬火，结构钢表面淬火硬度见表 1-21。表面淬火后必须回火。

在一定条件下，可以用正火或正火＋回火代替调质。

对于焊接的组合式（空心或活塞与活塞杆焊接的）活塞杆，应采用热处理或其他降低应力的方法消除内应力。

选用 45 钢的活塞杆调质硬度一般应为 241～286HB，滑动表面淬火＋回火后硬度应为 42～45HRC，且应较为均匀。

表 1-21　活塞杆用结构钢硬度参考值（摘自 JB/T 6397—2006、JB/T 6396—2006）

材料牌号	调质硬度（HB）	表面淬火硬度（未回火）	硬化层深度/mm	备注
35	163～241(20～26HRC)	(48～55HRC)	0.5～2.5 或按 0.03d（d 为活塞杆外径）	与活塞杆外径及回火温度有关
45	187～302(22～32HRC)	(55～60HRC)		
50	187～302(24～32HRC)	(58～63HRC)		
40Cr	176～269(24～32HRC)	(>55HRC)		
30CrMo	(22～28HRC)	(50～55HRC)		
35CrMo	176～269(24～32HRC)	(52～55HRC)		
42CrMo	176～321(28～34HRC)	(55～59HRC)		

注：括号内数据选自本书所列参考资料。

活塞杆表面硬度应较为均匀，其硬度差可参考表 1-22。

表 1-22　硬度差

活塞杆长度/mm	硬度差(HBW)	活塞杆长度/mm	硬度差(HBW)
≤2000	25	>2000	35

1.3.4.4　几何尺寸、几何公差

(1) 基本尺寸

活塞杆的基本尺寸包括活塞杆外径、活塞杆长度（滑动面长度或导向面）、活塞杆螺纹型式和尺寸（端部连接型式和尺寸）、与活塞连接型式和尺寸及缓冲柱塞型式和尺寸。

(2) 活塞杆外径

① 活塞杆外径 d 应符合 GB/T 2348—1993 的规定，见表 1-23。

表 1-23　活塞杆外径　　mm

4	20	56	160
5	22	63	180
6	25	70	200
8	28	80	220
10	32	90	250
12	36	100	280
14	40	110	320
16	45	125	360
18	50	140	

对于大型液压油缸的活塞杆外径应符合表 1-24 的规定。

表 1-24　大型液压缸活塞杆外径（摘自 JB/T 11588—2013）　　mm

缸内径	630	710	800	900	950	1000	1120	1250	1500	2000
活塞杆外径	380	440	500	560	580	620	680	760	920	1220
	450	500	580	640	640	710	780	880	1060	1420

② 活塞杆外径公差。活塞杆导向面的外径尺寸公差应不低于 GB/T 1801—2009 中的 f8。

有特殊要求的液压缸的活塞杆与导向套配合也可选用 H8/h7，但导向套材料不能采用钢。

轴 f7、f8、h7 的极限偏差见表 1-25。

(3) 活塞杆螺纹型式和尺寸

活塞杆螺纹系指液压缸活塞杆的外部连接螺纹。

标准规定的活塞杆螺纹有三种型式：内螺纹（图 1-1）、无肩外螺纹（图 1-2）、带肩外螺纹（图 1-3）。

表 1-25　轴 f7、f8、h7 的极限偏差（摘自 GB/T 1800.2—2009）　μm

公称尺寸/mm	f7	f8	h7
4	−10 −22	−10 −28	0 −12
5			
6			
8	−13 −28	−13 −35	0 −15
10			
12	−16 −34	−16 −43	0 −18
14			
16			
18			
20	−20 −41	−20 −53	0 −21
22			
25			
28			
32	−25 −50	−25 −64	0 −25
36			
40			
45			
50			
56	−30 −60	−30 −76	0 −30
63			

公称尺寸/mm	f7	f8	h7
70	−30 −60	−30 −76	0 −30
80			
90	−36 −71	−36 −90	0 −35
100			
110			
125	−43 −83	−43 −106	0 −40
140			
160			
180			
200	−50 −96	−50 −122	0 −46
220			
250			
280	−56 −108	−56 −137	0 −52
320	−62 −119	−62 −151	0 −57
360			
380			
440	−68 −131	−68 −165	0 −63
450			
500			

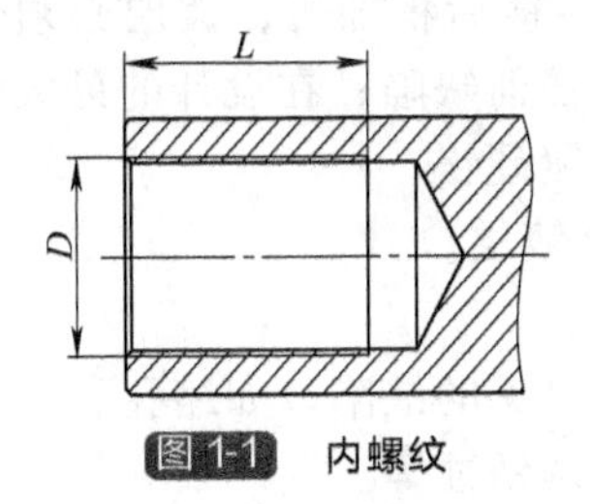

图 1-1　内螺纹

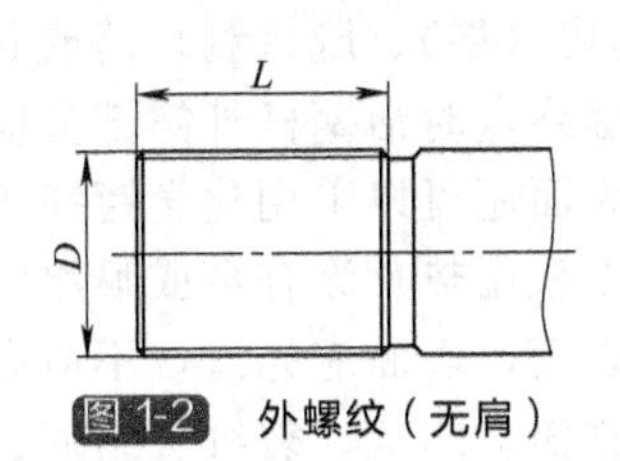

图 1-2　外螺纹（无肩）

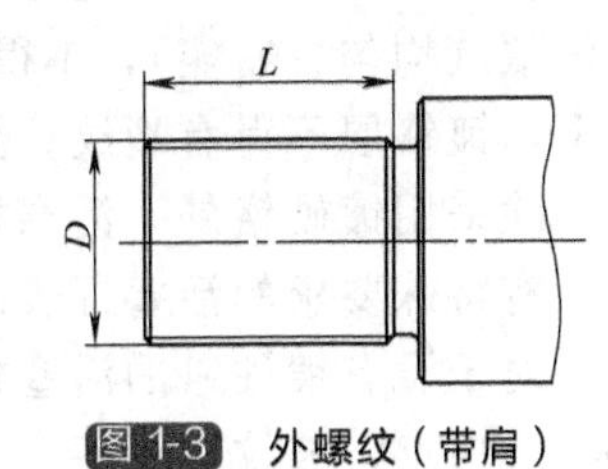

图 1-3　外螺纹（带肩）

活塞杆螺纹型式和尺寸应符合 GB 2350—1980 的规定，活塞杆螺纹尺寸应符合表 1-26 的规定。

表 1-26　活塞杆螺纹尺寸　mm

螺纹直径与螺距 $D\times t$	螺纹长度 L		螺纹直径与螺距 $D\times t$	螺纹长度 L		螺纹直径与螺距 $D\times t$	螺纹长度 L	
	短型	长型		短型	长型		短型	长型
M3×0.35	6	9	M24×2	32	48	M90×3	106	140
M4×0.5	8	12	M27×2	36	54	M100×3	112	—
M5×0.5	10	15	M30×2	40	60	M110×3	112	—
M6×0.75	12	16	M33×2	45	66	M125×4	125	—
M8×1	12	20	M36×2	50	72	M140×4	140	—
M10×1.25	14	22	M42×2	56	84	M160×4	160	—
M12×1.25	16	24	M48×2	63	96	M180×4	180	—
M14×1.5	18	28	M56×2	75	112	M200×4	200	—
M16×1.5	22	32	M64×3	85	128	M220×4	220	—
M18×1.5	25	36	M72×3	85	128	M250×6	250	—
M20×1.5	28	40	M80×3	95	140	M280×6	280	—
M22×1.5	30	44						

注：1. 螺纹长度 L 对内螺纹是指最小尺寸；对外螺纹是指最大尺寸。
2. 当需要用锁紧螺母时，采用长型螺纹长度。

活塞杆上的连接螺纹应选取6级精度的细牙普通螺纹M。

(4) 几何公差

① 活塞杆导向面（电镀前）的圆度公差应不低于GB/T 1184—1996中规定的8级；电镀后精加工（抛光或研磨）的圆度公差应不低于GB/T 1184—1996中规定的9级。

② 活塞杆导向面素线的直线度公差应不低于GB/T 1184—1996中规定的8级。

③ 活塞杆导向面的圆柱度公差应选取GB/T 1184—1996中规定的8级。

④ 用于活塞安装的端面对活塞杆轴线的垂直度公差应按GB/T 1184—1996中规定的7级选取。

⑤ 活塞杆导向面对安装活塞的圆柱轴线的径向跳动公差应不低于GB/T 1184—1996中规定的7级；或同轴度公差应不低于GB/T 1184—1996中规定的7级。

⑥ 缓冲柱塞对安装活塞的圆柱（或导向面）轴线的径向跳动公差应不低于GB/T 1184—1996中规定的7级。

⑦ 当活塞杆端部有连接销孔时，该孔径的尺寸公差应选取GB/T 1801—2009中规定的H11；销孔轴线对活塞杆轴线的垂直度公差不应低于GB/T 1184—1996中规定的9级；耳轴中心线与缸体中心线距离不应大于0.03mm。

⑧ 活塞杆的导向面与（导向套）配合面的同轴度公差应不低于GB/T 1184—1996中规定的8级。

1.3.4.5 表面质量

① 活塞杆与导向套配合滑动表面应镀硬铬，铬覆盖层厚度（指单边、抛光或研磨后）一般在0.03～0.05mm范围内；铬覆盖层硬度在800～1000HV；镀后精加工；镀层必须光滑细致（均匀、密实），不得有起皮（层）、脱（剥）落或起泡等任何缺陷；在设计的最大载荷下，镀铬层不得有裂纹。缸回程终点时活塞杆外露部分应一同镀硬铬。

除采用镀硬铬外，活塞杆外表面还可以采用化学镀镍-磷合金镀层。

有特殊要求的活塞杆表面可以采用热喷涂合金或喷涂陶瓷层。

对于没有镀硬铬的活塞杆外表面，表面应光滑，不应有目视可见的缺陷，如缩孔、夹杂（渣）、白点、波纹、划擦痕、磕碰伤、凹坑、裂纹、结疤、翘皮及锈蚀等。

活塞杆上的尖锐边缘，除活塞与活塞杆一体结构上的密封沟槽槽棱外，在工作图上未示出的，均应去掉。

② 活塞杆与导向套的配合滑动表面粗糙度值一般应不大于$Ra0.4\mu m$，也可根据设计要求从表1-27中选取。

表1-27 表面粗糙度

μm

等级	A	B	C	D	E	F	G
Ra	0.1	0.2	0.25	0.32	0.4	0.63	0.8

1.3.4.6 其他要求

① 安装密封件的导入倒角按所选用的密封件要求确定，但与外径交接处必须倒圆。

② 活塞杆成品应保留完好的中心孔。

③（液压缸带动的）滑块有意外下落危险的活塞杆连接型式，设计时应进行风险评估，并应给出预期使用寿命；达到预期使用寿命的要求时用户必须自觉、及时地更换活塞杆。

④ 柱塞缸等在试验、安装、调试、使用和维修中有活塞杆可能射出（脱节）的，应有行程极限位置限位装置。在限位装置无效、解除或拆除后，不得对液压缸各工作腔施压，以防止液压缸失效而产生的各种危险。

1.3.5 缸盖的技术要求

1.3.5.1 结构型式

此处缸盖特指液压缸的有杆端端盖（缸头）。

缸盖可以与导向套制成整体结构，也可制成分体结构（压盖）；还可根据缸盖与缸体（筒）、活塞杆及导向套间是否有密封而分为密封缸盖和非密封缸盖。

缸盖与缸体（筒）连接必须有可靠的连接结构（包括锁紧措施）、足够的连接强度，同时应便于拆装。

缸盖与缸体（筒）连接通常有法兰连接、内（外）螺纹连接、内（外）卡键连接、拉杆连接等；因一般要求缸盖要便于拆装，所以，缸盖与缸体（筒）通常不采用焊接连接。

因缸盖上液压缸油口开设位置不同，分轴向油口和径向油口。

各种缸盖结构型式请见本书第4章中各图样。

同一制造厂生产的型号相同的液压缸的整体结构缸盖，必须具有互换性。

1.3.5.2 材料

一体结构缸盖的常用材料如下：

① 碳素结构钢牌号。如Q235、Q275等。

② 优质碳素结构钢牌号。如20、30、35、45等。

③ 合金结构钢牌号。如27SiMn、30CrMo、40Cr等。

④ 低合金高强度结构钢牌号。如Q345等。

⑤ 不锈钢牌号。如12Cr18Ni9、14Cr17Ni2等。

⑥ 铸造碳钢牌号。如ZG270-500、ZG310-570等。

⑦ 灰铸铁牌号。如HT200、HT250、HT300等。

⑧ 球墨铸铁牌号。如QT400-15、QT400-18、QT450-10等。

⑨ 其他。如双金属、(压）铸铝、铸铜等。

在液压缸耐压试验时，要保证缸盖不能产生永久变形包括压溃。在额定静态压力下不得出现JB/T 5924—1991《液压元件压力容腔体的额定疲劳压力和额定静态压力试验方法》规定的被试压力容腔的任何一种失效模式。

大型液压缸的缸盖材料的屈服强度应不低于280MPa。

对于缸盖内孔与活塞杆外径配合为H8/f7、H8/h7、H8/f8、H9/f9的缸盖材料不能采用钢。

1.3.5.3 热处理

缸盖一般应在粗加工后进行调质处理，尤其是未经正火或退火的锻钢和铸钢更应该在粗加工后进行热处理，但淬火后必须高温回火。

对于缸内径小、公称压力低、使用工况好的液压缸缸盖或使用非调质钢制造的缸盖也可不进行热处理。

1.3.5.4 几何尺寸、几何公差

设计时，缸盖内孔轴线一般被确定为基准要素。

(1) 基本尺寸

整体结构法兰连接密封缸盖基本尺寸包括缸盖内径、外径、(导向）长度、密封、导向和法兰尺寸。

(2) 缸盖内径

① 缸盖（名义）内径应优先选用如表1-28所示的推荐值。

表 1-28　缸盖（名义）内径推荐尺寸　　mm

4	20	56	160
5	22	63	180
6	25	70	200
8	28	80	220
10	32	90	250
12	36	100	280
14	40	110	320
16	45	125	360
18	50	140	

② 缸盖相当于导向套的部分内径尺寸公差应不低于 GB/T 1801—2009 中的 H9；一般选取 H8。

(3) 缸盖外径

① 缸盖外径［与缸体（筒）的配合部分］尺寸应优先选用如表 1-29 所示的推荐值。

表 1-29　缸盖外径推荐尺寸　　mm

25	(90)	(180)	(360)
32	100	200	400
40	(110)	(220)	(450)
50	125	250	500
63	(140)	(280)	
80	160	320	

注：圆括号内尺寸为非优先选用者。

② 缸盖与缸体（筒）的配合部分外径尺寸公差一般选取 GB/T 1801—2009 中的 f7；但一些专门用途液压缸或有特殊要求的液压缸，其缸盖与缸体（筒）的配合可以在 H7/k6 或 H8/k7～H8/g7 间选取。

(4) 法兰尺寸

标准冶金设备用液压缸（PN≤25MPa）缸盖法兰外径尺寸见表 1-30。

表 1-30　冶金设备用液压缸（PN≤25MPa）缸盖法兰外径尺寸　　mm

缸内径	40	50	63	80	100	125	140	160	200	220	250	320
缸筒外径	57	63.5	76	102	121	152	168	194	245	273	299	377
法兰外径	85	105	120	135	165	200	220	265	320	355	395	490

液压缸进出油孔、固定螺栓、排气阀、压盖、支架的圆周分布位置见 GB/T 6134—2006 附录 A（规范性附录）液压缸图样设计。

标准冶金设备用液压缸（PN≤16MPa）缸盖法兰外径尺寸见表 1-31。

表 1-31　冶金设备用液压缸（PN≤16MPa）缸盖法兰外径尺寸　　mm

缸内径	50	63	80	100	125	160	200	250
缸筒外径	63.5	76	102	121	152	194	245	299
法兰外径	106	120	136	160	188	266	322	370

液压缸进出油孔、固定螺栓、排气阀、压盖、支架的圆周分布位置见 GB/T 2162—2007　附录 A（规范性附录）液压缸图样设计。

(5) 几何公差

① 缸盖内孔的圆度公差应不低于GB/T 1184—1996中规定的7级。

② 缸盖内孔的圆柱度公差应不低于GB/T 1184—1996中规定的8级。

③ 缸盖与缸体（筒）的配合部分的圆柱度应不低于GB/T 1184—1996中规定的8级。

④ 缸盖外表面[与缸体（筒）的配合部分]对缸盖内孔（相当于导向套的部分）轴线的同轴度公差应不低于GB/T 1184—1996中规定的7级。

⑤ 缸盖与压盖或与缸体抵靠的（法兰）端面和安装于液压缸有杆腔内端面对缸盖内孔轴线的垂直度公差应不低于GB/T 1184—1996中规定的7级。

1.3.5.5 表面质量

(1) 内孔表面

① 内孔表面粗糙度值应不大于$Ra1.6\ \mu m$，一般选取$Ra0.8\mu m$，也可根据设计要求从表1-32中选取。

② 内孔表面光滑，不应有目视可见的缺陷，如缩孔、夹杂（渣）、白点、波纹、划擦痕、磕碰伤、凹坑、裂纹、结疤、翘皮及锈蚀等。

表1-32 内孔表面粗糙度 μm

等级	A	B	C	D
Ra	0.2	0.4	0.8	1.6

(2) 端面

缸盖安装于有杆腔内的端面表面粗糙度值应不大于$Ra1.6\mu m$；但选作检验基准的端面其表面粗糙度值一般应不大于$Ra0.8\mu m$。

(3) 外表面

外表面不应有目视可见的缩孔、夹杂（渣）、折叠、波纹、裂纹、划痕、磕碰伤及冷拔时因外模有积屑瘤造成的拉痕等缺陷。

缸盖上的尖锐边缘，除密封沟槽槽棱外，在工作图上未示出的，均应去掉。

缸盖外表面应经防锈处理，也可采用镀层或钝化层、漆层等进行防腐。外表面在涂漆前应无氧化皮、锈坑。涂漆时应先涂防锈漆、再涂面漆，漆层不应有疤瘤等缺陷。

1.3.6 缸底的技术要求

1.3.6.1 总则

液压缸缸底应有足够的强度、刚度和抗冲击韧度（性）。对需要后期与缸体（筒）焊接的缸底，要求其材料有良好的焊接性，焊缝强度不应低于母材的强度指标，焊缝质量应达到GB/T 3323中规定的Ⅱ级。

缸底与缸体（筒）焊接的焊缝，按GB/T 5777—2008规定的方法对焊缝进行100%的探伤，质量应符合JB/T 4730.3—2005中规定的Ⅰ级要求。

缸底与缸体（筒）连接必须有可靠的连接结构（包括锁紧措施、足够的连接强度等）。

同一制造厂生产的型号相同的液压缸的缸底（缸体），必须具有互换性。

1.3.6.2 结构型式

此处缸底特指液压缸无杆端端盖（缸尾）。

根据液压缸安装型式不同，缸底同后端固定单（双）耳环、圆（方、矩）形法兰等制成一体结构。

液压缸缓冲装置除缓冲柱塞外一般都设置在缸底上。

因缸底上液压缸油口开设位置不同，分轴向油口和径向油口。

除缸底同缸体（筒）为一体结构外，其他缸底与缸体（筒）连接型式通常有法兰连接、内（外）螺纹连接、拉杆连接、焊接等，其中缸底与缸体（筒）采用焊接是最常见的连接（固定）型式，即采用锁底对接焊缝固定方式的焊接式缸底。

采用焊接式缸底的缸体（筒）一般称为密闭式缸体（筒）或缸形缸体（筒）。

焊接式缸底或锻造缸形缸体（筒）的内端面型式多为平盖形，其他还有椭圆形、碟形、球冠形和半球形等型式的凹面形缸底，而缸底（中心）上开设轴向进出油孔（口）或充液阀安装孔的缸底称为有孔缸底。

各种缸底结构型式请见本书第 4 章中各图样。

1.3.6.3 材料

用于制造缸底的材料的屈服强度应不低于 280MPa，常用材料如下：

① 优质碳素结构钢牌号。如 20、30、35、45、20Mn、25Mn 等。

② 合金结构钢牌号。如 27SiMn、30CrMo、40Cr，42CrMo 等。

③ 低合金高强度结构钢牌号。如 Q345 等。

④ 不锈钢牌号。如 12Cr18Ni9 等。

⑤ 铸造碳钢牌号。如 ZG270-500、ZG310-570 等。

⑥ 球墨铸铁牌号。如 QT500-7、QT550-3、QT600-3 等。

在液压缸耐压试验时，要保证缸底不能产生永久变形包括压溃。在额定静态压力下不得出现 JB/T 5924—1991《液压元件压力容腔体的额定疲劳压力和额定静态压力试验方法》规定的被试压力容腔的任何一种失效模式。

1.3.6.4 热处理

用于制造缸底的铸锻件，应采用热处理或其他降低应力的方法消除内应力。

缸底一般应在粗加工后进行调质处理，尤其是未经正火或退火的锻钢和铸钢更应该在粗加工后进行热处理，但淬火后必须高温回火，并注意在本书第 1.3.2 节的警告。

对于缸内径小、公称压力低、使用工况好的液压缸缸底或使用非调质钢制造的缸底也可不进行热处理。

1.3.6.5 几何尺寸、几何公差

设计时，缓冲孔轴线一般被确定为基准要素。

(1) 基本尺寸

焊接式缸底基本尺寸包括缸底止口直径、止口高度、外径、缸底厚和连接尺寸；在缸底上设计有缓冲装置（如缓冲腔孔等）的，另行规定。

(2) 止口直径

① 止口直径按所配装缸（体）筒内径选取。

② 止口直径尺寸公差一般应按 GB/T 1801—2009 中规定的 js7 选取；在缸底上设计有缓冲腔孔的，其缸底与缸体（筒）的配合可以选取 H7/k6 或 H8/k7。

(3) 止口高度

焊接式缸底的止口高度应能使活塞密封远离平接焊缝 20mm 以上。

(4) 缸底厚度

缸底厚度一般可按缸筒壁厚的 1.2～1.3 倍选取。

平盖形锻钢缸底厚度可以按照四周嵌住（固定）的圆盘强度公式进行近似计算，本书参考文献中多数推荐使用公式 $\delta=0.433D\sqrt{\frac{p}{[\sigma]}}$（mm）计算缸盖厚度，但 D、p、$[\sigma]$ 各有说法。本书作者建议采用：D 为缸内径，mm；p 为液压缸耐压试验压力，MPa；$[\sigma]$ 为缸底材料的许用应力，$[\sigma]=\sigma_s/n_s$，安全系数 n_s 可按 4～4.5 选取。

需要说明的是，如果是中心有孔的（包括设有缓冲腔孔、非通孔的）平盖形缸底厚度，推荐的近似计算公式为 $\delta = 0.433D\sqrt{\frac{pD}{(D-d)[\sigma]}}$ （mm），其中 d 为缸底中心孔直径，单位为 mm。

注：铸铁、铸钢以及凹面形缸底厚度计算还可进一步参考本书第 2.1 节。

(5) 几何公差

① 止口（缸底与缸体配合处）的圆柱度应不低于 GB/T 1184—1996 中规定的 8 级。

② 止口对缓冲孔轴线的同轴度公差应不低于 GB/T 1184—1996 中规定的 7 级。

③ 缸底与缸体配合的端面与缸底轴线的垂直度公差应不低于 GB/T 1184—1996 中规定的 7 级。

④ 螺纹油口密封面对螺纹中径垂直度公差应不低于 GB/T 1184—1996 中规定的 6 级；也可按 GB/T 19674.1—2005 选取。

⑤ 销孔轴线对缸体（筒）轴线的垂直度公差应不低于 GB/T 1184—1996 中规定的 9 级。

1.3.6.6 表面质量

外表面不应有目视可见的缩孔、夹杂（渣）、折叠、波纹、裂纹、划痕、磕碰伤及锈蚀等缺陷。

缸底上的尖锐边缘，除密封沟槽槽棱外，在工作图未示出的，均应去掉。

缸底外表面应经防锈处理，也可采用镀层或钝化层、漆层等进行防腐。外表面在涂漆前应无氧化皮、锈坑。涂漆时应先涂防锈漆、再涂面漆，漆层不应有疤瘤等缺陷。

1.3.6.7 密实性

缸底采用锻件的应进行 100%的探伤检查，缸体经无损探伤后，应达到 JB/T 4730.3—2005 中规定的Ⅰ级。

密实性检验按 GB/T 7735—2004 中验收等级 A 的规定进行涡流探伤，或按 GB/T 12606—1999 中验收等级 L4 的规定进行漏磁探伤。

在耐压试验压力作用下，缸底的外表面或焊缝不得有渗漏。

1.3.7 导向套的技术要求

导向套是对活塞杆起导向作用的套形缸零件。

1.3.7.1 结构型式

导向套可以与缸盖制成一（整）体结构，也可制成分体结构，即所谓缸盖式和轴套式。一般导向套内、外圆柱面上都设计、加工有密封沟槽，用于（相当于）活塞静密封、活塞杆动密封以及活塞杆防尘（密封）。

对于钢制导向套，其内孔还必须加工有支承环安装沟槽，用于活塞杆导向和支承。

导向套必须定位（有锁定措施）且应便于拆装。

各种导向套结构型式请见本书第 4 章中各图样。

同一制造厂生产的型号相同的液压缸的导向套，必须具有互换性。

1.3.7.2 材料

导向套的常用材料如下：

① 灰铸铁牌号。如 HT150、HT200、HT250、HT300 等。

② 可锻铸铁牌号。如 KTZ650-02、KTZ700-02 等。

③ 蠕墨铸铁牌号。如 RuT300、RuT340、RuT380、RuT420 等。

④ 球墨铸铁牌号。如 QT400-15、QT400-18、QT450-10、QT500-7 等。

⑤ 碳钢、铸造碳钢等。

⑥ 其他。如双金属、（压）铸铝、铸铜、塑料（非金属材料），以及耐磨铸铁（HT-1、HT-2、HT3、QT-1、QT-2、KT-1、KT-2）等。

注：耐磨铸铁牌号参考了化学工业出版社《现代机械设计手册》第 2 卷 8～14 页。

在液压缸耐压试验时，要保证导向套不能产生永久变形包括压溃。在额定静态压力下不得出现 JB/T 5924—1991《液压元件压力容腔体的额定疲劳压力和额定静态压力试验方法》规定的被试压力容腔的任何一种失效模式。

对于导向套内孔与活塞杆外径配合为 H8/f7、H8/h7、H8/f8、H9/f9 的导向套材料不能采用钢。

1.3.7.3 热处理

应采用热处理或其他降低应力的方法消除内应力。

钢制导向套一般应进行调质处理；铸铁可进行表面淬火。

1.3.7.4 几何尺寸、几何公差

设计时，导向套内孔一般被确定为基准要素。

(1) 基本尺寸

导向套基本尺寸包括导向套（名义）内径、配用内径、外径、（导向或支承）长度、密封、导向和定位（锁定）尺寸。

(2) 导向套内径

① 导向套（名义）内径应优先选用如表 1-33 所示的推荐值。

表 1-33 导向套（名义）内径推荐尺寸 mm

4	20	56	160
5	22	63	180
6	25	70	200
8	28	80	220
10	32	90	250
12	36	100	280
14	40	110	320
16	45	125	360
18	50	140	

对于非钢制导向套内径可按表 1-33 选取。

② 导向套内径尺寸公差应不低于 GB/T 1801—2009 中规定的 H9；一般选取 H8。

③ 导向套配用内径。对于内孔安装导向环（带）或支承环的导向套，一般只有导向环（带）或支承环与活塞杆外径 d 表面接触，而导向套配用内径表面与活塞杆外径 d 表面不接触。

装配间隙 g［GB/T 5719—2006 定义为密封装置中配合偶件之间的（单边径向）间隙］一般可按表 1-34 选取；设计时也可根据选用的密封件产品样本中的技术要求选取。

设计时导向套配用内径按下式计算：导向套配用内径$=d+2g$，并在 H7～H10 之间给出公差值。

(3) 导向套外径

① 一般导向套外径圆柱表面上都加工有密封沟槽，并与缸体（筒）内径配合，所以导向套外径尺寸按缸体（筒）内径值选取。

表 1-34 导向套与活塞杆装配间隙参考值 mm

活塞杆外径 d	g_{max}			活塞杆外径 d	g_{max}		
	10MPa	20MPa	40MPa		10MPa	20MPa	40MPa
4	0.30	0.20	0.15	56	0.70	0.40	0.25
5	0.30	0.20	0.15	63	0.70	0.40	0.25
6	0.30	0.20	0.15	70	0.70	0.40	0.25
8	0.40	0.25	0.15	80	0.70	0.40	0.25
10	0.40	0.25	0.15	90	0.70	0.40	0.25
12	0.40	0.25	0.15	100	0.70	0.40	0.25
14	0.40	0.25	0.15	110	0.70	0.40	0.25
16	0.40	0.25	0.15	125	0.70	0.40	0.25
18	0.40	0.25	0.15	140	0.70	0.40	0.25
20	0.50	0.30	0.20	160	0.70	0.40	0.25
22	0.50	0.30	0.20	180	0.70	0.40	0.25
25	0.50	0.30	0.20	200	0.80	0.60	0.35
28	0.50	0.30	0.20	220	0.80	0.60	0.35
32	0.50	0.30	0.20	250	0.80	0.60	0.35
36	0.50	0.30	0.20	280	0.90	0.70	0.40
40	0.70	0.40	0.25	320	0.90	0.70	0.40
45	0.70	0.40	0.25	360	0.90	0.70	0.40
50	0.70	0.40	0.25				

② 导向套外径尺寸公差选取 GB/T 1801—2009 中规定的 f7；但一些专门用途液压缸或有特殊要求的液压缸，其导向套与缸体（筒）的配合可以在 H7/k6 或 H8/k7～H8/g7 间选取。

(4) 导向套（导向或支承）**长度**

导向套长度一般是指导向套的导向长度或支承长度，导向套长度确定应考虑以下因素：

① 液压缸使用工况。

② 液压缸安装方式。

③ 液压缸基本参数。

④ 液压缸强度、刚度和寿命设计裕度。

⑤ 活塞杆受压时纵向抗弯曲强度和稳定性。

一般导向套导向长度或支承长度 $B>0.7d$。

(5) 几何公差

① 导向套内孔的圆度公差应不低于 GB/T 1184—1996 中规定的 7 级。

② 导向套内孔的圆柱度公差应不低于 GB/T 1184—1996 中规定的 8 级。

③ 导向套与缸体（筒）的配合部分的圆柱度应不低于 GB/T 1184—1996 中规定的 8 级。

④ 导向套外表面［与缸体（筒）的配合部分］对导向套内孔（相当于导向套的部分）轴线的同轴度公差应不低于 GB/T 1184—1996 中规定的 7 级。

⑤ 导向套（有杆腔内）端面对内孔轴线的垂直度公差应不低于 GB/T 1184—1996 中规定的 7 级。

1.3.7.5 表面质量

(1) 内孔表面

① 内孔表面粗糙度值应不大于 $Ra1.6\mu m$，一般选取 $Ra0.8\mu m$，也可根据设计要求从表 1-35 中选取。

② 内孔表面光滑，不应有目视可见的缺陷，如缩孔、夹杂（渣）、白点、波纹、划擦

痕、磕碰伤、凹坑、裂纹、结疤、翘皮及锈蚀等。

表 1-35　内孔表面粗糙度

μm

等级	A	B	C	D
Ra	0.2	0.4	0.8	1.6

(2) 端面

导向套安装于有杆腔内的端面表面粗糙度值应不大于 *Ra*1.6μm；但选作检验基准的端面其表面糙度值一般应不大于 *Ra*0.8μm。

(3) 外表面

外表面不应有目视可见的缩孔、夹杂（渣）、折叠、波纹、裂纹、划痕、磕碰伤及冷拔时因外模有积屑瘤造成的拉痕等缺陷。

导向套上的尖锐边缘，除密封沟槽槽棱外，在工作图未示出的，均应去掉；尤其是开有润滑槽的各处倒角。

外表面应经防锈处理，也可采用镀层或钝化层等。

1.3.8　密封装置的技术要求

液压缸密封的含义之一是指液压缸密封装置，这些密封装置是组成液压缸的重要装置之一，用于密封所有往复运动处（动密封）及连接处（静密封）。液压缸密封一般包括活塞密封、活塞杆密封、缸体（筒）组件间密封、活塞与活塞杆组件间密封、油口处密封等。液压缸密封装置通常还包括活塞杆防尘（密封）及活塞和活塞杆导向和支承。

液压缸密封的另一含义是相对液压缸泄漏而言的，表述了与泄漏这种现象或状态相反的另一种现象或状态。

液压缸的泄漏是指液压工作介质越过容腔边界，由高压侧向低压侧流出的现象。泄漏又分内泄漏和外泄漏。

液压缸各相关标准及参考文献中经常使用“渗漏”这一术语描述液压缸泄漏，但作者认为不妥。本书所列液压缸设计及制造的相关标准中，只有 GB/T 241—2007《金属管　液压试验方法》中定义了“渗漏”这一术语：“在试验压力下，金属管基体的外表面或焊缝有压力传递介质出现的现象。”其定义并不包括液压工作介质通（穿）过密封装置这种现象或状态。

在现行各液压缸标准中，液压缸密封技术要求是其重要的组成部分，液压缸设计与制造就是要满足这些技术要求。下文所列各标准中的液压缸密封技术要求尽管表述各不相同，但主要是对液压缸静密封和动密封性能的要求。

在规定条件下，液压缸密封的耐压性包括耐高压性和耐低压性、耐久性以及与液压缸密封相关的其他性能，如启动压力、最低速度等，一般情况下在液压缸设计及制造中都必须保证。

以本书作者对液压缸密封技术及其设计的现有认知水平理解下列各液压缸标准，其中有不尽合理的或错误的技术要求，如外泄漏指标、最低速度要求以及试验压力（公称压力或额定压力）确定等，敬请各位液压缸设计与制造者在确定液压缸密封技术要求（条件）时注意。

1.3.8.1　液压缸密封的一般技术要求

(1) GB/T 13342—2007《船用往复式液压缸技术条件》中对密封的要求

① 环境温度为−25～+65℃时，液压缸应能正常工作。

注：所谓正常工作（状态）是指液压缸在规定的工作条件下，其各性能参数（值）变化均在预定范围

内的工作（状态）。

② 工作介质温度在－15℃时，液压缸应无卡滞现象。

③ 工作介质温度为＋70℃时，液压缸各结合面应无泄漏。

④ 液压缸中的密封件应能耐高温、耐腐蚀、耐老化、耐水解且密封性能好，既能满足油液的密封，又能满足海洋性空气环境的要求。

⑤ 液压缸在承受1.5倍公称压力时，密封、焊缝处不应有泄漏。

⑥ 双作用活塞式液压缸的内泄漏量不应大于规定值。

⑦ 液压缸各密封处和运动时，不应有外泄漏。

⑧ 双作用活塞式液压缸，活塞全程换向5万次，活塞杆外泄漏不成滴。

⑨ 双作用活塞式液压缸换向5万次后，活塞每移动100m时，当活塞直径$d \leqslant 50$mm时，外泄漏量应不大于0.01mL；当活塞杆直径$d > 50$mm时，外泄漏量应不大于0.0002dmL。

⑩ 柱塞式液压缸，柱塞全程换向2.5万次，柱塞杆处外泄漏应不成滴。

⑪ 柱塞式液压缸换向2.5万次后，柱塞每移动100m时，当柱塞杆直径$d \leqslant 50$mm时，外泄漏量应不大于0.01mL；当柱塞杆直径$d > 50$mm时，外泄漏量应不大于0.0002dmL。

⑫ 当液压缸内径$D \leqslant 200$mm时，液压缸的最低稳定速度为4mm/s；当液压缸内径$D >$ 200mm时，液压缸的最低温度速度为5mm/s。

注：在GB/T 13342—2007中两处涂有底色的外泄漏量规定值的正确性值得商榷；另外，“液压缸各密封处和运动时，不应有外泄漏。”这样的技术要求也不尽合理。

(2) JB/T 6134—2006《冶金设备用液压缸（$PN \leqslant 25$MPa）》中对密封的要求

① 本标准适用于公称压力$PN \leqslant 25$MPa、环境温度为－20～＋80℃的冶金设备 用液压缸。

② 在活塞一侧施加公称压力，测量活塞另一侧的内泄漏（量）应不大于规定（值）。当行程大于1m时，还须测量行程中间位置的内泄漏量。

③（外泄漏）活塞杆移动距离为100m时，活塞杆防尘圈处漏油总量应不大于0.002dmL。而其他部分不得漏油。

(3) JB/T 9834—2014《农用双作用油缸　技术条件》中对密封的技术要求

① 本标准适用于额定压力不大于20MPa的农用双作用油缸（以下简称油缸）。

② 试验用油推荐采用N100D拖拉机传动、液压两用油或黏度相当的矿物油。油液在40℃时的运动黏度应为90～110mm^2/s，或在65℃时的运动黏度应为25～35mm^2/s。

③ 在试运行试验中，活塞运动均匀，不得有爬行、外渗漏等不正常现象。

④ 在耐压性试验中，活塞分别位于油缸两端，向空腔供油，使油压为试验压力的1.5倍工作压力下，保压2min，不得有外渗漏、机械零件损坏或永久变形等现象。

⑤ 在内泄漏试验中，在试验压力下10min内由内泄漏引起的活塞移动量不大于1mm。

⑥ 在外渗漏试验中，活塞移动100m，活塞杆处泄漏量不大于0.008d mL［d为活塞杆直径，单位为毫米（mm）］。其他部分不得漏油。

⑦ 在高温性能试验中，油温在90～95℃时，液压缸能正常运行，活塞杆处漏油量不大于上述外泄漏试验中规定值的2倍，其他部位无外泄漏现象。

⑧ 在低温性能试验中，环境温度在－25～－20℃时，液压缸能正常运行。

⑨ 在耐久性试验中，液压缸耐压试验后，内外泄漏油量不得大于上述内泄漏、外泄漏试验中规定值的2.5倍。零件不得有损坏现象。

(4) JB/T 10205—2010《液压缸》中对密封的要求

① 本标准适用于公称压力在31.5MPa以下，以液压油或性能相当的其他矿物油为工作

介质的单、双作用液压缸。

② 般情况下，液压缸工作的环境温度应在－20～＋50℃范围，工作介质温度应在－20～＋80℃范围。

③ 双作用液压缸的内泄漏量不得大于规定值。

④ 活塞式单作用液压缸的内泄漏量不得大于规定值。

⑤ 双作用液压缸外泄漏量（按行程≤500mm）换向5万次，活塞杆处外泄漏不成滴。

⑥ 双作用液压缸外泄漏量（按行程≤500mm）换向5万次后，活塞杆处外泄漏量不得大于规定值。

⑦ 活塞式单作用液压缸（按行程≤500mm）换向4万次，活塞杆处外泄漏不成滴。

⑧ 活塞式单作用液压缸（按行程≤500mm）换向4万次后，活塞杆处外泄漏量不得大于规定值。

⑨ 柱塞式单作用液压缸（按行程≤500mm）换向2.5万次，柱塞处外泄漏不成滴。

⑩ 柱塞式单作用液压缸（按行程≤500mm）换向2.5万次后，活塞杆处外泄漏量不得大于规定值。

⑪ 多级套筒式单、双作用液压缸（按行程≤500mm）换向1.6万次，套筒处外泄漏不成滴。

⑫ 多级套筒式单、双作用液压缸（按行程≤500mm）换向1.6万次后，套筒处外泄漏量不得大于规定值。

⑬ 活塞杆密封处无油液泄漏，（低压下的泄漏）试验结束时，活塞杆上的油膜应不足以形成油滴或油环。

⑭ 所有静密封处及焊接处无油液泄漏。

⑮ 液压缸安装的节流和（或）缓冲元件无油液泄漏。

⑯ 耐久性试验后，内泄漏量增加值不得大于规定值的2倍。

⑰ 试验用油液应与被试液压缸的密封件材料相容。

⑱ 在额定压力下，向被试液压缸输入90℃的工作油液，全行程往复运行1h，应符 合与用户商定的性能要求。

(5) JB/T 11588—2013《大型液压油缸》中对密封的要求

① 本标准适用于内径不小于630mm的大型液压缸。矿物油、抗燃油、水乙二醇、磷酸酯工作介质可根据需要选取。

② 液压油缸的内泄漏量不应超过规定值。

③ 液压油缸在活塞杆停止在两端，在公称工作压力下，保压30min，不得有外部泄漏。

④ 液压缸在进行耐压试验时，向工作腔施加1.5倍公称工作压力，出厂试验保压10s，不得有外泄漏。

⑤ 试验用油液应与液压缸的密封件材料相容。

⑥ 在最低启动压力下，使液压油缸全程往复运动3次以上，每次在行程端部停留至少10s，出现在活塞杆上的油膜不足以形成油滴或油环，所有静密封及焊接处无油液泄漏。

(6) CB/T 3812—2013《船用舱口盖液压缸》中对密封的要求

① 当液压缸内径D≤200mm时，液压缸的最低稳定速度为8mm/s；当液压缸内径D>200mm时，液压缸的最低温度速度为10mm/s。

② 液压缸的内泄漏量不应大于规定值。

③ 液压缸耐压试验的压力为公称压力的1.5倍，在保压时间（5min）内其液压缸应无泄漏。

④ 各静密封处和动密封处静止时，不应有外泄漏。

⑤ 活塞杆动密封处换向 1 万次后，外泄漏不成滴。每移动 100mm：当活塞直径 $d \leqslant$ 50mm 时，外泄漏量应不大于 0.05mL/min；当活塞杆直径 $d >$ 50mm 时，外泄漏量应不大于 0.001dmL/min。

⑥ 在公称压力下，连续往复运动 5000 次无故障。

注：在 CB/T 3812—2013 中活塞杆动密封处外泄漏量规定值与 GB/T 13342—2007 的规定不符。

(7) QC/T 460—2010《自卸汽车液压缸技术条件》中对密封的要求

① 本标准适用于以液压油为工作介质的自卸汽车举升系统用单作用活塞式液压缸、双作用单活塞杆液压缸、单作用柱塞式液压缸、单作用伸缩式套筒液压缸和末级双作用伸缩式套筒液压缸（以下简称液压缸）。

② 在进行内泄漏、外泄漏和耐压试验时，液压缸不得有外泄漏。

③ 液压油缸的内泄漏量不应超过规定值（额定压力下，保压 30s）。

④ 在额定压力下，液压缸能全行程往复运行 5 万次或全行程往复 50km。液压缸全行程往复运动 1 万次或全行程往复 10km 之前，不得有外泄漏；此后每往复运动 100 次或全行程往复运动 100m，对活塞杆、柱塞及套筒直径小于或等于 50mm 的液压缸，外泄漏量应小于或等于 0.1mL；对活塞杆、柱塞及套筒直径大于 50mm 的液压缸，外泄漏量应小于或等于 0.002dmL（d 为直径，mm）。

(8) MT/T 900—2000《采掘机械用液压缸技术条件》中对密封的要求

① 本标准适用于以液压油为工作介质，额定压力不高于 31.5MPa 的采掘机械用液压缸。

② 液压油缸的内泄漏量不应超过规定值。

③ 除活塞杆处外，不得有外泄漏。

④ 活塞杆静止时不得有外泄漏。

⑤ 活塞换向 5 万次，活塞杆处外泄漏不成滴。

⑥ 换向 5 万次后，合格品液压缸活塞每移动 200m（一等品液压缸活塞每移动 100m）：当活塞杆径 $d \leqslant$ 50mm 时，外泄漏量 $q_v \leqslant$ 0.05mL；当活塞杆径 $d >$ 50mm 时，外泄漏量 q_v $<$ 0.001dmL。

⑦ 可靠性或耐久性质量分等。当活塞行程 $L <$ 500mm 时，累计行程 $\geqslant$ 100km；当活塞行程 $L \geqslant$ 500mm 时，累计换向次数大于等于 20 万次，为合格品。当活塞行程 $L <$ 500mm 时，累计行程 $\geqslant$ 150km；当活塞行程 $L \geqslant$ 500mm 时，累计换向次数大于等于 30 万次，为一等品。

⑧ 耐压性能试验方法及技术要求。被试液压缸的活塞分别停在行程两端（不能接触缸盖）。当额定压力小于等于 16MPa 时，调节溢流阀 2（见本标准的附录 A　液压缸出厂试验液压系统中溢流阀，以下同）使工作腔的压力为额定压力的 1.5 倍；当额定压力大于 16MPa 时，调节溢流阀 2 使工作腔的压力为额定压力的 1.25 倍，均保压 5min，在耐压性能试验过程中不得有异常现象。

(9) DB44/T 1169.1—2013《伺服液压缸　第 1 部分：技术条件》中对密封的技术要求

① 本部分适用于以液压油或性能相当的其他矿物油为工作介质的双作用或单作用伺服液压缸。

② 缸内径为 40～500mm 的单、双作用伺服液压缸的内泄漏量在额定工作压力下不得大于规定值。

③ 缸内径大于 500mm 的双作用或单作用伺服液压缸的内泄漏量，当调节伺服液压缸系统压力至伺服液压缸的额定工作压力时，在无杆腔施加额定工作压力，打开有杆腔油口，保压 5min 后，压降应为 0.8MPa 以下。

④ 除活塞杆（柱塞杆）处外，其他各部位不得有渗漏。

⑤ 活塞杆（柱塞杆）静止时其他各部位不得有渗漏。

⑥ 双作用伺服液压缸，活塞全程换向 5 万次，活塞杆处外泄漏不成滴。换向 5 万次后，活塞每移动 100m，当活塞杆直径 $d \leqslant 50$mm 时，外泄漏量 $q_v \leqslant 0.05$mL；当活塞杆直径 $d>50$mm 时，外泄漏量 $q_v \leqslant 0.001d$ mL。

⑦ 活塞式单作用伺服液压缸，活塞全程换向 4 万次，活塞杆处外泄漏不成滴。换向 4 万次后，活塞每移动 80m，当活塞杆直径 $d \leqslant 50$mm 时，外泄漏量 $q_v \leqslant 0.05$mL；当活塞杆直径 $d>50$mm 时，外泄漏量 $q_v \leqslant 0.001d$ mL。

⑧ 柱塞式单作用伺服液压缸，柱塞全行程换向 2.5 万次，柱塞杆处外泄漏不成滴。换向 2.5 万次后，柱塞每移动 65m 时，当柱塞直径 $d \leqslant 50$mm 时，外泄漏量 $q_v \leqslant 0.05$mL；当柱塞杆直径 $d>50$mm 时，外泄漏量 $q_v \leqslant 0.001d$ mL。

⑨ 耐久性。

a. 双作用伺服液压缸，当活塞行程 $L \leqslant 500$mm 时，累计行程≥100km；当活塞程 $L>500$mm 时，累计换向次数 $N \geqslant 20$ 万次。

b. 活塞式单作用伺服缸，当活塞行程 $L \leqslant 500$mm 时，累计行程≥100km；当活塞行程 $L>500$mm 时，累计换向次数 $N \geqslant 20$ 万次。

c. 柱塞式单作用伺服缸，当柱塞行程 $L \leqslant 500$mm 时，累计行程≥75km；当柱塞行程 $L>500$mm 时，累计换向次数 $N \geqslant 15$ 万次。

耐久性试验后，内泄漏增加值不得大于规定值的 2 倍，零件不应有异常磨损和其他型式的损坏。

⑩ 伺服液压缸的缸体应能承受公称压力 1.5 倍的压力，在保压 5min 时，不得有外渗漏、零件变形或损坏等现象。

注：1. 在 GB 3102.1—1993《空间和时间的量和单位》中“程长”（行程）的符号为 s。

2. 比较、对照上述各标准，其中有的外泄漏规定值不同，有的最低速度、换向次数、累计行程等不同，还有的试验压力、保压时间等不同，敬请读者注意。

1.3.8.2 液压缸对密封制品质量的一般技术要求

(1) 外观质量

在自然状态下，密封制品在适当灯光下用 2 倍的放大镜观察时，表面不应有超过允许极限值的缺陷及裂纹、破损、气泡、杂质等其他表面缺陷。

橡胶密封圈的工作面外观应当平整、光滑，不允许有孔隙、杂质、裂纹、气泡、划痕和轴向流痕。

夹织物橡胶密封圈的工作面外观不允许有断线、露织物、离层、气泡、杂质及凸凹不平。对分模面在工作面的加织物橡胶密封圈，其胶边高等、宽度和修损深度不大于 0.2mm。棱角处织物层允许有不平现象。

① 液压气动用 O 形橡胶密封圈外观质量应符合 GB/T 3452.2—2007 中的相关规定。

② 往复运动橡胶密封圈及其压环、支承环和挡圈的外观质量要求符合 GB/T 15325—1994 中的相关规定。

③ 聚氨酯密封圈外观质量可参照 MT/T 985—2006 中的相关规定。

④ 一些术语可参照 GB/T 5719—2006 中规定的术语和定义。

(2) 尺寸和公差

橡胶密封件试样尺寸的测量应按 GB/T 2941—2006《橡胶物理试验方法试样制备和调节通用程序》中的相关规定进行。

液压缸用橡胶、塑料密封制品按下列标准选取：

注：根据 GB/T 5719—2005 中“橡胶密封制品”的定义，试对液压缸用“橡胶、塑料密封制品”进行定义，即用于防止流体从液压缸密封装置中泄漏，并防止灰尘、泥沙以及空气（对于高真空而言）进入密封装置内部的橡胶、塑料零部件。

① GB/T 3452.1—2005《液压气动用 O 形橡胶密封圈　第 1 部分：尺寸系列及公差》。其对应沟槽的标准为：GB/T 3452.3—2005《液压气动用 O 形橡胶密封圈　沟槽尺寸》。

② GB/T 10708.1—2000《往复运动橡胶密封圈结构尺寸系列　第 1 部分：单向密封橡胶密封圈》。其对应沟槽的标准为：GB/T 2879—2005《液压缸活塞和活塞杆动密封沟槽尺寸和公差》。

由 GB 2880—1981《液压缸活塞和活塞杆窄断面动密封沟槽尺寸系列和公差》规定的沟槽暂缺适配密封圈。

③ GB/T 10708.2—2000《往复运动橡胶密封圈结构尺寸系列　第 2 部分：双向密封橡胶密封圈》。其对应沟槽的标准为：GB 6577—1986《液压缸活塞用带支承环密封沟槽型式、尺寸和公差》。

④ GB/T 10708.3—2000 往复运动橡胶密封圈结构尺寸系列　第 3 部分：橡胶防尘密封圈。其对应沟槽的标准为：GB/T 6578—2008《液压缸活塞杆用防尘圈沟槽型式、尺寸和公差》。

⑤ GB/T 15242.1—1994《液压缸活塞和活塞杆动密封装置用同轴密封件尺寸系列和公差》。其对应沟槽的标准为：GB/T 15242.3—1994《液压缸活塞和活塞杆动密封装置用同轴密封件安装沟槽尺寸系列和公差》。

⑥ GB/T 15242.2—1994《液压缸活塞和活塞杆动密封装置用支承环尺寸系列和公差》。其对应沟槽的标准有：GB/T 15242.1—1994《液压缸活塞和活塞杆动密封装置用支承环安装沟槽尺寸系列和公差》、JB/ZQ 4264—2006《孔用 Yx 形密封圈》、JB/ZQ 4265—2006《轴用 Yx 形密封圈》和 JB/T 982—1977《组合密封垫圈》。

GB/T 3672.1—2002《橡胶制品的公差　第 1 部分：尺寸公差》适用于硫化橡胶和热塑性橡胶制造的产品，但不适用于精密的环形密封圈。而在 MT/T 985—2006 中规定：“密封圈尺寸极限偏差应满足 GB/T 3672.1—2002 表 1 中 M1 级的要求。”

(3) 硬度

不论采用邵氏硬度计还是便携式橡胶国际硬度计测量橡胶硬度，都是由综合效应在橡胶表面形成一定的压入深度，用以表示硬度测量结果。国际橡胶硬度是一种橡胶硬度的度量，其值由在规定的条件下从给定的压头对试样的压入深度导出。

尽管曾对某些橡胶和化合物建立了邵氏硬度和国际橡胶硬度之间转换的修正值，但现在不建议把邵氏硬度（Shore A、Shore D、Shore AO、Shore AM）值直接转换为橡胶国际硬度（IRHD）值。

硫化橡胶和热塑性橡胶的硬度可以采用 GB/T 531.1—2008《硫化橡胶或热塑性橡胶压入硬度试验方法　第 1 部分：邵氏硬度计法（邵尔硬度）》或 GB/T 531.2—2009《硫化橡胶或热塑性橡胶　压入硬度试验方法　第 2 部分：便携式橡胶国际硬度计法》和 GB/T 6031—1998《硫化橡胶或热塑性橡胶硬度的测定（10～100 IRHD）》中规定的方法测定。

在 GB/T 5720—2008 中规定，用于 O 形圈硬度测定的“微型硬度计应符合 GB/T 6031—1998 中的有关规定。”

GB/T 6031—1998 中规定的硬度的微观试验法，本质上是按比例缩小的常规试验法，适用的橡胶硬度在 35～85IRHD 的范围内（也可用于硬度在 30～95IRHD 的范围内）、试样厚度小于 4mm 的橡胶。

MT/T 985—2006 的规范性引用文件中引用了 GB/T 531。MT/T 985 中规定的聚氨酯密封圈硬度为：

① 23℃时，单体密封圈的硬度值应在90^{+5}_{-4}Shore A。

② 23℃时，复合密封圈外圈的硬度值应大于90Shore A。

③ 23℃时，复合密封圈的内圈硬度值应大于70Shore A。

(4) 拉伸强度

拉伸强度是试样拉伸至断裂过程中的最大拉伸应力，测定拉伸强度宜选用哑铃状试样。

硫化橡胶和热塑性橡胶的拉伸强度可以采用GB/T 528—2009《硫化橡胶或热塑性橡胶 拉伸应力应变性能的测定》中规定的方法测定，其原理为：在动夹持器或滑轮恒速移动的拉力试验机上，将哑铃状试样进行拉伸，按要求记录试样在不断拉伸过程中最大力的值。

GB/T 5720—2008《O形橡胶密封圈试验方法》的规范性引用文件中引用了GB/T 528—1998（已被GB/T 528—2009代替）和HG/T 2369—1992《橡胶塑料拉力试验机技术条件》标准。

MT/T 985—2006的规范性引用文件中引用了GB/T 528—1998（已被GB/T 528—2009代替）。MT/T 985中规定的聚氨酯密封圈拉伸强度为：

① 23℃时，单体密封圈和复合密封圈产品的外圈拉伸强度应大于35MPa。

② 23℃时，复合密封圈的内圈拉伸强度应大于16MPa。

(5) 拉断伸长率

拉断伸长率是试样断裂时的百分比伸长率，只要在下列条件下，环状试样可以得出与哑铃状试样近似相同的拉断伸长率的值：

① 环状试样的伸长率以初始内圆周长的百分比计算。

② 如果“压延效应”明显存在，哑铃状试样长度方向垂直于压延方向裁切。

硫化橡胶和热塑性橡胶的拉断伸长率可以采用GB/T 528—2009《硫化橡胶或热塑性橡胶 拉伸应力应变性能的测定》中规定的方法测定，其原理为：在动夹持器或滑轮恒速移动的拉力试验机上，将哑铃状或环状标准试样进行拉伸，按要求记录试样在拉断时伸长率的值。

GB/T 5720—2008《O形橡胶密封圈试验方法》的规范性引用文件中引用了GB/T 528—1998（已被GB/T 528—2009代替）。

MT/T 985—2006的规范性引用文件中引用了GB/T 528—1998（已被GB/T 528—2009代替）。MT/T 985中规定的聚氨酯密封圈的拉断伸长率为：

① 23℃时，单体密封圈的扯断伸长率应大于400%。

② 23℃时，复合密封圈的外圈扯断伸长率应大于350%。

③ 23℃时，复合密封圈的内圈扯断伸长率应大于260%。

(6) 压缩永久变形

橡胶在压缩状态时，必然会发生物理和化学变化。当压缩力消失后，这些变化阻止橡胶恢复到其原来的状态，于是产生了永久变形。压缩永久变形的大小，取决于压缩状态的温度和时间，以及恢复高度时的温度和时间。在高温下，化学变化是导致橡胶发生压缩永久变形的主要原因。压缩永久变形是去除施加给试样的压缩力，在标准温度下恢复高度后测得。在低温下试验时，由玻璃态硬化和结晶作用造成的变化是主要的。当温度回升后，这些作用就会消失。因此必须在试验温度下测量试验高度。

在GB/T 7759—1996中给出的试验原理分为室温和高温试验和低温试验原理：

室温和高温试验原理：在标准实验室温度下，将已知高度的试样，按压缩率要求压缩到规定的高度，在规定的温度条件下，压缩一定时间，然后在标准温度条件下除去压缩，将试样在自由状态下恢复规定时间，测量试样的高度。

低温试验原理：在标准实验室温度下，将已知高度的试样，按压缩率要求压缩到规定的高度，在规定的低温试验温度下，压缩一定时间，然后在相同的低温下除去压缩，将试样在自由状态下恢复，在低温下每隔一定时间测量试样的高度，得到一个试样高度与时间的对数曲线图，以此评价试样的压缩永久变形特性。

① 常温压缩永久变形。在室温条件下的试验，试验温度为（23±2)℃。

GB/T 5720—2008《O形橡胶密封圈试验方法》的规范性引用文件中引用了GB/T 7759—1996。

MT/T 985—2006的规范性引用文件中引用了GB/T 7759—1996。MT/T 985—2006中规定的聚氨酯密封圈常温压缩永久变形为：

a. 单体密封圈压缩永久变形应小于25%。

b. 复合密封圈的外圈压缩永久变形应小于30%。

② 高温压缩永久变形。在高温条件下的试验，试验温度可选（100±1)℃、(125±2)℃、(150±2)℃、(175±1)℃、(200±2)℃等。

GB/T 5720—2008《O形橡胶密封圈试验方法》的规范性引用文件中引用了GB/T 7759—1996。

MT/T 985—2006的规范性引用文件中引用了GB/T 7759—1996。MT/T 985—2006中规定的聚氨酯密封圈高温压缩永久变形为：

a. 单体密封圈压缩永久变形应小于45%。

b. 复合密封圈的外圈压缩永久变形应小于50%。

c. 复合密封圈的内圈压缩永久变形应小于30%。

(7) 耐液体性能

液体对硫化橡胶或热塑性橡胶的作用通常会导致以下结果：

① 液体被橡胶吸入。

② 抽出橡胶中可溶成分。

③ 与橡胶发生化学反应。

通常，吸入量①大于抽出量②，导致橡胶体积增大，这种现象被称为“溶胀”。吸入液体会使橡胶的拉伸强度、拉断伸长率、硬度等物理及化学性能发生很大变化。此外，由于橡胶中增塑剂和防老剂类可溶物质，在宜挥发性液体中易被抽出，其干燥后橡胶的物理及化学性能同样会发生很大变化。因此，测定橡胶在浸泡后或进一步干燥后的性能很重要。

在GB/T 1690—2010《硫化橡胶或热塑性橡胶　耐流体试验方法》中规定了通过测试橡胶在试验液体中浸泡前、后性能的变化，评价液体对橡胶的作用。

GB/T 5720—2008《O形橡胶密封圈试验方法》的规范性引用文件中引用了GB/T 1690—1992（已被GB/T 1690—2010代替），且给出了质量变化百分率和体积变化百分率的计算方法。

MT/T 985—2006的规范性引用文件中引用了GB/T 1690—1992（已被GB/T 1690—2010代替），MT/T 985—2006中规定的聚氨酯密封圈抗水解性能要求如下。

聚氨酯密封圈单体密封圈和复合密封圈的外圈抗水解性能（8周时间）应达到如下要求：

① 硬度变化下降小于9%。

② 伸强度变化下降小于18%。

③ 扯断伸长率变化下降小于9%。

④ 体积变化小于6%。

⑤ 质量变化小于6%。

(8) 热空气老化性能

硫化橡胶或热塑性橡胶在常压下进行的热空气加速老化和耐热试验，是将试样在高温和大气压力下的空气中老化并测定其性能，并与未老化试样的性能做比较的一组试验，经常测定的物理性能包括拉伸强度、定伸应力、拉断伸长率和硬度等。

GB/T 5720—2008《O形橡胶密封圈试验方法》的规范性引用文件中引用了 GB/T 3512—2001《硫化橡胶或热塑性橡胶　热空气加速老化和耐热试验》。

MT/T 985—2006 的规范性引用文件中也引用了 GB/T 3512—2001。

MT/T 985—2006 中规定了聚氨酯密封圈单体密封圈和复合密封圈的外圈经老化后，性能应满足：

① 硬度变化下降小于 8%。

② 拉伸强度变化下降小于 10%。

③ 拉断伸长率变化下降小于 12%。

MT/T 985—2006 中规定了聚氨酯密封圈复合密封圈的内圈经老化后，性能应满足：

① 硬度变化下降小于 8%。

② 拉伸强度变化下降小于 10%。

③ 拉断伸长率变化下降小于 30%。

(9) 低温性能

在 GB/T 7758—2002《硫化橡胶　低温性能的测定　温度回缩法（TR 试验）》中规定了测定拉伸的硫化橡胶温度回缩性能的方法，其原理为：将试样在室温下拉伸，然后冷却到在除去拉伸力时，不出现回缩的足够低的温度。除去拉伸力，并以均匀的速率升高温度。测出规定回缩率时的温度。

GB/T 5720—2008《O形橡胶密封圈试验方法》的规范性引用文件中引用了 GB/T 7758—2002。

MT/T 985—2006 的规范性引用文件中引用了 GB/T 7759—1996《硫化橡胶、热塑性橡胶 常温、高温和低温下压缩永久变形测定》。

在 MT/T 985—2006 中规定了聚氨酯密封圈单体密封圈和复合密封圈的内、外圈经低温处理后，性能应满足：

① 硬度变化下降小于 8%。

② 拉伸强度变化下降小于 10%。

③ 扯断伸长率变化下降小于 12%。

但要求上述三项性能测定缺乏标准依据。

(10) 可靠性能

密封件（圈）的可靠性是指在规定条件下、规定时间内保证其密封性能的能力。可靠性是由设计、制造、使用、维护等多种因素共同决定的，因此，可靠性是一个综合性能指标。

可靠性这一术语有时也被用于一般意义上笼统地表示可用性（有效性）和耐久性。在 JB/T 10205—2010 中规定的密封圈可靠性主要包括耐压性能（含耐低压性能）和耐久性能等，具体请参见 JB/T 10205—2010《液压缸》。

在 MT/T 985—2006 中规定了聚氨酯密封圈可靠密封应满足 21000 次试验要求。

但在没有“规定条件下”，所进行的耐久性试验一般不具有可重复性和可比性。因此，密封圈的可靠性还是按照 JB/T 10205—2010 中的相关规定衡量为妥。

(11) 工作温度范围

在 JB/T 10205—2010《液压缸》中规定了“一般情况下，液压缸工作的环境温度应在 −20～+50℃范围，工作介质温度应在 −20～+80℃范围。”又规定了当产品有高温要求时

“在额定压力下，向被试液压缸输入90℃的工作油液，全行程往复运行1h，应符合双方商定的液压缸高温要求。”

在HG/T 2810—2008《往复运动橡胶密封圈材料》中规定：“本标准规定的往复运动橡胶密封圈材料分为A、B两类。A类为丁腈橡胶材料，分为三个硬度级，五种胶料，工作温度范围为－30～＋100℃；B类为浇注型聚氨酯橡胶材料，分为四个硬度等级，四种胶料，工作温度范围－40～＋80℃。”

在MT/T 985—2006中规定了聚氨酯密封圈应能适应－20～＋60℃的温度。

(12) 密封压力范围

密封压力是指密封圈在工作过程中所承受密封介质的压力。一般而言，密封圈的密封压力与密封圈密封材料、结构型式、密封介质及温度、沟槽型式和尺寸与公差、单边径向间隙、配合偶件表面质量及相对运动速度等密切相关。因此，密封压力或密封压力范围必须在一定条件下才能做出规定。

在GB/T 3452.1—2005《液压气动用O形橡胶密封圈　第1部分：尺寸系列及公差》和GB/T 3452.3—2005《液压气动用O形橡胶密封圈　沟槽尺寸》中对密封压力及范围未做出规定，但在GB/T 2878.1—2011《液压传动连接　带米制螺纹和O形圈密封的油口和螺柱端　第1部分：油口》中规定：“本部分所规定的油口适用的最高工作压力为63MPa。许用工作压力应根据油口尺寸、材料、结构、工况、应用等因素来确定。”

在GB/T 10708.1—2000《往复运动橡胶密封圈结构尺寸系列　第1部分：单向密封橡胶密封圈》附录A中给出了Y形橡胶密封圈的工作压力范围为0～25MPa、蕾形橡胶密封圈的工作压力范围为0～50MPa和V形组合密封圈的工作压力范围为0～60MPa。

在GB/T 10708.2—2000《往复运动橡胶密封圈结构尺寸系列　第2部分：双向密封橡胶密封圈》附录A中给出了鼓形橡胶密封圈的工作压力范围为0.10～70MPa和山形橡胶密封圈的工作压力范围为0～25MPa。

尽管在GB/T 10708.3—2000《往复运动橡胶密封圈结构尺寸系列　第3部分：橡胶防尘密封圈》中规定的C型防尘圈有辅助密封作用，但未给出密封压力。

在GB/T 15242.1—1994《液压缸活塞和活塞杆动密封装置用同轴密封件尺寸系列和公差》中规定：“本标准适用于以液压油为工作介质、压力≤40MPa、速度≤5m/s、温度范围－40～＋200℃的往复运动液压缸活塞和活塞杆（柱塞）的密封。”

在JB/ZQ 4264—2006《孔用Yx形密封圈》和JB/ZQ 4265—2006《轴用Yx形密封圈》中规定：“本标准适用于以空气、矿物油为介质的各种机械设备中，在温度－40（－20）～＋80℃、工作压力p≤31.5MPa条件下起密封作用的孔（轴）用Yx形密封圈。”

在JB/T 982—1977《组合密封垫圈》中规定：“本标准仅规定焊接、卡套、扩口管接头及螺塞密封用组合垫圈，公称压力40MPa，工作温度－25～＋80℃。”

在GB/T 13871.1—2007《密封元件为弹性体的旋转轴唇形密封圈　第1部分：基本尺寸和公差》中规定：“本部分适用于轴径为6～400mm以及相配合的腔体为16～440mm的旋转唇形密封圈，不适用于较高的压力（＞0.05MPa）下使用的旋转轴唇形密封圈。”

在MT/T 985—2006中规定了聚氨酯密封圈的密封压力范围：聚氨酯双向密封圈密封压力范围为2～60MPa；聚氨酯单向密封圈密封压力范围为2～40MPa。

(13) 其他性能要求

在GB/T 5720—2008《O形橡胶密封圈试验方法》中规定：“该标准规定了实心硫化O形橡胶密封圈尺寸测量、硬度、拉伸性能、热空气老化、恒定变形、压缩永久变形、腐蚀试验、耐液体、密度、收缩率、低温试验和压缩应力松弛的试验方法。”但该标准未给出密封圈性能指标。

在MT/T 985—2006《煤矿用立柱和千斤顶聚氨酯密封圈技术条件》中规定："本标准规定了煤矿用立柱和千斤顶聚氨酯密封圈的术语和定义、密封沟槽尺寸、要求、试验方法、检验规则、标志、包装、运输和贮存。本标准适用于工作介质为高含水液压油（含乳化液）的煤矿用立柱和千斤顶聚氨酯密封圈。"但该标准没有具体给出密封圈性能试验方法，只是在"规范性引用文件"中引用了下列文件：

① GB/T 528—2009《硫化橡胶或热塑性橡胶　拉伸应力应变性能的测定》。

② GB/T 531.1—2008《硫化橡胶或热塑性橡胶　压入硬度试验方法　第1部分：邵氏硬度计法（邵尔硬度）》。

③ GB/T 1690—2010《硫化橡胶或热塑性橡胶　耐流体试验方法》。

④ GB/T 3512—2001《硫化橡胶或热塑性橡胶　热空气加速老化和耐热试验》。

⑤ GB/T 3672.1—2002《橡胶制品的公差　第1部分：尺寸公差》。

⑥ GB/T 7759—1996《硫化橡胶、热塑性橡胶　常温、高温和低温下压缩永久变形测定》。

且上述标准规定试样对象一般为按相关标准制备的"试样"，而非密封圈实物。

除了上述标准之外，密封件（圈）性能试验方法还有一些现行标准，如耐磨性、与金属黏附性和溶胀指数等，可进一步测定密封圈性能。

1.3.9　缓冲装置的技术要求

缓冲是运动件（如活塞）趋近其运动终点时借以减速的手段，主要有固定（式）或可调节（式）两种。采用了这两种缓冲装置的液压缸统一归类为带缓冲的缸，其中带固定式（液压缸）缓冲装置的缸的设计是液压缸设计的难点之一。

1.3.9.1　固定式缓冲装置技术要求

(1) 各标准规定的固定式缓冲装置技术要求

带固定式缓冲装置的缸的缓冲性能无法在线调节，且不包括通过改变工作介质（液压油液）黏度这种办法使其缓冲性能发生变化的这种情况。

在液压缸各产品标准中，有如下2个标准对固定式液压缸缓冲装置提出了技术要求：

① 在CB/T 3812—2013《船用舱口盖液压缸》中规定：将被试液压缸输入压力为公称压力的50%的情况下以设计的最高速度进行试验，缓冲效果是活塞在进入缓冲区时，应平稳缓慢。

② 在QC/T 460—2010《自卸汽车液压缸技术条件》中规定：液压缸在全伸位置时，使活塞杆以50～70mm/s的速度伸缩，当液压缸自动停止时应听不到撞击声。

注：笔者认为这样表述缓冲效果更为科学："当行程到达终点时应无金属撞击声。"具体请参见GB/T 13342—2007《船用往复式液压缸通用技术条件》。

(2) 缓冲装置一般技术要求

除以上标准规定的固定式液压缸缓冲装置性能要求外，设计固定式液压缸缓冲装置时还应尽量满足以下基本性能要求：

① 缓冲装置应能以较短的缸的缓冲长度（亦称缓冲行程）吸收最大的动能，就是要把运动件（含各连接件或相关件）的动能全部转化为热能。

② 缓冲过程中要尽量避免出现压力脉冲及过高的缓冲腔压力峰值，使压力的变化为渐变过程。

③ 缓冲腔内（无杆端）缓冲压力峰值应小于等于液压缸的1.5倍公称压力。

④ 在有杆端设置缓冲（装置）的，其缓冲压力应避免作用在活塞杆动密封（系统）上。

⑤ 动能转变为热能使液压油温度上升，油温的最高温度不应超过密封件允许的最高使

用温度。

⑥ 在 JB/T 10205—2010《液压缸》中规定："液压缸对缓冲性能有要求的，由用户和制造商协商确定。"

⑦ 应兼顾液压缸启动性能，不可使液压缸（最低）启动压力超过相关标准的规定；应避免活塞在启动或离开缓冲区时出现迟动或窜动（异动）、异响等异常情况。

1.3.9.2 缓冲阀缓冲装置技术要求

带可调节式缓冲装置的液压缸的缓冲性能可以在线调节，缓冲阀缓冲装置即是这种缓冲装置。但此处的缓冲阀（组）与液压系统中通常使用的缓冲制动阀不同。

在液压缸各产品标准中，有如下 3 个标准对缓冲阀液压缸缓冲装置提出了技术（试验）要求：

① 在 GB/T 15622—2005《液压缸试验方法》中规定："将被试缸工作腔的缓冲阀全部松开，调节试验压力为公称压力的 50%，以设计的最高速度运动，检测当运行至缓冲阀全部关闭时的缓冲效果。"

② 在 JB/T 10205—2010《液压缸》中规定："将被试缸工作腔的缓冲阀全部松开，调节试验压力为公称压力的 50%，以设计的最高速度运动，当运行至缓冲阀全部关闭时，缓冲效果应符合 6.2.8 要求。""6.2.8 缓冲 液压缸对缓冲性能有要求的，由用户和制造商协商确定。"同时要求："液压缸安装的节流和（或）缓冲元件（应）无油液泄漏。"

③ 在 JB/T 11588—2013《大型液压油缸》中规定："将被试缸工作腔的缓冲阀全部松开，调节试验压力为公称压力的 50%，以设计的最高速度运动，检测当运行至缓冲阀全部关闭时的缓冲效果。"

注：在此 JB/T 11588—2013 中无缓冲效果或性能要求。

尽管在 JB/T 11588—2013 的规范性引用文件中没有引用 GB/T 15622—2005，但在上述 3 个标准中关于缓冲的技术要求内容几乎一致。

不管液压缸上安装的是固定式或是可调节式的缓冲装置，都应遵守 GB/T 10205—2010 的规定："液压缸安装的节流和（或）缓冲元件无油液（外）泄漏。"

1.3.10 放气与防松及其他装置的技术要求

1.3.10.1 排气装置的技术要求

放气是从一个系统或元件中排出空气的手段。排气器是用来排出液压系统油液中所含空气或气体的元件，液压系统应根据需要设置必要的排气装置（器），并能方便地排（放）气。

注："放气""排气器"和"排气"皆为 GB/T 17446—2012 中界定的词汇，但"排气"却被界定为仅与气动有关的术语，因此本书经常出现"排（放）气"这样的表述。

在 GB/T 13342—2007《船用往复式液压缸通用技术条件》中规定：液压缸一般应设排气装置。

在 GB/T 24946—2010《船用数字液压缸》中规定：数字缸可根据需要设置排气装置。

在 GB/T 3766—2001（2015）《液压系统通用技术条件》中规定："单作用活塞式液压缸应设置放气口，并设置在适当位置，以避免排出的油液喷射对人员造成的危险。安装液压缸应使它们（放气阀）能自动放气，或设置易于接近的外部放气阀。"

1.3.10.2 防松措施的技术要求

在 GB/T 3766—2001（2015）《液压系统通用技术条件》中规定：任何安装在液压缸上或与液压缸连接的元件都应牢固，以防由冲击和振动引起松动（或见第 1.3.1.2 节抗冲击与振动）。

1.3.10.3 其他装置的技术要求

(1) 行程调节装置的技术要求

可调行程缸及其他液压缸中的行程调节装置或机构，其控制位置的定位精度和重复定位精度应符合相关标准要求，其工作应灵敏、可靠。

在 GB/T 24946—2010《船用数字液压缸》中规定：数字缸的（行程）重复定位精度应不超过 3 个脉冲当量。亦即应不超过 0.03mm。

在 JB/T 9834—2014《农用双作用油缸　技术条件》中规定：油缸的行程调节机构的工作应灵敏可靠。

(2) 设置测试口的技术要求

在 JB/T 3818—2014《液压机　技术条件》中规定：当采用插装阀或叠加阀的液压元件时，在执行元件（如液压缸）与其相应的流量控制元件之间，一般应设置测压口。在出口节流系统中，有关执行元件（如液压缸）进口处一般应设置测试口。

(3) 液压阀的技术要求

带液压阀的液压缸，包括带缓冲阀的液压缸、带支承阀的液压缸和带（比例）伺服阀的液压缸等，推荐尽量采用板式安装阀和/或插装阀。

采用的阀的公称压力及其他性能指标应不低于液压缸的技术要求；设置于液压缸上的阀或油路块的安装面或插装阀的插装孔应符合相关标准的规定。

电控阀的防护等级、工作电压及电气连接应符合相关标准规定；一般要求电控阀本身还应带有手动越权控制装置。

(4) 传感器的技术要求

带传感器的液压缸，如带压力传感器、位置传感器、位移传感器、速度传感器和力传感器等的液压缸，其所带的传感器性能指标应符合液压缸的相关技术要求。其中传感器的防护等级、工作电压及电气连接应符合相关标准规定；传感器的耐久性或使用寿命应不低于其所在液压缸的耐久性指标；内置式的传感器耐流体压力的能力或公称压力应不低于其所在液压缸的耐压性指标；内置式传感器的安装与连接处应无油液外泄漏。

1.3.11 安装和连接的技术要求

1.3.11.1 安装尺寸和安装型式的标识代号

液压缸的安装尺寸和安装型式代号应按 GB/T 9094—2006《液压缸气缸安装尺寸和安装型式代号》的规定。

该标准规定了液压缸、气缸的安装尺寸和安装型式的标注方法及代号，该标准主要包括以下内容：

① 安装尺寸、外形尺寸、附件尺寸和连接（油）口尺寸的标识代号。

② 安装型式的标识代号。

③ 附件型式的标识代号。

其中，缸的安装型式的标识代号见表 1-36。

缸的附件型式的标识代号见表 1-37。

1.3.11.2 标准液压缸的安装型式和尺寸

(1) 冶金设备用液压缸

① 冶金设备用液压缸（$PN \leqslant 16\text{MPa}$）型式与尺寸。在 JB/T 2162—2007《冶金设备用液压缸（$PN \leqslant 16\text{MPa}$）》中规定了缸的进出油口、安装型式和连接尺寸。

a. 脚架固定式（G 型）冶金设备用液压缸（$PN \leqslant 16\text{MPa}$）型式与尺寸分别如图 1-4、表 1-38 所示。

b. 中间摆动式（B 型）冶金设备用液压缸（$PN \leqslant 16\text{MPa}$）型式与尺寸分别如图 1-5、表 1-39 所示。

表 1-36　缸安装型式的标识代号

标识代号	说明	标识代号	说明
MB1	缸体，螺栓通孔	MP5	带关节轴承，后端固定单耳环式
MDB1	缸体，双活塞杆螺栓通孔	MP6	带关节轴承，后端可拆单耳环式
MB2	圆形缸体，螺栓通孔	MP7	前端可拆双耳环式
MDB2	圆形缸体，双活塞杆螺栓通孔	MR3	前端螺纹式端
ME5	矩形前盖式	MDR3	双活塞杆缸的前端螺纹式端
MDE5	双活塞杆缸的矩形前盖式	MR4	后端螺纹式
ME6	矩形后盖式	MS1	端部脚架式
ME7	圆形前盖式	MDS1	双活塞杆缸的端部脚架式
MDE7	双活塞杆缸的圆形前盖式	MS2	侧面脚架式
ME8	圆形后盖式	MDS2	双活塞杆缸的侧面脚架式
ME9	方形前盖式	MS3	前端脚架式
MDE9	双活塞杆缸的方形前盖式	MT1	前端整体耳轴式
ME10	方形后盖式	MDT1	双活塞杆缸的前端整体耳轴式
ME11	方形前盖式	MT2	后端整体耳轴式
MDE11	双活塞杆缸的方形前盖式	MT4	中间固定或可调耳轴式
ME12	方形后盖式	MDT4	双活塞杆缸的中间固定或可调耳轴式
MF1	前端矩形法兰式	MT5	前端可拆耳轴式
MDF1	双活塞杆缸的前端矩形法兰式	MT6	后端可拆耳轴式
MF2	后端矩形法兰式	MX1	两端双头螺柱或加长连接杆式
MF3	前端圆法兰式	MDX1	双活塞杆缸的两端双头螺柱或加长连接杆式
MDF3	双活塞杆缸的前端圆法兰式	MX2	后端双头螺柱或加长连接杆式
MF4	后端圆法兰式	MDX2	双活塞杆缸的后端双头螺柱或加长连接杆式
MF5	前端方法兰式	MX3	前端双头螺柱或加长连接杆式
MDF5	双活塞杆缸的前端方法兰式	MX4	两端两个双头螺柱或加长连接杆式
MF6	后端方法兰式	MDX4	双活塞杆缸的两端两个双头螺柱或加长连接杆式
MF7	带后部对中的前端圆法兰式	MX5	前端带螺孔式
MDF7	双活塞杆缸的带后部对中的前端圆法兰式	MDX5	双活塞杆缸的前端带螺孔式
MF8	前端带双孔的矩形法兰式	MX6	后端带螺孔式
MP1	后端固定双耳环式	MX7	前端带螺孔和后端双头螺柱或加长连接杆式
MP2	后端可拆双耳环式	MDX7	双活塞杆缸的前端带螺孔和后端双头螺柱或加长连接杆式
MP3	后端固定单耳环式	MX8	前端和后端带螺孔式
MP4	后端可拆单耳环式	MDX8	双活塞杆缸的前端和后端带螺孔式

注：B—缸体；D—双活塞杆；E—前端盖或后端盖；F—可拆式法兰；M—安装；P—耳环；R—螺纹端头；S—脚架；T—耳轴；X—双头螺栓或加长连接杆。

表 1-37　缸的附件型式的标识代号

标识代号	说明	标识代号	说明
AA4	销轴，普通型	AB7	单耳环支架，斜型
AA6	销轴，关节轴承用	AF3	活塞杆用法兰，圆形
AA7	销轴，关节轴承用，带锁板	AL7	用于销轴的锁板
AB2	单耳环支架	AP2	活塞杆用双耳环，内螺纹
AB3	双耳环支架，斜型	AP4	活塞杆用单耳环，内螺纹
AB4	双耳环支架，对称型	AP6	活塞杆用带关节轴承的单耳环，内螺纹
AB5	关节轴承用双耳环支架，斜型	AT4	耳轴支架
AB6	关节轴承用双耳环支架，对称型		

注：A—附件；其他见表中说明，如 P2—活塞杆用双耳环，内螺纹。

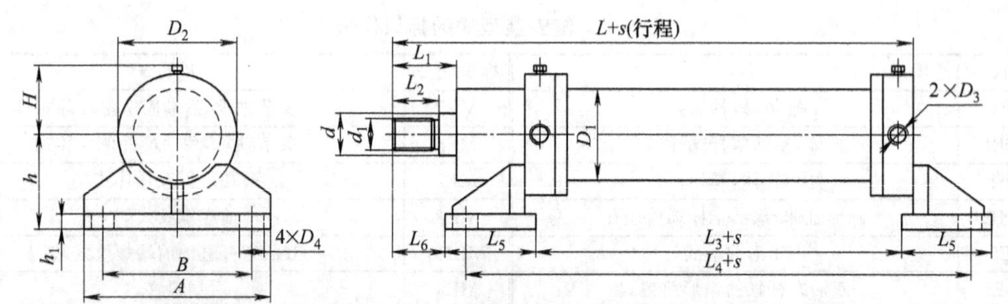

图1-4 脚架固定式（G型）冶金设备用液压缸（$PN\leqslant16$MPa）型式

表 1-38 脚架固定式（G 型）冶金设备用液压缸（$PN\leqslant16$ MPa）尺寸 mm

缸径	D_4	L_3	L_4	L_5	L_6	A	B	h	h_1	H
50	17.5	124	220	75	70	120	90	75	10	65
63	22	144	261	85	82.5	138	105	90	12	72
80	26	165	310	100	82.5	160	120	105	15	80
100	33	185	360	120	97.5	250	200	125	20	92
125	42	207	413	140	130	278	210	150	20	106
160	45	230	490	168	160	390	320	200	25	145
200	52	315	545	190	205	485	400	235	25	173
250	62	360	705	240	217.5	495	400	260	30	187

注：d、d_1、D_1、D_2、D_3、L、L_1、L_2等尺寸及公差见表 1-39。

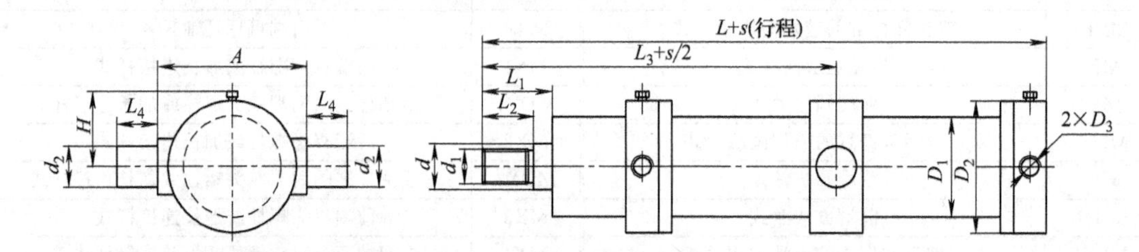

图1-5 中间摆动式（B型）冶金设备用液压缸（$PN\leqslant16$ MPa）型式

表 1-39 中间摆动式（B 型）冶金设备用液压缸（$PN\leqslant16$ MPa）尺寸 mm

缸径	d	d_1 6g	d_2 f9	D_1	D_2	D_3 6H	L	L_1	L_2	L_3	L_4	A	H
50	28	M22×1.5	30	63.5	106	M18×1.5	245	55	34.5	98	30	105	65
63	36	M27×2	35	76	120	M22×1.5	290	65	42	115	35	120	72
80	45	M33×2	40	102	136	M27×2	340	70	51	125	40	155	80
100	56	M42×2	50	121	160	M27×2	390	85	62	145	50	185	92
125	70	M56×2	50	152	188	M33×2	460	105	81	178	50	220	106
160	90	M72×3	60	194	266	M33×2	560	135	94	205	60	285	145
200	110	M90×3	80	245	322	M42×2	675	145	115	235	80	340	173
250	140	M100×3	100	299	370	M48×2	790	185	121	295	100	415	187

c. 尾部悬挂式（S 型）冶金设备用液压缸（$PN\leqslant16$MPa）型式与尺寸分别如图 1-6、表 1-40 所示。

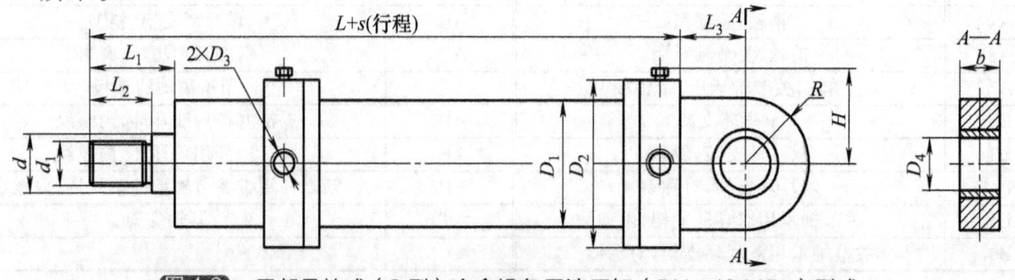

图1-6 尾部悬挂式（S型）冶金设备用液压缸（$PN\leqslant16$ MPa）型式

表 1-40　尾部悬挂式（S 型）冶金设备用液压缸（$PN \leqslant 16$ MPa）尺寸　　mm

缸径	d	d_1 6g	D_1	D_2	D_3 6H	D_4 H8	L	L_1	L_2	L_3	b	R	H
50	28	M22×1.5	63.5	106	M18×1.5	30	245	55	34.5	35	28	34	65
63	36	M27×2	76	120	M22×1.5	35	290	65	42	45	30	42	72
80	45	M33×2	102	136	M27×2	40	340	70	51	50	35	50	80
100	56	M42×2	121	160	M27×2	50	390	85	62	65①	40	63	92
125	70	M56×2	152	188	M33×2	60	460	105	81	70	50	70	106
160	90	M72×3	194	266	M33×2	80	560	135	94	92	60	88	145
200	110	M90×3	245	322	M42×2	100	675	145	115	125	70	115	173
250	140	M100×3	299	370	M48×2	120	790	185	121	150	90	150	187

① 在 JB/T 2162—2007 的表 7 中为 60。

d. 头部法兰式（T 型）冶金设备用液压缸（$PN \leqslant 16$MPa）型式与尺寸分别如图 1-7、表 1-41 所示。

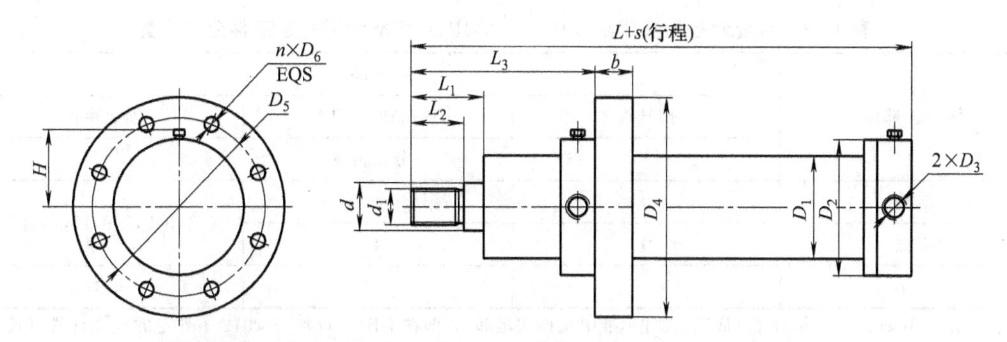

图 1-7　头部法兰式（T 型）冶金设备用液压缸（PN≤16 MPa）型式

表 1-41　头部法兰式（T 型）冶金设备用液压缸（$PN \leqslant 16$ MPa）尺寸　　mm

缸径	D_4 h11	D_5	D_6	L	L_1	L_2	L_3	b h12	n	H
50	170	140	11	245	55	34.5	141	30	6	65
63	198	160	13.5	290	65	42	168	35	6	72
80	214	176	13.5	340	70	51	190	35	8	80
100	258	210	17.5	390	85	62	215	45	8	92
125	310	250	22	460	105	81	268	45	8	106
160	365	295	26	560	135	94	325	60	10	145
200	504	414	33	675	145	115	365	75	10	173
250	585	478	39	790	185	121	450	85	10	187

注：d、d_1、D_1、D_2、D_3等尺寸及公差见表 1-39 或表 1-40。

e. 尾部法兰式（W 型）冶金设备用液压缸（$PN \leqslant 16$MPa）型式与尺寸分别如图 1-8、表 1-42 所示。

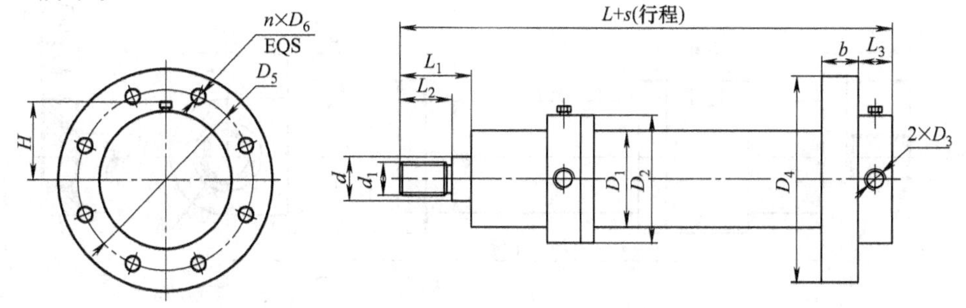

图 1-8　尾部法兰式（W 型）冶金设备用液压缸（PN≤16MPa）型式

表 1-42　尾部法兰式（W 型）冶金设备用液压缸（$PN \leqslant 16\mathrm{MPa}$）尺寸　　mm

缸径	D_4 h11	D_5	D_6	L	L_1	L_2	L_3	b h12	n	H
50	170	140	11	245	55	34.5	42	30	6	65
63	198	160	13.5	290	65	42	43	35	6	72
80	214	176	13.5	340	70	51	50	35	8	80
100	258	210	17.5	390	85	62	55	45	8	92
125	310	250	22	460	105	81	65	45	8	106
160	365	295	26	560	135	94	85	60	10	145
200	504	414	33	675	145	115	110	75	10	173
250	585	478	39	790	185	121	120	85	10	187

注：d、d_1、D_1、D_2、D_3等尺寸及公差见表 1-39 或表 1-40。

表 1-43　冶金设备用液压缸（$PN \leqslant 16\mathrm{MPa}$）标准图样缸零部件分布位置

液压缸部位	缸零部件		
	排气阀	进出油口(孔)	固定螺栓
	分布位置		
缸头	0	4	1,3,5,7,9,11,13,15
缸底	0	4	
支架	—	—	6,10

注：1. 液压缸部位的称谓“缸底”，在此标准中又称“尾部”，即在 GB/T 17446—2012 中界定的缸无杆端（通常也称为“缸尾”）。

2. 建议在 JB/T 6134—2006《冶金设备用液压缸（$PN \leqslant 25\mathrm{MPa}$）》中规定的缸径为 80～320mm 的液压缸的固定螺栓位置也采用如图 1-9 所示图样，亦即该标准中附录 A 中图 A.2。

f. 进出油口（孔）、固定螺栓、排气阀、压盖、支架的圆周分布位置标准图样设计如图 1-9、表 1-43 所示。

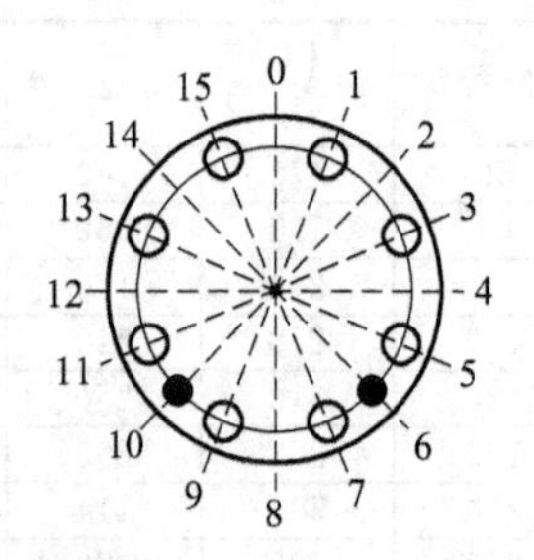

图 1-9　冶金设备用液压缸（PN≤16MPa）标准图样

② 冶金设备用液压缸（$PN \leqslant 25\mathrm{MPa}$）型式与尺寸。在 JB/T 6134—2006《冶金设备用液压缸（$PN \leqslant 25\mathrm{MPa}$）》中规定了缸的进出油口、安装型式和连接尺寸。

a. 装关节轴承的后端耳环式（S1 型）冶金设备用液压缸（$PN \leqslant 25\mathrm{MPa}$）型式与尺寸分别如图 1-10、表 1-44 所示。

b. 装滑动轴承的后端耳环式（S2 型）冶金设备用液压缸（$PN \leqslant 25\mathrm{MPa}$）型式与尺寸分别如图 1-11、表 1-44 所示。

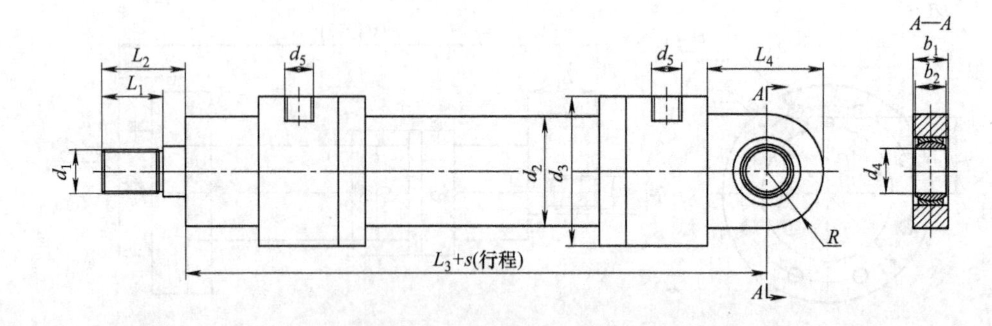

图 1-10　装关节轴承的后端耳环式（S1 型）冶金设备用液压缸（PN≤25MPa）型式

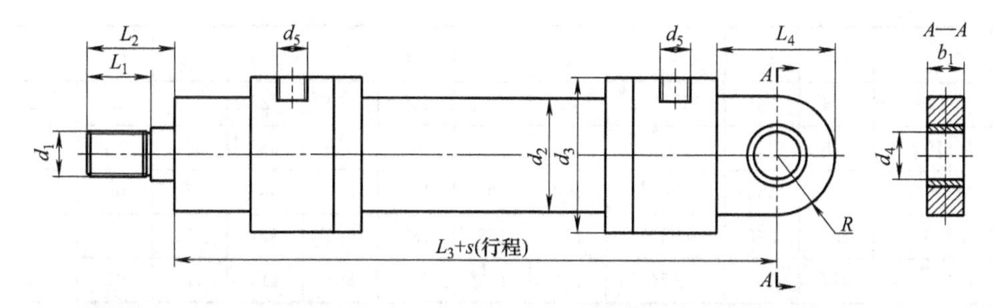

图 1-11 装滑动轴承的后端耳环式（S2 型）冶金设备用液压缸（$PN \leqslant 25$MPa）型式

表 1-44 装轴承的后端耳环式（S1、S2 型）冶金设备用液压缸（$PN \leqslant 25$MPa）尺寸 mm

缸径	d_1 6g	d_2	d_3	d_4 H7	d_5 6H	L_1	L_2	L_3	L_4	b_1	b_2	R
40	M16×1.5	57	85	25	M22×1.5	26	38	247	60	23	20	30
50	M22×1.5	63.5	105	30	M22×1.5	34	50	261	69	28	22	34
63	M27×2	76	120	35	M27×2	42	60	298	87	30	25	42
80	M36×2	102	135	40	M27×2	56	75	324	100	35	28	50
100	M48×2	121	165	50	M33×2	69	95	376	130①	40	35	63
125	M56×2	152	200	60	M42×2	81	110	444	140	50	44	70
140	M64×3	168	220	70	M42×2	94	120	481	157	55	49	77
160	M80×3	194	265	80	M48×2	104	135	541	180	60	55	88
200	M110×3	245	320	100	M48×2	121	152	636	240	70	70	115
220	M125×4	273	355	110	F40	137	170	738	270	80	70	132.5
250	M140×4	299	395	120	F40	152	185	777	300	90	85	150
320	M160×4	377	490	160	F50	172	215	968	375	110	105	190

① 在 JB/T 6134—2006 的表 4 中的 123。

c. 前端固定耳轴式（B1 型）冶金设备用液压缸（$PN \leqslant 25$MPa）型式与尺寸分别如图 1-12、表 1-45 所示。

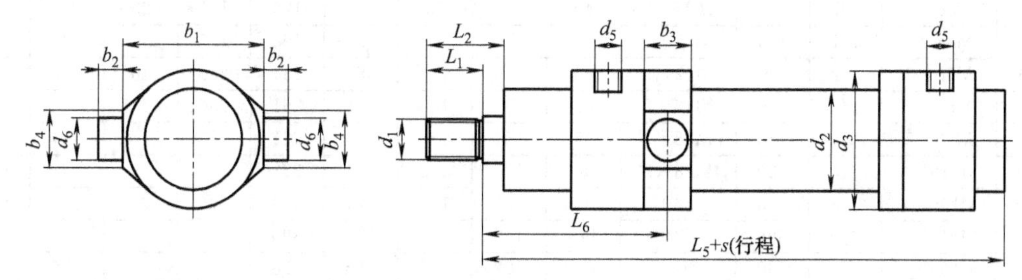

图 1-12 前端固定耳轴式（B1 型）冶金设备用液压缸（$PN \leqslant 25$MPa）型式

注：对图 1-12 中右视图进行了简化处理。

表 1-45 前端固定耳轴式（B1 型）冶金设备用液压缸（$PN \leqslant 25$MPa）尺寸 mm

缸径	d_1 6g	d_2	d_3	d_5 6H	d_6 f9	L_1	L_2	L_5	L_6	b_1 h8	b_2	b_3	b_4
40	M16×1.5	57	85	M22×1.5	30	26	38	222	111	95	20	38	40
50	M22×1.5	63.5	105	M22×1.5		34	50	231	115	115			
63	M27×2	76	120	M27×2	35	42	60	258	129	130		42	50
80	M36×2	102	135	M27×2	40	56	75	279	138	145	25	48	55
100	M48×2	121	165	M33×2	50	69	95	321①	165	175	30	58	68
125	M56×2	152	200	M42×2	60	81	110	382	193	210	40	68	74
140	M64×3	168	220	M42×2	65	94	120	414	202	230	42.5	72	80

续表

缸径	d_1 6g	d_2	d_3	d_5 6H	d_6 f9	L_1	L_2	L_5	L_6	b_1 h8	b_2	b_3	b_4
160	M80×3	194	265	M48×2	75	104	135	464	227	275	52.5	82	90
200	M110×3	245	320	M48×2	90	121	152	529	255	320	55	98	120
220	M125×4	273	355	F40	100	137	170	621	302	370	60	108	130
250	M140×4	299	395	F40	110	152	185	645	321	410	65	126	147
320	M160×4	377	490	F50	160	172	215	803	416	510	90	176	184

① 在 JB/T 6134—2006 的表 5～表 7 和表 9 中为 221。

d. 中间固定耳轴式（B2 型）冶金设备用液压缸（$PN \leqslant 25$MPa）型式与尺寸分别如图 1-13、表 1-46 所示。

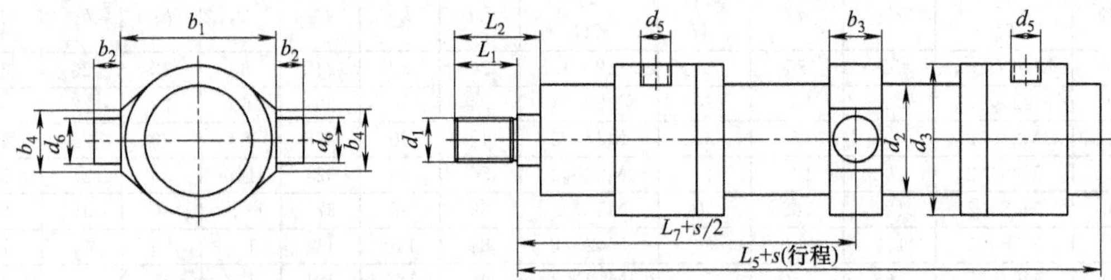

图 1-13　中间固定耳轴式（B2 型）冶金设备用液压缸（PN≤25MPa）型式

注：对图 1-13 中右视图进行了简化处理。

表 1-46　中间固定耳轴式（B2 型）冶金设备用液压缸（$PN \leqslant 25$MPa）尺寸　　mm

缸径	d_1 6g	d_2	d_3	d_5 6H	d_6 f9	L_1	L_2	L_5	L_7	b_1 h8	b_2	b_3	b_4
40	M16×1.5	57	85	M22×1.5	30	26	38	222	134	95	20	38	40
50	M22×1.5	63.5	105	M22×1.5		34	50	231	141	115			
63	M27×2	76	120	M27×2	35	42	60	258	153	130		42	50
80	M36×2	102	135	M27×2	40	56	75	279	170	145	25	48	55
100	M48×2	121	165	M33×2	50	69	95	321	198	175	30	58	68
125	M56×2	152	200	M42×2	60	81	110	382	234	210	40	68	74
140	M64×3	168	220	M42×2	65	94	120	414	251	230	42.5	72	80
160	M80×3	194	265	M48×2	75	104	135	464	261	275	52.5	82	90
200	M110×3	245	320	M48×2	90	121	152	529	293	320	55	98	120
220	M125×4	273	355	F40	100	137	170	621	370	370	60	108	130
250	M140×4	299	395	F40	110	152	185	645	395	410	65	126	147
320	M160×4	377	490	F50	160	172	215	803	488	510	90	176	184

e. 后端固定耳轴式（B3 型）冶金设备用液压缸（$PN \leqslant 25$MPa）型式与尺寸分别如图 1-14、表 1-47 所示。

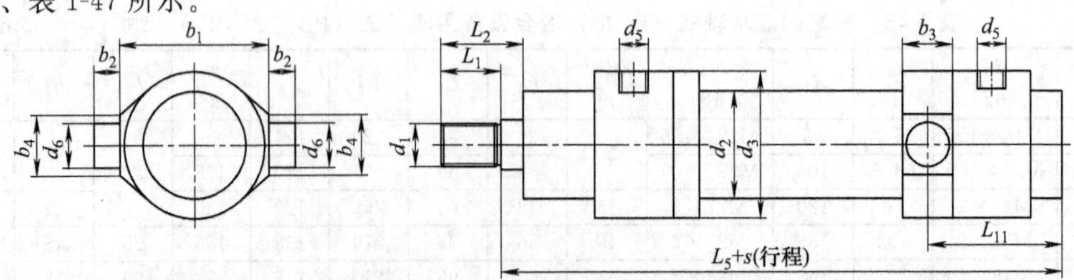

图 1-14　后端固定耳轴式（B3 型）冶金设备用液压缸（PN≤25MPa）型式

注：对图 1-14 中右视图进行了简化处理。

表 1-47　后端固定耳轴式（B3 型）冶金设备用液压缸（$PN \leqslant 25\text{MPa}$）尺寸　　mm

缸径	d_1 6g	d_2	d_3	d_5 6H	d_6	L_1	L_2	L_5	L_{11}	b_1 h8	b_2	b_3	b_4
40	M16×1.5	57	85	M22×1.5	30	26	38	222	64	95	20	38	40
50	M22×1.5	63.5	105	M22×1.5		34	50	231		115			
63	M27×2	76	120	M27×2	35	42	60	258	71	130		42	50
80	M36×2	102	135	M27×2	40	56	75	279	79	145	25	48	55
100	M48×2	121	165	M33×2	50	69	95	321	89	175	30	58	68
125	M56×2	152	200	M42×2	60	81	110	382	107	210	40	68	74
140	M64×3	168	220	M42×2	65	94	120	414	114	230	42.5	72	80
160	M80×3	194	265	M48×2	75	104	135	464	124	275	52.5	82	90
200	M110×3	245	320	M48×2	90	121	152	529	137	320	55	98	120
220	M125×4	273	355	F40	100	137	170	621	167	370	60	108	130
250	M140×4	299	395	F40	110	152	185	645	176	410	65	126	147
320	M160×4	377	490	F50	160	172	215	803	243	510	90	176	184

f. 端部脚架式（G 型）冶金设备用液压缸（$PN \leqslant 25\text{MPa}$）型式与尺寸分别如图 1-15、表 1-48 所示。

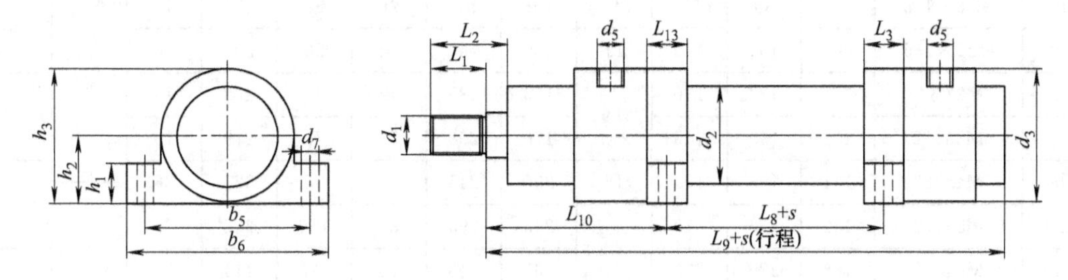

图 1-15　端部脚架式（G 型）冶金设备用液压缸（PN≤25MPa）型式

注：对图 1-15 中右视图进行了简化处理。

表 1-48　端部脚架式（G 型）冶金设备用液压缸（$PN \leqslant 25\text{MPa}$）尺寸　　mm

缸径	d_2	d_3	d_7	L_1	L_2	L_8	L_9	L_{10}	L_{13}	h_1	h_2	h_3	b_5	b_6
40	57	85	11	26	38	60	260	104	25	25	45	87.5	110	135
50	63.5	105		34	50	65	281	108		30	55	107.5	130	155
63	76	120	14	42	60	70	318	123	30	35	65	125	150	180
80	102	135	18	56	75		354	134	40	40	70	137.5	170	210
100	121	165	22	69	95	75	416	161	50	50	85	167.5	205	250
125	152	200	26	81	110	90	492	189	60	60	105	205	255	305
140	168	220		94	120	105	534	198.5	65	65	115	225	280	340
160	194	265	33	104	135	120	599	223.5	75	70	135	267.5	330	400
200	245	320	39	121	152	145	681	251	90	85	160	315	385	465
220	273	355	45	137	170	166	791	295	94	95	185	362.5	445	530
250	299	395	52	152	185	174	830	308	100	110	205	402.5	500	600
320	377	490	62	172	215	200	1018	388	120	140	255	500	610	730

注：d_1、d_5尺寸及公差见表 1-47。

g. 前端法兰式（F1 型）冶金设备用液压缸（$PN \leqslant 25\text{MPa}$）型式与尺寸分别如图 1-16、表 1-49 所示。

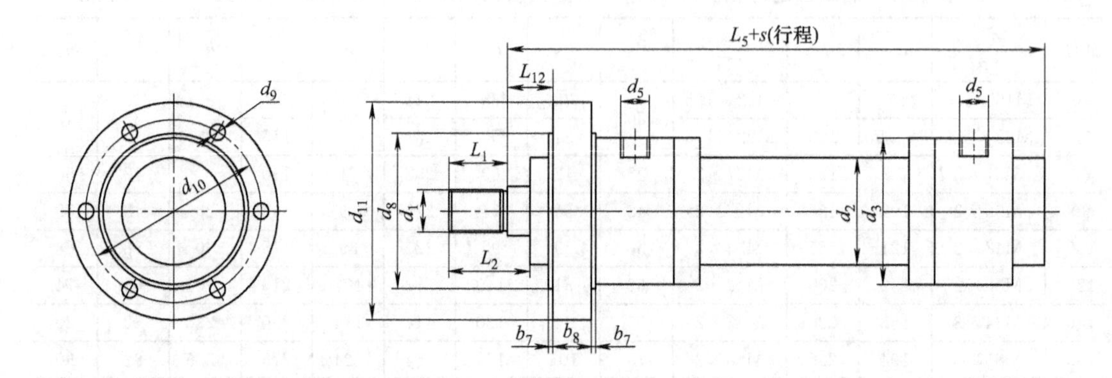

图 1-16　前端法兰式（F1 型）冶金设备用液压缸（PN≤25MPa）型式

注：对图 1-16 中右视图进行了简化处理。

表 1-49　前端法兰式（F1 型）冶金设备用液压缸（PN≤25MPa）尺寸　　mm

<table>
<tr><th>缸径</th><th>d_1
6g</th><th>d_2</th><th>d_3</th><th>d_8
h11</th><th>d_9</th><th>d_{10}</th><th>d_{11}</th><th>L_1</th><th>L_2</th><th>L_3</th><th>L_{12}</th><th>b_7</th><th>b_8</th></tr>
<tr><td>40</td><td>M16×1.5</td><td>57</td><td>85</td><td>90</td><td>9</td><td>108</td><td>130</td><td>26</td><td>38</td><td>222</td><td>12</td><td rowspan="4">5</td><td rowspan="2">30</td></tr>
<tr><td>50</td><td>M22×1.5</td><td>63.5</td><td>105</td><td>110</td><td>11</td><td>130</td><td>160</td><td>34</td><td>50</td><td>231</td><td>16</td></tr>
<tr><td>63</td><td>M27×2</td><td>76</td><td>120</td><td>130</td><td rowspan="2">14</td><td>155</td><td>185</td><td>42</td><td>60</td><td>258</td><td>18</td><td rowspan="2">35</td></tr>
<tr><td>80</td><td>M36×2</td><td>102</td><td>135</td><td>145</td><td>170</td><td>200</td><td>56</td><td>75</td><td>279</td><td>19</td></tr>
<tr><td>100</td><td>M48×2</td><td>121</td><td>165</td><td>175</td><td>18</td><td>205</td><td>245</td><td>69</td><td>95</td><td>321</td><td>26</td><td rowspan="8">10</td><td rowspan="2">45</td></tr>
<tr><td>125</td><td>M56×2</td><td>152</td><td>200</td><td>210</td><td rowspan="2">22</td><td>245</td><td>295</td><td>81</td><td>110</td><td>382</td><td>29</td></tr>
<tr><td>140</td><td>M64×3</td><td>168</td><td>220</td><td>230</td><td>265</td><td>315</td><td>94</td><td>120</td><td>414</td><td>29</td><td>50</td></tr>
<tr><td>160</td><td>M80×3</td><td>194</td><td>265</td><td>275</td><td>26</td><td>325</td><td>385</td><td>104</td><td>135</td><td>464</td><td>31</td><td>60</td></tr>
<tr><td>200</td><td>M110×3</td><td>245</td><td>320</td><td>320</td><td rowspan="2">33</td><td>375</td><td>445</td><td>121</td><td>152</td><td>529</td><td>31</td><td>75</td></tr>
<tr><td>220</td><td>M125×4</td><td>273</td><td>355</td><td>370</td><td>430</td><td>490</td><td>137</td><td>170</td><td>621</td><td>48</td><td rowspan="2">85</td></tr>
<tr><td>250</td><td>M140×4</td><td>299</td><td>395</td><td>415</td><td>39</td><td>485</td><td>555</td><td>152</td><td>185</td><td>645</td><td>58</td></tr>
<tr><td>320</td><td>M160×4</td><td>377</td><td>490</td><td>510</td><td>45</td><td>600</td><td>680</td><td>172</td><td>215</td><td>803</td><td>78</td><td>95</td></tr>
</table>

注：d_5尺寸及公差见表 1-47。

h. 后端法兰式（F2 型）冶金设备用液压缸（PN≤25MPa）型式与尺寸分别如图 1-17、表 1-50 所示。

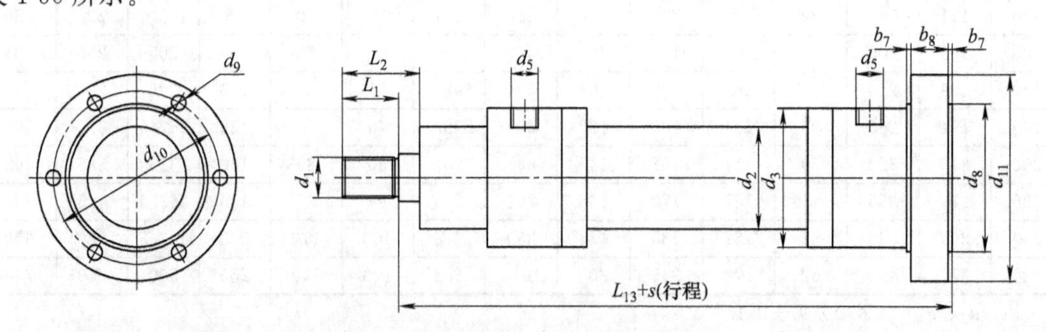

图 1-17　后端法兰式（F2 型）冶金设备用液压缸（PN≤25MPa）型式

注：对图 1-17 中右视图进行了简化处理。

表 1-50 后端法兰式（F2 型）冶金设备用液压缸（$PN \leqslant 25$MPa）尺寸 mm

缸径	d_1 6g	d_2	d_3	d_5 6H	d_8 h11	d_9	d_{10}	d_{11}	L_1	L_2	L_{13}	b_7	b_8
40	M16×1.5	57	85	M22×1.5	90	9	108	130	26	38	257	5	30
50	M22×1.5	63.5	105	M22×1.5	110	11	130	160	34	50	266		
63	M27×2	76	120	M27×2	130	14	155	185	42	60	298		35
80	M36×2	102	135	M27×2	145		170	200	56	75	319		
100	M48×2	121	165	M33×2	175	18	205	245	69	95	371		45
125	M56×2	152	200	M42×2	210	22	245	295	81	110	439	10	
140	M64×3	168	220	M42×2	230		265	315	94	120	476		50
160	M80×3	194	265	M48×2	275	26	325	385	104	135	536		60
200	M110×3	245	320	M48×2	320	33	375	445	121	152	616		75
220	M125×4	273	355	F40	370		430	490	137	170	718		85
250	M140×4	299	395	F40	415	39	485	555	152	185	742		
320	M160×4	377	490	F50	510	45	600	680	172	215	908		95

i. 缸的进出油口法兰连接型式和尺寸。当冶金设备用液压缸（$PN \leqslant 25$MPa）规定的液压缸的缸径大于或等于 220mm 时，油口（孔）采用法兰连接。其连接型式如图 1-18 所示，尺寸见表 1-51、表 1-52。

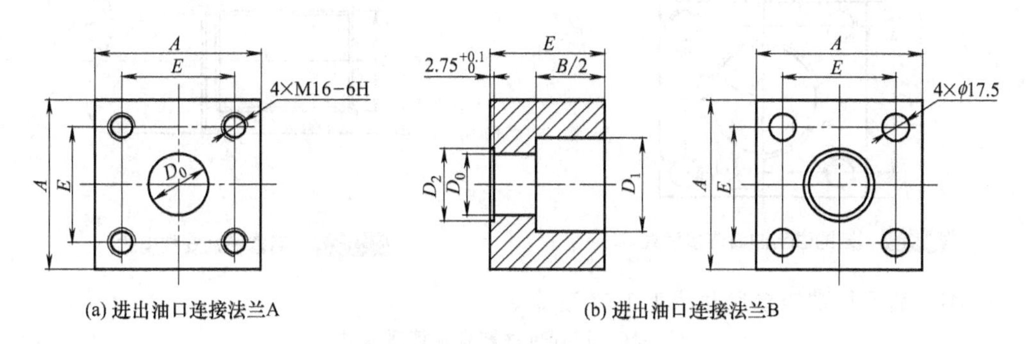

(a) 进出油口连接法兰A (b) 进出油口连接法兰B

图 1-18 缸进出油口连接型式

表 1-51 缸的进出油口连接法兰 A 尺寸 mm

缸径	连接代号	油孔公称通径 D_0	连接法兰 A(方形)	
			$E \times E$	$A \times A$
220	F40	40	75×75	110×110
250				
320	F50	50	100×100	140×140

表 1-52 缸进出油口连接法兰 B 尺寸 mm

连接代号	油孔公称通径 D_0	D_1	D_2	A	B	E	管子尺寸 外径×壁厚	O 形密封圈 (GB/T 3452.1)
F40	40	61	47.1	110	90	75	60×10	40×3.55
F50	50	77	57.1	140	110	100	76×12	50×3.55

注：进出油口连接法兰 B 的 O 形密封圈沟槽不符合 GB/T 3452.3—2005《液压气动用 O 形橡胶密封圈 沟槽尺寸》的规定，且 O 形圈尺寸的选取也值得商榷。

(2) 船用双作用液压缸基本参数与安装连接尺寸

在 CB/T 3318—2001《船用双作用液压缸基本参数与安装连接尺寸》中规定了缸的进出油口、安装型式和连接尺寸。

① 缸的进出油口采用螺纹和法兰两种连接型式。其型式尺寸分别如图 1-19 和表 1-53 所示。

表 1-53 缸的进出油口连接尺寸 mm

缸径	油孔 公称通径	油口连接尺寸 M	连接法兰(方形)		
			$B \times B$	$B_1 \times B_1$	$4 \times M_1$
40	8	M18×1.5	—	—	—
50	10	M22×1.5			
63	15	M27×2			
80	15	M27×2			
100	20	M33×2			
125	20	M33×2			
160	25	M42×2	(56±0.4)×(56±0.4)	75×75	M12
200	32	M50×2			
250	40	M60×2	(56±0.4)×(56±0.4)	100×100	M16
320	50	—	(73±0.4)×(73±0.4)	100×100	M16
400	60	—	(103±0.4)×(103±0.4)	140×140	M22

注：缸内径 40～125mm 只适用于内螺纹连接油口，缸内径 320～400mm 只适用于法兰连接油口。

② 活塞杆端安装型式和连接尺寸。活塞杆端安装型式如图 1-20 所示。

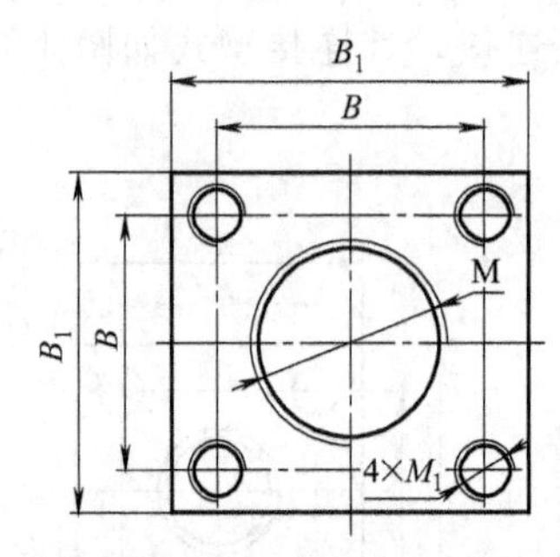

图 1-19 缸的进出油口连接型式

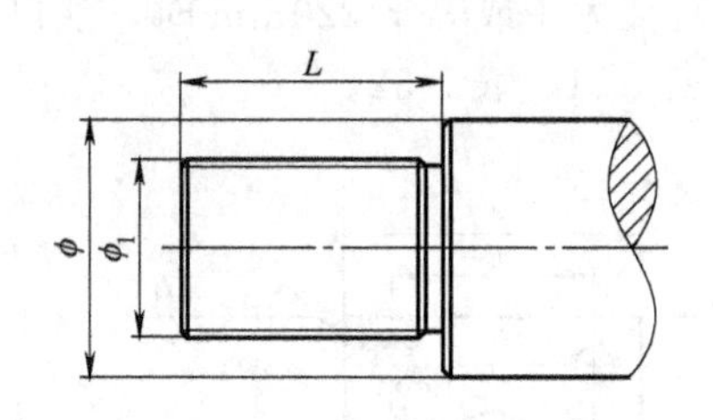

图 1-20 活塞杆端安装型式

16MPa 活塞杆端连接尺寸按表 1-54 确定。

表 1-54 16MPa 活塞杆端连接尺寸 mm

缸径	活塞杆直径 ϕ	螺纹直径与螺距 ϕ_1	螺纹长度 L
40	22	M16×1.5	20(22、32)
50	28	M20×1.5	28(28、40)
63	36	M27×2	36(36、54)
80	45	M33×2	45(45、66)
100	56	M42×2	56(56、84)
125	70	M48×2	63(63、96)
160	90	M64×3	85(85、128)
200	110	M80×3	95(95、140)
250	140	M100×3	112
320	180	M125×4	125
400	220	M160×4	160

注：1. 括号内长度为 GB 2350—1980 规定的短型、长型螺纹长度。当需要锁紧螺母时，采用长型螺纹长度。
2. CB/T 3318—2001 与 GB 2350—1980 的螺纹（包括内、外螺纹）长度标注不同，以下情况相同。

25MPa 活塞杆端连接尺寸按表 1-55 确定。

表 1-55 25MPa 活塞杆端连接尺寸 mm

缸径	活塞杆直径 ϕ	螺纹直径与螺距 ϕ_1	螺纹长度 L
50	36	M27×2	36(36、54)
63	45	M33×2	45(45、66)
80	56	M42×2	56(56、84)

续表

缸径	活塞杆直径 ϕ	螺纹直径与螺距 ϕ_1	螺纹长度 L
100	70	M48×2	63(63、96)
125	90	M64×3	85(85、128)
160	110	M80×3	95(95、140)
200	140	M100×3	112
250	180	M125×3(M125×4)	125
320	220	M160×3(M160×4)	160
400	280	M200×4	200

注：括号内螺纹直径与螺距、螺纹长度为GB 2350—1980规定的短型、长型螺纹长度。当需要锁紧螺母时，采用长型螺纹长度。

③ 带衬套双耳环安装型式和连接尺寸。带衬套双耳环安装型式如图1-21所示。

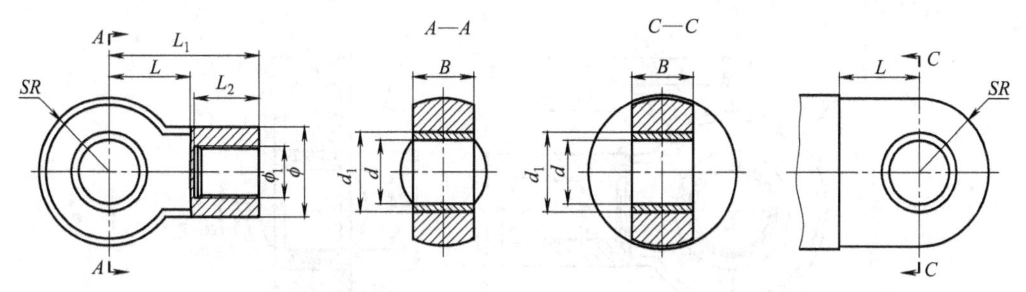

图1-21 带衬套双耳环安装型式

注：1. 将CB/T 3318—2001中"b）缸头端衬套耳环"改为了"缸底（尾）端衬套耳环"。

2. CB/T 3318—2001中"双耳环"与GB/T 9094—2006中"双耳环"的含义不同。

16MPa带衬套双耳环连接尺寸按表1-56确定。

表1-56 16MPa带衬套双耳环连接尺寸 mm

缸内径	d H7	d_1	SR	L	L_1	L_2	B h12	ϕ	ϕ_1
40	20	30	25	30	55	22	20	30	M16×1.5
50	25	35	32	40	72	29	25	35	M20×1.5
63	30	40	35	40	80	37	30	45	M27×2
80	40	50	45	50	100	46	40	55	M33×2
100	50	65	60	70	130	57	50	70	M42×2
125	60	75	70	80	148	64	60	85	M48×2
160	80	100	90	100	190	86	80	110	M64×3
200	100	130	110	120	220	96	100	135	M80×3
250	120	150	130	140	256	113	120	160	M100×3
320	160	190	170	180	310	126	160	205	M125×4
400	200	240	210	220	390	162	200	250	M160×4

25MPa带衬套双耳环连接尺寸按表1-57确定。

表1-57 25MPa带衬套双耳环连接尺寸 mm

缸内径	d H7	d_1	SR	L	L_1	L_2	B h12	ϕ	ϕ_1
50	30	40	35	40	80	37	30	45	M27×2
63	40	50	45	50	100	46	40	55	M33×2
80	50	65	60	70	130	57	50	70	M42×2
100	60	75	70	80	148	64	60	85	M48×2

续表

缸内径	d H7	d_1	SR	L	L_1	L_2	B h12	ϕ	ϕ_1
125	80	100	90	100	190	86	80	110	M64×3
160	100	130	110	120	220	96	100	135	M80×3
200	120	150	130	140	256	113	120	160	M100×3
250	160	190	170	180	310	126	160	205	M125×4
320	200	240	210	220	390	162	200	250	M160×4
400	240	290	250	260	530	205	240	300	M200×4

④ 带关节轴承双耳环安装型式和连接尺寸。带关节轴承双耳环安装型式如图 1-22 所示。

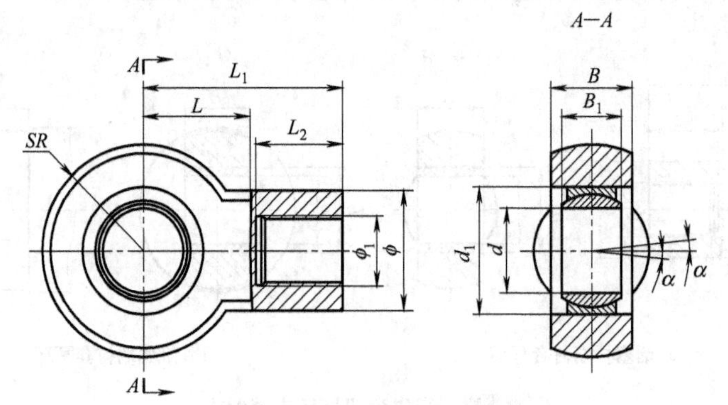

(a) 活塞杆端关节轴承耳环

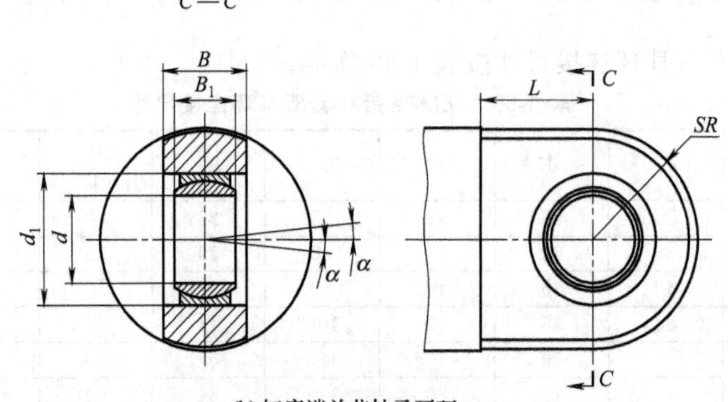

(b) 缸底端关节轴承耳环

图 1-22 带关节轴承双耳环安装型式

注：1. 将 CB/T 3318—2001 中“b）缸头关节轴承耳环”改为了“缸底（尾）端关节轴承耳环”。

2. CB/T 3318—2001 中“双耳环”与 GB/T 9094—2006 中“双耳环”的含义不同。

16MPa 双耳环连接尺寸按表 1-58 确定。

表 1-58 16MPa 双耳环连接尺寸 mm

缸内径	d	d_1	SR	L	L_1	L_2	Bh12	B_1	ϕ	ϕ_1	α/(°)
40	20	35	28	30	55	22	20	16	30	M16×1.5	9
50	25	42	35	40	72	29	25	20	35	M20×1.5	7
63	30	47	40	40	80	37	30	22	45	M27×2	6
80	40	62	50	50	100	46	40	28	55	M33×2	7
100	50	75	63	70	130	57	50	35	70	M42×2	6
125	60	90	75	80	148	64	60	44	85	M48×2	6

续表

缸内径	d	d_1	SR	L	L_1	L_2	Bh12	B_1	ϕ	ϕ_1	$\alpha/(°)$
160	80	120	95	100	190	86	80	55	110	M64×3	6
200	100	150	115	120	220	96	100	70	135	M80×3	7
250	120	180	160	162	256	113	120	85	160	M100×3	6
320	160	230	200	202	310	126	160	105	205	M125×4	8
400	200	290	250	252	390	162	200	130	250	M160×4	7

25MPa 双耳环连接尺寸按表 1-59 确定。

表 1-59　25MPa 双耳环连接尺寸　mm

缸内径	d	d_1	SR	L	L_1	L_2	Bh12	B_1	ϕ	ϕ_1	$\alpha/(°)$
50	30	47	40	40	80	37	30	22	45	M27×2	6
63	40	62	50	50	100	46	40	28	55	M33×2	7
80	50	75	63	70	130	57	50	35	70	M42×2	6
100	60	90	75	80	148	64	60	44	85	M48×2	6
125	80	120	95	100	190	86	80	55	110	M64×3	4
160	100	150	115	120	220	96	100	70	135	M80×3	7
200	120	180	160	162	256	113	120	85	160	M100×3	6
250	160	230	200	202	310	126	160	105	205	M125×4	8
320	200	290	250	252	390	162	200	130	250	M160×4	7
400	240	340	320	332	530	205	240	140	300	M200×4	8

带关节轴承耳环连接的关节轴承按 GB/T 9163—1990（2001）《关节轴承　向心关节轴承》规定的 E 系列选取。

⑤ 圆形前法兰安装型式和连接尺寸。圆形前法兰安装型式如图 1-23 所示。

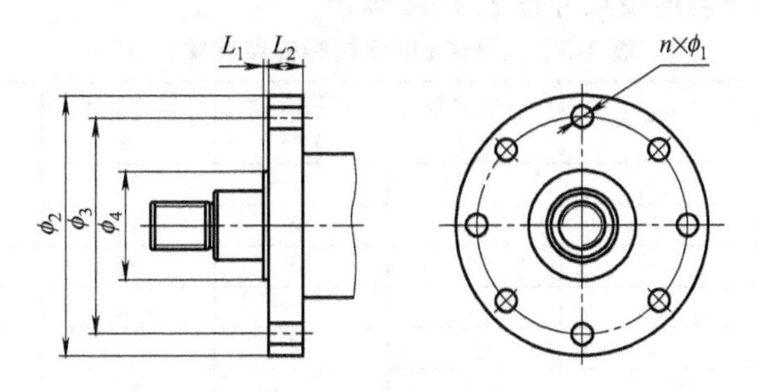

图 1-23　圆形前法兰安装型式

16MPa 圆形前法兰连接尺寸按表 1-60 确定。

表 1-60　16MPa 圆形前法兰连接尺寸　mm

<table>
<tr><th>缸内径</th><th>L_1</th><th>L_2</th><th>n</th><th>ϕ_1</th><th>ϕ_2</th><th>$\phi_3$js11</th><th>ϕ_4h8</th></tr>
<tr><td>40</td><td>3</td><td>14</td><td rowspan="11">8</td><td>9</td><td>130</td><td>106</td><td>50</td></tr>
<tr><td>50</td><td rowspan="3">4</td><td>17</td><td>11</td><td>155</td><td>126</td><td>60</td></tr>
<tr><td>63</td><td>20</td><td>13.5</td><td>180</td><td>145</td><td>70</td></tr>
<tr><td>80</td><td>23</td><td>17.5</td><td>200</td><td>165</td><td>85</td></tr>
<tr><td>100</td><td rowspan="4">5</td><td>28</td><td rowspan="3">22</td><td>240</td><td>200</td><td>106</td></tr>
<tr><td>125</td><td>32</td><td>275</td><td>235</td><td>132</td></tr>
<tr><td>160</td><td>40</td><td>330</td><td>280</td><td>160</td></tr>
<tr><td>200</td><td>45</td><td>26</td><td>400</td><td>340</td><td>200</td></tr>
<tr><td>250</td><td rowspan="2">8</td><td>55</td><td>33</td><td>500</td><td>420</td><td>250</td></tr>
<tr><td>320</td><td>70</td><td>39</td><td>600</td><td>520</td><td>320</td></tr>
<tr><td>400</td><td>10</td><td>90</td><td>45</td><td>740</td><td>640</td><td>400</td></tr>
</table>

25MPa 圆形前法兰连接尺寸按表 1-61 确定。

表 1-61　25MPa 圆形前法兰连接尺寸　mm

缸内径	L_1	L_2	n	ϕ_1	ϕ_2	$\phi_3$js11	ϕ_4h8
50	4	20	8	13.5	160	132	63
63		22			175	150	75
80		28		17.5	215	180	90
100	5	34		22	265	220	110
125		43			300	250	132
160		51		26	370	315	160
200		64		33	450	385	200
250	8	75		39	560	475	250
320		100		45	700	600	320
400	10	125	12	45	840	720	400

⑥ 中间铰轴安装型式和连接尺寸。中间铰轴安装型式如图 1-24 所示。

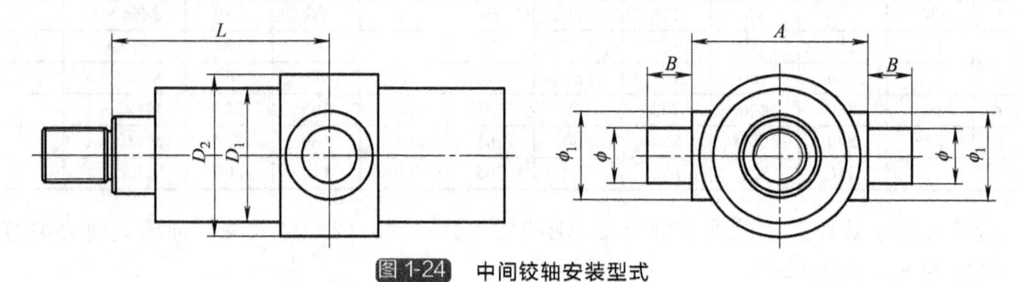

图 1-24　中间铰轴安装型式

16MPa 中间铰轴安装连接尺寸按表 1-62 确定。

表 1-62　16MPa 中间铰轴安装连接尺寸　mm

缸径 D	缸筒外径 D_1	套外径	铰轴直径 ϕf8	台肩直径 $\phi_1 \leqslant$	铰轴长度 B	中间距离 Ah12	铰轴位置 L
40	—	—	20	30	16	90	与用户商定
50	—	—	25	35	20	105	
63	—	—	32	45	25	120	
80	—	—	40	55	32	135	
100	121	152(159)	50	68	40	160	
125	146	180(194)	63	80	50	195	
160	194	219(245)	80	100	63	240	
200	245	273(299)	100	130	80	295	
250	299	356(377)	125	155	100	370	
320	—	—	160	190	125	470	
400	—	—	200	240	160	570	

注：缸筒外径 D_1 选取于 CB/T 3812—2013《船用舱口盖液压缸》；台肩直径 Φ_1 仅供参考。

25MPa 中间铰轴安装连接尺寸按表 1-63 确定。

表 1-63　25MPa 中间铰轴安装连接尺寸　mm

缸径 D	缸筒外径 D_1	套外径	铰轴直径 ϕf8	台肩直径 $\phi_1 \leqslant$	铰轴长度 B	中间距离 Ah12	铰轴位置 L
50	—	—	32	45	25	112	与用户商定
63	—	—	40	55	32	125	
80	—	—	50	68	40	150	
100	127	180(194)	63	80	50	180	
125	159	219(245)	80	100	63	224	
160	203	273(299)	100	130	80	280	

续表

缸径 D	缸筒外径 D_1	套外径	铰轴直径 $\phi f8$	台肩直径 $\phi_1 \leqslant$	铰轴长度 B	中间距离 $A h12$	铰轴位置 L
200	273	325(340)	125	270	100	335	与用户商定
250	325	406(426)	160	190	125	425	
320	—	—	200	240	160	530	
400	—	—	250	300	200	630	

注：缸筒外径 D_1 选取于 CB/T 3812—2013《船用舱口盖液压缸》；台肩直径 ϕ_1 仅供参考。

前盖铰轴安装型式如图 1-25 所示。

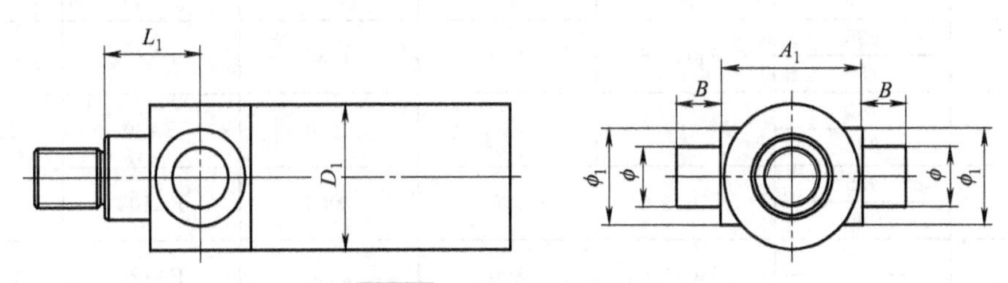

图 1-25 前盖铰轴安装型式

16MPa 前盖铰轴安装连接尺寸按表 1-64 确定。

表 1-64 16MPa 前盖铰轴安装连接尺寸 mm

缸径 D	缸筒外径 D_1	铰轴直径 $\phi f8$	台肩直径 $\phi_1 \leqslant$	铰轴长度 B	中间距离 $A_1 h12$	铰轴位置 L_1
40	—	20	30	16	55	与用户商定
50	—	25	35	20	70	
63	—	32	45	25	80	
80	—	40	55	32	100	
100	121	50	68	40	125	
125	146	63	80	50	155	
160	194	80	100	63	200	
200	245	100	130	80	250	
250	299	125	155	100	305	
320	—	160	190	125	380	
400	—	200	240	160	455	

注：缸筒外径 D_1 选取于 CB/T 3812—2013《船用舱口盖液压缸》；台肩直径 ϕ_1 仅供参考。

(3) 大型液压油缸

在公称压力 25MPa 下，JB/T 11588—2013《大型液压油缸》中规定的大型液压油缸的进出油口、安装型式和连接尺寸见下列各图、表。

① 如表 1-65 所示的是大型液压油缸基本参数、进出油口编号及连接尺寸。前端圆法兰式（MF3 型）大型液压油缸安装型式与尺寸分别如图 1-26 和表 1-66 所示。

表 1-65 大型液压油缸基本参数、进出油口编号及连接尺寸 mm

缸内径 AL	活塞杆外径 MM	活塞杆螺纹直径与螺距 KK	活塞杆螺纹长度 A	缸筒外径 D	油口尺寸 EE	安装孔数量与直径 $n \times FB$
630	380	M320×6	320	780	FA40	16×ϕ60
	450					
710	440	M360×6	360	900	FA50	20×ϕ68
	500					
800	500	M400×6	400	1000	FA50	20×ϕ76
	580					

续表

缸内径 *AL*	活塞杆外径 *MM*	活塞杆螺纹 直径与螺距 *KK*	活塞杆螺纹 长度 *A*	缸筒外径 *D*	油口尺寸 *EE*	安装孔 数量与直径 *n*×*FB*
900	560	M450×6	450	11500	FA65	20×ϕ85
	640					
950	580	M500×6	500	1230	FA65	20×ϕ90
	640					
1000	620	M550×6	550	1330	FA65	20×ϕ95
	710					
1120	680	M600×6	600	1430	FA80	20×ϕ100
	780					
1250	760	M650×6	650	1650	FA80	20×ϕ105
	880					
1500	920	M760×6	760	2000	FA100	28×ϕ115
	1060					
2000	1220	M800×8	800	2600	FA125	36×ϕ130
	1420					

注：1. 缸内径代号 *AL* 见于 GB/T 9094—2006《液压缸气缸安装尺寸和安装型式代号》。

2. 在 GB/T 9094—2006《液压缸气缸安装尺寸和安装型式代号》中规定 *FF* 为法兰油口尺寸（一般尺寸）代号。

3. 表中安装孔直径 *FB* 不符合 GB/T 5277—1985《紧固件 螺栓和螺钉通孔》的规定。

4. 表中活塞杆螺纹长度在下面本标准各图中的标注不符合 GB/T 2350—1980《液压气动系统及元件 活塞杆螺纹型式和尺寸系列》的规定。

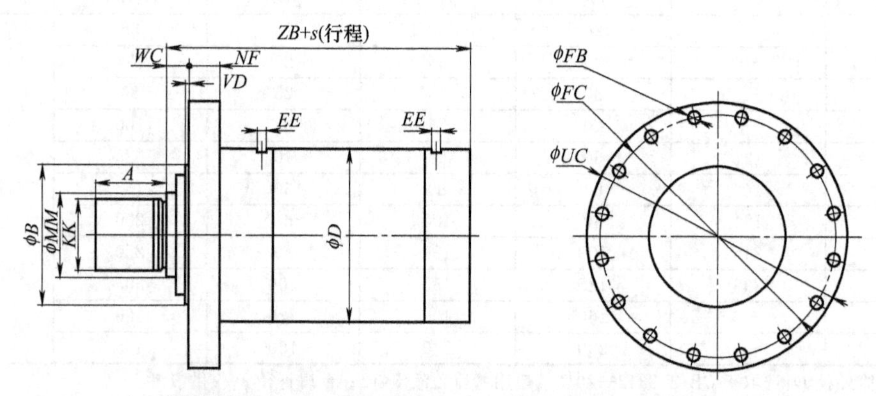

图 1-26 前端圆法兰式（MF3 型）大型液压油缸安装型式

注：对图 1-26 中左视图进行了简化处理。

表 1-66 前端圆法兰式（MF3 型）大型液压油缸安装尺寸 mm

AL	*VD*(min)	*WC*	*NF*	*FC*	*UC*	*B*f8	*ZB*(max)
630	10	100	140	1080	1200	630	1160
710	15	110	160	1180	1310	710	1300
800	15	120	180	1300	1450	800	1440
900	15	130	200	1420	1600	900	1580
950	20	140	220	1540	1720	950	1740
1000	20	150	240	1660	1860	1000	1810
1120	20	150	270	1780	1980	1120	2010
1250	20	170	280	1930	2150	1125	2190
1500	30	180	300	2260	2480	1500	2520
2000	30	210	400	2860	3120	2000	3140

注：前端圆法兰安装孔数量与直径见表 1-65。

② 后端圆法兰式（MF4 型）大型液压油缸安装型式与尺寸分别如图 1-27、表 1-67 所示。

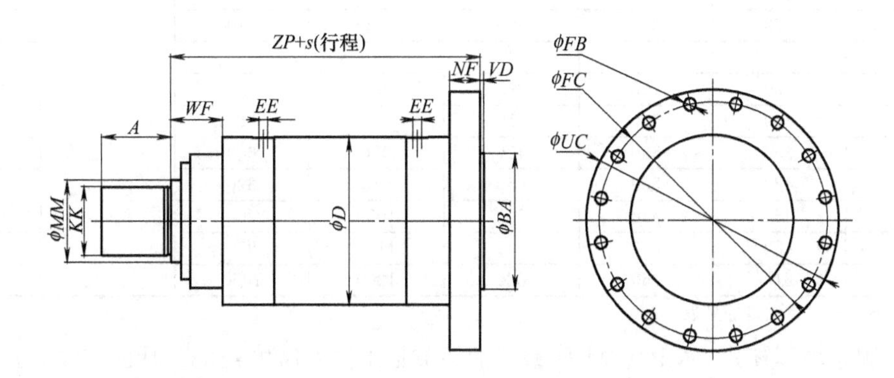

图 1-27 后端圆法兰式（MF4 型）大型液压油缸安装型式

注：对图 1-27 中左视图进行了简化处理。

表 1-67 后端圆法兰式（MF4 型）大型液压油缸安装尺寸 mm

AL	VD(min)	WF	NF	FC	UC	BA f8	ZP(max)
630	10	240	140	1080	1200	630	1230
710	15	270	160	1180	1310	710	1380
800	15	300	180	1300	1450	800	1530
900	15	330	200	1420	1600	900	1680
950	20	360	220	1540	1720	950	1860
1000	20	390	240	1660	1860	1000	1940
1120	20	420	270	1780	1980	1120	2180
1250	20	450	280	1930	2150	1125	2350
1500	30	480	300	2260	2480	1500	2680
2000	30	610	400	2860	3120	2000	3340

注：1. 活塞杆螺纹、油口和后端圆法兰安装孔数量与直径等见表 1-65。
2. 在 JB/T 11588—2013 表 3 中缺少 VD 尺寸。

③ 后端固定单耳环式（MP3、MP5 型）大型液压油缸安装型式与尺寸分别如图 1-28、表 1-68 所示。

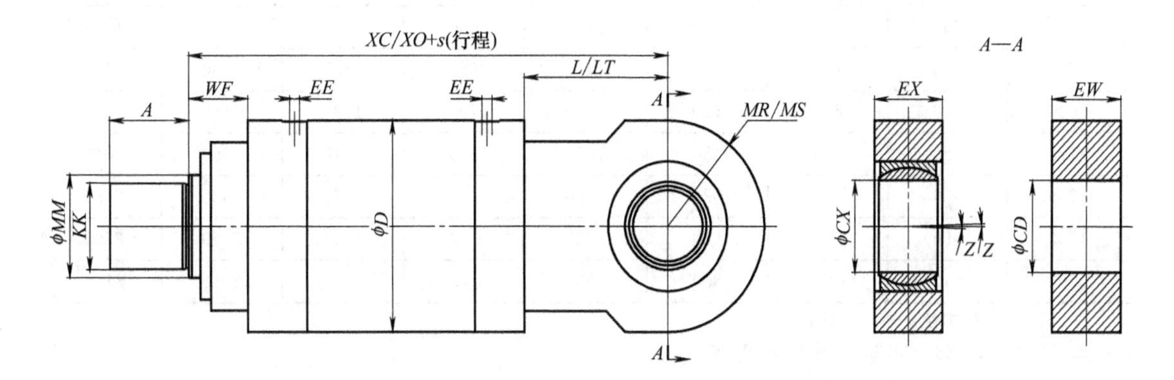

图 1-28 后端固定单耳环式（MP3、MP5 型）大型液压油缸安装型式

表 1-68　后端固定单耳环式（MP3、MP5 型）大型液压油缸安装尺寸　mm

AL	WF	CD/CX	EW/EX	L/LT	MR/MS	Z	XC/XO
630	240	340	280	580	390	2°	1740
710	270	360	300	620	410		1920
800	300	420	340	720	480		2160
900	330	460	380	780	520		2360
950	360	500	410	900	560		2635
1000	390	530	420	950	600		2795
1120	420	560	450	950	620		2960
1250	450	630	520	1050	700		3230
1500	480	820	700	1100	900		3600
2000	610	960	820	1200	1050		4300

注：活塞杆螺纹、油口等见表 1-65。

后端固定单耳环式（MP3、MP5 型）的关节轴承按 GB/T 9163—1990（2001）《关节轴承　向心关节轴承》规定的 H 系列选取。

④ 中间固定耳轴式（MT4 型）大型液压油缸安装型式与尺寸分别如图 1-29、表 1-69 所示。

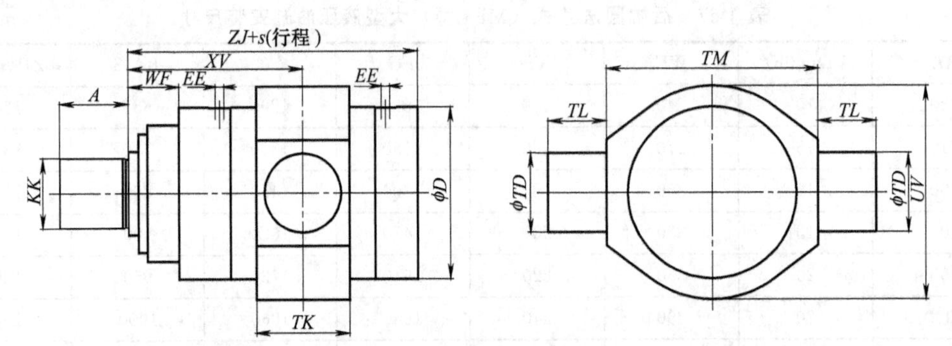

图 1-29　中间固定耳轴式（MT4 型）大型液压油缸安装型式

注：对图 1-29 中左视图进行了简化处理。

表 1-69　中间固定耳轴式（MT4 型）大型液压油缸安装尺寸　mm

AL	WF	TD f8	TL js10	TM h10	TK	XV (min)	UV	ZJ
630	240	360	270	980	440	690	980	1 160
710	270	420	290	1100	500	830	1100	1300
800	300	480	340	1200	580	960	1200	1440
900	330	530	370	1350	630	1065	1350	1580
950	360	580	400	1450	680	1185	1450	1735
1000	390	600	420	1550	700	1235	1550	1805
1120	420	680	450	1650	800	1370	1650	2010
1250	450	780	520	1880	900	1470	1880	2180
1500	480	950	660	2250	1100	1740	2250	2500
2000	610	1200	800	2950	1350	2315	2950	3140

注：1. 活塞杆螺纹、油口等见表 1-65。

2. 在 JB/T 11588—2013 表 5 中缺少 UV 尺寸。

⑤ 缸进出油口法兰安装图如图 1-30 所示，大型液压油缸进出油口尺寸见表 1-70。

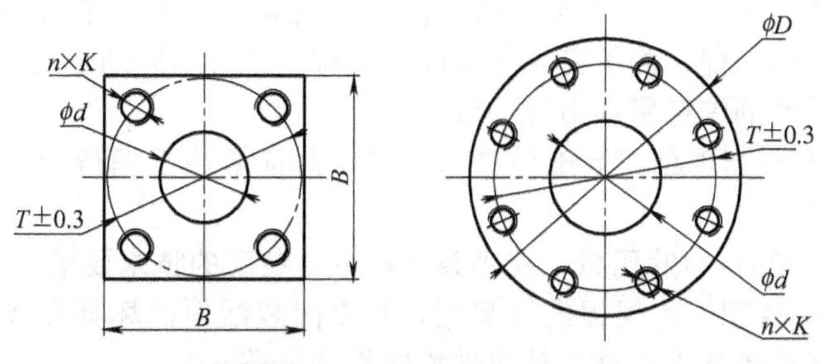

图 1-30 缸进出油口法兰安装图

表 1-70 大型液压油缸进出油口尺寸 mm

编号	油孔直径 d	外形 $B\times B$	外圆 D	螺孔位直径 $\phi\pm0.3$	$n\times$M
FA40	40	100	—	98	4×M16
FA50	50	120	—	118	4×M20
FA65	65	150	—	145	4×M24
FA80	80	180	—	175	4×M30
FA100	100	—	245	200	8×M24
FA125	125	—	300	245	8×M30

注：符合 ISO 6164 方形法兰油口（*PN*250）。

液压缸安装和调整安装位置、安装用紧固件等技术要求见本书第 1.3.1.2 节。

1.3.12 液压缸装配技术要求

液压缸装配是根据液压缸设计的技术要求（条件）、精度要求等，将构成液压缸的零件结合成组件、部件，直至液压缸产品的过程。液压缸装配是液压缸制造中的后期工作，是形成液压缸产品的关键环节。

本书在前言中指出：一台好的液压缸不仅仅是设计出来的，也是装配出来的。

1.3.12.1 液压缸装配的一般技术要求

(1) GB/T 7935—2005《液压元件 通用技术条件》中对装配的技术要求

① 元件应使用经检验合格的零件和外购件，按相关产品标准或技术文件的规定和要求进行装配。任何变形、损伤和锈蚀的零件和外购件不应用于装配。

② 零件在装配前应清洗干净，不应带有任何污物如铁屑、毛刺、纤维状杂质等。

③ 元件装配时，不应使用棉纱、纸张等纤维易脱落物擦拭壳体内腔及零件配合表面和进出流道。

④ 元件装配时，不应使用有缺陷及超过有效使用期限的密封件。

⑤ 应在元件的所有连接油口附近标注表示油口功能的符号。

⑥ 元件的外露非加工表面涂层应均匀，色泽一致。喷涂前处理不应涂腻子。

⑦ 元件出厂检验合格后，各油口应采取密封、防尘和防漏措施。

注：1. 上述标准被 JB/T 10205—2010《液压缸》、JB/T 11588—2013《大型液压油缸》、DB44/T 1169.1—2013《伺服液压缸 第 1 部分：技术条件》等标准引用。

2. 除特殊结构和特殊用途液压缸外，一般液压缸上不标注油口符号和往复运动箭头。

(2) JB/T 1829—2014《锻压机械 通用技术条件》中对装配的技术要求

① 在部装或总装时，不允许安装技术文件上没有的垫片。

② 锻压机械装配清洁度应符合技术文件的规定。

③ 装配过程中，加工零件不应有磕碰、划伤和锈蚀。

④ 装配后的螺钉、螺栓头部和螺母的端面应与被紧固的零件平面均匀接触，不应倾斜和留有间隙。装配在同一部位的螺钉，其长度一般应一致。紧固的螺钉、螺栓和螺母不应有松动的现象，影响精度的螺钉紧固力应一致。

⑤ 密封件不应有损伤现象，装配前密封件和密封面应涂上润滑脂。装配重叠的密封圈时，各圈要相互压紧。

(3) JB/T 3818—2014《液压机　技术条件》中对装配的技术要求

① 液压机应按照装配工艺规程进行装配，不得因装配而损坏零件及其表面和密封的唇部等，装配上的零部件包括外购件、外协件均应符合要求。

② 重要的固定接合面应紧密贴合。预紧牢固后用 0.05mm 塞尺进行检验，允许塞尺塞入深度不应大于接触面的 1/4，接触面间可塞入部位累计长度不应大于周长的 1/10。

③ 带支承环密封结构的液压缸，其支承环应松紧适度和锁紧可靠。以自重快速下滑的运动部件（包括活塞、活动横梁或滑块等）在快速下滑时不得有阻滞现象。

④ 全部管路、管接头、法兰及其他固定与活动连接的密封处，均应连接可靠、密封良好，不应有油液的外渗漏现象。

(4) JB/T 10205—2010《液压缸》中对装配的技术要求

① 清洁度要求。液压缸缸体内部油液固体颗粒污染度等级不得高于 GB/T 14039—2002 规定的—/19/16。

② 液压缸的装配应符合 GB/T 7935—2005 中的 4.4～4.7 条的规定。装配后应保证液压缸运动自如，所有对外连接螺纹、油口边缘等无损伤。

装配后，液压缸的活塞行程长度公差应符合 JB/T 10205—2010 中表 9 的规定。

③ 外观要求。外观应符合 GB/T 7935—2005 中的 4.8～4.9 条的规定。

缸的外观质量应满足下列要求：

a. 法兰结构的缸，两法兰结合面径向错位量≤0.5mm。

b. 铸锻件表面应光洁，无缺陷。

c. 焊接应平整、均匀美观，不得有焊渣、飞溅物等。

d. 按图样规定的位置固定标牌。

e. 进出油口及外连接应采取适当的防尘及保护措施。

④ 涂层附着力。液压缸表面油漆涂层附着力控制在 GB/T 9286—1998 规定的 0～2 级之间。

(5) JB/T 5000.10—2007《重型机械通用技术条件　第 10 部分：装配》中对装配的技术要求

① 装配的一般要求。

a. 进入装配的零、部件（包括外协、外购件）均必须有检验部门的合格证方能进行装配。

b. 零件在装配前必须清理和清洗干净，不得有毛刺、飞边、氧化皮、腐蚀、切屑、油污、着色剂、防锈油和灰尘等。

c. 装配前应对零、部件的主要配合尺寸，特别是过盈配合尺寸及相关精度进行复查。经钳工修整的配合尺寸，必须由检验部门复检。

d. 装配过程中的机械加工工序应符合 JB/T 5000.9—2007 的规定；焊接工序应符合 JB/T 5000.3—2007 的规定。

e. 除特殊要求外，装配前必须将零件的尖角和锐边倒钝。

f. 装配过程中零件不允许磕碰、划伤和锈蚀。

g. 输送介质的孔要用照明法或通气法检查是否畅通。

h. 油漆未干时不得进行装配。

i. 机座、机身等机器基础件，装配前应校正水平（或垂直），对结构简单、精度低的机器不低于0.20mm/m，对结构复杂、精度高的机器不低于0.10mm/m。

j. 零部件的各润滑点装配后必须注入适量的润滑油（或脂）。

② 装配件的形位公差。形位公差未注公差值见表1-71～表1-74。

表1-71　直线度和平面度的未注公差值（摘自GB/T 1184—1996）　mm

公差等级	基本长度范围					
	≤10	＞10～30	＞30～100	＞100～300	＞300～1000	＞1000～3000
H	0.02	0.05	0.10	0.20	0.30	0.40
K	0.05	0.10	0.20	0.40	0.60	0.80
L	0.10	0.20	0.40	0.80	1.20	1.60

表1-72　垂直度的未注公差值（摘自GB/T 1184—1996）　mm

公差等级	基本长度范围			
	≤100	＞100～300	＞300～1000	＞1000～3000
H	0.20	0.30	0.40	0.5
K	0.40	0.60	0.80	1.00
L	0.60	1.00	1.50	2.00

表1-73　对称度的未注公差（摘自GB/T 1184—1996）　mm

公差等级	基本长度范围			
	≤100	＞100～300	＞300～1000	＞1000～3000
H	0.50			
K	0.60		0.80	1.00
L	0.60	1.00	1.50	2.00

表1-74　圆跳动的未注公差（摘自GB/T 1184—1996）　mm

公差等级	圆跳动公差值
H	0.10
K	0.20
L	0.50

注：1. 圆度的未注公差等于标准的直径公差值，但不能大于径向圆跳动的未注公差值。
2. 圆柱度的未注公差值不作规定。
3. 圆柱度误差由三部分组成：圆度、直线度和相对素线的平行度误差。
4. 三者采用包容原则。
5. 同轴度的未注公差值未作规定。
6. 极限情况下，同轴度的未注公差值可以和圆跳动的未注公差值相等。

③ 螺钉、螺栓连接。

a. 螺钉、螺栓和螺母紧固时严禁打击，紧固后的螺钉槽、螺母和螺钉、螺栓头部不得损坏。

b. 按图样或工艺文件中要求的拧紧力矩紧固，未作规定的可参考表1-75。

c. 同一零件用多件螺钉（栓）紧固时，各螺钉（栓）需交叉、对称、逐步、均匀拧紧。如有定位销，应由靠近该销的螺钉（栓）开始。

d. 紧固后其支承面应与被紧固件贴合。

e. 螺母拧紧后，螺栓、螺钉头应露出螺母端面2～3螺距。

f. 沉头螺钉紧固后，沉头不得高出沉孔端面。

g. 不允许用低性能的紧固件代替高性能的紧固件。

表 1-75　一般连接螺栓拧紧力矩

力学性能等级	螺纹规格 d/mm								
	M6	M8	M10	M12	M16	M20	M24	M30	M36
	拧紧力矩 TA/N·m								
5.6	3.3	8.5	16.5	28.7	70	136.3	235	472	822
8.8	7	18	35	61	149	290	500	1004	1749
10.9	9.9	25.4	49.4	86	210	409	705	1416	2466
12.9	11.8	30.4	59.2	103	252	490	845	1697	2956

力学性能等级	螺纹规格 d/mm							
	M42	M48	M56	M64	M72×6	M80×6	M90×6	M100×6
	拧紧力矩 TA/N·m							
5.6	1319	1991	3192	4769	6904	9573	13861	19327
8.8	2806	4236	6791	10147	14689	20368	29492	41122
10.9	3957	5973	9575	14307	20712	34422	41584	57982
12.9	4702	7159	11477	17148	24824	40494	49841	69496

④ 键连接。

a. 平键与轴上键槽两侧面均匀接触，其配合面不得有间隙。其接触面积不应小于工作面积的70%，且不接触部分不得集中于一段。

b. 滑动配合的平键装配后，相配件须移动自如，不得有松紧不匀现象。

⑤ 黏合连接。

a. 黏结剂牌号必须符合设计或工艺要求，并采用有效期限内的黏结剂。

b. 被黏接表面必须做好预处理，彻底清除油污、水膜、锈斑等。

c. 黏接时黏合剂要均匀涂抹，固化的温度、压力、时间等必须严格按工艺或黏结剂使用说明书的规定执行。

d. 黏接后清除流出的多余黏结剂。

注：JB/T 5000.10—2007 被 JB/T 6134—2006《冶金设备用液压缸（$PN \leqslant 25$MPa）》、JB/T 11588—2013《大型液压油缸》等标准引用。

1.3.12.2　液压缸装配具体技术要求

(1) 装配准备

① 根据生产指令，准备好图样、技术文件和作业指导文件。

② 应根据装配批量，按装配图明细栏或明细表所列一次性备齐所有零、部件。

③ 复检零、部件的主要配合尺寸，采用分组选配法装配的可就此对零部件进行分组；检查外协、外购件合格证，保证所有进入装配的零、部件为在有效使用期内的合格品。

④ 可调行程缸的行程调节机构的工作应灵敏可靠，并达到精度要求。

⑤ 主要零、部件的工作表面和配合面不允许有锈蚀、划伤、磕碰等缺陷。全部密封件（含防尘密封圈、挡圈、支承环等）不得有任何损伤。

⑥ 各零件装配前应去除毛刺，图样未示出的锐角、锐边应倒钝（但不包括密封沟槽槽棱）。

⑦ 认真、仔细清洗各零、部件，并达到清洁度要求，但不包括密封件。

⑧ 清洗过的零、部件应干燥后才能进行装配；不能及时装配的零、部件应采用塑料布（膜）包裹或覆盖。

⑨ 对装配用工具、工艺装具、低值易耗品等做好清点、登记。

(2) 装配

① 密封件装配的一般技术要求。密封件的功能是阻止泄漏或使泄漏量符合设计要求。合理的装配工艺和方法，可以保障密封件的可靠性和耐久性（寿命）。

a. 按图样检查各零部件，尤其各处倒角、导入倒角、倒圆（钝），不得有毛刺、飞边等，各配（偶）合件及密封件沟槽表面不得留有刀痕（如螺旋纹、横刀纹、颤刀纹等）、划伤、磕碰伤、锈蚀等。

b. 装配前必须对各零部件进行认真、仔细地清洗，并吹干或擦干，尤其各密封件沟槽内不得留有清洗液（油）和其他残留物。

c. 清洗后各零部件应及时装配；如不能及时装配，应使用塑料布（膜）包裹或覆盖。

d. 按图样抽查密封件规格、尺寸及表面质量，并按要求数量一次取够；表面污染（如有油污、杂质、灰尘或沙土等）的密封件不可直接用于装配。

e. 装拆或使用过的密封件一般不得再次用于装配，尤其如O形圈、同轴密封件、防尘密封圈以及支承环（进行预装配除外）、挡圈等。

f. 各配（偶）合表面在装配前应涂敷适量的润滑油（脂）。

g. 装配时涂敷的润滑油（脂）不得含有固体颗粒或机械杂质（如石墨、二硫化钼润滑脂），最好使用密封件制造商指定的专用润滑油（脂）。

h. 橡胶密封件最好在（23±2）～（27±2)℃温度下进行装配；低温储存的密封件必须达到室温后才能进行装配；需要加热装配的密封件（或含沟槽零件）应采用不超过90 ℃液压油加热，且应在恢复到室温并冷却收缩定型后进行装配。

i. 各种密封件在装配时都不得过度拉伸，也不可滚动套装，或采取局部强拉、强压，扭曲（转）、折叠、强缩（挤）等装配密封件。

j. 对零部件表面损伤的修复不允许使用砂纸（布）打磨，可采用细油石研磨，并在修复后清理干净。

k. 不得漏装、多装密封件，密封件安装方向、位置要正确，安装好的各零部件要及时进行总装。

l. 总装时如活塞或缸盖（导向套）等需通过油（流）道口、键槽、螺纹、退刀槽等，必须采取防护措施保护密封（零）件免受损伤。

m. 总装后应采用防尘堵（帽）封堵元件各油口，并要清点密封件、安装工具，包括专用工具及其他低值易耗品如机布等。

② O形圈装配的技术要求。

a. 应保证配合偶件的轴和孔有较好的同轴度，使圆周上的间隙均匀一致。

b. 装配过程中，应防止O形圈擦伤、划伤、刮伤，装入孔口或轴端时，应有足够长的导锥（导入倒角），锥面与圆柱面相交处倒圆并要光滑过渡。

c. 应先在沟槽中涂敷适量润滑脂，再将O形圈装入。装配前，各配（偶）合面应涂敷适量的润滑油（脂）；装配后，配合件应能活动自如，并防止O形圈扭曲、翻滚。

d. 拉伸或压缩状态下安装的O形圈，为使其拉伸或压缩后截面恢复成圆形，装入沟槽后，应放置适当时间再将配（偶）合件装合。

e. O形圈装拆时，应使用装拆工具。装拆工具的材料和式样应选用适当，端部和刃口要修钝，禁止使用钢针类尖而硬的工具挑动O形圈，避免使其表面受伤。

f. 装拆或使用过的O形圈和挡圈不得再次用于装配。

g. 保证O形圈用挡圈与O形圈相对位置正确。

③ 唇形密封圈装配的技术要求。

a. 检查密封圈的规格、尺寸及表面质量，尤其各唇口（密封刃口）不得有损伤等缺陷；同时检查各零部件尺寸和公差、表面粗糙度、各处倒（导）角、圆角，不得有毛刺、飞边等。

特别强调应区分清楚活塞和活塞杆密封圈，尤其孔用Yx形密封圈和轴用Yx密封圈。

b. 在装配唇形密封圈时，必须保证方向正确；使用挡圈的唇形密封圈应保证挡圈与密封圈相对位置正确。

c. 安装前配（偶）合件表面应涂敷适量润滑油（脂），密封件沟槽中涂敷适量润滑脂，同时唇形密封件唇口端凹槽内也应填装润滑脂，并排净空气。

d. 安装唇形密封圈一般需采用特殊工具，拆装可按密封件制造商推荐型式制作。如唇形密封圈安装需通过螺纹、退刀槽或其他密封件沟槽时，必须采取专门措施保护密封圈免受损伤，通常的做法是通过处先套装上一个专门的套筒或在密封件沟槽内加装 3（4）瓣卡快。

e. 需要加热装配的唇形密封圈（或含沟槽零件）应采用不超过 90℃液压油加热，且应在恢复到室温并冷却收缩定型后与配（偶）合件进行装配；不能使用水加热唇形密封圈，尤其聚氨酯和聚酰胺材料的密封件。

f. V 形密封圈的压环、V 形圈（夹布或不夹布）、支承环（弹性密封圈）一定要排列组合正确，且在初始调整时不可调整得太紧。

g. 一般应在只安装支承环后进行一次预装配，检验配（偶）合件同轴度和支承环装配情况，并在有条件的情况下，检查活塞和活塞杆的运动情况，避免出现刚性干涉情况。

h. 装配后，活塞和活塞杆全行程往复运动时，应无卡滞和阻力大小不匀等现象。

④ 同轴密封件装配的技术要求。同轴密封件是塑料圈与橡胶圈组合在一起并全部由塑料圈作摩擦密封面的组合密封件，所以需要分步装配。

其中的橡胶圈需首先装配，具体事项请参照上文 O 形圈装配的技术要求。

a. 用于活塞密封的同轴密封件塑料圈一般需要加热装配，宜采用不超过 90℃液压油加热塑料圈至有较大弹性和可延伸性时为止。有可能需要将活塞一同加热，这样有利于塑料环冷却收缩定型。

b. 用于活塞密封的同轴密封件塑料圈装配一般需要专用安装工具和收缩定型工具，其可按密封件制造商推荐型式制作使用。如需经过如其他密封件沟槽、退刀槽等，最好在安装工具上一并考虑。塑料圈定型工具与塑料圈接触表面的表面粗糙度要与配偶件的表面粗糙度相当。

c. 加热后装配的同轴密封件必须同活塞一起冷却至室温后才能与缸体（筒）进行装配；如活塞杆用同轴密封件采用了加热安装，也必须冷却至室温后才能与活塞杆进行装配。

d. 用于活塞杆密封的同轴密封件塑料圈也可加热后装配，但装配前需将塑料圈弯曲成长凹形，装配后一般需采用锥芯轴定型工具定型。应注意经常出现的问题：首先是漏装橡胶圈；其次是塑料圈安装方向错误，如阶梯形同轴密封件就是单向密封圈，安装时有方向要求。

e. 活塞装入缸体（筒）、活塞杆装入导向套或缸盖前，必须检查缸体（筒）和活塞杆端导入倒角的角度和长度，其锥面与圆柱面相交处必须倒圆并要光滑过渡，且达到图样要求的表面粗糙度。

f. 一组密封件中一般首先安装同轴密封件。

g. 注意润滑，严禁干装配。

⑤ 支承环装配的技术要求。现在经常使用的支承环是采用抗磨塑料材料制成的环，用以避免活塞与缸体（筒）碰撞，起支承及导向作用。

支承环在一定意义上可认为是非金属轴承。

a. 按图样检查沟槽尺寸和公差，尤其是槽底和槽棱圆角；有条件的情况下应进行预装配，检验各零部件同轴度及运动情况。如液压缸端部设有缓冲装置，必须检查缓冲柱塞是否与缓冲孔发生干涉、碰撞。

b. 切口类型支承环需按 GB/T 15242.2—1994 附录 A 的要求切口并取长，但支承环的切口宽度一般不能小于推荐值。

c. 批量产品应制作支承环预定型工具。

d. 一组密封件中一般最后安装支承环。一组密封件中如有几个支承环，其切口位置应错开安装。

e. 采用在沟槽内涂敷适量润滑脂的办法黏接固定支承环，注意涂敷过量的润滑脂反而不利于黏接固定支承环。

f. 活塞装入缸体（筒）前，必须检查缸体（筒）端导入倒角的角度和长度，其锥面与圆柱面相交处必须倒圆并要光滑过渡，且达到图样要求的表面粗糙度。否则，在安装活塞时最有可能的是支承环首先脱出沟槽。

g. 应该按照安装轴承的精细程度安装支承环，且不可采用锤击、挤压或砂纸（布）磨削等方法减薄支承环厚度，或采取在沟槽底面与支承环间夹持薄片（膜）减小配（偶）合间隙。

h. 除用于进行预装配外，其他情况下使用过的支承环不可再次用于装配。

⑥ 其他装配技术要求。

a. 根据图纸和技术文件，保证液压缸各零、部件位置正确。

b. 所有连接螺纹应按设计要求的力矩拧紧；未作规定的可参考表1-75。

c. 重要的固定接合面应紧密贴合；任何安装或连接在液压缸上的元件都应牢固。

d. 装配后应保证液压缸运动自如，尤其设计有端部缓冲柱塞的不能出现运动干涉、碰撞现象；所有对外连接螺纹、油口边缘等无损伤。

e. 除特殊规定外，一般液压缸的活塞行程长度公差应符合JB/T 10205—2010中表9的规定。

f. 带有行程定位或限位装置的液压缸，其行程定位或限位偏差应符合技术（精度）要求或相关标准规定。

g. 液压缸表面应整洁，圆角平滑自然，焊缝平整，不得有飞边、毛刺。

h. 标牌应清晰、正确，安装应牢固、平整。

i. 液压缸表面涂漆应符合JB/T 5673—2015的规定，面漆颜色可根据用户要求决定。活塞杆、定位阀杆表面、进出油口外加工表面和标牌上不应涂漆。镀层应均匀光亮，不得有起层、起泡、剥落或生锈等现象。

j. 一般液压缸缸体内部油液固体颗粒污染等级不得高于GB/T 14039—2002规定的—/19/16；伺服液压缸缸体内部油液固体颗粒污染等级不得高于GB/T 14039—2002规定的13/12/10。

k. 液压缸支承部分等其他外露加工面上应有防锈措施。

l. 液压缸外露油口应盖以耐油防尘盖，活塞杆外露螺纹和其他连接部位加保护套。

m. 保证密封性能（含最低压力启动性能）符合技术要求。

n. 清点装配用工具、工艺装具、低值易耗品等，不允许有图样和技术文件中没有的垫片及其他物品安装在或装入液压缸的部装或总装中，保证没有漏装零件。

注：1. 除“装配后应保证液压缸运动自如”这一种表述外，进一步要求可参见本章1.3.13节。

2. 关于标牌（铭牌）的技术要求在其他标准中还有以下更为具体的规定：“应在液压缸上适当且明显位置做出清晰和永久的标记，或标牌或按图样规定的位置固定预制标牌，标牌应清晰、正确、平整。”

3. 螺纹连接的应采取适当的防松（防止螺纹副的相对转动）措施。如采用紧定螺钉防松的，其紧定螺钉自身也应采取防松措施，如涂胶黏剂防松（但应注意选用与液压缸工作温度范围相适应的胶黏剂）；螺杆上需要（配作）固定螺钉孔的，可参考JB/T 4251—2006《轴上固定螺钉用孔》。

1.3.13 液压缸运行的技术要求

液压缸试运行和/或运行的技术要求在液压缸相关标准中表述各不相同，如在GB/T

13342—2007《船用往复式液压缸通用技术条件》中规定：工作介质温度为－15 ℃时，液压缸应无卡滞现象。

在 JB/T 1829—2014《锻压机械　通用技术条件》中规定：移动、转动部件装配后，运动应平稳、灵活、轻便，无阻滞现象。

在 JB/T 3018—2014《液压机　技术条件》中规定：液压驱动液压缸在规定的行程、速度范围内（运行），不应有振动、爬行和停滞现象，在换向和泄压时不应有影响正常工作的冲击现象。

在 JB/T 6134—2006《冶金设备用液压缸（$PN \leqslant$25MPa）》中规定：液压缸在空载和有载运行时，活塞的运动应平稳，不得有爬行等不正常现象。

在 JB/T 9834—2014《农用双作用油缸　技术条件》中规定：在试运行中，活塞运动应均匀，不得有爬行、外渗漏等不正常现象。

在 JB/T 10205—2010《液压缸》中规定：液压缸在低压试验过程中，液压缸应无振动或爬行。

在 JB/T 11588—2013《大型液压油缸》中规定：液压缸动负荷试验在用户现场进行，观察动作是否平稳、灵活。

在 CB/T 3812—2013《船用舱口盖液压缸》中规定：在公称压力下，被试缸（最低稳定速度试验）以 8～10mm/s 的速度，全行程动作 2 次以上，不得有爬行等异常现象。

在 DB44/T 1169.1—2013《伺服液压缸　第 1 部分：技术条件》中规定：活塞直径为 500～1000mm 时，其偏摆值不得大于 0.05mm。

注：关于描述液压缸运行状态（况）使用的“卡滞”“阻滞”和“停滞”等在 GB/T 17446—2012 中都没有被界定，但应属于同义词。

综合考虑上述各项标准，合格的液压缸的启动、运行状态（况）应按表 1-76 描述。

表 1-76　合格的液压缸启动、运行状态（况）描述

序号	状态	条件	描述
1	启动	在(最低)启动压力下	平稳、均匀，偏摆不大于规定值
2	运行	在最低稳定速度下	平稳、均匀，无爬行，无振动，无卡滞，偏摆不大于规定值
3	运行	在低压下	平稳，无爬行，无振动，无卡滞，偏摆不大于规定值
4	运行	在低温下	平稳、无爬行，无振动，无卡滞，偏摆不大于规定值
5	运行	在有载工况下	平稳、灵活，无卡滞，偏摆不大于规定值
6	运行	在动负荷工况下	平稳、灵活，无卡滞，偏摆不大于规定值

注：液压缸对缓冲性能有要求的，还应有“当行程到达终点时应无金属撞击声”这样的描述。

第2章 液压缸设计专题

2.1 液压机用液压缸设计与计算

液压机是以矿物油为传动介质的液压传动方式，通过直线运动的模具闭合传递能量的机器，用于对金属或非金属材料进行压力加工（例如变形或成型）。液压缸即是液压机（液压系统）的执行元（部）件，带动滑块（模具）做直线往复运动，将液压能转变为机械能。

GB 28241—2012《液压机　安全技术要求》和 JB/T 3818—2014《液压机　技术条件》规定了液压机用液压缸（安全）技术要求和（措施）保证等。为了更好地符合上述标准的规定，需要研究液压机用液压缸（以下简称“液压缸”或“缸”)设计、制造中的材料选择及热处理、强度验算、结构设计、加工制造精度等，以便能够进一步提高液压机安全性、可靠性及使用寿命。

2.1.1 液压机用液压缸的型式及用途

现在液压机用液压缸通常有三种结构型式，分别为单作用缸（如柱塞缸）、双作用缸（如活塞-单杆缸）和差动缸（活塞杆-双杆缸）。

根据在 GB/T 17446—2012《流体传动系统及元件　词汇》对差动缸的定义，差动缸应是一种具有活塞的双作用缸。但液压机中的差动缸却是一种单作用液压缸，且缸体（筒）内没有活塞，压力直接作用于阶梯轴形活塞杆，其既不是 GB/T 17446—2012 中定义的“其活塞两侧的有效面积不同”的差动缸，也不是 GB/T 17446—2012 中定义的液压缸“差动回路”连接，其只是在液压机中一种约定俗成的、对“活塞杆-双杆缸”的称谓，实质乃为柱塞缸，更为准确的称谓或应是“双杆柱塞缸”。

另外，现在经常使用的“柱塞”这一术语在 GB/T 17446—2012 中没有定义。

(1) 柱塞缸

柱塞缸是一种缸筒内没有活塞，压力直接作用于活塞杆的单作用缸。该种液压缸在液压机中，特别是水压机中应用广泛，如用作主缸、副缸、回程缸、平衡缸等。

柱塞缸因只有一个活塞杆密封系统而没有活塞密封装置（系统），所以结构简单、制造容易、成本低。但它只能单向作用，不能带动滑块（模具）做往复直线运动。如果重力不能保证活塞杆及由其所带动的滑块（模具）回程，一般需采用回程缸实现其缸回程。

(2) 活塞-单杠缸

活塞-单杆缸是液压力可以沿两个方向施加于活塞，只从一端伸出活塞杆的缸。活塞-单杆缸是一种双作用缸，可以带动滑块（模具）做直线往复运动。这种液压缸在液压机中，特别是中小型液压机中被广泛应用。

(3) 差动缸

差动缸的双杆外径不同，压力作用于活塞杆的有效面积为双杆截面积之差。因此，差动缸必须具有两套活塞杆密封系统。

由于阶梯形活塞杆被两端部的活塞杆密封系统密封、导向和支承，因此该种液压缸运动速度快、抗偏载能力强，经常在液压机中用作回程缸。

在 GB/T 9094—2006《液压缸气缸安装尺寸和安装型式代号》中将双活塞杆有法兰端定义为前端。

2.1.2 液压机用液压缸的安装和连接型式

液压机中液压缸有将缸体直接设置在横梁上的，如橡胶硫化液压机，但大多数还是将液压缸自身作为一个液压元（部）件（即独立单元），且作为液压传动系统的一个功能件。

尽管液压缸作为一个独立单元的液压元件安装在液压机中可能减小了横梁的强度和刚度，但也有其优点：

① 液压缸可由专业工厂制造，主机厂可以外购。

② 降低了液压机机架加工制造难度。

③ 液压缸设计、制造、试验、验收和维修更换等简单、方便。

④ 可能更符合液压机的标准化、系列化和模块化设计要求。

液压缸在液压机中的安装型式多种多样，尽管在 GB/T 9094—2006 中规定了 64 种安装型式，但仍没有全部涵盖现有液压缸。

(1) 缸体法兰、凸台式安装型式

液压机用液压缸安装用前（或后）法兰、凸台一般直接设置（计）在缸体上，而不是设置（计）在液压缸端盖上，尽管下文仍以前或后端法兰、凸台叙述，但与一般液压缸及在 GB/T 9094—2006 中规定的有所不同。

液压缸缸体法兰有前端法兰、后端法兰和中间法兰等三种安装型式；法兰也有圆法兰、方法兰和矩形法兰等三种型式；法兰连接孔一般为光孔，采用螺纹孔的较为少见。

① 前端圆法兰式安装型式。前端法兰远基准点面与横梁内面紧密贴合，通过螺钉（栓）将液压缸紧固在横梁上。在工作时，由于通常此对固定接合面相互挤压，法兰需要传递力，因此法兰与缸体（筒）过渡处存在应力集中，易产生疲劳破坏。另外因法兰有连接孔，也会加剧这种破坏。

也有将前端法兰近基准点面与横梁外面紧密贴合的设计。在工作时，通常此对固定接合面趋向分离，连接螺钉（栓）受力剧增，抗偏载能力下降，且没有改善缸体（筒）受力情况。

② 后端圆法兰安装型式。后端法兰远基准点面与横梁内面紧密贴合，通过螺钉（栓）将液压缸紧固在横梁上。在工作时，尽管通常此对固定接合面相互挤压，法兰需要传递力，但与前端法兰安装型式受力方向不同，因此后端法兰安装的法兰与缸体（筒）过渡处一般没有应力集中问题，改善了缸体（筒）受力情况，从缸体（筒）受力角度讲，是一种可选的安装型式，但也有缸筒内壁最大合成当量应力较大、降低了液压缸的稳定性和增加了机架高度等问题。

也有将后端法兰近基准点面与横梁外面紧密贴合的设计。在工作时，通常此对固定接合面趋向分离，连接螺钉（栓）受力剧增，后端液压缸缸底受力趋向恶劣。

③ 前端凸台式安装型式。前端凸台远基准点面与横梁内面紧密贴合，通过压环固定该凸台、基准点远端大螺母紧固缸筒、压环通过螺钉（栓）紧固缸底或其他型式，来保证这种紧密贴合。

这种安装型式最为常见，且在中小型液压机上普遍采用，但在 GB/T 9094—2006 中没有给出这种安装型式。

这种安装型式的受力情况与前端法兰安装型式相似，但因没有法兰连接孔，受力情况一般稍有改善，但凸台与缸体（筒）过渡处应力集中问题依然存在。

(2) 活塞杆与滑块的连接型式

在 GB 28241—2012 和 JB/T 4174—2014 等中定义了滑块这一术语，即完成行程运动并安装上模的液压机的主要部件。活塞杆与滑块连接，将能量传递给滑块。

在 GB 2350—1980 中规定了活塞杆螺纹的三种型式（内螺纹一种、外螺纹两种）。在 GB/T 9094—2006 中活塞杆端部尺寸给出了带外螺纹的活塞杆端、带扳手面（带内螺纹）的活塞杆端、带柱销孔的活塞杆端、带凸缘的活塞杆端以及带内螺纹的活塞杆端部尺寸，但其活塞杆端外螺纹长度与 GB 2350—1980 规定的活塞杆（外）螺纹长度标注不同。

还有在活塞杆端部制有球面，通过活塞杆端部中心螺纹孔、两侧螺纹孔或压环等由螺钉紧固将球面垫块夹在活塞杆端部与滑块间，形成活塞杆与滑块的球铰连接。

① 刚性连接。活塞杆与滑块的刚性连接是最为常见的一种连接型式，一般活塞杆通过附件与滑块连接。

由于活塞杆端部型式不同和附件型式多种多样，液压机活塞杆与滑块连接也有多种型式，但必须保证安全、可靠、使用寿命长，任何与液压缸连接的元、部件都应牢固，以防由于冲击和振动引起松动，尤其滑块有意外下落危险的应进行风险评估。

具体的几种活塞杆与滑块刚性连接型式：

a. 通过带螺纹的法兰的连接。

b. 由卡键和压环组成的连接。

c. 螺钉直接紧固的连接。

d. 定位套装连接。

在 GB/T 9094—2006 中带螺纹的法兰又称活塞杆用法兰。

② 摆转连接。在销轴、耳轴及关节轴承等活塞杆与滑块的连接型式下，活塞杆与滑块间都可以摆动或转动，这种连接型式也是较为常见的。但因一般液压机精度要求较高且公称力较大，所以上述摆转连接实际用于金属冷加工用液压机并不多。而一种球铰支承连接却在液压机中普遍采用。

采用这种球铰支承连接的活塞杆端部球面一般是去除材料的凹球面，且一般中心制有带螺纹的中心孔。活塞杆端部球面与球面垫块组成一副球铰，且这副球铰在液压机工作行程中应处于挤压状态。球铰支承连接主要是期望滑块传给活塞杆的偏心（载）力最小，或可适应滑块在工作行程中相对少量的位置变化。

液压机用液压缸还有一种特殊结构的双球铰支承连接，其特征是活塞杆没有直接传力给滑块，而是采用了中间连接杆，活塞杆通过一个球铰支承连接传力给中间连接杆，中间连接杆另一端通过球铰支承面再将力传给滑块，由此活塞杆与滑块间就有了两个（双）球铰支承连接。这种连接具有比单个球铰支承连接更好的消除偏心（载）力作用，液压缸因此使用寿命更长。中间杆两端部一般仍是去除材料的凹球面，但这种液压缸结构比较复杂，且在小型液压缸中难以实现，同时球面润滑也存在一定困难。

有参考资料介绍，这种双球铰支承连接的液压缸在大型液压机上应用效果良好。

2.1.3 主要缸零件结构型式、材料及热处理

(1) 活塞杆

在 JB/T 4174—2014 中没有活塞杆这一定义，但在 GB/T 17446—2012 中定义了活塞杆，即："与活塞同轴并联为一体，传递来自活塞的机械力和运动的缸零件。"而在 GB/T 17446—2012 中又将"柱塞缸"定义为："缸筒内没有活塞，压力直接作用于活塞杆的单作用缸。"这说明活塞杆不一定要与"活塞同轴并联为一体"。在柱塞杆缸中，活塞杆也可直接受压力作用向被驱动件传递机械力和运动。

① 材料。一般选用45或50优质碳素结构钢制成，采用锻造或铸造方法。对于大尺寸活塞杆，也有分段锻造或铸造后再用电渣焊焊接而成的，小的活塞杆也有采用冷硬铸铁制造的。

现在有选用合金结构钢如42CrMo钢等制造液压机用液压缸活塞杆的。

注：笔者不同意有的文献介绍的使用更高含碳量的材料如65钢作为活塞杆材料。

② 结构型式。与活塞同轴并联为一体的活塞杆或没有活塞的活塞杆，都有实心的也有空心的，但空心活塞杆不宜做成开口向缸底侧的，那样会形成过大的无杆腔容积，而过大的容腔容积一般是有害的，且不论其可能影响液压固有频率、液压（弹簧）刚度、（阶跃和/或频率）响应特性等，如在加压终了时，缸内液体所积储的弹性能过大，泄压时可能也会引起液压机及管道的剧烈振动。

柱塞缸中的活塞杆端部还可能设有凸台，靠此凸台台肩与导向套内端面抵靠，限定缸行程并防止活塞杆脱（射）出，此凸台或可称为活塞杆头，此种活塞杆或可称为带活塞杆头的活塞杆。

有的活塞杆在端部设计有缓冲柱塞，用于在缸底处减缓活塞（杆）回程速度，以免活塞严重撞击缸底。

与外部活塞杆用法兰连接的带外螺纹的活塞杆端，因其活塞杆螺纹经常设计为只能传递缸回程输出力和缸回程运动，所以活塞杆螺纹可能不符合GB 2350—1980《液压气动系统及元件　活塞杆螺纹型式和尺寸系列》的规定，其螺纹长度可能较短。

③ 热处理。活塞杆在导向套中做往复运动，承受偏心载荷时还会发生倾斜或偏摆，对导向套和密封装置产生侧推力，引起摩擦与磨损，因此活塞杆表面必须具有足够高的硬度及高的表面质量（表面粗糙度值小），以免过早磨损或表面被拉出沟槽及拉毛。

活塞杆表面硬度一般应不低于45HRC。活塞杆表面处理的方法有以下几种：

a. 可以采用调质处理，但表面硬度往往达不到要求。

b. 火焰淬火，该方法比较简单，但有时会形成软带。

c. 采用工频、中频或高频感应加热淬火。

d. 表面镀硬铬，硬度可达800～1000HV，但镀层不应太厚，最厚约为0.10mm，一般厚度应为0.05mm左右。

e. 表面堆焊不锈钢，热处理后硬度可达50HRC以上。

f. 采用氮化钢如35CrMo、35CrAlA、38CrMoAl等氮化，硬度可达60 HRC以上。

g. 对45钢活塞杆进行离子软氮化处理，表面硬度可达64HRC。

h. 在腐蚀条件下工作，活塞杆则多采用不锈钢。

还有一些其他的表面处理办法，如激光淬火、化学镀镍-磷等。

(2) 活塞

在GB/T 17446—2012中定义的活塞为："靠压力下的流体作用，在缸径中移动并传递机械力和运动的缸零件。"但在JB/T 4174—2014中定义的活塞却是："由活塞头与活塞杆组成，运动时传递液压、能量，活塞头与缸孔密封配合，将缸孔分割为两腔。"

比较上述两项标准，问题不仅在于后发布实施的行业标准与先发布实施的国家标准不符，还在于在JB/T 4174—2014中定义的"活塞"本身有问题。

① 材料。活塞材料一般采用35或45优质碳素结构钢制成，也有采用灰口铸铁、球墨铸铁、耐磨铸铁以及铝合金等制造。

无支承环（导向环）活塞可采用灰口铸铁HT200～HT330或球墨铸铁及铝合金、塑料等。有支承环（导向环）活塞可采用20、35、45或40Cr钢等材料，根据实际情况或无特殊要求，中碳钢一般可以考虑不进行热处理，但不包括旨在消除应力的热处理。

② 结构型式。活塞有整体式和组合式两种结构，其中使用V形圈等密封的活塞为组合结构。

组合式结构在GB 2880—1981《液压缸活塞和活塞杆窄断面动密封沟槽尺寸系列和公差》中又称装配式。

(3) 导向套

在JB/T 4174—2014中定义的导向套为："起导向作用的套形零件。"

导向套可以与缸盖制成一（整）体结构，也可制成分体结构，即所谓缸盖式和轴套式。

① 材料。液压缸导向套在活塞杆往复运动时起支承及导向作用。轴套式导向套一般可用抗压、耐磨的ZCuSn6Pb3Zn6、ZCuSn10P1等锡青铜铸造后加工而成；也有采用离心浇铸的铸型尼龙6加二硫化钼来制造导向套的，但因其抗偏载能力低，热膨胀大，加工、装配后吸湿变形等，可能出现活塞杆摆动或偏摆、抱死活塞杆和本体断裂等问题。现在采用最多的是灰口铸铁和球墨铸铁。

② 结构设计。导向套的长度一般取（0.4～0.8）d；若为卧式柱塞缸，导向长度应增加，可取为（0.8～1.5）d，活塞缸可取短一些。其中d为活塞杆直径。

导向套与缸筒内径D配合，当$D \leqslant 500$mm时，取H7/k6或H8/k7；当$D > 500$mm时，取H7/g6或H8/g7；导向套内孔与活塞杆外径配合取H9/f8或H9/f9，表面粗糙度值应小于$Ra1.6\mu$m。

注：液压机用液压缸的导向套与缸筒内径配合严于一般液压缸的H8/f7。

③ 缸盖材料。缸盖式导向套或缸盖材料，一般在公称压力$p \leqslant 10$MPa时可以考虑使用铸铁，其他可使用20、35、45优质碳素结构钢。如与缸筒需采用焊接连接，一般使用20、35钢，且焊接后应做消除应力处理；非焊接连接缸盖可以使用45钢并视情况进行调质处理。

钢制缸盖或导向套与活塞杆直接接触的是支承环。

(4) 缸体材料

液压缸缸体的材料可根据工作介质的压力高低及液压缸尺寸大小来选择，可选择的范围很广。对于低压小尺寸的液压缸，可使用灰口铸铁，常用的为HT200～HT350之间各牌号灰口铸铁；要求高一些的则可选用球墨铸铁，如QT450-10、QT500-7及QT600-3等；要求再高的则可采用铸钢，如ZG200-400、ZG230-450、ZG270-500、ZG310-570等。对于大、中型锻造液压机，则常用35或40锻钢，有时也用20MnMo、35CrMo、38CrMoAl等合金钢来制造液压缸缸体。而在一些大吨位的锻造或模锻液压机中，液压缸的材料有时选用18MnMoNb合金钢，可用大的钢锭直接锻造液压缸毛坯。

较小尺寸的液压缸常用无缝钢管做坯料，材料有20、35、45、27SiMn钢等，加工余量小、工艺性能好、生产准备周期短，适合批量较大的生产。

还可直接采用符合JB/T 11718—2013《液压缸　缸筒技术条件》的商品缸筒，其缸内径尺寸（系列）符合GB/T 2348—1993的规定，且可要求供方提供经过热处理的缸筒。

但将冷拔高频焊管用作液压机用液压缸缸筒时，因冷拔加工的缸筒受材料和加工工艺的影响，其材料机械性能及缸筒的耐压性能应由供需双方商定，一般用作（耐）高压、超高压缸筒时可能存在一定问题。

液压机用液压缸的结构型式、安装和连接型式以及主要缸零件的结构型式、材料等可参见本书4.1节。

2.1.4 受力分析与强度计算

液压缸是一种密闭的特殊压力容器，而且经常是高压或超高压压力容器。缸体是液压缸的本体，液压机用液压缸的缸体，一般型式是一端开口、一端封闭的缸形件；缸体的结构一般分为三部分，即缸底、法兰和中间厚壁圆筒（缸筒）。

液压机的液压缸荷载大，工作频繁，往往由于设计、制造或使用不当，易于过早损坏。

(1) 液压缸损坏部位、特点及模式

液压缸损坏的部位多数发生在法兰与缸壁连接的过渡圆弧部分，其次是在缸壁向缸底过渡的圆弧部分，尤其是在此部分开有流道的附近，少数在缸筒筒壁产生裂纹，也有因“气蚀”严重而破坏的。从液压缸使用情况来看，一般其损坏时已承受了很高的工作加载次数（或为20万～150万次），裂纹是逐步形成和扩展的，属于疲劳损坏。

① 液压缸损坏部位和特点。根据参考文献介绍及作者实践经验的总结，具体情况如下：

a. 缸筒筒壁的裂纹一般先出现于内壁，逐步向外发展，裂纹多为纵向分布，或与缸壁母线成45°。

b. 缸的法兰部分裂纹先在缸筒与法兰过渡圆弧处的外表面出现，裂纹逐渐向圆周及内壁扩展，最后裂透；或者裂纹扩展到螺钉孔，使法兰局部脱落；个别严重的情况，甚至会沿过渡圆弧处法兰整圈开裂而脱落。

c. 缸底裂纹先出现在缸底过渡圆弧处的内表面，裂纹（环形）逐渐向外壁扩展，最后裂透。

d. 液压缸缸筒也有因“气蚀”产生蜂窝状麻点而损坏的。

② 液压缸损坏的失效模式。在JB/T 5924—1991《液压元件压力容腔体的额定疲劳压力和额定静态压力试验方法》中规定了被试压力容腔的几种失效模式和额定疲劳压力验证准则，其中列举的因额定疲劳压力作用而可能产生的几种失效模式为：

a. 结构断裂。

b. 在循环试验压力作用下，因疲劳产生的任何裂纹。

c. 因变形而引起密封处的过大泄漏。

同时，该标准给出了被试压力容腔的几种失效模式和额定静态压力验证准则，其中列举的因额定静态压力作用而可能产生的几种失效模式为：

a. 结构断裂。

b. 在循环试验压力作用下，因疲劳产生的任何裂纹。

c. 因变形而引起密封处的过大泄漏。

d. 产生有碍压力容腔体正常工作的永久变形。

(2) 液压缸损坏原因分析

① 设计方面原因。法兰设计过薄；法兰到缸壁过渡区结构形状设计不合理；缸底到缸壁过渡圆弧设计太小等。主要是弯曲强度不够，或应力集中造成损坏。

② 加工制造方面原因。表面质量差，尤其应力集中区对表面粗糙度数值大小很敏感，表面粗糙度值大可降低疲劳强度，造成过渡圆弧处出现疲劳裂纹，直至损坏；整体锻造或铸造的缸体可能存在质量缺陷；焊接质量有问题或热处理不当等都会造成缸体损坏；缸体焊接后一定要采取适当措施消除内应力和不利的结晶组织。在采用补焊时，也要进行同样处理。

③ 法兰与横梁接合面应紧密贴合，预紧牢固后用0.05mm塞尺进行检验，塞尺塞入深度不应大于接合面1/4，接合面间可塞入塞尺的部位累计长度不应大于周长的1/10。局部接合可导致力分布不均匀，造成早期破坏。连接螺钉（栓）松动可造成缸体窜动和撞击，压陷结合面，造成破坏。

④ 工作介质如有腐蚀，也可能降缸体低疲劳强，因此液压机所用液压油要有很好的防锈性能并定期更换。

(3) 缸体受力分析

液压缸在工作时，高压工作介质进入缸体，作用在活塞或活塞杆上，反作用力作用于缸底，通过缸筒（壁）传递到法兰，靠法兰与横梁支承面上的支承反力来平衡。

缸体受力状况可以分为三部分来分析，即缸底、法兰和中间厚壁圆筒（缸筒）。

理论分析和应力测试均表明，只有在与法兰上表面（支承面，有过渡圆弧）及缸底内表面（有过渡圆弧）距离各为 $0.75D_1$ 的缸筒中段，即所谓中间圆筒，才可以按厚壁圆筒进行强度计算，而其余两段（部分），因分别受到缸底与法兰弯曲力矩的影响，不能用一般的厚壁圆筒公式来计算。

缸底的应力分析也存在着同样的问题。如果按均布载荷作用下的周边固定圆形薄板弹性力学公式计算，因没有考虑缸壁的实际作用和影响，也没有考虑过渡圆弧区的应力集中，所以计算出的应力可能远小于实际应力。参考文献［31］提出的一种环壳联解法是把缸底、缸壁及法兰作为相联系的整体来分析，也考虑过渡区截面的变化，因此缸底厚度的计算结果可能更接近于实际。

如果运用有限元法对缸底进行分析与计算，结果将可能更精确。

(4) 缸体的强度计算

① 缸筒的强度与变形计算。对于前端圆法兰或前端凸台式安装型式的液压缸，由低碳钢、非淬硬中碳钢和退火球墨铸铁等塑性材料制造的缸筒中段，根据弹性力学理论，采用冯·米塞斯（Von Mises）强度准则，即第四强度理论强度条件，缸内壁最大合成当量应力及强度条件为

$$\sigma_{\max}=\frac{\sqrt{3}R_1^2}{R_1^2-R^2}p\leqslant[\sigma] \tag{2-1}$$

当已知缸内径 D 及材料许用应力［σ］时，可推导出缸筒外径 D_1 为

$$D_1\geqslant D\sqrt{\frac{[\sigma]}{[\sigma]-\sqrt{3}p}} \tag{2-2}$$

式中 D——缸内径，mm，$D=2R$；

D_1——缸筒外径，mm，$D_1=2R_1$；

$[\sigma]$——材料许用应力，MPa，$[\sigma]=\sigma_s/n_s$，n_s 为安全系数，可取 2～2.5；

p——液压缸耐压试验压力，MPa。

对于后端圆法兰安装型式的液压缸，缸内壁最大合成当量应力及强度条件为

$$\sigma_{\max}=\frac{\sqrt{3R_1^4+R^4}}{R_1^2-R^2}p\leqslant[\sigma] \tag{2-3}$$

在缸内工作介质压力 p 作用下，液压缸缸筒中段外表面的径向位移值 u_1，亦即径向（单边）膨胀量为

$$u_1=\frac{-3\mu R^2R_1}{E(R_1^2-R^2)}p \tag{2-4}$$

式中 μ——缸筒材料的泊松比；

E——缸筒材料的弹性模量；

其他同上。

② 缸底的强度计算。锻造的缸形缸体其缸底型式多为平盖形缸底，而非凹面形；其缸底中心一般还开设有进出油孔（口）或充液阀安装孔等通孔，并开设有缓冲腔孔等非通孔，因此在其受力分析和强度计算中，现在一般将其视为四周固定或嵌住的圆形薄板或圆盘。到现在为止仍没有一个较为简便、权威的缸底厚计算公式，究其原因，除液压缸缸底工况确定

困难外，用于推导强度计算公式的力学模型有问题也是一个重要因素。

现在常用的是前苏联米海耶夫（B. A. Михеев）推荐的强度计算公式

$$\sigma_{\mathrm{d}}=0.75\frac{pR^2}{\varphi\delta^2}\leqslant[\sigma] \tag{2-5}$$

式中 σ_{d}——计算应力，MPa；

p——液压缸耐压试验压力，MPa；

R——缸（内）半径，mm；

δ——缸底厚度，mm；

φ——系数，与缸底油孔半径 R_k 有关，即 $\varphi=\frac{R-R_k}{R}$；

$[\sigma]$——材料许用应力，$[\sigma]=\sigma_{\mathrm{s}}/n_{\mathrm{s}}$，安全系数 n_{s} 的取值范围为 4～4.5。

其他还有前苏联罗萨诺夫（Б. В. Розанов）推荐的强度计算公式

$$\sigma_{\mathrm{d}}=\frac{pR^2}{\varphi\delta^2}\leqslant[\sigma] \tag{2-6}$$

式中 φ——系数，取为 0.7～0.8。

和德国缪勒（EMüller）推荐的强度计算公式

$$\sigma_{\mathrm{d}}=0.68\frac{pR^2}{\delta^2}\leqslant[\sigma] \tag{2-7}$$

以上三个公式均来源于均布载荷下周边固定的圆形薄板弹性力学解，而前两个公式以 φ 来考虑缸底开孔的影响。

对于室温下碳钢和低合金钢的缸盖与缸筒全焊透连接结构的无孔或有孔平盖形缸盖，其强度验算建议采用如下公式

$$\sigma_{\mathrm{d}}=\frac{KpD^2}{\phi\delta^2}\leqslant[\sigma] \tag{2-8}$$

式中 K——结构特征系数，$K=0.44\delta/\delta_{\mathrm{c}}$，$\delta_{\mathrm{c}}$ 为缸筒有效壁厚，K 的取值范围为 0.3～0.5；

ϕ——焊接接头系数，全焊透对接焊缝且全部经无损检测的取为 $\phi=1$，局部无损检测的取为 $\phi=0.85$；

$[\sigma]$——常温下的材料许用应力，MPa；

其他与上同。

如采用上述公式进行平盖形缸底设计，则此无孔或有孔平盖形缸盖已被加强，但如采用轧制板材直接加工制造缸底，设计时则应对板材提出抗层状撕裂性能的附加要求。

铸造的半球形缸底可按内压球壳的强度公式计算。

对于铸钢的半球形缸底，采用冯·米塞斯（Von Mises）强度准则，即第四强度理论强度条件，其当量计算应力及强度条件为

$$\sigma_{\mathrm{d}}=\frac{1.5R_2^3}{R_2^3-R_1^3}p\leqslant[\sigma] \tag{2-9}$$

式中 R_1——球壳内半径，mm；

R_2——球壳外半径，mm；

其他同上。

对于铸铁（不含退火球墨铸铁）的半球形缸底，采用第二强度理论强度条件，其当量计算应力及强度条件为

$$\sigma_{\mathrm{d}}=\frac{0.65R_2^3+0.4R_1^3}{R_2^3-R_1^3}\leqslant[\sigma] \tag{2-10}$$

式中　[σ]——材料的许用应力，MPa，$[\sigma]=\sigma_b/n$。

2.1.5　液压缸的一些设计准则

① 缸底到缸壁的过渡圆弧半径一般不应小于 $D/8$，D 为缸内径。

② 应力集中区的圆弧表面的表面粗糙度值一般应不大于 $Ra\,3.2\mu m$。

③ 环向焊缝与缸底内表面的距离应尽可能不小于 $0.75D_1$，与法兰上表面的距离也不应小于 $(0.75\sim1.0)D_1$，D_1为缸筒外径。

④ 令 $K=D_1/D$，当 $K\leqslant1.15$ 时，承受内压的缸体可按薄壁筒公式计算，即可以忽略径向应力的影响，而认为切向应力沿壁厚均匀分布。

⑤ 由公式 $D_1=D\sqrt{\dfrac{[\sigma]}{[\sigma]-\sqrt{3}p}}$ 得出，当 $p=\dfrac{[\sigma]}{\sqrt{3}}$时，$D_1=\infty$。如果材料许用应力 $[\sigma]<\sqrt{3}p$ 时，则无法保证强度条件。因此，当公称压力过高时，仅靠增加缸体壁厚，并不一定能保证液压缸有足够的强度，而必须采取其他措施，如采用组合式缸筒或钢丝缠绕预应力结构等。

⑥ 在单层（非预应力结构）缸体的液压缸设计中，各（基本）参数间最合理的关系如下所示。

a. 公称出力：

$$F=\frac{1}{4}\pi D^2 p \tag{2-11}$$

b. 缸筒外径：

$$D_1=\sqrt{2}D \tag{2-12}$$

c. 公称压力：

$$p=\frac{1}{2\sqrt{3}}[\sigma] \tag{2-13}$$

d. 公称出力另一表达式：

$$F=\frac{1}{4}\pi D^2 p=\frac{1}{4}\pi D^2\times\frac{1}{2\sqrt{3}}[\sigma]=\frac{1}{8\sqrt{3}}\pi D^2[\sigma] \tag{2-14}$$

考虑到液压缸的安全性等因素，实际设计的液压缸的最高额定压力不应高于 $p=\dfrac{1}{2\sqrt{3}}[\sigma]$，一般在$(0.7\sim0.8)p$ 之间为宜。

⑦ 有孔的平盖形缸底厚度强度公式［前苏联米海耶夫（B. A. Михеев）公式］如下所示。

$$\sigma=0.1875\frac{pD^3}{(D-d)\delta^2}\leqslant[\sigma] \tag{2-15}$$

或

$$\delta\geqslant0.433D\sqrt{\frac{Dp}{(D-d)[\sigma]}} \tag{2-16}$$

但此公式计算结果可能偏小，仅可作为粗略估算。

⑧ 导向套端台阶孔壁厚计算更为复杂，其内壁上的合成力为弯曲应力与拉应力之和即

$$\sigma=\frac{F}{\frac{\pi}{4}(D_1^2-D^2)}+\frac{6M}{\delta_1^2}\leqslant[\sigma] \tag{2-17}$$

式中　M——弯曲力矩；

　　　δ_1——台阶孔壁厚；

其他同上。

注：上述公式引于参考文献［1］，相同公式又见于参考文献［31］，但笔者认为该公式中 $6M/\delta_1^2$ 项量纲存在问题。

具体计算时请按相关参考文献。

作者认为液压机应具有足够的刚度，也应具有足够的强度，但刚度要求不一定能代替强度要求，液压机用液压缸也是如此。

尽管液压机用液压缸尤其是缸体的主要失效型式是疲劳失效，但静载失效绝对不可忽视。

2.2 液压缸设计中的若干常见问题

液压缸设计中常常遇到下文所述的若干问题，但设计人员经常莫衷一是。作者根据液压缸相关标准、手册及作者的实践经验的总结，对这些问题进行了一些分析，并给出了较为准确、权威的结论。

2.2.1 车-磨件退刀槽问题

(1) 问题的提出

作者在审核液压缸图样时，经常发现一些缸零件上的车-磨零件退刀槽没有按照承受交变载荷的工况设计，液压缸产品在实际使用中也确实发生过缸零件在退刀槽处断裂的情况。

(2) 分析与结论

查阅参考文献［28］第1卷第1～373页，发现该手册中摘录的退刀槽的相关标准（摘自JB/ZQ 4238—1997）有问题。

① JB/ZQ 4238—1997《退刀槽》已被JB/ZQ 4238—2006《退刀槽》代替。

② 该手册中图（a）A型中缺 f_1 标注，B型中 g 指处错误。

③ 用于一般载荷推荐的配合直径“约18”无出处。

④ 进行的省略（如将退刀槽尺寸省略为退刀槽）和整合（如将标准中表1和表2整合）使人不易看懂。

现对JB/ZQ 4238—2006《退刀槽》中的外圆退刀槽的各部尺寸、相配件的倒角和圆角尺寸进行摘要，以方便读者遵照使用。

外圆退刀槽的型式如图2-1所示，尺寸见表2-1。其中，A型为轴的配合表面需磨削，轴肩不磨削；B型为轴的配合表面及轴肩皆需磨削。如图2-1所示外圆退刀槽适用于交变载荷，也可用于一般载荷。相配件的倒角和倒圆型式如图2-2所示，尺寸见表2-2。

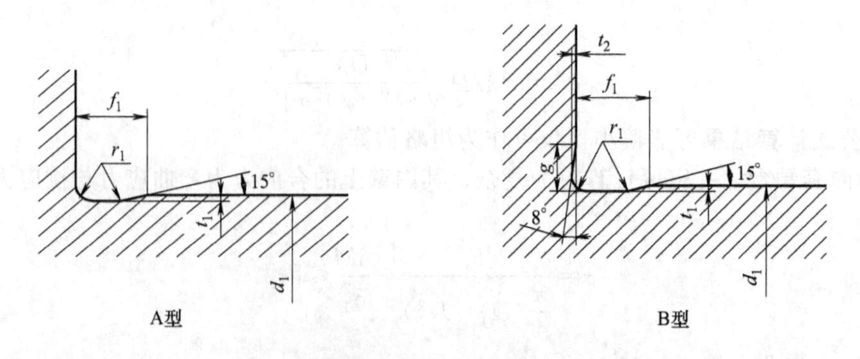

图2-1 外圆退刀槽型式

表 2-1 外圆退刀槽的各部分尺寸（摘自 JB/ZQ 4238—2006） mm

r_1	t_1 $^{+0.1}_{0}$	f_1	$g\approx$	t_2 $^{+0.05}_{0}$	推荐的配合直径 d_1	
					用在一般载荷	用在交变载荷
0.6	0.2	2.0	1.4	0.1	>10～18	
0.6	0.3	2.5	2.1	0.2	>10～80	—
1.0	0.4	4.0	3.2	0.3	>80	
1.0	0.2	2.5	1.8	0.1		>10～50
1.6	0.3	4.0	3.1	0.2		>50～80
2.5	0.4	5.0	4.8	0.3	—	>80～125
4.0	0.5	7.0	6.4	0.3		>125

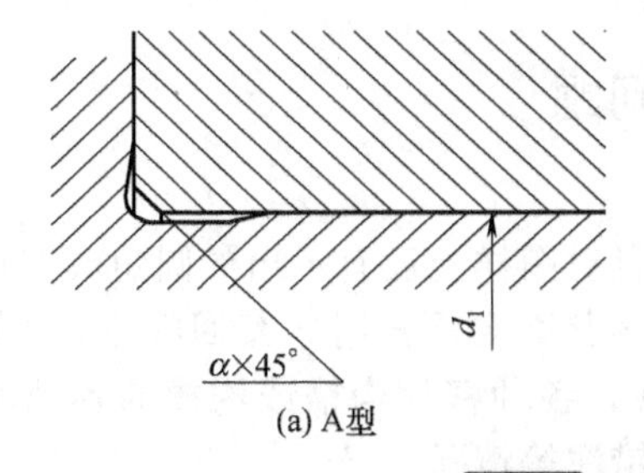

(a) A型

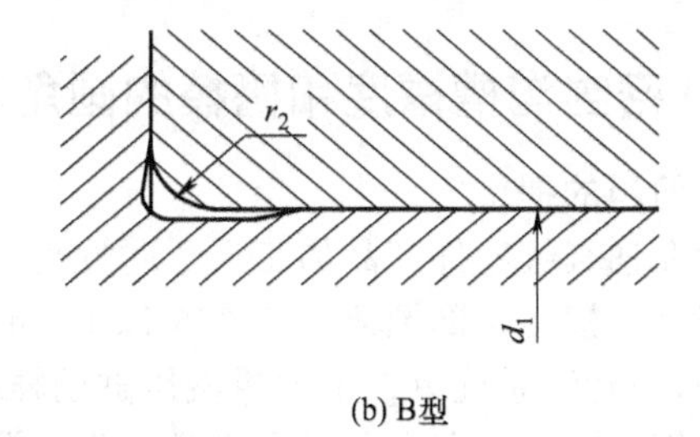

(b) B型

图 2-2 相配件的倒角和倒圆型式

表 2-2 相配件的倒角和圆角尺寸（摘自 JB/ZQ 4238—2006） mm

退刀槽尺寸	倒角最小值 α		倒圆最小值 r_2	
	A 型	B 型	A 型	B 型
0.6×0.2	0.4	0.1	1.0	0.3
0.6×0.3	0.3	0	0.8	0
1.0×0.2	0.8	0	1.5	0
1.0×0.4	0.6	0.4	2.0	1.0
1.6×0.3	1.3	0.6	3.2	1.4
2.5×0.4	2.0	1.0	5.2	2.4
4.0×0.5	3.5	2.0	8.8	5.0

总之，液压缸上的车—磨件一般都承受交变载荷作用，所以设计时要注意退刀槽的选择与设计。

注意：磨削件的退刀槽在一些情况下，还称为砂轮越程槽。

2.2.2 缸零件的几处倒圆角问题

(1) 问题的提出

螺纹连接缸盖（与导向套一体结构）安装后静密封处泄漏。在拆卸检查时发现缸筒缸内径圆柱面上有螺旋纹状划伤，认定是导向套倒角后形成的钝角处未倒圆造成的。

审核该缸盖图样发现设计者只给出了倒角而没有给出倒圆要求。在审查其他液压缸图样时还经常发现密封件安装导入倒角缺少倒圆要求。

(2) 分析与结论

在液压缸设计时只对缸筒、活塞杆标注密封件安装导入（倒）角（注意是安装倒角、导入角或导入倒角而非倒角）是不够的，必须标注或要求在加工导入倒角时形成的钝角处的倒圆。因为此钝角足以在安装密封件时损伤密封件或偶合件圆柱表面。

另外，活塞两端、导向套进入缸筒端等处也必须倒圆角。此处倒圆角不单是安装密封件的需要，而且对液压缸的质量有直接影响。

具体几处缸零件倒圆如图 2-3 所示。

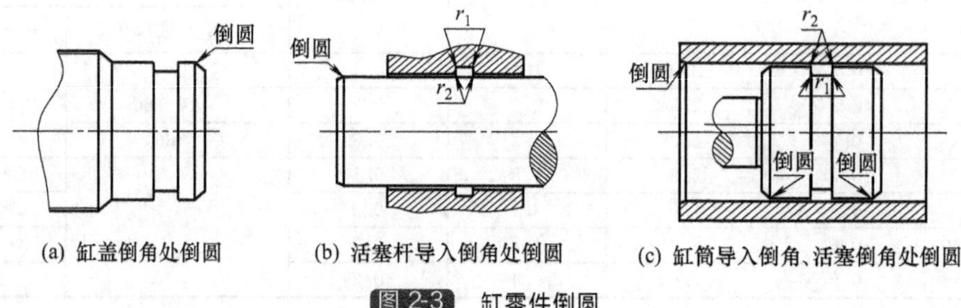

图 2-3 缸零件倒圆

2.2.3 密封沟槽槽底和槽棱的圆角半径问题

(1) 问题的提出

作者在抽查缸零件产品加工质量时发现，操作者对图样上没有示出的圆角或倒角的密封沟槽边棱（槽棱）全部倒角 0.5×45°以上。询问其为什么要倒角时，其回答是："车加工工件能不倒角吗?" 系统审核了大量液压缸图样后发现，各种密封沟槽或沟槽的各处圆角如槽底圆角、槽棱圆角等存在非常严重的缺失、漏注、错注等情况。

(2) 分析与结论

查阅了所有与液压缸密封有关的密封圈沟槽现行标准和国内外大量密封圈产品样本，作者可以肯定且负责任地说：所有非嵌装挡圈的密封圈所用密封沟槽或沟槽，在密封圈可能被挤出侧的沟槽边（槽）棱圆角半径 R 没有超过 0.3mm 的。

另外，GB/T 3452.3—2005《液压气动用 O 形橡胶密封圈　沟槽尺寸》图 1 中的 r_1 和 r_2 标注位置颠倒（错误），使用此标准时敬请读者注意。

正确的标注如图 2-3（c）所示。液压气动用 O 形橡胶密封圈沟槽底和棱圆角尺寸见表 2-3。

表 2-3　O 形圈沟槽底和棱圆角尺寸　mm

O 形圈截面直径	1.80	2.65	3.55	5.30	7.00
沟槽底圆角半径 r_1	0.2～0.4		0.4～0.8		0.8～1.2
沟槽棱圆角半径 r_2	0.1～0.3				

注：图样中加工圆角应注出其半径或在技术要求中统一说明，注法应为"R0.2"，而不是"r0.2"。

因在 JB/T 9168.1—1998《切削工艺通用工艺守则》中规定：图样和工艺规程中未规定的倒角、倒圆尺寸和公差要求（的）应按 ZB J38 001—1997 的规定，所以缸零件图样尤其是各密封沟槽切不可缺少对沟槽槽底、沟槽槽棱圆角的标注。

注：ZB J38 001—1997 已被 JB/T 8828—2001 代替。

2.2.4 内六角圆柱头螺钉拧入深度问题

(1) 问题的提出

法兰油口连接时出现了因设置在液压缸上的螺纹孔攻螺纹深度浅，而造成法兰油口无法密封的情况。

除法兰油口连接用螺纹孔的攻螺纹深度和钻孔深度经常出现问题外，其他缸零件如端盖连接螺纹孔、活塞杆端连接螺纹孔包括带螺纹的中心孔螺纹长度等都出现过问题。

(2) 分析与结论

经查阅相关标准，现在使用的（现代）机械设计手册中给出的螺钉的拧入深度、攻螺纹深度和钻孔深度皆来源于 JB/GQ 0126—1980（1989）《粗牙螺栓、螺钉的拧入深度、攻丝深度和钻孔深度》，该标准与 ISO 6164—1994《液压传动　25MPa 至 40MPa 压力下使用的四螺栓整体方法兰》比较见表 2-4。

注：ISO 6164-1994 被 JB/T 1158—2013《大型液压缸》等液压缸相关标准引用。

表 2-4　钢和铸铁的螺钉的拧入深度、攻螺纹深度和钻孔深度　mm

螺纹直径与螺距	JB/GQ 0126—1980(1989)								ISO 6164—1994
	钢				铸铁				
	通孔拧入深度	盲孔拧入深度	攻螺纹深度	钻孔深度	通孔拧入深度	盲孔拧入深度	攻螺纹深度	钻孔深度	攻螺纹深度(min)
M6×1	8	6	8	13	12	10	12	17	12.5
M8×1.25	10	8	10	16	15	12	14	20	13.5 或 15.5
M10×1.5	12	10	13	20	18	15	18	25	15.5
M12×1.75	15	12	15	24	22	18	21	30	20.5
M16×2	20	16	20	30	28	24	28	33	24.5 或 25.5
M20×2.5	25	20	24	36	35	30	35	47	31 或 33
M24×3	30	24	30	44	42	35	42	55	37.5 或 38.5
M30×3.5	36	30	36	52	50	45	52	68	48.5
M36×4	45	36	44	62	65	55	64	82	—
M42×4.5	50	42	50	72	75	65	74	95	—
M48×5	60	48	58	82	85	75	85	108	—

进一步还可参考 GB/T 197—2003《普通螺纹　公差》中规定的两个相互配合的螺纹的旋合长度。旋合长度分为三组，分别为短旋合长度组（S）、中等旋合长度组（N）和长旋合长度组（L），各组的长度范围见表 2-5。

表 2-5 中的数值是建立在实际生产经验基础之上的，且还有统计归纳（出）的旋合长度计算公式。

表 2-5　螺纹的旋合长度　mm

螺纹直径与螺距	旋合长度			
	S	N		L
	≤	>	≤	>
M6×1	3	3	9	9
M8×1.25	4	4	12	12
M10×1.5	5	5	15	15
M12×1.75	6	6	18	18
M16×2	8	8	24	24
M20×2.5	10	10	30	30
M24×3	12	12	36	36
M30×3.5	15	15	45	45
M36×4	18	18	53	53
M42×4.5	21	21	63	63
M48×5	24	24	71	71

2.2.5 活塞杆螺纹长度及其标注问题

(1) 问题的提出

在进行液压缸产品标准化、系列化工作中，发现现有产品的活塞杆螺纹尺寸设计、标注不规范。再查阅各版机械设计手册，发现其中的HSG型工程液压缸的活塞杆螺纹也不完全符合GB 2350—1980《液压气动系统及元件　活塞杆螺纹型式和尺寸系列》的规定。

除有螺纹直径与螺距不在GB 2350—1980规定的活塞杆螺纹尺寸系列之内以外，HSG型工程液压缸的内、外螺纹长度也有短于GB 2350—1980规定的短型螺纹长度的，且此内、外螺纹长度还包括了螺纹退刀槽的槽宽。

GB 2350—1980规定的活塞杆螺纹尺寸与各版《机械设计手册》中HSG型工程液压缸的活塞杆内、外螺纹尺寸见表2-6。

表2-6　活塞杆螺纹尺寸　　mm

GB 2350—1980			HSG型工程液压缸		
螺纹直径与螺距 D×t	螺纹长度L		螺纹直径与螺距 D×t	外螺纹长度A	内螺纹长度A
	短型	长型		包括了螺纹退刀槽的螺纹长度	
M16×1.5	22	32	M16×1.5	30	—
M18×1.5	25	36	—	—	—
M20×1.5	28	40	—	—	—
M22×1.5	30	44	M22×1.5	35	—
M24×2	32	48	—	—	—
M27×2	36	54	M27×1.5	40	35
M30×2	40	60	—	—	—
M33×2	45	66	M33×1.5	45	40
M36×2	50	72	M36×2	45	50
M42×2	56	84	M42×2	50	55
M48×2	63	96	M48×2	55	60
—	—	—	M52×2	60	65
M56×2	75	112	—	—	—
—	—	—	M60×2	65	70
M64×3	85	128	M64×2	70	75
—	—	—	M68×2	75	80
M72×3	85	128	—	—	—
—	—	—	M76×3	85	90
M80×3	95	140	—	—	—
—	—	—	M85×3	95	100
M90×3	106	140	—	—	—
—	—	—	M95×3	105	110
M100×3	112	—	—	—	—
—	—	—	M105×3	115	120
M110×3	112	—	—	—	—

注：未查到在各版（现代）机械手册中的工程机械液压缸联合设计组设计的HSG型工程液压缸有现行产品标准。

(2) 分析与结论

因活塞杆螺纹连接需要传递机械力和运动，所以活塞杆螺纹连接的保证载荷应与缸进程或回程输出力相适应；因要求与液压缸连接的元、部件都应牢固，所以活塞杆螺纹应与缸的附件如耳环等应能紧固和防松；因缸零件要求具有互换性和可维修性，所以活塞杆螺纹应符合相关标准要求，如液压缸制造商与用户无技术协议规定活塞杆螺纹，则活塞杆螺纹应符合GB/T 2350—1980《液压气动系统及元件　活塞杆螺纹型式和尺寸系列》或液压缸产品标准的规定。

综合现行各相关标准，活塞杆螺纹尺寸标注方法如图2-4所示。

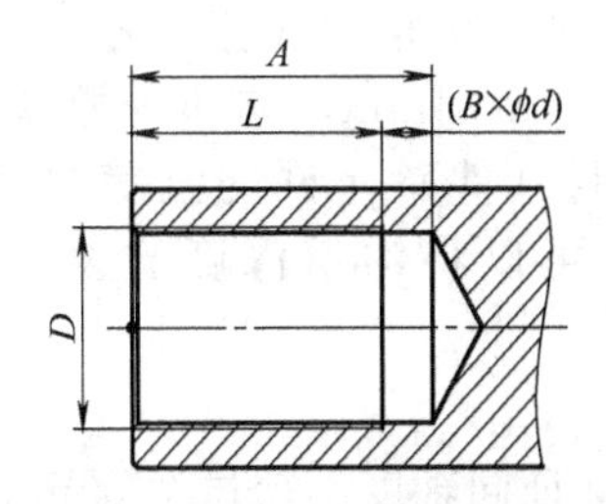

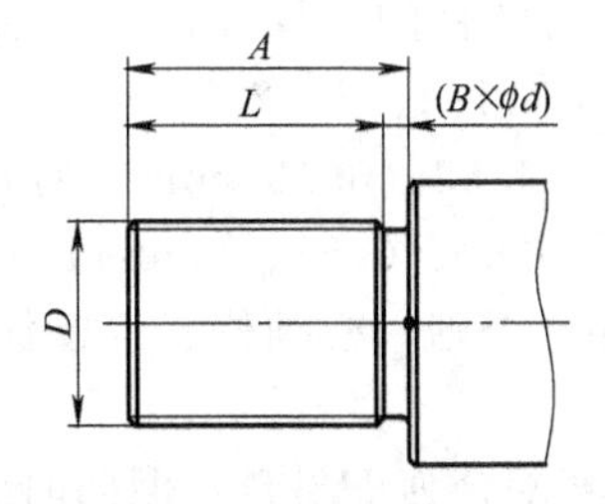

图 2-4 活塞杆螺纹尺寸标注方法

图 2-4 中所示涂黑圆点为 GB/T 9094—2006 规定的缸的活塞杆螺纹长度尺寸的理论基准点，此点是将力从活塞杆传递到运动部件的传递点；活塞杆端螺纹长度代号 A 也依据该标准给出。

2.2.6 缸筒膨胀量确定问题

(1) 问题的提出

液压剪板机用液压缸的静密封处有外泄漏，除缸筒在安装导向套时有划伤、缸筒端螺纹与缸筒同轴度有问题外，还可能与缸筒的膨胀有一定的关系。

(2) 分析与结论

① 根据参考文献［28］（符号按原著），缸筒壁厚应进行四方面验算：

a. 额定压力应低于一定极限值，以保证工作安全。即

$$PN \leqslant 0.35\frac{\sigma_s(D_1^2-D^2)}{D_1^2}(\text{MPa}) \tag{2-18}$$

或

$$PN \leqslant 0.5\frac{\sigma_s(D_1^2-D^2)}{\sqrt{3D_1^4+D^4}}(\text{MPa}) \tag{2-19}$$

b. 额定压力应与完全塑性变形压力有一定的比例范围，以避免塑性变形的发生。即

$$PN \leqslant (0.35\sim0.42)p_{rL}(\text{MPa}) \tag{2-20}$$

c. 缸筒径向变形应处于允许范围内，变形量应不超过密封圈允许范围。即

$$\Delta D=\frac{Dp_r}{E}\left(\frac{D_1^2+D^2}{D_1^2-D^2}+\upsilon\right)(\text{m}) \tag{2-21}$$

d. 应验算缸筒的爆破压力，计算的 p_E 值应远超过耐压试验压力。即

$$p_E=2.3\sigma_b\lg\frac{D_1}{D}(\text{MPa}) \tag{2-22}$$

式中 σ_s——缸筒材料屈服点，MPa；

D_1——缸筒外径，m；

D——缸筒内径，m；

p_r——缸筒发生完全塑性变形的压力，MPa；

E——缸筒材料的弹性模量，MPa；

υ——缸筒材料泊松比，钢材 $\upsilon=0.3$。

本节主要讨论的是密封（圈）允许的缸筒径向变形 ΔD，其对液压缸内和/或外泄漏有影响。在验算时，需要首先给出密封（圈）允许的最大径向变形（膨胀）量，且确定缸筒的最大径向变形发生位置很重要。

② 密封件允许缸筒径向最大变形量的确定。对于 O 形圈安装在导向套上、缸筒（缸内

径公差 H8）作为配合偶件的活塞静密封，活塞静密封沟槽槽底直径公差为 h11，其沟槽深度最大值应为 $t_{\max}<[(1.3、2、2.7、4.1、5.5)+\Delta D]$mm，亦即沟槽深度最大值 $t_{\max}=(1.49、2.23、3.07、4.63、6.16)$mm，对应密封（件）允许的缸筒最大径向变形量为 $\Delta D=(0.19、0.23、0.37、0.53、0.66)$mm，则可以将沟槽深度 t 设计为 $t=(1.3、2、2.7、4.1、5.5)$mm，否则，必须修正沟槽深度。

③ 有几点说明。

a. 缸筒与导向套配合为 H8/f7，但同时必须保证同轴度不超过 0.03mm。

b. 对于活塞密封件可以要求缸筒的缸内径公差为 H9 的，应尽量选 H8。

c. O 形圈的压缩率不能是越大越好，一般静密封的最大压缩率分别为：30.5%、28%、27.5%、26%、24%。

d. 注意 O 形圈用挡圈的使用，建议在密封压力超过 10MPa 时，宜考虑加装挡圈。

e. 以上皆按 O 形圈的截面直径 d_2 分挡：(1.80、2.65、3.55、5.30、7.00)mm。

2.2.7 主要缸零件表面质量经济精度问题

(1) 问题的提出

在对液压缸图样审核过程中，经常发现一些切削件的加工精度选择不合理，主要问题是图样给出的精度过高，而不是过低，尤其在缸零件表面粗糙度上问题更大。

(2) 分析与结论

加工经济精度是在正常加工条件下（采用符合质量标准的设备、工艺装备和标准技术等级的工人，不延长加工时间）所能保证的加工精度。

以车削加工为例，根据作者实际操作经验，表面粗糙度 $Ra0.8\mu m$ 并不十分容易达到。在满足缸零件适应性和耐久性等要求下，考虑表面质量的经济性，对于表 2-7 和表 2-8 中表面粗糙度为 $Ra0.8\mu m$ 的表面，如果可能还是以优先选用表面粗糙度 $Ra1.6\mu m$ 为宜。

轴、孔公差等级与表面粗糙度的对应关系可参考表 2-7；车削细长轴（如活塞杆）常用的切削用量和所能达到的加工质量可参考表 2-8。

表 2-7 轴、孔公差等级与表面粗糙度的对应关系

公差等级	轴		孔	
	基本尺寸/mm	表面粗糙度 $Ra/\mu m$	基本尺寸/mm	表面粗糙度 $Ra/\mu m$
IT6	≤10	0.20	≤50	0.40
	>10～80	0.40		
	>80～250	0.80	>50～250	0.80
	>250～500	1.60	>250～500	1.60
IT7	≤6	0.40	≤6	0.40
	>6～120	0.80	>6～80	0.80
	>120～500	1.60	>80～500	1.60
IT8	≤3	0.40	≤3	0.40
	>3～50	0.80	>3～30	0.80
			>30～250	1.60
	>50～500	1.60	>250～500	3.20
IT9	≤6	0.8	≤6	0.80
	>6～120	1.60	>6～120	1.60
	>120～400	3.20	>120～400	3.20
	>400～500	6.30	>400～500	6.30
IT10	≤10	1.60	≤10	1.60
	>10～120	3.20	>10～120	3.20
	>120～500	6.30	>120～500	6.30

表 2-8　车削细长轴常用的切削用量和所能达到的加工质量

零件规格 $D \times L$/mm	材料及热处理	工序	切削深度 a_p/mm	进给量 f/(mm/r)	切削速度 v/(mm/min)	精度	表面粗糙度 Ra/μm
ϕ12×1300	45 钢及普通合金钢 230～320HBW	粗车	0.5～1.0	0.4～0.5	18	IT7～IT8	0.8～1.6
		精车	0.04～0.06	0.15～0.20	9.5		
ϕ20×1500		粗车	1.5～2.5	0.3～0.5	30～50		
		半精车	1.0～1.5	0.2～0.4	40～60		
		精车	0.2～0.4	0.15～0.25	50～75		
ϕ35×4100		粗车	1.5～3.0	0.3～0.5	40～65		
		精车	0.02～0.05	10～20	1.0～2.9		
ϕ32×1000		粗车	1.0～3.0	0.3～0.5	60～80		
		半精车	0.5～1.0	0.16～0.30	80～120		
		精车	0.2～0.3	0.12～0.16	60～100		
ϕ38×2450		粗车	0.5～2.5	1.15～1.65	100～140		
		精车	0.5～2.5	1.15～1.65	100～140		

2.2.8　活塞杆表面铬覆盖层厚度、硬度技术要求问题

(1) 问题的提出

有一台630t液压机液压缸活塞杆拉伤，导致活塞杆密封处出现外泄漏。作者去现场查看后，除发现所使用的液压油清洁度有问题外，还认为活塞杆表面镀硬铬层（铬覆盖层）的厚度、硬度有问题，即镀层薄、硬度低。

(2) 分析与结论

因一些液压缸制造商不具备检查活塞杆表面镀层厚度和硬度的专业仪器设备，甚至有的电镀厂在活塞杆表面电镀后又对电镀表面进行了抛光，外协电镀后的活塞杆已为成品，所以液压缸制造商只对活塞杆表面电镀质量如不均匀、发暗、粗糙、起层、剥落或起泡等缺陷进行检查，而忽视了最基本的镀层厚度和硬度的检验。

现在电镀厂有一种快速镀硬铬的方法，采用此种方法电镀活塞杆表面有问题。

根据本书提出的活塞杆的技术要求及参考 JB/T 5082.5—2008《内燃机　气缸套　第5部分：钢质镀铬气缸套技术条件》的规定，活塞杆外表面镀硬铬，铬覆盖层硬度应大于或等于 $800HV_{0.2}$；抛光或研磨前铬覆盖层厚度宜在0.04～0.10mm之间，抛光或研磨后铬覆盖层一般应在0.03～0.05mm范围内。

铬覆盖层硬度可按 GB/T 9790—1988《金属覆盖层及其他有关覆盖层维氏和努氏显微硬度试验》的规定检验。

铬覆盖最小（大）层厚度可按 GB/T 6462—2005《金属和氧化物覆盖层　厚度测量　显微镜法》、GB/T 4955—2005《金属覆盖层　覆盖层厚度测量　阳极溶解库伦法》、GB/T 31563—2015《金属覆盖层　厚度测量　扫描电镜法》等规定的方法测量。

2.2.9　油口标准引用及油口螺纹问题

(1) 问题的提出

一批液压板料折弯机用液压缸发往用户后油口连接处全部无法密封，用户采用两个组合密封垫圈叠加密封油口；将一家用户特殊定制的 M27×1.5 螺纹油口的液压缸发往另一家用户，导致油口无法连接；用一台新液压缸去现场替换另一台有问题的液压缸，因新液压缸油口螺纹为细牙普通螺纹（M），而需要替换的液压缸油口螺纹为55°非密封管螺纹（G）而使油口无法连接，等等。

出厂后的液压缸产品接二连三地发生油口连接问题，主要反映在油口的孔口（锪）平面

深度与直径尺寸及油口螺纹上。

（2）分析与结论

现在非（废）标接头在各主机厂仍在使用，采用国外螺纹标准的接头也很常见。

在JB/T 10205—2010《液压缸》中规定：液压缸的油口连接螺纹尺寸应符合GB/T 2878—1993《液压元件螺纹连接　油口型式和尺寸》的规定。但此标准已被GB/T 2878.1—2011《液压传动连接　带米制螺纹和O形圈密封的油口和螺柱端　第1部分：油口》代替，所以现在设计液压缸油口时应该符合GB/T 2878.1—2011标准。

此标准所对应采用的接头标准为JB/T 966—2005《用于流体传动和一般用途的金属管接头O形圈平面密封接头》，原JB/T 984—1977《焊接式直通管接头体》（管接头标准为JB 966—1977《焊接式端直管接头》）已被JB/T 966—2005中的柱端直通接头ZZJ（标准中见图17）代替。两者的主要区别在于固定柱端侧是否有圆柱台阶，原JB/T 984—1977规定的接头体无圆柱台阶，而JB/T 966—2005规定的柱端直通接头ZZJ有圆柱台阶。

在采用JB/T 984—1977规定的接头体使用JB/T 982—1977《组合密封垫圈》密封时，GB/T 2878.1—2011规定的油口的孔口（锪）平面直径小，组合密封垫圈可能下不去或JB/T 984—1977规定的接头体与油口的孔口上平面干涉，油口连接处无法密封。采用JB/T 966—2005规定的柱端直通接头ZZJ时，尽管一般没有与油口的孔口上平面干涉问题，但一些规格的组合密封垫圈仍可能下不去，造成同样的问题，即油口连接处无法密封。

因此，如采用JB/T 982—1977规定的组合密封垫圈密封GB/T 2878.1—2011规定的油口，则应相应采用JB/T 966—2005规定的柱端直通接头ZZJ，并将一些油口的孔口（锪）平面直径加大；如仍采用JB/T 984—1977规定的焊接式直通管接头体或JB 966—1977规定的焊接式端直管接头，则GB/T 2878.1—2011规定的油口的孔口（锪）平面直径必须加大，具体请见表2-9。

表2-9　采用组合密封垫圈的油口的孔口（锪）平面直径与深度　mm

油口螺纹 $d_1 \times P$ /mm	GB/T 2878.1—2011		GB/T 19674.1—2005		加大的锪平面直径	JB 982—1977
	d_2 窄的 (min)	L_3 (max)	d_4 (min)	L_1 (max)	d_2 宽的 (min)	D
M8×1	14	1	13	1	17	14
M10×1	16	1	15	1	20(19.6)	16
M12×1.5	19	1.5	18	1.5	23	18
M14×1.5	21	1.5	20	1.5	25(21.9、25.4)	20
M16×1.5	24	1.5	23	1.5	28	22
M18×1.5	26	2	25	2	30(27.7、31.2)	25
M20×1.5	29	2	27	2	33	28
M22×1.5	29	2	28	2.5	35(34.6)	30
M26×1.5	—	—	33	2.5	—	—
M27×2	34	2	33	2.5	44(41.6)	35
M30×2	38	2	—	—	44	38
M33×2	43	2.5	41	2.5	49(47.3、53.1)	42
M42×2	52	2.5	51	2.5	65(63.5)	53
M48×2	57	2.5	56	2.5	70(69.3)	60
M60×2	67	2.5	—	—	78(75)	75

注：1. 窄的 d_2（min）为没有凸环标识的孔口平面直径。

2. 表中给出加大的锪平面直径参考了GB/T 2878.1—2011中带凸环标识的孔口平面直径。

3. 括号内给出加大的锪平面直径参考了JB/T 984—1977中接头体的外六角对角宽度。

现在经常使用的GB/T 19674.1—2005《液压管接头用螺纹油口和柱端 螺纹油口》所规定的油口的孔口（锪）平面直径也存在同样问题，具体请见表2-9。

实践中除采用细牙普通螺纹（M）的油口螺纹外，现在液压缸油口螺纹还常见的有GB/T 7307—2001《55°非密封管螺纹》规定的55°非密封管螺纹的油口螺纹。

在参考文献［28］第5卷第21-578页中有如下表述："公称压力为16～31.5MPa的中、高压系统采用55°非密封管螺纹，或细牙普通螺纹。"而GB/T 12716—2011规定的60°密封管螺纹（NPT）、GB/T 1415—2008规定的米制密封螺纹（M_c或M_p/M_c）、GB/T 7306.1—2000和GB/T 7306.2—2000规定的55°密封管螺纹（R_p/R_1和R_c/R_2）等在公称压力小于或等于16MPa下皆可采用。

2.2.10 焊接坡口型式与尺寸问题

(1) 问题的提出

缸底与缸筒采用焊接连接时，现在常见的焊缝（环缝）有时无法达到GB/T 3323—2005《金属熔化焊接接头射线照相》规定的焊接接头质量分级中的Ⅱ级，其主要问题是未焊透。

(2) 分析与结论

根据焊接接头射线照相缺陷的性质和数量，焊接接头的质量分为4个等级，其中缸筒与缸底间焊缝质量应达到GB/T 3323—2005中规定的Ⅱ级，具体要求为：应无裂纹、未焊合和未焊透。

现在见到的锁底接头焊缝设计各种各样，因在GB/T 985.1—2008《气焊、焊条电弧焊、气体保护焊和高能束焊的推荐坡口》和GB/T 985.2—2008《埋弧焊的推荐坡口》中都没有接头型式为锁底对接焊缝及所对应的坡口型式和尺寸，原可参考的GB/T 985—1988（已被GB/T 985.1—2008代替）中V形带垫坡口在GB/T 985.1—2008中没有再被推荐，现在可以参考的仅有GB 150.3—2011《压力容器 第3部分：设计》中的一个简图。经作者修改后，平盖焊缝坡口型式和尺寸如图2-5所示。

图2-5中δ_1、δ_e、δ_{ep}、D_e等符号含义可参见GB 150.3—2001。

图2-5所示坡口型式和尺寸与现在常见的平盖焊缝坡口型式（见图2-6）的主要区别在于：坡口型式为V形而非Y形，因而图2-5所示坡口没有"未焊透"问题。

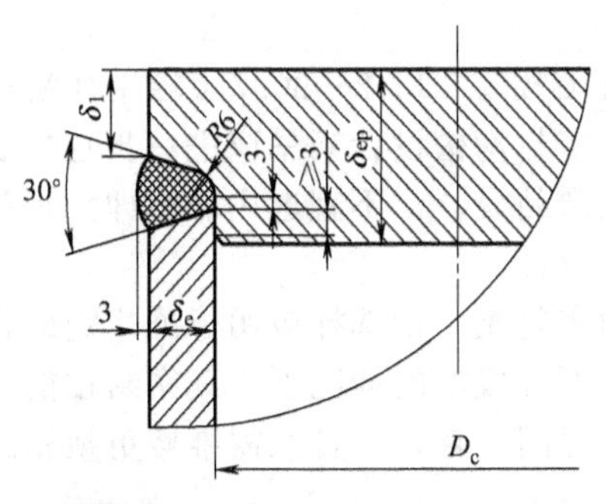

图2-5 平盖焊缝坡口型式和尺寸

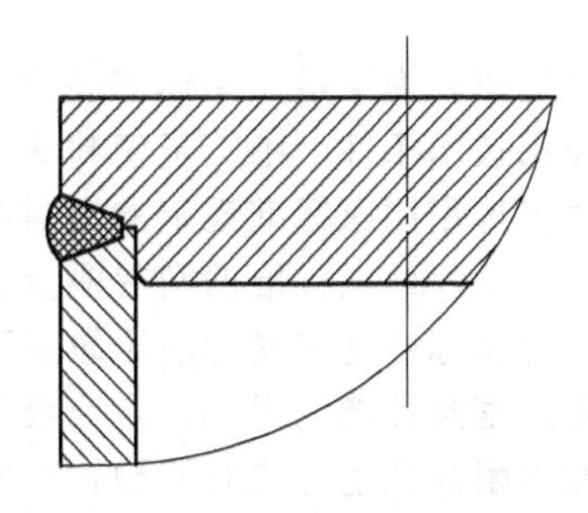

图2-6 现在常见的平盖焊缝坡口型式

对缸筒与缸底间焊缝而言，缸零件材料及热处理、缸筒壁厚、缸底厚度、焊接接头的坡口型式和尺寸及焊接方法等都很重要，但缸底预热、定位焊、熔深、余高及焊后热处理（去氢、消除焊接应力）等对此焊缝也非常重要。

对批量产品，作者建议采用焊接操作机和焊接变位机这样的机械化焊接工艺装备，或可以采用缸筒自动焊接机（焊接机器人）。

2.3 液压缸密封装置（系统）设计禁忌

液压缸设计包括液压缸密封装置（系统）的设计禁忌是指在液压缸的广义制造中，使用不应（或不得、不准许）、不宜（或不推荐、不建议）、不必（或无需、不需要）、不能（或不能够）、不可能（或没有可能）等所表述的禁止、危险、不赞成、不允许、不能够或没有可能的型（形）式、行为（动）、方法、步骤、能力、性能或效果。禁忌的行为或事物实质是对液压缸各项相关标准中所包含的相关要素要求、验证方法、规则、规程或指南中的规定、推荐或建议的违背。

2.3.1 密封沟槽设计禁忌

不应选择已声明遵守的液压缸产品标准或 JB/T 10205—2010《液压缸》规定之外的密封沟槽进行液压缸产品设计。

一般而言，不应选择如表 2-10 所列标准之外的密封沟槽进行液压缸产品设计。

表 2-10 液压缸标准规定的密封沟槽目录

序号	标准
1	GB/T 2879—2005《液压缸活塞和活塞杆动密封沟槽尺寸和公差》
2	GB/T 2880—1981《液压缸活塞和活塞杆窄断面动密封沟槽尺寸系列和公差》
3	GB/T 6577—1986《液压缸活塞用带支承环密封沟槽型式、尺寸和公差》
4	GB/T 6578—2008《液压缸活塞杆用防尘圈沟槽型式、尺寸和公差》

注：1. 表 2-10 摘自 JB/T 10205—2010《液压缸》。
2. GB 2880—81 和 GB 6577—86 为原标准号。
3. 一般液压缸设计中还应有静密封沟槽，如液压气动用 O 形橡胶密封圈沟槽，但在 JB/T 10205—2010 中缺失。
4. 现未查找到有密封圈（件）标准引用 GB 2880—81 规定的沟槽的。

但是以现行标准而论，因 JB/T 10205—2010 中给出的密封沟槽无法满足大部分液压缸密封及其设计的需要，如采用这些产品标准之外的密封沟槽，则该液压缸将无法声明遵守某一产品标准包括 JB/T 10205—2010《液压缸》，进而所设计的液压缸产品将是无标产品。

综上所述，为了避免无标产品的设计、制造，参考在 GB/T 13342—2007《船用往复式液压缸通用技术条件》中关于密封圈及沟槽选择的规定，密封沟槽设计禁忌应进一步这样表述：宜优先选用国家标准规定的密封圈及沟槽进行液压缸产品设计；不宜选用非标即无现行的国际、中国、外国标准的密封圈及沟槽进行液压缸产品设计。

设计为非标密封沟槽的液压缸最可能选择不到适配的密封圈，如选择应用标准规定的密封圈，则其密封性能无保证；自行设计、制造密封圈，在不计成本的情况下，其密封性能包括可靠性和耐久性也可能有问题；自制密封圈因不能超长时间贮存，一旦急需维修更换密封圈，也可能面临无密封圈可换的情况。

各种型式的标准沟槽是由各种几何要素组成的，如尺寸与公差要素、几何公差要素和表面结构要素等，符合这些沟槽组成要素且在沟槽适用范围内的沟槽即为标准沟槽。对各要素的超高要求也可能导致非标沟槽设计，如对尺寸公差不切实际地减小到原公差 1/5 或 1/10等。

非标密封沟槽并非指因调整密封圈压缩率、适应密封材料溶胀值和加装较厚的挡圈等对密封沟槽所做的修改。

密封件、沟槽的标准目录请参见本书附录 A.4。

2.3.2 密封材料选择禁忌

不应选择与工作介质不相容的液压缸密封件或装置。

一般液压缸可选工作介质见表 2-11。

表 2-11 液压缸工作介质

名称	常用品种牌号与黏度等级	标 准
矿物油	品种代号： L—HL 抗氧防锈液压油 L—HM 抗磨液压油(高压、普通) L—HV 低温液压油 黏度等级：32、46、68	GB/T 7631.2—2003《润滑剂、工业用油和相关产品(L 类)的分类　第 2 部分：H 组(液压系统)》和 GB 11118.1—2011《液压油(L-HL、L-HM、L-HV、L-HS、L-HG)》
磷酸酯抗燃油 磷酸酯液压液(液压油)	VG32、VG46	参考 DL/T 571—2014《电厂用磷酸酯抗燃油运行与维护导则》
水-乙二醇型难燃液压液	黏度等级：22、32、46、68	GB/T 21449—2008《水-乙二醇型难燃液压液》
高含水液压液(含乳化液)	乳化型(HFAE)、溶液型高水基液压液	MT 76—2011《液压支架用乳化油、浓缩液及其高含水液压液》

注：1. JB/T 11588—2013《大型液压油缸》中规定：矿物油、抗燃油、水乙二醇、磷酸酯工作介质可根据需要选取。

2. JB/T 10205—2010《液压缸》中规定试验用油液黏度："油温在 40℃时的运动黏度应为 29～74mm²/s。"

3. JB/T 9834—2014《农用双作用油缸　技术条件》中规定试验用油品种："试验时推荐用 N100D 拖拉机传动、液压两用油或黏度相当的矿物油。"

特别指出，以磷酸酯抗燃油、磷酸酯液压液（油）为工作介质的液压缸不应使用氯丁橡胶、丁腈橡胶等密封材料制作的密封圈。在 DL/T 571—2014《电厂用磷酸酯抗燃油运行与维护导则》中推荐使用硅橡胶、（三元）乙丙橡胶、氟橡胶等密封材料制作的密封圈。

2.3.3 密封工况确定禁忌

不应选择、设计不符合标准规定的环境温度、工作介质温度、往复运动速度、密封间隙、工作压力范围、工作温度范围的液压缸密封装置或系统。

一般而言，往复运动速度、密封间隙、工作压力范围、工作温度范围是液压缸密封件（圈）、装置或系统的性能参数，都应含有高（大）和/或低（小），或最高（大）和/或最低（小）（值）所表述的一个范围。

最低环境温度或环境温度的最低值与最低工作介质温度或工作介质温度最低值应相等。

在各现行标准中，对所属液压系统或输入液压缸的液压油液温度最高值规定各不相同，现在表 2-12 中进行部分摘录，以避免触犯液压缸密封装置（系统）设计禁忌。

表 2-12 各标准规定的工作介质温度最高值

序号	工作介质温度最高值(高温性能试验时)/℃	标 准
1	+65(+70)	GB/T 24946—2010《船用数字液压缸》
2	+60	JB/T 1829—2014《锻压机械　通用技术条件》
3	+60	JB/T 3818—2014《液压机　技术条件》
4	(+90)	JB/T 6134—2006《冶金设备液压缸($PN \leqslant 25$MPa)》
5	+80(+90)	JB/T 10205—2010《液压缸》
6	(+70)	JB/T 13342—2007《船用往复式液压缸通用技术条件》

注：在 HG/T 2810—2008《往复运动橡胶密封圈材料》标准中规定："A 类为丁腈橡胶材料，分为三个硬度级，五种胶料，工作温度范围为−30～+100℃；B 类为浇注型聚氨酯橡胶材料，分为四个硬度等级，四种胶料，工作温度范围−40～+80℃。"

特别指出，一般密封圈使用条件中都应包括所适用的密封间隙大小及变化情况；某一特定的密封系统中所选择的各密封件（装置）的使用条件包括密封间隙应一致。

2.3.4 基于密封性能的液压缸密封设计禁忌

① 不应选择、设计致使液压缸在静止时可能产生外泄漏的液压缸密封装置或系统。

一般没有标准规定及未经证实的往复运动用密封件（密封装置）不能用于液压缸静密封。实践中作者不但见过在 JB/T 10205—2010《液压缸》中规定的适配密封件（圈）用于静密封，而且还见过旋转（轴）密封件用于静密封的。

特别指出，在 JB/T 6612—2008《静密封 填料密封 术语》中规定的唇形填料（型式多样，如 V、U、L、Y 形等）不适用于液压缸静密封，这不仅是该标准适用范围中没有明确包括液压缸密封，更是其中规定的密封圈型式与密封机理及适用范围（举例为 L 形填料环气缸活塞密封）更接近往复运动密封，而不是静密封。

② 不应选择、设计致使液压缸的内泄漏量不符合标准规定的液压缸密封装置或系统。

在 JB/T 10205—2010《液压缸》中规定的“（活塞式）双作用液压缸（的）内泄漏量”与“活塞式单作用液压缸的内泄漏量”相差一倍左右，如果“活塞式单作用液压缸的内泄漏量”是准确的，则活塞式双作用液压缸的活塞密封装置或系统应是“冗余设计”。

注：1. 此处作者无意评价该标准中两种液压缸泄漏量（指标）是否准确。

2. 此处只是借用了“冗余设计”概念，其不同在于密封系统冗余设计为密封件的串联配置。

③ 不应选择、设计致使液压缸活塞杆在标准规定的累计行程或换向次数下，外泄漏量不符合标准规定的液压缸密封装置或系统。

液压缸密封的耐久性在一定程度上决定了液压缸的耐久性。在条件允许情况下，应选用、设计使用寿命（预计使用寿命）长的密封件、密封装置或系统，即应遵守液压缸密封系统设计准则，避免密封件（装置）的错误排列、组合，致使降低密封系统使用寿命。

④ 不应选择、设计致使液压缸活塞及活塞杆不能支承和导向的液压缸密封装置或系统。

活塞和/或活塞杆运动应有支承和导向。不能期望没有支承和导向的液压缸也能有好的、稳定的、长久的密封性能。

不能将一般活塞间隙密封的单作用液压缸理解为无支承和导向的液压缸，单就活塞而言，其在运行中的大多数情况是，活塞外圆表面与缸筒内孔表面间是有局部接触的。

更不能在设计中将唇形密封圈指为具有导向和支承作用。

⑤ 不应选择、设计致使污染物可能侵入液压缸内部的液压缸密封装置或系统。

不应设计没有防尘密封圈的液压缸；也不应选择、设计防尘密封圈不适用于规定工况的液压缸；同样也不应设计各油口没有盖以防尘堵（帽）的液压缸；进一步不应设计活塞杆应加装保护罩而不加装的液压缸。

若液压缸没有设计带有防尘密封圈，这种液压缸设计是本质不安全设计。

缸回程到极限位置时，活塞杆端的密封件安装导入倒角（圆锥面）缩入防尘密封圈内，也是防尘密封设计的禁忌之一。

⑥ 不应选择、设计致使液压缸在低压（温）下、耐压性和耐久性试验（时）后、缓冲试验时、高温性能试验后（外）泄漏（或泄漏量超标）等不符合标准规定的液压缸密封装置或系统。

液压缸出厂试验项目分必检和抽检项目。以上试验项目中，低温、耐久性、缓冲、高温等试验一般为抽检项目，一般进行过上述抽检项目的液压缸即使没有外泄漏或泄漏量超标，也应对其进行拆检并更换新的密封件（圈），至少每批次首台进行过上述抽检项目的液压缸应进行拆检并更换新的密封件（圈）。

液压缸外泄漏检验包括在所有试验中，其密封装置（系统）设计禁忌也包括在这些密封性能要求中。

注：在 JB/T 10205—2010《液压缸》中规定“缓冲试验”为必检项目。

2.3.5 基于带载动摩擦力的液压缸密封设计禁忌

液压缸在带载往复运动过程中，由于支承环和各处动密封装置与配（偶）合件的摩擦，甚至包括活塞杆与导向套（缸盖）、活塞与缸筒间金属摩擦所造成摩擦阻力，致使缸输出力效率的降低、液压油液的温度升高以及缸零件的磨损等，除以金属（如锡青铜等）作导向环或支承环外，其他缸零件间在液压缸往复运动中应尽力避免金属间摩擦。

① 不应选择、设计致使液压缸的（最低）启动压力不符合标准规定的液压缸密封装置或系统。

应选择、设计合适的密封装置或系统，尤其是有“动特性”要求的液压缸，如数字液压缸和伺服液压缸等。尽管有标准规定在举重用途的液压缸上使用 V 形密封圈，但在选择、设计含有 V 形密封圈的密封装置或系统时，应预估其（最低）启动压力是否超标。不得过度地进行密封系统“冗余设计”，包括过度地支承和导向。

注：“举重用途的液压缸……”见于 GB/T 13342—2007《船用往复式液压缸通用技术条件》。

② 不应选择、设计致使液压缸活塞及活塞杆导向与支承不足的液压缸密封装置或系统。

在活塞杆伸出尤其长行程液压缸活塞杆接近极限伸出时驱动负载，液压缸活塞杆可能出现弯曲或失稳，如果液压缸活塞及活塞杆的支承长度或导向长度不足，则活塞杆发生弯曲或失稳的可能性更大。

液压缸驱动的负载可能存在侧向分力，此种情况下如果液压缸活塞及活塞杆的支承长度或导向长度不足，则可能发生严重的缸零件磨损。

如果液压缸活塞及活塞杆的支承长度或导向长度不足，还可能致使液压缸偏摆量增大，造成缸零件的局部磨损。

以上这些情况，都可能不同程度地增大液压缸带载动摩擦力。

③ 不应选择、设计致使液压缸的缸输出力效率（负载效率）不符合标准规定的液压缸密封装置或系统。

带载动摩擦力直接降低了缸输出力效率。根据缸输出力效率的定义及计算公式，如果被试液压缸在不同压力下保持匀速运动状态检测（验）缸输出力效率，则式 $pA=W+F_2+F_3$ 一定成立，其中 pA 为缸理论输出力，W 为缸的实际输出力，F_2 为摩擦产生的摩擦阻力，F_3 为背压产生的阻力。

根据 JB/T 10205—2010《液压缸》的规定，缸输出力效率 $\eta=\frac{W}{pA}\geqslant 90\%$，如果限定或忽略背压，则摩擦产生的摩擦阻力都将被限定。

2.3.6 基于液压缸运行性能的液压缸密封设计禁忌

① 不应选择、设计致使液压缸出现振动、卡滞或爬行的液压缸密封装置或系统。

致使液压缸出现振动、卡滞或爬行的因素很多，即使出厂试验检验合格的液压缸在使用中也可能出现上述情况。但密封系统“冗余设计”和过紧配合的密封圈、支承环或挡圈设计可能产生上述情况的概率很高。

② 在往复运动密封系统中，不应选择、设计动静摩擦因数相差过大的密封装置或系统。

液压缸中的密封装置或系统的动静摩擦因数相差太大，可能导致液压缸（最低）启动压力超标、爬行或液压缸启动时突窜，产生这种情况的可能原因有：

a. 选用了不适当的密封材料包括支承环和导向环材料。

b. 密封材料使用中出现问题，如聚酰胺遇水变形等。

c. 液压缸工作的环境温度超出了密封件允许使用温度。

d. 密封系统设计或安装不合理，出现干摩擦。

e. 密封件包括支承环选择不合理或本身质量有问题。

f. 密封沟槽设计不合理。

g. 配偶件表面粗糙度选择不合适或没有退磁。

h. 配偶件表面粗糙度或表面硬度不一致。

i. 其他如液压缸结构设计不合理、缓冲装置设计或调整不合理、活塞杆弯曲或失稳、工作介质含气、活塞密封泄漏，等等。

③ 不应选择、设计致使液压缸的动特性不符合标准规定的液压缸密封装置或系统。

在 JB/T 10205—2010《液压缸》中装配质量的技术要求之一为“装配后应保证液压缸运动自如”，而数字液压缸和伺服液压缸对动特性（动态指标）有进一步要求，如伺服液压缸动态指标包括阶跃响应、频率相应等。仅以 DB44/T 1169.1—2013《伺服液压缸 第1部分：技术条件》而论，其所要求的“最低启动压力”规定值之小，不可能是仅靠提高装配质量水平就能达到的，而首先应该是所选择、设计的液压缸密封装置或系统具有（具备）符合相关标准规定的性能。

进一步可参考本章第 2.7.2 节。

2.4 液压缸缸筒最小壁厚计算公式的确定

液压缸缸筒是液压缸的主要零件之一。液压缸对缸筒总的技术要求是：“缸筒应有足够的强度、刚度和冲击韧度（性）。”。由缸筒和其他缸零件组成的压力容腔体承受内压作用，其内压是交变的或冲击的；且因液压缸的安装、负载等使缸筒还承受外部载荷作用，因此缸筒（体）受力情况复杂，在设计时一般很难准确地给出缸筒的技术要求或技术条件。

缸内径 D、活塞杆外径、公称压力、（最大）行程和安装尺寸等是液压缸的基本参数，在液压缸设计时必须给出。液压缸结构参数计算还包括缸筒壁厚 δ 计算，其中缸筒材料要求的最小壁厚 δ_0 的计算是设计缸筒壁厚 δ 的基础，其计算结果的正确与否关系到液压缸设计的成败，对液压缸总体设计至关重要。

在 JB/T 11718—2013《液压缸 缸筒技术条件》附录 A.2（资料性附录）中给出了缸筒材料强度要求的最小壁厚 δ_0 计算公式，这组公式是根据 δ/D 值给出应用范围的，试应用其计算 δ_0 时发现一些问题。作者为查找和解决这些问题，查阅了现有专著、手册及教科书等，发现这组公式被引用时的各种变化及不同于上述标准的应用范围，进一步研究发现，这组公式涉及若干项标准及金属材料学、材料力学、可靠性设计等。于是，作者围绕着上述标准给出的这组公式对各文献中的相关内容进行了梳理、比较、分析；对上述标准及各文献中的主要问题进行了讨论；在缸筒材料强度要求的最小壁厚 δ_0 计算公式理论推导的基础上，结合作者多年设计、制造液压缸的实践经验的总结，对上述标准中的主要错误进行了判别和勘误，力求给出一组明白、准确、可靠的缸筒材料强度要求的最小壁厚 δ_0 计算公式及其条件和应用范围。

2.4.1 各缸筒壁厚计算公式及其比较

2.4.1.1 各参考文献中缸筒壁厚计算公式

经过重新编辑整理，对下列参考文献中液压缸缸筒（最小）壁厚计算公式进行引述。

① 参考文献 [1] 第 71 页有如下表述。

缸体由于受力条件不同，通常分三段进行计算，即中段强度计算、缸底强度计算和缸口支承台肩处的计算。油缸中段可按厚壁筒的计算方法。若油缸材料为铸铁，一般均按第二强度理论设计。即

$$\delta_0 \geqslant \frac{D}{2}\left(\sqrt{\frac{[\sigma]+0.4p}{[\sigma]-1.3p}}-1\right)(\mathrm{mm}) \tag{2-23}$$

若油缸材料为塑性材料，如 35、45 锻钢或铸钢等，则应用第四强度理论进行计算。即

$$\delta_0 \geqslant \frac{D}{2}\left(\sqrt{\frac{[\sigma]}{[\sigma]-\sqrt{3}p}}-1\right)(\mathrm{mm}) \tag{2-24}$$

式中　p——(缸筒内) 液体工作压力，MPa；

D——缸径，mm；

$[\sigma]$——缸筒材料的许用应力，MPa。

② 参考文献 [2] 第 167～168 页有如下表述。

当 $\delta/D \leqslant 1/16$ 时，缸筒壁厚计算公式为

$$\delta_0 \geqslant \frac{pD}{2[\sigma]}(\mathrm{mm}) \tag{2-25}$$

当 $\delta/D \leqslant 1/3.2$ 时，缸筒壁厚计算公式为

$$\delta_0 \geqslant \frac{pD}{2.3[\sigma]-p}(\mathrm{mm}) \tag{2-26}$$

当 $\delta/D \geqslant 1/3.2$，缸筒为钢制时缸筒壁厚计算公式为

$$\delta_0 \geqslant \frac{D}{2}\left(\sqrt{\frac{[\sigma]+0.4p}{[\sigma]-1.3p}}-1\right)(\mathrm{mm}) \tag{2-27}$$

式中　p——缸筒内流体工作压力，MPa；

D——缸径，mm；

$[\sigma]$——缸筒材料的许用应力，MPa，其中 $[\sigma]=\sigma_b/n$；

σ_b——缸筒材料的抗拉强度，MPa；

n——安全系数，取 $n=5$。

作为参考的一般安全系数的平均数值见表 2-13。

表 2-13　液压缸的安全系数

材料名称	静载荷	交变载荷		冲击载荷
		不对称	对称	
钢、锻铁	3	5	8	12
铸铁	4	6	10	15

③ 参考文献 [4] 第 129～131 页有如下表述。

对于台肩（法兰）支承缸，缸筒内壁的应力 σ 的计算公式为

$$\sigma=\frac{1.3+0.4\alpha^2}{1-\alpha^2} \leqslant [\sigma] \tag{2-28}$$

缸筒壁厚计算公式为

$$\delta_0 \geqslant \frac{D}{2}\left(\sqrt{\frac{[\sigma]+0.4p}{[\sigma]-1.3p}}-1\right)(\mathrm{mm}) \tag{2-29}$$

对于缸底支承缸，缸筒内壁的应力 σ 的计算公式为

$$\sigma=\frac{1.3+0.7\alpha^2}{1-\alpha^2} \leqslant [\sigma] \tag{2-30}$$

缸筒壁厚计算公式为

$$\delta_0 \geqslant \frac{D}{2}\left(\sqrt{\frac{[\sigma]+0.7p}{[\sigma]-1.3p}}-1\right)(\mathrm{mm}) \tag{2-31}$$

式中　α——$\alpha=D/(D+2\delta_0)$；

p——缸筒内流体工作压力，MPa；

D——缸径，mm；

$[\sigma]$——缸筒材料的许用应力，MPa。

当缸（体）材料为铸钢或锻钢时，可以从表 2-14 中查到 α。

表 2-14　$\alpha=D/(D+2\delta_0)$ 数值表

流体工作压力 p /bar	台肩支承的缸		缸底支承的缸	
	铸钢 ZG35	35、45 锻钢、无缝钢管	铸钢 ZG35	35、45 锻钢、无缝钢管
50	0.944	0.965	0.937	0.955
80	0.914	0.940	0.900	0.928
125	0.865	0.903	0.848	0.887
160	0.827	0.875	0.805	0.856
200	0.782	0.841	0.757	0.820
250	0.725	0.804	0.700	0.780
320	0.643	0.745	0.612	0.718
400	0.540	0.677	0.508	0.648
500	0.387	0.585	0.360	0.557
计算公式	$\delta_0 \geqslant \frac{D}{2}\left(\sqrt{\frac{[\sigma]+0.4p}{[\sigma]-1.3p}}-1\right)$		$\delta_0 \geqslant \frac{D}{2}\left(\sqrt{\frac{[\sigma]+0.7p}{[\sigma]-1.3p}}-1\right)$	
许用应力$[\sigma]$ /($\mathrm{kgf/cm^2}$)	800	1100	800	1100

注：表 2-14 未对参考文献［4］表 24 中的单位进行处理。

④ 参考文献［7］第 24～26 页有如下表述。

液压缸缸体按受力情况可分为三部分，即缸底、法兰和中间厚壁圆筒。理论分析和应力测定均表明，只有在和法兰支承表面及缸底内表面距离各为 1.5 倍缸筒外圆半径的缸筒中段，才可以按厚壁圆筒公式进行强度计算。

用法兰支承的缸的圆筒中段在强度验算时应用第四强度理论，其最大合成当量应力 $\sigma_{\max}$发生在缸筒内壁，$\sigma_{\max}$应小于许用应力［σ］。即

$$\sigma_{\max}=\frac{\sqrt{3}\,(D+2\delta_0)^2}{(D+2\delta_0)^2-D^2}p \leqslant [\sigma] \tag{2-32}$$

已知缸筒内径（缸径）D 及缸筒材料的许用应力［σ］，则

$$\delta_0 \geqslant \frac{D}{2}\left(\sqrt{\frac{[\sigma]}{[\sigma]-\sqrt{3}p}}-1\right)(\mathrm{mm}) \tag{2-33}$$

因缸底支承的液压缸的缸筒中（段轴向拉应力）$\sigma_z=0$，其内壁最大合成当量应力为

$$\sigma_{\max}=\frac{\sqrt{3(D+2\delta_0)^4+D^4}}{(D+2\delta_0)^2-D^2}p \leqslant [\sigma] \tag{2-34}$$

式中　p——缸内液体压力，MPa；

D——缸径，mm；

$[\sigma]$——缸筒材料的许用应力，MPa，其中［σ］$=\sigma_s/n_s$；

σ_s——缸筒材料的屈服强度，MPa；

n_s——安全系数，取 $n_s=2$～2.5。

⑤ 参考文献［8］第377～378页有如下表述。

当缸筒壁厚δ与（缸）内径D之比值小于1/10者，称为薄壁缸筒，壁厚按薄壁筒公式计算，即

$$\delta_0 \geqslant \frac{p_{max}D}{2[\sigma]}(mm) \tag{2-35}$$

当缸筒壁厚δ与（缸）内径D之比值大于1/10时，称为厚壁筒，按厚壁筒强度公式计算，一般均按缸受三向应力，由第二强度理论得出的下式计算。即

$$\delta_0 \geqslant \frac{D}{2}\left(\sqrt{\frac{[\sigma]+0.4p_{max}}{[\sigma]-1.3p_{max}}}-1\right)(mm) \tag{2-36}$$

式中 p_{max}——缸筒内最高工作压力，MPa；

D——缸径，mm；

$[\sigma]$——缸筒材料的许用应力，MPa，其中$[\sigma]=\sigma_b/n$；

σ_b——缸筒材料的抗拉强度，MPa；

n——安全系数，一般取$n=5$。

另外，参考文献［9］第284页有如下表述：当缸筒壁厚δ与（缸）内径D之比值小于1/10者，称为薄壁缸筒。例如，缸筒采用无缝钢管制造时，其壁厚可用薄壁筒公式计算，即

$$\delta_0 \geqslant \frac{p_{max}D}{2[\sigma]}(mm) \tag{2-37}$$

缸筒壁厚δ与（缸）内径D之比值大于1/10者，称为厚壁筒，一般厚壁钢管或铸铁制造的缸筒，均可按第二强度理论的公式计算，即

$$\delta_0 \geqslant \frac{D}{2}\left(\sqrt{\frac{[\sigma]+0.4p_{max}}{[\sigma]-1.3p_{max}}}-1\right)(mm) \tag{2-38}$$

式中各符号意义与上文同。

尽管文中没有注出具体参考文献，但内容与上文雷同。

⑥ 参考文献［10］第169～170页有如下表述。

作为参考的一般安全系数的平均数值见表2-13。

注：其他部分内容与文献［2］比较未做修订，此处不再重复引述，但此修订版本中未找到“2. 缸筒壁厚计算公式[15,24]”中所标参考资料页。

⑦ 参考文献［12］第267～268页有如下表述。

当缸筒壁厚δ与（缸）内径D之比值小于0.1时，称为薄壁缸筒，壁厚按材料力学薄壁圆筒公式计算，即

$$\delta_0 \geqslant \frac{p_{max}D}{2[\sigma]}(mm) \tag{2-39}$$

当缸筒壁厚δ与（缸）内径D之比值大于0.1时，称为厚壁缸筒，壁厚按材料力学第二强度理论计算，即

$$\delta_0 \geqslant \frac{D}{2}\left(\sqrt{\frac{[\sigma]+0.4p_{max}}{[\sigma]-1.3p_{max}}}-1\right)(mm) \tag{2-40}$$

式中 p_{max}——缸筒内最高工作压力，MPa；

D——缸径，mm；

$[\sigma]$——缸筒材料的许用应力，MPa，其中$[\sigma]=\sigma_b/n$；

σ_b——缸筒材料的抗拉强度，MPa；

n——安全系数，一般取$n=5$。

⑧ 参考文献［15］第741页有如下表述。

缸筒材料强度要求的缸筒壁厚最小值δ_0可按下列情况分别进行计算。

当$\delta/D \leqslant 0.08$时，可用薄壁缸筒的实用计算式，即

$$\delta_0 \geqslant \frac{p_{\max} D}{2[\sigma]} (\text{mm}) \tag{2-41}$$

当$\delta/D = 0.08 \sim 0.3$时，可用实用公式

$$\delta_0 \geqslant \frac{p_{\max} D}{2.3[\sigma] - 3p_{\max}} (\text{mm}) \tag{2-42}$$

当$\delta/D \geqslant 0.3$时，可用公式

$$\delta_0 \geqslant \frac{D}{2}\left(\sqrt{\frac{[\sigma] + 0.4p_{\max}}{[\sigma] - 1.3p_{\max}}} - 1\right) (\text{mm}) \tag{2-43}$$

（或）

$$\delta_0 \geqslant \frac{D}{2}\left(\sqrt{\frac{[\sigma]}{[\sigma] - \sqrt{3}p}} - 1\right) (\text{mm}) \tag{2-44}$$

式中　$p_{\max}$——缸筒内最高工作压力，MPa；

D——缸径，mm；

$[\sigma]$——缸筒材料的许用应力，MPa，其中$[\sigma] = \sigma_b/n$；

σ_b——缸筒材料的抗拉强度，MPa；

n——安全系数，通常取$n=5$，最好是按表2-13选取。

⑨ 参考文献［16］第37-245～246页有如下表述。

对于低压系统或当$\delta/D \leqslant 1/16$时，液压缸缸筒厚度δ一般按薄壁筒计算，即

$$\delta_0 \geqslant \frac{p_{\max} D}{2[\sigma]} (\text{mm}) \tag{2-45}$$

当$1/16 < \delta/D \leqslant 1/3.2$时，液压缸缸筒属于中等壁厚，此时按中等壁厚计算，即

$$\delta_0 \geqslant \frac{p_{\max} D}{2.3[\sigma] - p_{\max}} (\text{mm}) \tag{2-46}$$

对于中高压系统或当$\delta/D > 1/3.2$时，液压缸的缸筒厚度一般按厚壁筒计算。当缸体由脆性材料制造时，缸筒厚度应按第二强度理论计算，即

$$\delta_0 \geqslant \frac{D}{2}\left(\sqrt{\frac{[\sigma] + 0.4p_{\max}}{[\sigma] - 1.3p_{\max}}} - 1\right) (\text{mm}) \tag{2-47}$$

当缸体由塑性材料制造时，缸筒厚度应按第四强度理论计算，即

$$\delta_0 \geqslant \frac{D}{2}\left(\sqrt{\frac{[\sigma]}{[\sigma] - \sqrt{3}p_{\max}}} - 1\right) (\text{mm}) \tag{2-48}$$

式中　$p_{\max}$——（液压缸耐压）试验压力，MPa；

D——缸径，mm；

$[\sigma]$——缸筒材料的许用应力，MPa，其中$[\sigma] = \sigma_b/n$；

σ_b——缸筒材料的抗拉强度，MPa；

n——安全系数，通常取$n = 3.5 \sim 5$，一般取$n=5$。

⑩ 参考文献［18］第19-212页有如下表述。

关于缸筒壁厚δ值，可按下列情况分别进行计算。

当$\delta/D \leqslant 0.08$时，可用薄壁缸筒的实用计算式

$$\delta_0 \geqslant \frac{p_{\max} D}{2[\sigma]} (\text{mm}) \tag{2-49}$$

当 $\delta/D=0.08\sim0.3$ 时，可用实用公式

$$\delta_0 \geqslant \frac{p_{max}D}{2.3[\sigma]-3p_{max}} \tag{2-50}$$

当 $\delta/D \geqslant 0.3$ 时，可用公式

$$\delta_0 \geqslant \frac{D}{2}\left(\sqrt{\frac{[\sigma]+0.4p_{max}}{[\sigma]-1.3p_{max}}}-1\right)(\mathrm{mm}) \tag{2-51}$$

（或）

$$\delta_0 \geqslant \frac{D}{2}\left(\sqrt{\frac{[\sigma]}{[\sigma]-\sqrt{3}p}}-1\right)(\mathrm{mm}) \tag{2-52}$$

式中 p_{max}——缸筒内最高工作压力，MPa；

D——缸径，mm；

$[\sigma]$——缸筒材料的许用应力，MPa，其中 $[\sigma]=\sigma_b/n$；

σ_b——缸筒材料的抗拉强度，MPa；

n——安全系数，通常取 $n=5$，最好是按表 2-13 选取。

⑪ 参考文献［19］第 13-95 页有如下表述。

缸筒壁厚 δ 值，可按下列情况分别进行计算。

当 $\delta/D \leqslant 0.08$ 时（可用薄壁缸筒的实用计算式）

$$\delta_0 \geqslant \frac{p_{max}D}{2[\sigma]}(\mathrm{mm}) \tag{2-53}$$

当 $\delta/D=0.08\sim0.3$ 时

$$\delta_0 \geqslant \frac{p_{max}D}{2.3[\sigma]-3p_{max}}(\mathrm{mm}) \tag{2-54}$$

当 $\delta/D \geqslant 0.3$ 时

$$\delta_0 \geqslant \frac{D}{2}\left(\sqrt{\frac{[\sigma]+0.4p_{max}}{[\sigma]-1.3p_{max}}}-1\right)(\mathrm{mm}) \tag{2-55}$$

或

$$\delta_0 \geqslant \frac{D}{2}\left(\sqrt{\frac{[\sigma]}{[\sigma]-\sqrt{3}p}}-1\right)(\mathrm{mm}) \tag{2-56}$$

式中 p_{max}——缸筒内最高工作压力，MPa；

D——缸径，mm；

$[\sigma]$——缸筒材料的许用应力，MPa，其中 $[\sigma]=\sigma_s/n_s$；

σ_s——缸筒材料的屈服强度，MPa；

n_s——安全系数，通常取 $n_s=1.5\sim2.5$。

⑫ 参考文献［23］第 20-290 页有如下表述。

关于缸筒最小壁厚 δ_0 值，可按下列情况分别进行计算。

当 $\delta/D \leqslant 0.08$ 时，可用薄壁缸筒的实用计算式，即

$$\delta_0 \geqslant \frac{p_{max}D}{2[\sigma]}(\mathrm{mm}) \tag{2-57}$$

当 $\delta/D=0.08\sim0.3$ 时，可用实用公式，即

$$\delta_0 \geqslant \frac{p_{max}D}{2.3[\sigma]-3p_{max}}(\mathrm{mm}) \tag{2-58}$$

当 $\delta/D \geqslant 0.3$ 时，可用公式

$$\delta_0 \geqslant \frac{D}{2}\left(\sqrt{\frac{[\sigma]+0.4p_{\max}}{[\sigma]-1.3p_{\max}}}-1\right)(\text{mm}) \tag{2-59}$$

或

$$\delta_0 \geqslant \frac{D}{2}\left(\sqrt{\frac{[\sigma]}{[\sigma]-\sqrt{3}p}}-1\right)(\text{mm}) \tag{2-60}$$

式中　$p_{\max}$——缸筒内最高工作压力，MPa；

D——缸径，mm；

$[\sigma]$——缸筒材料的许用应力，MPa，其中 $[\sigma]=\sigma_b/n$；

σ_b——缸筒材料的抗拉强度，MPa；

n——安全系数，通常取 $n=5$，最好是按表 2-13 进行选取。

⑬ 参考文献［28］第 21-283 页有如下表述。

关于缸筒最小壁厚 δ_0 值，可按下列情况分别进行计算。

当 $\delta/D \leqslant 0.08$ 时，可用薄壁缸筒的实用计算式，即

$$\delta_0 \geqslant \frac{p_{\max}D}{2[\sigma]}(\text{mm}) \tag{2-61}$$

当 $\delta/D=0.08 \sim 0.3$ 时

$$\delta_0 \geqslant \frac{p_{\max}D}{2.3[\sigma]-3p_{\max}}(\text{mm}) \tag{2-62}$$

当 $\delta/D \geqslant 0.3$ 时

$$\delta_0 \geqslant \frac{D}{2}\left(\sqrt{\frac{[\sigma]+0.4p_{\max}}{[\sigma]-1.3p_{\max}}}-1\right)(\text{mm}) \tag{2-63}$$

或

$$\delta_0 \geqslant \frac{D}{2}\left(\sqrt{\frac{[\sigma]}{[\sigma]-\sqrt{3}p}}-1\right)(\text{mm}) \tag{2-64}$$

式中　$p_{\max}$——缸筒内最高工作压力，MPa；

D——缸径，mm；

$[\sigma]$——缸筒材料的许用应力，MPa，其中 $[\sigma]=\sigma_b/n$；

σ_b——缸筒材料的抗拉强度，MPa；

n——安全系数，通常取 $n=5$，最好是按表 2-13 进行选取。

⑭ 参考文献［31］第 95～98 页有如下表述。

液压缸缸体按受力情况可分为三部分，即缸底、法兰和中间厚壁圆筒。理论分析和应力测试均表明，只有在与法兰支承表面及缸底内表面距离各为 1.5 倍缸筒外圆半径的缸筒中段，才可以按厚壁圆筒公式进行强度计算。

用法兰支承的缸的圆筒中段在强度验算时应用第四强度理论，其最大合成当量应力 $\sigma_{\max}$ 发生在缸筒内壁，$\sigma_{\max}$ 应小于许用应力［σ］。即

$$\sigma_{\max}=\frac{\sqrt{3}(D+2\delta_0)^2}{(D+2\delta_0)^2-D^2}p \leqslant [\sigma] \tag{2-65}$$

已知缸筒内径（缸径）D 及缸筒材料的许用应力［σ］，则

$$\delta_0 \geqslant \frac{D}{2}\left(\sqrt{\frac{[\sigma]}{[\sigma]-\sqrt{3}p}}-1\right)(\text{mm}) \tag{2-66}$$

因缸底支承的液压缸的缸筒中段轴向拉应力 $\sigma_z=0$，其内壁最大合成当量应力为

$$\sigma_{max}=\frac{\sqrt{3(D+2\delta_0)^4+D^4}}{(D+2\delta_0)^2-D^2}p\leqslant[\sigma] \tag{2-67}$$

式中 p——缸筒内液体压力，MPa；

D——缸径，mm；

$[\sigma]$——缸筒材料的许用应力，MPa，其中 $[\sigma]=\sigma_s/n_s$；

σ_s——缸筒材料的屈服强度，MPa；

n_s——安全系数，取 $n_s=2\sim2.5$。

极厚缸与极薄缸（的讨论）：

当 $\delta/D\geqslant1.5$ 时，可以看作壁厚为无穷大的筒。

当 $\delta/D\leqslant0.075$ 时，承受内压的缸体可以按薄壁筒公式计算，即可忽略径向（压）应力的影响，而认为切向（拉）应力沿壁厚均匀分布。

⑮ 参考文献［40］第 22-249～250 页有如下表述。

对于低压系统或当 $\delta/D\leqslant1/16$ 时，液压缸缸筒厚度一般按薄壁筒计算，即

$$\delta_0\geqslant\frac{p_{max}D}{2[\sigma]}(mm) \tag{2-68}$$

当 $1/16\leqslant\delta/D\leqslant1/3.2$ 时，液压缸缸筒属于中等壁厚，则

$$\delta_0=\frac{p_{max}D}{2.3[\sigma]-p_{max}}(mm) \tag{2-69}$$

对于中高系统或当 $\delta/D>3.2$ 时，液压缸缸筒一般按厚壁筒计算。

当缸体由塑性材料制造时，缸筒厚度应按第四强度理论计算，即

$$\delta_0\geqslant\frac{D}{2}\left(\sqrt{\frac{[\sigma]}{[\sigma]-\sqrt{3}p_{max}}}-1\right)(mm) \tag{2-70}$$

当缸体由脆性材料制造时，缸体厚度应按第二强度理论计算，即

$$\delta_0\geqslant\frac{D}{2}\left(\sqrt{\frac{[\sigma]+0.4p_{max}}{[\sigma]-\sqrt{3}p_{max}}}-1\right)(mm) \tag{2-71}$$

式中 p_{max}——（液压缸耐压）试验压力，MPa；

D——缸径，mm；

$[\sigma]$——缸体材料的许用应力，MPa，其中 $[\sigma]=\sigma_b/n$；

σ_b——缸体材料的抗拉强度，MPa；

n——安全系数，$n=3.5\sim5$，一般取 $n=5$。

⑯ 参考文献［44］第 20-223 页有如下表述。

中、高压液压缸一般用无缝钢管做缸筒，大多属薄壁筒，即 $\delta/D\leqslant0.08$ 时，可根据材料材料力学中薄壁圆筒的计算公式验算缸筒的壁厚，即

$$\delta_0\geqslant\frac{p_{max}D}{2[\sigma]}(mm) \tag{2-72}$$

当 $\delta/D\geqslant0.3$ 时，可用下式校核缸筒壁厚

$$\delta_0\geqslant\frac{D}{2}\left(\sqrt{\frac{[\sigma]+0.4p_{max}}{[\sigma]-1.3p_{max}}}-1\right)(mm) \tag{2-73}$$

当液压缸采用铸造缸筒时，壁厚由铸造工艺确定，这时应按厚壁圆筒计算公式验算壁厚。当 $\delta/D=0.08\sim0.3$ 时，可用下式校核缸筒的壁厚

$$\delta_0\geqslant\frac{p_{max}D}{2.3[\sigma]-3p_{max}}(mm) \tag{2-74}$$

式中　p_{max}——缸筒内最高工作压力，MPa；

D——缸径，mm；

$[\sigma]$——缸筒材料的许用应力，MPa。

⑰ JB/T 11718—2013 第 5 页有如下表述。

缸筒材料强度要求的最小壁厚 δ_0 可按下列情况分别进行计算。

当 $\delta/D<0.08$ 时

$$\delta_0 \geqslant \frac{p_{max} D}{2[\sigma]} \times 10^3 \tag{2-75}$$

当 $\delta/D=0.08 \sim 0.3$ 时

$$\delta_0 \geqslant \frac{p_{max} D}{2.3[\sigma]-3p_{max}} \times 10^3 \tag{2-76}$$

当 $\delta/D>0.3$ 时

$$\delta_0 \geqslant \frac{D}{2}\left(\sqrt{\frac{[\sigma]+0.4p_{max}}{[\sigma]-1.3p_{max}}}-1\right) \times 10^3 \tag{2-77}$$

或

$$\delta_0 \geqslant \frac{D}{2}\left(\sqrt{\frac{[\sigma]}{[\sigma]-\sqrt{3}p_{max}}}-1\right) \times 10^3 \tag{2-78}$$

式中　δ_0——缸筒材料强度要求的最小壁厚，mm；

p_{max}——缸筒内液体压力，MPa；

D——缸径，mm；

$[\sigma]$——缸筒材料的许用应力，MPa，其中 $[\sigma]=\sigma_b/n$；

σ_b——缸筒材料的抗拉强度，MPa；

n——安全系数，通常取 $n=3 \sim 5$。

2.4.1.2　各参考文献中缸筒壁厚计算公式的比较

(1) 各参考文献中计算公式的比较

现将各参考文献中包括行业标准中由塑性材料制造的液压缸缸筒最小壁厚 δ_0 的计算公式列于表中，如表 2-15 所示。

表 2-15　由塑性材料制造的液压缸缸筒最小壁厚 δ_0 的计算公式

参考文献序号	缸筒壁厚与缸径之比		
	$\delta/D<0.08$	$\delta/D=0.08 \sim 0.3$	$\delta/D>0.3$
	$\delta/D \leqslant 1/16$*	$1/16<\delta/D<1/3.2$*	$\delta/D \geqslant 1/3.2$*
	$\delta/D<1/10$#	$\delta/D>1/10$#	
[1]	—	$\delta_0 \geqslant \frac{D}{2}\left(\sqrt{\frac{[\sigma]}{[\sigma]-\sqrt{3}p}}-1\right)$#（油缸中段可按厚壁筒的计算方法）	
[2]	$\delta_0 \geqslant \frac{pD}{2[\sigma]}$*	$\delta_0 \geqslant \frac{pD}{2.3[\sigma]-p}$*	$\delta_0 \geqslant \frac{D}{2}\left(\sqrt{\frac{[\sigma]+0.4p}{[\sigma]-1.3p}}-1\right)$*
[4]	$\delta_0 \geqslant \frac{D}{2}\left(\sqrt{\frac{[\sigma]+0.4p}{[\sigma]-1.3p}}-1\right)$（参考文献中对壁厚与缸径之比未作说明，但有表 3-59）		
[7]	—	$\delta_0 \geqslant \frac{D}{2}\left(\sqrt{\frac{[\sigma]}{[\sigma]-\sqrt{3}p}}-1\right)$（法兰支承中间厚壁圆筒）	
[8]	$\delta_0 \geqslant \frac{p_{max}D}{2[\sigma]}$#	$\delta_0 \geqslant \frac{D}{2}\left(\sqrt{\frac{[\sigma]+0.4p_{max}}{[\sigma]-1.3p_{max}}}-1\right)$#（由第二强度理论得出）	
[9]	$\delta_0 \geqslant \frac{p_{max}D}{2[\sigma]}$#	$\delta_0 \geqslant \frac{D}{2}\left(\sqrt{\frac{[\sigma]+0.4p_{max}}{[\sigma]-1.3p_{max}}}-1\right)$#（厚壁钢管或铸铁均可按第二强度理论）	
[10]	$\delta_0 \geqslant \frac{pD}{2[\sigma]}$*	$\delta_0 \geqslant \frac{pD}{2.3[\sigma]-p}$*	$\delta_0 \geqslant \frac{D}{2}\left(\sqrt{\frac{[\sigma]+0.4p}{[\sigma]-1.3p}}-1\right)$*

续表

参考文献序号	缸筒壁厚与缸径之比		
	$\delta/D<0.08$	$\delta/D=0.08\sim0.3$	$\delta/D>0.3$
	$\delta/D\leqslant 1/16^{*}$	$1/16<\delta/D<1/3.2^{*}$	$\delta/D\geqslant 1/3.2^{*}$
	$\delta/D<1/10^{\#}$	$\delta/D>1/10^{\#}$	
[12]	$\delta_0\geqslant\frac{p_{max}D}{2[\sigma]}^{\#}$	$\delta_0\geqslant\frac{D}{2}\left(\sqrt{\frac{[\sigma]+0.4p_{max}}{[\sigma]-1.3p_{max}}}-1\right)^{\#}$（厚壁缸筒按第二强度理论）	
[15]	$\delta_0\geqslant\frac{p_{max}D}{2[\sigma]}$	$\delta_0\geqslant\frac{p_{max}D}{2.3[\sigma]-3p_{max}}$	$\delta_0\geqslant\frac{D}{2}\left(\sqrt{\frac{[\sigma]+0.4p_{max}}{[\sigma]-1.3p_{max}}}-1\right)$ 或 $\delta_0\geqslant\frac{D}{2}\left(\sqrt{\frac{[\sigma]}{[\sigma]-\sqrt{3}p}}-1\right)$
[16]	$\delta_0\geqslant\frac{p_{max}D}{2[\sigma]}^{*}$	$\delta_0\geqslant\frac{p_{max}D}{2.3[\sigma]-p_{max}}^{*}$	$\delta_0\geqslant\frac{D}{2}\left(\sqrt{\frac{[\sigma]}{[\sigma]-\sqrt{3}p}}-1\right)^{*}$
[18]	$\delta_0\geqslant\frac{p_{max}D}{2[\sigma]}$	$\delta_0\geqslant\frac{p_{max}D}{2.3[\sigma]-3p_{max}}$	$\delta_0\geqslant\frac{D}{2}\left(\sqrt{\frac{[\sigma]+0.4p_{max}}{[\sigma]-1.3p_{max}}}-1\right)$ 或 $\delta_0\geqslant\frac{D}{2}\left(\sqrt{\frac{[\sigma]}{[\sigma]-\sqrt{3}p}}-1\right)$
[19]	$\delta_0\geqslant\frac{p_{max}D}{2[\sigma]}$	$\delta_0\geqslant\frac{p_{max}D}{2.3[\sigma]-3p_{max}}$	$\delta_0\geqslant\frac{D}{2}\left(\sqrt{\frac{[\sigma]+0.4p_{max}}{[\sigma]-1.3p_{max}}}-1\right)$ 或 $\delta_0\geqslant\frac{D}{2}\left(\sqrt{\frac{[\sigma]}{[\sigma]-\sqrt{3}p}}-1\right)$
[23]	$\delta_0\geqslant\frac{p_{max}D}{2[\sigma]}$	$\delta_0\geqslant\frac{p_{max}D}{2.3[\sigma]-3p_{max}}$	$\delta_0\geqslant\frac{D}{2}\left(\sqrt{\frac{[\sigma]+0.4p_{max}}{[\sigma]-1.3p_{max}}}-1\right)$ 或 $\delta_0\geqslant\frac{D}{2}\left(\sqrt{\frac{[\sigma]}{[\sigma]-\sqrt{3}p}}-1\right)$
[28]	$\delta_0\geqslant\frac{p_{max}D}{2[\sigma]}$	$\delta_0\geqslant\frac{p_{max}D}{2.3[\sigma]-3p_{max}}$	$\delta_0\geqslant\frac{D}{2}\left(\sqrt{\frac{[\sigma]+0.4p_{max}}{[\sigma]-1.3p_{max}}}-1\right)$ 或 $\delta_0\geqslant\frac{D}{2}\left(\sqrt{\frac{[\sigma]}{[\sigma]-\sqrt{3}p}}-1\right)$
[31]	（可以按薄壁筒公式计算）	$\delta_0\geqslant\frac{D}{2}\left(\sqrt{\frac{[\sigma]}{[\sigma]-\sqrt{3}p}}-1\right)$（法兰支承的中间厚壁圆筒）	
[40]	$\delta_0\geqslant\frac{p_{max}D}{2[\sigma]}^{*}$	$\delta_0\geqslant\frac{p_{max}D}{2.3[\sigma]-3p_{max}}^{*}$	$\delta_0\geqslant\frac{D}{2}\left(\sqrt{\frac{[\sigma]}{[\sigma]-\sqrt{3}p}}-1\right)^{*}$

参考文献序号	缸筒壁厚与缸径之比		
	$\delta/D<0.08$	$\delta/D=0.08\sim0.3$	$\delta/D>0.3$
	$\delta/D\leqslant1/16^{*}$	$1/16<\delta/D<1/3.2^{*}$	$\delta/D\geqslant1/3.2^{*}$
	$\delta/D<1/10^{\#}$	$\delta/D>1/10^{\#}$	
[44]	$\delta_0\geqslant\dfrac{p_{\max}D}{2[\sigma]}$	$\delta_0\geqslant\dfrac{p_{\max}D}{2.3[\sigma]-3p_{\max}}$	$\delta_0\geqslant\dfrac{D}{2}\left(\sqrt{\dfrac{[\sigma]+04p_{\max}}{[\sigma]-1.3p_{\max}}}-1\right)$
行标	$\delta_0\geqslant\dfrac{p_{\max}D}{2[\sigma]}\times10^3$	$\delta_0\geqslant\dfrac{p_{\max}D}{2.3[\sigma]-3p_{\max}}\times10^3$	$\delta_0\geqslant\dfrac{D}{2}\left(\sqrt{\dfrac{[\sigma]+04p_{\max}}{[\sigma]-1.3p_{\max}}}-1\right)\times10^3$ 或 $\delta_0\geqslant\dfrac{D}{2}\left(\sqrt{\dfrac{[\sigma]}{[\sigma]-\sqrt{3}p}}-1\right)\times10^3$

注：以上角标“*”“#”来区分计算公式所对应的三种计算公式的应用范围划分。

(2) 各参考文献中计算公式应用范围的划分

根据 GB/T 2348—1993 和 JB/T 11718—2013 中表 2，按照缸筒材料强度要求的最小壁厚 δ_0 计算公式给出的应用范围，重新整理，见表 2-16。

表 2-16 最小壁厚 δ_0 计算公式的应用范围

缸径 D/mm	壁厚 δ/mm						
	4	5.5	6	7.5	8	10	11
25	$0.08\leqslant\delta/D\leqslant0.3$				$\delta/D>0.3$		
32	$0.08\leqslant\delta/D\leqslant0.3$					$\delta/D>0.3$	
40	$0.08\leqslant\delta/D\leqslant0.3$						
50	$0.08\leqslant\delta/D\leqslant0.3$						
63	$\delta/D<0.08$	$0.08\leqslant\delta/D\leqslant0.3$					

缸径 D/mm	壁厚 δ/mm									
	5	6.5	7	8	10	11	13.5	15	17	19
80		$0.08\leqslant\delta/D\leqslant0.3$								
90	$\delta/D<0.08$			$0.08\leqslant\delta/D\leqslant0.3$						
100	$\delta/D<0.08$			$0.08\leqslant\delta/D\leqslant0.3$						
110	$\delta/D<0.08$				$0.08\leqslant\delta/D\leqslant0.3$					
125	$\delta/D<0.08$				$0.08\leqslant\delta/D\leqslant0.3$					
140	$\delta/D<0.08$						$0.08\leqslant\delta/D\leqslant0.3$			
160	$\delta/D<0.08$						$0.08\leqslant\delta/D\leqslant0.3$			
180	$\delta/D<0.08$						$0.08\leqslant\delta/D\leqslant0.3$			

缸径 D/mm	壁厚 δ/mm						
	10	12.5	15	17.5	20	22.5	25
200	$\delta/D<0.08$			$0.08\leqslant\delta/D\leqslant0.3$			
220	$\delta/D<0.08$				$0.08\leqslant\delta/D\leqslant0.3$		
250	$\delta/D<0.08$				$0.08\leqslant\delta/D\leqslant0.3$		

缸径 D/mm	壁厚 δ/mm					
	15	17.5	20	22.5	25	28.5
280	$\delta/D<0.08$			$0.08\leqslant\delta/D\leqslant0.3$		
320	$\delta/D<0.08$					$0.08\leqslant\delta/D\leqslant0.3$

缸径 D/mm	壁厚 δ/mm							
	15	18.5	22.5	25.5	28.5	30	35	38.5
360	$\delta/D<0.08$					$0.08\leqslant\delta/D\leqslant0.3$		
400	$\delta/D<0.08$							$0.08\leqslant\delta/D\leqslant0.3$

缸径 D/mm	壁厚 δ/mm						
	20	25	28.5	30	35	40	45
450	$\delta/D<0.08$					$0.08\leqslant\delta/D\leqslant0.3$	
500	$\delta/D<0.08$					$0.08\leqslant\delta/D\leqslant0.3$	

经过对上文所列各参考文献及行业标准中缸筒材料强度要求的最小壁厚 δ_0 计算公式的引述及比较，作者发现各计算公式存在以下不同：

① 各计算公式有的指出了只适用于计算塑性或脆性材料制造的缸筒中段的缸筒材料强度要求的最小壁厚，而有的计算公式却没有指出。

② 各计算公式有的明确了所采用的强度理论及强度条件，并给出了适用于塑性或脆性材料制造的缸筒，而有的计算公式却没有明确或给出。

③ 各计算公式多数根据 δ/D 将缸筒划分为薄壁缸筒、中等壁厚缸筒和厚壁缸筒，而其他则根据 δ/D 将缸筒划分为为薄壁缸筒和厚壁缸筒。

④ 表 2-15 中所列的三种计算公式应用范围划分不同，但计算公式却可能相同。

⑤ 还有以缸筒内流（液）体压力来确定计算公式应用范围的。

⑥ 各计算公式中流（液）体压力不尽相同。

⑦ 各计算公式中的许用应力不尽相同。

⑧ 只有少数参考文献指出了液压缸安装型式会影响缸筒材料强度要求的最小壁厚。

2.4.2 各缸筒壁厚计算公式存在的主要问题

(1) 关于公式 $\boldsymbol{\delta_0 \geqslant \frac{p_{\max} D}{2.3[\sigma]-3p_{\max}} \times 10^3}$ 的问题

在上文引述的 18 项参考文献（包括行标）中，按 $\delta/D=0.08\sim0.3$ 或 $1/16<\delta/D<1/3.2$ 计算公式应用范围，并给出缸筒材料强度要求的最小壁厚 δ_0 的计算公式

$$\delta_0 \geqslant \frac{p_{\max} D}{2.3[\sigma]-3p_{\max}} \times 10^3 \tag{2-79}$$

或

$$\delta_0 \geqslant \frac{p_{\max} D}{2.3[\sigma]-3p_{\max}} \tag{2-80}$$

的参考文献有［15］、［18］、［19］、［23］、［28］、［44］和行业标准 7 项参考文献；按上述应用范围给出另一种与上述两个公式差别较小的缸筒材料强度要求的最小壁厚 δ_0 的计算公式

$$\delta_0 \geqslant \frac{p_{\max} D}{2.3[\sigma]-p_{\max}} \tag{2-81}$$

的参考文献有［2］、［10］、［16］和［40］4 项参考文献；而其他所引述的参考文献则给出了与上述三个公式差别更大的缸筒材料强度要求的最小壁厚 δ_0 的计算公式

$$\delta_0 \geqslant \frac{D}{2}\left(\sqrt{\frac{[\sigma]+0.4p_{\max}}{[\sigma]-1.3p_{\max}}}-1\right) \tag{2-82}$$

或

$$\delta_0 \geqslant \frac{D}{2}\left(\sqrt{\frac{[\sigma]}{[\sigma]-\sqrt{3}p_{\max}}}-1\right) \tag{2-83}$$

行标中给出的缸筒材料强度要求的最小壁厚 δ_0 的计算公式之一 $\delta_0 \geqslant \frac{p_{\max} D}{2.3[\sigma]-3p_{\max}} \times 10^3$ 存在的主要问题不仅在于公式单位问题，还存在以下问题：

① 如果没有必要将缸筒按 δ/D 比值再划分出一个所谓“中等壁厚缸筒”，则此公式无存在必要；

② 此公式可能来源于所谓的“实用公式”；

③ 采用的强度理论不清楚，许用应力无法确定，强度条件无法建立；

④ 进一步可能给有限元分析带来困难。

因在行业标准中推荐了此公式，且在引述的参考文献中大多存在，经实际应用此公式计算（见表 2-17），笔者认为如下表述较为合适：

当 $\delta/D=0.08\sim0.3$ 时，缸筒塑性材料强度要求的最小壁厚 δ_0 可按以下实用公式计算，但仅可作为参考。

$$\delta_0 \geqslant \frac{p_{\max}D}{2.3[\sigma]-3p_{\max}}(\text{mm}) \tag{2-84}$$

式中 δ_0——缸筒塑性材料强度要求的最小壁厚，mm；

$p_{\max}$——液压缸耐压（试验）压力，MPa；

D——缸径，mm；

$[\sigma]$——缸筒塑性材料的许用应力，MPa，$[\sigma]=\sigma_s/n_s$；

σ_s——缸筒塑性材料的屈服强度，MPa；

n_s——安全系数，通常取 $n_s=2\sim2.5$。

注：计算中缸筒材料屈服强度一般可按下屈服强度 R_{eL} 选取，但也给出上屈服强度 R_{eH} 的，如 GB/T 3639—2009《冷拔或冷轧精密无缝钢管》。

（2）关于公式 $\boldsymbol{\delta_0 \geqslant \frac{D}{2}\left(\sqrt{\frac{[\sigma]+0.4p_{\max}}{[\sigma]-1.3p_{\max}}}-1\right)\times10^3}$ 和 $\boldsymbol{\delta_0 \geqslant \frac{D}{2}\left(\sqrt{\frac{[\sigma]}{[\sigma]-\sqrt{3}p_{\max}}}-1\right)\times10^3}$ 的问题

在上文引述的 18 项参考文献（包括行标）中，用于计算缸筒材料强度要求的最小壁厚 δ_0 的两个公式

$$\delta_0 \geqslant \frac{D}{2}\left(\sqrt{\frac{[\sigma]+0.4p_{\max}}{[\sigma]-1.3p_{\max}}}-1\right) \tag{2-85}$$

和

$$\delta_0 \geqslant \frac{D}{2}\left(\sqrt{\frac{[\sigma]}{[\sigma]-\sqrt{3}p_{\max}}}-1\right) \tag{2-86}$$

及标标中两个型式相同的公式，或给出一个，或同时给出；在同时给出时，有的参考文献则给出了使用条件，如文献［1］、［16］和［40］。

行业标准中给出的缸筒材料强度要求的最小壁厚 δ_0 的计算公式中，当 $\delta/D>0.3$ 时，$\delta_0 \geqslant \frac{D}{2}\left(\sqrt{\frac{[\sigma]+0.4p_{\max}}{[\sigma]-1.3p_{\max}}}-1\right)\times10^3$ 或 $\delta_0 \geqslant \frac{D}{2}\left(\sqrt{\frac{[\sigma]}{[\sigma]-\sqrt{3}p_{\max}}}-1\right)\times10^3$ 存在的主要问题不仅在于公式单位问题，还存在以下问题：

① JB/T 11718—2013 中规定的材料全部为塑性材料，因此一般不能采用第二强度理论及强度条件对缸筒材料强度要求的最小壁厚 δ_0 的计算公式进行推导；

② 上文引述的参考文献指出，缸筒材料强度要求的最小壁厚 δ_0 的计算公式 $\delta_0 \geqslant \frac{D}{2}\left(\sqrt{\frac{[\sigma]+0.4p_{\max}}{[\sigma]-1.3p_{\max}}}-1\right)$ 是按第二强度理论及强度条件推导出的，适用于脆性材料制造的缸筒的缸筒材料强度要求的最小壁厚 δ_0 的计算。

因在行业标准中推荐了上述两个公式，且在引述的参考文献中大多存在，经实际应用此两个公式计算（见表 2-17），笔者认为如下表述较为正确：

当 $\delta/D>0.3$ 时，液压缸的缸筒壁厚一般按厚壁筒计算。当缸体由脆性材料（如铸铁）制造时，缸筒壁厚应按第二强度理论计算，即

$$\delta_0 \geqslant \frac{D}{2}\left(\sqrt{\frac{[\sigma]+0.4p_{\max}}{[\sigma]-1.3p_{\max}}}-1\right)(\text{mm}) \tag{2-87}$$

式中　δ_0——缸筒脆性材料强度要求的最小壁厚，mm；

其他与上同。

当缸体由塑性材料（如35、45钢）制造时，缸筒壁厚应按第四强度理论计算，即

$$\delta_0 \geqslant \frac{D}{2}\left(\sqrt{\frac{[\sigma]}{[\sigma]-\sqrt{3}p_{max}}}-1\right)(\text{mm}) \tag{2-88}$$

式中　δ_0——缸筒塑性材料强度要求的最小壁厚，mm；

其他与上同。

(3) 关于 p_{max} 的问题

在上文引述的18项参考文献（包括行标），用于计算缸筒材料强度要求的最小壁厚 δ_0 的各公式中，对缸筒内液（流）体压力有几种表述，如缸筒内液（流）体压力、缸筒内最高工作压力、（液压缸耐压）试验压力等。

由于行业标准及引述文献中没有区分流体传动系统的压力术语和流体传动元件和配管的压力术语，如缸筒内“最高工作压力”等皆为流体传动系统的压力术语，因此其不能用于流体传动元件，如液压缸。

在液压缸中，只有耐压压力是在液压缸装配后允许短暂施加的，且超过液压缸最高额定压力，仅低于最低爆破压力，不引起液压缸及任何缸零件损坏或后期故障的试验压力。

所以，笔者认为文献［16］和［40］表述的“p_{max}——（液压缸耐压）试验压力，MPa”较为正确。

需要说明的是，按JB/T 10205—2010《液压缸》规定的耐压试验所对应的耐压压力，因为没有包括附加负载，所以与在固定式压力容器中定义的“计算压力”不同。

另外，以缸筒内流（液）体压力来确定计算公式应用范围值得商榷。

(4) 关于 $[\sigma]=\sigma_b/n$ 和 $[\sigma]=\sigma_s/n_s$ 的问题

在上文引述的18项参考文献（包括行标）中，许用应力表示为 $[\sigma]=\sigma_b/n$ 或 $[\sigma]=\sigma_s/n_s$ 的都有，也有没有给出［σ］表达式的，其中采用 $[\sigma]=\sigma_s/n_s$ 的参考文献有［7］、［19］和［31］。

因行业标准中给出了的缸筒材料的许用应力为 $[\sigma]=\sigma_b/n$，且 σ_b 为缸筒材料的抗拉强度，n 为安全系数，通常取 $n=3\sim5$。但按第四强度理论及强度条件推导出的厚壁缸筒材料强度要求的最小壁厚 δ_0 的公式不能采用材料的抗拉强度计算（设定）许用应力，因此作者认为：文献［7］和［31］表达的“$[\sigma]$——缸筒材料的许用应力，MPa，其中 $[\sigma]=\sigma_s/n_s$；σ_s——缸筒材料的屈服强度，MPa；n_s——安全系数，取 $n_s=2\sim2.5$。”较为正确。

2.4.3 对行业标准中缸筒壁厚的计算的讨论

行业标准JB/T 11718—2013《液压缸　缸筒技术条件》于2013-12-31发布，2014-07-01实施。现在引用的是2014年12月第1版第1次印刷的机械工业出版社出版发行的版本。

在该标准中有“附录A（资料性附录）缸筒壁厚的计算”，其中A.2节为缸筒材料强度要求的最小壁厚 δ_0 的计算，内容见第2.4.1.1节。

尽管该标准附录A是资料性附录，但作为行业标准一旦实施，势必在以后的液压缸缸筒设计计算时被普遍采用，其正确与否关系到行业的生存与发展，因此，对其勘误势在必行、迫在眉睫。

现对其中的错误列举一例：在该标准附录A.2节中，介绍缸筒材料强度要求的最小壁厚 δ_0 的计算时给出了4个公式（见第2.4.1.1节），全部有“$\times10^3$”，且 δ、δ_0 和 D 在式中给出的单位都为毫米（mm），p_{max}、$[\sigma]$ 和 σ 在式中给出的单位都为兆帕（MPa），如按此4个公式中任一公式计算缸筒的最小壁厚，其计算结果都将被扩大1000倍，这是一个严

重的错误，必须及时勘误。

因该标准的参考文献中只列出了 HG/T 20580—1998《钢制化工容器设计基础规定》和 ISO 4394-1：1980《流体传动系统和元件　缸筒　第 1 部分：对有特殊精加工内孔钢管的要求》等两项，由于不清楚附录 A.2 的出处，只能将可查阅的现有资料进行了逐一查对，并对这些资料的相关内容一并进行了勘误。同时应该指出：该标准的参考文献 HG/T 20580—1998 已被 HG/T 20580—2011 代替，或参考 EN 10305-1：2002 对该标准更有意义。

下面讨论如下问题。

(1) 计算公式的理论推导

设定如下条件：

① 制造缸筒的材料为塑性材料，亦即 JB/T 11718—2013 中所列材料的非淬火状态。

② 计算的缸筒位置是离开边界较远处，亦即为缸筒中部或参考文献［31］给出的缸筒中段。

③ 缸筒是一个等壁厚单层圆筒，且承受均匀内压作用，在暂不考虑安装型式的影响时(即无附加负载)，认为缸筒缸壁受三向应力作用。

在上述条件下，根据材料力学理论，经受力分析，三向主应力最大应力点在缸筒内壁，其最大值（绝对值）分别可按如下公式计算。

径向压应力最大值为

$$\sigma_{\mathrm{rmax}}=-p_{\max} \tag{2-89}$$

环向拉应力最大值为

$$\sigma_{\mathrm{tmax}}=\frac{R_1^2+R^2}{R_1^2-R^2}p_{\max} \tag{2-90}$$

轴向拉应力最大值为

$$\sigma_{\mathrm{zmax}}=\frac{R^2}{R_1^2-R^2}p_{\max} \tag{2-91}$$

式中　σ_{rmax}——缸筒内壁最大压应力（设定拉应力为正，压应力为负），MPa；

σ_{tmax}——缸筒内壁最大环向拉应力，MPa；

σ_{zmax}——缸筒内壁最大轴向拉应力，MPa；

R_1——缸筒外半径，mm，$R_1=R+\delta_0$；

δ_0——缸筒材料强度要求的最小壁厚，mm；

R——缸筒内半径，mm，$D=2R$；

D——缸（内）径，mm；

$p_{\max}$——液压缸耐压压力，MPa。

采用第四强度理论（形状改变比能理论）推导并根据强度条件，缸筒内壁最大合成当量应力 $\sigma_{\max}$ 为

$$\begin{aligned}\sigma_{\max}&=\sqrt{\frac{1}{2}\left[(\sigma_{\mathrm{zmax}}-\sigma_{\mathrm{tmax}})^2+(\sigma_{\mathrm{tmax}}-\sigma_{\mathrm{rmax}})^2+(\sigma_{\mathrm{rmax}}-\sigma_{\mathrm{zmax}})^2\right]}\\&=\sqrt{\frac{1}{2}\left[\left(\frac{R^2}{R_1^2-R^2}p_{\max}-\frac{R_1^2+R^2}{R_1^2-R^2}p_{\max}\right)^2+\left(\frac{R_1^2+R^2}{R_1^2-R^2}p_{\max}+p_{\max}\right)^2+\left(p_{\max}+\frac{R^2}{R_1^2-R^2}p_{\max}\right)^2\right]}\\&=\frac{\sqrt{3}R_1^2}{R_1^2-R^2}p_{\max}=\frac{\sqrt{3}}{1-\left(\dfrac{R}{R_1}\right)^2}p_{\max}\leqslant[\sigma]=\frac{\sigma_{\mathrm{s}}}{n_{\mathrm{s}}}\end{aligned}$$

如已知［σ］和 R，则

$$R_1\geqslant R\sqrt{\frac{[\sigma]}{[\sigma]-\sqrt{3}p_{\max}}} \tag{2-92}$$

进一步推导可得出

$$\delta_0 \geqslant \frac{D}{2}\left(\sqrt{\frac{[\sigma]}{[\sigma]-\sqrt{3}p_{\max}}}-1\right)(\text{mm}) \tag{2-93}$$

(2) 公式应用范围的理论依据

在设定缸筒壁厚足够薄，如当 $\delta/D \leqslant 0.08$ 时，亦即 $R_1/R=1.16$ 时，其缸筒内壁环向拉应力与缸筒外壁环向拉应力相差很小，工程计算可认为其相等，即环向拉应力沿壁厚均匀分布。

理论推导如下。

缸筒内壁环向拉应力为

$$\sigma_{t内}=\frac{R^2}{R_1^2-R^2}\times\left(1+\frac{R_1^2}{R^2}\right)p_{\max}=2.16\times\frac{R^2}{R_1^2-R^2}p_{\max} \tag{2-94}$$

缸筒外壁环向拉应力为

$$\sigma_{t外}=\frac{R^2}{R_1^2-R^2}\times\left(1+\frac{R_1^2}{R_1^2}\right)p_{\max}=2\times\frac{R^2}{R_1^2-R^2}p_{\max} \tag{2-95}$$

其缸筒内、外壁环向应力差为

$$\sigma_{t内}-\sigma_{t外}=0.16\times\frac{R^2}{R_1^2-R^2}p_{\max} \tag{2-96}$$

将此应力差与缸筒内、外任一环向应力比较，仅为其应力值的≤8%。由于

$$\sigma_{t外}=\frac{R^2}{R_1^2-R^2}\times\left(1+\frac{R_1^2}{R_1^2}\right)\times p_{\max}=2\times\frac{R^2}{R_1^2-R^2}p_{\max}=2\times\frac{R^2}{(R_1+R)(R_1-R)}p_{\max}\approx\frac{p_{\max}R}{\delta_0}$$

根据强度条件有

$$\sigma_{t内}=\frac{p_{\max}R}{\delta_0}\leqslant[\sigma] \tag{2-97}$$

亦即

$$\delta_0 \geqslant \frac{p_{\max}R}{[\sigma]}=\frac{p_{\max}D}{2[\sigma]} \tag{2-98}$$

式中符号意义同上。

即公式 $\delta_0 \geqslant \frac{p_{\max}D}{2[\sigma]}$ 可以在 $\delta/D \leqslant 0.08$ 的范围内应用于工程计算。

(3) 计算压力的讨论

液压缸出厂检验系指产品交货时必须逐台进行的检验，其必检项目中包括耐压试验。关于液压缸耐压试验相关标准［如 JB/T 10205—2010《液压缸》、JB/T 6134—2006《冶金设备用液压缸（$PN \leqslant 25$MPa）》、GB/T 13342—2007《船用往复式液压缸通用技术条件》、CB/T 3812—1998《船用舱口盖液压缸》等］规定的耐压压力和保压时间并不相同，但所有现行的液压缸相关标准耐压压力没有低于 1.25 倍公称压力的和保压时间少于 10s 的。

根据 GB/T 17446—2012《流体传动系统及元件　词汇》定义的术语，耐压压力高于液压缸的最高额定压力，或高于液压系统的最高工作压力。

如果在计算缸筒材料强度要求的最小壁厚 δ_0 时采用最高工作压力，根据其计算结果选取的缸筒壁厚很有可能在液压缸进行出厂检验时，无法满足耐压试验的要求，亦即可能造成缸筒永久变形甚至爆破。

再者，最高工作压力一般在液压缸设计时很难准确地给出，且不是液压缸基本参数；而公称压力是供需双方合同必须约定的技术参数，也是判定产品是否合格的重要指标。

所以选取耐压压力作为计算压力才符合相关标准规定，计算结果才符合液压缸的技术要

求和确定液压缸工况的实际需要。

(4) 许用应力的讨论

JB/T 11718—2013 中所列的材料全部为塑性材料，计算公式的推导采用的也是第四强度理论，因此其破坏型式为屈服。

根据可靠性设计理论及准则，应该在耐压试验时避免缸筒产生屈服变形，亦即也不要有 0.2%的残余变形。

由于上述原因，应该采用屈服强度并考虑一定的安全系数作为许用应力。这一点从参考文献 [15]～[19] 的变化也可证明。

参考文献 [19] 对安全系数 n_s 有如下表述："通常取 $n_s=1.5\sim2.5$，根据液压缸的重要程度和工作压力大小等因素选取（工作压力大，n_s 可选小一些）。"

工作压力越高的液压缸其危险性也越大，同时要求其也应该越安全。因安全系数的选取有很大的主观性，过宽的选取范围可能使设计者无所适从，计算结果差别很大，甚至可能跨缸筒壁厚规格。

所以文献 [7] 和文献 [31] 中表达的"n_s——安全系数，取 $n_s=2\sim2.5$。"较为正确而且实用。

注：安全系数取 $n_s=1.5$，一般已符合压力容器标准所规定的在 100℃以下碳钢和低合金无缝钢管、锻件的许用应力，但不适用于液压缸，仅可作为参考。

2.4.4 缸筒壁厚及最小壁厚计算公式的确定

以对现有参考文献包括行业标准的引述、比较、分析和讨论，通过对缸筒材料强度要求的最小壁厚 δ_0 的计算公式及其应用范围的理论推导，可以判定 JB/T 11718—2013《液压缸 缸筒技术条件》附录 A.2 中至少存在公式应用条件设定不合理且缺少必要的条件、公式选用不对、计算时采用缸筒内最高压力不对、采用缸筒材料的抗拉强度不尽合理以及每个公式都有的"$\times10^3$"等不对之处。

该行业标准中的 4 个公式在其他参考文献中或可都有且逐渐趋同，而公式的来源、使用条件、应用范围及必要的说明却越来越少，尤其这组公式此次被写入标准，势必将使更多液压缸设计者只管使用，不管其他，这将可能给液压缸设计造成严重后果。

作者力争在本书附录 D 中给出了一组明白、准确、可靠的缸筒材料强度要求的最小壁厚 δ_0 计算公式及其条件和应用范围，以方便液压缸设计者在液压缸及缸筒设计、计算及校核时使用。

(1) 公式 D-1 的确定

附录 D 中公式 D-1 被绝大部分引用参考文献所引用，且在上文"公式应用范围的理论依据"中被推导出来，然而公式 D-1 却是一个可应用于工程计算的近似公式。

在薄壁缸筒计算公式中有 $\delta_0\geqslant\frac{\sqrt{3}p_{\max}D}{4[\sigma]}$，因 $\delta_0=\frac{p_{\max}D}{2[\sigma]}>\frac{\sqrt{3}p_{\max}D}{4[\sigma]}$，进一步说明公式 D-1 可以作为近似公式在工程上应用。

公式 D-1 的应用范围确定为 $\delta/D<0.08$，而不是 $\delta/D\leqslant0.08$。是因为在公式推导过程中，对缸筒内壁环向拉应力与缸筒外壁环向拉应力差权衡不同，以致有的引用参考文献认为 δ/D 之比应更小才符合薄壁缸筒，如 $\delta/D\leqslant0.075$ 或 $\delta/D\leqslant0.0625$ 等。

(2) 公式 D-2 的确定

附录 D 中公式 D-2 也被绝大部分引用参考文献所引用，但其应用范围给出的却大多是 $\delta/D>0.3$，只有参考文献 [1]、[7] 和 [31] 给出的是厚壁缸筒 $\delta/D>0.075$。

公式 D-2 在上文"计算公式的理论推导"中被推导出来，且和公式 D-3 和 D-4 一起应用于两种标准液压缸的缸筒壁厚计算，其计算结果与公式 D-4 十分接近。

公式 D-2 来源清楚，理论推导正确，应用于设计计算结果无误，完全可以在塑性材料制造的单层液压缸缸筒受三向作用力的中段，当 $\delta/D \geqslant 0.08$ 时，用于计算缸筒材料强度要求的最小壁厚 δ_0。

(3) 公式 D-3 的确定

附录 D 中公式 D-3 来源于 GB 150.3—2011《压力容器　第 3 部分：设计》，且在本书引用的参考文献［2］、［10］、［16］和文献［20］中被引用，但在被引用时全部缺少原标准中以压力划分的应用范围，而添加了以壁厚与缸径之比的应用范围。尽管 GB 150《压力容器》为强制性标准，然而其并不适用于液压缸，但可以建议用于符合其压力范围的缸筒壁厚的验算，这是因为作者认为液压缸缸筒的强度应大于或等于压力容器的强度。

需要说明的是此公式给出应用范围"当 $p_{\max} \leqslant 0.4[\sigma]$ 时"，如果以 JB/T 11718—2013 中规定的优质碳素结构许用应力最低者（20 钢正火无缝钢管）计算，则有

$$p_{\max} \leqslant 0.4[\sigma] = 0.4\frac{\sigma_s}{n_s} = 0.4 \times \frac{280}{2} = 56\ (\text{MPa})$$

此压力不但涵盖了 JB/T 10205—2010 所规定的液压缸，而且远远大于压力容器材料标准所规定的不大于 35MPa，因此，此公式应用时应进一步限定为 $p_{\max} \leqslant 35\text{MPa}$。

这进而也印证了作者关于"以缸筒内流（液）体压力来确定计算公式应用范围的值得商榷"的论断。

(4) 公式 D-4 的确定

实用公式 D-4，从现有文献中没有进一步查到其出处，或可来源于参考文献［2］的参考资料［15］、［24］。但试用其进行设计、计算，参考两种标准液压缸的缸筒壁厚后，作者认为其计算结果比较合适，因此在附录 D 中建议参考使用其计算或验算缸筒壁厚。

尽管在附录 D 中给出了公式 D-2 及其应用范围，但要强调的是：当 $\delta/D > 0.3$ 时，采用单层缸筒结构的液压缸缸筒已经很不合理，请见参考文献（［15］、［18］、［23］）。因此必须采取措施，如采用有更高屈服强度的材料降低 δ/D 比值，或采用双层或多层组合式缸筒等。

(5) 标准液压缸缸筒缸径和壁厚尺寸及缸筒材料强度要求的最小壁厚 δ_0 的计算

JB/T 6134—2006《冶金设备用液压缸（$PN \leqslant 25$MPa）》和 CB/T 3812—1998《船用舱口盖液压缸》，是现在除 JB/T 11588—2013《大型液压油缸》之外的可能查阅到缸筒壁厚的两种公称压力 $PN \leqslant 25$MPa 的标准液压缸。

下面将此两种标准液压缸缸径和壁厚及根据本书附录 D 计算的缸筒材料强度要求的最小壁厚 δ_0 列于表 2-17，供读者在液压缸及缸筒设计、计算时参考。

表 2-17　标准液压缸缸筒缸径和壁厚尺寸及最小壁厚计算　　mm

缸径 D	JB/T 6134 缸筒壁厚 δ（δ/D 之比）	CB/T 3812 缸筒壁厚 δ（δ/D 之比）	D-2 式计算 δ_0	D-3 式计算 δ_0	D-4 式计算 δ_0
40	8.5(0.2125)	—	4.22	3.47	4.21
50	6.75(0.135)	—	5.28	4.34	5.26
63	6.5(0.1032)	—	6.65	5.47	6.62
80	11(0.1375)	—	8.45	6.95	8.41
100	10.5(0.105)	13.5(0.135)	10.56	8.69	10.51
125	13.5(0.108)	17(0.136)	13.20	10.86	13.14
140	14(0.10)	20(0.1429)	14.79	12.16	14.72
160	17(0.1063)	21.5(0.1344)	16.9	13.9	16.82

续表

缸径 D	JB/T 6134 缸筒壁厚 δ (δ/D 之比)	CB/T 3812 缸筒壁厚 δ (δ/D 之比)	D-2 式计算 δ_0	D-3 式计算 δ_0	D-4 式计算 δ_0
180	—	32.5(0.1806)	19.01	15.64	18.92
200	22.5(0.1125)	36.5(0.1825)	21.12	17.37	21.03
220	26.5(0.1205)	26.5(0.1205)	23.34	19.11	23.13
225	—	24(0.1067)	23.76	19.54	23.65
250	24.5(0.098)	37.5(0.150)	26.4	21.72	26.28
320	28.5(0.089)	—	33.8	27.8	33.64

注：1. 缸筒由 45 钢制造。

2. $\sigma_s=340$MPa（正火状态，GB/T 3639—2009）。

3. $n_s=2$。

4. $PN=25$MPa。

5. $p_{max}=1.25\times25$ (MPa)。

6. $\frac{1}{2}\left(\sqrt{\frac{[\sigma]}{[\sigma]-\sqrt{3}p_{max}}}-1\right)=0.105616913$；$\frac{p_{max}}{2.3[\sigma]-p_{max}}=0.086865879$；$\frac{p_{max}}{2.3[\sigma]-3p_{max}}=0.105130361$。

最后需要强调的是：

① 液压缸的安装型式对缸筒的受力工况有影响，缸底安装的液压缸其缸筒受力更大。

② 一般液压缸缸筒设计时不考虑缸筒腐蚀余量；缸筒厚度调整主要是因为设计工况或额定工况确定不准，以及缸筒或缸筒外径需要符合相关标准。

③ 缸筒（体）最薄弱处并不一定是缸筒（体）中段，最后可以确定缸筒（体）厚度需要考虑的因素很多，如液压缸的内部压力脉冲和可能发生的外部撞击，缸筒（体）中段的缸径增大量，缸体（体）本身结构、形状的稳定性以及疲劳破坏等，因此切不可仅以缸筒材料强度要求的最小壁厚 δ_0 的计算结果作为设计缸筒（体）厚度的唯一依据。

2.5 液压缸螺纹连接强度计算方法

液压缸缸筒（体）与端盖、缸筒与中间可调耳轴、活塞与活塞杆等一般采用螺纹连接并紧固。因液压缸工况比较复杂且难以确定，所以在液压缸设计中都要求对螺纹连接强度进行验算、校核。螺纹连接强度验算、校核中主要涉及四个问题：一是液压缸工况主要是压力工况的确定；二是计算公式的采用；三是计算公式中各系数的选取；四是材料许用应力的确定。现在各版本（现代）机械设计手册、相关专著等对上述四个问题说法不一，有的甚至有明显错误，按其计算或验算，则结果往往相差很大，因此有必要对其进行重新编著。

作者根据相关标准及参考文献对液压缸设计中的螺纹连接强度验算进行了重新编著，以期望在液压缸的螺纹连接设计、验算及校核中能得出一个比较正确的结果。

2.5.1 液压缸压力工况的确定

液压缸是液压系统中提供线性运动的执行元件。液压缸中的螺纹连接验（计）算、校核涉及的工况主要是液压缸的压力工况。在液压元件各压力术语（如实际爆破压力、最低爆破压力、耐压压力、最高额定压力等）中，规定耐压（试验）压力仅低于最低爆破压力且对液压缸螺纹连接强度计算有实际意义，具体可见 GB/T 17446—2012《流体传动系统及元件 词汇》中图 2 有关流体传动元件和配管的压力术语的图解。

JB/T 10205—2010《液压缸》第 7.3.3 条规定：“将被试液压缸活塞分别停在行程的两端（单作用液压缸处于行程极限位置），分别向工作腔施加 1.5 倍公称压力的油液，型式试验保压 2 min，出厂试验保压 10 s；符合第 6.2.7 条的规定。”第 6.2.7 条则规定：“液压缸的缸体应能承受公称压力 1.5 倍的压力，不得有外渗漏及零件损坏等现象。”

公称压力不是液压系统或液压元件中的压力术语，它仅是“为了便于标识并表示其所属的系列而指派给元件、配管或系统的压力值”。就此意义讲，公称压力不是液压缸实际有的压力。因此，《液压缸》标准中耐压试验压力所指空无。

比较合理的是 JB/T 3818—2014《液压机　技术条件》第 3.6.1.3 条的规定：“自制液压缸类压力容器的耐压试验压力应按下列要求，其保压时间不少于 10min，并不得有渗漏、永久变形及损坏。当额定压力小于 20MPa 时，试验压力应为其 1.5 倍；当额定压力大于或等于 20MPa 时，耐压试验压力应为其 1.25 倍。”

注：JB/T 3818—1999 已被 JB/T 3818—2014 代替，但上述规定没有变化。

因公称压力值应高于额定压力值，在液压缸螺纹连接计算中建议按如下表述确定压力：

① 当公称压力小于 20MPa 时，耐压试验压力应为 1.5 倍公称压力。

② 当公称压力大于或等于 20MPa 时，耐压试验压力应为 1.25 倍公称压力。

采用上述表述进行的耐压试验的保压时间仍按 JB/T 10205—2010 中的规定。

此处必须强调的是：液压缸耐压试验是一种（额定）静态压力试验。

几点说明如下：

① 对于液压缸中的螺纹连接在进行出厂耐压试验中保压 10s 是有根据的，GB/T 3098.1—2010《紧固件机械性能　螺栓、螺钉和螺柱》第 9.6.5 条中规定：“……对紧固件轴向施加……规定的保证载荷。……应保证该保证载荷 15s”。而第 9.6.6 条中则规定：“卸载后，紧固件的总长度 l_1 应与加载前的 l_0 相同（其公差±12.5 μm 为允许的测量误差）”。

② 因要求液压缸缓冲装置缓冲所造成的压力峰值要小于或等于 1.5 倍的工作压力，其工作压力小于最高工作压力，更小于耐压试验压力，所以液压缸中螺纹连接设计计算时仍然以耐压试验压力为设计依据。但是，缓冲装置缓冲所造成的压力峰值过高却常常是造成液压缸及其密封、连接等破坏的直接原因，因此，设计液压缸时必须控制好缓冲压力峰值。

③ 在设置有缓冲装置的液压缸中的确存在“压力峰值”，因此 GB/T 17446—2012 中图 1 规定的有关流体传动系统的压力术语被借用为有关流体传动元件和配管的压力术语。

2.5.2 螺纹连接强度计算公式

(1) 松连接螺纹的拉（伸）应力计算公式

螺纹拉应力计算的实质是计算螺杆或螺母基体的抗拉强度，而非螺纹本身。计算公式原始形式为

$$\sigma=\frac{F_0}{A_0}\leqslant[\sigma] \tag{2-99}$$

式中　σ——基体拉应力，或 σ_1，MPa；

F_0——基体所受最大拉力，N；

A_0——基体受拉力最薄弱（或最危险）的有效截面积或称最小截面积，mm^2；

$[\sigma]$——许用拉应力，或 σ_p 或 σ_{1p}（注意：因参考文献不同，下文符号有不统一之处），MPa。

说明：

① 螺纹组合件可能产生的失效型式是：螺杆断裂、螺杆的螺纹脱扣、螺母的螺纹脱扣和螺母和螺杆的螺纹脱扣等。对螺纹连接的设计，总希望的失效型式是螺杆断裂。

② 单轴拉伸应采用第三强度理论计算，即最大切应力是造成材料屈服破坏的原因；而受预紧力的螺纹连接却应采用第四强度理论计算。

③ $\sigma_{Ⅲ}=\sigma_1-\sigma_3$，但 $\sigma_3=0$，$\sigma_{Ⅲ}=\sigma_1=F_0/A_0$，实际变成了第一强度理论公式型式，只是在强度条件中许用应力 σ_p 直接与金属材料屈服点 σ_s 相关，而非抗拉强度 R_m（σ_b），在参考文献［28］第 2 卷第 5-66 页螺栓连接受力分析中就是如此。

④ $[\sigma]=\sigma_s/S$，式中，σ_s 为金属材料屈服点；S 为安全系（因）数，也可表示为 S_a、n_0 等。

⑤ S 为安全系数，将安全系数确定准最为困难，具体内容见下节。

⑥ 因“任何安装在液压缸上或与液压缸连接的元件都应牢固，以防冲击和振动引起松动”，所以液压缸上的螺纹连接都应是紧螺纹连接，即受预紧力的螺纹连接。

⑦ 在液压缸中作用在螺纹连接处的载荷一般为变载荷（脉动或交变），而非静载荷；且各强度理论仅限于讨论常温和静载荷时的情况。

⑧ 上式 $\sigma=F_0/A_0\leqslant[\sigma]$ 亦即松螺纹连接强度校核公式。

(2) 预紧连接螺纹的拉（伸）应力计算公式

在既受预紧力 F' 又受轴向载荷 F 的紧螺纹连接时，本体所受的最大拉力为

$$F_0=F''+F \tag{2-100}$$

或

$$F_0=F'+\frac{C_L}{C_L+C_F}F \tag{2-101}$$

式中 F''——螺纹连接的剩余预紧力，N；

F'——螺纹连接预紧力，N；

F——轴向载荷力，N；

$\frac{C_L}{C_L+C_F}$——螺纹连接相对刚度系数。

校核公式为

$$\sigma_1=\frac{1.3F_0}{A_0}\leqslant\sigma_{1p} \tag{2-102}$$

即在静载荷工况下，按第四强度理论计算，即形状改变比能是引起材料屈服破坏的原因。

但同时要求计算应力幅，并不得大于许用应力幅，其应力幅计算公式为

$$\sigma_a=\frac{1}{2}\times\frac{F}{A_0}\times\frac{C_L}{C_L+C_F}\leqslant\sigma_{ap} \tag{2-103}$$

式中 σ_a——应力幅，MPa；

σ_{ap}——许用应力幅，MPa。

应力幅即为最大拉应力 F_0 减去最小拉应力 F'（预紧拉应力）的 1/2（半幅）。

许用应力幅计算公式为

$$\sigma_{ap}=\frac{\varepsilon K_t K_u \sigma_{-1t}}{K_\sigma S_a} \tag{2-104}$$

式中 ε——螺纹尺寸因数；

K_t——螺纹制造工艺因数；

K_u——受力不均匀因数；

σ_{-1t}——试件的疲劳极限，MPa；

K_σ——缺口应力集中因数；

S_a——安全因数，控制预应力螺纹可在 $S_a=1.5\sim2.5$ 间选取。

讨论：

① 对既受预紧力 F' 又受轴向载荷 F 的紧螺纹连接强度需要进行两方面验算：一方面在静载荷下按最大拉应力和因预紧产生的切应力之合力（近似为 $1.3F_0$）做拉伸强度校核验算；另一方面在变载荷下对疲劳破坏进行校核。所以，对于液压缸上的螺纹连接应力幅及许用应力幅计算及校核是必须做的。

② 疲劳破坏是断裂的主要原因，且因螺纹旋合后两端螺纹受力比中间大，以预紧面端为最大，所以疲劳断裂经常发生在螺纹预紧面端附近。

2.5.3 计算公式中各系数的选取

(1) 安全系数选取

现将参考文献（[22] 及 [28]）中查到的相关螺纹连接安全系数列表，见表 2-18。

表 2-18 螺纹连接安全系数

序号	工况或计算内容	安全系(因)数	说明	出处
1	受轴向载荷 F 的松螺连接	$S=1.2\sim1.7$	按 $\sigma\leqslant\sigma_{1P}=\sigma_s/S$	[28]第 5-66 页 表 5-1-63
2	既受预紧力 F' 又受 轴向载荷 F 的紧螺栓连接	$n=1.2\sim1.5$	控制预紧力	[22]第 4-58、4-59 页 表 4-1-51、表 4-153
		$n=5\sim7.5$	不控制预紧力	
3	既受预紧力 F' 又受 轴向载荷 F 的紧螺栓连接	$S_s=5\sim7.5$	碳钢变载荷	[28]第 5-67 页 表 5-1-64
4	按各强度理论计算 强度条件	$S=1.5\sim3$	按抗疲劳断裂计算	[28]第 1-109 页
		$S=1.2\sim2$	按抗变形计算	
		$S=2\sim4$	按抗拉断计算	
		$S=3\sim5$	按抗不稳定计算	
5	缸筒螺纹连接许用力计算	$n_0=1.2\sim2.5$	按 $\sigma_n\leqslant\sigma_p=\sigma_s/n_0$	[28]第 21-284 页 表 21-6-8
6	既受预紧力 F' 又受 轴向载荷 F 的紧螺栓连接	$S_s=1.5\sim2.5$	控制预紧力	[28]第 5-67 页 表 5-1-65
		$S_s=2.5\sim5$	控制预紧力	

另外，在 GB/T 150.1—2011《压力容器　第 1 部分：通用要求》中规定了钢制螺栓材料许用应力，尽管该标准不适用于液压缸，但却有一定参考价值，具体见表 2-19。

表 2-19 钢制螺栓材料许用应力取值

材料	螺栓直径/mm	热处理状态	许用应力/MPa 取下列各值中的最小值	
碳素钢	≤M22	热轧、正火	$\dfrac{R_{eL}^t}{2.7}$	$\dfrac{R_D^t}{1.5}$
	M24～M48		$\dfrac{R_{eL}^t}{2.5}$	
低合金钢、马氏体 高合金钢	≤M22	调质	$\dfrac{R_{eL}^t(R_{p0.2}^t)}{3.5}$	
	M22～M48		$\dfrac{R_{eL}^t(R_{p0.2}^t)}{3.0}$	
	≥52		$\dfrac{R_{eL}^t(R_{p0.2}^t)}{2.7}$	
奥氏体合金钢	≤M22	固溶	$\dfrac{R_{eL}^t(R_{p0.2}^t)}{1.6}$	
	M24～M48		$\dfrac{R_{eL}^t(R_{p0.2}^t)}{1.5}$	

注：R_{eL}^t 为材料在设计温度下的下屈服强度（或 0.2%、1.0% 非比例延伸强度），MPa；R_D^t 为材料在设计温度下经 10 万小时断裂的持久强度的平均值，MPa。

根据表 2-23 并综合考虑各方面因素，现将液压缸中的螺纹连接抗拉强度条件确定为

$$\sigma=\frac{1.3F_0}{A_0}\leqslant\sigma_p=\frac{\sigma_s}{S} \tag{2-105}$$

或

$$\sigma_1=\frac{1.3F_0}{A_0}\leqslant\sigma_{1p}=\frac{\sigma_{1p}}{S} \tag{2-106}$$

式中，$S=2.5\sim3$。

(2) 剩余预紧力和相对刚度系数

现将参考文献 [28] 第 2 卷第 5-65 页中紧螺纹连接剩余预紧力 F''选取值列表，如表 2-20所示。

表 2-20 紧螺纹连接剩余预紧力 F''选取

工况	一般连接	变载荷	冲击载荷	压力容器或重要连接
F''值	$(0.2\sim0.6)F$	$(0.6\sim1.0)F$	$(1.0\sim1.5)F$	$(1.5\sim1.8)F$

讨论：

由表 2-20 可知，紧螺纹连接最小剩余预紧力可为 $0.2F$；但如根据表 2-20，对于液压缸中的紧螺纹连接剩余预紧力为 $0.2F$ 是否足够是一个问题，因为液压缸就是特殊压力容器；如果按 $F''=(1.5+1.8)F$ 选取剩余预紧力，则 $F_0=F''+F\geqslant2.5F$；以螺纹连接端盖为例，如果公称压力为 25MPa，则可能因紧螺纹连接造成缸体（筒）基体破坏。

因此，一般高压且缸内径大的液压缸端盖不能采用螺纹连接型式；缸体与缸盖间不宜采用端面（轴向）挤压形密封型式，包括在 GB 150.3—2011《压力容器 第 3 部分：设计》中给出的各种垫片。

螺纹连接相对刚度系数选取：

$\dfrac{C_L}{C_L+C_F}$——螺纹连接相对刚度系数在垫片材料为金属或无垫片时，选取为 0.2～0.3。

(3) 许用应力幅计算中各系数

许用应力幅计算中各系数见表 2-21。

表 2-21 许用应力幅计算各系数

尺寸因数 ε	螺栓直径 d/mm	<12	16	20	24	30	36	42	48	56	64
	ε	1	0.87	0.80	0.74	0.65	0.64	0.60	0.67	0.54	0.53
螺纹制造工艺因数 K_t		切制螺纹 $K_u=1$，搓（碾、滚）制螺纹 $K_u=1.25$									
受力不均匀因数 K_u		受压螺母 $K_u=1$，受拉螺母 $K_u=1.5\sim1.6$									
缺口应力集中因数 K	σ_b/MPa	400			600			800			1000
	K	3			3.9			4.8			5.2

2.5.4 许用应力的确定

许用应力的确定主要涉及金属材料屈服点（或下屈服强度）和安全系数（上文已探讨确定），下面主要对用于螺纹连接的金属材料屈服点进行讨论、确定。

常用金属材料抗拉强度 $R_m(\sigma_b)$和屈服点 σ_s 值见表 2-22。

表 2-22 常用金属材料抗拉强度和屈服点值 MPa

序号	金属材料牌号	σ_b	σ_s	热处理
1	Q235A	370～500	185～235	—
2	20	320～340	185～215	正火或正火+回火

续表

序号	金属材料牌号	σ_b	σ_s	热处理
3	35	470～510	235～265	正火或正火＋回火
		530～550	275～295	调质
4	45	550～590	275～295	正火或正火＋回火
		590～630	345～370	调质
5	40Cr	590～735	345～540	调质
6	30CrMnSi	1080	885	淬火＋高温回火
7	35CrMo	590～735	390～540	调质
8	42CrMo	590～900	390～650	调质

螺纹连接件材料及力学性能见表 2-23。

表 2-23　螺纹连接件材料及力学性能　MPa

钢号	抗拉强度	屈服点	拉压疲劳极限	弯曲疲劳极限
	σ_b	σ_s	σ_{-1t}	σ_{-1}
10	340～420	210	120～150	160～220
Q215A	340～420	220	—	—
Q235A	410～470	240	120～160	170～220
35	540	320	170～220	220～300
45	610	360	190～250	250～340
15MnVB	1000～1200	800	—	—
40Cr	750～1000	650～900	240～340	320～440
30CrMnSi	1080～1200	900	—	—

注：摘自参考文献［28］第 2 卷第 5-65 页。

说明：

表 2-22 与表 2-23 所列金属材料力学性能值有所不同，产生如此不同的主要原因在于：

① 力学性能试验时采用的试样毛坯直径（截面）不同；

② 金属材料热处理后硬度不同；

③ 进一步还可参考 GB 150.2—2011《压力容器　第 2 部分：材料》中表 12 和表 13。

GB/T 3098.1—2010 中规定了螺纹各性能等级用钢的化学成分极限和最低回火温度，性能等级 8.8 以上螺栓、螺钉和螺柱的金属材料热处理一般要求淬火＋回火，回火温度不低于 425℃。

螺栓、螺钉和螺杆的力学性能可进一步参考表 2-24。

表 2-24　螺栓、螺钉和螺杆的力学性能（摘自 GB/T 3098.1—2010）　MPa

序号	力学性能	性能等级							
		4.8	5.8	6.8	8.8		9.8	10.9	12.9
					$d\leqslant16$mm	$d>16$mm			
1	抗拉强度 R_m	400	500	600	800		900	1 000	1 200
2	下屈服强度 R_{eL}	—	300	—	—	—	—	—	—
3	$R_{p0.2}$	—	—	—	640	640	720	900	1 080
4	布氏硬度 HBW	124	152	181	245	250	286	316	380
5	洛氏硬度 HRB	71	82	89	—	—	—	—	—
6	洛氏硬度 HRC	—	—	—	22	23	28	32	3.9

注：表中所列硬度皆为最小值。

讨论：

① 液压缸中的螺纹连接螺杆（螺柱）金属材料一般进行调质处理，所以不能完全按照 GB/T 3098.1—2010 中的规定设计。设计中应依据金属材料力学性能相关标准，亦即表2-22

所列。

② 螺母的金属材料也应进行调质处理，且可能因设计要求需对端面进行表面淬火处理。金属材料的屈服点也应按上①给出的原则选取。

③ 因设计需尽量避免螺纹脱扣，所以螺纹旋合长度一定要足够。

GB/T 3098.1—2010 第 9.6.3 条规定："螺纹有效旋合长度至少应为 $1d$。"由 GB 2350—1980 中也能进一步验证上述规定。

但在 GB/T 3098.4—2000 中有螺母的公称高度≥0.8D（螺纹有效长度≥06D）、0.5D≤公称高度（<0.4D 螺纹有效长度≤0.6D）<0.8D 两种，而后者可能承载力小。根据螺母保证载荷计算中应力截面积 A_s 计算公式 $A_s=\frac{\pi}{4}\left(\frac{d_2+d_3}{2}\right)^2$ 与计算螺栓、螺钉和螺柱保证载荷中的螺纹公称应力截面积 $A_{s,公称}$ 计算公式 $A_{s,公称}=(\pi/4)\times[(d_2+d_3)/2]^2$ 两者相同，所以其应力计算实质仍是计算螺杆或螺母基体的抗拉强度，而非螺纹本身。

④ 进一步可参照 GB/T 2878.1—2011《液压传动　米制螺纹和 O 形密封圈的油口和螺柱端　第 1 部分：油口》、GB/T 2878.2—2011《液压传动　米制螺纹和 O 形密封圈的油口和螺柱端　第 2 部分：重型螺柱端（S 系列）》、GB/T 2878.4—2011《液压传动　米制螺纹和 O 形密封圈的油口和螺柱端　第 4 部分：六角螺塞》和 JB/T 966—2005《用于流体传动和一般用途的金属管接头　O 形圈平面密封接头》等相关标准。各标准中螺纹孔和螺柱端相关尺寸的摘录见表 2-25。

表 2-25　油口和螺柱尺寸摘录表　　mm

螺纹规格	油口(攻)螺纹深度(最小)	油孔直径(参考)	螺柱螺纹长度	内六角螺塞圆柱头外径×厚度
18×1.5	14.5	11	11	23.8×5
20×1.5	14.5	—	11	26.8×5
22×1.5	15.5	14	12	26.8×5
27×2	19	18	14.5	31.8×5
30×2	19	21	14.5	35.8×6
33×2	19	23	14.5	40.8×6
42×2	19.5	30	15	49.8×6
48×2	22	36	17.5	54.8×6
60×2	24.5	44	20	64.8×6

在 GB/T 2878.2—2011 中给出了规定扭矩装配的用碳钢制造的重型螺柱端在进行爆破或循环耐久性（脉冲）试验时应达到或超过的试验压力，具体请见表 2-26。

用碳钢制造的重型（S 系列）螺柱端在表 2-26 所给出的最高工作压力下使用。

表 2-26　重型（S 系列）螺柱端适用的压力

螺纹规定/mm	螺柱端合格判断试验扭矩/N·m $^{+10\%}_{0}$	最高工作压力/MPa	试验压力/MPa	
			爆破试验压力	循环耐久性(脉冲)试验压力
18×1.5	70	63	252	83.5
20×1.5	80	40	160	53.2
22×1.5	100	63	252	83.5
27×2	170	40	160	53.2
30×2	215	40	160	53.2
33×2	310	40	160	53.2
42×2	330	25	100	33.2
48×2	420	25	100	33.2
60×2	500	25	100	33.2

作者还要提请设计者注意，液压缸中的螺纹副公差配合一般选择为6H/6g，配合精度降低会使螺纹副承载能力减小。必要时还应进行预紧面挤压应力 σ_p 计算、校核，即

$$\sigma_p=\frac{1.3F_0}{A_p}\geqslant\sigma_{pp} \tag{2-107}$$

式中 σ_p——预紧面挤压应力，MPa；

F_0——螺纹基体所受最大拉力，N；

A_p——预紧面接触面积，mm；

σ_{pp}——许用挤压应力，MPa。

各版（现代）机械设计手册及相关标准中关于螺栓、螺钉和螺柱及螺母的保证载荷值切不可作为设计依据，只可在设计中做 $A_sS_p>1.3F_0$ 这样的参考，因为保证载荷限定的是螺母预紧到其保证载荷时（15 s）螺纹副没有发生失效。

2.5.5 工程计算实例

(1) 大螺母螺纹连接强度验算

如图2-7所示，并参考如图2-30所示的一种液压上动式板料折弯机用液压缸原结构设计，其中大螺母6与活塞5应为预紧螺纹连接，且要求有剩余预紧力。

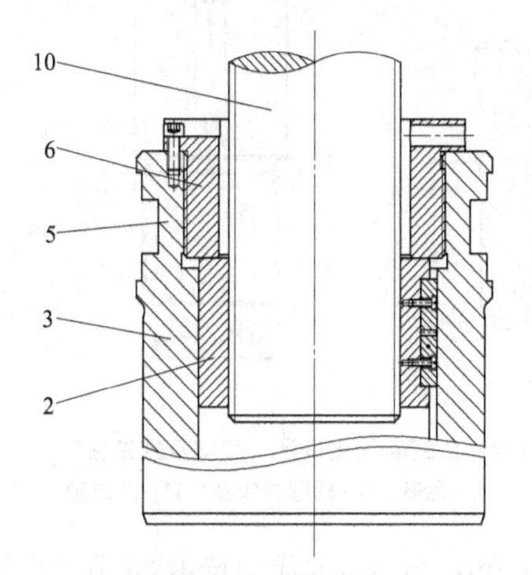

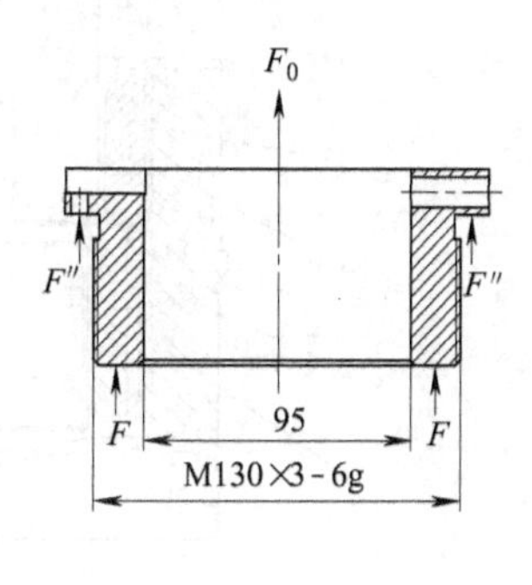

图2-7 一种液压上动式板料折弯机用液压缸原结构局部及大螺母

2—螺母（撞块、梯形螺母）；3—活塞杆（与活塞为一体结构）；5—活塞；6—螺盖；10—轴（梯形螺纹轴）

该液压缸公称压力为25MPa，缸径为180mm，耐压试验压力按1.25倍公称压力，则大螺母所承受的轴向载荷（力）为

$$F=\frac{\pi}{4}\times180^2\times25\times1.25=795(\text{kN})$$

按预紧连接螺纹，且有剩余预紧力为 $F''=0.2F$，则大螺母所受最大拉力为

$$F_0=F''+F=1.2\times795=954(\text{kN})$$

根据大螺母零件图纸，其（工程计算）截面积为

$$A_0=\frac{\pi}{4}(127^2-95^2)=5577(\text{mm}^2)$$

大螺母材料选用45钢调质，根据表2-22，$\sigma_s=370\text{MPa}$，选安全 $S=2.5$，则

$$\sigma_1=\frac{1.3F_0}{A_0}=\frac{1.3\times954000}{5577}=222>\sigma_{1p}=\frac{\sigma_{1p}}{S}=\frac{370}{2.5}=148(\text{MPa})$$

即此种液压缸的大螺母不能采用预紧螺纹连接。

如采用松连接螺纹，则

$$\sigma_1=\frac{F}{A_0}=\frac{795000}{5577}=143<\sigma_p=\frac{370}{2.5}=148(\text{MPa})$$

如耐压试验压力按1.5倍公称压力，在采用松螺纹连接，则

$$\sigma_1=\frac{F}{A_0}=\frac{954000}{5577}=171>\sigma_p=\frac{370}{2.5}=148(\text{MPa})$$

亦即在本书第2.12节所论述的：现在WC67Y-100T这种液压缸产品一般不能进行1.5倍公称压力下的耐压试验。

该液压缸设计有诸多不合理之处，采用松螺纹连接仅是其中问题之一。

应力幅校核计算此处省略。

(2) 螺纹轴螺纹连接强度校核

① 静态压力工况下的螺纹连接强度校核。如图2-8所示，并参考如图2-31所示的一种液压上动式板料折弯机用液压缸筒优化设计Ⅰ，其中螺纹轴11与撞块1应为预紧螺纹连接，且要求有剩余预紧力。

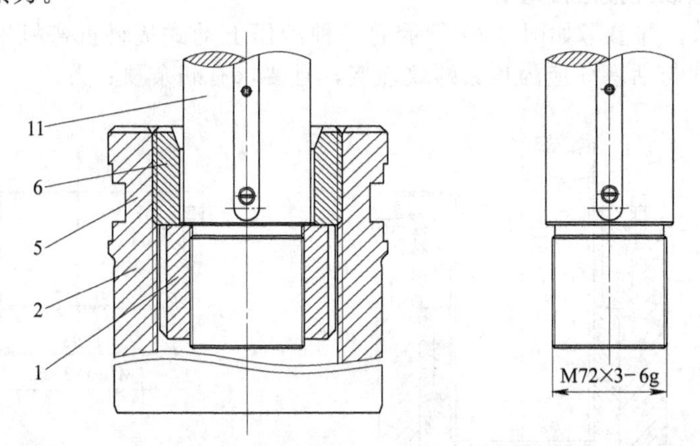

图2-8 一种液压上动式板料折弯机用液压缸筒优化设计Ⅰ局部及螺纹轴

1—撞块；2—活塞杆（与活塞为一体结构）；5—活塞；6—梯形螺纹套；11—螺纹轴

该液压缸公称压力为25MPa，缸径为180mm，耐压试验压力按1.25倍公称压力，则大螺母所承受的轴向载荷（力）为

$$F=\frac{\pi}{4}\times180^2\times25\times1.25=795(\text{kN})$$

按预紧连接螺纹，且有剩余预紧力为$F''=0.2F$，则螺纹轴所受最大拉力为

$$F_0=F''+F=1.2\times795=954(\text{kN})$$

根据螺纹轴零件图纸，其（工程计算）截面积为

$$A_0=\frac{\pi}{4}\times69^2=3737(\text{mm}^2)$$

螺纹轴材料选用30CrMnSi合金钢调质，根据表2-22，$\sigma_s=885\text{MPa}$，选安全$S=2.5$，则

$$\sigma_1=\frac{1.3F_0}{A_0}=\frac{1.3\times954000}{3737}=332<\sigma_{1p}=\frac{\sigma_{1p}}{S}=\frac{885}{2.5}=354(\text{MPa})$$

经上述螺纹强度校核，选用此材料的螺纹轴在预紧条件下，可以满足在31.25MPa下的静态耐压试验，并有159 kN的剩余预紧力。

② 动态压力下的螺纹连接强度校核。该液压缸额定缸进程输出力为500 kN，即该液压

缸的额定压力为

$$p_e=\frac{500000}{\frac{\pi}{4}\times180^2}=19.7\approx20(\text{MPa})$$

根据液压缸相关标准，在额定压力下的耐久性试验时，螺纹轴所承受的轴向载荷（力）为

$$F=\frac{\pi}{4}\times180^2\times20=509(\text{kN})$$

按（比照）各应力幅计算因数取值，则应力幅为

$$\sigma_a=\frac{1}{2}\times\frac{F}{A_0}\times\frac{C_L}{C_L+C_F}=\frac{1}{2}\times\frac{509000}{3737}\times0.2=13.6<\sigma_{ap}=\frac{\varepsilon K_t K_u\sigma_{-1t}}{K_\sigma S_a}$$
$$=\frac{0.5\times1\times1\times340}{5.2\times2}=16.3(\text{MPa})$$

经上述应力幅计算，在额定压力下，螺纹轴的应力幅小于许用应力幅，满足变载荷作用下的疲劳强度条件。

但根据液压板料折弯机相关标准，液压系统溢流阀设定压力为额定压力的1.1倍，则液压系统最高压力为

$$p_{max}=\frac{500000\times1.1}{\frac{\pi}{4}\times180^2}=21.6\approx22(\text{MPa})$$

此时螺纹轴所承受的轴向载荷（力）为

$$F=\frac{\pi}{4}\times180^2\times22=560(\text{kN})$$

按（比照）各应力幅计算因数取值，则应力幅为

$$\sigma_a=\frac{1}{2}\times\frac{F}{A_0}\times\frac{C_L}{C_L+C_F}=\frac{1}{2}\times\frac{560000}{3737}\times0.2=15<\sigma_{ap}=\frac{\varepsilon K_t K_u\sigma_{-1t}}{K_\sigma S_a}=\frac{0.5\times1\times1\times340}{5.2\times2}=16.3(\text{MPa})$$

经上述应力幅计算，在最高压力下，螺纹轴的应力幅小于许用应力幅，亦可满足变载荷作用下的疲劳强度条件。

2.6 液压缸密封工况的初步确定

液压缸密封工况是液压缸在实现其密封功能时经历的一组特性值。液压缸在试验和运行中的密封性能要满足规定工况，其中额定工况是保证液压缸密封有足够寿命的设计依据。

液压缸密封设计首先就需要确定规定工况，液压缸密封的允许泄漏量也是在规定工况下给出的。但液压缸的实际使用工况在一般情况下很难确定准，即规定工况与实际工况不同。

其一般原因在于液压缸密封的极端（限）工况很难预判，如活塞和活塞杆运动的瞬间极限速度、液压工作介质和环境温度及状况的突发变化、外部负载尤其极端侧向载荷（偏载）及压力峰值的剧烈变化、环境变化可能造成的污染等，这些极端工况可能发生时间很短，且不可重复，但确实可以造成液压缸密封失效，甚至演变成事故。

任何一个密封装置或密封系统都存在泄漏的可能且不可能适应各种工况，所以规定工况在液压缸密封设计中十分重要。

2.6.1 液压缸密封规定工况

规定工况是液压缸在运行或试验期间要满足的工况。

(1) JB/T 10205—2010 中的规定工况

JB/T 10205—2010《液压缸》适用于在 31.5MPa 以下，以液压油或性能相当的其他矿物油为工作介质的单、双作用液压缸。

液压缸的基本参数包括缸内径、活塞杆外径、公称压力、缸行程、安装尺寸等。

① 压力。

a. 液压缸的公称压力应符合 GB/T 2346—2003 的规定。

b. 液压缸活塞分别停在行程的两端（单作用液压缸处于行程极限位置），分别向工作腔施加 1.5 倍公称压力的油液，型式试验保压 2 min，出厂试验保压 10 s，应不得有外泄漏及零件损坏等现象。

c. 当液压缸缸内径大于 32mm 时，在最低压力为 0.5MPa 下；当液压缸缸内径小于或等于 32mm 时，在 1MPa 压力下，使液压缸全行程往复运动 3 次以上，每次在行程端部停留 10 s。试验过程中，应符合：液压缸应无振动或爬行；活塞杆密封处无油液泄漏，试验结束时，活塞杆上的油膜应不足以形成油滴或油环；所有静密封处及焊接处无油液泄漏；液压缸安装的节流和（或）缓冲元件无油液泄漏。

② 油液黏度。油温在 40℃时的运动黏度应为 29～74mm^2/s。

③ 工作介质温度。

a. 一般情况下，工作介质温度应在－20～＋80℃范围；

b. 在公称压力下，向液压缸输入 90℃的工作油液，全行程往复运行 1 h，应符合制造商与用户间的商定。

④ 环境温度。一般情况下，液压缸的工作环境温度应在－20～＋50℃范围。

⑤ 速度。在公称压力下，液压缸以设计要求的最高速度连续运行，速度误差±10%，每次连续运行 8h 以上。在试验期间，液压缸的零部件均不得进行调整，记录累计行程或换向次数，试验后各项要求应符合液压缸的耐久性要求。

(2) 各密封件标准中的规定工况

在 JB/T 10205—2010《液压缸》中的规范性引用文件有：GB/T 2879—2005《液压缸活塞和活塞杆动密封沟槽尺寸和公差》、GB 2880—1981《液压缸活塞和活塞杆窄断面动密封沟槽尺寸系列和公差》、GB 6577—1986《液压缸活塞用带支承环密封沟槽型式、尺寸和公差》、GB/T 6578—2008《液压缸活塞杆用防尘圈沟槽型式、尺寸和公差》。

在 JB/T 10205—2010《液压缸》中规定："密封沟槽应符合 GB/T 2879、GB 2880、GB 6577、GB/T 6578 的规定"。

① GB/T 10708.1—2000 中规定的密封圈使用条件。在 GB/T 2879—2005《液压缸活塞和活塞杆动密封沟槽尺寸和公差》中规定的密封件沟槽适用于安装 GB/T 10708.1—2000《往复运动橡胶密封圈结构尺寸系列　第 1 部分：单向密封橡胶密封圈》中规定的密封圈。

单向密封橡胶密封圈使用条件见表 2-27。

② GB/T 10708.2—2000 中规定的密封圈使用条件。在 GB 6577—1986《液压缸活塞用带支承环密封沟槽行型式、尺寸和公差》中规定的密封件沟槽适用于安装 GB/T 10708.2—2000《往复运动橡胶密封圈结构尺寸系列　第 2 部分：双向密封橡胶密封圈》中规定的密封圈。

双向密封橡胶密封圈使用条件见表 2-28。

表 2-27　单向密封橡胶密封圈使用条件

<table>
<tr><th>密封圈结构型式</th><th>往复运动速度
/(m/s)</th><th>间隙 f
/mm</th><th>工作压力范围
/MPa</th></tr>
<tr><td rowspan="4">Y形橡胶密封圈</td><td rowspan="2">0.5</td><td>0.2</td><td>0～15</td></tr>
<tr><td>0.1</td><td rowspan="2">0～20</td></tr>
<tr><td rowspan="2">0.15</td><td>0.2</td></tr>
<tr><td>0.1</td><td rowspan="2">0～25</td></tr>
<tr><td rowspan="4">蕾形橡胶密封圈</td><td rowspan="2">0.5</td><td>0.3</td></tr>
<tr><td>0.1</td><td>0～45</td></tr>
<tr><td rowspan="2">0.15</td><td>0.3</td><td>0～30</td></tr>
<tr><td>0.1</td><td>0～50</td></tr>
<tr><td rowspan="4">V形组合密封圈</td><td rowspan="2">0.5</td><td>0.3</td><td>0～20</td></tr>
<tr><td>0.1</td><td>0～40</td></tr>
<tr><td rowspan="2">0.15</td><td>0.3</td><td>0～25</td></tr>
<tr><td>0.1</td><td>0～60</td></tr>
</table>

表 2-28　双向密封橡胶密封圈使用条件

密封圈结构型式	往复运动速度 /(m/s)	工作压力范围 /MPa
鼓形橡胶密封圈	0.5	0.10～40
	0.15	0.10～70
山形橡胶密封圈	0.5	0～20
	0.15	0～35

2.6.2　液压缸密封极端工况

极端工况是假设元件、配管或系统在规定应用的极端情况下满意地运行一个给定时间，其所允许的运行工况的最大和/或最小值。

例如液压缸耐压试验就是："分别向工作腔施加 1.5 倍公称压力的油液，出厂试验保压 10 s，不得有外泄漏及零件损坏等现象"。

由于在耐压试验时也可能出现超压情况，一般超压≤10%。为了描述这种情况，暂且将在极端情况下瞬间发生的运行工况称为极端工况。

极端工况应包括：

① 压力峰值。超过其响应的稳态压力，并且甚至超过最高压力的压力脉冲。

② 增压。由于活塞面积差引起的增压超过额定压力极限。

③ 重力速度。以自由落体（重力）加速度 $g_n=9.80665\ m/s^2$ 运行的极端速度。

④ 超低速。当液压缸内径 D≤200mm 时，液压缸的最低稳定速度为<4mm/s；当液压缸内径 D>200mm 时，液压最低稳定速度为<5mm/s。

⑤ 行程中超内泄漏。超过 1 m 行程的液压缸除了在行程两端内泄漏较大以外，最大内泄漏处可能发生在行程中间位置。

⑥ 低压超泄漏。工作压力低于 0.5MPa（或 1MPa）时，低压泄漏可能超标。

⑦ 超工作温度范围。当工作温度低于－30℃或高于＋90℃时。

⑧ 超载。在会遇到超载或其他外部负载的应用场合，液压缸的设计和安装要考虑的最大的预期负载或压力峰值。

⑨ 侧向或弯曲载荷。由于结构设计或安装和找正等原因造成液压缸结构的过渡变形。

⑩ 冲击和振动。液压缸本身或其连接件有规定工况以外的冲击和振动。

2.6.3 液压缸密封额定工况的初步确定

额定工况是通过试验确定的，以基本特性的最高值和最低值（必要时）表示的工况。元件或配管按此工况设计以保证足够的使用寿命。

但实际上有些工况特别是极端工况不可重复，因此也无法试验。

液压缸密封设计必须给出规定工况，且也是液压缸设计的一部分。但规定工况是一个较为理想的工况，实际设计中几乎无法给出。因额定工况还可以根据试验逐步修正，尽管有些工况如极端工况无法试验，但不规定出液压缸密封工况，其液压缸就无法设计。因此，根据作者多年的液压缸设计实践经验积累和总结，并参考相关标准和文献及大量密封件制造商产品样本设计了表 2-29，供液压缸密封设计者在确定液压缸密封额定工况时参考使用。

表 2-29　液压缸密封设计额定工况汇总

序号	工(状)况	名称	规定值	额定值	备注
1	工作介质	牌号及黏度			
		温度/℃	－20～＋80		JB/T 10205—2010
2	密封件与密封材料	密封件 1 名称			包括密封圈(件)、防尘密封圈、挡圈、支承环、防尘堵(帽)、防护罩及密封辅助件(装置)等
		密封(件)材料			
		往复运动速度范围			
		间隙			
		工作压力范围			
		工作温度范围			
		密封件 2 名称			
		…			
3	压力/MPa	公称压力	p_n		JB/T 10205—2010
		耐压试验压力	$1.5p_n$		JB/T 10205—2010
		最高(额定)压力	$1.5p_n$		
		额定压力	$p_e=1.2p_n$ 或 $p_e=p_n$		当 $p_e \geqslant 20$ 或 当 $p_e < 20$
		最低额定压力	0.5 或 1.0		JB/T 10205—2010
		压力峰值≤	$1.1\times1.5p_n$		
		缓冲压力峰值≤	$1.5p_n$		
4	工作介质温度/℃	温度范围	－20～＋80		JB/T 10205—2010
		极端最高温度			
		极端最低温度			
5	环境温度范围/℃	环境温度	－20～＋50		JB/T 10205—2010
		极端最高温度			
		极端最低温度			
6	速度/(mm/s)	缸进程速度范围			
		缸回程速度范围			
		极端高速			
		极端低速			
7	换向频率/Hz 或其他				
8	工作制/(h/d)				
9	缸行程/mm	最大(或极限)行程			
		(全)行程			
		可调(或定位)行程			
		公称力行程			
10	载荷状况/kN	额定载荷			
		超载			
		侧向或弯曲载荷			
		冲击和振动			

续表

序号	工(状)况	名称	规定值	额定值	备注
11	使用状况	地点			
		室内或室外			
		周围环境			
		全行程占比			
		短行程占比			
12	其他工况	不稳定工况			
		间歇工况			
		防尘(圈)对象			
		水、泥浆、冰			
		其他环境污染物			
备注：应进一步明确以下情况： ① 主机(厂)名称，类型。 ② 液压缸类型(液压缸编号)。 ③ 合同规定双方应遵照的液压缸及密封相关标准。 ④ 合同规定的密封件制造商。					

注：1. 因各标准间相互矛盾，当额定压力选择条件有交集时，一般公称压力大于16MPa的，以额定压力按1.2倍的公称压力计算，但建议仅用于设计而非试验和运行。

2. 此表中“最高额定压力”更准确的术语是“最高压力”。“最高压力”和“压力峰值”一样，属于系统术语而非元件术语。

3. 压力峰值即为极端压力之一，可能出现在耐压试验中，应尽量避免。

4. 在JB/T 2162和JB/T 6134等标准中使用符号 *PN* 表示液压缸的公称压力。

液压缸密封件（装置）的使用条件还应包括偶合件的材料、热处理、偶合面加工方法、尺寸和公差、几何公差、表面质量（表面粗糙度）等，同时密封系统设计对液压缸密封的可靠性和耐久性（寿命）也至关重要。

2.7 伺服液压缸密封技术要求比较与分析及密封件选择

DB44/T 1169.1—2013《伺服液压缸　第1部分：技术条件》地方标准于2013-08-24发布，2013-11-24实施。该标准规定了单、双作用伺服液压缸的技术要求、检验规则、标志、使用说明书、包装、运输和储存，且定义了“伺服液压缸”等15个术语。

该标准与其他液压缸标准比较，如GB/T 24946—2010《船用数字液压缸》、JB/T 10205—2010《液压缸》等，在液压缸密封的技术要求中规定了一般技术要求，其中规定了适用密封沟槽；其在性能要求中，除规定的最低启动压力指标外，其他与上述两个标准基本相同。

考虑到伺服液压缸在静态、动态指标方面的要求，最低启动压力与密封性（能）间相互制约的关系，乃至密封性（能）与控制精度间关系，以及适用密封件等，规定这样一个“最低启动压力”是否合理、是否有必要，都是需要探讨的问题。

2.7.1 伺服液压缸密封技术要求比较与分析

在DB44/T 1169.1—2013《伺服液压缸　第1部分：技术条件》地方标准中规定了单、双作用伺服液压缸的技术要求，其中涉及伺服液压缸密封的技术要求主要有：最低启动压力、内泄漏、负载效率、外渗漏、耐久性、耐压性、带载动摩擦力、低压下的泄漏等，仅就该标准规定的技术要求而言，密封的技术要求占有了大部分内容。

“伺服液压缸”在该标准中第一次给出了定义，而其他标准包括GB/T 17446—2012等都没有定义“伺服液压缸”这一术语。

(1) 术语和定义的比较与分析

在DB44/T 1169.1—2013标准中给出的“伺服液压缸”定义为：“有静态和动态指标要求的液压缸。通过与内置或外置传感器、伺服阀或比例阀、控制器等配合，可构成具有较高控制精度和较快响应速度的液压控制系统。静态指标包括试运行、耐压、内泄漏、外泄漏、最低启动压力、带载动摩擦力、偏摆、低压下的泄漏、行程检测、负载效率、高温试验、耐久性等。动态指标包括阶跃响应、频率响应等。”

而在GB/T 24946—2010中给出的“数字液压缸”定义为：“由电脉冲信号控制位置、速度和方向的液压缸。”

比较上述两个定义，有如下几点相同之处：

① 这两种液压缸都需要对电信号做出响应，不管是电脉冲信号（数字脉冲信号）或是阶跃输入控制信号、正弦输入控制信号等。

② 要求有一定的控制精度，主要是行程控制精度。

③ 要求有一定的响应速度。

分析“伺服液压缸”这一定义，还有如下值得商榷的地方：

① 有静态和动态指标要求的液压缸不能都称为伺服液压缸，如数字液压缸。

② 具有较高控制精度的液压控制系统不应是该标准的范围，而伺服液压缸的控制精度才应是该标准规定的，但却恰恰缺失。

③ 该标准所指的静态指标中，如试运行、行程检测、高温试验等，在其标准的技术要求内（中）没有要求。

其他在该标准中定义的术语，如组合密封、公称压力、最低启动压力等，不但在其他标准中已经被定义过，而且该标准的定义也有问题。

如该标准给出的组合密封定义为：“伺服液压缸活塞密封的一种型式。在没有压力的情况下也能达到很好的密封效果。”就液压缸密封而言，设定在“没有压力”这种情况下，要求密封效果应是毫无意义，且与工程技术和应用科学的基本原则相悖。

该标准给出的“公称压力”定义为：“伺服液压缸工作压力的名义值。即在规定条件下连续运行，并能保证寿命的工作压力。”这不但与GB/T 17446—2012中的定义不符，而且与现在工程中的实际情况不一致，更是混淆了“公称压力”和“工作压力”这两个术语。

该标准中“最低启动压力”的定义更是值得商榷，如果将其定义的“使伺服液压缸无杆腔启动的最低压力”稍做简化，如“使……无杆腔启动的最低压力”，即可一目了然地看出其定义的错误。因为“无杆腔”不可能有所谓“启动”这种状态。

(2) 密封技术要求的比较与分析

在该标准中除带载摩擦力之外，其他的密封的技术要求，如最低启动压力、内泄漏、负载效率、外渗漏、耐久性、耐压性、低压下的泄漏等，在其他液压缸标准中都有。

在DB44/T 1169.2—2013《伺服液压缸　第2部分：试验方法》中规定了带载摩擦力试验方法，在DB44/T 1169.1—2013中规定了带载摩擦力指标。

① 最低启动压力的比较与分析。比较各标准中的最低启动压力，该标准给出的双作用伺服缸的最低启动压力指标几乎为其他液压缸给出的指标的1/10，具体请见表2-30。

活塞密封以间隙密封的静、动摩擦力为最小。如果活塞密封型式为组合密封，其静、动摩擦力一定会大于活塞间隙的摩擦力，只是在测试时因测试系统精度的问题，能否测出而已。

通过以上比较，可以得出如下结论：

表 2-30　双作用液压缸最低启动压力规定值比较　　MPa

标准	活塞密封型式	活塞杆密封型式	最低启动压力规定值	备注
GB/T 24946—2010	标准规定的各种密封圈	标准规定的各种密封圈	0.5	公称压力≤31.5
JB/T 10205—2010	组合密封等(除V形)	除V形外	0.3	公称压力≤16
	V形密封	除V形外	0.5	
	组合密封等(除V形)	除V形外	公称压力×4%	公称压力>16
	V形密封	除V形外	公称压力×6%	
DB44/T 1169.1—2013	组合密封	单道密封	0.03	公称压力≤40
		其他密封	0.05	
	间隙密封	单道密封	0.03	
		其他密封	0.04	

a. DB44/T 1169.1—2013《伺服液压缸》这项标准要求的最低启动压力指标过低；

b. 组合密封与间隙密封的最低启动压力规定值（指标）相同，不尽合理。

② 内泄漏量的比较与分析。在 GB/T 24946—2010 中对内泄漏（量）未做规定。在 JB/T 10205—2010 和 DB44/T 1169.1—2013 中规定的“双作用液压缸内泄漏量”和“缸内径为 40～500mm 的双作用伺服液压缸的内泄漏量”，完全相同。

③ 负载效率的比较与分析。在 GB/T 24946—2010 中对负载效率未做规定。在 JB/T 10205—2010 和 DB44/T 1169.1—2013 中规定的负载效率皆为：“负载效率不得低于 90%”。

注：在 GB/T 17446—2012 中定义为“缸输出力效率”。

④ 外渗漏量的比较与分析。在 GB/T 24946—2010 中对外渗漏量未做规定，但规定了密封性：“数字缸在 1.25 倍公称压力下，所有结合面处应无外泄漏。”。

在 JB/T 10205—2010 和 DB44/T 1169.1—2013 中规定的外渗漏主要区别在于：

JB/T 10205—2010 中规定“活塞杆（柱塞杆）静止时不得有渗漏”，DB44/T 1169.1—2013 中则规定“活塞杆（柱塞杆）静止时其他各部位不得有渗漏”。

可见，JB/T 10205—2010 中的规定比 DB44/T 1169.1—2013 中的规定更严格，但不尽合理；而 GB/T 24946—2010 中的规定就更加不合理。

⑤ 耐久性的比较与分析。在 GB/T 24946—2010 中规定的耐久性为：“数字缸在额定工况下使用寿命为：往复运动累计行程不低于 10^5m”。

在 JB/T 10205—2010 和 DB44/T 1169.1—2013 中规定的耐久性指标完全相同。

⑥ 耐压性的比较与分析。在 GB/T 24946—2010 和 DB44/T 1169.1—2013 中规定的耐压性要求基本相同，分别为：“数字缸在承受 1.5 倍公称压力下（保压 5min），所有零件不应有破坏或永久变形现象，焊缝处不应有渗漏”“伺服液压缸的缸体应能承受公称压力 1.5 倍的压力，在保压 5min，不得有外渗漏、零件变形或损坏等现象”。

而 JB/T 10205—2010 中规定：“……，分别向工作腔施加 1.5 倍公称压力的油液，型式试验保压 2min，出厂试验保压 10s，应不得有外渗漏及零件损坏等现象”。

比较上述三个标准，JB/T 10205—2010 中规定的耐久性就保压时间而言，比较合理。

⑦ 低压下的泄漏的比较与分析。在 GB/T 24946—2010 中对低压下的泄漏量未做规定。

在 JB/T 10205—2010 中规定的低压下的泄漏为：“当液压缸内径大于 32mm 时，在最低压力为 0.5MPa 下；当液压缸内径小于等于 32mm 时，在 1MPa 压力下，使液压缸全行程往复运动三次以上，每次在行程端部停留至少 10s。在试验过程中，应符合……；d. 活塞杆密封处无油液泄漏，试验结束时，活塞杆上的油膜不足以形成油滴或油环；e. 所有静密封处及焊接处无油液泄漏；……”。

在 DB44/T 1169.1—2013 中规定的低压下的泄漏为："伺服液压缸在 3MPa 压力下试验过程中，油缸应无外泄漏；试验结束时，活塞杆伸出处不允许有油滴或油环。"

比较 JB/T 10205—2010 和 DB44/T 1169.1—2013，两标准规定的低压下的泄漏要求基本相同。

综合以上比较与分析，《伺服液压缸》标准所规定的密封技术要求与其他标准的主要区别是在"最低启动压力"上。

进一步分析这一主要区别，作者认为：伺服液压缸因有动态指标要求，其阶跃响应和频率响应都规定了技术要求（指标），如果低压启动压力过高，其响应速度一定就低。但除了活塞间隙密封外，《伺服液压缸》标准中规定的组合密封的低压启动压力指标几乎为现在的各液压缸标准的规定指标的 1/10，这样的规定指标是否合理确实有待商榷。

2.7.2 伺服液压缸密封件选择

仅参考国外某一家密封件制造商产品，根据伺服液压缸对密封的技术要求，筛选部分活塞组合密封。但如果按照该标准关于"组合密封"的定义来选择密封件的话，将是非常困难的，因为该标准中给出的组合密封定义缺乏最基本的内涵。

还是根据 GB/T 17446—2012 中"组合密封件"的定义，即按照"具有两种或多种不同材料单元的密封装置"这一定义来选择密封件，请见表 2-31。

表 2-31 伺服液压缸活塞密封件

序号	类型	应用场合	工作范围			备注
			压力/MPa	温度/℃	速度/(m/s)	
1	特康格来圈	往复运动、双作用	60	－45～＋200	15	摩擦力小
2	T 型特康格来圈	往复运动、双作用	60	－45～＋200	15	摩擦力小
3	佐康 P 型格来圈	往复运动、双作用	50	－30～＋110	1	
4	特康双三角密封圈	往复运动、双作用	35	－45～＋200	15	
5	特康 AQ 封	往复运动、静密封、双作用	60	－45～＋200	2	
6	5 型特康 AQ 封	往复运动、静密封、双作用	60	－45～＋200	3	
7	佐康威士密封圈	往复运动、双作用	40	－35～＋110	0.8	
8	M 型佐康威士密封圈	往复运动、双作用	50	－45～＋200	10	动态应用
9	D-A-S 组合密封圈 DBM 组合密封圈	往复运动、双作用	35	－35～＋100	0.5	
10	PHD/CST 型密封圈	往复运动、双作用	40	－45～＋135	1.5	低摩擦
11	DSM 密封	往复运动、双作用	70	－40～＋130	0.5	
12	特康双向 CR 密封圈	往复运动、双作用	100	－45～＋200	5	摩擦力小 最小启动力
13	2K 型特康斯特封	往复运动、单作用	60	－45～＋200	15	摩擦力小
14	V 型特康斯特封	往复运动、单作用	60	－45～＋200	15	摩擦力小 启动力小 动态应用
15	特康 VL 型密封圈	往复运动、单作用	60	－45～＋200	15	摩擦力小 动态应用
16	特康单向 CR 密封圈	往复运动、单作用	60	－45～＋200	15	摩擦力小 最小启动力 动态应用

注：表 2-31 参考了特瑞堡密封系统（中国）有限公司工业密封产品目录（2011.6）、直线往复运动液压密封件（2012.9）、密封选型指南（2012.10）等产品样本。

密封与摩擦是一个问题的两个方面且相互制约，如果要求有很好的密封性，其摩擦力就可能大。过分地追求小的最低启动压力（应该就是启动压力，见 GB/T 17446—2012），在液压缸密封中没有太大的意义，对伺服液压缸也是如此，因为最低启动压力与公称压力之比很小。

作者认为该标准规定的最低启动压力指标过低，这样的规定即不科学，也无必要。

根据上面对《伺服液压缸》的比较与分析，其内容与其他液压缸标准并无多少不同，而且在动态指标（要求）方面没有内容，如与 GB/T 24946—2010 比较后，读者即可一目了然。

浅析 DB44/T 1169.1—2013《伺服液压缸》这项标准，主要是这些年来业内人士不断有人来同作者讨论此事，国外也有产品在国内应用。国内的伺服（或比例）液压控制系统中采用的液压缸并没有单独列出所谓的“伺服液压缸”，比如数控液压板料折弯机上采用的液压缸与普通液压缸就没有什么区别。

纵观 DB44/T 1169.1—2013《伺服液压缸》这项地方标准，且不说其中的问题，就其内容而言，起草、发布、实施这样一项标准的必要性值得商榷。

2.8 一种数控同步液压板料折弯机用液压缸活塞杆密封系统的问题及重新设计

2.8.1 液压缸活塞杆密封系统存在的主要问题

(1) 原设计中液压缸活塞杆密封系统的主要问题

一种数控同步液压板料折弯机用液压缸为双作用液压缸，该液压缸适配于公称力 2500kN 数控同步液压上动式板料折弯机，且一台折弯机上左、右缸双缸配置。

该液压缸缸内径为 240mm，活塞杆外径为 230mm，（最大）行程为 250mm，公称压力为 25MPa，速度小于 0.5m/s。

如图 2-9 所示为原主机厂设计的液压缸左缸（局部）活塞杆密封系统。

原设计的左缸活塞杆密封系统为：三道支承环 3、5、6＋滑环式组合密封 8＋唇形密封圈 9＋防尘密封圈 10，原设计唇形密封圈沟槽及密封圈为非标，在查阅国标及各密封件制造商产品样本中均无此沟槽及密封圈。缸盖 7 与缸盖静密封 4 采用 O 形密封圈密封。

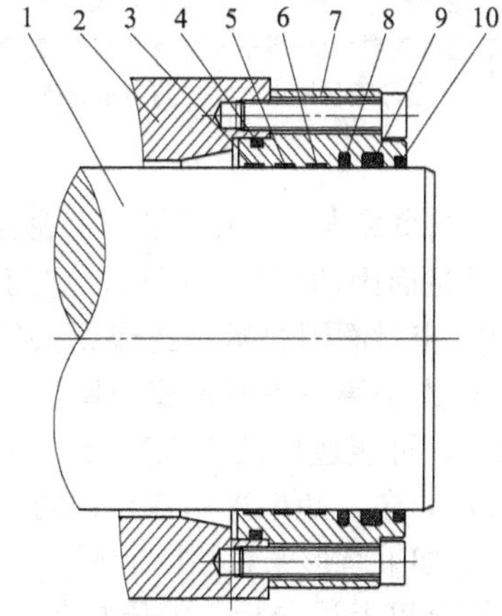

法兰式缸盖 7 通过内六角圆柱头螺钉与缸体 2 连接紧固。

这套活塞杆密封系统即“产生密封、控制泄漏和/或污染的一组按液压缸密封要求串联排列的密封件的配置”与常见的不同，常见的密封件排列在同轴密封件和唇形密封圈间安装有支承环。

在这套活塞杆串联密封系统中，滑环式组合密封作为第一道密封能为串联密封系统提供必要的“泵回吸”特性、良好的高低温特性，以及耐介质特性；唇形密封圈作为第二道密封可以保证对在第二级压力处形成的薄油膜进行密封。同时，这也符合串联密封系统中各密封件材料硬度要从压力侧向大气侧逐渐降低的要求。

图 2-9 原设计活塞杆密封

1—活塞杆；2—缸体；3，5，6—支承环；4—缸盖静密封；7—缸盖；8—滑环式组合密封；9—唇形密封圈；10—防尘密封圈

实践中，唇形密封圈与滑环式组合密封联合使用是非常成功的密封系统。

但原主机厂设计的这套活塞杆密封系统存在如下问题：

① 未查找到符合原设计沟槽的唇形密封圈及可用于替代的其他密封件。

② 在滑环式组合密封和唇形密封圈间无安装支承环或有储油槽设计，因此两密封件间没有足够的储油空间，不利于滑环式组合密封将其泄漏油“逆泵送”回密封系统。

③ 同时，其支承环的安装位置也并非最利于活塞及活塞杆的支承与导向。

④ 如果安装了双作用防尘圈，因唇形密封圈无明显的“逆泵送”能力，会在唇形密封圈和双作用防尘圈间产生困油问题。

注：“泵回吸”或“逆泵送”也可称为“杆带回”。

(2) 修改设计的液压缸活塞杆密封系统的主要问题

液压缸制造商在实际生产中，对上述液压缸活塞杆密封系统做了一些改动。

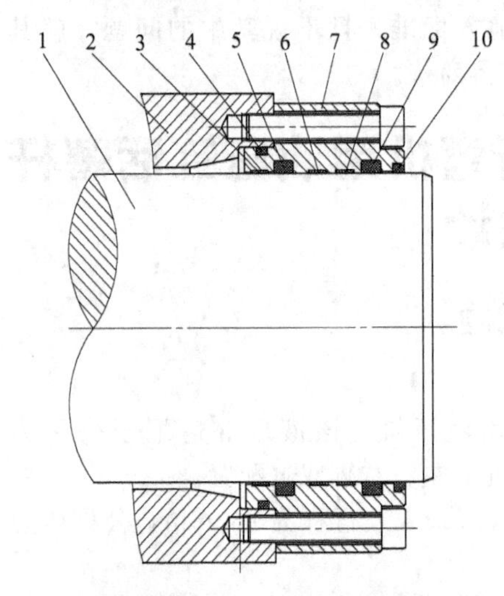

图 2-10 修改后的活塞杆密封

1—活塞杆；2—缸体；3，6，8—支承环；4—缸盖静密封；5—唇形密封圈Ⅰ；7—缸盖；9—唇形密封圈Ⅱ；10—防尘密封圈

如图 2-10 所示，修改后的左缸活塞杆密封系统为：一道支承环 3＋唇形密封圈Ⅰ5＋两道支承环 6、8＋唇形密封圈Ⅱ9＋防尘密封圈 10。缸盖 7 与缸盖静密封 4 采用 O 形密封圈密封。

法兰式缸盖 7 通过内六角圆柱头螺钉与缸体 2 连接紧固。

这还是一套串联密封系统，但它的一、二道密封全部是唇形密封圈，尽管是冗余密封系统设计，但第一道密封就采用唇形密封圈还是比较特殊的。

由于第一道密封就采用唇形密封圈，这种活塞杆串联密封系统有如下问题：

① 在串联密封系统中，必须允许很薄的油膜能通过第一道密封圈，以此保证第二道密封圈有足够的润滑。而第一道密封就采用唇形密封圈，其后的支承环、唇形密封圈就没有了足够、稳定的润滑，用于第二道密封的唇形密封圈的使用寿命将无法保证。

② 唇形密封圈的密封作用（效果）来自于密封圈安装时对密封唇的压缩（初始密封）和密封压力的赋能（自紧密封），用于第二道密封的唇形密封圈初始密封压力可能的一种情况是零，另一种情况是因困油产生的困压，这两种情况对密封圈的密封效果都是不利的。

③ 密封圈因自紧密封或无法舒缓困压，可能造成密封效果不佳或密封圈早期损坏。

④ 由于第一道唇形密封圈后的支承环、唇形密封圈包括防尘密封圈等没有足够、稳定的润滑，可能造成液压缸爬行，也可能造成液压缸出现异响。

⑤ 同样，如果采用双作用防尘圈也会进一步产生困油问题。

⑥ 如果唇形密封圈Ⅰ5 和唇形密封Ⅱ9 采用相同硬度的密封材料，则可能产生的问题更大。

综合以上述分析，液压缸制造商修改后的活塞杆密封系统比原设计的活塞杆密封系统的问题可能更严重。

2.8.2 液压缸活塞杆密封系统的重新设计

针对原设计的和制造商修改的两种液压缸活塞杆密封系统中的存在问题，作者提出了两种重新设计方案。

(1) 重新设计方案之一

如图 2-11 所示，重新设计方案之一的活塞杆密封系统为：支承环 3＋滑环式组合密封 5＋

两道支承环 6、8＋唇形密封件 9＋防尘密封圈 10。缸盖 7 与缸盖静密封 4 采用 O 形密封圈密封。

法兰式缸盖 7 通过内六角圆柱头螺钉与缸体 2 连接紧固。

这套重新设计的活塞杆密封系统方案之一有如下特点：

① 采用滑环式组合密封和唇形密封圈串联布置，密封系统设计合理。

② 上述两密封件间设计安装了两道支承环，给滑环式组合密封“逆泵送”泄漏油留有储油空间。

③ 三道支承环布置较为合理。

④ 采用单唇防尘圈，避免了唇形密封圈与防尘密封圈间困油问题。

⑤ 唇形密封圈采用硬度较低的密封材料，更有利于密封。

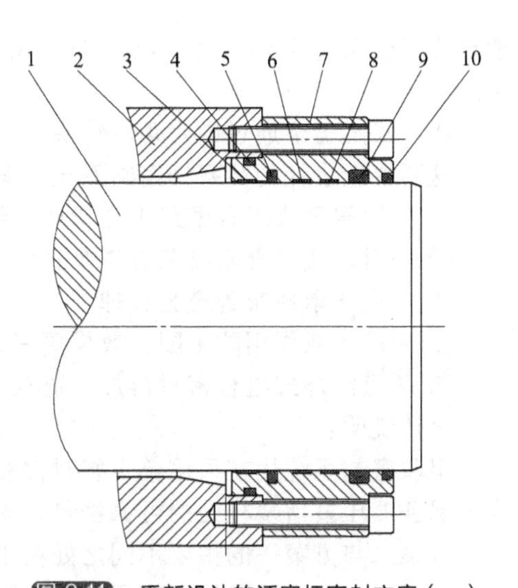

图 2-11 重新设计的活塞杆密封方案（一）

1—活塞杆；2—缸体；3，6，8—支承环；4—缸盖静密封；5—滑环式组合密封；7—缸盖；9—唇形密封圈；10—防尘密封圈

设计说明：

设计液压缸活塞杆密封系统必须满足液压缸活塞杆处在所有工况下没有至大气侧的（大量）动态泄漏，而且当机器停止时必须是完好的静态密封，亦即液压缸运动时活塞杆处外泄漏不得超出规定值，静止时不得有外泄漏。

方案一的第一道密封采用滑环式组合密封——特瑞堡的 2K 型特康斯特封，它在动态及静态下都有良好的密封效果，且因在活塞杆回程时具有将泄漏油逆泵送回系统（泵回吸）的作用，所以在两道密封间不会产生困油问题，使串联密封系统得以实现；该密封在材料和结构上还有一些特殊设计，能有效提高滑动性、耐磨性、抗挤出性等，对减小摩擦、提高机械效率、提高使用寿命和改善高压下密封性能有确切的效果，尤其是该密封具有的高抗挤出性，能满足放宽加工公差的需求。

第二道密封采用唇形密封圈——NOK 的 ISI 型活塞杆密封专用密封件，这种密封件通过外径的过盈配合能形成静态密封，同时由于它的主唇较短、硬度较低，因此有良好的回弹能力和柔性，所以能达到较好的密封性能；且在主副唇间形成的油腔存有液压油，能减小摩擦和爬行现象。

唇形密封圈与滑环式组合密封联合使用是非常成功的密封系统，能在恶劣的工况下工作，适合重载场合。

三道支承环布置较为合理，且都有足够、稳定的润滑。

考虑到唇形密封圈无明显的逆泵送能力，会在唇形密封圈和双作用防尘圈间产生困油问题，所以选用单唇口防尘圈——NOK 的 DSI 型往复运动防尘密封件。

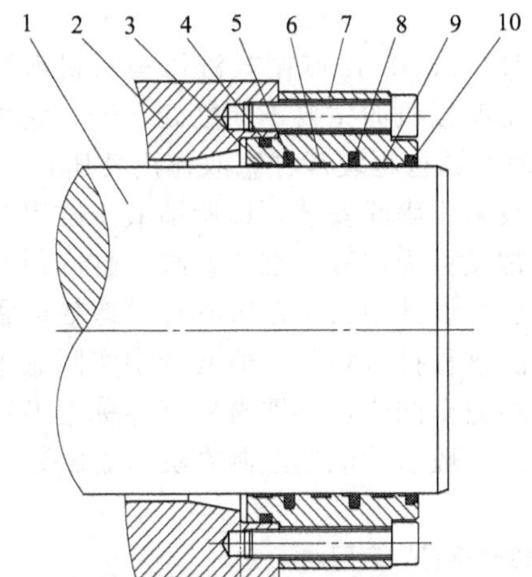

图 2-12 重新设计的活塞杆密封方案（二）

1—活塞杆；2—缸体；3，6，9—支承环；4—缸盖静密封；5—滑环式组合密封；7—缸盖；8—滑环式组合密封Ⅱ；10—防尘密封圈

(2) 重新设计方案之二

如图 2-12 所示，重新设计方案之二的活塞杆密封系统为：支承环 3＋滑环式组合密封Ⅰ5＋支承环 6＋

滑环式组合密封Ⅱ8+支承环9+防尘密封圈10。缸盖7与缸盖静密封4采用O形密封圈密封。

法兰式缸盖7通过内六角圆柱头螺钉与缸体2连接紧固。

这套重新设计的活塞杆密封系统方案之二有如下特点：

① 采用滑环式组合密封Ⅰ和滑环式组合密封Ⅱ串联布置，密封系统设计合理。

② 两滑环式组合密封都有逆泵送能力，且都给它们留有储油空间——集油槽。

③ 三道支承环布置最为合理。

④ 采用了双作用防尘圈，效果更好。

⑤ 两道滑环式组合密封再加一道双作用防尘圈组成的密封系统，密封性能卓越。

设计说明：

串联密封系统用在采用单个密封件在期望的工作寿命期间达不到可靠密封的使用场合，为了保证液压缸活塞杆处的可靠密封，采用有效的密封是必要的。

方案二与方案一的主要不同之处在于：第二道密封采用滑环式组合密封Ⅱ——特瑞堡的佐康雷姆封，防尘圈采用双作用的防尘圈——特瑞堡的DA17防尘圈。

滑环式组合密封Ⅰ——特瑞堡的2K型特康斯特封、滑环式组合密封Ⅱ和防尘圈这三部分组成了该密封系统，第一道滑环式组合密封Ⅰ允许有薄油膜通过，但第二道滑环式组合密封Ⅱ对此薄油膜有擦拭作用，进一步减少通过第二道密封的泄漏量，通过第二道密封的泄漏再次被防尘圈内唇阻止，且此防尘圈能通过外径的过盈配合形成静态密封；第一道密封、第二道密封都有在活塞杆回程时将泄漏油逆泵送回系统（泵回吸）的作用，因此外泄漏将更少，所以由此三种密封件组成的密封系统性能卓越。

此外，三道支承环布置更为合理，且都有足够、稳定的润滑。

如果此密封系统的防尘密封圈采用特瑞堡的特康（佐康）埃落特系列双作用防尘圈，则将是（最低）启动压力最低的一种活塞杆密封系统，其完全符合伺服液压缸活塞密封件的选择要求。

2.9 闸式液压剪板机双作用液压缸无杆端缓冲装置设计

如图2-13所示，这是作者首先设计的一种QC11Y-13×2500/3200闸式液压剪板机液压系统原理图。此种闸式液压剪板机与现在常见的闸式液压剪板机的主要不同之处在于，它采用了作者的专利（专利号：ZL 2014 2 0433665.7）“一种可调行程缓冲柱塞双作用液压缸”。

现在常见的闸式液压剪板机上两台双作用液压缸一般采用串联安装，即所谓液压缸串联同步回路液压系统。其中缸内径大的一般称为主缸，通常又称为左液压缸或左缸；缸内径小的一般称为副缸，通常又称为右液压缸或右缸。在两液压缸设计中力求左缸有杆端有效面积与右缸无杆端活塞面积相等，即力求左缸回程排量与右缸进程排量相等，但设计中实际做不到，只能力求接近，即两液压缸的理论基准点在运动时不完全同步，亦即滑块（亦称上刀架或刀架）在运动中始终摆动。此种液压剪板机的滑块回程一般由蓄能器控制右缸（副缸）有杆端，在滑块工进过程中要始终克服该回程力。

注：在GB/T 17446—2012中的定义“缸回程排量”和“缸进程排量”有问题。

在滑块回程时，现在常见的这种规格液压剪板机的左液压缸（主缸）缸盖（底）处设计了固定缓冲装置，用于缸回程终点处缓冲。在实际使用中，现在这种规格液压剪板机的左缸的缓冲装置效果不稳定、不可靠，经常出现活塞直接撞缸底现象。

带动闸式液压剪板机上刀架回程的串联液压缸中的主液压缸回程死点处的缓冲装置设计

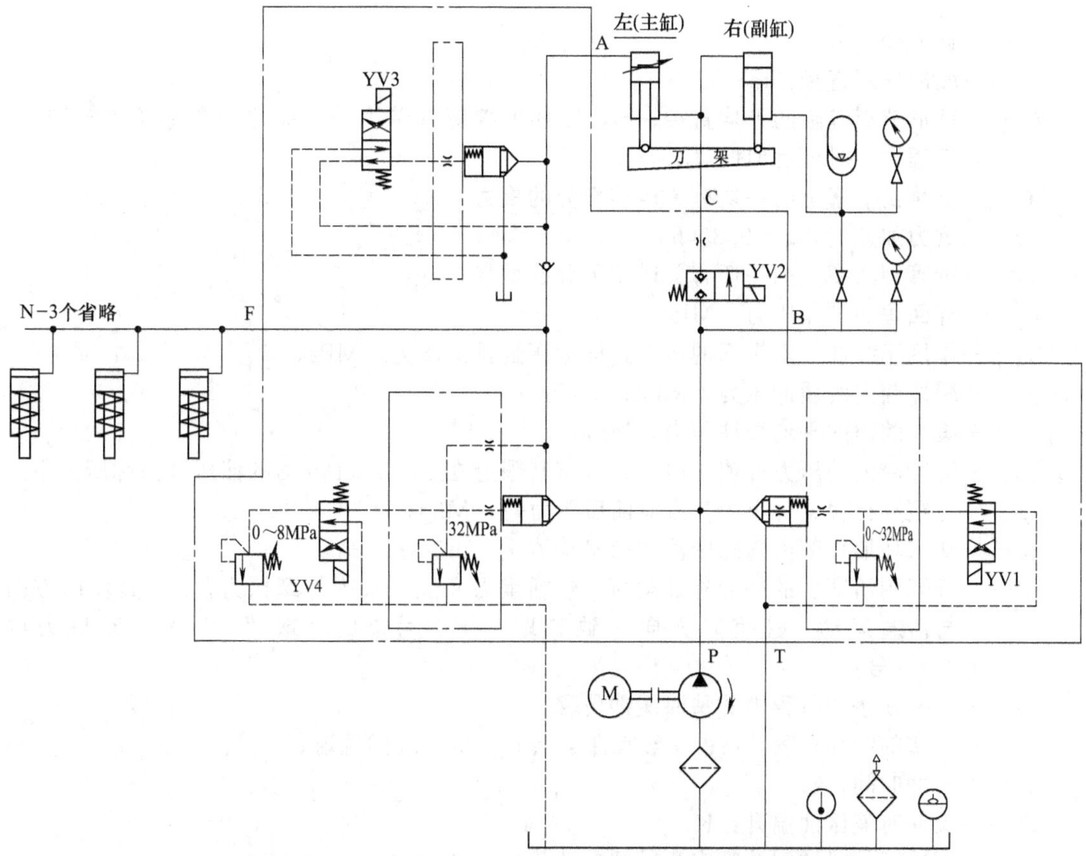

图 2-13 QC11Y-13×2500/3200 闸式液压剪板机液压系统原理图

是闸式液压剪板机设计中一个难题。现在的实际情况是反求设计尚且做不到，更谈不上优化设计了。主要问题在于这种液压缸串联同步回路液压系统中主液压缸缓冲装置设计没有现成的数学模型，各设计参数莫衷一是，相关标准也没有具体规定，因此，工程上急需对此种缓冲装置设计给出各设计参数选择、计算及确定的方法，按计算公式计算、设计出理论上可行的新型缓冲装置，并对已有的缓冲装置进行验算或校核。

2.9.1 液压缸缓冲装置技术条件

(1) 缓冲装置设计、计算各相关参数的符号及含义的确定

为了方便、正确地表述下文，确定如下量、符号和单位，并给出用于参考的取值范围。

A——缓冲压力作用在活塞上的有效面积，m^2；

A_1——缸回程的工作压力作用的活塞有效面积，m^2；

A_2——缓冲柱塞头部压力作用的面积，m^2；

A_i——相应于缓冲行程 s 的节流面积，m^2；

a——缓冲时活塞的（瞬时）加速度，m/s^2；

a_m——缓冲时活塞的平均加速度，m/s^2，因缓冲是一个减速过程，其与活塞运动（速度）方向相反，取“－”号；

C_d——与缓冲行程 s 对应的节流口的流量系数，按紊流一般可在 $C_d=0.60\sim0.61$ 或在 $C_d=0.70\sim0.80$ 间试选取；

c——液压油的质量热容，J/(kg·K)，一般液压油的质量热容 $c=1675\sim2093$J/

(kg·K)；

D——缸内径，m；

d——缓冲柱塞直径，m；

d_m——环形节流缝隙的平均直径，m，因环形缝隙（单边）与缓冲柱塞直径比较较小，工程计算时可近似取$d_m \approx d$；

G——折算到活塞上的一切有关运动部分的重力，N；

g——重力加速度，$g=9.80665 \approx 9.81$，m/s^2；

m——折算到活塞上的一切有关运动部分的质量，kg；

p_1——缸回程的工作压力，MPa；

p_2——作用于缓冲柱塞头部的压力，即液压缸排油压力，MPa；

p_c——缓冲腔内的缓冲压力，MPa；

p_{cm}——缓冲腔内的平均缓冲压力，MPa；

p_{cmax}——缓冲腔内的压力峰值，MPa；应将其限定在$p_{cmax} \leqslant 1.5$倍的液压缸公称压力下；

Δp——与缓冲行程s对应的节流口前后压力差，MPa；

q_{vm}——从（环形）节流缝隙中流过的平均流量，m^3/s；

R——折算到活塞上的一切外部载荷，包括重力和液压缸内外摩擦力，N，其作用方向与活塞运动（速度）方向一致者取“＋”号，反之取“－”号，摩擦力取“－”号；

s——活塞在缓冲行程中的瞬时缓冲位移，m；

s_c——活塞的缓冲行程，m；一般宜在$s_c=10 \sim 30$mm间选取；

t_c——缓冲时间，s。

ΔT——缓冲时液压油温升，K；

V——缓冲开始时的缓冲腔容积（缓冲油量），m^3；

v_0——活塞在缓冲开始时的速度，m/s；

v_i——活塞相应于缓冲行程s的速度，m/s；

γ——液压油的重度，N/m^3；

δ——环形节流缝隙（单边），m，一般液压缸缓冲装置的缓冲柱塞与缓冲孔所组成的环形节流单边间隙$\delta=0.10 \sim 0.12$mm；

μ——液压油的动力黏度，Pa·s；

ρ——液压油的体积质量（密度），kg/m^3，通常液压缸使用的液压油密度为$\rho=900kg/m^3$。

(2) 缓冲装置设计所期望的理想缓冲性能

① 适应工况变化，可以在一定范围内调节，如液压油黏度变化、环境温度变化、活塞在缓冲开始时的速度变化、液压缸回程压力变化、相关运动部分重力变化等。

② 在缓冲过程中，保持缓冲压力不变，活塞的减速度为常数。

③ 缓冲时液压油温升最好不超过55℃，最高温度不得超过80℃。

④ 如缓冲腔出现压力峰值，也不得大于1.5倍液压缸的公称压力。

⑤ 缸回程终点时活塞运动速度为零，且无异响及回弹。

⑥ 缸进程开始时不能出现异响和异动，即不能出现缓冲过度问题。

⑦ 结构简单、容易调节、制造成本低，便于批量加工、制造。

注：“无异响”或应表述为“当行程到达终点时应无金属撞击声。”

(3) 液压缸缓冲装置设计的一般技术要求

① 缓冲装置应能以较短的缓冲行程吸收最大的动能，就是要把运动件（包括各连接件

或相关运动件）的动能全部转化为热能。

② 缓冲过程中尽量避免出现压力脉冲及过高的缓冲腔压力峰值，使压力的变化为渐变过程。

③ 缓冲腔内（无杆端）峰值压力应小于等于液压缸的1.5倍公称压力。

④ 动能转变为热能使液压油温度上升，油温的最高温度不应超过密封件的允许最高使用温度。

⑤ JB/T10205—2010《液压缸》中规定："液压缸对缓冲性能有要求的，由用户和制造商协商确定。"

⑥ GB/T15622—2005《液压缸试验方法》中规定："将被试缸工作腔的缓冲阀全部松开，调节试验压力为公称压力的50%，以设计的最高速度运动，检测当运行至缓冲阀全部关闭时的缓冲效果。"

(4) 液压缸缓冲装置的设计原则

① 液压缸活塞的运动速度在100mm/s以下，可考虑不设置缓冲装置；在200mm/s以上时，必须设置缓冲装置。

② 双作用液压缸无杆端变节流型缓冲装置的缓冲柱塞为凹抛物线形最为理想，所以要尽量把缓冲柱塞设计、加工成接近凹抛物线形状（主要选用圆锥型或双圆锥型）。所谓的理想设计为：缓冲压力不变，活塞的加速度为常数。

③ 缓冲柱塞端部不能撞缸底，且在结构设计时要保护好缓冲装置。

④ 缓冲后再启动时速度不能过快，更不能把缓冲侧（无杆端）吸空。

⑤ 在有杆端设置缓冲（装置）的，其缓冲压力应避免作用在活塞杆动密封（系统）上。

⑥ 符合液压缸缓冲装置设计的一般技术要求。

(5) 液压缸缓冲装置设计的依据

① 动件运动速度，如缸体固定，活塞杆回程运动，则活塞杆回程速度为设计依据。

② 动件质量，如缸体固定，活塞杆回程运动，则活塞杆质量为设计依据，如活塞杆连接滑块，那么还要考虑计入滑块质量，如双缸（或多缸）控制一个滑块，还涉及质量折算计入。

③ 载荷（重力）与运动速度方向，如是否为超越负载。

④ 缓冲时液压缸的另一腔体的（控制）压力、流量情况。

⑤ 缓冲停止（结束）的控制方式。

⑥ 缓冲后再启动情况（要求），不能只考虑缓冲效果，同时也要考虑启动效果。

⑦ 液压油液的温度变化范围。

⑧ 缓冲装置的预期设计寿命。

2.9.2 双作用液压缸无杆端固定式缓冲装置的设计计算

(1) 液压缸缓冲装置的缓冲压力的一般计算

如图2-14所示，一种液压缸无杆端固定式恒节流缓冲装置刚开始进入缓冲，液压缸开始制动的状态。

在液压缸缓冲制动情况下，液压缸活塞的

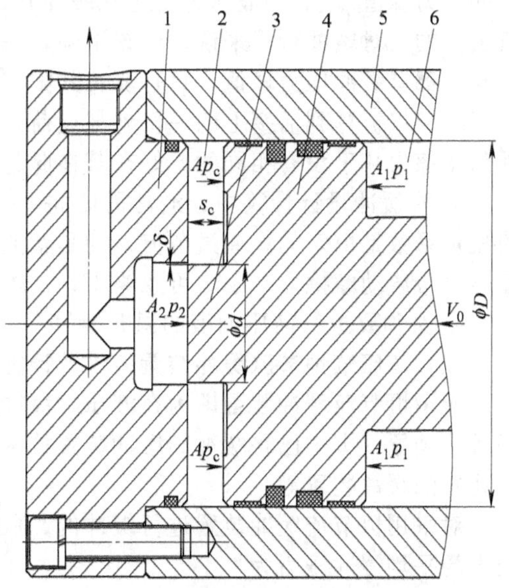

图2-14 液压缸恒节流缓冲装置示意图

1—缸底（缓冲孔）；2—缓冲腔；3—缓冲柱塞；4—活塞；5—缸筒；6—液压缸有杆腔

动力学方程式为

$$A_1p_1\times10^6-A_2p_2\times10^6-Ap_c\times10^6\pm R=\frac{G\mathrm{d}v}{g\,\mathrm{d}t}=\frac{G}{g}a \tag{2-108}$$

几点说明如下：

① 动力学基础。上述公式来源于动力学公式 $F=ma$，即加在质量为1kg的物体上的使之产生 $1\mathrm{m/s^2}$ 加速度的力为1 N，以及 $F=\mathrm{d}(mv)/\mathrm{d}t$，作用物体上的合力等于物体动量的变化率。

② 公式各项注释及说明。

A_1p_1——作用于活塞上的缸回程力，其作用方向与活塞运动（速度）方向一致，使活塞的缓冲行程减小；

A_2p_2——作用于缓冲柱塞头部的压力，即液压缸排油压力，其作用方向与活塞运动（速度）方向相反，有制动作用，但通常很小，甚至为零；

Ap_c——作用于活塞上的制动力，其作用方向与活塞运动（速度）方向相反，随缓冲腔内的瞬时缓冲压力 p_c 大小而变化，对运动件起主要制动作用；

$\frac{G}{g}$——折算到活塞上的一切有关运动部分的质量；

$\frac{\mathrm{d}v}{\mathrm{d}t}$——折算到活塞上的一切有关运动部分（相当质量）的加速度。

③ 计算中的注意事项。

a. p_1（缸回程的工作压力）在缓冲过程中一般是有变化的。在采用液压泵提供液压油液给液压缸致使缸回程时，因缓冲制动可能使缸回程的工作压力升高，缸回程的最高工作压力由安装在液压系统上的溢流阀（或安全阀）调定；在一定条件下，之所以缸回程缓冲制动能使活塞减速，还必须有溢流阀（或安全阀）溢流；在采用蓄能器提供液压油液给液压缸有杆腔致使缸回程时，蓄能器压力在一直下降。

b. p_c［缓冲腔内的（瞬时）缓冲压力］的最大值为缓冲腔内的压力峰值 p_{cmax}。缓冲腔内的压力峰值 p_{cmax} 一般认为发生在缓冲开始时，但根据缓冲柱塞形状不同，其缓冲压力峰值发生的（对缓冲行程来说）位置不同，一般要靠装机试验获得。现在设计的固定式缓冲装置几乎都有缓冲压力峰值，只是要将其限定在 $p_{cmax}\leqslant1.5$ 倍的液压缸公称压力下。

c. R（折算到活塞上的一切外部载荷）在缓冲设计计算中最难确定准确，其中的液压缸外部摩擦力几乎没有相同的，好在其在此起制动作用。

d. 在缓冲设计计算中，经常需做如下一些假设，如：液压油液是不可压缩的；节流口的流量系数是恒定的；通过节流口的是紊流；缓冲过程中缸回程工作压力不变；液压缸内摩擦力（带载动摩擦力）小，可忽略不计；等等。

e. 必须要进行液压油液的温升验算。

（2）液压缸恒节流缓冲装置的设计计算

所谓恒节流缓冲装置即为在液压缸缓冲过程中，其节流面积不变的缓冲装置。例如节流阀缓冲装置（本书已将缓冲阀缓冲装置技术要求单列）、缓冲柱塞为圆柱形（缓冲孔亦为圆柱孔）的缓冲装置等。

对采用恒节流缓冲装置进行缓冲的，假设活塞的平均加速度为 $a_m=-v_0^2/2s_c$，则缓冲腔内的平均缓冲压力为

$$p_{cm}=\frac{A_1p_1s_c+\left(\frac{1}{2}\times\frac{G}{g}v_0^2\pm Rs_c\right)\times10^{-6}}{As_c}(\mathrm{MPa}) \tag{2-109}$$

缓冲腔内的缓冲压力的最大值，亦即缓冲腔内的压力峰值 p_{cmax} 应发生在活塞刚进入缓冲区（缓冲柱塞刚进入缓冲孔）一瞬间，假设此时的加速度为 $a_0=a_{max}=2a_m=v_0^2/s_c$（绝对值最大加速度），则缓冲腔内的压力峰值（近似计算）为

$$p_{cmax}=\frac{A_1p_1s_c+\left(\frac{G}{g}v_0^2\pm Rs_c\right)\times 10^{-6}}{As_c}(\mathrm{MPa}) \tag{2-110}$$

说明：

① 上面两公式皆源于液压缸活塞的动力学方程式，只是对 a 做了一定的假设，如假设 $a=a_m=-v_0^2/2s_c$，则推导出缓冲腔内的平均缓冲压力计算公式；假设 $a_0=a_{max}=-v_0^2/s_c$，则推导出缓冲腔内的压力峰值计算（近似计算）公式。

上述计算公式不仅可以用于对节流阀缓冲进行计（估）算，还可用于其他节流缓冲计（估）算，如环形缝隙恒（变）节流装置。

② 当采用环形缝隙恒节流缓冲装置时，环形节流缝隙（单边）δ 可按下式进行近似计算

$$\delta=\sqrt[3]{\frac{12q_{vm}\mu s_c}{p_{cm}d_m\pi}}\times 10^{-2}(\mathrm{m}) \tag{2-111}$$

因 $q_{vm}=Av_0/2$，且 $d_m\approx d$，则上式可改写为

$$\delta=\sqrt[3]{\frac{6Av_0\mu s_c}{p_{cm}d\pi}}10^{-2}(\mathrm{m}) \tag{2-112}$$

设 $V=As_c$，则上式可改写为

$$\delta=\sqrt[3]{\frac{6Vv_0\mu}{p_{cm}d\pi}}10^{-2}(\mathrm{m}) \tag{2-113}$$

③ 当采用环形缝隙恒节流缓冲装置时，缓冲柱塞直径 d 可按下式进行近似计（估）算

$$d=\frac{-\delta^3p_{cm}\times 10^6+\sqrt{\delta^6p_{cm}^2\times 10^{12}+9D^2v_0^2\mu^2s_c^2}}{3v_0\mu s_c}(\mathrm{m}) \tag{2-114}$$

④ 当采用环形缝隙恒节流缓冲装置时，活塞的缓冲行程可按下式进行近似计（估）算

$$s_c=\frac{2\delta^3p_{cm}d}{3(D^2-d^2)v_0\mu}\times 10^6(\mathrm{m}) \tag{2-115}$$

讨论：

① 设计恒节流缓冲装置的环形节流缝隙（单边）δ 时，要考虑以下因素：

a. A，缓冲压力作用在活塞上的有效作用面积。

b. v_0，活塞在缓冲开始时的缓冲速度。

c. μ，液压油的动力黏度。

d. s_c，活塞的缓冲行程。

e. p_{cm}，缓冲腔内的平均缓冲压力。

f. d 或 d_m，缓冲柱塞直径或环形缝隙的平均直径。

② 恒节流缓冲装置的环形节流缝隙（单边）δ 与相关因素有如下关系：

a. A（缓冲压力作用在活塞上的有效作用面积）越大，环形节流缝隙（单边）δ 就可以越大。此点在液压缸工程设计中有重要意义。

b. v_0（活塞在缓冲开始时的缓冲速度）越高，环形节流缝隙（单边）δ 就得越大。否则，缓冲腔内的缓冲压力的最大值，即缓冲腔内的压力峰值 p_{cmax} 就可能大于 1.5 倍的液压缸公称压力，此点在液压缸设计中经常出现相反的设计。

c. μ（液压油的动力黏度）越大，环形节流缝隙（单边）δ 就得越大。

d. s_c（活塞的缓冲行程）越长，环形节流缝隙（单边）δ 也可越小。在环形节流缝隙（单边）δ 不变的情况下，改变活塞的缓冲行程即可改变缓冲效果，此点为作者专利设计的理论基础。

e. p_{cm}（平均缓冲压力）越高，环形节流缝隙（单边）δ 就得越小。

f. d（缓冲柱塞直径）越大，环形节流缝隙（单边）就得越小。此点在液压缸工程设计中的意义与①相同。

说明：

① 环形节流缝隙（单边）δ 计算公式来源于固定壁同心环缝隙中流体流动的流量计算公式。

② 实际情况一定不是同心环缝隙，应该为偏心环缝隙，而且还是移动壁偏心环缝隙。而常见的公式是以壁（缓冲）孔孔径为参量计算的，与上式中 d 所指缓冲柱塞直径不同。

③ 环形节流缝隙（单边）δ 的计算公式只能进行近似计算不仅在于上述原因，还在于形成缝隙流的原因不止因压差产生的压差流，还应有因缓冲柱塞运动而产生的剪切流。

④ 缓冲柱塞与缓冲孔单边间隙（环形节流缝隙）δ 不可设计过小，根据液压缸及缸零件的尺寸与公差以及几何精度要求，一般取 $\delta=0.10\sim0.12$mm。

如果 δ 设计、选取得太小，还可能因为液压缸总成装配及各零部部件加工质量和导向套（环）磨损后可能造成的偏心等原因，使缓冲柱塞与缸盖（设置在缸底上的缓冲孔）间产生碰撞或擦边。

⑤ 因缓冲腔内的缓冲油量为 $V=As_c=\pi(D^2-d^2)s_c/4$，缓冲时间为 $t_c=2s_c/v_0$，则：$q_{vc}=V/t_c=Av_0/2$。其中缓冲开始时的缓冲腔容积 V 在液压缸缓冲装置的工程设计中有重要意义。

有参考文献根据经验给出了一组一般液压缸缓冲油量推荐值，见表 2-32。

表 2-32　液压缸缓冲油量推荐值

缸内径 D/mm		40	50	63	80	100	125	140	160
缓冲油量/mL	有杆端	110	190	310	670	1140	1940	2270	3100
	无杆端	240	360	560	1140	1800	2780	3500	4450

注：表 2-32 参考了参考文献［20］，但其出处不清楚。

⑥ 缓冲腔内的缓冲油量为 $V=As_c=\pi(D^2-d^2)s_c/4$，在缓冲过程中的温升所需能量全部来自于液压缸及带动的部件动能。动能 E_k 表达式为

$$E_k=\frac{1}{2}mv_0^2(\mathrm{J})或(\mathrm{kg\cdot m^3/s^2}) \tag{2-116}$$

⑦ 如果不考虑缓冲过程中散热，认为缓冲时间很短（按绝热条件计算），那么油液的温升可按下式计算：

$$T=\frac{E_k g}{c\gamma As_c}(\mathrm{K})$$

或

$$\Delta T=\frac{E_k}{c\rho V}(\mathrm{K})$$

⑧ 缓冲行程 s_c 不可设计过长，以免液压缸缓冲时间 t_c 过长和液压缸尺寸过大，一般设计在 10～30mm 间为宜。

⑨ 根据缓冲腔内的平均缓冲压力 p_{cm}、活塞在缓冲开始时的缓冲速度 v_0 及活塞的缓冲行程 s_c 等给出的缓冲柱塞直径 d 的近似计（估）算公式，是液压缸环形缝隙恒节流缓冲装

置设计的基础。

(3) 液压缸的变节流缓冲装置的设计计算

所谓变节流缓冲装置即为在液压缸缓冲过程中，其节流面积随缓冲过程而变化的缓冲装置，例如缓冲柱塞为抛物线形、阶梯形、圆锥形、铣槽形等（缓冲孔为圆柱孔）的缓冲装置或缓冲孔非圆柱孔缓冲装置等。

理想的缓冲装置在缓冲过程中，最好保持缓冲压力不变，活塞的加速度为常数。按上述假设条件，则活塞的加速度为

$$a=a_{\mathrm{m}}=\frac{v_0^2}{2s_{\mathrm{c}}}(\mathrm{m/s^2}) \tag{2-117}$$

则缓冲压力为

$$p_{\mathrm{c}}=p_{\mathrm{cm}}=\frac{A_1p_1s_{\mathrm{c}}+\left(\frac{1}{2}\times\frac{G}{g}v_0^2\pm Rs_{\mathrm{c}}\right)\times10^{-6}}{As_{\mathrm{c}}}(\mathrm{MPa}) \tag{2-118}$$

则缓冲时间为

$$t_{\mathrm{c}}=\frac{2s_{\mathrm{c}}}{v_o}(\mathrm{s}) \tag{2-119}$$

则相应与缓冲行程 s 的节流面积为

$$A_i=\frac{A\sqrt{\gamma}}{C_{\mathrm{d}}\sqrt{2g\Delta p\times10^6}}v_{\mathrm{i}}(\mathrm{m^2}) \tag{2-120}$$

或

$$A_i=\frac{A\sqrt{\rho}}{C_{\mathrm{d}}\sqrt{2\Delta p\times10^6}}v_{\mathrm{i}}(\mathrm{m^2}) \tag{2-121}$$

说明：

上述对应于缓冲行程 s 的节流面积公式是依据薄壁节流小孔流量公式 $Q=C_{\mathrm{d}}A_0\sqrt{\frac{2\Delta p}{\rho}}$ 导出的。在缓冲过程中，t 时刻即 t_i 时的活塞速度 v_i 应为（在活塞的加速度为常数即匀减速 $a=a_{\mathrm{m}}=-\frac{v_0^2}{2s_{\mathrm{c}}}$ 条件下）：$v_i=v_0-\frac{v_0^2}{2s_{\mathrm{c}}}t_i$；相同条件下，$t$ 时刻即 t_i 时的活塞行程 s 应为：$s=v_0t-\frac{v_0^2}{4s_{\mathrm{c}}}t_i^2$；由上述两式及边界条件 $t\leqslant t_{\mathrm{c}}$（缓冲时间 $t_{\mathrm{c}}=2s_{\mathrm{c}}/v_0$）可得

$$v_{\mathrm{i}}=v_0\frac{\sqrt{s_{\mathrm{c}}-s}}{\sqrt{s_{\mathrm{c}}}} \tag{2-122}$$

则上述相应与缓冲行程 s 的节流面积公式即可表示为

$$A_i=\frac{Av_0\sqrt{\rho}}{C_{\mathrm{d}}\sqrt{2\Delta p\times10^6}}\times\frac{\sqrt{s_{\mathrm{c}}-s}}{\sqrt{s_{\mathrm{c}}}}(\mathrm{m^2}) \tag{2-123}$$

此公式即为变节流瞬时节流面积公式，它是设计缓冲柱塞形状的依据。

但是，实际节流口非是薄壁小孔，流量系数 C_{d} 也非常数，且很难设定（试验）准确，所以计算结果同试验结果有差距，必须通过试验加以修正。如果按阻尼长孔流量公式推导上述公式，也存在相同问题。

其他见上节说明及注意事项。

2.9.3 三种双作用液压缸缓冲装置结构设计比较与分析

如图 2-15 和图 2-16 所示两种规格的闸式液压剪板机用液压缸左缸，在左缸缸底处都设

计了缓冲装置，用于缸回程终点处缓冲。

在实际使用中，现在这两种规格液压剪板机的两种液压缸的缓冲装置效果都不稳定、不可靠，经常出现活塞直接撞缸底的现象。

下面就从这两种液压缸的两种缓冲装置的结构设计、工艺难度等方面进行比较与分析。

(1) 缓冲装置结构Ⅰ设计比较与分析

如图 2-15 所示，设在缸底上的缓冲腔缓冲孔直径公差为 H7，且有 15°、5mm 长倒角；缓冲柱塞圆柱直径公差为 f7，且分别有 6°、2mm 和 3.5°、3mm 长倒角，缓冲柱塞总长 10mm，即缸的缓冲长度（缓冲行程）≤10mm；这种缓冲结构设计属于变节流型缓冲，主要目的就是在开始缓冲时尽量避免出现压力脉冲，缓冲过程中避免出现过高的缓冲压力峰值，最好缓冲压力能是一个定值或按一定规律变化。现在设计认为凹抛物线缓冲柱塞缓冲效果最佳，可以达到恒减速缓冲，缓冲腔压力较低而且变化小，但图 2-15 所示的设计却是凸折线（指其素线）即双锥型，且接近凸抛物线，而非凹抛物线。

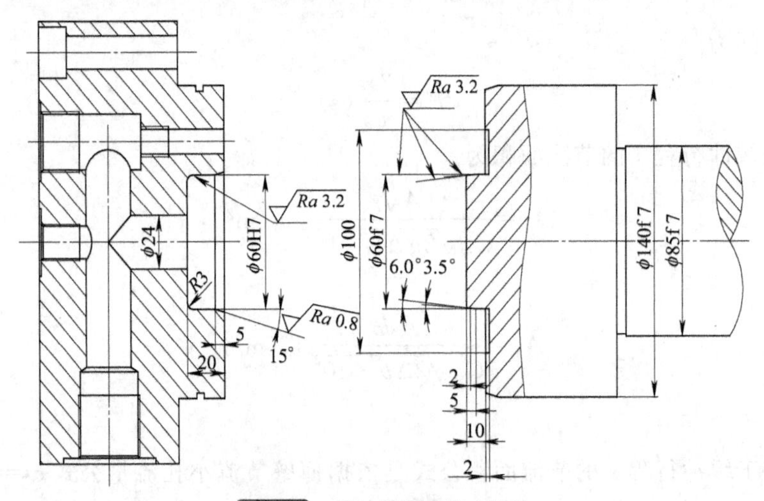

图 2-15 缓冲装置结构Ⅰ设计

任何缓冲装置设计必须避免瞬间闭死缓冲腔设计，因为水锤（现象）能使缓冲腔压力急遽升高，会造成严重后果。但 ϕ60H7/f7 的配合最小间隙（双边）只有 0.03mm，近乎闭死，这是非常危险的。

原图中所有有关缓冲结构的线性尺寸皆为未注公差，按未注公差中等公差等级 m 级，长度 0.5～6mm，中等 m 级的线性尺寸的极限偏差数值为±0.10mm，长度＞6～30mm，中等 m 级的线性尺寸的极限偏差数值为±0.20mm，如果再考虑角度未注公差按公差等级中等 m 级，那么圆锥素线长度≤10mm，角度尺寸的极限偏差数值为±1°。经计算，由此可能产生闭死缓冲腔的缓冲行程应＞0.7mm 。

如果一旦缓冲柱塞到达并进入闭死缓冲区，则缓冲孔与缓冲柱塞间就出现了 ϕ60H7/f7 的配合区间。此时对缓冲孔与缓冲柱塞间的同轴度要求就必须足够高，否则，就会出现现在经常发生的所谓缓冲柱塞擦边；按现在液压缸设计对缸盖（底）和活塞及缓冲柱塞的同轴度要求 ϕ0.02～0.03mm，就一定会出现缓冲柱塞与缓冲孔的擦边现象。

此缓冲柱塞加工如果在普通车床上加工，应该达不到设计要求；如在数控车床上精加工，应该可以达到设计要求，且必须是拨顶加工，缓冲柱塞及活塞端面、外圆一次加工，但因缓冲柱塞直径与活塞直径相差太大，主轴需要变速，缓冲柱塞上两角度相接处及角度与圆柱面交接处也需在编程和刀具上认真处理。

经笔者修改图样，给出严格的尺寸公差和几何公差后，此缓冲柱塞可以在数控车床上加工出合格产品。

综上所述，如图 2-15 所示这种缓冲装置结构设计不可取。

主要问题归纳如下：

① 不符合缓冲装置设计的一般技术要求。

② 缓冲腔有闭死可能，存在严重的安全隐患。

③ 缓冲柱塞加工较为困难。

④ 对缸底上缓冲孔与缓冲柱塞同轴度要求太高。

⑤ 此缓冲装置只能针对一种工况适用。

(2) 缓冲装置结构Ⅱ设计比较与分析

如图 2-16 所示，缓冲腔缸盖孔直径公差为 H7，且有 15°的 10mm 长倒角；缓冲柱塞圆柱直径公差为 d8，且有 15°的 6mm 长倒角；缓冲柱塞总长 20mm，即缸的缓冲长度（缓冲行程）≤20mm。这种结构设计在开始缓冲时有一段变节流缓冲，以后为恒节流缓冲，总的来说属于液压缸无杆端固定式缓冲装置。

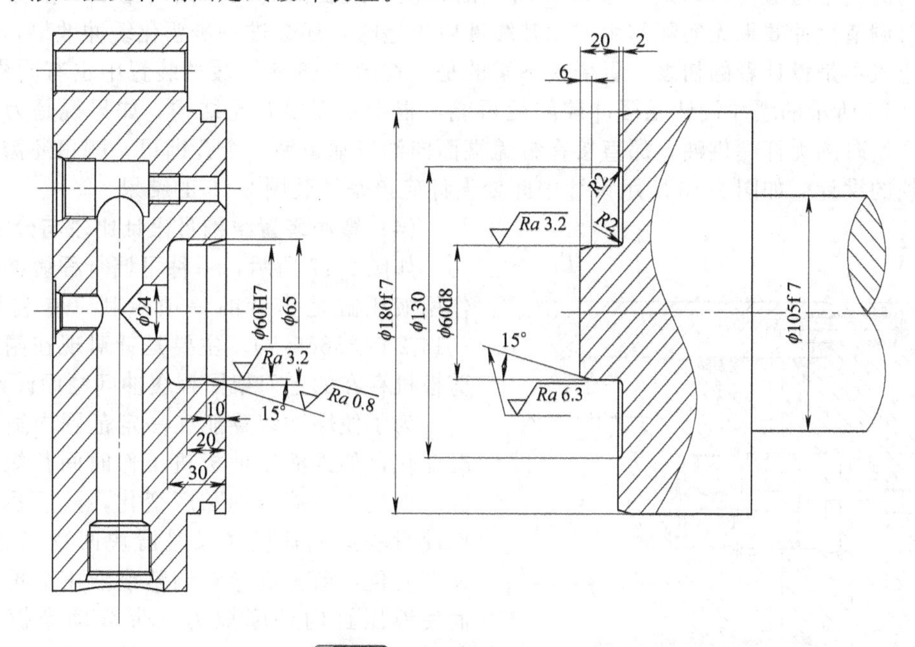

图 2-16 缓冲装置结构Ⅱ设计

此缓冲装置的缸的缓冲行程比图 2-15 所示的要长，因恒节流起主导作用，所以缓冲行程对缓冲加速度、缓冲压力、缓冲时间等有直接影响。

因此认为此种缓冲装置与图 2-15 所示缓冲装置比较，它的缓冲减速度要小，缓冲压力也小，但缓冲时间要长。此种缓冲装置仍有一个问题，也是只能适用于一种工况。

(3) 两种缓冲装置共有的一种结构设计分析

如图 2-15、图 2-16 所示，在缸底缓冲孔上方还有一个螺纹台阶孔，且与缸盖上油口相通，此孔内螺纹处安装了一个 ZG1/4 螺塞（暂不讨论其他问题），设计目的是调节缓冲效果。

在螺塞中心没有钻孔的情况下，如果事先将此螺塞拧死，一种情况如果缓冲效果差，则拧松螺塞反而缓冲效果会更差；另一种情况如果缓冲过度，则拧松螺塞可以有一点效果。

如果事先此螺塞是松的状态，一种情况如果缓冲效果差，则拧紧螺塞可能会使缓冲效果有一点好转；另一种情况如果缓冲过度，则拧死螺塞反而会使缓冲更加过度。

此处安装螺塞一般不允许是松的状态，因为螺塞进一步可能松脱出螺纹，这是液压缸及缓冲装置设计所不允许的。

此设计应该是想把节流（恒节流和变节流）缓冲再并联一个可调节流，借以改变原设计缓冲装置只能适用于一种工况的情况，但此设计达不到上述目的，实践中也无明显效果。

如果要让此螺塞有用，那必须在设计上追求缓冲装置的缓冲过度，在节流缓冲设计上只有两个办法：减小节流面积或增加缓冲行程，但此螺塞有用时，一定是松的状态，那么这是设计不允许的。从另一个方面说，现在这两种缓冲装置的主要问题还是缓冲效果差，即活塞撞缸底，加这一螺塞毫无作用，不客气地讲，就是画蛇添足，原理讲不通，也毫无效果，且增加了加工制造成本和多了一个可能产生外泄漏的泄漏点。

在以上所述中，关于此螺塞所起的调节缓冲效果作用为多人多次讲过，如果采用可调单向节流阀做缓冲那是可以的，且有成型产品，只是采用ZG螺塞要起到调节缓冲效果那是不可能的。

现在实际产品此螺塞中心处钻孔后被拧紧在螺纹孔内，这样只是增加了一个缸盖油口与无杆端间的一个通道，可以减小缓冲腔闭死的程度，或在缸进程开始时增加一点无杆端供油，而对调节缓冲效果无实际作用，尤其缓冲效果差时，还会进一步恶化缓冲效果，且这种做法也应该不是设计者的初衷。更令人不解的是，在图2-16所示缓冲装置中也有同样设计，但是图2-16所示的缓冲设计无缓冲腔闭死可能，根本不需要有此结构。如果说是为了增加缸进程开始时的无杆端供油，那直接在缸盖端面向油口油道钻一个孔即可，哪里还需要此种如此麻烦的设计。如图2-16所示设计中此处设计应该是抄袭图2-15的结果。

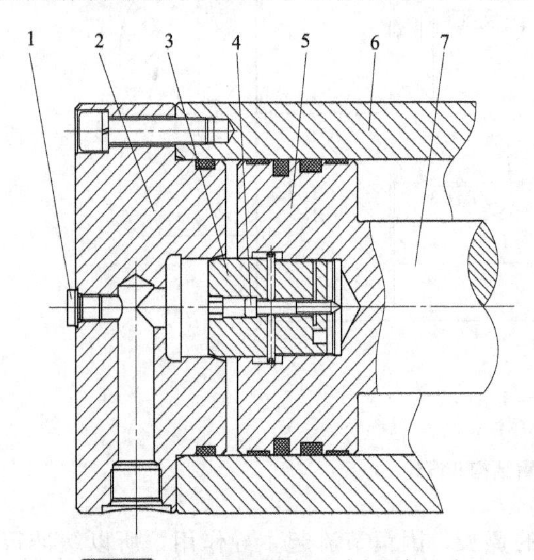

图2-17 缓冲装置结构Ⅲ（专利）设计

1—排（放）气螺塞；2—缸底（缓冲孔）；3—可调缓冲柱塞；4—可调缓冲柱塞调整锁紧装置；5—活塞；6—缸筒；7—活塞杆

(4) 缓冲装置结构Ⅲ设计比较与分析

如图2-17所示，一种可调行程缓冲柱塞双作用液压缸是作者的一项专利（专利号：ZL 2014 2 0433665.7），主要是针对现在闸式液压剪板机存在的上刀架回程缓冲问题而设计的。

为了使缓冲装置能在一定范围内适用于工况变化，如因液压剪板机工作时间长短、环境温度变化而使液压油黏度变化，液压系统调整而使滑块运动速度尤其是滑块回程（缸回程）速度变化，剪板机导轨调整或液压缸更换密封而使液压缸内外摩擦力（带载动摩擦力）变化，或因其他一些影响缓冲效果的因素发生变化而使液压缸的缓冲效果变差或缓冲过度时，可以通过简单的现场调整，使液压缸的缓冲效果达到最佳。

如图2-17所示，把缓冲柱塞由原来的定长改为在一定范围内缓冲柱塞长度可调，根据缓冲效果情况，如缓冲效果差，则可把缓冲柱塞调长，如缓冲过度，则可把缓冲柱塞调短，且可在调整后锁紧；因可调缓冲柱塞与活塞分体，更便于将其加工成较为理想尺寸与形状。

这种液压剪板机用可调行程缓冲柱塞双作用液压缸的缓冲装置设计最为简单、合理，对缓冲装置取得最佳缓冲效果也最为可靠、最有保证。

2.9.4 一种闸式液压剪板机用双作用液压缸缸回程的相关问题

参考作者首先设计的QC11Y-13×2500/3200闸式液压剪板机液压系统原理图（见图

2-13)，现在常见的闸式液压剪板机与它的主要不同之处在于其主缸无杆端缓冲装置不可调。

研究一种闸式液压剪板机用双作用液压缸缸回程的相关问题，主要是为了确定这种闸式液压剪板机用主（左）缸无杆端缓冲装置设计计算所需的参数。

主（左）缸和副（右）缸与（上）刀架连接如图 2-13 所示，下文多处以上刀架往复运动代替主副缸的往复运动加以描述。

（1）蓄能器充气时上刀架所处位置问题

某公司 QC11Y-13×2500 闸式液压剪板机使用说明书中有如下表述："当蓄能器的氮气压力低于 10MPa 时，需补充氮气。具体步骤如下：拆下蓄能器盖帽；用随机附带的充氮气工具将蓄能器和氮气瓶连接起来；打开氮气瓶闸阀，用充氮气工具上的顶杆打开蓄能器单向气阀，补充氮气至所需压力；旋出顶杆，关闭单向气阀，关闭氮气瓶闸阀，拆下充气工具。"

在上述表述中有两个问题没有明确：

① 蓄能器的氮气压力低于 10MPa 是在上刀架处于何处时观测到的？是上刀架处于上死点还是上刀架处于下死点？

② 蓄能器补充氮气时，上刀架处于何处？是上刀架处于上死点还是上刀架处于下死点？

作者认为：蓄能器的氮气压力低于 10MPa 是在上刀架处于上死点处观察到的。

理由如下：

① 上刀架如果处于下死点处观测蓄能器压力，对下死点瞬间压力很难观测准确。

② 压力表在剪板机正常工作时，应该要求压力表开关关闭，其无法实时指示压力。

作者认为，蓄能器补充氮气时，上刀架处于上死点处。

理由如下：

① 只要蓄能器剩余压力足以回程，上刀架停止状态只能发生在上死点。如果在主缸无杆端油口连接管路上安装截止阀，通过关闭此截止阀，使上刀架处于非上死点状态，那此状态也很难重复，且没有必要。

② 如果打开蓄能器与系统间截止阀，上刀架可下落直至到下死点，此时蓄能器气囊容积最大；蓄能器充气与否，蓄能器都不再可能完成上刀架回程，因为蓄能器液压油量不够。所以一旦打开此截止阀，就必须再给蓄能器充油，否则，上刀架无法回程。

③ 蓄能器补充氮气后，上刀架一定在上死点。此也进一步说明应该在上死点处观测蓄能器压力。

从该说明书中关于蓄能器充油的表述中也可佐证作者的上述判断是正确的。

"蓄能器充油　蓄能器充油前，应先旋松闸阀 A，油液经闸阀 A 和二通插装阀 10，刀架将至下死点。将点动、一次行程选择旋钮旋至点动位置，启动主电动机，旋转蓄能器充液旋钮，YV1 得点，系统压力油经闸阀 A 进入蓄能器，调节溢流阀 20，控制蓄能器压力值 p_2，旋紧闸阀 A，旋回蓄能器充油旋钮，刀架在蓄能器压力油作用下返回上死点。将溢流阀 20 调节螺钉旋进 1～2 圈后锁紧。"

（2）关于上刀架在下死点处压力值的问题

此问题涉及副缸行程和蓄能器在上刀架处于上死点的压力。笔者认为副缸实际行程小于液压缸的基本参数标定的行程，而主缸的实际行程与副缸实际行程基本相同（两缸有面积差）。现在可以知道的除引用的此说明书中明确给出的蓄能器在上刀架处于上死点压力为 10MPa 外，还有 6MPa、7MPa、8MPa 等说法。

下面还以此说明书给出的压力值 10MPa 进行计算。

依据绝热过程蓄能器实际有效工作容积计算公式，有

$$V'_W = p_0^{\frac{1}{1.4}} \times V_0 \left[\left(\frac{1}{p_1} \right)^{\frac{1}{1.4}} - \left(\frac{1}{p_2} \right)^{\frac{1}{1.4}} \right] (\mathrm{L}) \tag{2-124}$$

或

$$\frac{V'_{W}}{V_0}\times\left(\frac{1}{p_0}\right)^{\frac{1}{1.4}}=\left(\frac{1}{p_1}\right)^{\frac{1}{1.4}}-\left(\frac{1}{p_2}\right)^{\frac{1}{1.4}}(\mathrm{L}) \tag{2-125}$$

式中　V'_{W}——蓄能器实际有效工作容积，L；

p_0——蓄能器充气绝对压力，MPa；

V_0——蓄能器充气容积，L；

p_1——最低工作绝对压力，MPa；

p_2——最高工作绝对压力，MPa；

n——指数（绝热过程　$n=1.4$）。

蓄能器型号为 NXQA-10/31.5-L-A 或 NXQA-16/31.5-L-A，其充分压力的选择如下。

① 按 $p_0=0.8p_1$（折合形气囊，在保护胶囊，延长其使用寿命的条件下）。

若选用 NXQA-10/31.5-L-A，则

$$p_2=\frac{1}{\sqrt[0.715]{\left(\frac{1}{p_1}\right)^{0.715}-\frac{V'_{W}}{V_0}\left(\frac{1}{p_0}\right)^{0.715}}}=\frac{1}{\sqrt[0.715]{\left(\frac{1}{10.1}\right)^{0.715}-\frac{1.688}{10}\left(\frac{1}{8.08}\right)^{0.715}}}=13.75(\mathrm{MPa})$$

p_2 表压为 13.75－0.1＝13.65（MPa）。

或选用 NXQA-16/31.5-L-A，则

$$p_2=\frac{1}{\sqrt[0.715]{\left(\frac{1}{p_1}\right)^{0.715}-\frac{V'_{W}}{V_0}\left(\frac{1}{p_0}\right)^{0.715}}}=\frac{1}{\sqrt[0.715]{\left(\frac{1}{10.1}\right)^{0.715}-\frac{1.688}{16}\left(\frac{1}{8.08}\right)^{0.715}}}=12.15(\mathrm{MPa})$$

p_2 表压为 12.15－0.1＝12.05（MPa）。

则有：

a. V'_{W}（蓄能器实际有效工作容积）为 $\frac{1}{\pi}(1.45^2-1.05^2)\times 2.15=1.68775\approx 1.688$（L）。

b. p_0（蓄能器充气表压力）为 8MPa。

c. V_0（蓄能器充气容积）为 10L 或 16L。

d. p_1（最低工作表压力）为 10MPa。

e. p_2（最高工作表压力）13.65MPa 或 12.05MPa。

② 按 $p_0=0.6p_1$（波纹形气囊，在保护胶囊，延长其使用寿命的条件下）。

若选用 NXQA-10/31.5-L-A，则

$$p_2=\frac{1}{\sqrt[0.715]{\left(\frac{1}{p_1}\right)^{0.715}-\frac{V'_{W}}{V_0}\left(\frac{1}{p_0}\right)^{0.715}}}=\frac{1}{\sqrt[0.715]{\left(\frac{1}{10.1}\right)^{0.715}-\frac{1.688}{10}\left(\frac{1}{6.06}\right)^{0.715}}}=14.914(\mathrm{MPa})$$

p_2 表压为 14.914－0.1＝14.814（MPa）。

或选用 NXQA-16/31.5-L-A，则

$$p_2=\frac{1}{\sqrt[0.715]{\left(\frac{1}{p_1}\right)^{0.715}-\frac{V'_{W}}{V_0}\left(\frac{1}{p_0}\right)^{0.715}}}=\frac{1}{\sqrt[0.715]{\left(\frac{1}{10.1}\right)^{0.715}-\frac{1.688}{16}\left(\frac{1}{6.06}\right)^{0.715}}}=12.72(\mathrm{MPa})$$

p_2 表压为 12.72－0.1＝12.62（MPa）。

则有：

a. V'_W（蓄能器实际有效工作容积）为$\frac{1}{\pi}(1.45^2-1.05^2)\times 2.15=1.68775\approx 1.688$（L）。

b. p_0（蓄能器充气表压力）为6MPa。

c. V_0（蓄能器充气容积）为10L或16L。

d. p_1（最低工作表压力）为10MPa。

e. p_2（最高工作表压力）14.914MPa或12.62MPa。

说明：

① 使用大的公称容积的蓄能器可以获得压力相对稳定性较高的系统，但成本也会随之升高。

② 充气压力越低，最高工作压力与最低工作压力之差越大。

如充气压力为 $p_0=6$(MPa) 时，$p_2-p_1=14.914-10=4.914$（MPa）。

如充气压力为 $p_0=8$(MPa) 时，$p_2-p_1=13.65-10=3.65$（MPa）。

最好将最高工作压力与最低工作压力之差限定在1MPa之内。

(3) 关于副缸、主缸的实际行程问题

QC11Y-13×2500液压闸式剪板机上刀架既无机械限位（硬限位），也无软限位（行程开关限位），所以在蓄能器充气压力足够、充液量足够情况下，每次工作循环都一定是撞主液压缸缸底、上刀架停止处于上死点，撞副缸缸盖、上刀架停止处于下死点。

主缸的回程动力来源于蓄能器，且主、副缸串联连接，主缸的实际行程与副缸实际行程基本相等，主缸每次回程回到上死点，副缸回程位置取决于两缸串联密闭腔内油液量多少，量多（加油）副缸回程上死点靠下（剪切角减小）；量少（放油）副缸回程上死点靠上（剪切角增大）。

(4) 关于常见机型副缸缸底无缓冲装置设计问题

① 因剪切角需要适时调整，副缸如上所述，可能经常不能在回程时保证回到上死点，所以即使设计有缓冲装置也很难取得缓冲效果或取得最佳缓冲效果。

② 以QC11Y-13×2500液压闸式剪板机上刀架额定剪切角2.5°计算，设主、副缸安装距为2000mm，如副缸活塞与缸底距离为5mm时，上刀架处于最大剪切角2.5°，调整上刀架剪切角为0°，则需调距为87mm；如主、副缸安装距为1500mm，则需调距为65mm。

2.9.5 一种闸式液压剪板机用双作用液压缸缸回程速度的工程计算

参考图2-13，对现在常见的QC11Y-13×2500闸式液压剪板上刀架回（返）程速度进行工程计算，主要是为了确定这种闸式液压剪板机用主（左）缸无杆端缓冲装置设计计算所需的参数——活塞在缓冲开始时的速度。

(1) 条件设定与理论基础

① 工程计算允许对一些条件、因素和参量进行（假）设定或忽略。

现设定以下条件：

a. 上刀架回程起始点（下死点、下止点）假定为对主缸而言为缸进程210mm处，对副缸而言为缸进程215mm处（缸进程极限位置）。实际是在一定范围内而非定值。

b. 副缸缸进程5mm处的有杆端压力为10MPa。实际应该≥10MPa。

c. 上刀架及所连接的可动件（如活塞、活塞杆等）的质量为1800kg。

d. 上刀架及所连接的可动件（如活塞、活塞杆等）所受动摩擦力为$0.05\times 1800\times 10$（N），且均匀作用（1kgf=9.80665 N，工程计算时的近似计算按1kgf=10N）。

e. 蓄能器在排放过程中最大排放流量没有超过6L/s。

f. 主缸回油背压为定值。

现忽略以下因素：

a. 液压油的可压缩性（理想流体且为稳定流）。

b. 温度变化的影响。

c. 各液压元件、附件及管路等的内外泄漏。

d. 流体传动时的各处沿程、局部阻力。

e. 回程起始点静摩擦力的影响。

f. 主缸有杆端有效面积与副缸无杆端的有效面积之差。

② 下列工程计算依据如下公式。

a. 连续性方程：$v_1A_1=v_2A_2=$常数。

说明：

主缸有杆端有效面积与副缸无杆端的活塞面积之差可以导致主副缸回程速度不一致，上刀架回（返）程时剪切角变化，也就是说上刀架在运行中一直处于摆动状态。工程计算时忽略了这种摆动，且认为主副缸回程速度一致。

b. 动量方程：$\sum F=\rho Q\ (v_1-v_2)$ 或力学公式$\sum F=\dfrac{\mathrm{d}(mv)}{\mathrm{d}t}$。

c. 氮气绝热过程方程：$V'_{\mathrm{W}}=p_0^{\frac{1}{1.4}}\times V_0\left[\left(\dfrac{1}{p_1}\right)^{\frac{1}{1.4}}-\left(\dfrac{1}{p_2}\right)^{\frac{1}{1.4}}\right]$（L）。

d. 运动学公式：$s=v_0t+\dfrac{1}{2}at^2$，$v=v_0+at$。

注：下面工程计算时各符号及含义另行给出。

（2）工程计算

设定计算样本液压缸参数和符号如下：

主缸缸内径 $D_1=180\mathrm{mm}$，活塞杆直径 $d_1=105\mathrm{mm}$，（最大）缸行程 $s_{1\max}=215\mathrm{mm}$。

副缸缸内径 $D_2=145\mathrm{mm}$，活塞杆直径 $d_2=105\mathrm{mm}$，（最大）缸行程 $s_{1\max}=215\mathrm{mm}$。

蓄能器型号为 NXQA-10/20-L-Y，其公称容积 10L，最大排放流量 6L/s。

方向控制功能插件为 TLC025B10E6X，其公称通径 DG25，功能符号 B—1：1.1，开启压力为 0.1MPa，阀芯型式 E（普通形）。

在主缸缸进程 210mm 处（副缸缸进程 215mm 处）蓄能器压力为 p_2（MPa）。

在主缸缸进程<210mm 各处蓄能器的压力为 p_1（MPa）（随行程实时变化）。

对应 p_1时的主缸活塞速度为 v_1，副缸活塞速度为 v_2。则

$$\frac{\pi}{4}(0.145^2-0.105^2)\times p_1\times10^6-\frac{\pi}{4}0.18^2\times0.1\times10^6-1800\times10-0.05\times1800\times10=\frac{\mathrm{d}(1800\times v_2)}{\mathrm{d}t}(\mathrm{N})$$

$$a=\frac{\mathrm{d}v_2}{\mathrm{d}t}=4.3633p_1-11.9137(\mathrm{m/s^2})$$

在上刀架回（返）程到主缸缸进程 210mm（副缸缸进程 215mm）处，活塞的瞬时加速度为

$$a_{210}=\frac{\mathrm{d}v_2}{\mathrm{d}t}=4.3633\times14.31635-11.9137=51.85276792(\mathrm{m/s^2})$$

在上刀架回（返）程到主缸缸进程 205mm（副缸缸进程 210mm）处，活塞的瞬时加速度为

$$a_{205}=\frac{\mathrm{d}v_2}{\mathrm{d}t}=4.3633\times14.46382-11.9137=51.19628581(\mathrm{m/s^2})$$

在上刀架回（返）程到主缸缸进程 204mm（副缸缸进程 209mm）处，活塞的瞬时加速度为

$$a_{204}=\frac{\mathrm{d}v_2}{\mathrm{d}t}=4.3633\times14.4346-11.9137=51.06879(\mathrm{m/s^2})$$

在上刀架回（返）程到主缸缸进程 200mm（副缸缸进程 205mm）处，活塞的瞬时加速度为

$$a_{200}=\frac{\mathrm{d}v_2}{\mathrm{d}t}=4.3633\times14.31635-11.9137=50.55282996(\mathrm{m/s^2})$$

在上刀架回（返）程到主缸缸进程 25mm（副缸缸进程 30mm）处，活塞的瞬时加速度为

$$a_{25}=\frac{\mathrm{d}v_2}{\mathrm{d}t}=4.3633\times10.40885-11.9137=33.50323521(\mathrm{m/s^2})$$

在上刀架回（返）程到主缸缸进程 20mm（副缸缸进程 25mm）处，活塞的瞬时加速度为

$$a_{20}=\frac{\mathrm{d}v_2}{\mathrm{d}t}=4.3633\times-11.9137=33.13820153(\mathrm{m/s^2})$$

因为是工程计算，设定平均加速度为 $a_{\mathrm{m}}=(a_{210}+a_{20})/2$，行程 $s=210-20=190$（mm）。

由于 $s=v_0t+\frac{1}{2}a_{\mathrm{m}}t^2$　且 $v_0=0$，可得

$$t=\sqrt{\frac{2s}{a_{\mathrm{m}}}}=\sqrt{\frac{2\times(210-20)\times10^{-3}}{\frac{51.8528+33.1382}{2}}}=\sqrt{\frac{2\times190\times10^{-3}}{42.4955}}=0.0945628(\mathrm{s})$$

由于 $v_2=v_0+a_{\mathrm{m}}t$ 且 $v_0=0$，可得

$v_2=a_{\mathrm{m}}t=42.4955\times0.0945628=4.01849$（m/s）

将上刀架回（返）程速度的工程计算结果汇总见表 2-33。

表 2-33　上刀架回（返）程速度的工程计算结果

主缸缸进程 /mm	副缸缸进程 /mm	蓄能器压力 p_1 /MPa	瞬时加速度 a_s /(m/s²)	区间平均加速度 a_{m}		速度 v_2 /(m/s)	时间 t /s
				区间/mm	a_{m}/(m/s²)		
20	25	10.3252	33.1382	210～20	42.4955	4.01849	0.09456
25	30	10.4089	33.5032	210～25	42.678	3.97375	0.09311
200	205	14.3164	50.5528	210～200	51.2028	1.01177	0.01976
204	209	14.4346	51.0688	210～204	51.4608	0.78581	0.01527
205	210	14.4638	51.1963	210～205	51.5246	0.71774	0.01393
210	215	14.6143	51.8528			0	0

蓄能器最大排放流量验算如下。

表 2-33 中主缸缸进程 20mm 处活塞速度 $v_2=4.01849$（m/s）为最大，即验算此处。根据 $Q=vA$ 可得

$$Q_{20\max}=\frac{\pi}{4}(1.45^2-1.05^2)\times4.01849\times10=31.5451(\mathrm{L/s})$$

因蓄能器最大排放量为 6L/s，可知 $Q_{20}>6\mathrm{L/s}$。

所以在活塞速度未达到 4.01849m/s 前，蓄能器进油阀处就已经将蓄能器排放油流节流。节流开始速度约为 0.764m/s，发生在主缸缸进程 204mm 前。

以蓄能器最大排量 6L/s 计算：活塞速度为 0.76433m/s，以此速度运行 205—20mm 区

间，则所需时间为 0.24205s。合计运行 210—205mm 区间时间，则运行 210—20mm 区间时间为 0.25597s。

注：与其因蓄能器进油阀处节流，降低上刀架回（返）程速度，液压系统还不如在主缸回油路加（单向）节流阀控制回程速度合理。

QC11Y-13×2500 液压闸式剪板机蓄能器状态计算如下。

依据$\frac{\Delta V}{V_0}\times\left(\frac{1}{p_0}\right)^{\frac{1}{1.4}}=\left(\frac{1}{p_1}\right)^{\frac{1}{1.4}}-\left(\frac{1}{p_2}\right)^{\frac{1}{1.4}}$，并按 GB/T 2352—2003《液压传动　隔离式充气蓄能器　压力和容积范围及特征量》中附录 A 特征符号，设定在额定剪切角 2.5°时对应主缸撞缸底，副缸离缸底还有 5mm 间隙，主、副缸行程 200mm，在副缸回程终点（副缸离缸底有 5mm 间隙）处回程压力 10MPa，蓄能器选型为 NXQA-10/20-L-A，公称容积 10L，充气压力 6MPa，忽略绝对压力和绝对压力下容积问题，计算结果见表 2-34。

表 2-34　QC11Y-13×2500 液压闸式剪板机蓄能器状态计算结果

副缸缸进程/mm	排放液体体积 ΔV/L	充气压力 p_0/MPa	最低压力 p_1/MPa	最高压力 p_2/MPa	主缸缸进程/mm
5	1.649	6	10	14.61428	0
10	1.610	6	10.07912	14.61428	5
15	1.571	6	10.15933	14.61428	10
20	1.532	6	10.24064	14.61428	15
25	1.492	6	10.32519	14.61428	20
30	1.453	6	10.40885	14.61428	25
205	0.0785	6	14.31635	14.61428	200
209	0.0471	6	14.43426	14.61428	204
210	0.0393	6	14.46382	14.61428	205
215	0	6	(14.61428)	14.61428	210

2.10 液压联合冲剪机用液压缸行程终端活塞杆偏摆问题及修改设计

联合冲剪机是一种包括但不限于冲压、剪切、模剪成形金属或其他材料的多功能组合机器。主要特点是在不同工位同时完成单项或多项工作，包括剪切、冲孔、模剪成形。

某公司产生的液压联合冲剪机用液压缸在出厂试验和用户使用中都发现，活塞（杆）运行到行程两端终点时皆有“摆头”形象。因该机型冲头直接装夹在活塞杆端，且在运行中无其他导向件（装置），结果可能导致冲头和/或下模损坏。

液压缸制造商认为液压缸（活塞）不允许撞缸底（头），要求主机厂安装（调整）行程开关进行缸行程限位；主机厂认为液压缸应允许撞缸底（头），双方要求笔者仲裁。

上文所述的“摆头”与在 DB44/T 1169.1—2013《伺服液压缸　第 1 部分：技术条件》中定义的“偏摆”术语有所不同，系指双作用液压缸在运行到行程终端（点）时，活塞杆端部出现的“摆头”现象。这种现象可能出现在缸进程终端（点）或缸回程终端（点），或两终端（点）都有。

笔者将术语“偏摆”定义修改为：“液压缸活塞和/或活塞杆在运动中和/或停止时所出现的偏转或摆头现象。”。由此定义，“摆头”包含在术语“偏摆”的内涵中。

很多液压缸产品普遍存在偏摆问题，笔者设计、制造的一台管材充液成型液压机上的液压缸就曾出现过这种情况，只是因成型的金属波纹管制品可以避开液压缸行程两端极限点，才没有对此液压缸进行修复和更换。液压缸偏摆是液压缸设计、制造中需要重点解决的问题之一。

现以某公司产生的Q35Y-20液压联合冲剪机用液压缸为例，分析偏摆原因，并提出修改设计，但不包括对该液压缸存在的其他问题的修改。

2.10.1 液压缸偏摆问题原因分析

对现在存在偏摆问题的液压缸进行了试验台试验，试验情况与现场情况一致。

双作用液压缸试验、使用时一般应允许活塞在行程终点处与缸底或导向套接触，否则，声明遵守JB/T 10205—2010《液压缸》的液压缸的很多试验项目将无法完成，例如试运行、耐压试验、泄漏试验、行程检验以及缓冲试验等，只是不允许以较高的速度（较高的动能）撞击缸底或导向套。实践中曾发生过作者设计、制造的上置式安装的液压机用液压缸的铸铁缸盖，因液压缸安装时的失误，被自由下落的活塞及活塞杆撞击开裂。

在其他液压缸产品标准中的确有规定在耐压试验时不允许活塞停在行程极限位置，但未规定在运行时不允许活塞与缸底或导向套（或缸盖）接触，具体可参见MT/T 900—2000《采掘机械用液压缸技术条件》和QC/T 460—2010《自卸汽车液压缸技术条件》等标准。

注：此处使用的“接触”一词特指当活塞运动到终点时，其与其他缸零件（如缸底、导向套或缸盖等）无金属撞击声的抵靠。

当活塞运行到与缸底或导向套接触时，因将要进一步接触的两平面不平行，一开始只是局部接触，甚至可能就是一条线或一点接触；当活塞进一步与缸底或导向套接触时，即可导致活塞连同活塞杆一起发生偏摆。只是因活塞装在缸体（筒）内，无法可视，而活塞杆端又将这一偏摆值（量）放大，所以在活塞杆端就可能明显可视。

另一种情况就更为严重，当活塞进行缸进程运动且离导向套还有一段距离时，即发生偏摆直至缸进程结束，甚至还有的在缸进程终点处出现一个“回摆”现象。

分析这种现象，可能是导向套内孔和/或端面都存在问题。活塞连同活塞杆在缸进程中，缸体（筒）内孔、导向套内孔分别是它们的导轨，两个导轨同轴度差，就可能发生上述问题。具体情况应该是随着活塞运动离导向套越近，缸体内孔和导向套内孔对它们的协同导向作用越弱，它们越被导向套独自导向，沿着导向套内孔运动；当缸体（筒）内孔不再起导向作用时，即可能在此点出现“回摆”现象。由此这种现象也只可能发生在缸进程中。

不管是“偏摆”或是“回摆”问题，归根结底应该是缸零件设计、制造中几何精度有问题，其中也有装配质量问题。

2.10.2 缸零件几何精度要求及图样修改意见

如图2-18所示为已经修改的Q35Y-20液压联合冲剪机用液压缸装配图样。

原图样主要问题在于多处几何公差缺失和设计、标注不合理。现主要参考了参考文献[28]第5卷（以下简称手册）对原图样进行修改。

之所以选择参考该手册对原图样进行修改，是因为该手册给出的几何公差比现行标准严格，且易于被甲乙双方接受。

作者根据相关标准对手册中的部分内容进行了修改和增补。

(1) 缸体（原图为主缸体）

参考成大先主编《机械设计手册》第5版第21-286页，缸筒制造加工要求：

① 缸筒内径D采用H7或H8公差带。

② 缸筒内径D的圆度、锥度、圆柱度公差不大于内径公差50%。

③ 缸筒内径的直线度公差在500mm长度上大于0.03mm。

④ 缸筒端面对内径D轴线的垂直度公差在直径100mm上不大于0.04mm。

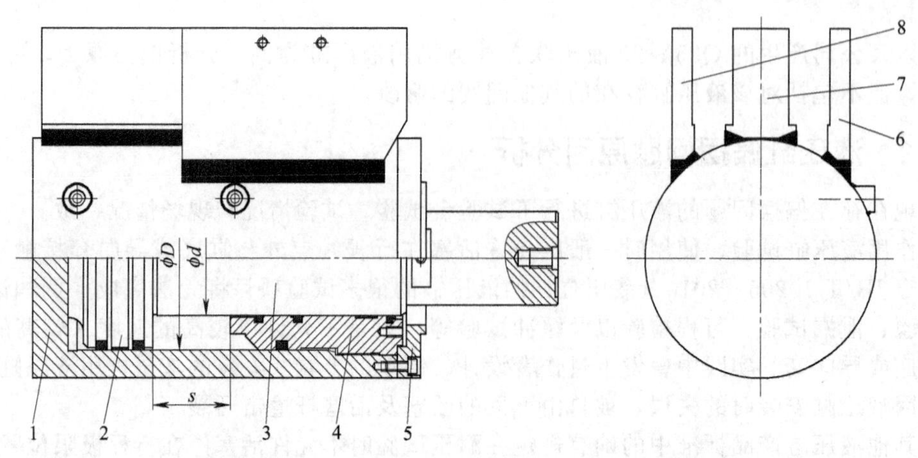

图 2-18 Q35Y-20 液压联合冲剪机用液压缸装配图样

1—缸体；2—活塞；3—活塞杆（与活塞为一体结构）；4—缸盖；5—压盖；6—安装板Ⅰ；7—安装板Ⅱ；8—安装板Ⅲ

⑤ 当缸筒采用后端耳环或中间耳轴安装型式时，耳环孔或耳轴的轴线对缸径 D 轴线偏移量不得大于 0.03mm，耳环孔或耳轴的轴线对缸径 D 轴线的垂直度公差在 100mm 长度上不大于 0.10mm。

现对原图样做如下修改：

① 选择以缸内孔（缸筒内径）ϕ200H8 轴线为基准；

② 内孔加注了几何公差，如标注了缸体内孔圆度、圆柱度公差 0.03mm，内孔直线度公差在 500mm 长度上不大于 0.03mm。

③ 给出了螺纹公差带，且选择较紧配合，标注 M210×3-6H 的中径对基准的同轴度公差 ϕ0.03mm。

④ 修改了止口尺寸，标注止口 ϕ211H8（原图为 ϕ210＋0.1）对基准的同轴度公差 ϕ0.03mm。

⑤ 缸筒端面加注的公差，如标注止口端面对基准的垂直度公差 0.05mm。

⑥ 缸底面加注了公差，如标注缸底内表面对基准的垂直度公差 0.05mm。

⑦ 给出了液压缸安装几何公差，如图 2-19 所示。

(2) 活塞（与活塞杆为一体结构，原图为主活塞杆）

根据成大先主编《机械设计手册》第 5 版第 21-288～290 页，活塞尺寸及加工公差和活塞杆的技术要求有：

① 活塞外径一般采用 f9 公差带。

② 活塞外径对内孔的同轴度公差不大于 ϕ0.02mm。

③ 活塞端面与轴线的垂直度公差在直径 100mm 上不大于 0.04mm。

④ 活塞外表面的圆度和圆柱度公差一般不大于外径公差 50%。

⑤ 活塞杆要在导向套中滑动，一般采用 H8/h7 或 H8/f7 配合。

⑥ 活塞杆外圆直径 d 的圆度和圆柱度公差不大于直径公差的 50%。

⑦ 安装活塞的轴颈与活塞杆外圆的同轴度公差不大于 ϕ0.01mm。

⑧ 安装活塞的轴肩端面与活塞杆轴线的垂直度公差在直径 100mm 上不大于 0.04mm。

现对图样做如下修改：

① 对活塞杆外圆加注了公差 ϕ125f7（原图无公差），并确定活塞杆外圆轴线为基准。

② 对活塞杆外圆给出圆度、圆柱公差 0.012mm，外圆轴线直线度公差在 500mm 长度上不大于 0.04mm。

③ 修改了支承环沟槽公差 $\phi195h9$（原图为 $\phi195_{-0.10}^{-0.05}$），并给出同轴度公差 $\phi0.03mm$。

④ 对活塞缸底端平面给出了对基准的垂直度公差 0.05mm。

⑤ 对活塞导向套（缸盖）平面给出了对基准的垂直度公差 0.06mm。

⑥ 给出活塞杆外圆表面粗糙度为 $Ra0.2\mu m$，如图 2-20 所示。

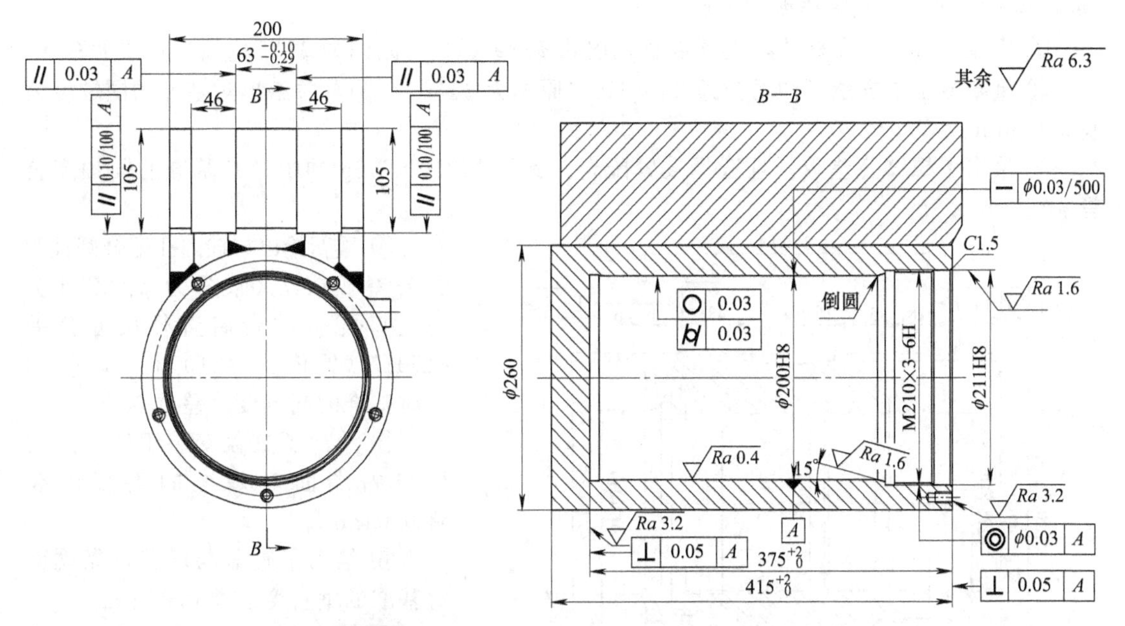

图 2-19　Q35Y-20 液压联合冲剪机用液压缸缸体

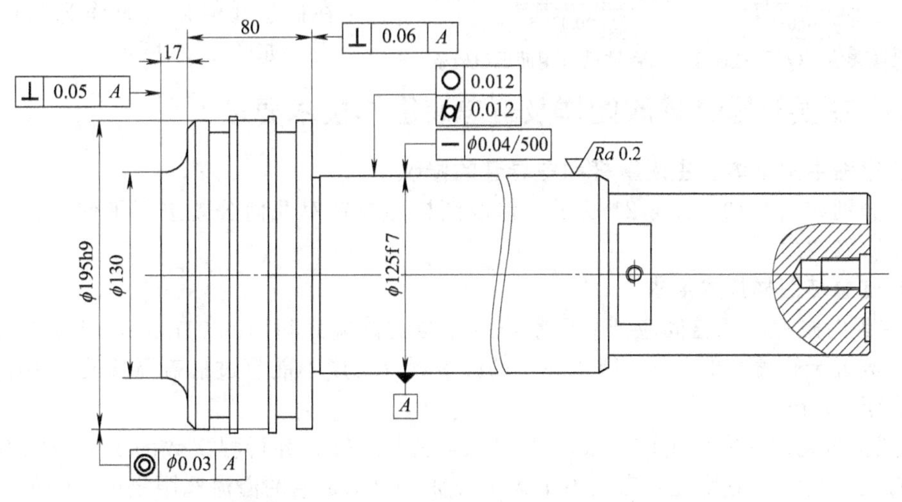

图 2-20　Q35Y-20 液压联合冲剪机用液压缸活塞

(3) 缸盖（原图为主导套）

根据成大先主编《机械设计手册》第 5 版第 21-293 页，导向套加工要求有：

① 导向套内孔与活塞杆外圆的配合多为 H8/f7～H9/f9 。

② 导向套的外圆或锥面与内孔的同轴度公差不大于 $\phi0.03mm$。

③ 导向套内孔的圆度、圆柱度公差不大于直径公差 50%。

④ 导向套安装于液压缸有杆腔内端面对导向套内孔轴线垂直度公差在直径 100mm 上不

大于 0.04mm。

⑤ 缸盖与缸体或压盖抵靠的端面对导向套内孔轴线垂直度公差在直径 100mm 上不大于 0.04mm。

现在缸盖与导向套为一体结构，且缸盖材料选用的是 45 钢，缸盖孔内设置了支承环（带）沟槽。同时对原图样做如下修改：

① 修改了缸盖内孔标注，选择以缸盖内孔 ϕ125.8H9（原图为 $\phi 125^{+0.90}_{+0.80}$）轴线为基准。

② 重新给出了支承环沟槽公差 ϕ130H9（原图为 $\phi 130^{+0.10}_{+0.05}$），并给出对基准的同轴度公差 0.03mm。

③ 给出了螺纹公差带，且选择较紧配合，标注 M210×3-6g 的中径对基准的同轴度公差 ϕ0.03mm。

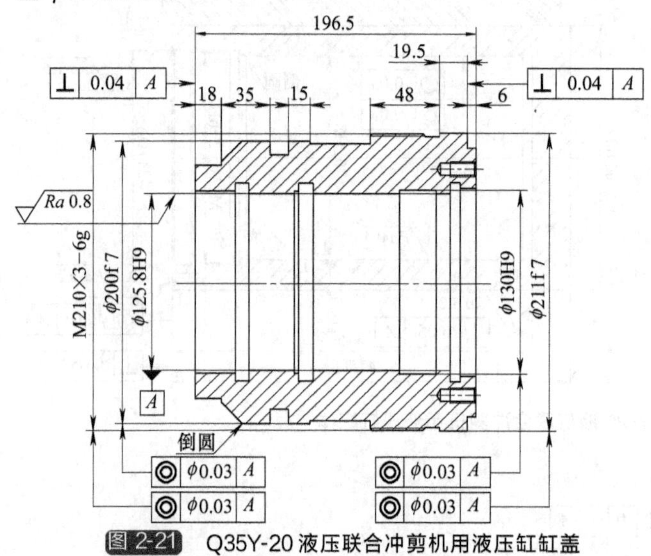

图 2-21 Q35Y-20 液压联合冲剪机用液压缸缸盖

④ 重新给出与缸内孔配合圆柱直径公差 ϕ200f7（原图为 $\phi 200^{-0.20}_{-0.50}$）、与止口配合的台肩直径尺寸公差 ϕ211f7（原图为 $\phi 210^{-0.10}_{-0.20}$），并给出对基准的同轴度公差 0.03mm。

⑤ 给出了缸盖安装于液压缸有杆腔内端面对基准的垂直度公差 0.04mm。

⑥ 给出了缸盖与压盖抵靠端面对基准的垂直度公差 0.04mm。

⑦ 给出了缸盖内孔表面粗糙度为 Ra0.8μm，主要考虑缸盖内孔要在检验几何误差时作为测量基准使用，如图 2-21 所示。

2.10.3 主要缸零件修改图样及缸总装图样技术要求

(1) 原图中主缸体、主活塞杆和主导套的修改

图样分别如图 2-19～图 2-21 所示。修改图样主要针对几何公差进行了修改、填补，其他不在本次修改之列。

(2) 缸总装图样技术要求

① 装配时缸盖与压盖间应抵靠压紧，压盖与缸体端面间用 0.05mm 塞尺检查，塞尺塞入不得不应大于缸盖宽的 1/4，塞入塞尺的部位累计长度不能超过缸盖周长的 1/10，插入深度不应大于 15mm。

② 试验时允许活塞以 JB/T 1296.1—2014 规定的每分钟行程次数的 1.1 倍以下行程次数撞击缸盖，同时，应设置开启压力不大于公称压力 1.1 倍的溢流阀限定压力峰值。

③ 偏摆量测定方法可按 JB/T 1296.3—2014 规定的相关检验项目进行，偏摆量计算可参考 DB44/T 1169.2—2013。

④ 缸总装图样的其他技术要求不在此次修改之列。

按上述主要缸零件修改图样及缸总装图样技术要求加工、装配的 Q35Y-20 液压联合冲剪机用液压缸产品，经试验台和实机检验符合了甲乙双方约定。

注：此问题作者仲裁为：“现行液压缸标准 GB/T 10205—2010《液压缸》允许活塞与缸底或导向套（或缸盖）接触。”但此处未涉及在超压力（额定压力或公称压力）、超速度（额定速度或规定速度）下使用的问题，如涉及还应限定或给出最高额定（公称）压力、（规定）速度。

2.11 液压上动式板料折弯机用两种结构的可调行程液压缸比较分析

两种结构的可调行程液压缸适用于扭力轴——撞块型式的液压上动式板料折弯机，其主要区别在于缸体与端盖连接位置、方式不同，梯形螺纹轴密封位置不同，梯形螺纹轴轴向定位结构不同等。

产品的结构设计关系到产品的性能，同时也必须满足相关标准的技术要求。多年来关于两种结构的可调行程液压缸的性能优劣一直没有定论，所以，现在两种结构的产品都在装机应用。笔者认为两种结构设计总会有一种更接近合理，现就其梯形螺纹轴轴向定位结构、零件材料利用率及加工难易程度等方面对两种结构的可调行程液压缸进行比较、分析。

通过下文的比较、分析，可以对液压上动式板料折弯机设计选型、可调行程液压缸的改进设计以及新产品开发起到一定作用。

2.11.1 两种结构的可调行程液压缸结构简述

如图 2-22 所示，中心轴 1（梯形螺纹轴）由下端插入缸体 2 上部孔，中心轴 1 轴向定位凸台上面与缸体 2 上部孔下面抵靠，垫片 3 垫在蜗轮 4 下面，蜗轮 4 螺纹孔与中心轴 1 上端螺纹轴配合并调整好轴向间隙后，用紧定螺钉 5 将蜗轮 4 与中心轴 1 紧定，蜗轮 4 可带动中心轴 1 双向转动。要求在中心轴 1 轴向（向下、向上）受力时，中心轴 1 相对缸体 2 轴向间隙小且窜动小，蜗轮 4 带动中心轴 1 正、反向转动时阻力小。

如图 2-23 所示，大螺母 2（端盖）与缸体 1 螺纹拧紧，轴 8（梯形螺纹轴）由上面插入大螺母 2 孔内，轴 8 轴向定位凸台下面与大螺母 2 孔底面抵靠，轴 8 轴向定位凸台上面垫有垫片 3，垫片 3 上面安装卡块 4，卡块 4 孔内安装孔用弹性挡圈 5，蜗轮 6 与轴 8 通过键连接并被圆螺母 7 紧固在轴 8 上，蜗轮 6 可带动轴 8 正、反向转动。要求同上。

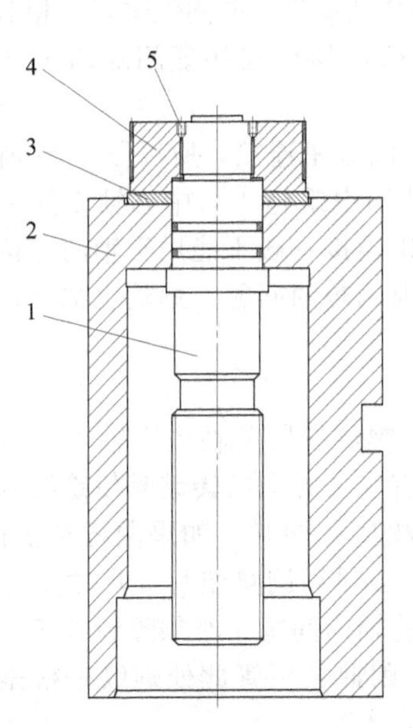

图 2-22 WC67Y-100T（ZY）液压缸部装图

1—中心轴；2—缸体；3—垫片；4—蜗轮（实装斜齿轮）；5—紧定螺钉

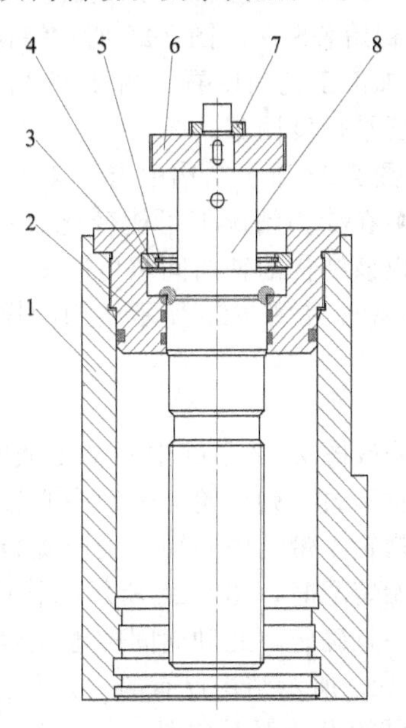

图 2-23 WC67Y-100T（加快型）液压缸部装图

1—缸体；2—大螺母；3—垫片；4—卡块；5—孔用弹性挡圈；6—蜗轮（实装斜齿轮）；7—圆螺母；8—轴

2.11.2 两种结构的可调行程液压缸结构比较分析

(1) 定位结构比较分析

如图 2-22 所示，根据中心轴 1 和蜗轮 4 零件尺寸判定：在其螺纹连接时，蜗轮 4 螺纹孔止口内端面没有与中心轴 1 上端螺纹轴下圆柱端面抵靠，因此此螺纹连接为松连接。

在蜗轮 4 带动中心轴 1 正、反向转动时，转矩靠紧定螺钉 5 传递。

装配时轴向间隙调整靠中心轴 1 与蜗轮 4 螺纹连接相对位置调整来完成，一旦采用紧定螺钉 5 紧定，此轴向间隙即被确定。如果要改变当前轴向间隙，必须重新调整，并另行换位置重制螺纹孔并用紧定螺钉紧定。

当中心轴 1 受向下拉力时，垫片 3 被挤压，全部拉力作用在中心轴 1、蜗轮 4 间螺纹副上，轴向间隙出现在中心轴 1 轴向定位凸台上面与缸体大孔底面间。

当中心轴 1 受向上推力时，中心轴 1 轴向定位凸台上面与缸体大孔底面抵靠，全部推力作用在缸体 2 大孔底面，轴向间隙出现在垫片 3 上下面间。

蜗轮 4 在中心轴 1 受推、拉力时，相对缸体 2 上下窜动。

如图 2-23 所示，根据装配工艺，轴 8 轴向定位凸台下面与大螺母 2 上孔底面、卡块 4 下面间的间隙是靠垫片 3 调整的，垫片 3 尺寸一旦确定，此轴向间隙也就确定。如需改变当前轴向间隙，必须重新加工、调整垫片。

当轴 8 受向下拉力时，全部拉力作用在轴 8 轴向定位凸台下面与大螺母 2 孔底面交集面上，轴向间隙出现在垫片 3 上下面间。

当轴 8 受向上推力时，轴 8 轴向定位凸台上面与垫片 3 下面抵靠，垫片 3 上面与卡块 4 下面抵靠，卡块 4 上面与卡块槽面抵靠，全部推力作用在卡块槽面上，轴向间隙出现在轴 8 轴向定位凸台下面与大螺母 2 孔底面间。

蜗轮 6 在轴 8 受推、拉力时，相对缸体 1 上下窜动。

比较图 2-22 和图 2-23 两部装图，可以得出如下结论：

① 在初始装配时，图 2-22 所示结构比图 2-23 所示结构在确定轴向间隙这点上相对容易。

② 从加工工艺角度看，图 2-22 所示结构比图 2-23 所示结构在保证间隙均匀这点上不好，即保证平行度困难。

③ 因图 2-23 所示结构中卡块 4 可以加工成与卡块槽间紧密连接，所以图 2-23 所示结构的轴向间隙在受力情况下可能变化小；因图 2-22 所示结构中蜗轮 4 与中心轴 1 间为螺纹松连接，所以该结构的轴向间隙可能变化大；另外，螺纹松连接一般不能用于轴向定位使用。

④ 图 2-22 和图 2-23 所示结构同样存在调整轴向间隙困难的问题，蜗轮也都有轴向窜动问题。

讨论：

假设修改图 2-22 中的中心轴 1 或蜗轮 4 图样，使其螺纹拧紧并在中心轴 1 受力情况下还有剩余预紧力，则蜗轮 4 带动中心轴 1 转动时就可以有一个方向的转动是使螺纹副进一步拧紧，而蜗轮 4 带动中心轴 1 反向旋转则还是使螺纹副松脱；同时，如果图样经上述修改，那么在初始装配时，图 2-22 所示结构的轴向间隙确定就必须靠调整垫片 3 尺寸来完成，垫片 3 尺寸一旦确定，此轴向间隙也就确定。如需改变当前轴向间隙，必须重新加工、调整垫片，则图 2-22 所示结构仅有的一点优点也将不复存在。因此，不管此处螺纹是松是紧，图 2-22 所示结构设计都不合理。

综合以上比较、分析和讨论，图 2-23 所示结构优于图 2-22 所示结构。

(2) 两结构受力分析

对图 2-22 和图 2-23 所示的两种结构进行下列三种工况受力分析。

① 在出厂试验时的耐压压力工况下分析。根据 JB/T 10205—2010《液压缸》，耐压试验压力为公称压力的 1.5 倍压力，但因出厂液压试验台最高压力无法达到，同时，根据 JB/T 3818—2014《液压机　技术条件》，可确定耐压试验压力为 25MPa × 1.25 = 31.25(MPa)。

图 2-22 所示结构受力情况如下。

中心轴 1 受拉力时的拉力为

$$\frac{\pi}{4}\times 0.16^2\times 31.25\times 10^6=628(\mathrm{kN})$$

中心轴 1 受推力时的推力为

$$\frac{\pi}{4}\times 0.08^2\times 31.25\times 10^6=157(\mathrm{kN})$$

图 2-23 所示结构受力情况如下。

轴 8 受拉力时的拉力为

$$\frac{\pi}{4}\times 0.18^2\times 31.25\times 10^6=795(\mathrm{kN})$$

轴 8 受推力时的推力为

$$\frac{\pi}{4}\times 0.09^2\times 31.25\times 10^6=199(\mathrm{kN})$$

注：两种液压缸的缸内径不同。

② 在液压板料折弯机超负荷工况下分析。根据 JB/T 2257.1—1992 (2014)《板料折弯机　技术条件》，液压板料折弯机一般应不大于公称（额定）压力的 110% 进行超负荷试验，确定超负荷试验压力为 25MPa×110%＝27.5 (MPa)，在暂不考虑被折弯板材回弹力情况下计算。

图 2-22 所示结构受力情况如下。

中心轴 1 受拉力时的拉力为

$$\frac{\pi}{4}\times 0.16^2\times 27.5\times 10^6=553(\mathrm{kN})$$

中心轴 1 受推力时的推力为

$$\frac{\pi}{4}\times 0.08^2\times 27.5\times 10^6=138(\mathrm{kN})$$

图 2-23 所示结构受力情况如下

轴 8 受拉力时的拉力为

$$\frac{\pi}{4}\times 0.18^2\times 27.5\times 10^6=700(\mathrm{kN})$$

轴 8 受推力时的推力为

$$\frac{\pi}{4}\times 0.09^2\times 27.5\times 10^6=175(\mathrm{kN})$$

③ 在液压板料折弯机满负荷工况下分析。图 2-22 和图 2-23 所示部装图纸皆为公称力 1000kN 的液压板料折弯机用可调行程液压缸，且一般为双缸配置，因此折算到单缸的公称力为 500kN。根据两种液压缸的各自结构，图 2-22 所示结构的液压缸在满负荷工况下的压力为

$$\frac{500\times 10^3}{\frac{\pi}{4}\times 0.16^2}=24.88\approx 25(\mathrm{MPa})$$

图 2-23 所示结构的液压缸在满负荷工况下的压力为

$$\frac{500\times10^3}{\frac{\pi}{4}\times0.18^2}=19.66\approx20(\text{MPa})$$

图 2-22 所示结构的中心轴 1 受拉力时的拉力为

$$\frac{\pi}{4}\times0.16^2\times24.88\times10^6=500(\text{kN})$$

图 2-23 所示结构的轴 8 受拉力时的拉力为

$$\frac{\pi}{4}\times0.18^2\times19.66\times10^6=500(\text{kN})$$

④ 接触面挤压强度验算。按参考文献［28］第 2 卷 5-227 页，在静连接（静载）钢许用挤压应力 $\sigma_{pp}=150\text{MPa}$，铸铁许用挤压应力 $\sigma_{pp}=80\text{MPa}$。

图 2-22 所示结构中心轴 1 受拉力时接触面（交集面）的钢许用挤压力为

$$\frac{\pi}{4}\times(0.155^2-0.08^2)\times150\times10^6=2075(\text{kN})$$

图 2-22 所示结构中心轴 1 受拉力时接触面（交集面）的铸铁许用挤压力为

$$\frac{\pi}{4}\times(0.155^2-0.08^2)\times80\times10^6=1107(\text{kN})$$

图 2-22 所示结构中心轴 1 受推力时的接触面（交集面）的钢许用挤压力为

$$\frac{\pi}{4}\times(0.09^2-0.084^2)\times150\times10^6=123(\text{kN})$$

图 2-23 所示结构轴 8 受拉力时接触面（交集面）的钢许用挤压力为

$$\frac{\pi}{4}\times(0.125^2-0.098^2)\times150\times10^6=709(\text{kN})$$

图 2-23 所示结构轴 8 受推力时的垫片 3 接触面的钢许用挤压力为

$$\frac{\pi}{4}\times(0.125^2-0.0925^2)\times150\times10^6=832(\text{kN})$$

图 2-23 所示结构轴 8 受推力时的卡块 4 与卡块槽接触面的钢许用挤压力为

$$\frac{\pi}{4}\times(0.135^2-0.125^2)\times150\times10^6=306(\text{kN})$$

通过以上计算可知：在出厂液压试验台上试验和超负荷工况下，图 2-22 所示结构所受拉、推力比图 2-23 所示结构都小；在满载工况下，图 2-22 所示结构比图 2-23 所示结构液压缸的压力（最高工作压力或最高额定压力）高；梯形螺纹轴（中心轴 1、轴 8）的轴向定位凸台及抵靠件的材料许用挤压力并非能全部满足工况要求。上述计算结果的汇总见表 2-35。

表 2-35　两种结构的液压缸在三种工况下的计算结果　　kN

受力及工况	试验工况下（在 31.25MPa 下）	超负荷工况下（在 27.5MPa 下）	满负荷工况下	材料许用挤压力
中心轴 1 受拉力	628	553	500(在 25MPa 下)	2075、1107(铸铁)
中心轴 1 受推力	157	138	—	123(凸台上面)
轴 8 受拉力	795	700	500(在 20MPa 下)	709(凸台下面)
轴 8 受推力	199	175	—	832、306(卡块槽)

在表 2-35 中，中心轴 1 受推力时，其轴向定位凸台上面材料许用挤压力小于在超负荷工况和试验工况下中心轴 1 所受推力；轴 8 受拉力时，其轴向定位凸台下面材料许用挤压力小于试验工况下轴 8 所受拉力。

经过对表 2-35 的分析，图 2-22 所示结构的中心轴 1 轴向定位凸台上面材料抗挤压强度不能满足试验和超负荷工况要求，在试验台上试验或装机使用中，中心轴 1 轴向定位凸台上面或缸体大孔底面一定被压溃；图 2-23 所示结构的轴 8 轴向定位凸台下面材料抗挤压强度可以满足超载工况，但不能满足试验台上试验工况，在试验台上试验时，轴 8 轴向定位凸台下面或大螺母 2 孔底面也会被压溃。

说明：

以上的计算是在设定静连接静载荷下的计算，实际情况（工况）并非静连接，更不是静载荷；梯形螺纹轴（中心轴 1、轴 8）一般采用 45 钢调质处理，但与其抵靠的各件材料及热处理各有不同；所以以上分析、计算不可作为设计依据，仅用于图 2-22 和图 2-23 所示两种结构的定性分析，而非定量分析。

建议根据以下计算确定图 2-22 所示的中心轴 1 轴向定位凸台尺寸（凸台直径 d）为

$$\frac{\pi}{4}\times(d^2-0.084^2)\times150\times10^6\geqslant157\times10^3$$

总体评价：

图 2-23 所示结构的液压缸比图 2-22 所示结构的液压缸可靠。

2.11.3 两种结构的可调行程液压缸材料利用率比较分析

如图 2-22 部装图所示，图 2-24 所示的中心轴、图 2-25 所示的导套、图 2-26 所示的缸体为其组成的主要零件图。

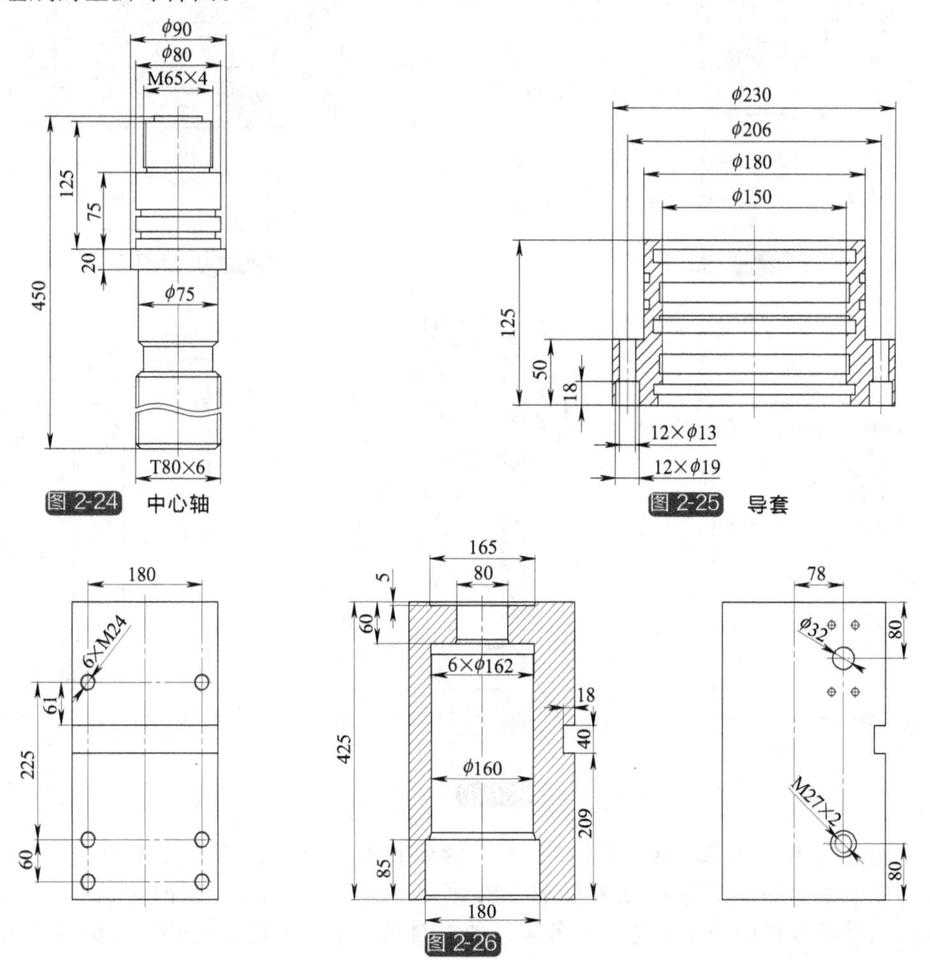

图 2-24 中心轴

图 2-25 导套

图 2-26

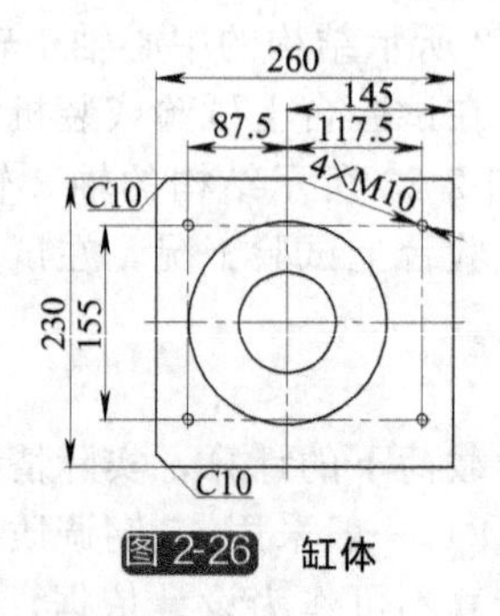

图 2-26 缸体

如图 2-23 部装图所示，图 2-27 所示的轴、图 2-28 所示的大螺母、图 2-29 所示的缸体为其组成的主要零件图。

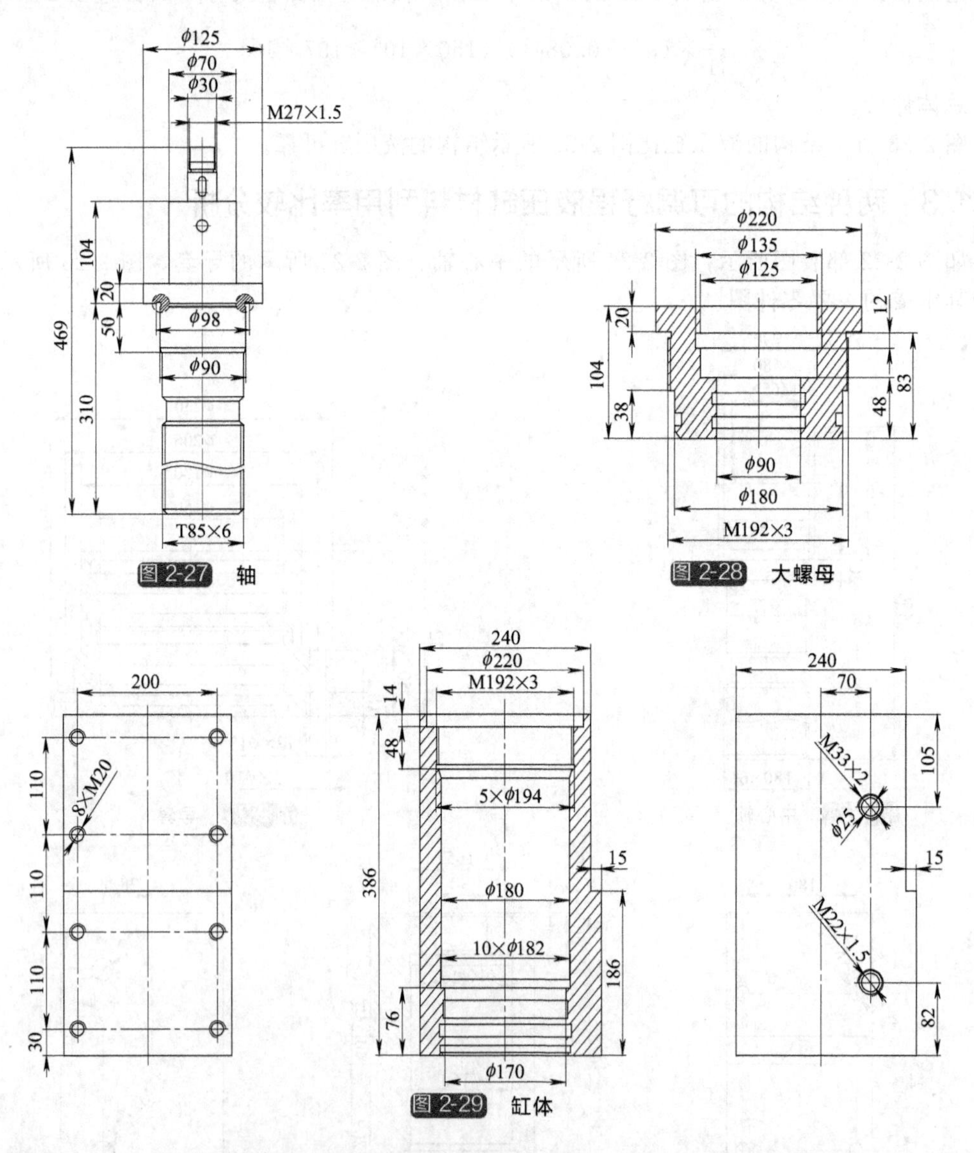

图 2-27 轴

图 2-28 大螺母

图 2-29 缸体

根据图 2-22 所示的部装图及图 2-24 所示的中心轴、图 2-25 所示的导套、图 2-26 所示的缸体和图 2-23 所示的部装图及零件图 2-27 所示的轴、图 2-28 所示的大螺母、图 2-29 所示的缸体以及各零件的加工工艺，对各零件的材料利用率列表进行比较、分析（见表2-36）。

表 2-36　两种结构的液压缸各零件材料利用率汇总表

零件名称		毛坯重量 /kg	零件净重 /kg	材料利用率 /%	去除材料重量 /kg
图 2-22 各零件	图 2-24 中心轴	27	16	59	11
	图 2-25 导套	48	12	25	36
	图 2-26 缸体	245	135	55	110
合计		320	263	平均 51	157
图 2-23 各零件	图 2-27 轴	49	19	39	30
	图 2-28 大螺母	38	16	42	22
	图 2-29 缸体	228	101	44	127
合计		315	136	平均 43	179

计算说明：

① 梯形螺纹轴（中心轴 1、轴 8）毛坯分别为 ϕ95×460 和 ϕ130×470，但中心轴 1 因在受推力时轴向定位凸台上面小，必须改大，所以材料可能还要有变化。

② 缸体为 45 钢实心锻件，各面均留 10mm 余量且为最大尺寸，图 2-29 所示的缸体安装定位阶台机械加工。

③ 导套为圆钢加工。

④ 图 2-22 中的蜗轮 4 和图 2-23 中的蜗轮 6 未列入表 2-41，蜗轮 4 外形尺寸为 ϕ150×60，螺纹孔为 M65×4（设计不合理），蜗轮 6 外形尺寸为 ϕ124×30，带键槽孔为 ϕ30。

总体评价：

图 2-22 所示结构的各零件材料利用率高于图 2-23 所示结构的各零件利用率，但相差不大。

2.11.4　两种结构的可调行程液压缸各零件加工工艺性比较分析

（1）两种缸体的加工工艺性比较分析

① 图 2-26 所示缸体在车加工时必须掉头，否则，ϕ165×5 将无法加工出来。掉头时如采用四爪单动卡盘装夹，在 ϕ180×85 孔内最好预装堵，否则有可能夹扁产品；但掉头后找正十分困难，即 ϕ165×5 底面对 ϕ80 孔轴线垂直度或 ϕ165×5 底面与 6×ϕ162 底面亦即 ϕ160 孔底面的平行度很难保证。

所以，要保证产品质量必须采用车加工工艺装备。

在加工 ϕ180、ϕ160 和 ϕ80 阶梯孔时，最大只能钻 ϕ75 的孔，且走刀长度在 360 左右，不能通长走刀，所以操作者必须认真操作每刀，否则就会撞刀。

ϕ180×85 孔为导套安装孔，因机床及加工等原因，在安装导套后，导套内孔（活塞杆导向孔）一定与 ϕ160 孔轴线有垂直度和同轴度误差，且误差一定大于因机床精度原因而造成的误差，其误差甚至可能翻倍。

因缸体与导套为法兰连接，增加了钳工钻孔、攻螺纹工序。

② 图 2-29 所示缸体在车加工时可以一次装夹完成，不用掉头，其各孔同轴度容易保证，孔对面垂直度也容易保证，因此工艺性好。主要问题是在加工活塞杆各密封沟槽时，加工及测量有一定困难。

因缸体与大螺母为螺纹连接，无需钳工工序。

在加工 ϕ220、M192×3、ϕ180 和 ϕ170 阶梯孔时，可以使用更大钻头，或可采用套料钻（环孔钻）；因能通长走刀，减少了操作者劳动强度。

（2）其他零件的加工工艺性比较

图 2-25 所示导套的加工工艺性优于图 2-28 所示大螺母，图 2-24 所示中心轴的加工工艺

性稍优于图 2-27 所示轴。

总体上图 2-23 所示结构液压缸比图 2-22 所示结构液压缸的加工工艺性要好。

2.11.5 两种结构的可调行程液压缸总体评价

产品的结构在很大程度上决定了产品的性能，一个优化的产品结构是保证产品可靠性、使用性、适用性、安全性、长期性（耐久性）的前提，任何产品结构设计的先天不足或隐患，都一定会在产品的使用过程中反映出来，并造成不良后果，只是会因工况不同出现的有早有晚而已。

图 2-22 所示结构的液压上动式板料折弯机用可调行程液压缸在设计上存在先天不足，尽管在其他方面或稍有一些优点，但整体上没有什么可取之处，主要问题表现在：

① 将蜗轮 4 当轴向间隙调节螺母用且靠紧定螺钉传递转矩在设计上很不合理，也非常少见，其可靠性有问题，同时，因承受大的拉力，蜗轮 4 的外形尺寸超大。

② 中心轴 1 与蜗轮 4（调节螺母）间为螺纹松连接，且被用作轴向定位，这样设计很不合理。

③ 其梯形螺纹轴（中心轴 1）的轴向定位凸台上面的材料抗挤压强度无法满足试验台上试验和超负荷工况，在实际使用中接触面一定会被压溃。

④ 加工中很难保证缸体 2 的形位公差，其形位公差直接影响到可调行程液压缸的行程定位精度和行程重复定位精度，对液压缸的其他性能也有不好的影响。

⑤ 与图 2-29 所示缸体比较，在加工工艺性方面不好。

但图 2-22 和图 2-23 所示两种结构的液压上动式板料折弯机用可调行程液压缸都存在相同问题，这些问题将直接影响可调行程液压缸的精度和使用寿命：

① 蜗轮安装轴（中心轴 1、轴 8）都可能承受大的轴向力。

② 减速器的蜗轮相对于缸体（也就是减速器安装面或减速器）轴向窜动。

③ 轴向间隙再次调整、确定困难。

④ 梯形螺纹轴（中心轴 1、轴 8）转动副润滑不确定。

由于两种结构的可调行程液压缸都存在问题，因此，要提高产品质量还有很多工作要做。

说明：

① 文中表述的上下与图样中的上下相同；

② 文中长度单位一律为毫米（mm）；

③ 文中表述的梯形螺纹拉力、推力假定作用在理论参照点上；

④ 本节图样已做了技术处理，不涉及作者及其他人的知识产权问题。

2.12 一种液压上动式板料折弯机用可调行程液压缸筒优化设计

简化设计就是指产品在设计过程中，将构成产品的零件尺寸精度、形位要求、结构或构成整个部件或系统的要求进行简化，在保证性能要求的前提下达到最简化状态，以便于制造、装配、维修的一种设计。

优化设计是从多种方案中选择最佳方案的设计方法，它以数学中的最优化理论为基础，以计算机为手段，根据设计所追求的性能目标建立目标函数，在满足给定的各种约束条件下，寻求最优的设计方案。

下文涉及一种 WC67Y-100T 液压上动式板料折弯机用可调行程液压缸，其用于行程定位的撞块为内置式，这种可调行程液压缸是已经生产多年的定型产品。

该种可调行程液压缸在使用中一直存在如下问题：

① 在初装配时轴的轴向定位间隙确定困难，不一致，维修时无法再调整。

② 因轴的轴向窜动和零件受力变形，行程定位精度可能超差。

③ 轴的轴向定位旋转运动副处润滑不确定，发生过锈蚀、卡死问题。

④ 活塞杆与螺盖间螺纹副松动。

⑤ 轴出现过拉伸断裂。

现在通过对 WC67Y-100T 液压上动式板料折弯机用可调行程液压缸的简化、优化设计，提出了用于 WC67Y-100T 液压上动式板料折弯机的一种新型简优化可调行程液压缸，既能将上述问题全部解决，又能比原结构简单、合理、可靠，便于制造、装配、调试和维修，也可为提高液压板料折弯机整机质量水平提供一种核心部件。

2.12.1 可调行程液压缸优化设计

(1) 原结构设计简述

如图 2-30 所示的是由笔者重新绘制的 WC67Y-100T 液压上动式板料折弯机用的可调行程液压缸原结构设计装配图样。

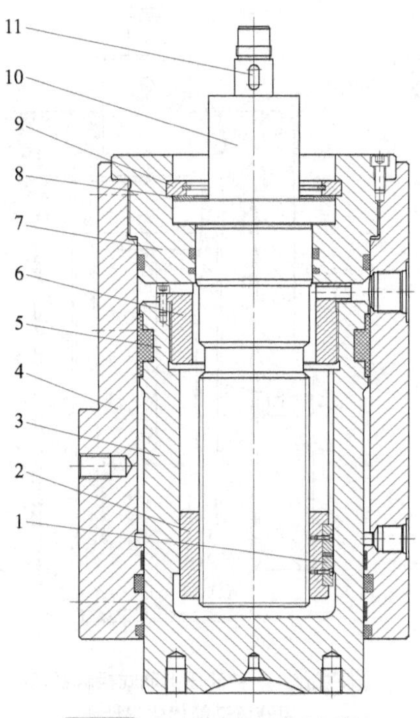

图 2-30 一种液压上动式板料折弯机用液压缸原结构设计

1—导向平键；2—螺母（撞块、梯形螺母）；3—活塞杆（与活塞为一体结构）；4—缸体；5—活塞；6—螺盖；7—大螺母（带孔缸盖）；8—垫片；9—卡块；10—轴（梯形螺纹轴）；11—平键

当可调行程液压缸的行程调节装置通过蜗轮（图中未示出）输入扭矩及一个输入角时，蜗轮通过平键 11 带动轴（梯形螺纹轴）10 旋转一个相同角度；因螺母（撞块、梯形螺母）2 被导向平键 1 限制转动，所以由轴 10 和螺母 2 组成的梯形螺纹副在轴 10 转动时螺母 2 只能做轴向运动，因此，螺母 2 就对应行程调节装置输入角有一个定向位移，亦即设定了一个可调行程液压缸行程定位目标位置。

当可调液压缸无杆端进油时，活塞杆（活塞）3（5）开始缸进程；当与活塞杆螺纹连接的螺盖 6 撞到螺母 2 时，活塞杆 3 停止缸进程，即完成了活塞杆（活塞）3（5）行程定位，其向定位目标趋近的准确程度，即为行程定位精度。在液压缸出厂试验台试验时，相关标准要求进油压力达到 1.5 倍公称压力并保压 10s（耐压试验），此时压力全部作用在螺母 2 上并传递给轴 10，轴 10 承受拉力；在实机检验工况下，当螺盖 6 撞到螺母 2 前一刻，轴 10 承受 1.1 倍公称压力（超负荷检验）的推力。

由于轴 10 在每次实机工作时都受到推、拉力作用，轴 10 的轴向间隙来回窜动，当轴向间隙变动或一台主机上所配置的两台液压缸轴的轴向间隙变动不一致时，就会直接影响到可调行程液压缸的行程定位精度，亦即两台液压缸的同步精度，造成被折板材角度超差，亦即主机几何精度、工作精度超差。

(2) 结构优化设计

针对上述原结构液压缸中存在的 5 个问题，下面对该种液压缸结构进行优化设计。

① 轴的轴向定位间隙确定优化设计。原结构设计装配图样如图 2-30 所示，液压缸在初

始装配时原结构的轴 10 的轴向定位间隙是靠现场测量、加工垫片 8 来完成的，要调整此间隙，就必须试装不同尺寸的垫片，但因装配时轴 10 的轴向受力情况与实机工况不同，加之测量不准，以及垫片 8 加工有误差等，此间隙在各台液压缸间很难保证在一个较小范围内。在现场维修时，如果想减小此间隙，就只有一种办法，即更换较厚垫片；要想增大此间隙，就必须减小垫片厚度，但都需要机械设备加工，在现场这两种调整间隙办法几乎都是无法完成的。

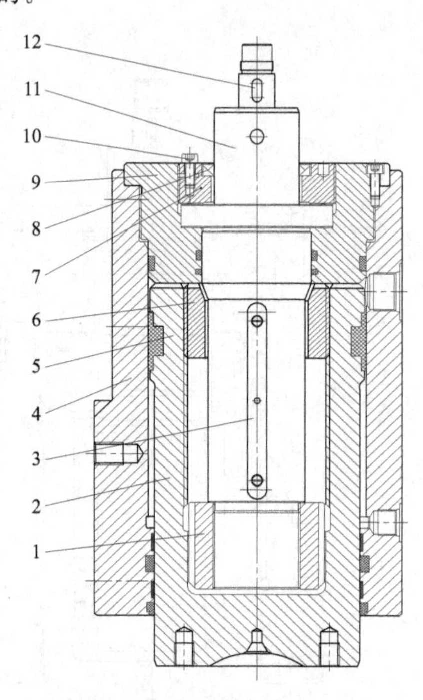

图 2-31 一种液压上动式板料折弯机用液压缸简优化设计Ⅰ

1—撞块；2—活塞杆（与活塞为一体结构）；3—导向平键；4—缸体；5—活塞；6—梯形螺纹套；7—调隙螺纹套；8—旋转轴唇形密封圈；9—缸体端盖；10—内六角圆柱头螺钉；11—螺纹轴；12—平键

调整轴 10 的轴向定位间隙最简便、有效的办法就是采用调隙螺纹套，但因调隙螺纹套的螺纹紧固无法靠挤压端面完成，螺纹松连接又严重影响液压缸的行程定位精度，所以一直无法采用。

如图 2-31 所示的是一种由笔者设计的 WC67Y-100T 液压上动式板料折弯机用可调行程液压缸简优化设计Ⅰ装配图样，其中调隙螺纹套 7 的螺纹紧固由两个内六角圆柱头螺钉 10 完成，因此方便、可靠，且锁紧、解锁容易。

在液压缸初始装配时螺纹轴 11 的轴向定位间隙可任意调整，拧紧两个内六角圆柱头螺钉 10 此间隙即被确定；在其他要求调整轴向定位间隙情况下亦然。

② 减小轴的轴向窜动间隙的方案。轴的轴向间隙（轴向定位间隙）在原结构设计图（见图 2-30）中还包括轴（梯形螺纹轴）10 和螺母（梯形螺母）2 的梯形螺纹副间隙。

在简优化设计Ⅰ图（见图 2-31）中，螺纹轴 11 上取消了梯形螺纹，撞块 1 与螺纹轴 11 为普通螺纹紧连接，只要预紧力足够，在撞块 1 被梯形螺套 6 撞到时还有剩余预紧力，即可认为此处没有轴向间隙。

此处优化设计主要是为了在行程定位的不同位置时，保证在同一压力下螺纹轴 11 受力变形相同。如（公称）压力相同，则螺纹轴 11 在各处行程定位的弹性变形都相同。这一点对可调行程液压缸的行程定位精度和行程重复定位精度非常重要。

③ 防锈与润滑方案优化。原结构设计图（见图 2-30）中轴 10 的轴向定位旋转运动副处润滑为润滑脂润滑，因主机工作环境不同，加之此处润滑、检查困难，实机使用中发生过机件锈蚀（死）、卡死情况。

在简优化设计Ⅰ图（见图 2-31）中，在此处新增加了旋转轴唇形密封圈 8 用于螺纹轴 11 密封，可防止水、水雾（湿气）、灰尘和杂质等进入旋转运动副，同时延缓润滑脂蒸发，提高旋转运动副和润滑脂使用寿命及防止锈蚀。建议装配时采用二硫化钼极压锂基润滑脂（SH/T 0587—1994）润滑。

在笔者另一设计但未经实机验证的简优化设计Ⅱ（局部）装配图样（见图 2-32）中，螺纹轴 5 轴向定位旋转运动副与液压缸无杆端连通，轴的轴向定位旋转运动副机件全部浸在液压油中，上述问题也可迎刃而解。具体设计如图 2-32 所示，供读者参考。

④ 优化活塞杆结构。原结构设计图（见图 2-30）中活塞杆（活塞）3 与螺盖 6 间为螺纹

连接，紧固靠螺盖6端面与活塞杆3端面挤压。经螺纹连接强度验算，如在液压缸出厂试验台进行耐压试验，此螺纹连接还有剩余预紧力时，则活塞5密封沟槽处可能产生塑性变形；为此现在产品一般不能进行1.5倍公称压力下的耐压试验，也有将活塞材料改为抗拉强度更高的材料制造的，但成本同时也会增加。

如果在液压缸出厂试验台进行耐压试验，没有剩余预紧力时，那么，活塞杆3与螺盖6间在受力时就会产生间隙。此间隙在实机工作时还会变化，最后导致活塞杆3与螺盖6螺纹连接松脱，这种情况在实机工作中时有发生，这也是螺盖防松螺钉经常被拉断的原因。现在绝大部分实机安装的可调行程液压缸此螺盖都没有达到设计预紧力。

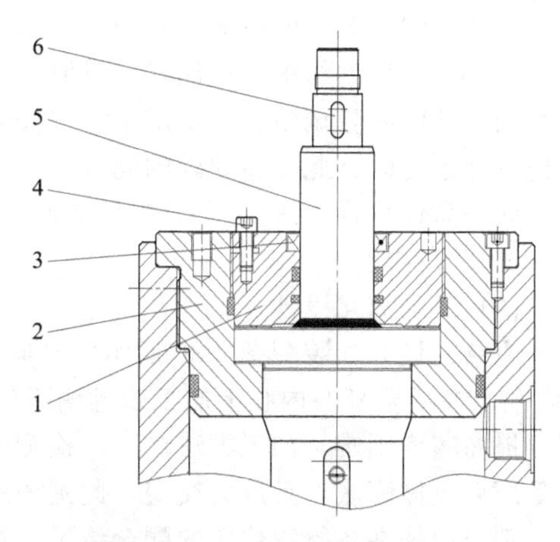

图2-32 一种液压上动式板料折弯机用液压缸简优化设计Ⅱ（局部）

1—密封调隙螺纹套；2—缸体端盖；3—旋转轴密封系统；4—内六角圆柱头螺钉；5—螺纹轴；6—平键

在简优化设计Ⅰ图（见图2-31）中，将原结构设计的螺盖6取消，新设计了梯形螺纹套6，活塞杆2与梯形螺纹套6为梯形螺纹松连接，因没有了螺纹预紧力，加之活塞5密封沟槽处材料增厚，从根本上解决了活塞杆在受力时可能产生塑性变形的问题。同时，因没有了螺纹紧连接，也不存在了螺纹松动问题，此处设计最为合理。

⑤ 提高螺纹抗拉强度的优化设计。原结构设计图（见图2-30）中轴（梯形螺纹轴）10被拉断情况现在还时有发生，造成的主要原因是设计不合理、材料选择错误、热处理有问题或没有进行热处理和加工问题等。发生拉断处一般在轴的定位凸台与被密封轴段相交根部和梯形螺纹退刀槽附近，而后者直接与轴的结构设计有关。

在简优化设计Ⅰ图（见图2-31）中，因在螺纹轴11中段取消了梯形螺纹，只在轴端设计有普通螺纹，螺纹轴11抗拉强度大大提高，这种设计还对撞块1目标位置设定非常有利。

⑥ 梯形螺纹套行程定位优化设计。在简优化设计Ⅰ图（见图2-31）中，活塞杆2在实机安装后不可旋转，活塞杆2内梯形螺纹与梯形螺纹套6外梯形螺纹配合，梯形螺纹套6内孔设有键槽，与安装在螺纹轴11上的导向平键3配合，当螺纹轴11转动时，梯形螺纹套6相对活塞杆2轴向移动，因为螺纹轴11转动是由行程调节装置控制的，所以，梯形螺纹套6就相对行程调节装置输入角有一个定向的位移，亦即调节了一个行程。当活塞杆（活塞）2（5）开始缸进程时，梯形螺纹套6撞到撞块1上，活塞杆缸进程停止。

在简优化设计Ⅰ图（见图2-31）中的活塞杆2内梯形螺纹比原结构设计的螺母2内梯形螺纹直径大，因此便于加工制造；且因活塞杆（活塞）2（5）在承受拉力时的最弱处截面积远大于原结构设计的轴10的最弱处截面积，因此，活塞杆2的抗拉强度高，轴向变形小，且梯形螺纹套6定位准确。

2.12.2 可调行程液压缸简化设计

（1）结构简化设计

原结构设计的轴10的轴向定位如装配图样2-30所示，由轴10、大螺母7、垫片8、卡块9和孔用弹性挡圈等5件组成，其中4件为自制机械加工件；要求轴10的轴向间隙小，轴受力后窜动小，各台液压缸轴向间隙尽量一致。在简优化设计Ⅰ图（见图2-31）中，螺纹轴11的轴向定位由螺纹轴11、缸体端盖9、调隙螺纹套7、内六角圆柱头螺钉10和旋转轴唇形密封圈 8 等 6 件组成，其中 3 件为自制机械加工件。

简化设计后的结构不但能够满足原设计的各项性能要求，而且解决了原结构设计在初装配时轴的轴向间隙调整、确定困难，维修时恢复原设计间隙困难等问题，同时，通过简优化结构设计还为改善此处转动副的润滑提供了保障。

此处简优化设计减少了自制机械加工件数量，使装配、维修更容易，同时，增加了功能，提高了性能。

(2) 工艺简化设计

原结构设计如装配图 2-30 所示，导向平键 1 安装在螺母（撞块）2 上，键槽设在活塞杆 3 内孔。在活塞杆 3 内孔上加工长键槽不但相对困难，而且尺寸和公差及几何公差都很难保证，提高精度困难，加工方法单一，检测困难，尤其因活塞杆 3 为受压腔体（压力容腔体），在受压后腔体膨胀，且压力交变，此键槽对活塞杆 3 的疲劳强度及膨胀量有一定影响。

键与键槽在各行程位置的配合情况，影响可调行程液压缸的行程定位精度和行程重复定位精度。

在简优化设计Ⅰ图（见图 2-31）中，导向平键 3 安装在活塞杆 2 上，键槽设在梯形螺纹套 6 内孔，键槽长度只有原结构设计的约 1/3 长，且加工、测量容易，加工方法多，尺寸和公差及几何公差容易保证，同时也减少了加工时间。

此处简优化设计的键槽加工工艺性好，产品质量容易保证，更重要的是提高了活塞杆 2 的疲劳强度和减小了活塞杆受压膨胀量。

原结构设计如装配图 2-30 所示，螺盖 6 与活塞杆 3 螺纹连接，在缸回程终点处螺盖 6 上端面（以装配图所示标定上下位置）与大螺母 7 下端面抵靠。根据液压缸技术要求，部装后螺盖 6 上端面对活塞杆（活塞）3（5）轴线有垂直度要求，因此必须另有一道工序保证其垂直度。

在简优化设计Ⅰ图（见图 2-31）中，在缸回程终点处活塞 5 上端面与缸体端盖 9 下端面抵靠，因而梯形螺纹套 6 上端面没有对活塞（活塞杆）5（2）的轴线垂直度要求，所以也没有了上述工序。

此处简优化设计减少了一道工序，同时因梯形螺纹套 6 外形尺寸小而节省了原材料。

(3) 材料利用率比较

原结构设计与简优化设计Ⅰ的材料利用率比较见表 2-37。

表 2-37 原结构设计与简优化设计Ⅰ的材料利用率比较

序号	原设计自制件名称	原设计自制件毛坯尺寸/mm	材料利用率/%	简优化设计Ⅰ自制件名称	简优化设计Ⅰ自制件毛坯尺寸/mm	材料利用率/%
1	螺母	$\phi115\times75$	45	撞块	$\phi115\times80$	55
2	缸体	$406\times275\times260$	44	缸体	$406\times275\times260$	相同
3	活塞杆	$\phi180\times330$	50	活塞杆	$\phi180\times340$	53
4	螺盖	$\phi155\times70$	34	梯形螺纹套	$\phi125\times70$	40
5	大螺母	$\phi230\times110$	42	缸体端盖	$\phi230\times110$	约相同
6	轴	$\phi130\times480$	39	螺纹轴	$\phi130\times480$	约相同
7	垫片	$\phi130\times10$	12.5	调隙螺纹套	$\phi135\times45$	45
8	卡块	$\phi140\times19$	22	—	—	—
单台毛坯重量		394kg			400kg	

由表 2-37 可以得出如下结论：

① 简优化设计Ⅰ液压缸单台毛坯重量有所增加，同时部分零件材料利用率也有所提高，反映了经简优化设计的新型可调行程液压缸的结构强度、刚度有所增大。

② 部分零件材料利用率有所提高，反映了加工工时有所减少，可以降低制造成本。

说明：

简优化设计Ⅰ中活塞杆及缸体还有优化空间，但必须更改主机厂机架安装尺寸。

结论：

简化、优化设计也是创新设计，它同样具有科学性、创造性、新颖性及实用性，上文通过对一种 WC67Y-100T 液压上动式板料折弯机用原结构设计的可调行程液压缸的简化、优化设计，提出了一种新型简优化可调行程液压缸，解决了原结构设计中存在的主要问题：不但解决了轴的轴向间隙调整、确定问题，使轴向间隙可任意调节、确定并可保证此间隙确定在一个较小的公差之内；还解决了轴的轴向定位旋转运动副处润滑问题，使此处润滑更可靠、更长久；进一步从结构上解决了活塞杆与螺盖间螺纹副松动问题；而且由于这种新型简化和优化可调行程液压缸的强度、刚度有所增大，相对应的结构弹性变形减小，对可调行程液压缸的定位精度、重复定位精度的提高将大有益处。

不断创新科技才能进步，简优化设计Ⅱ中又有新结构设计，螺纹轴也可进一步简化和优化，但还要经过实机验证，期待这种新结构设计能够取得成功。

第3章 液压缸制造专题

3.1 液压缸制造中的若干常见问题

3.1.1 缸零件加工及装配中的基准问题

(1) 问题的提出

缸零件及液压缸总成的设计基准和加工基准等在笔者所见的液压缸图样中各式各样，其中很多基准的选择和确定都是不正确的。

基准选择和确定错误，将直接导致缸零件及液压缸总成的尺寸和公差及几何精度无法保证，造成液压缸总成出现外泄漏或内泄漏超标、运动干涉（包括缓冲柱塞擦边）、运动不平稳、局部磨损（摩擦）、偏摆甚至卡死等问题，且很难修复。

(2) 分析与结论

设计者在设计液压缸时，对设计基准与加工基准重合、统一等基准选择原则重视不够，导致设计基准虚设。造成上述问题的原因除液压缸设计者自身原因外，还有液压缸相关标准的原因。

基准是用来确定生产对象上几何要素间的几何关系所依据的那些点、线、面，在液压缸设计、加工过程中常用的基准及其定义见表3-1。

表3-1 常用基准及其定义

基准名称	定 义
设计基准	设计图样上所采用的基准
工艺基准	在工艺过程中所采用的基准
工序基准	在工序图上用来确定本工序所加工表面加工后的尺寸、形状、位置的基准
定位基准	在加工中用作定位的基准
测量基准	测量时所采用的基准
装配基准	装配时用来确定零件或部件在产品中的相对位置所采用的基准
辅助基准	为了满足工艺需求,在工件上专门设计的定位面

定位基准的选择在最初的工序中是通过铸造、锻造或轧制等所得到的表面。这种未经加工的基准称为粗基准。用粗基准定位加工出其他表面以后，就应该用已加工过的表面做以后工序的定位表面。加工过的基准称为精基准。为了便于装夹和易于获得所需的加工精度，在工件上特意做出的定位表面称为辅助基准。

不管是选择设计基准还是选择定位基准，应遵守以下原则：

① 尽可能使定位基准与设计基准重合。

② 尽可能使定位基准统一。

③ 粗加工定位基准应尽量选择不加工或加工余量比较小的平整表面，而且只能使用一次。

④ 精加工工序定位基准应是已加工表面。

⑤ 选择的定位基准必须使工件定位夹紧方便，加工时稳定可靠。

具体对于粗基准的选择应按以下原则：

① 如果必须首先保证工件上加工表面与不加工表面之间的位置要求，应以不加工表面作为粗基准。如果在工件上有很多不需要加工的表面，则应以其中与加工面的位置精度要求较高的表面作为粗基准。

② 如果必须首先保证工件某重要表面的余量均匀，应选择该表面作为粗基准。

③ 选作粗基准的表面应平整，没有浇口、冒口或飞边等缺陷，以便定位可靠。

④ 粗基准（主要定位基准）一般只能使用一次，以避免产生较大的误差。

对于精基准的选择应按以下原则：

① 用工序基准作为精基准，实现"基准重合"，以避免产生基准不重合误差。

② 当工件以某一组精基准定位可以较为方便地加工其他表面时，应尽可能在多数工序中采用此组精基准定位，实现"基准统一"，即尽可能使各加工面采用同一基准，以减少工装设计制造的费用，提高产生率，避免基准转移误差。

③ 当精加工或光整加工工序要求余量尽可能小而均匀时，应选择加工表面本身作为精基准，即遵循"自为基准"原则。待加工表面与其他表面间的位置精度要求有先行工序保证。

④ 为了获得均匀的加工余量或较高的位置精度，可遵循"互为基准"原则，反复加工各表面。

⑤ 所选定位基准应便于定位、装夹和加工，要有足够的定位精度。

活塞杆（包括活塞与活塞杆为一体结构的活塞杆）除粗车外，一般设计基准和其他工序基准均应选择、采用两中心孔定位，即应符合基准统一原则。

液压缸装配一般应以缸体（筒）内孔轴线为基准（之一），但液压缸装配后，该装配基准无法定位、装夹，的确是液压缸设计、制造中的一个问题。

3.1.2 缸零件加工中的装夹问题

（1）问题的提出

使用三爪自定心卡盘装夹缸筒外圆或胀卡缸筒内孔一端后，采用锤击或重物（如摆锤）撞击缸筒找正缸筒另一端，是在缸筒车削加工时常见的错误；三爪自定心卡盘装夹活塞杆一端，回转顶尖顶紧另一端中心孔精加工活塞杆，而磨削加工时又以活塞杆两端中心对顶，拨杆夹紧磨外圆，是在活塞杆加工中常见的错误；不管是采用三爪还是四爪卡盘夹紧定位时，也不管夹紧定位的表面是已经粗加工还是精加工，都直接装夹工件表面，造成卡痕遗留在成品上，更是缸零件加工中几乎随处可见的问题。

（2）分析与结论

缸零件虽然精度不如液压阀或液压泵上的一些零件精度等级高，但如果加工制造过于粗糙，其结果也是很可怕的，因为液压缸是一种特殊的压力容器。

缸零件在加工中的各种装夹定位问题，一定会影响加工制造质量，可能造成液压缸内外泄漏、运动时出现如卡死、卡滞或偏摆等问题。在缸零件表面留有卡痕时，不但影响产品外观质量，还可能造成产品局部锈蚀、安装连接出现问题。

根据机械制造工艺及作者的实践经验的总结，缸零件加工时应遵循以下原则：

① 夹持精加工面和软材质工件时，应垫以软垫，如紫铜皮等；在装夹需要找正的缸零件粗车时，可在卡爪与工件间垫 $\phi 4\sim 5$mm 粗钢丝。

② 用三爪自定心卡盘装夹工件粗车或精车时，若工件直径小于或等于 30mm，其悬伸长度应不大于直径的 5 倍；若工件直径大于 30mm，其悬伸长度应不大于直径 3 倍。

③ 用四爪单动卡盘、花盘、角铁（弯板）等装夹不规则偏重工件时，必须加配重。

④ 在顶尖间加工轴类工件时，车削前要调整尾座顶尖中心与车床主轴中心线重合。

⑤ 在两顶尖间加工细长轴时，应使用跟刀架或中心架，在加工过程中要注意调整顶尖的顶紧力或采用浮动顶尖，死顶尖、跟刀架和中心架的支承块应注意润滑。

⑥ 使用尾座时，套筒尽量伸出短些，以减小振动。

⑦ 车削轮类、套类铸锻件时，应按不加工表面找正，以保证加工后工件壁厚均匀。

⑧ 活塞杆精车外圆包括各密封沟槽与磨外圆，必须使用相同定位基准。

⑨ 夹紧定位缸筒一端时，应避免造成局部变形。

3.1.3 缸零件加工工序问题

(1) 问题的提出

液压缸内泄漏超标后，返修活塞杆（与活塞为一体）密封沟槽，在研磨沟槽底面时，发现其径向圆跳动很大，双顶活塞杆两端中心孔检查后发现，其密封沟槽底面径向全跳动超差。

进一步了解加工工艺，发现该活塞杆加工工序颠倒。

(2) 分析与结论

活塞杆（或一体活塞杆）加工工序颠倒情况在液压缸加工制造中较为普遍，主要是在镀前精车活塞杆及活塞，镀后只对活塞杆外圆进行研磨、抛光或磨外圆，作者甚至见到过在活塞杆表面淬火前就精车活塞杆（活塞）上密封沟槽的。

活塞杆加工工序颠倒，造成几何精度降低甚至超差，其结果必然造成内外泄漏量大或运动中出现问题。

另一常见的工序问题是，缸零件调质处理前不进行粗加工。

其他缸零件加工工序应注意的问题如下：

① 车削台阶轴时，为了保证车削时的刚度，一般应先车直径大的部分，后车直径小的部分。

② 在轴类工件上切槽时，应在精车之前进行，以防止工件变形。

③ 精车带螺纹的轴时，一般应在螺纹加工之后在精车无螺纹部分。

④ 钻孔前应将工件端面车平，必要时应先打中心孔。

⑤ 钻深孔时，一般应先钻导向孔。

⑥ 车削 $\phi10 \sim \phi20$mm 的孔时，刀杆直径应为被加工孔径的 0.6～0.7 倍；加工直径大于 $\phi20$mm 的孔时，一般应采用装夹刀头的刀杆。

⑦ 车削螺纹时，要进行试切，并采用量规检查。

⑧ 当工件的有关表面有位置公差要求时，尽量一次装夹中完成车削。

⑨ 车削活塞或导向套时，孔与基准端面必须一次装夹中加工。必要时应在该端面上可车出标记线。

3.1.4 研中心孔问题

(1) 问题的提出

活塞杆双顶中心孔精加工或检查时，一次装夹一个状态，检查中心孔时发现，中心孔锥面上还遗留有调质处理时的黑皮。

缸零件上中心孔一般在粗加工时加工，但经过调质处理后没有经过挤研或研磨而直接使用的情况非常普遍。

中心孔表面粗糙度值 $Ra>3.2\mu m$ 后，其作为定位基准和检查基准的作用基本丧失。

(2) 分析与结论

使用中心钻在未经热处理的材料上加工中心孔，一般中心孔的表面粗糙度值不会太低，热处理前加工好的中心孔在热处理后，其表面一定存在氧化皮，只是采用真空淬火和真空回火的情况稍好。

在车床上加工中心孔一般只能一端一端地加工，因此一定存在两中心孔不在一条直线上的问题。

由于以上原因，半精加工或精加工缸零件挤研或研磨中心孔是必须有的一道工序。

挤研或研磨中心孔必须是缸零件固定顶尖双顶，但也必须注意和防止在一端中心孔研磨好后，再挤研或研磨另一端中心孔时，尾座上的固定顶尖对已研磨好的中心孔的破坏，因此一定要将此中心孔清理干净并充分润滑。

采用金刚石研磨顶尖研磨中心孔时，其工艺参数可按表 3-2 参考选取。

表 3-2　金刚石顶尖研磨中心孔工艺参数

工序	金刚石粒度	研磨余量/mm	表面粗糙度 $Ra/\mu m$	转速 n/(r/min)		研磨时间/s	
				工件（顶尖不动）	顶尖（工件不动）	顶尖不动	工件不动
粗研磨	60#～120#	0.08～0.15	0.8～0.4	100～300	150～500	15～5	12～2
半精研磨	100#～180#	0.05～0.10	0.4～0.2				
精研磨	150#～W40	0.02～0.05	<0.2				

注：金刚石顶尖现在没有标准，使用时请与制造商具体落实工艺参数。

其他修磨中心孔的刀具（工具）还有立方碳化硼顶尖、硬质合金挤研顶尖和铸铁研磨顶尖等。

另外，根据相关标准规定，如果未在图样上注明需要保留中心孔，则加工时中心孔保留或去除均可。因此，需要保留中心孔时，必须在图样上明确注明。

3.1.5　滚压孔工艺质量问题

(1) 问题的提出

滚压孔一般都作为液压缸缸筒内径精加工而安排在最后一道工序，但缸筒内径滚压后发现表面质量不好，这时相关各方才想起追究滚压前内孔的质量问题，这样的事经常发生。

(2) 分析与结论

滚压孔是一种无屑光整加工方法，它利用材料的塑性，用滚压头对加工表面进行滚压，使其表面产生塑性变形而形成硬化层，并产生残余压应力。

滚压塑性变形遵循三个原则，即：屈服原则、流动原则、强化原则。

① 滚压孔的作用。滚压孔一般有如下作用：

a. 降低表面粗糙度数值。滚压可以提高表面质量，亦即表面完整性。一般其表面粗糙度数值会至少下降 2 个级别，如：碳钢（45 钢）滚压前 $Ra3.2\mu m$→滚压后 $Ra0.2\mu m$ 左右；铸铁（HT150-330）滚压前 $Ra3.2\mu m$→滚压后 $Ra0.8\mu m$ 左右。

b. 修正圆度。如工艺参数选择正确，滚压后孔的圆度有所提高。

c. 提高表面硬度。一般可提高表面硬度 15%～30%，如：碳钢（45 钢）滚压前 197HB→滚压后 240HB、铸铁（HT150-330）滚压前 180HB→滚压后 198HB。

d. 提高了耐磨性。一般滚压后表面耐磨性可提高 15%左右。

e. 提高了疲劳强度。一般滚压后表面疲劳强度可提供 30%左右，缺口疲劳强度（45 钢试样）提高 78%～121%。

② 滚压孔前对缸筒内孔的要求。有参考文献介绍了以下孔滚压试验：在过盈量为 0.05～0.08mm、进给量为 0.06～0.16mm/r、滚压速度为 30～60m/min 的条件下，滚压前

后孔表面粗糙度变化见表 3-3。

表 3-3 滚压前后孔表面粗糙度变化情况 μm

材料	试验组	滚压前表面粗糙度	滚压后表面粗糙度
15	1	*Ra*6.3～3.2	*Ra*0.35～1.1
	2	*Ra*3.2～1.6	*Ra*0.35～0.25
	3	*Ra*1.6～0.8	*Ra*0.25～0.15
45	1	*Ra*6.3～3.2	*Ra*0.26～0.2
	2	*Ra*3.2～1.6	*Ra*0.2～0.1
	3	*Ra*1.6～0.8	*Ra*0.1～0.05

作者认为滚压前对孔的圆度、圆柱度、直线度和粗糙度应有如下要求：圆度和圆柱度公差不应大于尺寸公差值的 70%，直线度为尺寸公差一半，表面粗糙度值应在 *Ra*1.6μm 以下。

另外，液压缸缸筒滚压的主要目的是光整而非强化内孔表面，在图样或技术要求中应注明“光整滚压”。一般光整加工的滚压次数为 1～2 次，滚压过盈量过大和滚压次数太多，都可能造成滚压孔脱皮。

3.1.6 缸筒珩磨纹理问题

(1) 问题的提出

珩磨机主要用于珩磨气缸，如果用于液压缸缸筒珩磨，究竟如何选择工艺参数及珩磨效果，就连作者交流过的一些珩磨机制造商也说不清楚，主要是珩磨的纹理问题。此问题还是一些液压缸制造商常常用于考察工程技术人员是否精通液压缸设计与制造的一道考试题。

(2) 分析与结论

珩磨属于磨削加工的一种特殊型式，属于光整加工。珩磨的原理是：在一定压力下，砂条与工件加工表面之间产生复杂的相对运动，砂条磨粒起切削、刮擦和挤压作用，从加工表面切下极薄的金属层。

珩磨头在珩磨时，砂条做径向涨缩，并以一定压力与孔表面接触。砂条有三种运动：旋转运动、往复运动和在加压下的径向运动。旋转运动和往复运动中，砂条的磨粒在孔表面上的切削轨迹形成交叉而不相重复的网纹，这种交叉而不相重复的网纹有利于储存润滑油，减少零件表面的磨损。为了使砂条磨粒的运动轨迹不重复，珩磨头的每分钟转速与珩磨头每分钟的往复行程数应互成质数。

珩磨可分三个阶段，第一个阶段是脱落切削阶段，第二个阶段是破碎切削阶段，第三个阶段是堵塞切削阶段（相当抛光）。珩磨分为定压珩磨和定量珩磨。

珩磨可以改善孔的尺寸精度、圆度、直线度、圆柱度和表面粗糙度。中小口径的液压缸缸筒以“冷拔—浮镗—滚压—珩磨”最为经济、高效、合理。

珩磨有如下特点：

① 砂条磨粒负荷小，砂条使用时间长。

② 速度低，一般在 100mm/min 以下。

③ 珩磨时要注入大量切削液，可以将脱落的磨粒冲走，加工表面充分冷却，工件发热小，变形层极薄，从而可以获得较好的表面质量。

④ 珩磨一般可以获得 IT6～IT7 精度的孔，*Ra*0.2～0.025μm，形状误差一般小于 0.005mm。

珩磨加工的工艺要素主要有珩磨次数、网纹交叉角 α、工作压力、模条超出孔外的长度、磨条磨料种类和粒度、珩磨液等。

缸筒珩磨可按以下选择工艺要素：

① 珩磨分粗珩磨、精珩磨、超精珩磨。镗孔后的珩磨余量为0.05～0.08mm，铰孔后的珩磨余量为0.02～0.04mm；磨孔后的珩磨余量为0.01～0.02mm。余量大的可以分粗、精两次珩磨；余量大的或要求精度高的，可分为粗珩磨、精珩磨、超精珩磨三次珩磨。

② 旋转速度一般为 $V_t=14\sim48$m/min，往复进给速度 $V_a=5\sim15$m/min。网纹交叉角 $\alpha=2\arctan(V_a/V_t)$，交叉角一般为30°～60°，以45°为好。

③ 珩磨的工作压力选择按粗珩磨时为0.5～2.0MPa，精珩磨时为0.2～0.8MPa，超精珩磨时为0.05～0.1MPa，一般可取0.2～0.5MPa。

④ 珩磨时磨条一定要超出孔的两端，即通常称之为“切出”长度。有资料认为切出长度为磨条长度的1/3时最为合适。

⑤ 适合磨削碳钢和球墨铸铁的磨料品种为棕刚玉A（GZ）和微晶刚玉MA（GW）等。珩磨磨条应采用陶瓷结合剂（V），珩磨磨条硬度应选K～P，磨条粒度应选F80以上。

现在气缸孔平台珩磨工艺已很成熟，且有相关标准，其工艺对满足液压缸缸筒的技术要求有可参考的地方。

气缸孔平台珩磨一般分三道工序：

① 第一道工序是机械涨刀定量珩磨，目的是消除镗缸所产生的几何误差，使缸的圆度、圆柱度符合要求，且为下道工序提供合适的粗糙度和加工余量。

② 第二道工序也是机械涨刀定量珩磨，但进给速度和进给量比第一道工序小，目的是在缸孔表面形成清晰可见的、对称的、均匀网纹，即拉沟槽工序。

③ 第三道工序是精珩磨工序，采用定压珩磨，分两级加压，目的是形成平台，即去掉波峰、保留波谷，形成一定宽度和数量的平台，并保留一定深度的沟槽。

气缸孔曾使用过的3个标准分别为：ZBJ 92011—1989（为镜面珩磨标准）、JB/T 9768—1999（为普通珩磨标准）、DIN 4776—1990（为平台珩磨标准）。现行标准为JB/T 2082.7—2011《内燃机　气缸套　第7部分：平台珩磨网纹　技术规范及检测》。

比较缸筒内孔珩磨与气缸孔珩磨工艺，即可得出其主要不同之处在于：缸筒内孔珩磨没有拉沟槽工序，也不需要（不允许）缸筒内孔表面形成“清晰可见的、对称的、均匀网纹”。

3.1.7 滚压孔和珩孔工艺选择问题

(1) 问题的提出

缸筒内孔滚压与缸筒内孔珩磨（要求）究竟应有什么不同？对于液压缸缸筒来说，究竟在什么情况（或条件）下选择滚压孔还是珩孔工艺，是各方面经常向笔者提出的问题。

(2) 分析与结论

滚压孔或珩孔都是对内孔表面进行光整加工的一种方法，在暂不考虑其他因素（要求）的情况下，仅从保证密封件使用寿命亦即耐久性角度权衡上述两种缸筒内孔光整加工方法的利弊。

在JB/T 11718—2013《液压缸　缸筒技术条件》中对缸筒内孔的加工方法未做规定，仅规定了缸径尺寸公差等级、内孔圆度、内孔轴线直线度和内孔表面粗糙度等。该标准规定的内孔表面粗糙度见表3-4。

表3-4　缸筒内孔表面粗糙度　　μm

等级	A	B	C	D
Ra	0.1	0.2	0.4	0.8

在常用活塞密封装置用密封件中，各标准对与密封件（包括支承环）接触的元件（缸零件，如缸筒）的加工方法也未做规定，甚至对缸筒内孔的表面粗糙度也未做具体规定，如在

GB/T 2879—2005《液压缸活塞和活塞杆沟槽尺寸和公差》中规定："与密封件接触的元件的表面粗糙度取决于应用场合和对密封件寿命的要求，宜由制造商与用户协商决定。"

根据笔者对液压密封技术的掌握，缸筒内孔表面结构参数仅以评定轮廓的算数平均偏差 Ra 和轮廓的最大高度 Rz 表示（要求）是不够的，还应包括相对支承比率 R_{mr}，对密封而言，与密封件接触的缸零件表面 R_{mr} 应在 50%～70%。

为此，一些活塞或活塞杆密封沟槽槽底面光整加工也可考虑采用滚压工艺。

综合密封、摩擦和润滑等方面要求，笔者认为从密封材料适用性考虑，缸筒内孔光整加工方法应这样选择：

① 珩磨或珩磨加抛光可依次适用于丁腈橡胶或氟橡胶、聚氨酯橡胶、聚四氟乙烯（填充）塑料和聚酰胺（填充）塑料等。

② 滚压可依次适用于聚四氟乙烯（填充）塑料和聚酰胺（填充）塑料、聚氨酯橡胶、氟橡胶或丁腈橡胶等。

③ 单从保证相对支承比率 R_{mr} 这一点考虑，滚压优于珩磨，因为滚压的 R_{mr} 可到达 70%。

珩磨后抛光可能对提高相对支承比率 R_{mr} 作用不大，但对减小密封件磨损包括微动磨损作用明显，因此宜在珩孔后进行抛光，滚压孔后亦可进行抛光。

对于以金属材料如铸铁、铜合金等为导向套或支承环的，其与活塞杆直接接触的起导向和支承作用的内孔，可采用滚压孔作为其光整加工方法之一。

3.1.8 活塞杆镀前、镀后抛光及检验问题

(1) 问题的提出

前一段活塞杆镀后发现表面有螺旋纹，最后确定是电镀厂镀前采用砂带抛光所致；镀后件发现圆度、圆柱度、直线度都有问题，也认为是镀前和/或镀后砂带抛光所致。

由于抛光不当，进一步还可能造成活塞杆表面波纹度加大。

(2) 分析与结论

抛光是一种利用机械、化学或电化学的作用，使工件表面获得光亮、平整表面的加工方法，其特征在于是用自由游离的磨料和软质的抛光工具降低被抛光表面的表面粗糙度值，以获得或提高表面质量。活塞杆镀前抛光主要是为了提高镀后表面的光亮度。

由此判断，"砂带抛光"这一称谓有问题，应称为"砂带磨削"。

笔者认为镀前活塞杆表面不能采用砂带磨削或抛光，尤其是在没有制订严格的砂带磨削工艺并采用旧车床改造的砂带磨削设备上进行的砂带磨削，因为其极可能破坏原在外圆磨上已形成的表面的几何精度和表面质量。

为了保证镀后的表面质量或光亮度，活塞杆表面在外圆磨后表面粗糙度值不得高于 $Ra0.8\mu m$，宜在 $Ra0.4\mu m$ 或以下。

镀后必须抛光或研磨，但也不能留抛光余量太大；一般单边在 0.01～0.02mm。镀后抛光后应进行直线度、圆度、圆柱度及表面质量检验。

镀后的抛光或研磨，还应注意提高表面结构的相对支承比率 R_{mr}，因为其对活塞杆密封性能有影响。

由于铬覆盖层可能不均匀，现在还有采用镀层厚度≥0.10mm 磨外圆后抛光或研磨工艺的，但镀层太厚既增加了成本，同时镀层还有产生起皮（层）、脱（剥）落等缺陷的危险，因此，笔者不赞成采用镀层厚度超过 0.10mm 的工艺。

应与电镀厂按相关规定，协商确定硬铬覆盖层最小（大）厚度、硬铬覆盖层硬度及测量方法和检验规则，必要时还可包括硬铬覆盖层附着强度、尺寸精度、几何公差等。

活塞杆外表面镀硬铬，硬铬覆盖层硬度应大于或等于 800HV$_{0.2}$，硬铬覆盖层厚度宜在 0.04～0.10mm。

作者特别提醒，硬铬层对冲击很敏感，即易于被局部锤击、撞击或磕碰等破坏。受到冲击的硬铬层即使没有立即被破坏，但也可能很快出现大块镀层开裂或剥落，剩余的硬铬层进一步对密封装置或系统以及或接触的金属件造成破坏，所以在进行镀后抛光或研磨时一定要保护好活塞杆表面。

作者不同意一些文献上介绍的，采用锤子（小钣金加工锤）敲击修复活塞杆镀硬铬层破损处的工艺方法，因为这种方法不但一定会造成此处（局部）活塞杆外圆失圆，而且可能由此引起镀硬铬层大块开裂或剥落，进而造成活塞杆密封损坏及活塞杆密封处外泄漏。

3.2 液压缸缸盖静密封泄漏问题分析及其处理

3.2.1 缸盖静密封泄漏问题及分析

RAS 系列闸式液压剪板机用液压缸的缸筒，采用内孔珩磨的成品无缝钢管制造，亦即由 JB/T 11718—2013《液压缸　缸筒技术条件》规定的缸筒。

某公司生产的 RAS 系列液压缸缸盖与缸筒间静密封原设计采用唇形密封圈密封，在液压试验台上做密封性能试验时及用户使用中经常发生外泄漏。

因此作者对该系列的几种液压缸静密封设计做了修改，采用了 O 形橡胶密封圈加挡圈代替原设计的唇形密封圈。

此批闸式液压剪板机采用的 5 台 RAS256、10 台 RAS326 副液压缸、缸盖全部采用 U 形密封圈做缸盖静密封，但试验台试验时仍有外泄漏；5 台 RAS256 主液压缸，10 台 RAS326 主液压缸，5 套 RAS2513 主、副液压缸，4 套 RAS338 主、副液压缸、缸盖静密封全部为 O 形圈加挡圈，一次装配后试验台试验几乎都有泄漏；RAS2513 此批生产 5 套，其中 2 套仍采用 O 形圈加挡圈，另 3 套改用 U 形圈；全部采用 O 形圈的 4 套 RAS338 液压缸已发往客户，在客户处发现缸盖静密封处还有泄漏。

现以 RAS256 液压缸（见图 3-1）为例，分析泄漏原因。

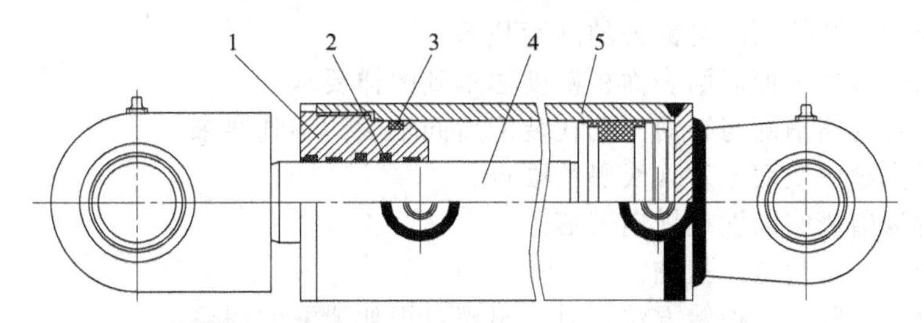

图 3-1　RAS 系列闸式液压剪板机副缸（RAS256）

1—缸盖（导向套）；2—活塞杆密封系统；3—缸盖（导向套）静密封；4—活塞杆；5—缸筒

RAS256 液压缸活塞杆原密封系统为：支承环＋2 道唇形密封圈＋支承环＋防尘密封圈，缸盖与缸筒间的静密封采用了唇形密封圈。

原密封系统反映出的问题是，缸盖与缸筒间的静密封性能很不稳定，试验台试验时发生外泄漏的比例高，且又无法准确说明其原因，各方面分析可能造成外泄漏的原因如下：

① 在处理缸筒油口处油孔倒角时处理过大，造成密封圈唇口对应处缸筒“缺肉”，因此而造成外泄漏。

② 原使用的唇形密封圈硬度高，更换硬度稍低的进口唇形密封圈后，确实有不再泄漏的。

③ 在铣缸盖上 4 处钩扳手槽后毛刺未清理干净，在导套与缸筒安装时端面没有全面抵靠且偏心，造成外泄漏。

④ 液压缸有杆腔试验压力过高，造成缸筒变形，因此而发生外泄漏。

⑤ 在加工缸筒内螺纹时退刀不及时，缸筒内壁有划伤，因此而发生外泄漏。

近期又有相同品种规格的液压缸返修，其中一台也是此处外泄漏。

综合以上情况，笔者认为除了缸零件加工质量的问题外，最重要的问题是静密封选择使用唇形密封圈行不行、合不合理。现在该公司生产的其他液压缸在静密封处也普遍采用唇形密封圈，所以有必要对此问题进行深入探讨。

经过了解，该公司采用唇形密封圈作静密封，主要是认为：

① 唇形密封圈密封材料通常为聚氨酯，比 O 形圈密封材料丁腈橡胶抗撕裂、好安装、使用寿命长。

② 沟槽较大，好加工，沟槽尺寸与公差及表面粗糙度较 O 形圈沟槽要求低等。

作者查阅了在 JB/T 10205—2010《液压缸》中引用的 GB/T 2879—2005《液压缸活塞和活塞杆动密封沟槽尺寸和公差》、GB/T 2880—1981《液压缸活塞和活塞杆　窄断面动密封沟槽尺寸和公差》、GB/T 6577—1986《液压缸活塞用带支承环密封沟槽型式、尺寸和公差》等 3 个标准，皆适应于动密封，而没有给出适用于静密封的密封沟槽及适配密封件。

作者又查阅了现有各密封件制造商的一些产品样本，也没有找到唇形密封圈用于静密封的密封沟槽尺寸。

作者进一步咨询了国内从事密封研究的一些高端专业人士，基本上都不同意将唇形密封圈用作静密封。

作者也认为：从唇形密封圈的密封机理考虑，其用于静密封的理由并不充分。但现在的问题是经作者修改后使用 O 形橡胶密封圈加挡圈的液压缸也出现了外泄漏。

3.2.2　缸盖静密封泄漏问题的处理

对泄漏的各个液压缸进行了拆解，经过对实物的观察、检测和分析，发现存在如下一些问题：

① 在装配时，因缸筒端螺纹与缸筒内孔轴线同轴度达不到要求，且缸盖倒角与圆柱面相交处未倒圆，缸筒内孔面被划伤，导致泄漏。

② 缸筒与缸盖圆柱面配合部分的圆度超差。

③ 缸盖上的密封沟槽底面表面粗糙度达不到图样要求。

④ 缸盖密封沟槽槽底与缸筒内孔在装配后同轴度达不到要求。

⑤ 在密封沟槽槽底面上发现炭黑状硬点。

⑥ 在密封沟槽槽底面发现横向刀痕。

⑦ O 形圈安装不规范，扭曲。

⑧ 试验台上试验时，检验方法不对，出现目视如泄漏的假象。

个别的液压缸因缸筒端螺纹与缸筒内孔轴线同轴度不够而无法安装，甚至将缸盖与缸筒内孔配合部分直径加工小，将不合格零件进行强行安装。

同时，各方面对作者修改的图样提出了一些问题及看法：

① O 形圈密封沟槽设计宽了。

② O 形圈用挡圈厚度设计薄了。

③ 因缸盖连接螺纹未拧紧，原 O 形圈是用于静密封的，现在变成动了动密封。

④ U 形密封圈更合适于液压缸导向套静密封。

⑤ 为什么改用 U 形圈做静密封就不泄漏了。

甚至有人提出“实践是检验真理的唯一标准”。

此批液压缸出现问题后，笔者曾两次随机拆解、检查、维修和装配了4台液压缸，试验员在液压试验台上检验全部一次合格。4台液压缸中有2台是唇形密封圈密封、另2台是笔者修改图样后采用O形密封圈加挡圈密封结构的。

经过液压试验台对实机的检验，笔者提出的O形圈用于径向静密封的设计理论、准则、方法及装配工艺、注意事项和O形圈径向静密封用挡圈尺寸和公差经过了实践的检验，能够达到液压缸标准要求的密封性能，所以是正确的。

笔者在检查、维修和装配这批液压缸过程中，主要做了以下工作：

① 检查缸零件尺寸、公差和表面粗糙度，检查了各处包括密封沟槽的倒角、圆角、导入倒角，检查缸筒与缸盖圆柱面配合部分的圆度，进一步使用缸盖与缸筒端螺纹旋合，检查缸筒端螺纹与内孔轴线同轴误差。

② 对表面粗糙度值大的采用了油石研磨，对各处倒角、倒圆、导入倒角进行了修理，尤其将发现的密封沟槽底面上的炭黑状硬点用油石研磨的方法加以了去除。

③ 没有继续使用已经被加工小的缸盖。

④ 对维修的缸零件进行了认真清洗。

⑤ 在没有安装密封圈前，进行了试装。

⑥ 全部更换了新密封圈，包括挡圈。

⑦ 按工艺安装了密封件。

⑧ 装配前将密封件及沟槽、密封件通过面等处涂敷了适量的润滑脂。

⑨ 按工艺进行了安装，主要是注意保护了密封圈。

⑩ 在液压试验台上做密封性能试验前，进行了足够次数的试运行，并将液压缸内的空气完全排出干净。

同时，对各方面提出的问题做了如下回答：

① 为了回答O形圈密封沟槽是否设计宽了和O形圈用挡圈厚度是否设计薄了等问题，现场将O形圈用挡圈拆下，只保留O形密封圈进行了试验，结果也没有出现外泄漏。

② 为了回答是否因导向套连接螺纹未拧紧而产生了外泄漏的问题，在试验中间，将缸盖拧松，经4小时试验，结果也没有出现外泄漏。

对其他一些问题，如唇形密封圈与O形密封圈究竟哪种更适合用于静密封和更换了唇形密封圈后为什么就不再泄漏了等问题，笔者进一步做了如下回答：

① 缸筒内孔轴线与缸筒端螺纹同轴度有偏差，缸盖唇形圈密封沟槽槽底面与缸盖螺纹也有同轴度偏差，当缸盖与缸筒装配时，其每次装配密封沟槽槽底面与缸筒配合面的同轴度误差可能稍有变化，如两者装配后恰好有所补偿，导致缸盖密封圈密封沟槽底面与缸筒内孔同轴度偏差减小，密封条件改善，密封效果变好。但笔者认为出现这种情况的概率不大。

② 密封部位有改变，主要是密封圈与缸筒的密封接触区有变化，导致密封效果变好。

③ 聚氨酯唇形圈抗撕裂能力大于丁腈橡胶O形密封圈，且对装配要求低，装配唇形密封圈时，唇形密封圈的密封唇口部没有被破坏，且装配正确，导致密封效果好。

④ 在密封偶合面同等偏心条件下，唇形密封圈要比O形密封圈抗偏心。

⑤ 在微动条件下，唇形密封圈唇口有刮油作用，而O形密封圈没有。

⑥ 在液压缸试验时，唇形圈密封可以不需要初始油膜，且聚氨酯材料的唇形密封圈抗磨损性能优于丁腈橡胶材料O形密封圈。

⑦ 缸筒径向变形过大时，唇形密封圈适应能力比O形密封圈强。

经笔者验算和实测，缸内径径向变形在0.10mm左右，其与偏心叠加会加重泄漏。

另外，笔者提出：如果仍认为由丁腈橡胶材料制作的O形密封圈抗撕裂性差、使用寿命低、沟槽小且不好加工、安装要求高，可以选用哑铃形密封圈。哑铃形密封圈在安装时不易扭曲、抗压力脉动能力强，材料为聚氨酯，便于安装，使用寿命长，耐挤压，是一种 O 形圈的理想替代产品，且不需另外加装挡圈。

至于为什么还有泄漏发生，作者的回答是：液压缸设计与制造是一门科学技术，且需要实践经验的积累和总结，不是谁都能做的，更不是谁都能做好的。

任何好的产品质量必须是靠严格按照技术要求、图样、工艺操作规程来保证的，必要的工艺装备也是保证产品质量的前提。没有也不可能有随便这样或那样做，也可以获得好的产品质量；有现行标准的，必须按标准，不按标准、规程、指向操作，没有其他办法保证产品质量。不按技术要求、标准、图样、工艺并采用必要的工艺装备，即使使用如哑铃形密封、OP 密封这样的密封件，缸盖的静密封也不可能有好的密封效果。

此外，RAS256 液压缸缸盖上的活塞杆密封系统设计也不合理，其密封系统如上所述。主要问题在于：

① 两道唇形密封圈间可能产生困油现象，造成密封圈早期损坏、失效。

② 第二道唇形密封圈后的导向环和双作用防尘圈缺少稳定润滑，且还可能在第二道唇形密封圈与双作用防尘圈间产生困油现象，造成密封失效和产生异响。

作者重新设计的活塞杆密封系统为：支承环 8＋滑环式组合密封 7（2K 型特康斯特封）＋支承环 4＋集油槽 3＋唇形密封圈 2＋单作用防密封尘圈 1，缸盖与缸筒间采用 O 形橡胶密封圈 6 加挡圈 5 密封，如图 3-2 所示。

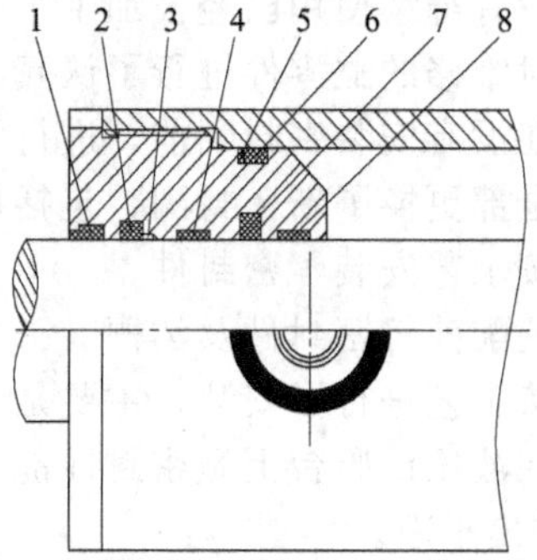

图 3-2 RAS256 副缸活塞杆密封系统修改设计

1—单作用防尘密封圈；2—唇形密封圈；3—集油槽；4—支承环；5—挡圈；6—O 形橡胶密封圈；7—滑环式组合密封；8—支承环

如图 3-2 所示的活塞杆密封系统设计既避免了密封圈间困油，又避免了支承环可能出现的干摩擦等问题，是一种较理想的密封系统，更为详尽的分析可参见第 2.8 节。

以上的密封系统设计可以进一步应用于 RAS 系列液压油缸及其他液压缸上。

最后，缸筒端连接螺纹（中径）与缸筒内孔轴向的同轴度问题没有在工艺上彻底解决。为此作者设计了“缸筒车加工用定心胀芯”，供读者参考使用。

3.3 缸筒车加工用定心胀芯的设计与使用

3.3.1 缸筒加工采用工艺装备的意义

专业缸筒制造商生产的内孔珩磨或滚压无缝钢管或符合 JB/T 11718—2013《液压缸缸筒技术条件》规定的缸筒，经常被液压缸制造商用于液压缸缸体制造，对于单件、小批量液压缸的制造有其简便、快捷、低成本的优点，所以近些年来被广泛应用。

在缸体制造中，由于外购的无缝钢管除内孔已精加工外，外圆、两端面一般都没有加工或精加工，况且缸筒与缸底、缸盖等连接（包括焊接坡口）也没有加工，所以必须二次加工，才能达到液压缸缸体的各项设计、技术要求。

上述这种内孔珩磨或滚压无缝钢管或缸筒，对于液压缸缸体而言就是半成品，以下统称为缸筒。

为了在二次加工时能保证各加工面对缸筒内孔轴线的同轴度、垂直度等几何公差要求，现在一般采取在缸筒外圆上用先车加工一段与缸筒内孔同轴的外圆柱面，然后使用中心架支承该段外圆再进行其他加工。加工这段外圆纯粹是工艺要求的工艺基准，而非产品设计基准，但如果不加工此段缸筒外圆，以后各工序就几乎无法完成。加工这段缸筒外圆，不但影响产品外观质量，而且减弱了缸筒强度，因此有的用户就明确要求缸筒外圆不允许加工这段外圆。加工这段外圆也同样存在装夹、找正困难，如三爪自定心卡盘胀卡一端内孔，找正另一端内孔，这种装夹、找正办法尽管普遍采用，但实践中实现起来却非常困难，费工、费时且质量无保证；如采用四爪单动卡盘装夹外圆，找正另一端内孔，也存在同样的问题，况且由于需要同时确定两端内孔中心与机床中心线重合，因此找正更加困难。上述两种装夹、找正方法都存在着一个共同问题，即卡盘爪与工件必须是线接触，否则，另一端将无法找正。暂且不说此装夹会对内孔损伤如何，就加工而言，线接触的装夹其抗切削力及其他外力的能力也很低。为了提高抗切削力及其他外力的能力，经常需先加工缸筒端面，然后用尾座顶尖顶紧缸筒后再加工这段缸筒外圆，但加工时也存在同样问题，即加工端面时抗力低。加工这段缸筒外圆最可靠的方法是采用圆柱心轴加工，采用定心夹紧心轴加工在理论上最为合理，但实践中却仍存在如下问题：

① 尽管无缝钢管内孔直径相同，但长度不同，因此就需要有不同长度的定心夹紧心轴。

② 因为要将定心夹紧心轴通长穿过无缝钢管内孔，保证其不对内孔表面造成损伤则非常困难。

③ 因其结构的原因，大直径的定心夹紧心轴过于笨重。

现在还有一种简易定心夹紧心轴，问题是夹紧后对内孔表面几乎都有损伤，有时夹紧后还无法取出，再有就是也必须有不同长度的简易定心夹紧心轴。

笔者设计的定心胀芯就是要解决上述问题，为缸筒加工提供一种车削加工定心夹具类的工艺装备。

此定心胀芯能在三爪自定心卡盘胀卡缸筒一端内孔、尾座加长顶尖顶紧定心胀芯的情况下，按液压缸设计要求加工缸筒另一端，不需要再加工出一个工艺基准，即不用缸筒外圆表面加工出一段与缸筒内孔同轴的外圆，并使用中心架支承、定位该段外圆再进行其他加工，而是直接加工就能达到液压缸设计要求，且相同内孔直径的缸筒可以使用一个（种）定心胀芯，且可重复使用。

缸筒加工采用定心胀芯这种工艺装备，不仅仅是因为采用它可以保证产品质量、提高生产效率、降低成本、加速生产周期和增加经济效益，而且在一些情况下是必需的。如上文所述 RAS 系列液压缸，在主机厂不允许在缸筒外圆上加工工艺基准的情况下，靠找正内孔保证缸筒加工部分与缸筒轴向的同轴度或垂直度几乎是不可能的，同时，没有中心架的支承和定位，对缸筒端部的车削加工也是非常困难的。再如缸体外形不是圆形（如方形或矩形缸体等）且有一定长度的情况下，即使床头端缸体采用中心堵定位、螺纹拧紧，而另一端因悬伸长度过长也很难进行车削加工，尤其长缸筒甚至是不可能的。因此，此时在缸筒加工时应用定心胀芯这种工艺装备是必需的。

3.3.2 定心胀芯的设计与使用

(1) 定心胀芯的结构设计

如图 3-3 所示，定心胀芯的定位芯座 5 芯管部外表面为圆柱面，与双锥芯套 3、动夹板 10 内孔配合，定位芯座 5 内孔右端即座部端（以图 3-3 标定上下、左右）设有符合标准规定的 60℃型中心孔 22，中部为内螺纹孔，左端为光孔；双锥芯套 3 两端面上各设有 O 形橡胶密封圈沟槽，安装有 O 形橡胶密封圈 2、15（先装 15）；双锥芯套 3 由定位芯座 5 芯管部左端装入，套在芯管上直至 O 形橡胶密封圈 15 轴向接触到定位芯座 5 座部左端面；采用内六角圆柱头螺钉 23（螺杆端涂覆螺纹紧固胶）将定位芯座 5 和双锥芯套 3 连接，但必须保证定位芯座 5 座部左端面与双锥芯套 3 右端面间的设计间隙。

定位芯座 5 芯管部外圆柱面与座部台肩外圆柱面及沟槽同轴，将挡圈 17 套装在定位芯座 5 外圆柱面沟槽内，将一组钢球 16、24 等均布相接装在双锥芯套 3 右端圆锥面和定位芯座 5 左端面间（采用润滑脂临时固定），并与之接触；再将薄壁套筒 14 由左端装入，套装在定位芯座 5 座部外柱面上，并将另一组钢球 1、13 等均匀相接装在双锥芯套 3 左端圆锥面和薄壁套筒 14 间（仍采用润滑脂临时固定），O 形橡胶密封圈 2 装入双锥芯套 3 左端面密封沟槽内，最后将动夹板 10 由左端装入且与定位芯座 5 芯管部外圆柱面、薄壁套筒 14 内孔配合，并采用内六角螺钉 4（螺杆端涂覆螺纹紧固胶）将动夹板 10 和双锥芯套 3 连接，但必须保证动夹板 10 右端面与双锥芯套 3 左端面间的设计间隙。

将螺纹端内六角调节杆 6 由左端装入，并与定位芯座 5 芯管中部内螺纹孔旋合到使螺纹端内六角调节杆 6 凸台右端面与动夹板 10 台阶孔左端面抵靠；再将压板 7 用内六角螺钉 8 连接紧固，最后将内六角圆柱头螺钉 9（安装前通过此螺纹孔注油）拧紧在动夹板 10 上，O 形橡胶密封圈 12、18 分别套装在动夹板 10 和定位芯座 5 座部外圆所设密封沟槽内，油杯 11、19 分别安装在动夹板 10 和定位芯座 5 座部右端面上。两件吊环螺钉 20 拧紧在定位芯座 5 座部右端面上，用于定心胀芯吊装；定心胀芯工作时拆下，用内六角螺钉 23 拧紧。

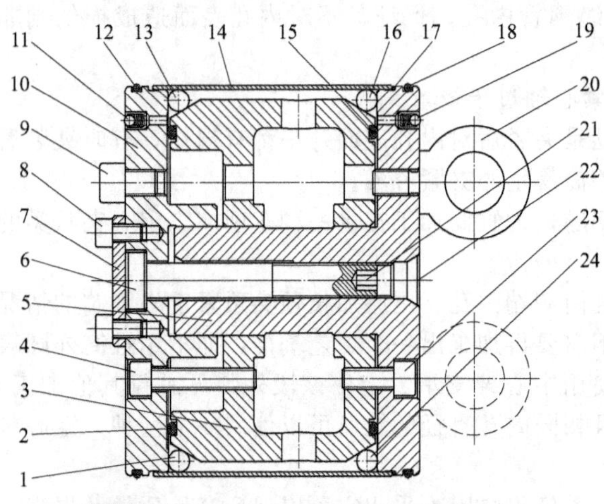

图 3-3 缸筒车加工用定心胀芯（缩回状态）

1，13，16，24—钢球；2，12，15，18—O 形橡胶密封圈；3—双锥芯套；4，8，9，23—内六角圆柱头螺钉；5—定位芯座；6—螺纹端内六角调节杆；7—压板；10—动夹板；11，19—油杯；14—薄壁套筒；17—挡圈；20—吊环螺钉；21—内六角扳手孔；22—60℃型中心孔

(2) 定心胀芯的工作原理

在使用加长六角扳手通过内六角扳手孔 21 拧紧螺纹端内六角调节杆 6 的过程中，动夹板 10 与一组钢球 1、13 等抵靠面推动各钢球沿双锥芯套 3 左圆锥面向右运动，产生径向位移，进而将薄壁套筒 14 左端直径胀大；同时，定位芯座 5 与另一组钢球 16、24 等抵靠面推动各钢球沿双锥芯套 3 右圆锥面向左运动，产生径向位移，进而将薄壁套筒 14 右端直径胀大，因薄壁套筒 14 左、右端直径都被胀大，定心胀芯自动定心并胀紧（紧定）在缸筒内孔内。

当使用加长六角扳手通过内六角扳手孔 21 拧松螺纹端内六角调节杆 6 时，靠薄壁套筒 14 自身弹性缩径将各钢球挤缩回初始位置，定心胀芯解除对缸筒内孔的胀紧（紧定）。

(3) 定心胀芯的使用

将待加工的缸筒内孔清理干净后，采用两件吊环螺钉 20 将定心胀芯吊装入缸筒内孔内，并留出加工所需的足够长度（深度），使用加长六角扳手通过内六角扳手孔 21 拧紧螺纹端内六角调节杆 6，定心胀芯即自动定心并胀紧（紧定）在缸筒内孔内；解除吊具、拆下吊环螺钉后，将缸筒连同定心胀芯一起吊装到车床上装夹，未装入定心胀芯端缸筒采用三爪自定心卡盘胀卡内孔，当采用加长顶尖顶紧 60℃型中心孔 22 时，再用三爪自定心卡盘将缸筒卡紧，即可完成车加工工序缸筒管装夹。

注意应预先在机床导轨上铺设垫板或枕木，防止缸筒意外脱落对人员及机床产生伤害；并在缸筒夹紧前，不得撤下垫板或枕木，不得解除吊具；夹紧后加工前，必须撤下、解除垫板或枕木、吊具。

本工序加工完成后，按上述过程逆行完成定心胀芯的拆除。但应注意，在缸筒垂直放置并由上口拆下定心胀芯时，必须首先安装吊具并使定心胀芯处于被吊状态后，才能拧松螺纹端内六角调节杆 6。否则，定心胀芯可能滑脱下落，对缸筒和/或定心胀芯造成损坏。

3.3.3 定心胀芯的特点

定心胀芯在缸筒加工中有如下特点：

① 无需再按逐个产品加工、制造定心夹紧心轴或简易定心夹紧心轴，降低了缸体加工难度，节约了制造成本，缩短了制造周期。

② 无需先在缸筒外表面加工一段外圆作为工艺基准，既减少了一道工序，又避免了将工艺基准误差带入下面加工工序，同时也提高了缸筒外观质量和强度、刚度。

③ 相同缸内径的缸筒可以使用一个定心胀芯进行加工，且对缸筒长度无要求，通用性好。

④ 可同时使用两个定心胀芯胀卡一根缸筒，对其进行双顶加工，不但可以进一步减少工时，提高效率，而且扩展了定心胀芯的应用范围。

⑤ 使用定心胀芯可最大限度地排除人为因素对产品质量的影响，保证缸筒的几何精度的一致性。

⑥ 根据相关标准，定性胀芯可以标准化、系列化制造。

总之，定心胀芯在缸筒加工中的应用可以使单件、小批量缸筒加工变得容易，提高了缸筒的结构工艺性，进一步还可能由专用工艺装备变成通用工艺装备，甚至标准工艺装备。

通过作者的一次亲身经历来说明缸筒加工中迫切需要应用定心胀芯。

作者曾经在车床上对一缸筒找正了一天也没有找正，第二天还是现加工了一个带中心孔的锥形闷盖（中心堵），靠缸筒一端由三爪自定心卡盘胀卡内孔，另一端由尾座顶尖顶中心堵中心孔才把缸筒装夹在机床上，进行了缸筒外圆上工艺基准面的车削。但原缸筒坯料的端面垂直度误差也一起带入了下一道工序，包括工艺基准中。因此，现在在缸筒加工时应用定心胀芯这种工艺装备是迫切的、必需的。

3.4 一种液压上动式板料折弯机用可调行程液压缸设计精度与加工精度分析

3.4.1 可调行程液压缸图样及其设计说明

3.4.1.1 可调行程液压缸图样

(1) WC67Y-100T 液压缸装配图

为与 WC67Y-100/(2500、3200、4000) 扭力轴同步液压上动式板料折弯机配套而设计的 WC67Y-100T 液压缸装配图样如图 3-4 所示。

因下文专门讨论此液压缸及各主要零件的设计精度，在装配图样中省略或简化了液压缸的技术参数、主要装配尺寸和配合代号、连接尺寸及部分技术要求等。

液压缸装配图技术要求如下：

① 按 JB/T 10205—2010《液压缸》、JB/T 2257.2—1999《板料折弯机　型式与基本参数》和企业标准及其他相关标准设计。

② 为了螺钉防松，各螺钉紧固时可以使用可拆卸螺纹紧固胶。

③ 液压缸应在 25×1.5MPa 压力下进行（静压）耐压试验，出厂试验保压 10s。

④ 无杆腔耐压试验应在撞块作为缸行程限位器的情况下进行。

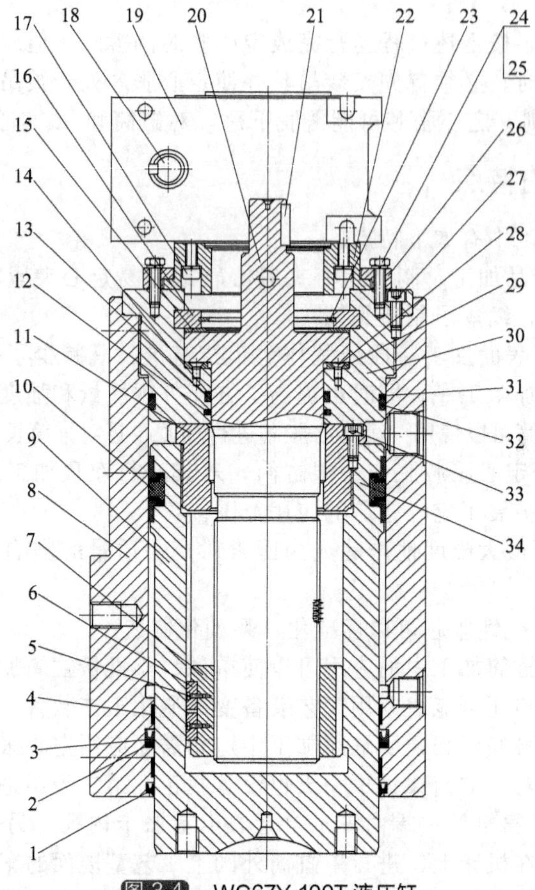

图 3-4 WC67Y-100T 液压缸

1—防尘密封圈；2—挡圈Ⅰ；3—ISI 型活塞杆密封专用密封件；4—支承环；5—开槽圆柱头螺钉；6—导向 A 型平键；7—撞块（梯形螺母）；8—缸体；9—活塞杆（与活塞为一体结构）；10—双向密封橡胶密封圈；11—活塞端盖；12—特康旋转格来圈；13—星形密封圈；14—挡圈Ⅱ；15—调隙垫片 16—卡键；17—内六角圆柱头螺钉Ⅰ；18—减速机输入轴；19—NRV 蜗轮蜗杆减速机；20—梯形螺纹轴；21—普通 A 型平键；22—减速机安装法兰；23—孔用弹性挡圈；24—六角头螺栓；25—弹性垫圈；26—减速箱安装法兰压套；27—内六角圆柱头螺钉Ⅱ；28—十字槽沉头螺钉；29—防吸附止推垫片；30—缸体端盖；31—挡圈Ⅲ；32—O 形橡胶密封圈；33—内六角圆柱头螺钉Ⅲ；34—活塞

⑤ 按企业标准的试验方法和检验规则进行行程定位精度和行程重复定位精度检验。

⑥ 液压缸表面可按用户要求（不）涂装，但至少应有 6 个月以上的防锈能力。

⑦ 液压缸试验后各油口应加装防尘堵（帽），行程调节装置输入轴加装防护套，活塞杆端连接用球面及螺纹孔加装保护盖，液压缸活塞杆应处于完全缩回状态，必要时，可使用附加装置将活塞杆与缸体间固定。

⑧ 包装箱上的标志应与标牌相符，允许液压缸按规定水平放置。

（2）WC67Y-100T 液压缸缸零件图

① 缸体零件图。WC67Y-100T 液压缸缸体由 45 钢锻件制造，右缸体零件图如图 3-5 所示。

缸体零件图技术要求如下：

a. 锻件锻造后应进行热处理，以减小或消除锻造应力，并使其具有良好的机械加工性能，减小或消除应力后的硬度为 170～210HBW。

b. 调质处理的锻件力学性能 $\sigma_b \geqslant 590$MPa，$\sigma_s \geqslant 345$MPa，硬度为 28～32HRC。

c. 锻件不得有可视的裂纹、折叠和其他影响使用的外观缺陷，不得有白点、内部裂纹

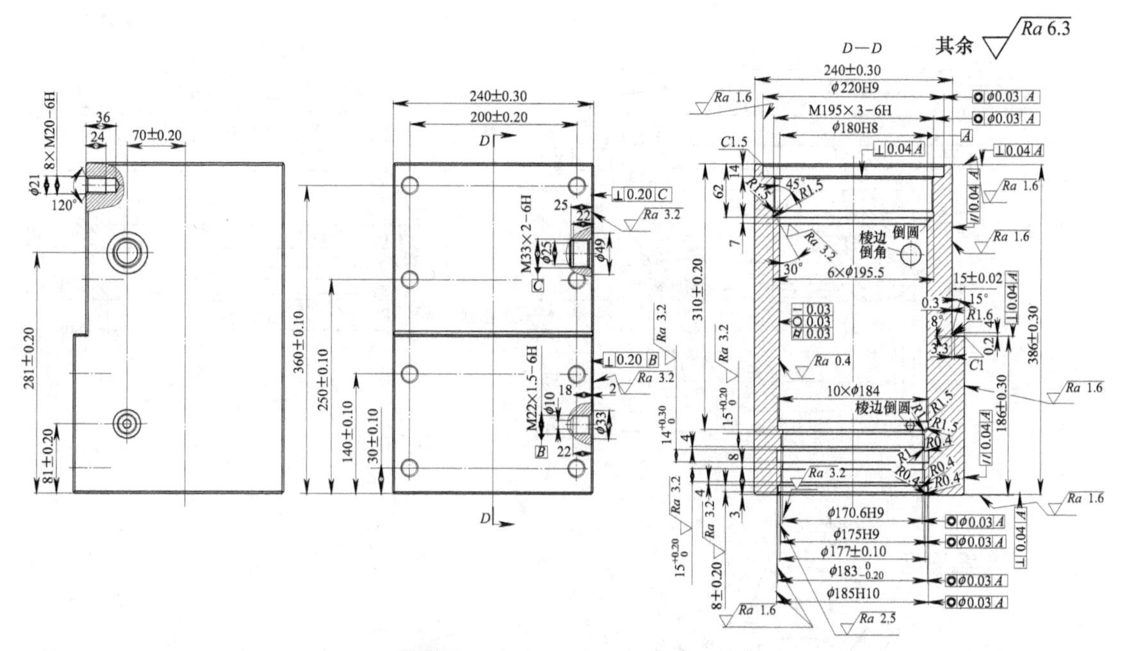

图 3-5 WC67Y-100T 液压缸缸体

和残余缩孔，对超过加工余量和锻造尺寸偏差的缺陷，必须经甲方同意后方可清除并焊接。

d. 未注线性尺寸的公差等级按 m 级，未注倒圆半径和倒角高度尺寸的公差等级按 m 级，未注角度的公差等级按 m 级，未注几何（形位）公差等级按 K 级。

e. 未注倒角按 2×45°mm，各密封沟槽未注沟槽底圆角和沟槽棱圆角半径 $R0.2$mm。

f. 8×M20-6H 螺纹孔对安装面的垂直度公差为 0.10mm。

g. 两油口允许按 GB/T 19674.1—2005 加工，并使用 JB 982—1977 规定的组合密封圈密封。

h. 缸体磨削后必须退磁。

i. 各面尤其安装面不得留有卡痕，不得有磕碰、划伤，注意工序间防锈。

j. 根据用户要求进行表面涂装或前处理。

k. 缸体应在 25×1.5MPa 压力下进行（静压）耐压试验，出厂试验保压 10s。

l. 成品未涂装表面涂防锈油（液）后垂直封存（储），注意保护好各端面。

② 缸体端盖零件图。WC67Y-100T 液压缸缸体端盖由 42CrMo 合金钢锻件制造，零件图如图 3-6 所示。

缸体端盖零件图技术要求如下：

a. 锻件锻造后应进行热处理以减小或消除锻造应力，并使其具有良好的机械加工性能，减小或消除应力后的硬度为 190～210HBW。

b. 调质处理的锻件力学性能 $\sigma_b \geqslant 750$MPa，$\sigma_s \geqslant 500$MPa，硬度为 28～32HRC。

c. 锻件不得有可视的裂纹、折叠和其他影响使用的外观缺陷，不得有白点、内部裂纹和残余缩孔，对超过加工余量和锻造尺寸偏差的缺陷，必须经甲方同意后方可清除并焊接。

d. 未注线性尺寸的公差等级按 m 级，未注倒圆半径和倒角高度尺寸的公差等级按 m 级，未注角度的公差等级按 m 级，未注几何（形位）公差等级按 K 级。

e. 各棱角倒钝、去毛刺，各螺纹孔口处最大倒角 $1.05D\times120°$。

f. 各面不得留有卡痕，不得有磕碰、划伤，注意工序间防锈。

g. 根据用户要求可选择不同方法对表面进行处理，如电镀锌、电（化学）镀镍和发黑等。

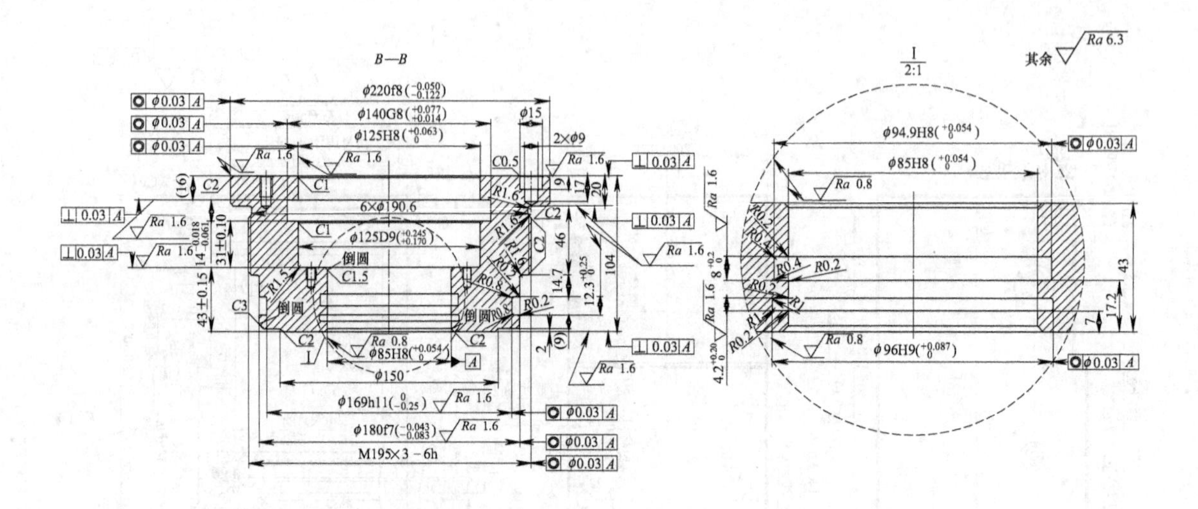

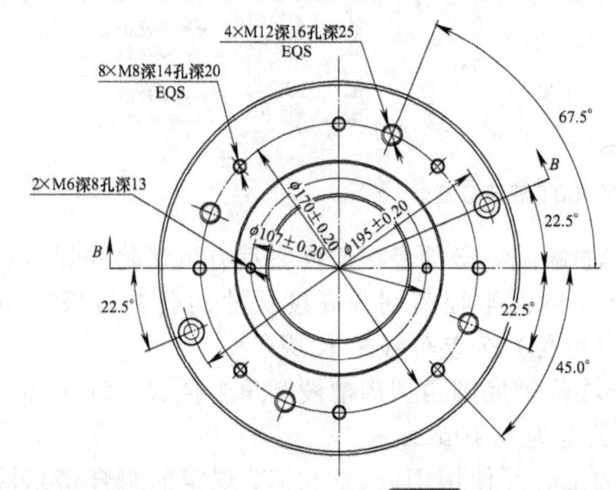

图 3-6 WC67Y-100T 液压缸缸体端盖

h. 同缸体一起在 25×1.5MPa 压力下进行（静压）耐压试验，出厂试验保压 10s。

i. 成品未进行镀层覆盖的表面涂防锈油（液）后垂直封存（储），注意保护好各端面及边角。

③ 活塞杆零件图。WC67Y-100T 液压缸活塞杆与活塞为一体结构，由 42CrMo 合金钢锻件制造，活塞杆零件图如图 3-7 所示。

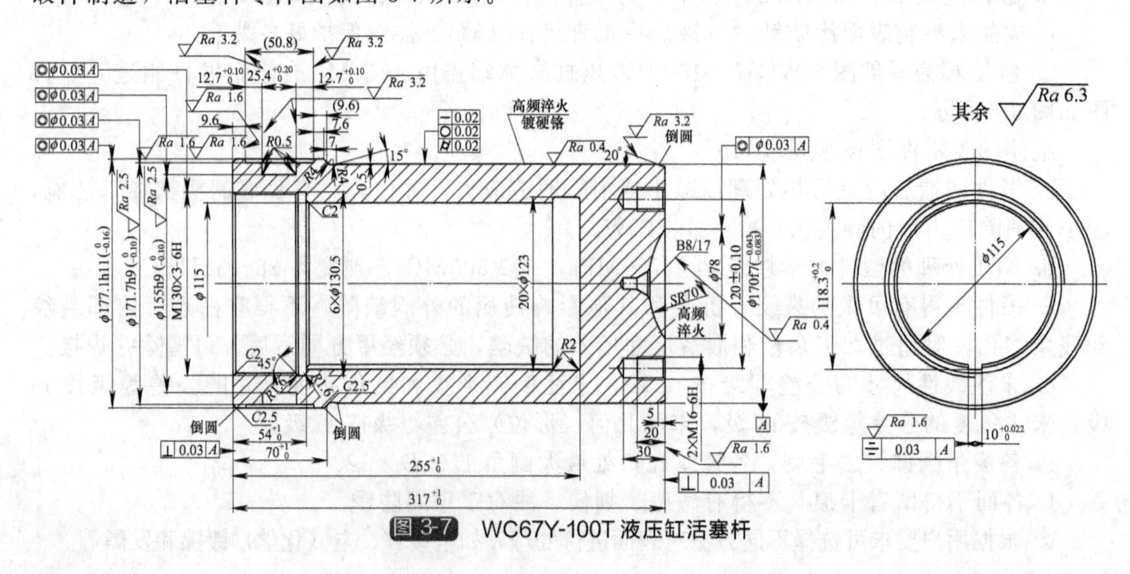

图 3-7 WC67Y-100T 液压缸活塞杆

活塞杆零件图技术要求如下：

a. 锻件锻造后应进行热处理以减小或消除锻造应力，并使其具有良好的机械加工性能，减小或消除应力后的硬度为190～210HBW。

b. 调质处理的锻件力学性能$\sigma_b \geqslant 750$MPa，$\sigma_s \geqslant 500$MPa，硬度为28～32HRC。

c. 锻件不得有可视的裂纹、折叠和其他影响使用的外观缺陷，不得有白点、内部裂纹和残余缩孔，对超过加工余量和锻造尺寸偏差的缺陷，必须经甲方同意后方可清除并焊接。

d. 未注线性尺寸的公差等级按m级，未注倒圆半径和倒角高度尺寸的公差等级按m级，未注角度的公差等级按m级，未注几何（形位）公差等级按K级。

e. 在精车、磨外圆前应研中心孔，各工序注意保护好中心孔。

f. 各棱角倒钝，各密封沟槽未注沟槽底圆角和沟槽棱圆角半径$R0.2$mm。

g. 导向A型平键键槽槽底圆角半径不得大于$R0.3$mm，带槽孔退刀槽表面粗糙度值$Ra \leqslant 3.2\mu$m。

h. 2×M16-6H螺纹孔对端面的垂直度公差为0.10mm。

i. ϕ170f7表面和$SR70$球面高频淬火并回火，硬度≥54HRC，硬化层深度不应小于2mm，注意不得对砂轮越程槽及活塞部分进行高频淬火。

j. ϕ170f7表面镀硬铬，磨外圆或抛光外圆达到表面粗糙度值$Ra \leqslant 0.4\mu$m后，单边镀层厚在0.03～0.05mm，硬度为800～1000HV。

k. 缸活塞杆磨削后必须退磁。

l. 各面尤其活塞表面不得留有卡痕，不得有磕碰、划伤，注意工序间防锈。

m. 成品未进行铬层覆盖的表面涂防锈油（液）后垂直封存（储），注意保护好各端面及中心孔。

④ 活塞端盖零件图。WC67Y-100T液压缸活塞端盖由42CrMo合金钢锻件制造，零件图如图3-8所示。

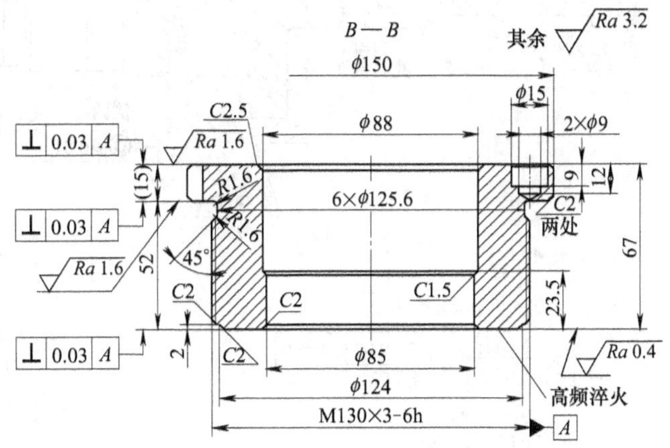

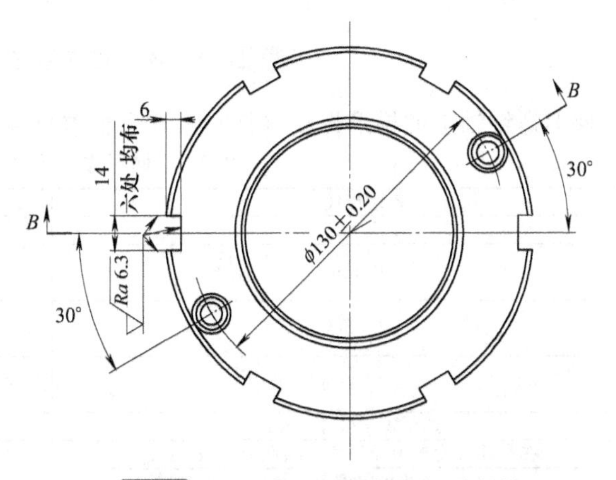

图3-8 WC67Y-100T液压缸活塞端盖

活塞端盖零件图技术要求如下：

a. 锻件锻造后应进行热处理以减小或消除锻造应力，并使其具有良好的机械加工性能，减小或消除应力后的硬度为190～210HBW。

b. 调质处理的锻件力学性能$\sigma_b \geqslant 800$MPa，$\sigma_s \geqslant 550$MPa，硬度为28～32HRC。

c. 锻件不得有可视的裂纹、折叠和其他影响使用的外观缺陷，不得有白点、内部裂纹和残余缩孔，对超过加工余量和锻造尺寸偏差的缺陷，必须经甲方同意后方可清除并焊接。

d. 未注线性尺寸的公差等级按m级，未注倒圆半径和倒角高度尺寸的公差等级按 m 级，未注角度的公差等级按 m 级，未注几何（形位）公差等级按 K 级。

e. 各棱角倒钝、去毛刺，6 处 14mm 宽钩扳手槽各边角倒角 0.5mm×45°，各面不得留有卡痕，不得有磕碰、划伤，注意工序间防锈。

f. 6 处 14mm 宽钩扳手槽表面高频淬火，硬度≥54HRC，硬化层深度不应小于 2mm。

g. 沉孔表面粗糙度值 Ra≤12.5μm。

h. 活塞端盖磨削后必须退磁。

i. 成品表面涂防锈油（液）后淬火面向上垂直封存（储），如叠层，叠层间需加软质垫板，注意保护好端面和螺纹。

⑤ 梯形螺纹轴零件图。WC67Y-100T 液压缸梯形螺纹轴由 42CrMo 合金钢锻件制造，零件图如图 3-9 所示。

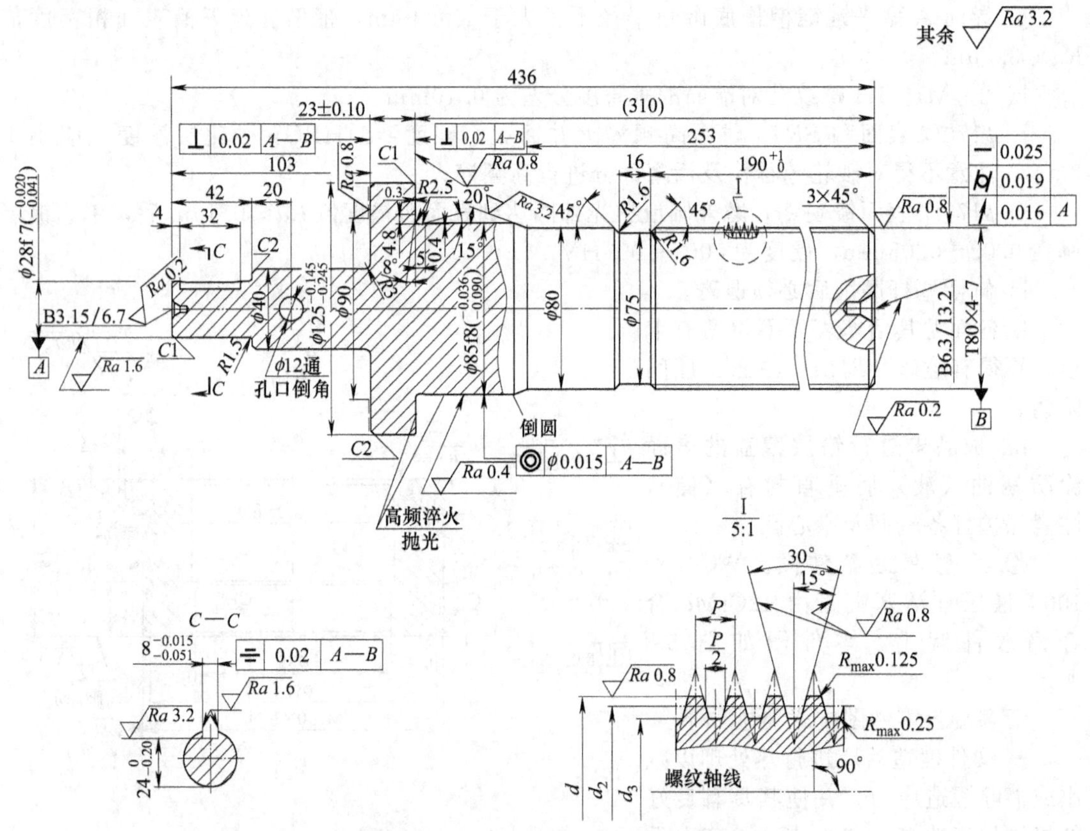

图 3-9 WC67Y-100T 液压缸梯形螺纹轴

梯形螺纹轴上的梯形螺纹（杆）尺寸和公差见表 3-5。

表 3-5 梯形螺杆尺寸和公差

名称与代号	尺寸	公差
P/mm	4	δ_p＝0.006
d/mm	80	$^{0}_{-0.200}$
d_2/mm	78	$^{-0.045}_{-0.462}$
d_3/mm	75.5	$^{0}_{-0.565}$
螺距积累公差/mm		δ_{p60}＝0.010
在有效长度上中径尺寸一致性公差/mm		0.012
半角极限偏差/(′)		±20
螺纹标注：T80×4-7(JB/T 2886—2008)		

梯形螺纹轴零件图技术要求如下：

a. 锻件锻造后应进行热处理以减小或消除锻造应力，并使其具有良好的机械加工性能，减小或消除应力后的硬度为190～210HBW。

b. 调质处理的锻件力学性能$\sigma_b \geqslant 800MPa$，$\sigma_s \geqslant 550MPa$，硬度为28～32HRC。

c. 锻件不得有可视的裂纹、折叠和其他影响使用的外观缺陷，不得有白点、内部裂纹和残余缩孔，对超过加工余量和锻造尺寸偏差的缺陷，必须经甲方同意后方可清除并焊接。

d. 未注线性尺寸的公差等级按m级，未注倒圆半径和倒角高度尺寸的公差等级按m级，未注角度的公差等级按m级，未注几何（形位）公差等级按K级。

e. 两端中心孔必须在一条直线上，在精车、磨外圆前应研中心孔，各工序注意保护好中心孔。

f. 梯形螺纹按工艺加工，使用梯形螺纹量规检查。

g. 各棱角倒钝、去毛刺，各过渡圆角、退刀槽或砂轮越程槽处抛光，键槽底圆角半径不得大于$R0.25mm$，各面不得留有卡痕，不得有磕碰、划伤，注意工序间防锈。

h. 两处表面高频淬火硬度≥54HRC，且需尽量避开对砂轮越程槽的淬火。

i. 梯形螺纹轴磨削后必须退磁。

j. 成品表面涂防锈油（液）后使用工位器具垂直封存（储），注意保护好各表面和螺纹及中心孔。

注：适配NRV07540（E）蜗轮蜗杆减速机。

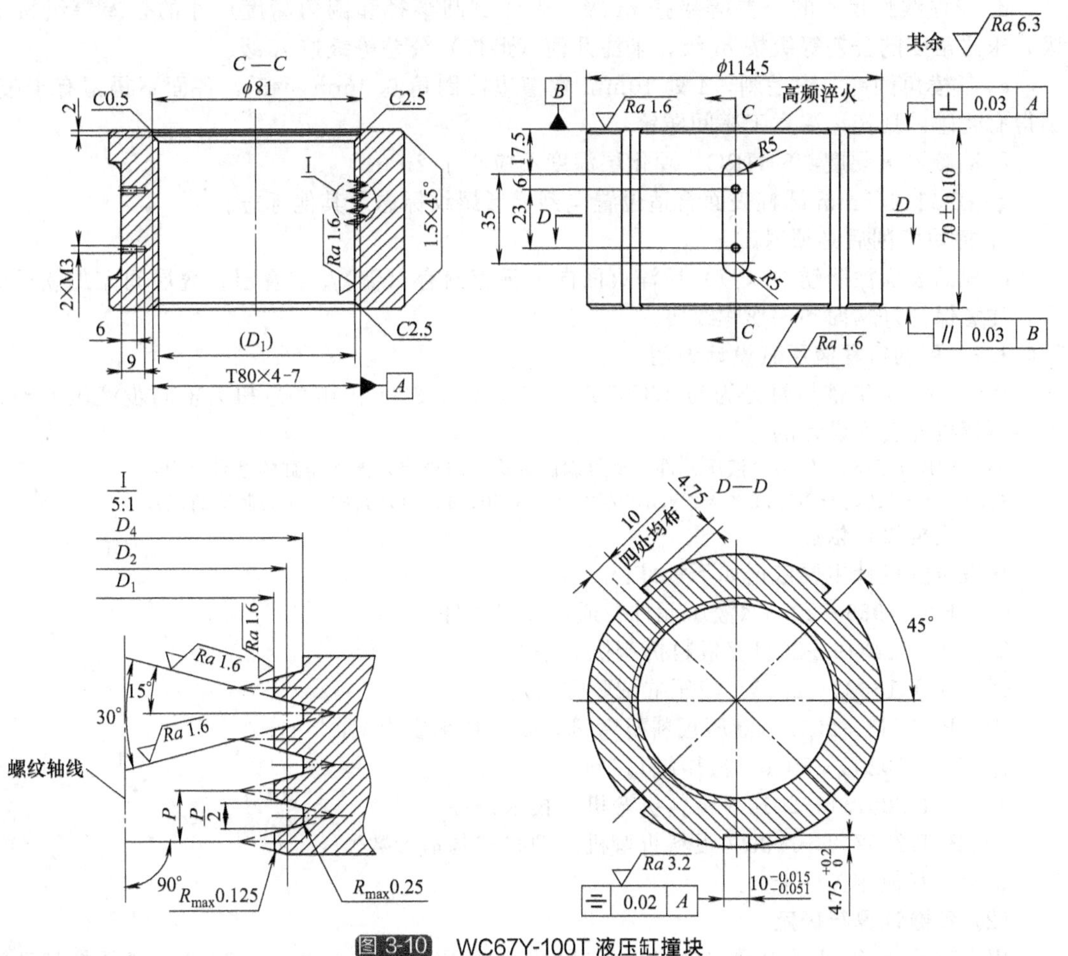

图 3-10 WC67Y-100T 液压缸撞块

⑥ 撞块零件图。WC67Y-100T 液压缸撞块（梯形螺母）由 42CrMo 合金钢锻件制造，零件图如图 3-10 所示。

撞块上的梯形螺纹（母）尺寸和公差见表 3-6。

表 3-6　梯形螺母尺寸和公差

名称与代号	尺寸	公差
P/mm	4	待定
D_4/mm	80.5	${}^{+0.520}_{0}$
D_2/mm	78	${}^{+0.065}_{0}$
D_1/mm	76	${}^{+0.200}_{0}$
螺距积累公差/mm		待定
在有效长度上中径尺寸一致性公差/mm		待定
半角极限偏差/(′)		待定

螺纹标注：T80×4-7(JB/T 2886—2008)

撞块零件图技术要求如下：

a. 锻件锻造后应进行热处理以减小或消除锻造应力，并使其具有良好的机械加工性能，减小或消除应力后的硬度为 190～210HBW。

b. 调质处理的锻件力学性能 $\sigma_b \geqslant 800$MPa，$\sigma_s \geqslant 550$MPa，硬度为 28～32HRC。

c. 锻件不得有可视的裂纹、折叠和其他影响使用的外观缺陷，不得有白点、内部裂纹和残余缩孔，对超过加工余量和锻造尺寸偏差的缺陷，必须经甲方同意后方可清除并焊接。

d. 未注线性尺寸的公差等级按 m 级，未注倒圆半径和倒角高度尺寸的公差等级按 m 级，未注角度的公差等级按 m 级，未注几何（形位）公差等级按 K 级。

e. 各棱角倒钝、去毛刺，4 处 10mm 宽槽边棱倒角 0.3mm×45°，各面不得留有卡痕，不得有磕碰、划伤，注意工序间防锈。

f. 高频淬火硬度≥54HRC，硬化层深度不应小于 2mm。

g. 在 ϕ114.5mm 圆柱表面合适位置电刻梯形螺纹标志及其他标志。

h. 撞块磨削后必须退磁。

i. 成品表面涂防锈油（液）后淬火面向上垂直封存（储），如叠层，叠层间需加软质垫板，注意保护好端面和梯形螺纹等。

3.4.1.2　可调行程液压缸设计说明

WC67Y-100T 液压缸是为与 WC67Y-100/(2500、3200、4000) 扭力轴同步液压上动式板料折弯机配套而设计的。

注：按 JB/T 2184—2007《液压元件　型号编制方法》的规定，该液压缸的型号应为：SG1-G180×120Q-160C120-＊＊2WS100/(2500、3200、4000)，其中＊＊为制造商代号。

(1) 主要设计依据

该液压缸设计主要依据如下标准：

① GB/T 7935—2005《液压元件　通用技术条件》。

② GB/T 14349—2011《板料折弯机　精度》。

③ GB/T 15622—2005《液压缸试验方法》。

④ GB 28243—2012《液压板料折弯机　安全技术要求》。

⑤ JB/T 10205—2010《液压缸》。

⑥ JB/T 2257.1—2014《板料折弯机　技术条件》。

⑦ JB/T 2257.2—1999《板料折弯机　型式与基本参数》。

企标及其他相关标准。

(2) 参数计算与确定

WC 67Y-100T 液压上动式板料折弯机为双缸液压机，公称力为 1000kN，液压缸带动的滑块等可动件质量约为 3000kg；根据 JB/T 10205—2010，液压缸的负载效率应不低于 90%；根据 JB/T 2257.1—2014、JB/T 2257.2—1999，超负荷试验一般应不大于公称力的 110%。

① 根据 GB/T 2346—2003 及液压系统参数，设定液压缸公称压力为 25MPa。

② 缸内径（活塞直径）D 计算：$D=\sqrt{\dfrac{1000\times10^3\times110\%}{2\times\dfrac{\pi}{4}\times25}}=167.4$（mm）。

③ 参考 GB/T 2348—2001 并考虑液压缸负载效率，确定缸内径为 180mm。

④ 最高工作压力计算：$p_{g\max}=\dfrac{1000\times10^3\times110\%}{2\times\dfrac{\pi}{4}\times0.18^2}=21.625$（MPa）。

⑤ 额定压力计算：$p_n=\dfrac{1000\times10^3}{2\times\dfrac{\pi}{4}\times0.18^2}=19.66$（MPa）。

⑥ 根据 JB/T 2257.2—1999，活塞杆外径确定为 170mm（非标）。

⑦ 缸回程力计算：缸拉力$=\dfrac{\pi}{4}\times(0.18^2-0.17^2)\times19.7=54$(kN)。

在额定压力下，缸回程力（缸拉力）54kN>30kN 缸回程负载。

⑧ 根据 JB/T 2257.2—1999 确定（最大）行程为 120mm，行程调节量为 100mm。

(3) 工况条件

该液压缸应符合相关标准规定的各项性能要求，并以此为工况条件进行设计。

液压试验台试验要求如下：

① 耐压试验。

② 满负荷试验。

③ 或超负荷试验。

④ 或在额定工况下进行部分性能的耐久性检验。

⑤ 其他性能检验。

⑥ 几何精度检验。

⑦ 工作精度检验。

现场装机试验要求如下：

① 几何精度检验。

② 满负荷试验。

③ 或在额定工况下进行部分性能的耐久性检验。

④ 工作精度检验。

⑤ 其他性能检验。

(4) 设计说明

① 可调行程液压缸的行程调节装置输入量为行程装置输入角，由伺服电动机或其他输入装置通过减速机输入轴输入。

② 行程调节装置的减速机选用 NRV07540（E）蜗轮蜗杆减速机。

③ 减速机通过减速机安装法兰和减速机安装法兰压套与缸体连接并向梯形螺纹轴输出转矩和转速。要求减速机输入轴方向可调，减速机输出孔与梯形螺纹轴对中，且保证安装、拆卸方便及输出轴不受径向力。

④ 缸体设计。

a. 必须保证强度，刚度足够，冗余（裕量）合理。

b. 热处理是必需的，铸、锻、焊接件都需要热处理包括人工时效。需要找出结构设计的最薄弱环节进行强度验算。螺纹连接、键连接、法兰连接等也需验算。

c. 密封设计合理，保证无内、外泄漏或符合相关标准要求。

d. 左、右缸体不同，保证与外部连接、安装正确、可靠、方便。

e. 内部机件安装、拆卸方便。

f. 保证内部机件尺寸、形状、位置（定位）准确安装，即要求缸体尺寸、形状、位置公差正确、合理。

g. 工艺性好。

h. 经济性好。

i. 使用寿命长。

⑤ 活塞杆（一体活塞）设计。

a. 必保证须强度，刚度足够，冗余（裕量）合理；必要时要进行弯曲稳定性验算。

b. 活塞与缸体，活塞杆与缸体（导向套）间密封系统设计合理。泄漏要符合相关标准规定，不能爬行，适应快进速度，适应使用环境温度和系统温度及规定的使用寿命。性价比合理，选择适中。结构及尺寸、几何公差合理，尤其表面粗糙度及各处倒角、倒圆要设计合理。

c. 要进行热处理、表面处理（含电镀及镀后光整加工）等。

d. 内部机件安装、拆卸方便。

e. 保证内部机件（行程调节装置）尺寸、形状、位置（定位）准确安装，即保证活塞杆尺寸、形状、位置公差正确、合理。

f. 与外部连接、安装正确、合理、可靠。

g. 工艺性好。

h. 经济性好。

i. 使用寿命长。

⑥ 缸体端盖设计。

a. 必须保证强度、刚度足够，冗余（裕量）合理。

b. 材料选择合理。

c. 热处理技术要求正确，工艺合理。

d. 对其尺寸及公差、几何公差要求正确、合理。

e. 螺纹连接强度足够，要有螺纹防松设计，要进行强度验算。

f. 旋转密封设计合理、寿命长。（旋转处无轴承、润滑，此为设计缺失）

g. 确定调隙垫片厚度的测量方法正确，测量准确。

h. 卡键轴向定位梯形螺纹轴轴向定位凸台准确。（轴向窜动间隙不可调，此为设计缺失）

i. 卡键槽侧面挤压强度足够，弹性变形小。

j. 两撞击面强度足够，不能有塑形变形，且弹性变形要小。

k. 连接螺纹拧紧力矩及剩余预计力设计合理。

l. 螺纹锁紧结构设计合理（现在设计有问题）。

m. 加工工艺合理。

n. 装配工艺合理。

⑦ 活塞端盖设计。

a. 要求保证强度、刚度足够。

b. 螺纹锁紧结构设计合理，要有螺纹防松设计。

c. 对螺纹拧紧力矩和剩余预紧力提出要求。

d. 尤其对撞击平面抗挤压强度、刚度（弹性变形甚至被压溃）要验算。

e. 对其尺寸、形状公差要求正确、合理，这关系到定位、重复定位精度。

f. 整体和局部热处理技术要求正确、工艺合理。

g. 随活塞杆运动时油液通过顺畅且不能产生异响。

h. 在液压试验台上试验和装机试验（使用）时，其上下端面皆不可产生塑性变形，冲击时也不可产生异响。

i. 使用寿命长。

⑧ 梯形螺纹轴设计。

a. 必须保证强度、刚度足够，冗余（裕量）合理。

b. 材料选择合理。

c. 热处理技术要求正确，工艺合理。

d. 组成的梯形螺纹传动副要传动精度高，选用T80×3-7（JB/T 2886—2008）。

e. 对其几何公差有要求。定位凸台必须垂直梯形螺纹（螺纹中径）中心线，同轴度要求尤为重要。

f. 要求梯形螺纹强度、刚度、寿命足够。

g. 旋转密封设计合理、寿命长（旋转轴无轴承、润滑，此为设计缺失）。

h. 梯形螺纹轴轴向定位凸台的轴向定位要准确。双向轴向窜动要尽量小（双向轴向窜动及调整间隙困难，此为设计缺失）。

i. 活塞杆运动时定位凸台不能产生异响。

j. 温度变化对定位精度的影响要小。

k. 加工工艺正确。

l. 装配工艺合理。

m. 使用寿命长。

n. 用润滑脂润滑（润滑不充分，如长期露置在外，可能润滑失效。此为设计缺失）。

⑨ 撞块（梯形螺母）设计。在缸进程中，活塞端盖下平面接近、撞击撞块上平面使缸进程被限定，即有缸进程死点。撞块通过梯形螺纹轴输入转矩、转速而从动，其上平面相对梯形螺纹轴定位凸台的轴向位置及变动量关系液压缸精度，因此要求其必须定位、重复定位准确、寿命长。

a. 梯形螺纹传动副要传动精度高，有轴向定位要求，选用T80×3-7（JB/T 2886—2008）。

b. 对其几何公差有要求，撞击端面必须垂直于梯形螺纹孔（螺纹中径）中心线。

c. 梯形螺纹强度、刚度、寿命足够。

d. 撞击平面抗挤压强度、寿命足够。

e. 导向键导向精度高，要求间隙小且与梯形螺纹轴中心线平行。

f. 传动中不能带动活塞杆一起转动，即不可随动（此时活塞杆为限转件，液压缸本身设计缺失，但图3-7所示活塞杆连接型式的活塞杆与外部件连接后，可限制活塞杆转动）。

注：另一表述："在保证液压缸活塞杆无转动的情况下"，仅见于GB/T 24946—2010《船用数字液压缸》中。

g. 活塞杆运动时撞块上下油液可以顺畅通过，且不能造成异响。

h. 撞块被撞击和分离时不能产生异响。

⑩ 调隙垫片设计。

a. 材料选择合理。

b. 热处理后要求硬度高，且要防止保存、使用时变形。

c. 平面挤压强度验算。

d. 尺寸确定及给出，主要是要测量准确。

e. 加工工艺合理。

f. 安装工艺合理。

g. 使用寿命长。

⑪ 卡键设计。

a. 挤压、抗剪切强度足够，其剪切、抗挤压强度要满足结构性能要求。

b. 轴向窜动要尽量小，此关系到梯形螺纹轴轴向定位精度。

c. 热处理及工艺要合理。

d. 安装、拆卸方便。

e. 定位设计合理，安装、拆卸方便。

f. 保证同轴度、垂直度要求。

g. 减速机输入轴方向可以调整，以便一根通轴驱动两台减速机。

h. 旋转密封泄漏有出口、润滑有注油孔。

(5) 强度验算

① 冲击面（挤压面）强度验算。

a. 撞块与活塞端盖材料选择及冲击面强度验算。

技术条件：冲击速度≤10mm/s（标准要求 8.8mm/s），运动件质量 1500kg（估算）。撞块可接触面积 4417mm^2，活塞端盖可接触面积 5086mm^2，交集面积 3349mm^2。公称压力为 25MPa，耐压试验压力为 1.5 倍的公称压力，即 37.5MPa。

许用应力：许用应力的选取参考了表 3-7、表 3-8 和表 1-7。

表 3-7　键连接的许用挤压应力、许用压强和许用剪切力　MPa

许用应力及许用压强	连接方式	被连接零件材料	不同载荷性质的许用值		
			静载	轻微冲击	冲击
σ_{pp}	静连接	钢	125～150	100～120	60～90
		铸铁	70～80	50～60	30～45
p_{pp}	动连接	钢	50	40	30
τ_p			120	90	60

注：表 3-7 参考了参考文献［28］第 2 卷第 5-227 页表 5-3-17。

表 3-8　钢的许用接触应力

材料	热处理	截面尺寸/mm	许用面压应力/MPa	许用接触应力/MPa
45	正火	≤100	140	430
	回火	100～300	136	415
		300～500	134	400
		500～700	130	380
	调质	≤200	158	470
40Cr	调质	≤100	179	550
		100～300	175	540
		300～500	169	525
		500～800	155	475
42MnMoV	调质	100～300	182	565
		300～500	179	555
		500～800	175	540

注：表中的许用应力值仅适用于表面粗糙度为 Ra6.3～0.8μm 的轴。对于 Ra12.5μm 以下的轴，许用应力应下降 10%；对于 Ra0.4μm 以上的轴，许用应力可提高 10%。

表 3-8 参考了参考文献［28］第 1 卷第 1-150 页表 1-1-101。

材料筛选计算：

基于以上各表中给出的许用应力值及力学性能值，45 钢调质材料选取 $\sigma_{pp}=150\text{MPa}$。

在 1.5 倍的公称压力下进行耐压试验，45 钢调质材料的接触面应力为

$$\frac{\frac{\pi}{4}\times 0.18^2\times 1.5\times 25}{3349\times 10^{-6}}=285>\sigma_{pp}=150(\text{MPa})$$

如果按此压力进行耐压试验，此对接触面一定会被压溃。

如果选取耐压试验压力为 1.25 倍公称压力，则接触面应力为

$$\frac{\frac{\pi}{4}\times 0.18^2\times 1.25\times 25}{3349\times 10^{-6}}=237.5>\sigma_{pp}=150(\text{MPa})$$

如果按此压力进行耐压试验，此对接触面也会被压溃。

如果选取超负荷压力进行耐压试验，即按 1.1 倍公称压力下进行耐压试验，则接触面应力为

$$\frac{\frac{\pi}{4}\times 0.18^2\times 1.1\times 25}{3349\times 10^{-6}}=209>\sigma_{pp}=150(\text{MPa})$$

即使使接触面粗糙度在 $Ra0.4\mu\text{m}$，可以提高 10%的许用接触应力，则

$$209>150\times 110\%=165(\text{MPa})$$

在此上两个条件满足情况下，且按静载荷计算，此对接触面也无法避免被压溃。

在最高工作压力 22 (21.625)MPa 下，接触面粗糙度在 $Ra1.6\mu\text{m}$，如按轻微冲击载荷计算，则接触面应力为

$$\frac{\frac{\pi}{4}\times 0.18^2\times 22}{3349\times 10^{-6}}=167>\sigma_{pp}=120(\text{MPa})$$

如提高接触面粗糙度到 $Ra0.4\mu\text{m}$ 时，仍为

$$167>120\times 110\%=132(\text{MPa})$$

所以，如果选用 45 钢调质材料，在上述各个工况条件下，撞块冲击（挤压）面都将被压溃。只有改变选用材料，如选用 42CrMo 或 42MnMoV 等。

产品设计选择：

选择材料 42CrMo 调质，其许用应力值即可达到 $\sigma_{pp}=190\text{MPa}$ 或更高，再对冲击面进行表面淬火使其硬度>54HRC，表面粗糙度 $Ra0.4\mu\text{m}$，其许用应力即可达到 $\sigma_{pp}=250\text{MPa}$ 以上。则在耐压试验压力 1.25 倍公称压力，在静载荷条件下接触应力为

$$\frac{\frac{\pi}{4}\times 0.18^2\times 1.25\times 25}{3349\times 10^{-6}}=237.5<\sigma_{pp}=250(\text{MPa})$$

此对接触面在静载荷条件下才能符合设计要求，保证接触应力小于许用接触应力；同时要求撞块和活塞端盖冲击面必须具有相同的质量；但是否一定能满足 1.5 倍公称压力的耐压试验存在某种不确定性。

注：42CrMo 调质后表面淬火的接触应力值在各种文献中介绍各不相同，包括采用的表面淬火（感应加热）方法的不同，包括有中频和高频甚至还有工频。

在最高工作压力 22 (21.625)MPa 下，接触面粗糙度在 $Ra0.4\mu\text{m}$，如按轻微冲击载荷计算（许用应力选取为 190MPa），则接触面应力为

$$\frac{\frac{\pi}{4}\times 0.18^2\times 22}{3349\times 10^{-6}}=167<\sigma_{pp}=190(\text{MPa})$$

即可满足强度条件。

b. 活塞端盖与缸体端盖冲击面验算。

技术条件：冲击速度>100mm/s（计算值为110mm/s），运动质量1500 kg（估算）。

缸体端盖可接触面积 10977mm^2，活塞端盖可接触面积 10184mm^2，交集面积 10184mm^2。

公称压力为25MPa，耐压试验压力为1.5倍的公称压力，即37.5MPa。

在1.5倍的公称压力下进行耐压试验，45钢调质材料的接触面应力为

$$\frac{\frac{\pi}{4}\times(0.18^2-0.17^2)\times 1.5\times 25}{10184\times 10^{-6}}=10.1<\sigma_{pp}=150(\text{MPa})$$

如耐压试验压力为1.25倍公称压力，按轻微冲击载荷计算，则接触面应力为

$$\frac{\frac{\pi}{4}\times(0.18^2-0.17^2)\times 1.25\times 25}{10184\times 10^{-6}}=8.42<\sigma_{pp}=120(\text{MPa})$$

在最高工作压力22（21.625）MPa下，接触面粗糙度在 $Ra1.6\mu m$，按冲击载荷计算，则接触面应力为

$$\frac{\frac{\pi}{4}\times(0.18^2-0.17^2)\times 22}{10184\times 10^{-6}}=5.94<\sigma_{pp}=60(\text{MPa})$$

经上述验（计）算，此对接触面不管在何种工况下，皆可满足强度条件。

c. 梯形螺纹轴定位凸台下面与缸体端盖定位面冲击接触面应力验算。

技术条件：冲击速度为0，缸体端盖定位面可接触面积 5605mm^2，梯形螺纹轴轴向定位凸台下面可接触面积 4969mm^2，可交集面积 4777mm^2。

公称压力为25MPa，耐压试验压力为1.5倍的公称压力，即37.5MPa。

材料筛选计算：

基于以上各表中给出的许用应力值及力学性能值，45钢调质材料选取 $\sigma_{pp}=150\text{MPa}$。

在1.5倍的公称压力下进行耐压试验，45钢调质材料的接触面应力为

$$\frac{\frac{\pi}{4}\times 0.18^2\times 1.5\times 25}{4777\times 10^{-6}}=200>\sigma_{pp}=150(\text{MPa})$$

如果按此压力进行耐压试验，此对接触面一定会被压溃。

如果选取耐压试验压力为1.25倍公称压力，则接触面应力为

$$\frac{\frac{\pi}{4}\times 0.18^2\times 1.25\times 25}{4777\times 10^{-6}}=167>\sigma_{pp}=150(\text{MPa})$$

如果按此压力进行耐压试验，此对接触面也会被压溃。

如果选取超负荷压力进行耐压试验，即1.1倍公称压力，则接触面应力为

$$\frac{\frac{\pi}{4}\times 0.18^2\times 1.1\times 25}{4777\times 10^{-6}}=147<\sigma_{pp}=150(\text{MPa})$$

在静载荷条件下，满足强度条件，可以做超负荷试验。

在此条件下，如按轻微冲击载荷计算，则

$$147>\sigma_{pp}=120(\text{MPa})$$

经以上计算，此对冲击面难以满足在1.1倍公称压力下的各种工况试验。为了能够符合耐压试验要求，必须选用42CrMo材料才能满足设计要求。

产品设计选择：

选择材料42CrMo调质，其许用应力值即可达到σpp=190MPa或更高，再对冲击面进行表面淬火使其硬度>54 HRC，表面粗糙度$Ra0.4\mu m$，其许用应力即可达到$\sigma_{pp}=250$MPa以上。则在耐压试验压力1.5倍公称压力，在静载荷条件下接触应力为

$$\frac{\frac{\pi}{4}\times0.18^2\times1.5\times25}{4777\times10^{-6}}=200<\sigma_{pp}=250(\text{MPa})$$

即可满足强度条件。

在最高工作压力22（21.625）MPa下，接触面粗糙度在$Ra0.4\mu m$，如按轻微冲击载荷计算（许用应力选取为190MPa），则接触面应力为

$$\frac{\frac{\pi}{4}\times0.18^2\times22}{4777\times10^{-6}}=117<\sigma_{pp}=190(\text{MPa})$$

即可满足强度条件。

为此，必须对接触面进行表面淬火和提高表面粗糙度。考虑到缸体端盖处淬火困难，加之提高此处粗糙度也很困难，决定在此处设计加装防吸附止推垫片，但其材料也必须采用钢质淬火（钢质止推垫片最高承载力可达250MPa）。

d. 梯形螺纹轴定位凸台上面与调隙垫片冲击接触面应力验算。

技术条件：冲击速度为0，梯形螺纹轴定位凸台上面可接触面积5135mm²，调隙垫片可接触面积5280mm²，此对面交集部分为4703mm²。

公称压力为25MPa，耐压试验压力为1.5倍的公称压力，即37.5MPa。

此对面受力情况：

在试验台试验时，在缸进程达到死点前，轻微受力；在缸进程达到死点后，不受力。在缸回程时不受力。

在装机试验时，折弯机工进且开始折弯且没有达到下死点时，受力逐渐增大直至最大，理论上可以达到

$$\frac{\pi}{4}\times0.085^2\times110\%\times25\times10^6=156(\text{kN})(\text{超载情况下})$$

注：以上工况必须在试验台外部加载条件下才能试验出来，表现在梯形螺纹轴向上窜动后被撞下，即所谓上下窜动。

在此情况下的接触面应力为

$$\frac{156\times10^3}{4703\times10^{-6}}=33.2<\sigma_{pp}=60(\text{MPa})$$

如果在加载试验台上做耐压试验，且主要对缸体进行试验，则有可能缸进程未到达缸进程死点，而采用死垫铁方式试验，则此时受力达到极限值，即为

$$\frac{\pi}{4}\times0.085^2\times1.5\times25\times10^6=213(\text{kN})$$

在此情况下的接触面应力为

$$\frac{213\times10^3}{4703\times10^{-6}}=45.3<\sigma_{pp}=60(\text{MPa})$$

经上述验（计）算，在各种工况下包括极端工况下仍符合强度条件。

e. 卡键（键槽）验算。

卡键或键槽工作面挤压验算如下：

卡键与键槽可接触面积为 2684mm²，按向上轴向推力 156kN 计算，则挤压应力为

$$\frac{156\times10^3}{2684\times10^{-6}}=58<\tau_p=60(\mathrm{MPa})$$

按向上轴向推力 216kN 计算，则挤压应力为

$$\frac{216\times10^3}{2684\times10^{-6}}=80.5>\tau_p=60(\mathrm{MPa})$$

但 $80.5<\tau_p=90$（MPa）。

卡键剪切应力计算如下：

卡键剪切应力作用面积为 5498mm²，按轴向推力 156kN 计算，则剪切应力为

$$\frac{156\times10^3}{5498\times10^{-6}}=28.4<\tau_p=60(\mathrm{MPa})$$

注：增厚是因为孔用弹性挡圈沟槽尺寸的缘故。

经以上验（计）算，键与键槽符合强度条件。

② 梯形螺纹轴（梯形螺母）应力及变形计算。

a. 最大静变形计算。在缸进程死点处梯形螺纹轴通过梯形螺母受冲击载荷作用产生变形（拉长），作用在梯形螺母上平面的冲击应力也很大，但其应力与变形的计算相当复杂，现按机械能守恒定律进行简化计算。最大静变形计算公式为

$$\delta_s=\frac{Ql}{EA}(\mathrm{m}) \tag{3-1}$$

已知：

静载荷：$Q=\frac{\pi}{4}\times0.18^2\times1.25\times25\times10^6=795$（kN）

杆长：$l=0.235\mathrm{m}$

杆截面积：$A=\frac{\pi}{4}\times0.075^2=4.42\times10^{-3}$（m²）

弹性模量：$E=206\mathrm{GPa}$

注：合金钢 $E=206\mathrm{GPa}$，碳钢 $E=196\sim206\mathrm{GPa}$。

则最大静变形为

$$\delta_s=\frac{Ql}{EA}=\frac{795\times10^3\times0.235}{206\times10^9\times4.42\times10^{-3}}=0.2052\times10^{-3}(\mathrm{m})$$

如按 31.5MPa，碳钢 $E=196$（GPa），则 $\delta_s=0.2173\times10^{-3}$（m）。

b. 最大冲击应力计算。最大冲击应力计算公式为

$$\sigma_k=\frac{Q}{A}K_k(\mathrm{MPa}) \tag{3-2}$$

其中，动荷系数 $K_k=1+\sqrt{1+\frac{v^2}{g\delta_s}}$，冲击速度 $v=10$（mm/s）。

已知动荷系数 $K_k=1+\sqrt{1+\frac{v^2}{g\delta_s}}=2.025$，则最大冲击应力 $\sigma_k=\frac{Q}{A}K_k=364$（MPa）。

c. 最大冲击变形计算。最大冲击变形的计算公式为

$$\delta_k=\delta_sK_k(\mathrm{m}) \tag{3-3}$$

则最大冲击变形 $\delta_k=\delta_sK_k=0.4155\times10^{-3}(\mathrm{m})$

d. 梯形螺杆抗拉强度验算。材料 42CrMn（调质）的 $\sigma_b=900$（MPa），许用应力 $\sigma_p=\sigma_b/n$（MPa），安全系数 n 通常取 $n=5$（最好按表 3-9 进行选取）。

表 3-9　液压缸的安全系数

材料名称	静载荷	交变载荷		冲击载荷
		不对称	对称	
钢、锻铁	3	5	8	12

再次列出液压缸（梯形螺纹轴）可能承受的压力（拉力）如下：

标准规定的耐压试验压力下的拉力为

$$\frac{\pi}{4}\times 0.18^2\times 1.5\times 25\times 10^6=954\ (\text{kN})$$

注：根据 GB/T 15622—2005 和 JB/T 10205—2010 的规定，使被试液压缸活塞分别停在行程的两端，分别向工 作腔施加 1.5 倍的公称压力，型式试验要求保压 2min；出厂试验保压 10 s。

另一标准规定的耐压试验压力下的拉力为

$$\frac{\pi}{4}\times 0.18^2\times 1.25\times 25\times 10^6=795(\text{kN})$$

注：根据 JB/T 3818—2014 的规定，当额定压力大于或等于 20MPa 时，耐压试验压力应为其 1.25 倍。

根据主机标准计算出来的最高工作压力下的拉力为

$$\frac{\pi}{4}\times 0.18^2\times 22\times 10^6=560\ (\text{kN})$$

根据主机满载工况计算出来的满载压力下的拉力为

$$\frac{\pi}{4}\times 0.18^2\times 20\times 10^6=509(\text{kN})$$

根据企业标准计算出的试验压力下的拉力为

$$\frac{\pi}{4}\times 0.18^2\times 25\times 90\%\times 10^6=572(\text{kN})$$

分别计算出其静载荷应力如下：

$F_{①}=216$（MPa），$F_{②}=180$（MPa），$F_{③}=127$（MPa），$F_{④}=115$（MPa），$F_{⑤}=130$（MPa）。

如果安全系数选取 $n=5$，则许用应力为 $\sigma_p=\frac{\sigma_b}{n}=\frac{900}{5}=180$（MPa）。

比较上述各式（值），除第 1 种规定下拉力超出许用应力外，其他全部符合强度条件。

但如果按冲击载荷［在很短时间内（作用时间小于受力构件的基波自由振动周期的一半）以很大的速度作用在构件上的载荷］计算，其许用应力 $\sigma_p=\frac{\sigma_b}{n}=\frac{900}{12}=75$，则全部不符合强度条件。

如果选用材料为 45 钢调质，则其许用应力 $\sigma_p=\frac{\sigma_b}{n}=\frac{630}{5}=126$（MPa），比较上述各式（值），只有一种工况（第 4 种）即根据主机满载工况计算出来的满载压力（20MPa）下的拉力可以符合设计要求，而其他要求都无法满足。浅白地讲可以用，不可以试，包括不可以超载。此也是梯形螺纹轴材料选择的一个主要依据。

e. 梯形螺纹的强度验算（省略）。

注：限于本书篇幅问题，将备选材料 40Cr 的筛选计算过程删除，但在一些情况下，40Cr 仍是一种可选材料。

3.4.2 可调行程液压缸设计精度与加工精度分析

液压上动式板料折弯机用可调行程液压缸除具有双作用单活塞杆液压缸的一般结构外，还具有“可调行程缸”的使其行程停止位置可以改变，以允许行程长度变化的特殊结构。

可调行程缸的行程定位精度和行程重复定位精度在一定程度上标志了国内液压缸的设计水平和制造水平。以 WC67Y-100T 液压缸为例，现在国内可调行程缸的行程定位精度和行程重复定位精度在液压试验台上的检测值可达到≤±0.080mm 和≤0.080mm，而笔者的一项可调行程缸专利设计的行程定位精度和行程重复定位精度在液压缸试验台上的检测值可到≤±0.015mm 和≤0.010mm。

因可调行程液压缸的行程定位精度和行程重复定位精度是区别于其他液压缸的主要性能参数（指标），所以下文重点在设计精度和制造精度方面对其进行分析。

(1) 设计精度分析

因液压缸是一种特殊的压力容器，要求设计的结构本身在耐压试验（或额定）压力下具有稳定性，即总成及零部件必须具有足够的强度、刚度和冲击韧度（性）。设计精度是在稳态工况下给定的，设计精度分析是以设计结构稳定为前提条件的。

设计精度是指设计时预先给定的几何参数（尺寸、形状、位置和表面结构等）与理想几何参数的符合（一致）程度。

设计精度分析主要是对图样上给定的几何参数精度等级的必要性（即是否满足产品的功能和性能要求）进行分析，包括对一些设计规范、原则、准则的遵守，如是否符合现行的产品几何技术规范、公差原则、几何公差与表面粗糙度参数及其数值的选取原则、公差要求的结构设计准则等。

一般可按以下几个方面进行设计精度分析：

a. 尺寸精度设计分析。包括对基准、配合制、标准公差（尺寸要素精度）等级、公差和配合等选取（择）的分析，其中尺寸要素是指由一定大小的线性尺寸或角度尺寸确定的几何形状。

b. 几何精度设计分析。包括对基准、几何（形状、方向、位置和跳动）公差和公差原则等选取（择）的分析。

c. 表面结构精度分析。包括对表面粗糙度参数（轮廓算数平均偏差 Ra、轮廓最大高度 Rz、轮廓单元的平均宽度 R_{sm} 和轮廓的支承长度率 R_{mr} 的数值等）及其数值、表面波纹度参数及参数值的选取（择）的分析。

下面对 WC67Y-100T 液压缸的主要缸零件进行设计精度分析，下文中除表面粗糙度之外的所有长度尺寸的单位皆为毫米（mm）。

① 缸体设计精度分析。如图 3-5 所示的是 WC67Y—100T 液压缸缸体（右）。缸体是液压缸的本体，是液压缸的主要零件之一，缸其他零件及与主机借此安装，与管路连接的油口也设置在缸体上。

缸径圆柱面是活塞及活塞杆（因活塞杆与活塞同轴并联为一体）的导轨，设计时，以缸体（筒）内孔轴线为设计基准较为合适，具体请见基准 A。

如图 3-4 所示，因液压缸是特殊的压力容器，通过活塞和活塞杆及密封装置或系统可将缸体分为无杆腔和有杆腔，且活塞及活塞杆在其中往复运动，所有缸孔应保证一定的尺寸和公差及几何精度。在图 3-5 中，缸径设计为 ϕ180H8，并给出了直线度、圆度和圆柱度公差，其可以保证运动和密封；为保证最大缸行程，给出相关尺寸 310±0.20；为了活塞密封装置或系统的安装，给出了安装导入倒角，并要求导入倒角与缸径圆柱面相交处倒圆；为了保证密封装置或系统的密封性能和耐久性，缸孔表面的表面粗糙度选取了 $Ra0.4$mm，但没有进一步给出 Rz 和 R_{mr}；将有杆腔流道设置在缸径退刀槽处，既有利于输入有杆腔的油液均匀作用在活塞有杆端有效面积上，又可省略了如无杆腔流道一样的棱边倒角。

活塞杆密封沟槽包括支承环沟槽也全部设置在缸体上。为了保证所有沟槽槽底面与缸内孔轴线的同轴度，其全部以缸内孔轴线为设计基准，并给出的同轴度公差，包括与活塞杆一般不接触的孔（或称偶合件孔）ϕ170.6H9；沟槽的各处圆角在图样上和技术要求中全部给出圆角半径，沟槽槽底面、侧面全部给出了表面粗糙度要求。

液压缸的安装面设置在缸体上。与主机安装时必须保证活塞及活塞杆的往复运动轴线与主机安装面平行及与主机工作台垂直，并承受缸输出力的反作用力。如图 3-5 所示，两台阶接触面及台阶卡紧面皆给出了几何公差，特别是台阶接触面与台阶卡紧面相交处容易产生疲劳破坏，为此参考了外圆磨削砂轮越程槽（见图 2-1、表 2-1）按交变载荷给出了平面磨削砂轮越程槽。安装面上 8×M20-6H 螺纹孔用于与主机安装，对其给出了位置度公差。

各油口按相关标准设计，但 WC67Y-100T 液压缸缸体油口密封采用组合密封垫圈，因此对油口端 O 形圈角密封没有进一步给出要求，只给出了密封面垂直度公差。

其他如与缸体端盖连接螺纹及定位止口、密封圈安装导入倒角、缸体外形等，全部根据相关标准及技术要求，给出尺寸和公差、几何公差及表面粗糙度要求，缸体各边未注倒角采用 2×45°，技术要求中给出的缸体表面可根据用户要求进行表面涂装或前处理。

各处具体几何精度等级及表面粗糙度请参考图 3-5。

未注线性尺寸的公差等级按 m 级，未注倒圆半径和倒角高度尺寸的公差等级按 m 级，未注角度的公差等级按 m 级，未注几何（形位）公差等级按 K 级。

WC67Y-100T 液压缸缸体（左）油口位置与 WC67Y-100T 液压缸缸体（右）不同。

② 缸体端盖设计精度分析。如图 3-4 所示，因缸体端盖与缸体及其他缸零件组成液压缸无杆腔，所以要保证其密封性能，尤其是与梯形螺纹轴的 ϕ85f8 圆柱面组成的旋转轴密封。

如图 3-6 所示，WC67Y-100T 液压缸缸体端盖的设计基准为 ϕ85H8 孔轴线，具体请见基准 A，其应在装配时与缸体内孔轴线（缸体设计基准 A）在一条直线上。

为了保证所有密封沟槽底面在装配时与缸体内孔轴线内在一条直线上，各密封沟槽底面对缸体缸盖设计基准全部给出几何公差。

同样，缸体端盖上与缸体的连接螺纹、定位凸台、卡键槽槽底面、减速机安装法兰止口及 O 形圈静密封所在与缸体配合圆柱面等，皆给出了尺寸和公差、几何公差等。

为了保证安装在缸体端盖上的梯形螺纹轴的轴线能够与缸体内孔轴线在一条直线上，除要保证缸体端盖与梯形螺纹轴 ϕ85H8/f8 的配合精度外，还要保证梯形螺纹轴的轴向定位凸台上下面与该轴线垂直且与其他缸零件装配后间隙小，所以缸体端盖的相关面及卡键槽等皆给出了尺寸和公差及几何精度要求。

缸体端盖下端面涉及缸回程终点的偏摆问题，而上端面关系到减速机安装法兰同轴度问题，在图样中皆给出了垂直度公差。

各处倒角尤其是各密封沟槽圆角，都给出了倒角尺寸和圆角半径，各螺纹孔口处最大倒角 1.05D×120°。

缸体端盖与缸体间的拧紧和防松很重要，首先应保证 M195×3-6h 螺纹精度。

各处具体几何精度等级及表面粗糙度请参考图 3-6。

未注线性尺寸的公差等级按 m 级，未注倒圆半径和倒角高度尺寸的公差等级按 m 级，未注角度的公差等级按 m 级，未注几何（形位）公差等级按 K 级。

③ 活塞杆设计精度分析。如图 3-4 所示，活塞和活塞杆及密封装置或系统将缸体分为无杆腔和有杆腔，且活塞及活塞杆在其中往复运动。

如图 3-7 所示，WC67Y-100T 液压缸活塞杆与活塞为一体结构，且为空心活塞杆，因结构所限其空心开口朝向了缸底侧，增大了无杆腔容积。

为了保证活塞和活塞杆密封及往复运动精度，将活塞杆外圆柱面 ϕ170f7 轴心线确定为活塞杆的设计基准，具体请见基准 A，其应在装配时与缸体内孔轴线（缸体设计基准 A）在一条直线上。

活塞端盖（或称活塞杆端盖）拧紧在活塞杆端（活塞端），是与撞块直接抵靠的缸行程限位缸零件，缸行程（单向）定位精度和缸行程（单向）重复定位精度又是液压上动式板料折弯机用可调行程液压缸最重要的精度，因此，活塞杆（活塞端）端面及螺纹的精度就很重要。另外，活塞杆空心中还设置了导向键键槽，防止撞块轴向移动时转动，导向键槽也给出了尺寸和公差、几何精度要求及表面粗糙度。

为了保证活塞和活塞杆密封，给出了活塞杆外圆柱面直线度、圆度和圆柱度等几何精度要求，给出了活塞密封沟槽槽底面及其他相关圆柱面对设计基准的同轴度公差，并给出了各圆柱面的表面粗糙度。

用于活塞杆连接的 SR70 球面及 2×M6-6H 螺纹孔精度也很重要，为了保证所带动的滑块的反作用力能作用在缸体内孔轴心线上，给出了球面与活塞杆端面相交圆的同心度公差。

活塞杆受交变载荷作用，各退刀槽或砂轮越程槽处易于产生疲劳破坏，图样上皆给出倒角尺寸和圆角半径。各密封沟槽未注沟槽底圆角和沟槽棱圆角半径为 R0.2mm。

各处具体几何精度等级及表面粗糙度请参考图 3-7。

未注线性尺寸的公差等级按 m 级，未注倒圆半径和倒角高度尺寸的公差等级按 m 级，未注角度的公差等级按 m 级，未注几何（形位）公差等级按 K 级。

④ 活塞端盖设计精度分析。如图 3-4 所示，活塞端盖与活塞杆（活塞端）旋合、拧紧，同活塞杆一起做往复运动，且在缸进程死点与撞块抵靠，作为可调行程液压缸的缸行程限位缸零件。

如图 3-8 所示的是 WC67Y-100T 液压缸活塞端盖，为了保证各端面（三处）的垂直度，将与活塞杆端（活塞端）螺纹中径的轴线确定为设计基准，具体请见基准 A。

与活塞杆端旋合、拧紧的螺纹设计为 M130×3-6H/6h，其为中等精度优先选用的公差与配合。为了保证装配时螺纹中径轴线能与活塞杆设计基准在一条直线上，给出活塞端盖与活塞杆端旋合、拧紧后抵靠面的垂直公差；为了避免在缸回程极限死点处液压缸偏摆，给出活塞端盖上面的垂直度公差；为了保证缸行程单向定位精度和缸行程单向重复定位精度，给出活塞端盖下面的垂直度公差。

活塞端盖受交变载荷作用，退刀槽处易产生疲劳破坏，图样上给出了倒角尺寸和圆角半径。

各处具体几何精度等级及表面粗糙度请参考图 3-8。

未注线性尺寸的公差等级按 m 级，未注倒圆半径和倒角高度尺寸的公差等级按 m 级，未注角度的公差等级按 m 级，未注几何（形位）公差等级按 K 级。

⑤ 梯形螺纹轴设计精度分析。如图 3-4 所示，梯形螺纹轴是可调行程液压缸的行程调节装置中一个重要缸零件，其设计精度和加工精度及装配精度直接关系到可调行程液压缸的行程单向定位精度和缸行程单向重复定位精度。梯形螺纹轴与缸体端盖间需旋转轴密封，与缸体等缸零件一起组成广义的缸体。

如图 3-9 所示的是 WC67Y-100T 液压缸梯形螺纹轴，为了保证连接、密封、定位精度和传动精度等，将 ϕ28f7 和 T80×4-7 梯形螺纹（大径）轴线确定为组合基准要素，具体请

见基准 A、基准 B。其左端（见图 3-9）的带键槽的轴 ϕ28f7 与减速机相连接，ϕ125×23 为梯形螺纹轴自身定位凸台，一段 ϕ85f8 轴（或称圆柱）与缸体端盖上孔 ϕ85H8 配合，组成旋转轴密封（密封沟槽设置在缸体端盖上）。为保证在装配时梯形螺纹轴设计基准与缸体设计基准在一条直线上及其他技术要求，图样给出了旋转轴尺寸与配合 ϕ85H8/f8 及其他尺寸和公差、几何精度和表面粗糙度要求。

梯形螺纹精度关系到可调行程液压缸的各个目标位置及目标参考点的设定，因此在图样上较为详细地给出了梯形螺纹 T80×4-7（JB/T 2886—2008）各部细节，具体数据还可见表 3-5。

梯形螺纹轴在试验和使用中，承受变载荷作用，尤其在一些特殊情况下，还可能受到较大的冲击载荷作用，其上的车或磨削的退刀槽或砂轮越程槽处易产生疲劳破坏，因此图样上的各处退刀槽或砂轮越程槽皆给出了倒角尺寸和圆角半径。在图样上也详细地给出了其他的倒角，尤其是安装导入倒角及与 ϕ85f8 轴相交处倒圆。

梯形螺纹轴因需要拨顶磨外圆、精车梯形螺纹等，对其两端中心孔要求较高，因此图样给出了需要研磨的中心孔，其表面粗糙度为 Ra0.2μm，并要求在各道工序包括装配时保护好两中心孔，此两个中心孔还是检查基准。

各处具体几何精度等级及表面粗糙度请参考图 3-9。

未注线性尺寸的公差等级按 m 级，未注倒圆半径和倒角高度尺寸的公差等级按 m 级，未注角度的公差等级按 m 级，未注几何（形位）公差等级按 K 级。

⑥ 撞块设计精度分析。如图 3-4 所示，撞块（或称梯形螺母）与梯形螺纹轴连接，直接用于可调行程液压缸的各个目标位置及目标参考点的设定，是可调行程液压缸的行程调节装置中一个重要缸零件，其设计精度和加工精度及装配精度直接关系到可调行程液压缸的行程单向定位精度和缸行程单向重复定位精度。

如图 3-10 所示的是 WC67Y-100T 液压缸撞块，为了保证连接、定位精度和传动精度等，将 T80×4-7 梯形螺纹（小径）轴线确定为设计基准，具体请见基准 A。

撞块的上面（见图 3-10）直接与活塞端盖下面抵靠，因此该面必须垂直于设计基准，其加工时可能需要磨平面，为此确定了该面为另一基准，用于撞块下面测量、磨平面及上下面互为基准磨平面。

梯形螺纹的精度很重要，图样上较为详细地给出梯形螺纹 T80×4-7（JB/T 2886—2008）各部细节，具体数值还可见表 3-6。

撞块在目标设定过程中不能转动，为此设计了导向平键安装在撞块上，其键槽给出了尺寸和公差及几何精度要求。

各处具体几何精度等级及表面粗糙度请参考图 3-10。

未注线性尺寸的公差等级按 m 级，未注倒圆半径和倒角高度尺寸的公差等级按 m 级，未注角度的公差等级按 m 级，未注几何（形位）公差等级按 K 级。

上文中的一些术语，请见本章第 3.6 节液压上动式板料折弯机用可调行程液压缸精度检验中的若干问题。

(2) 加工精度分析

在产品技术设计阶段，（工艺）设计人员就应对产品的结构工艺性进行分析和评价，在满足产品的功能和性能要求情况下，尽量将加工精度限定在加工经济精度内，以获得最佳经济效益。

加工精度是零件加工后的实际几何参数（尺寸、形状和位置）与理想几何参数的符合程度。但在一般情况下，加工精度可根据实践经验积累和工艺试验总结进行预见和预判，因此工艺设计和工艺性审查是产品技术设计必不可少的过程。

必要时，可通过工艺验证，进一步检验工艺设计的合理性，WC67Y-100T 液压缸就进行过工艺验证。

加工精度分析是在现有条件下，对实现设计精度的可行性和经济性的分析。包括加工误差、工序能力和加工经济精度等的分析。

下面对 WC67Y-100T 液压缸的主要缸零件进行加工精度分析。下文中除表面粗糙度之外所有长度尺寸的单位皆为毫米（mm）。

① 缸体加工精度分析。缸体加工精度主要在于缸内孔和活塞杆密封沟槽及螺纹连接，下文主要对图 3-5 所示的 WC67Y-100T 液压缸缸体（右）的缸内孔及活塞杆密封沟槽进行加工精度分析。

a. 缸孔加工精度分析。以四爪单动卡盘装夹、找正缸体，车削加工缸体内孔及其他各部，光整滚压内孔，根据现在的工艺水平和实践经验，完全可以达到图 3-5 所示的尺寸和公差、几何精度和表面粗糙度。

现在缸筒内孔加工存在的主要问题是，粗加工与精加工同时（一次装夹下）加工，光整滚压前即使表面粗糙度值能够达到 $Ra1.6\mu m$ 及以下，但几何精度可能超差，其中主要是圆柱度超差，亦即平行度超差。

使用的普通车床，其几何精度和工作精度必须保证，否则加工时，缸体内孔一定超差。

在普通车床精度保证的前提下，精车应注意以下问题：

• 精车前，工件必须冷却到室温或指定温度。
• 精车余量不可留得太小，至少应有精车两刀的余量。
• 精车前应测量，精车第一刀一段时，应再次测量。
• 精车第一刀时，一般不应直接车削到退刀槽处。
• 精车最后一刀时必须一次加工完毕。
• 车削钢件时，车刀应能断屑（开有断屑槽），并及时排出铁屑。

根据滚压工艺特点及作者的实践经验，建议滚压钢制缸体内孔时使用干净的乳化或合成切削液冷却、润滑、防锈和冲洗。本书作者不同意一些参考文献（包括参考文献［27］）所介绍的使用机油、煤油或其混合油作为切削液。

b. 活塞杆密封沟槽加工精度分析。在图 3-5 所示的 WC67Y-100T 液压缸缸体（右）上，活塞杆各密封沟槽可在加工缸孔时同时（一次装夹下）加工，但其加工难度大，质量不稳定，在线检查、测量困难。

现在一般都是在加工成活塞杆偶合件孔（$\phi170.6H9$）后，掉头（倒头或调头）再加工各密封沟槽包括支承环沟槽，其存在的主要问题是找正。

以四爪单动卡盘装夹缸体加工成的一端（见图 3-5 上端），以加工成的孔 $\phi170.6H9$ 找正，其误差值一般不低于 0.02，尽管其低于尺寸公差的 1/3，但要保证沟槽底面的同轴度公差 0.03 还是非常困难的，因为普通车床的直线度、圆度及平行度的综合结果已经超过了 0.02。

只有当找正误差≤0.01 时，在普通车床上才有可能加工出合格产品，但前提是普通车床的几何精度和工作精度没有下降或丧失。

批量产生应采用工艺装配装夹缸体，如 120°锥端螺纹接盘。

注：“倒头”“掉头”或“调头”等在 GB/T 4863—2008《机械制造工艺术语》中皆没有术语和定义。本书将上述术语作为同位语使用，且首选“掉头”，其基本含义为：被加工件转成与上一道工序装夹相反方向。

② 活塞杆加工精度分析。一般活塞杆加工精度主要在于镀硬铬前和镀硬铬后，但图 3-7 所示的 WC67Y-100T 液压缸活塞杆与一般活塞杆不同，其为开口朝向缸底的空心活塞杆。

该活塞杆加工精度保证困难的原因之一是在精车、镀硬铬前和镀硬铬后磨外圆包括抛光外圆时，不能直接以拨顶装夹方法加工；原因之二是加工时必须掉头；原因之三是内孔（盲孔）有键槽等。

为了实现以拨顶装夹方法加工，应首先将活塞杆内孔除键槽以外各部加工完毕，然后采用90°锥端中心堵。

掉头后三爪自定心卡盘装夹活塞端，加工中心孔及*SR*70等各部，存在的主要问题可能是机床和卡盘自身的精度，如两中心孔（活塞端中心孔在90°中心堵上）不在一条直线上，现加工的中心孔可以研磨修正，但*SR*70中心点确很难修正。

如果采用一次性90°锥端中心堵，则只能在镀硬铬抛光后取下，键槽加工将变成最后一道工序。

③ 梯形螺纹轴和撞块加工精度分析。梯形螺纹轴的加工精度主要在于梯形螺纹车加工，撞块也是如此。

梯形螺纹轴精车前应研中心孔，且表面粗糙度$Ra0.2\mu m$，采用拨顶装夹方法精车梯形螺纹。在普通车床上加工T80×4-7（JB/T 2886—2008）梯形螺纹存在一定困难，首先是普通车床的螺距积累误差能否在$\delta_{p60}\leqslant 0.010$，其次是梯形螺纹中径尺寸的一致性，再则是梯形螺纹的表面粗糙度。

车加工梯形螺纹时，现在一般采用机夹硬质合金螺纹成形车刀加工。

两中心孔精度关系到梯形螺纹精度，研磨后的中心孔必须保证和标准顶尖研配时接触面不小于85%。螺纹的大径外圆磨削时必须保证圆柱度公差。

梯形螺纹精度加工工艺十分重要，选择正确的加工工艺及工艺参数，在加工机床几何精度和工作精度合格情况下，可以车加工出7级精度的梯形螺纹。

3.5 一种液压上动式板料折弯机用可调行程液压缸机械加工工艺和装配工艺

机械加工工艺是根据图样及技术要求等，将各种原材料、半成品通过利用机械力对其进行加工，使其成为符合图样及技术要求的产品的加工方法和过程。

装配工艺是根据图样及技术要求等将零件或部件进行配合和连接，使之成为符合图样及技术要求的半成品或成品的装配方法和过程。

机械加工工艺和装配工艺一般都需要具体化（即文件化、制度化），其常用工艺文件之一——工艺过程卡片，是以工序为单位简要说明产品或零、部件的加工（或装配）过程的一种工艺文件。以下机械加工工艺和装配工艺以工艺过程卡片型式给出，但还包括了材料及其热处理，一些表面工程技术，如滚压孔、表面淬火和表面防锈（涂装）等。

为了使机械加工工艺和装配工艺制度化，可制定典型工艺，即根据产品或零件的结构和工艺特性进行分类或分组，对同类或同组的产品或零件制定统一的加工（装配）方法和过程，对液压缸这种产品而言，制定典型工艺非常必要。

3.5.1 可调行程液压缸缸零件机械加工工艺

因缸体端盖、活塞端盖、梯形螺纹轴、撞块等机械加工工艺过程在其他液压缸中不具有典型意义，又因上文涉及梯形螺纹设计与加工精度，所以下面只给出缸体、活塞杆机械加工工艺过程及梯形螺纹加工工艺，同时省略工艺附图。

在机械加工工艺过程卡片中，因各液压缸制造商的设备可能各种各样，所以只给出了设备名称而没有进一步给出设备型号；同样，因使用的工艺设备也可能是各种各样，所以只给出了专用的、特殊的或必需的而没有进一步给出一般的、通用的或常用的工艺装备。

加工件入库及保管、储存及运输等工艺要求，不在本卡片范围内。

(1) 缸体加工工艺

缸体机械加工工艺过程卡片见表 3-10。

表 3-10 缸体机械加工工艺过程卡片

机械加工工艺过程卡片				产品型号	WC67Y—100T	零件图号			
				产品名称	液压缸	零件名称	缸体(右)	共 1 页	第 1 页
材料牌号	45	毛坯种类	锻件	毛坯外形尺寸	256×271×401 (mm)	每毛坯可制件数	1	每台件数	1

工序号	工序名称	工序内容	设备	工艺装备
1	锻	按缸体毛坯锻造图锻造，并进行退火或正火处理(170～210HBW)，且符合锻件图技术要求和相关标准要求		
2	检	按锻件图检查，合格入库		
3	钳	按粗加工图钳工划线，保证外部六面加工余量均匀，且孔在中部		
4	粗铣	粗铣六面达到(244±1)mm×(259±1)mm×(392±1)mm，且标记三个工序基准面	铣床	
5	粗车	车床四爪单动卡盘装夹工件下端，找正。粗车内孔至 ϕ165×390mm	车床	
6	热处理	调质处理 28～32HRC，符合技术要求和相关标准要求		
7	检	按粗加工图检查工件硬度及表面质量，硬度应均匀，不得有裂纹、局部缺陷等；注意留存热处理检验单；合格入库		
8	精铣	除长度 390mm 两端面各留余量 1.5mm、两个安装面及卡紧面各留磨平面余量 0.5mm 外，其余三个面及平面磨削砂轮越程槽精铣到图样尺寸，注意首先选用标记工序基准面定位 注意未注(外形)倒角 2×45° 注意安装面及卡紧面的垂直度和平行度要求，其他各面间的垂直度和平行度未注形位公差按 K 级 如采用数控铣床加工，可使用中心钻对图样上各螺纹口中心钻中心孔，并省略工序 16	(数控)铣床	砂轮越程槽专用铣刀
9	磨平面	平磨两个安装面及卡紧面到图样尺寸，尤其应保证卡紧面宽度尺寸和公差(15±0.02)mm	平面磨床	
10	钳	划上下两端(粗)找正看线		
11	精车	车床四爪单动卡盘(加垫)装夹工件下端，找正。注意按两安装面找正对机床轴线的平行度应≤0.04mm，孔中心位置度偏差应≤0.10mm 精车除活塞杆密封沟槽之外的内孔各部达到图样要求。其中 M195×3-6Hmm 可采用螺纹量规检查；精车内孔到 ϕ180JS7(±0.020)mm，表面粗糙度值 $Ra \leqslant 1.6\mu m$，且加工表面不得有任何质量缺陷	车床	工作螺纹量规
12	滚压孔	滚压孔前，工件必须冷却至室温或规定温度并再次进行测量 试滚压头(首件)，滚压长度不得超过 50mm，滚压后孔尺寸为 ϕ180H8，表面粗糙度值 $Ra \leqslant 0.4\mu m$ 滚压孔达到 ϕ180H8，表面粗糙度值 $Ra \leqslant 0.4\mu m$。可分两次滚压。注意切削液清洁度及冲洗流量 要求滚压后内孔表面有镜面效果或可进一步采用抛光，以适应丁腈橡胶密封圈综合性能要求	车床	多滚柱刚性可调式滚压头
13	检	检查各部尺寸和公差、几何精度及表面粗糙度等，注意已加工表面尤其是滚压表面的工序间防锈		

续表

工序号	工序名称	工序内容	设备	工艺装备
14	精车	工件掉头采用车床四爪单动卡盘(加垫和/或加堵)装夹工件上端,找正。也可采用120°锥端螺纹接盘 注意防止在工件表面留有卡痕和工件被装夹变形 注意只有当以ϕ170.6H9找正误差≤0.01mm,并保证两安装面对机床轴线的平行度≤0.02mm时,方可进行加工 精车下端面及各密封沟槽包括支承环沟槽达到图样要求。注意保证缸体长度(386±0.30)mm及各处倒圆,尤其沟槽棱角半径R0.2mm;沟槽ϕ185H10×$14^{+0.30}_{0}$槽底面宜采用油石研磨 未注线性尺寸的公差等级按m级,未注倒圆半径的公差等级按m级	车床	(数显、带表)内沟槽卡尺或(数显、带表)内卡规
15	检	检查各部尺寸和公差、几何精度及表面粗糙度等,尤其注意检查各处倒角、圆角和倒圆,合格后做短期防锈处理		
16	钳	以(工序)基准在平板(台)上划各螺纹孔包括两油口中心线、打样冲眼,并划加工线和看线		0级铸铁平板
17	钳	在摇臂钻床上按图样钻孔、扩孔、锪孔、倒角、攻螺纹等并达到图样及技术要求,注意锪孔底面表面粗糙度和垂直度要求,去毛刺、清理干净孔内铁屑、杂质 注意各孔加工后不宜再留有划线痕迹,注意不得磕碰、划伤工件表面	摇臂钻床	
18	检	按图样及技术要求检查各部尺寸和公差、几何精度及表面粗糙度等,合格后经防锈处理后入库 必要时除检测内孔表面的Ra值外,还可检测Rz和R_{mr}或P_t值,以便于更为科学地评价活塞密封性能		

标记	处数	更改文件号	签字	日期	设计	审核	标准化	会签	日期

注:1. 上表根据JB/T 9165.2—1998《工艺规程格式》中格式9进行了简化,以下卡片同。
2. 缸筒加工设备可能是普通(数控)卧式车床、(斜床身)油缸加工专用数控车床或管螺纹车床等。

(2) 活塞杆设计加工工艺

活塞杆机械加工工艺过程卡片见表3-11。

表3-11 活塞杆机械加工工艺过程卡片

机械加工工艺过程卡片				产品型号	WC67Y-100T	零件图号			
				产品名称	液压缸	零件名称	缸体(右)	共1页	第1页
材料牌号	42GrMo	毛坯种类	锻件	毛坯外形尺寸	ϕ200×337(mm)	每毛坯可制件数	1	每台件数	1

工序号	工序名称	工序内容	设备	工艺装备
1	锻	按活塞杆毛坯锻造图锻造,并进行退火或正火处理170~210HBW,且符合锻件图技术要求和相关标准要求		
2	检	按锻件图检查,合格入库		
3	粗车	按粗加工图,车床三爪自定心卡盘(卡爪与工件间垫钢丝)装卡ϕ200mm外圆毛坯右端,按毛坯左端外圆找正;粗车毛坯外圆及端面,粗车密封沟槽,粗车内孔各部,各部留半精车、精车余量为:外圆留余量3.0mm,端面留余量1.5mm,沟槽槽底面余量2.0mm,沟槽侧面留余量1.5mm,内孔留余量3.0mm,内孔深度255mm 掉头车床三爪自定心卡盘装卡ϕ180.1外圆(左端),粗车外圆直径及长度达到ϕ173×300mm,并平端面及车倒角,保证总长度320mm 可在粗车ϕ200mm外圆达到ϕ180.1mm后使用中心架,并可对活塞密封沟槽不进行粗加工(以下工艺按沟槽不进行粗加工)	车床	中心架
4	热处理	调质处理28~32 HRC,符合技术要求和相关标准要求		
5	检	按粗加工图检查工件硬度及表面质量,硬度应均匀,不得有裂纹、局部缺陷等;注意留存热处理检验单;合格入库		

续表

工序号	工序名称	工序内容	设备	工艺装备
6	精车	车床三爪自定心卡盘装卡外圆直径 ϕ173mm 端，精车外圆直径 ϕ173mm 一段为 ϕ172mm，安装中心架支承该段外圆 半精车活塞外圆到 ϕ177.6mm。精车活塞杆左端面及内孔各部达到图样尺寸和公差。注意两处 C2 倒角加工，及 M130×3-6Hmm 可采用螺纹量规检查 安装一次性 90°锥端中心堵，并钻中心堵上中心孔 掉头车床三爪自定心卡盘装卡外圆直径 ϕ177.6mm 活塞端，检查 ϕ172mm 一段的圆跳动≤0.01mm，并安装中心架支承该段外圆，平端面，取总长 317+10mm，钻活塞杆右端面上中心孔，精车 SR70 达到图样尺寸 以拨顶方法装夹活塞杆，半精车活塞密封沟槽及活塞杆其他各部，各部留精车、磨外圆余量为：外圆留余量 0.8mm，端面留余量 0.6mm，沟槽槽底面余量 0.8mm，沟槽侧面留余量 0.6mm，注意轴向长度 20mm 角度 20°的密封件安装导入倒角的加工	车床	中心架 一次性 90°锥 端中心堵 或可拆卸 90°锥 端中心堵
7	钳	钳工划 2×M16-6H 两螺纹孔中心线、打样冲眼，划加工线及看线		铸铁平板
8	钳	在摇臂钻床上按图样钻孔、倒角、攻螺纹等并达到图样及技术要求，注意去毛刺、清理干净孔内铁屑、杂质 注意各孔加工后不宜再留有划线痕迹，注意不得磕碰、划伤工件表面	摇臂 钻床	
9	热处理	带一次性 90°锥端中心堵的活塞杆的 ϕ170.8mm 表面和 *SR*70mm 球面高频淬火并回火，硬度≥54 HRC，硬化层深度不应小于 2mm，注意不得对砂轮磨削越程槽及活塞部分进行高频淬火 热处理时注意保护好两中心孔		
10	研中心孔	研磨两中心孔达到图样要求	车床	金刚石 研磨顶尖
11	精车	以拨顶方法装夹活塞杆，按图样及技术要求精车活塞密封沟槽、活塞外径、砂轮越程槽(退刀槽)、倒角等各部达到图样及技术要求，注意密封沟槽槽棱圆角半径和各倒圆处	车床	
12	磨外圆	以拨顶方法装夹活塞杆，将图样上标注的 $\phi 170_{-0.083}^{-0.043}$ mm 磨外圆至 $\phi 170_{-0.185}^{-0.145}$ mm，且尽量磨外圆至下差，表面粗糙度值不得高于 *Ra*0.8μm，宜在 *Ra*0.4μm 或以下	外圆 磨床	
13	镀硬铬	按图样及技术要求镀硬铬，硬铬覆盖层硬度应大于或等于 $800HV_{0.2}$，硬铬覆盖层厚度宜在 0.04～0.10mm 一般硬铬覆盖层留抛光余量在 0.01～0.02mm		
14	抛光	以拨顶方法装夹活塞杆，抛光活塞杆外圆表面至 $\phi 170_{-0.083}^{-0.043}$ 表面粗糙度值≤*Ra*0.4μm；抛光 *SR*70mm 达到表面粗糙度值≤*Ra*0.4μm；及抛光砂轮越程槽(退刀槽)和倒圆处	车床 或 其他	抛光轮 抛光剂
15	检	按图样及技术要求检查除内孔以外的各部尺寸和公差、几何精度及表面粗糙度等 如有问题，必须在未拆下一次性 90°锥端中心堵前返修完毕 注意对抛光后的表面进行几何精度检验		
16	插槽	拆下一次性 90°锥端中心堵，在插床上按图样及技术要求插销导向平键键槽，注意装夹及找正，保证键槽的尺寸和公差、几何精度和表面粗糙度 注意去毛刺和棱角倒钝、避免加工件表面的磕碰、划伤	插床	
17	检	按图样及技术要求检查各部尺寸和公差、几何精度及表面粗糙度等，合格后经防锈处理后入库 必要时除检测活塞杆表面的 *Ra* 值外，还可检测 *Rz* 和 R_{mr} 或 P_t 值，以便于更为科学地评价活塞杆密封性能		

标记	处数	更改文件号	签字	日期	设计	审核	标准化	会签	日期

注：1. 一般非空心活塞杆（活塞与活塞杆为一体结构）的毛坯可采用铸件、圆（条）钢，自由锻、楔横轧和锻压镦粗锻件，焊接件其中包括环缝焊、摩擦焊焊接件等。

2. 加工一般活塞杆的两中心孔的设备可选用双面（铣）钻中心孔专机；抛光活塞杆镀硬铬后外圆设备可选用活塞杆精整抛光（研磨）专机。

(3) 梯形螺纹加工工艺

① 梯形螺纹车削方法。

a. 螺纹车削进刀方式一般有径向进刀、斜向进刀、轴向进刀、改进斜向进刀、双刃交替进刀等，后两者主要用于数控加工。采用何种进刀方式，主要考虑材料、螺距、螺纹精度、机床性能等。

b. 对于螺距 $P\leqslant 8$mm 的梯形螺纹，要采用粗、(半精车)、精车车削，粗车可以采用径向进刀车削，粗车刀比牙形角小两度，且车至底径；精车可以采用与牙形角相同的成形车刀径向进刀车削，精车也可采用与牙形角相同，但比成形车刀瘦的车刀轴向进刀车削。

c. 车刀牙形角是关键，车刀安装也非常重要；径向进刀车削牙形精度较高，但螺纹表面粗糙度值一般较大；轴向进刀可能影响牙形，但可以得到较小表面粗糙度值的螺纹。

d. 在数控车床上双刃交替进刀，两侧刀刃磨损均匀，也可取得较好的牙形和表面粗糙度，但编程复杂。

② 螺纹车刀。

a. 粗车可以采用高速钢单齿平体螺纹车刀，也可采用硬质合金螺纹车刀。

b. 精车一般采用硬质合金螺纹成形车刀（机夹螺纹车刀）。

③ 车刀安装方式。

a. 粗车车刀一般可法向安装，但车削时牙角会产生误差。

b. 精车必须采用专用夹具夹持螺纹车刀。

c. 硬质合金车刀要高于1%的螺纹外径，高速钢车刀可稍低于工件轴线。

d. 螺纹车刀伸出刀座长度不得超过刀杆截面高度 1.5 倍。

④ 工艺参数选择。梯形螺纹工艺参数可参考表 3-12～表 3-14 选择。

表 3-12 硬质合金车刀车削单线梯形外螺纹径向进刀走刀次数

螺距/mm	碳素、合金结构钢 6 级螺纹		碳素、合金结构钢 7 级螺纹	
	粗车	精车	粗车	精车
3	5	4～5	5	3
4	6	4～5	6	3
5	7	5～6	7	4
6	8	5～6	8	4
8	10	6～7	10	5

表 3-13 高速钢车刀车削单线梯形外螺纹径向进刀走刀次数

螺距/mm	碳素结构钢 7 级螺纹		合金结构钢 7 级螺纹	
	粗车	精车	粗车	精车
3	9	6	11	7
4	10	7	12	8
5	11	8	13	9
6	12	9	14	10
8	14	9	17	10

表 3-14 高速钢及硬质合金车刀车削螺纹的切削量

加工材料	硬度(HBW)	螺纹直径/mm	每刀横向进给量/mm		切削速度/(m/min)	
			第 1 次走刀	最后 1 次走刀	高速钢车刀	硬质合金刀
碳素结构钢、合金结构钢、高强度钢、马氏体时效等	100～225	≤25	0.50	0.013	12～15	18～60
		>25	0.50	0.013	12～15	60～90
	225～375	≤25	0.40	0.025	9～12	15～46
		>25	0.40	0.025	12～15	30～60
	375～535	≤25	0.25	0.05	1.5～4.5	12～30
		>25	0.25	0.05	4.5～7.5	24～40

注：高速钢车刀使用 W12Cr4V5Co5（T15）或 W2Mo9Cr4VCo8（M42）等高钒含钴或超硬高速钢。

高速钢车刀车削螺纹时常用切削液可按如下选择：

a. 粗车切削也选用3%～5%乳化液或2.5%～10%极压乳化液。

b. 精车切削液选用10%～20%乳化液或10%～15%极压乳化液或硫化切削油等。

⑤ 丝杠切削。丝杆切削工艺要求如下：

a. 被切削的丝杠的毛坯半成品应充分消除内应力，保证内部组织稳定。毛坯可球化退火，硬度为180～210HBW。

b. 被车削的丝杠两端中心孔必须在一条直线上，中心孔在精车前必须研磨，粗糙度Ra=0.1～0.2μm，并和标准顶尖研配时接触面不小于85%；精车前要精磨外圆，保证外圆圆柱度误差≤0.01mm；外圆与跟刀架间隙≤0.01mm。

c. 粗车时必须大量浇注乳化液，精车时采用精车切削液。可以使用30%豆油+20%煤油+50%高速机械油（高速锭子油）。

d. 精车可以选用高钒含钴或超硬高速钢车刀，应该选用细晶粒硬质合金（如YG6X）成形车刀，且刃磨质量要高，不允许烧伤、刃口有缺口、毛刺，刀刃钝角半径不得大于R0.005，刀刃表面粗糙度Ra≤0.1μm。

e. 加工环境整洁、室温恒定。一般加工7级精度1000mm长的丝杠，温度变化≤±1℃。

f. 切削速度。

粗车：高速钢车刀，10m/min；硬质合金车刀，30～50m/min。

半精车：8～10 m/min。

精车：切削速度≤1m/min。

g. 切削量。粗车每次走刀切削量为0.4mm左右，精车每次走刀切削量0.2mm左右(与材料及硬度有关)，但应逐次减小切削量。

h. 刀具几何参数。精车车刀前角为0°，侧刃后角10°～12°，刀具刃形角取丝杠牙形角公差的1/3～1/4。

3.5.2 可调行程液压缸装配工艺

(1) 准备

① 根据生产任务调度单，领取并进一步熟悉装配图样和相关工艺文件。

② 根据调度单及装配图中的零件明细表领取零件，且领取数量与实际装配所需数量相符。

③ 检查各零件质量状况，尤其注意检查密封件型式、规格和尺寸及外观质量，发现问题及时报告。

④ 按清洗工艺认真清洗各零件；注意除特殊情况外，密封件不可清洗。

⑤ 检查各零件清洁度并符合标准要求，此为产品质量控制点之一。

⑥ 准备好干净的润滑油和润滑脂，保证不进行干装配。

⑦ 登记装配现场的工艺装备（包括工具、低值易耗品）明细表，备查。

⑧ 零件干燥后及时装配。

注：登记时可使用标准格式卡片。

(2) 部件装配

① 缸体端盖部件组装。

a. 将防吸附止推垫片29通过两个十字槽沉头螺钉28拧紧在缸体端盖30上，且螺钉沉头面要低于防吸附止推垫片上面0.5mm以上，与梯形螺纹轴20进行试装；在用涂色法检验时，其接触面积在长度上不少于70%，在宽度上不少于50%。

如达不到上述要求，则需采用修配法装配。

b. 采用修配法试装配调隙垫片 15，在安装了卡键 16 和孔用弹性挡圈 23 等后，保证梯形螺纹轴 20 在规定的静载荷作用下，轴向窜动量≤0.04mm。

c. 通过梯形螺纹轴 20 上扳杠孔采用扳杠手动旋转梯形螺纹轴 20，运动应平稳、灵活、无卡滞和阻力不均现象。

d. 包括密封件在内的缸体端盖部件组装。

该组装应注意以下几点：

• 为了十字槽沉头螺钉 28 防松，可以使用可拆卸螺纹紧固胶，但应严格按照胶黏剂工艺要求和使用方法使用，并保证足够的固化时间。

• 采用修配法装配调隙垫片 15 和防吸附止推垫片 29 时，如需磨平面，则每次都必须退磁。

• 密封件保证挡圈和支承环等应严格按照密封件技术要求进行装配。

• 组装时注意保护各零件不得磕碰、划伤，注意保证清洁度。

② 活塞杆部件组装。

a. 将导向 A 型平键 6 通过两个开槽圆柱头螺钉 5 拧紧在撞块（梯形螺母）7 上，并将其键与键槽相配预置在活塞杆 9 带键槽内孔中。注意撞块上标志，保证淬火面朝上。

b. 将活塞杆 9 通过两个 M16 螺钉固定在安装平台上。将活塞端盖 11 与活塞杆（与活塞为一体结构）9 旋合、拧紧，拧紧力矩由工艺试验取得，保证在静载试验时两件接触面间不能出现间隙，亦即应有剩余预紧力，具体可使用 0.05mm 塞尺进行检查（允许塞尺塞入深度不大于接触面宽度的 1/4，接触面间可塞入塞尺的部位累计长度不大于周长的 1/10）。

如采用 45 钢制造活塞杆，则此处连接只能是松连接，且用于防松（防转）内六角圆柱头螺钉Ⅲ可能断裂。

c. 配作防松螺钉孔，拧紧内六角圆柱头螺钉Ⅲ，且可使用可拆卸螺纹紧固胶，要求同上。

d. 装配活塞密封件，要求同上。

③ 减速机部件组装。按装配图所示，将减速箱安装法兰压套 26 套装在减速机安装法兰 22 上后，采用 8 个 M8 内六角圆柱头螺钉Ⅰ17 及弹性垫圈将减速机安装法兰 22 和 NRV 蜗轮蜗杆减速机 19 连接起来，注意应使用扭力扳手，保证扭矩为 25.4N·m，且均匀一致。

(3) 总装

① 在缸体 8 上安装活塞杆密封件，要求同时吊装缸体 8，利用其侧面 8×M20 螺钉孔将其安装、紧固在安装平台上。注意其下面应有≥170mm 的空间。

② 使用缸体端盖上 4×M12 螺钉孔安装吊环螺钉，将缸体端盖部装吊装起来，将梯形螺纹轴 20 下端准确插入活塞缸盖 11 孔内，在缓慢下放过程中，不断通过梯形螺纹轴 20 上扳杠孔采用扳杠正旋（顺时针旋转），直至梯形螺纹轴 20 与撞块（梯形螺母）7 接触、旋合 10 扣以上为止。

在吊装状态下，将活塞杆部件与安装平台拆开，并轻轻放置，解除吊具。

③ 通过梯形螺纹轴 20 上扳杠孔吊装缸体端盖部装和活塞杆部装，将活塞杆准确、缓慢地放入缸体 8 内孔，并不断正旋缸体端盖 30 直至与缸体 8 旋合。

解除吊具，通过梯形螺纹轴 20 上扳杠孔采用扳杠手动旋转梯形螺纹轴 20，运动应平稳、灵活、无卡滞和阻力不均现象。

采用 4 个吊环螺钉，通过双扳杠将缸体端盖 30 与缸体 8 拧紧，拧紧力矩通过工艺试验取得，保证在静载试验时两件接触面间不能出现间隙，亦即应有剩余预紧力，具体检查方法同上。

缸体端盖 30 与缸体 8 拧紧后，重复上述运动检验。

④ 拆下 4 个吊环螺钉，梯形螺纹轴 20 上安装普通 A 型平键 21，将减速机部件安装在缸体 30 上，调整减速机方向（在主机上安装时可能需二次调整），采用 8 个 M8 六角头螺栓 24 连接紧固，注意应使用扭力扳手，要求同上。

⑤ 使用扭力扳手正反向旋转减速机输入轴 18，其力矩应≤(15±0.5)N·m，且运动应平稳、灵活、无卡滞和阻力不均现象。

⑥ 所有油口盖以耐油防尘盖，保护好安装面和连接面及螺钉孔。

⑦ 清点装配用工具、工艺装备、低值易耗品等，不允许有图样和技术文件中没有的垫片及其他物品安装在或装入液压缸的部装或总装中，保证没有漏装零件。

⑧ 根据生产实际情况，液压缸外表涂装及标牌安装可在液压试验后进行。

3.6 液压上动式板料折弯机用可调行程液压缸精度检验中的若干问题

液压上动式板料折弯机用可调行程液压缸（以下简称可调行程液压缸）适配于液压上动式板料折弯机，其精度要求来源于 GB/T 14349—2011《板料折弯机　精度》及其他相关标准，主要包括行程定位精度和行程重复定位精度。

提高可调行程缸或可调行程液压缸的行程定位精度和行程重复定位精度，是当今液压缸设计与制造中的一个技术攻关方向。如果可调行程液压缸的行程定位精度和行程重复定位精度能够达到一定的水平，不仅可以提高液压上动式板料折弯机精度，还可以应用于其他有位置同步或定位精度要求的液压机，如纵梁压制液压机、校直（平）液压机、矫正液压机、金属压印液压机、压制液压机等，甚至对开发液压机器人（手）也有重大意义。在此方面，笔者做了较为深入的研究，并获得了若干项专利，其中包括《伺服电机直驱数控行程精确定位液压缸》(ZL 2014 2 0336713.0)。

现在，可调行程缸或可调行程液压缸既无国家标准也无行业标准，笔者曾起草了企业标准，但其中一些问题尤其是可调行程液压缸精度检验中的一些问题，在短时间里业内可能还很难达成共识，其主要原因是技术水平仍没有达到应有的普遍高度。

3.6.1 可调行程液压缸精度检验中的术语和定义问题

GB/T 17446—2012 和 JB/T 2257.3—1999 中界定的术语和定义适用于可调行程液压缸，但还不够，且有一些问题，因此需要进一步界定下列术语和定义：

(1) 可调行程液压缸

可调行程缸（或可调行程液压缸）在 GB/T 17446—2012 中的定义为“其行程停止位置可以改变，以允许行程长度变化的缸”，缸行程的定义为“其可动件从一个极限位置到另一个极限位置所移动的距离”，缸进程的定义则为“活塞杆从缸体伸出的运动”。上述三个术语的定义有相互抵牾的地方，如果行程是两个极限位置间的距离，那么行程即不可改变；如果极限位置可以改变，那也不是极限位置。所以极限位置和行程两个定义必须否定一个（或忽略一个或改变其内涵）。现可以把缸行程定义为“其从动件从缸回程死点到缸进程死点所移动的距离”，即当前缸回程死点到当前缸进程死点所移动的距离。也就说，缸行程是可以变化的，是可以调节的。行程（或程长）本身就具有长度的内涵，所以行程和行程长度应该没有区别。

由于以上原因，现将“可调行程液压缸”定义为：其缸进（回）程死点可以改变，以允许缸行程变化的双作用液压缸。

将“进程死点”和“回程死点”进一步明确为“缸进程死点”和“缸回程死点”，主要是能在装机实测（实机检验）中与滑块的进程和回程加以区分。

(2) 最大缸行程

现将“缸最大行程”定义为：在其可动件从缸回程（进程）极限死点到缸进程（回程）极限死点所移动的距离。

在 GB/T 17421.2—2000 中轴线行程的定义为：在数字控制下运动部件沿轴线移动的最大直线行程或绕轴线回转的最大行程。在可调行程液压缸中，如果行程是可以变化的，是可以调节的，那么在液压缸中将没有一个能标定（表示）基本参数的参数，因此有必要界定“最大缸行程”这一术语和定义。

(3) 缸进程极限死点

现将“缸进程极限死点”定义为：缸结构限定的缸进程极限位置，又称目标参考点。

最大缸行程是由缸结构决定的，也是此缸区别于彼缸的特征之一。这种特征应具有唯一性，且应有一个确切含义，就是缸进程极限死点。缸进程极限死点在一个特定的可调行程液压缸中只有一个（点），也是唯一的。为了定义“最大缸行程”这一术语，有必要定义“缸进程极限死点”。

(4) 缸回程极限死点

现将“缸回程极限死点”定义为：缸结构限定的缸回程极限位置。

其理由同上。

(5) 行程单向定位精度

原将可调行程液压缸的行程定位精度定义为：“活塞杆从一个极限位置（回程死点）单向趋近另一个目标极限位置（进程死点）的准确程度，用行程定位偏差值表示。”现在看来有一定问题。

根据对可调行程液压缸行程定位精度和行程重复定位精度的理论分析结论和试验台上检验结果，以及装机实测几何精度和工作精度检验情况，现在液压上动式板料折弯机用可调行程液压缸的行程定位精度和行程重复定位精度只能在单向（边）越程定位条件下检验、应用。因可调行程液压缸的结构设计、加工制造水平等方面原因，现在仍无法保证做到行程双向（边）定位。简单地讲，如果可调行程液压缸采用双向（边）定位进行装机实测，则折弯机的几何精度和工作精度将远远超出 GB/T 14349—2011 的规定值，甚至此折弯机根本就无法使用。

由于以上原因，将可调行程液压缸的行程定位精度进一步明确为行程单向定位精度，并将“行程单向定位精度”定义为：活塞（杆）从缸回程死点以检验工作速度、相同规定压力单向趋近 P_i （$i=1\sim m\geqslant5$）目标位置（缸进程死点）的准确程度，用 m 个目标位置中行程单向定位含正负号的最大误差值表示。

在缸回程死点与缸进程死点间可以确定若干个目标位置进行检验，所谓“目标位置”的定义为“运动部件编程要到达的位置”，所以说在某种意义上只有数控的可调行程液压缸才能有定位精度的问题。在可调行程液压缸中目标位置的输入量一般确定为“行程调节装置输入角”，输出量为缸行程（缸进程）。如果由缸回程死点到目标参考点（缸进程极限死点）的行程调节装置输入角为 $\alpha_{\max}$，则其他输入角 α 全部小于此输入角。每个行程调节装置输入角都对应一个缸行程，但因尺寸链公差及各部间隙和变形等原因，实际定位位置与理想值有误差，即定位系统误差；加之向此目标位置趋近有误差，即定位不确定度；所以定位误差包含了两个误差，即定位系统误差和定位不确定度。所有几何精度检验均应在机床无负荷，或不工作或空转的条件下检验，所以可调行程缸需要确定“规定压力”且必须在相同压力下比较误差。另外，在向目标趋近时必须以工进速度趋近。在检验中规定实测值减去目标值（实测值超出目标值为正，实测值未达到目标值为负）为误差值，并保留正负号；其最大误差值仍是绝对值的比较，比较选取各目标位置的误差值的绝对值最大者，并保留正负号，作为行程单向定位精度。

关于采用是“单向”或是“单边”描述的问题，采用“单向”应比“单边”要好，因为单向已经指明了方向，即有所指向；而单边无方向，只强调了其相对于目标位置的所在位置。在轴线定位中，在此位置也可能向两个方向定位，容易引起歧义。在可调行程液压缸精度检验中，所谓单向全部为由缸回程死点向缸进程极限死点（参考点）的指向。

为了实现单向定位，在一些情况下一定需要有“越程”，即：在单边定位过程中，数控轴超出目标位置，然后沿规定方向完成定位的动作。

关于误差与偏差问题，在控制系统中描述输入端为偏差，描述输出端为误差。很多参考文献包括标准中对其使用都经常混淆。

(6) 行程单向重复定位精度

原将可调行程液压缸的行程重复定位精度定义为：“活塞杆从一个极限位置（回程死点）单向多次趋近另一个相同目标极限位置（进程死点）的准确程度，用行程定位偏差值表示。”其存在的问题同上。

由于以述原因，将可调行程液压缸的行程重复定位精度进一步明确为行程单向重复定位精度，并将“行程单向重复定位精度”定义为：活塞（杆）从缸回程死点以检验工作速度、相同规定压力 n 次单向趋近一个相同目标位置（缸进程死点）P_{ij} （$i=1 \sim m \geqslant 5$，$j=1 \sim n \geqslant 5$）的准确程度，用 m 个目标位置的 n 次间行程单向重复定位最大相对误差的绝对值表示。

对于每个目标位置都要进行 n 次趋近，在每个目标位置的 n 次趋近检验值间进行比较，可以得出一个相对误差绝对值最大者；选择 m 个目标位置，进行上述检验、比较，可以得出 m 个相对误差绝对值最大者，对 m 个相对误差绝对值再进行比较，得出一个最大相对误差绝对值。

需要说明的是，在上述两个术语和定义及解释（说明）中，引用了 JB/T 11216—2012《板料折弯机用数控系统》中的术语和定义，如参考点、单边定位、超程等。在行程单向定位和单向重复定位精度检验中，行程定位和行程重复定位必须是单向的，依据的主要标准为 GB/T 10923—2009、GB/T 17421.2—2000、GB/T 14349—2011 和 JB/T 11216—2012 等。在上述标准中，JB/T 11216—2012 中关于“单边定位”的术语和定义最为明确，而“参考点”和“超程”这两个术语和定义是其他标准中没有的，但在行程单向定位和行程单向重复定位精度检验中是必要的。

现在已设计出“伺服电机直驱数控行程精确定位液压缸”用于液压上动式板料折弯机，此液压缸的控制原理对行程单向定位和行程单向重复定位有更精准的诠释。

(7) 超程定位

现将“超程定位”定义为：在单向定位过程中，可动件（活塞或活塞杆）超出目标位置，然后按规定方向完成定位。

超程定位是可调行程液压缸检验、使用中必须遵守的规定动作，给出明确定义是为了避免检验和使用不统一问题，有利于整机工作精度的提高。况且数控折弯机中的定位也必须采取超程定位，否则，定位精度也达不到相关标准规定的精度要求。需要说明的是，缸回程极限死点无法做行程定位、行程重复定位精度检验，因其无法进行超程定位。

(8) 规定方向

现将“规定方向”定义为：单向定位过程中，可动件（活塞或活塞杆）每次趋近目标位置的运动方向。

如果不规定可动件（活塞或活塞杆）每次趋近目标位置的运动方向，假设选定缸进程极限死点（目标参考点）到缸回程极限死点为运动方向，则对缸进程极限死点（目标参考点）将无法检验其精度，而此点恰恰却是最重要的检验点，在 GB/T 14349—2009 中规定的几何精度检验即是对此点的检验，所以必须规定方向，即规定方向是缸回程死点到缸进程极限死点（目标参考点）的运动方向，亦即可动件的单向定位方向。

(9) 规定压力

现将“规定压力”定义为：在精度检验中规定的公称压力的30%（$0.3p_n$）和公称压力的90%（$0.9p_n$）的压力，分别用 p_{30} 和 p_{90} 表示。

对主机的“几何精度的检验应在无负载的条件下进行”（锻压机械的几何精度检验，应在空运转后的静态下进行或在空运转时进行，需加载检验的应按有关规定执行）。负载或载荷皆为外部负荷，GB/T 15622—2005 和 JB/T 10205—2010 中所述的压力有两种情况：一种情况是由缸进程（极限）死点和缸回程（极限）死点限定可动件（活塞或活塞杆）运动所形成的压力，如耐压试验、泄漏试验等；另一种情况是“由外部负荷所产生的压力”，如负载效率试验，即负载压力。上述两个标准没有区分压力和负载压力，甚至在启动压力特性试验中没有把摩擦力看成是一种负载，启动压力也是由负载所产生的压力；一并统称为压力。既有可动件运动，就无法排除由摩擦力所产生的压力，况且可动件本身有质量，会产生重力，加之连接在可动件上的滑块等也同样会产生重力（暂且不讨论重力方向），都会产生压力，因此可以说绝对无负载的情况是不可能有的。上述标准对行程检验时液压缸的有杆端或无杆端是否可以有压力或无压力没有规定。

不同的压力对定位精度是有影响的。可调行程液压缸的目标位置设定是可以变化的，也就说可动的。凡是可动的，必然要有间隙存在，间隙一般会随负载变化，也就是说压力不同，间隙也会不同；金属材料是有弹性的，压力不同，其弹性变形也不同；可动件的间隙与弹性变形也是如此。

综上所述，必须给出“规定压力”这一术语和定义，才能规范定位精度检验。

另外，“几何精度的检验是指最终影响锻压机械工作精度或工模具寿命的那些零件的精度检验，……。”所以规定压力的确定必须考虑工作精度的检验，也就是说要与工作精度检验相吻合。

“加载力应不低于公称力的70%”，如液压缸的设定出力为公称力的100%，则可动件对目标的压力即为公称力的30%。因此，可以将公称力的30%规定为在精度检验中的一个规定压力；但上述一个规定压力不足以全面反映可调行程液压缸的几何精度，必须还有一个等于或接近公称力的规定压力用于精度检验。考虑到“几何精度的检验应在无负载的条件下进行”和“工作精度应在满负荷试验后进行检验”，公称（出）力的100%即为满负荷试验（不大于公称力的110%的即为超负荷试验），所以将另一规定压力定为公称力的90%。由于主机一般都有两台或两台以上的液压缸，所以要将公称力折算到单台液压缸上，且折算成压力。

3.6.2 行程定位精度和行程重复定位精度检验问题

现行的液压缸相关标准中缺少测量参量如长度、角度等，同样也缺少测量系统的允许误差。在现行的液压缸产品标准中，只有在 GB/T 24946—2010《船用数字液压缸》中有“重复定位精度”试验项目和要求，但笔者认为，如按其“用数字控制器控制数字缸，在保证液压缸活塞杆无转动的情况下，用百分表或传感器检测重复定位精度，在不同的位置上重复3次，求平均值。结果应符合‘数字缸的（行程）重复定位精度应不超过3个脉冲当量’的要求”检验数字的行程重复定位精度，则可能存在如下问题：

① 给定的检测条件不全面、不准确。

② 检测方法及结果的评定不尽科学。

例如，该标准规定测量准确度应符合 GB/T 7935—2005 的规定，但在 GB/T 7935—2005 中根本就没有长度这一测量参量，当然也就没有长度这一参量的准确度及对应的测量系统的允许误差。再例如，参考 GB/T 17421.2—2000 等相关标准，该标准未规定对目标位置的趋近方向，且检验程序也不符合“每米至少选择 5 个目标位置，并且在全程上至少也应有 5 个目标位置。每个目标位置在每个方向上应测量 5 次”，其他问题在此不再一一列举。

(1) 长度、角度测量系统允许系统误差的确定

① 定位精度和重复定位精度检验用器具和装置。现在行程定位精度和行程重复定位精度检验采用以下器具和装置：

a. 分度盘（定位销）输入角度装置。

b. 指示器（表）（百分表、千分表）。

要求这些检验工（器）具在实际测量工作中的测量误差应小于或等于被检对象的公差带的 10%。

注：按 GB/T 10923—2009 的规定，公差精确到小数点后两位的，应采用分辨率为 0.01mm 的指示器测量；公差精确到小数点后三位的，应采用分辨率为 0.001mm 的指示器测量。

分度盘（定位销）输入角度装置最大积累误差含传动误差及分度盘的误差，主轴任意 1/4 圆周上的分度累积误差±1′。因传动比为 40∶1，如在量程为 0～100mm 时，最大累积误差±10′。

注：摘自 GB/T 2554—2008《机械分度头》和参照 GB/T 17421.1—2005 和 GB/T 10923—2000。

指示表最大允许误差：

分度值为 0.01mm，量程为 0～100mm，最大允许误差（全量程）为±50μm。

分度值为 0.002mm，量程为 0～10mm，最大允许误差（全量程）为±12μm。

分度值为 0.001mm，量程为 0～5mm，最大允许误差（全量程）为±9μm。

注：摘自 GB/T 1219—2008《指示表》。

② 现将长度测量系统允许系统误差确定为：±12μm；角度测量系统允许系统误差确定为：±10′。

(2) 行程单向定位和行程单向重复定位精度的确定

根据 GB/T 14349—2011《板料折弯机　精度》，对液压上动式板料折弯机用可调行程液压缸的行程单向定位精度和行程单向重复定位精度进行分析、确定。

根据上文术语和定义及解释（说明），以下条件是必需的：

① 单向定位。

② 规定方向定位（即定向定位）。

③ 越程定位。

④ 规定压力定位。

⑤ 以工作速度向目标趋近。

⑥ 行程调节装置输入角为输入量。

⑦ 缸行程为输出量。

⑧ 缸进程极限死点为目标参考点。

根据 JB/T 2257.2—1999《板料折弯机　型式与基本参数》中的规定：“板料折弯机的主参数为公称力和可折最大宽度，基本参数应符合下表规定。”板料折弯机基本参数见表 3-15。

表 3-15　板料折弯机基本参数

<table>
<tr><th>公称力/kN</th><th>可折最大宽度
/mm</th><th>滑块行程
/mm</th><th>滑块行程调节量
/mm</th><th>空载行程次数
/min⁻¹</th><th>工作速度≥
/(mm/s)</th></tr>
<tr><td>250</td><td>1600</td><td rowspan="9">100</td><td rowspan="3">80</td><td rowspan="3">11</td><td rowspan="6">8</td></tr>
<tr><td rowspan="2">400</td><td>2000</td></tr>
<tr><td>2500</td></tr>
<tr><td rowspan="3">630</td><td>2000</td><td rowspan="6">100</td><td rowspan="6">10</td></tr>
<tr><td>2500</td></tr>
<tr><td>3200</td></tr>
<tr><td rowspan="3">1000</td><td>2500</td><td rowspan="6">7</td></tr>
<tr><td>3200</td></tr>
<tr><td>4000</td></tr>
<tr><td rowspan="3">1600</td><td>3200</td><td rowspan="3">150</td><td rowspan="3">125</td><td rowspan="3">6</td></tr>
<tr><td>4000</td></tr>
<tr><td>5000</td></tr>
<tr><td rowspan="4">2500</td><td>3200</td><td rowspan="4">200</td><td rowspan="10">160</td><td rowspan="4">3</td><td rowspan="10">6</td></tr>
<tr><td>4000</td></tr>
<tr><td>5000</td></tr>
<tr><td>6300</td></tr>
<tr><td rowspan="3">4000</td><td>4000</td><td rowspan="6">280</td><td rowspan="6">2.5</td></tr>
<tr><td>5000</td></tr>
<tr><td>6300</td></tr>
<tr><td rowspan="3">6300</td><td>5000</td></tr>
<tr><td>6300</td></tr>
<tr><td>8000</td></tr>
<tr><td rowspan="3">8000</td><td>5000</td><td rowspan="2">320</td><td rowspan="2">200</td><td rowspan="2">2</td><td rowspan="6">5</td></tr>
<tr><td>6300</td></tr>
<tr><td>8000</td><td rowspan="4">400</td><td rowspan="4">250</td><td rowspan="4">1.5</td></tr>
<tr><td rowspan="3">10000</td><td>6300</td></tr>
<tr><td>8000</td></tr>
<tr><td>10000</td></tr>
</table>

注：立柱间距离，公称力＜6300kN 时，推荐取（0.7～0.85）可折最大宽度；公称力≥6300kN 时，推荐取（0.6～0.65）可折最大宽度。

根据液压缸的基本参数及行程定位精度和行程重复定位精度检验要求，可调行程液压缸参数应符合（以双缸为例，计算折算到单缸公称力；以＋10％的工作速度规定检验工作速度）表 3-16 的规定。

表 3-16　可调行程液压缸参数

<table>
<tr><th>公称力/kN</th><th>折算到单缸公称力/kN</th><th>最大行程/mm</th><th>行程程调节量/mm</th><th>检验工作速度/(mm/s)</th></tr>
<tr><td>250</td><td>250/2</td><td rowspan="4">100</td><td rowspan="2">80</td><td rowspan="3">8＋8×10％</td></tr>
<tr><td>400</td><td>400/2</td></tr>
<tr><td>630</td><td>630/2</td><td rowspan="2">100</td></tr>
<tr><td>1000</td><td>1000/2</td><td rowspan="2">7＋7×10％</td></tr>
<tr><td>1600</td><td>1600/2</td><td>150</td><td>125</td></tr>
<tr><td>2500</td><td>2500/2</td><td>200</td><td rowspan="3">160</td><td rowspan="3">6＋6×10％</td></tr>
<tr><td>4000</td><td>4000/2</td><td rowspan="2">280</td></tr>
<tr><td>6300</td><td>6300/2</td></tr>
<tr><td>8000</td><td>8000/2</td><td>320</td><td>200</td><td rowspan="2">5＋5×10％</td></tr>
<tr><td>10000</td><td>10000/2</td><td>400</td><td>250</td></tr>
</table>

注：以＋10％的工作速度规定检验工作速度的依据标准为 JB/T 2257.1—2014《板料折弯机技术条件》及 GB 28243—2012《液压板料折弯机　安全技术要求》。

根据 GB/T 14349—2011《板料折弯机　精度》4.1.2.2.1 条的检测方法，在目标参考点（缸进程极限死点）处百分表、千分表对零（可压缩值为最大）。对其他目标位置（点）进行行程单向定位精度检验，并按照活塞（杆）从缸回程死点以检验工作速度、相同规定压力单向趋近 m 个目标位置（缸进程死点）的准确程度，用 m 个目标位置中行程单向定位含正负号的最大误差值表示。其表 4 给出了定位精度允许误差值。液压上动式板料折弯机用可调行程液压缸行程单向（超程）定位允差应符合表 3-17 的规定。

表 3-17 可调行程液压缸行程单向（超程）定位允差

公称力/kN	可折最大宽度/mm	公称压力/MPa	缸内径/mm	最大行程/mm	行程调节量/mm	允差/mm
250	1600	28或25	90、80	100	80	±0.05
400	2000、2500		110、100	100	80	±0.06
630	2000、2500、3200		140、125	100	100	±0.07
1000	2500、3200、4000		180、160	100	100	±0.08
1600	3200、4000、5000		220、200	150	125	±0.08
2500	3200、4000、5000、6300		280、250	200	160	±0.09
4000	4000、5000、6300		360、320	280	160	±0.09
6300	5000、6300、8000		450、400	280	160	±0.10
8000	5000、6300、8000		500、450	320	200	±0.10
10000	6300、8000、10000		550、500	400	250	±0.10

根据 GB/T 14349—2011《板料折弯机　精度》4.1.2.2.1 条的检测方法，在目标参考点（缸进程极限死点）处百分表、千分表对零（可压缩值为最大）。对其他目标位置（点）进行行程单向重复定位精度检验，并按照活塞（杆）从缸回程死点以检验工作速度、相同规定压力 n 次单向趋近一个相同目标位置（缸进程死点）的准确程度，用 m 个目标位置的 n 次间行程单向重复定位最大相对误差的绝对值表示。液压上动式板料折弯机用可调行程液压缸行程单向重复定位允差应符合表 3-18 的规定。

表 3-18 可调行程液压缸行程单向重复定位允差

公称力/kN	可折最大宽度/mm	公称压力/MPa	缸内径/mm	最大行程/mm	行程调节量/mm	允差/mm
250	1600	28或25	90、80	100	80	0.05
400	2000、2500		110、100	100	80	0.06
630	2000、2500、3200		140、125	100	100	0.07
1000	2500、3200、4000		180、160	100	100	0.08
1600	3200、4000、5000		220、200	150	125	0.08
2500	3200、4000、5000、6300		280、250	200	160	0.09
4000	4000、5000、6300		360、320	280	160	0.09
6300	5000、6300、8000		450、400	280	160	0.10
8000	5000、6300、8000		500、450	320	200	0.10
10000	6300、8000、10000		550、500	400	250	0.10

注：因千分表量程短，所以需要多次移动，但必须针对可动件上一个固定点且平行测量。

(3) 行程单向定位和行程单向重复定位精度的检验方法

液压上动式板料折弯机用可调行程液压缸的检验一般应在满足以下条件后进行：

a. 应在试运行后进行并符合 GB/T 15622—2005 中 6.1 条的要求。

b. 应在满负荷试验后进行并符合 JB/T 2257.1—2014 中 4.6 条的要求。

c. 可在耐压试验后进行并符合 JB/T 10205—2010 中 6.2.7 条的要求。

d. 应在最大行程检验后进行。

e. 应在可调行程行程调节量检验后进行。

f. 必须遵守上文所列 8 个条件。

g. 检验时液压缸安装应与在主机上安装（含定位）相同。

h. 检验用器具和装置应在检验前需进行精度校准。

① 目标位置的确定。

a. 目标参考点的确定。根据被检液压缸的基本参数和结构参数及计算，通过调节行程调节装置输入角确定缸最小行程位置，确定可动件（活塞杆）上一个点作为检测点并按结构参数检验缸进程位置；输入最大行程调节装置输入角$+\alpha_{max}$后再次检验缸进程位置，两次缸进程位置之差即为行程调节量。

最大行程调节装置输入角$+\alpha_{max}$所对应的缸进程位置即为此被检液压缸的缸进程极限死点，亦即目标参考点；同时规定了向目标位置趋近方向。

被检缸不少于5次以检验工作速度向此目标参考点趋近，并在公称压力的30%的压力情况下检验。

被检缸不少于5次以检验工作速度向此目标参考点趋近，并在公称压力的90%的压力情况下检验。

以最后一次趋近目标位置对长度指示器对零，此时长度指示器压缩量最大。

b. $m \geqslant 5$个目标位置的确定。被检缸处于缸回程极限死点，调节行程调节装置输入角$-\alpha_{max}$后给定一个$+\alpha_i$（$i=1 \sim m \geqslant 5$）即确定一个目标位置，该目标位置是对应$+\alpha_i$的一个特定位置，要求m个目标位置间隔不同且尽量分布于全行程调节量间。

c. 在确定下一个目标位置P_{i+1}时，必须先调节行程调节装置输入角$-\alpha_i$，再给定一个$+\alpha_i+1$，即必须完成超程定位。

d. 目标位置是一个理想位置，是根据被检液压缸的结构参数计算出来的；现将目标参考点确定为对零位置，其他目标位置都是以此为基准点的计算结果。

现举一例加以说明：

行程调节装置的减速比为40∶1，撞块调节螺距为4mm，行程调节量为100mm，

则：$+\alpha_{max}=1000 \times 360°$，在行程调节装置输入角为$1000 \times 360°$时指示器对零。

调节行程调节装置输入角$-\alpha_{max}$后给定一个$+\alpha_i$，假设$\alpha_i=500 \times 360°$，则此目标位置即为50mm，指示器显示应为−50mm左右（此为实测值）。

e. 目标位置检验器具的选定。如果采用指示表作为长度检验器具，那么目标位置间隔就不能超过10mm或5mm。因为指示表分度值为0.01mm，量程为0～100mm，最大允许误差（全量程）为±50μm，已经不符合GB/T 10923—2000中“这些工（器）具在实际测量工作中的测量误差应小于或等于被检对象的公差带的10%”的规定。所以只有选用分度值为0.002mm，量程为0～10mm，最大允许误差（全量程）为±12μm或分度值为0.001mm，量程为0～5mm，最大允许误差（全量程）为±9μm的指示表。

② 行程单向定位精度的检验方法。活塞（杆）从缸回程死点以检验工作速度、相同规定压力单向趋近P_i（$i=1 \sim m \geqslant 5$）目标位置（缸进程死点）的准确程度，用m个目标位置中行程单向定位含正负号的最大误差值表示。

a. 每次检验时缸进程起始点皆为缸回程死点。

b. 必须以检验工作速度向目标位置趋近。

c. 分别按无负载工况和加载工况检验。

d. 在无负载工况和加载工况检验时分别规定了两个规定压力。

e. 行程定位的误差值是可动件上一个定点每次趋近目标位置时所产生的误差值，用实测值减去目标值所得到的结果表示此次趋近的误差值；在对此目标位置的n次趋近中选取一个最大误差值，并保留其正负号，做为此目标位置的定位误差值；在m个目标位置的实测中可以得到m个目标位置的最大误差值，从中再选取一个最大者，作为此被检液压缸的行程单向定位误差值。此误差值不应超出允差值。

这样一台被检缸的行程单向定位精度至少要经过 5×5 次检验后，才能检验、计算出来。

f. 需要说明的是，此检测、计算严于相关标准。

GB/T 10923—2000 中 3.1.4 条规定："应重复数次的检验，取测量数值的平均值为检验结果。"

GB/T 17421.2—2000 中也有"某一位置的单向平均位置偏差"的定义及计算。

③ 行程单向重复定位精度的检验方法。活塞（杆）从缸回程死点以检验工作速度、相同规定压力 n 次单向趋近一个相同目标位置（缸进程死点）P_{ij} （$i=1\sim m\geqslant5$，$j=1\sim n\geqslant5$）的准确程度，用 m 个目标位置的 n 次间行程单向重复定位最大相对误差的绝对值表示。

行程单向重复定位精度的检验方法与上述检验方法相同，只是计算方法不同。

不同点在于：对某一目标位置的 n 次趋近实测值间进行比较（相减计算），选取其中误差值最大者即为此目标位置的行程单向重复定位误差值；对 m 个目标位置进行检测、计算，选取其中误差值最大者，即为此被检液压缸的行程单向重复定位误差值，此误差值不应超出允差值。

需要说明的是：行程单向重复定位精度的检验是可动件各次趋近目标位置实测值间比较的结果，减数和被减数皆为计算时选取，随计算时选取不同，计算结果既可能为正，也可能为负，所以只能采用其绝对值表示，其内涵在于只是给出了一个允许变动的范围。

在 GB/T 10923—2000 中的 3.2.2.2.1.1 条规定："重复定位公差限制了在同一或相反方向上重复趋近目标时各次偏差不超过的范围。"

尺寸公差（公差）是最大极限尺寸减去最小极限尺寸之差，或上偏差减去下偏差之差，它是允许尺寸的变动量，尺寸公差是一个没有符号的绝对值。

而另一定义也佐证了采用上述表示方法的正确性，在 GB/T 10923—2000 中的 3.2.2.2.1 条规定："定位公差是限制运动部件上一个点在移动后的实际位置偏离其要达到的位置的允许偏差。"

第4章 液压缸产品设计

本章所涉及的液压缸，全部是作者近10年来设计、审核、制造、安装、使用、试验、验收和维修过的液压缸。原图样全部为液压缸产品图样，现在只是根据相关要求进行了必要的删减。

因时间跨度较大，加之作者对液压缸设计与制造技术的认知、理解的变化，标准的更新，技术的进步，设计与制造水平的提高以及经验的积累和总结，以现在的眼光审视这些图样，并非都尽善尽美。但作者设计、制造过的液压缸的实际使用寿命都已经过实机验证了。

本章只选取了一些常见的、有代表性的液压缸图样，对一些只由专业制造商生产的产品没有选取，如作者制造过的汽车全液压转向器、煤矿用液压支架等。

本书不涉及活塞及活塞杆进行螺旋运动的所谓液压缸或液压装置。

本章重点在于描述液压缸结构设计特点，所有图样中的密封件都进行了简化处理，同时删除了铭牌、标志等。

4.1 液压机用液压缸

4.1.1 8000kN塑料制品液压机主缸

8000kN塑料制品液压机主缸如图4-1所示。

(1) 基本参数与使用工况

此液压缸为作者设计、制造的8000kN塑料制品液压机上主缸。

该液压缸为双作用液压缸，公称压力为25MPa，缸径为400mm，活塞杆外径为340mm，行程为1200mm。

该液压缸上（顶）置式安装，有杆端缸体凸台止口与机身安装孔配合定位，由安装圆螺母锁紧在上横梁上；活塞杆端连接法兰与滑块连接。液压缸有快下（缸进程）和保压要求，但液压系统设有专门补压系统。该液压机室内安装、使用，但环境有一定的粉尘污染；一般为24h连续作业，液压系统设有自动控制油温装置。

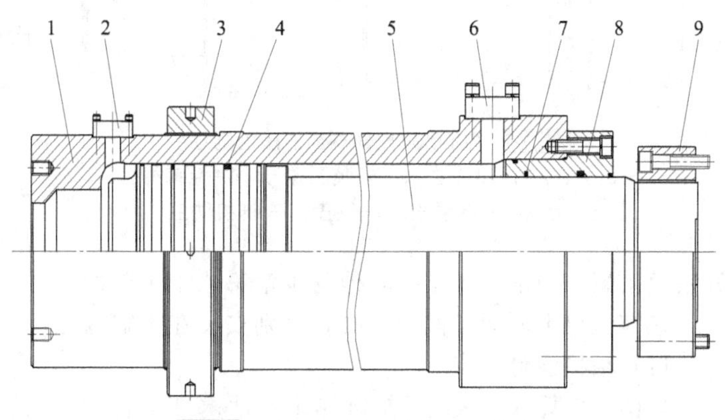

图4-1 8000kN塑料制品液压机主缸
1—缸体；2—无杆腔油口法兰；3—安装圆螺母；4—活塞密封系统；5—活塞杆（与活塞一体结构）；6—有杆腔油口法兰；7—活塞杆密封系统；8—缸盖；9—连接法兰

(2) 结构设计特点

如图4-1所示，该液压缸缸体1和活塞杆5皆为45钢锻件，经粗加工后调质处理。活塞与活塞杆为一体结构，活塞杆 5 为实心杆。缸底上直接安装充液阀，用于滑块快下时充液控制。活塞密封系统 4 为支承环Ⅰ（PTEF）＋支承环Ⅱ＋支承环Ⅱ＋同轴密封件＋支承环Ⅱ＋唇形密封圈＋支承环Ⅱ＋支承环Ⅰ（PTEF），最大可能地保证了支承和导向，并可防污染、耐冲击和减小沉降。

缸盖 8（与导向套一体结构）材料原设计为灰口铸铁，后改为球墨铸铁。缸盖 8 与缸体 1 法兰连接，螺钉紧固。活塞杆密封系统 7 为同轴密封件＋唇形密封圈＋防尘密封圈，缸盖内孔与活塞杆外径配合支承、导向；缸盖 8 与缸体 1 间由 O 形圈＋挡圈密封。

连接法兰 9 与活塞杆 5 螺纹连接，与滑块由螺钉连接、紧固。液压缸的两油口皆为法兰（2 和 6）连接，其中两油口流道孔直径设计尤为合理。

该液压缸强度、刚度足够，安装、连接可靠，活塞和活塞杆的导向、支承能力强，可抗一定的偏载。

该液压缸设计要求不能在活塞与缸盖接触情况下（即缸进程极限死点或最大缸行程处）做耐压试验，亦即不能在行程>1200mm 的情况下试验和使用，也不能用缸盖做实际限位器使用。

因两腔面积比较大（$\phi=3.6$），液压系统在液压缸有杆腔设置了安全阀，防止由于活塞面积差引起的增压超过额定压力极限。

注：图样的设计行程为 1230mm。

4.1.2 8000kN 塑料制品液压机侧缸

8000kN 塑料制品液压机侧缸如图 4-2 所示。

(1) 基本参数与使用工况

此液压缸为笔者设计、制造的 8000kN 塑料制品液压机上侧缸。

该液压缸为单作用柱塞缸，公称压力为 25MPa，活塞杆外径为 360mm，行程为 1200mm。

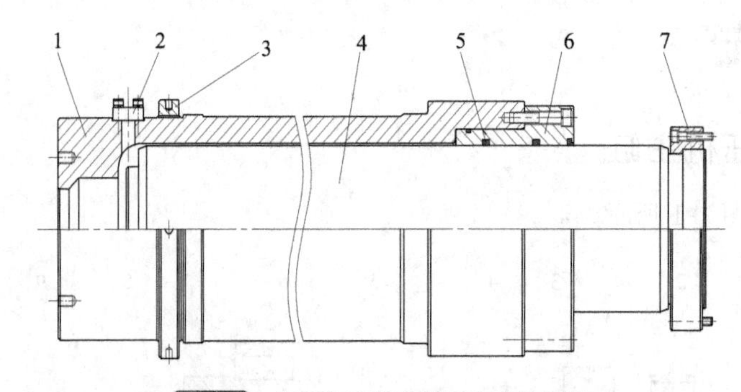

图 4-2 8000kN 塑料制品液压机侧缸
1—缸体；2—油口法兰；3—安装圆螺母；4—活塞杆；5—活塞杆密封系统；6—缸盖；7—连接法兰

该液压缸上（顶）置式安装，缸头端缸体凸台止口与机身安装孔配合定位，由安装圆螺母锁紧在上横梁上；活塞杆端带凸缘，通过对开法兰由螺钉与滑块连接。其他与本章第 4.1.1 节同。

该液压机上配置了两台侧缸，分别安装在主缸两侧。

(2) 结构设计特点

如图 4-2 所示，该液压缸缸体 1 和活塞杆 4 皆为 45 钢锻件，经粗加工后调质处理；活塞杆 4 为实心杆。缸底上直接安装充液阀，用于滑块快下时充液控制。

缸盖 6 材料为灰口铸铁。缸盖 6 与缸体 1 法兰连接，螺钉紧固。活塞杆密封系统 5 为同轴密封件＋唇形密封圈＋防尘密封圈，缸盖 6 内孔与活塞杆 4 外径配合支承、导向；缸盖 6 与缸体 1 间由 O 形圈＋挡圈密封。

活塞杆 4 端连接法兰 7 与活塞杆 4 螺纹连接，与滑块由螺钉连接、紧固。

该液压缸强度、刚度足够，安装、连接可靠。

该液压缸不能超程使用，也不能在没有加载缸或加载装置对其缸行程限位的情况下做耐压试验等，以避免活塞杆射出以及可能造成的其他危险。

注：1. 图样的设计行程为 1300mm。

2. “主缸”和“侧缸”两术语见于 JB/T 4174—2014《液压机　名词术语》。

4.1.3 一种液压机用液压缸

一种液压机用液压缸如图 4-3 所示。

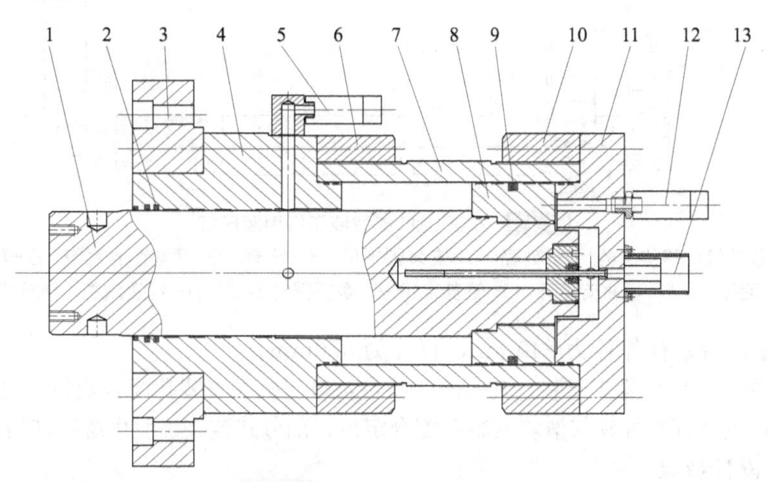

图 4-3 一种液压机用液压缸

1—活塞杆；2—活塞杆密封系统；3—缸头法兰；4—缸头；5—有杆腔接头；6—缸头螺纹法兰；7—缸筒；8—活塞；9—活塞密封系统；10—缸底螺纹法兰；11—缸底；12—无杆腔接头；13—磁致伸缩位移传感器

(1) 基本参数与使用工况

该液压缸为一种专用液压机用液压缸，该液压缸为双作用液压缸，公称压力为 25MPa，缸径为 320mm，活塞杆外径为 220mm，行程为 200mm。

该液压缸为上（顶）置式安装，缸头法兰凸台止口与机身安装孔配合定位、由螺钉紧固在上横梁上；活塞杆端外圆与滑块安装孔配合定位，端部螺钉紧固。

(2) 结构设计特点

如图 4-3 所示，该液压缸的自制金属机械加工件皆为 45 钢制造。缸头 4 和缸底 11 皆采用（螺纹）法兰连接。缸筒 7 可采用标准规定的成品缸筒，变形小，加工简单、容易，且强度和刚度有一定的保障。活塞密封系统 9 为支承环＋支承环＋同轴密封件＋支承环＋支承环，且支承环全部选用填充 PTFE；活塞杆密封系统 2 为支承环＋支承环＋支承环＋支承环＋同轴密封件Ⅰ＋同轴密封Ⅱ＋防尘密封圈，上述设计尽量加大了对活塞 8 及活塞杆 1 的导向和支承，同时，活塞杆密封 9 也有可能达到“零泄漏”。这种密封系统设计还有另一优点，就是此液压缸的动态特性较好。

所有静密封皆采用了 O 形圈＋挡圈密封，且是“冗余设计”。

该液压缸安装了磁致伸缩位移传感器 13，可以精确测量和显示缸行程位置和/或速度，进一步可以控制缸行程、速度以及方向。

两油口皆采用法兰连接再转接头，安全可靠。所有重要连接处皆有防松设计，以及两腔皆有排（放）气装置设计等。

如果该液压缸安装在伺服或比例（伺服比例）液压系统中，可作为伺服液压缸。

4.1.4 2000kN 成型液压机用液压缸

2000kN 成型液压机用液压缸如图 4-4 所示。

(1) 基本参数与使用工况

该液压缸为一种成型液压机用液压缸，该液压缸为双作用液压缸，公称压力为 21MPa，

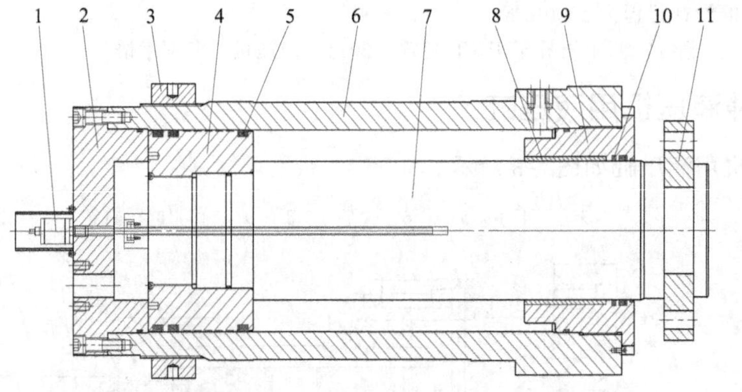

图 4-4　2000kN 成型液压机用液压缸

1—磁致伸缩位移传感器；2—缸底；3—安装圆螺母；4—活塞；5—活塞密封系统；6—缸筒；7—活塞杆；8—金属支承环；9—缸盖；10—活塞杆密封系统；11—连接法兰（剖分式）

缸径为 350mm，活塞杆外径为 240mm，行程为 550mm。

该液压缸为上（顶）置式安装，缸头法兰凸台止口与机身安装孔配合定位、由安装圆螺母锁紧在上横梁上；活塞杆端外圆与滑块安装孔配合定位，剖分式连接法兰由螺钉与滑块连接紧固。

（2）结构设计特点

如图 4-4 所示，该液压缸的缸筒 6、缸底 2、缸盖 9、活塞 4 和活塞杆 7 等皆为 45 钢制造，其中缸盖 9 嵌装了锡青铜支承环 8。缸筒 6 与缸底 2 法兰连接，与缸盖 9 螺纹连接；活塞 4 与活塞杆 7 螺纹连接，且都有防松设计。活塞密封系统 5 为唇形密封圈＋挡圈＋唇形密封圈＋挡圈＋支承环＋支承环＋支承环＋支承环＋支承环＋挡圈＋唇形密封件，活塞杆密封系统 10 为金属支承环＋同轴密封件＋唇形密封圈＋挡圈＋防尘密封圈，所有静密封为 O 形圈＋挡圈。

缸盖 9 内孔嵌装的金属支承环 8 的支承和导向作用更强。活塞密封系统 5 的“冗余设计”可能提高使用寿命，尤其所有的密封圈皆加装了挡圈，可进一步提高液压缸的耐压能力。

安装了磁致伸缩位移传感器 1 后，可以精确检测和显示液压缸行程位置和/或速度，进一步可以控制缸行程、速度以及方向。

活塞杆端外圆与滑块安装孔配合定位，由剖分式连接法兰 11 通过螺钉与滑块连接紧固。

两油口皆为法兰连接、安全可靠。

4.1.5　6000kN 公称拉力的液压缸

6000kN 公称拉力的液压缸如图 4-5 所示。

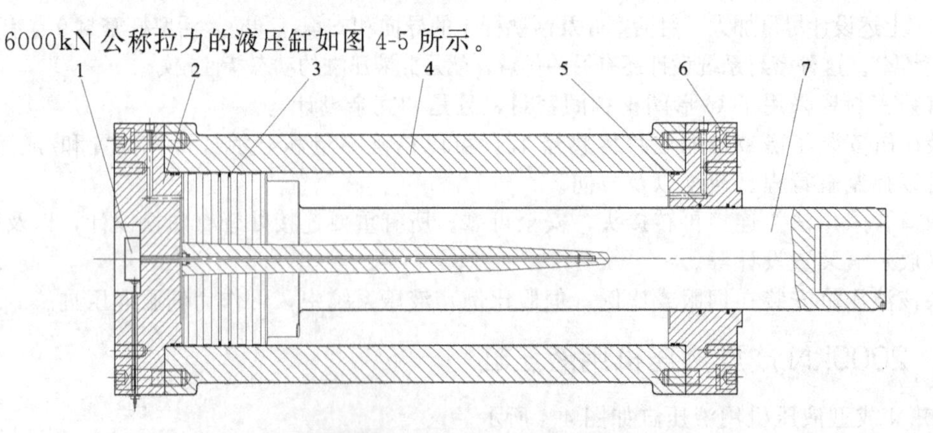

图 4-5　6000kN 公称拉力的液压缸

1—磁致伸缩位移传感器；2—缸底；3—活塞密封系统；4—缸筒；5—活塞杆密封系统；6—缸盖；7—活塞杆（与活塞焊接一体）

(1) 基本参数与使用工况

该液压缸是一种公称拉力为 6000kN 的重型液压缸。公称压力为 28MPa，缸径为 600mm，活塞杆外径为 280mm，行程为 800mm。

圆形前盖式安装，活塞杆内螺纹连接。

(2) 结构设计特点

如图 4-5 所示，该液压缸的缸筒 4 和缸盖 6 为 45 钢制造，活塞杆 7 和缸底 2 为 30CrMnSiA 制造。采用 30CrMnSiA 制造活塞与活塞杆焊接一体结构部件，可以兼顾其焊接性能、机械性能。

活塞密封系统 3 为支承环＋支承环＋同轴密封件＋同轴密封件＋支承环＋支承环；活塞杆密封系统 5 为支承环＋支承环＋同轴密封件＋支承环＋支承环＋同轴密封件＋防尘密封圈，所有静密封皆为 O 形圈＋挡圈。在上述密封系统中，全部采用“冗余设计”，即双道同轴密封件密封，包括静密封也采用了双道 O 形圈＋挡圈。

安装了磁致伸缩位移传感器 1 后，可以精确检测和显示液压缸行程位置和/或速度，进一步可以控制缸行程、速度以及方向。

两油口为螺纹油口，采用组合密封垫圈密封。

液压缸还设有吊装环。

4.1.6 1.0MN 平板硫化机修复用液压缸

1.0MN 平板硫化机修复用液压缸如图 4-6 所示。

(1) 基本参数与使用工况

原 1.0MN 平板硫化（液压）机的液压缸缸体与下横梁为一体铸造结构，因缸体泄漏，在橡胶密封件制造商自行采取了各种堵漏措施失败后，由作者提出了套装液压缸的修复方案并被采纳，为此设计、制造了一套柱塞式液压缸。

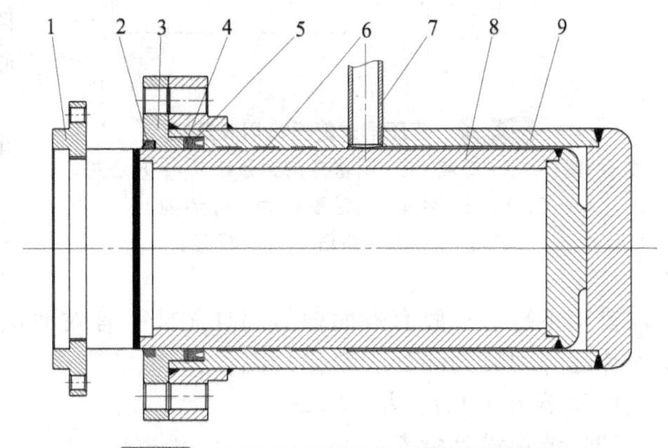

图 4-6 1.0MN 平板硫化机修复用液压缸

1—连接法兰（剖分式）；2—防尘密封圈；3—缸盖；4—挡圈；5—Y 形圈；6—支承环；7—直通锥端接头；8—活塞杆；9—缸筒

液压缸的公称压力为 16MPa，活塞杆外径为 250mm，行程 280mm。

液压缸垂直安装；缸回程靠自重压回，即为重力作用单作用缸；液压缸需保压，但液压系统有自动补压设计；工作时间为两班工作制；加热板与滑块（液压缸）间有隔热板，室内安装且环境温度较高。

(2) 结构设计特点

如图 4-6 所示，该液压缸为重力作用单作用缸，缸筒 9 和活塞杆 8 皆为焊接式，且活塞杆（外）连接端预留有焊接通气孔（图中未示出）。缸盖 3 连接螺钉穿过缸盖 3 和缸筒 9 法兰孔，与下横梁螺纹拧紧，组成缸体。活塞杆 8 自身无限位，因此要求限定液压缸行程，否则，活塞杆有射出危险。

因缸筒 9 和活塞杆 8 皆为钢制造，无法按原导向结构，现改为支承环 6 导向、支承；密封型式未变，只是规格变小，仍采用 Y 形圈和单唇防尘密封圈。

活塞杆端带凸缘，活塞杆连接法兰 1 仍采用原剖分式（对开）法兰，即整体加工后剖分为两半，通过对开法兰由螺钉与滑块连接紧固。

油口采用60°锥螺纹，主要是液压缸需安装在原液压缸缸径内，无法再采用其他油口形式连接。

与原结构比较，修复后的平板硫化机公称力减小了0.2MN，滑块行程减小了70mm，但可用于正常两班制生产作业，至今这台机器还在使用。

4.2 液压剪板机、板料折弯机用液压缸

4.2.1 液压闸式剪板机用液压缸

液压闸式剪板机用液压缸如图4-7所示。

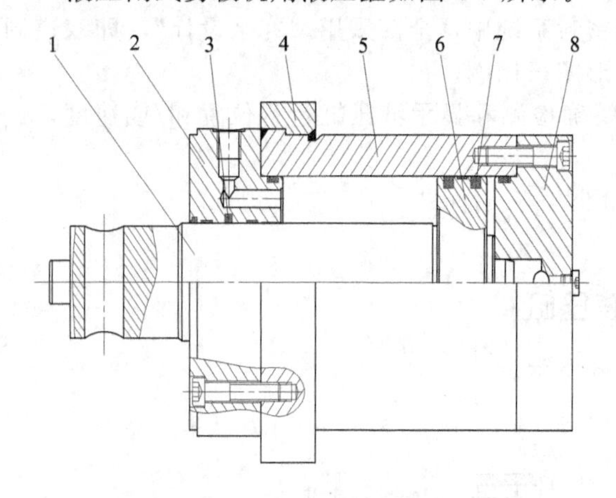

图4-7 液压闸式剪板机用液压缸

1—活塞杆；2—缸盖；3—活塞杆密封系统；4—方法兰；5—缸体；6—活塞（与活塞杆为一体结构）；7—活塞密封（系统）；8—缸底

(1) 基本参数与使用工况

该液压闸式剪板机主缸为双作用液压缸，公称压力为25MPa，缸径为180mm，活塞杆外径为100mm，行程为200mm。其副缸同为双作用液压缸，公称压力为25MPa，缸径为150mm（非标），活塞杆外径为100mm，行程为200mm。

该液压缸前端方法兰安装（安装孔图中未示出），活塞杆端部安装推力关节轴承，活塞杆端特殊柱销连接。

该液压缸适配于可剪板厚12mm、可剪板宽4000mm的液压闸式剪板机。

因需主、副缸串联组成同步回路，保证由主、副缸所带动的（上）刀架及刀片在运行时剪切角不变或尽量少变化，所以要求主缸有杆腔有效面积与副缸无杆腔有效面积相等或相近，否则剪切角在（上）刀架及刀片运行中将始终处于变化状态。

注：图样的设计行程为205mm。

(2) 结构设计特点

如图4-7所示，该液压缸的自制金属机械加工件皆为45钢制造，缸回程端设有缓冲装置。因固定缓冲装置无法调节，在工况发生较大变化时，该液压缸的缓冲效果（性能）可能不佳。

活塞杆密封系统3为支承环＋唇形密封圈＋支承环＋防尘密封圈；活塞密封（系统）6为唇形密封圈＋支承环＋唇形密封圈；所有静密封为O形圈＋挡圈。活塞密封中的两唇形密封圈为背靠背安装。

两油口为螺纹油口，采用组合密封垫圈密封。

4.2.2 液压摆式剪板机用液压缸

液压摆式剪板机用液压缸如图4-8所示。

(1) 基本参数与使用工况

该液压摆式剪板机用左缸为双作用液压缸，公称压力25MPa，缸径为250mm，活塞杆外径为120mm（非标），行程为270mm；右缸为活塞式单作用液压缸，公称压力为25MPa，

缸径为 220mm，活塞杆外径为 120mm（非标），行程为 270mm；回程缸为柱塞式气缸。

该液压缸侧面底板安装，活塞杆端部安装推力关节轴承，通过球头座顶在刀架上。

因需左、右缸串联组成同步回路，保证由左、右缸所带动的（上）刀架及刀片在运行时剪切角不变或尽量少变化，所以要求左缸有杆腔有效面积与右缸无杆腔有效面积相等或相近，否则剪切角在（上）刀架及刀片运行中将始终处于变化状态。

注：图样的设计行程为 275mm。

(2) 结构设计特点

如图 4-8 所示，该液压缸除底板 1 和支架 3 外，其他自制金属机械加工件皆为 45 钢制造。根据液压缸设计与制造的相关技术要求，缸体 5 宜采用 35 钢制造，焊接结构的一体活塞 7 在活塞与活塞杆焊接、粗加工后应进行调质处理，缸体 5 与底板 1 和支架 3 焊接后应采用热处理或其他降低应力的方法消除内应力，但实际产品一般都没有达到上述技术要求。

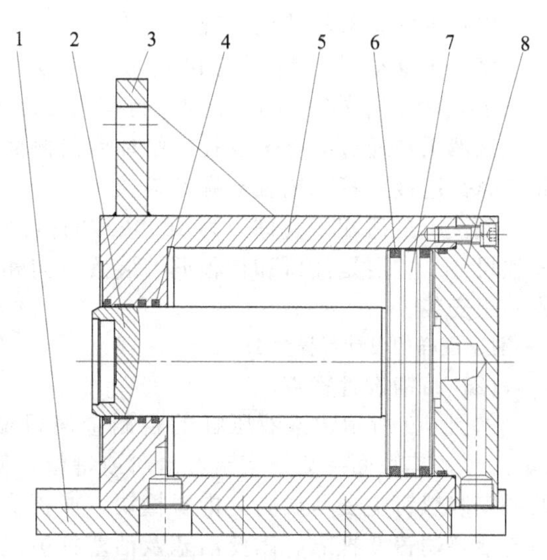

图 4-8 液压摆式剪板机用液压缸

1—底板；2—活塞杆；3—支架；4—活塞杆密封系统；5—缸体；6—活塞密封（系统）；7—活塞（与活塞杆为一体焊接结构）；8—缸底

该液压缸在缸回程端设有缓冲装置，因固定缓冲装置无法调节，在工况发生较大变化时，该液压缸的缓冲效果（性能）可能不佳。

活塞杆密封系统 4 为唇形密封圈＋唇形密封圈＋支承环＋防尘密封圈；活塞密封系统 6 为唇形密封圈＋支承环＋唇形密封圈；静密封为 O 形圈＋挡圈。活塞密封中的两件唇形密封圈为背靠背安装。

两油口为螺纹油口，采用组合密封垫圈密封。

4.2.3 液压上动式板料折弯机用液压缸

液压上动式板料折弯机用液压缸如图 4-9 所示。

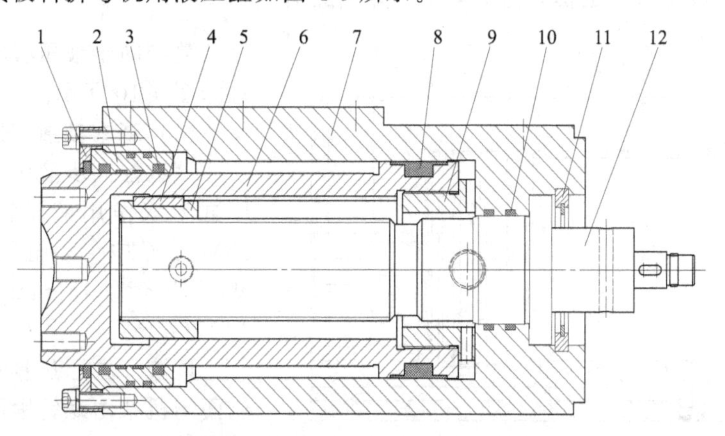

图 4-9 液压上动式板料折弯机用液压缸

1—缸盖；2—导向套；3—活塞杆密封系统；4—导向平键；5—撞块；6—活塞杆（同活塞为一体结构）；7—缸体；8—活塞密封（系统）；9—活塞端盖；10—旋转轴密封；11—定位卡块；12—梯形螺纹轴

(1) 基本参数与使用工况

该液压上动式板料折弯机用液压缸为双作用液压缸，公称压力为 25MPa，缸径为 180mm，活塞杆外径为 160mm，行程为 180mm。

该液压缸通过具有螺纹孔的缸体台阶侧面与机架定位并由螺钉紧固安装，活塞杆端垫球面垫螺钉连接或特殊销轴双螺钉连接。

该液压缸适配于公称力为 1000kN 的扭力轴同步液压上动式板料折弯机，且由除安装型式和尺寸（主要是油口和行程调节装置方向和位置）不同，其他基本参数相同的左、右缸组成一组安装。

注：图样的设计行程为 183mm。

(2) 结构设计特点

如图 4-9 所示，该液压缸的自制金属机械加工件皆为 45 钢制造。缸体 7 横截面为方（矩）形，其侧面一般设有定位台阶或键槽，使负载的反作用力作用在主机机体的安装板上，保证安装螺钉免受剪切力。内置撞块（或挡块）5 由梯形螺纹轴（或轴）12 调节，在缸进程中与活塞端盖 9 抵靠，因此活塞及活塞杆被定位（限位）。

尽管左、右缸的行程调节装置由一根行程调节装置输入轴控制，但主机的几何精度和工作精度很大程度上取决于单台液压缸的行程定位精度和行程重复定位精度。

活塞杆密封系统 3 为唇形密封圈＋支承环（2 道）＋唇形密封圈＋防尘密封圈，其中防尘圈沟槽设置在缸盖（压盖）1 上，其他密封圈沟槽设置在导向套 2 上；活塞密封（系统）8 为双向密封橡胶密封圈；静密封皆为 O 形圈＋挡圈。

活塞杆密封系统 3、静密封及旋转轴密封 10 皆采用了“冗余设计”。

两油口一般为螺纹油口，采用组合密封垫圈密封。

该液压缸一般不能在活塞与导向套接触情况下（即缸进程极限死点或最大缸行程处）做耐压试验，亦即不能在行程＞180mm 情况下试验和使用，也不能用导向套做实际限位器使用。

因两腔面积比较大（$\phi \approx 4.765$），液压系统在液压缸有杆腔应设置安全阀，防止由于活塞面积差引起的增压超过额定压力极限，但现在有的液压上动式板料折弯机却没有在液压缸有杆腔设置安全阀。

注：“压盖”见于 JB/T 2162—2007《冶金设备用液压缸（$PN \leqslant 16$MPa）》，但无定义。

4.2.4 数控同步液压板料折弯机用液压缸

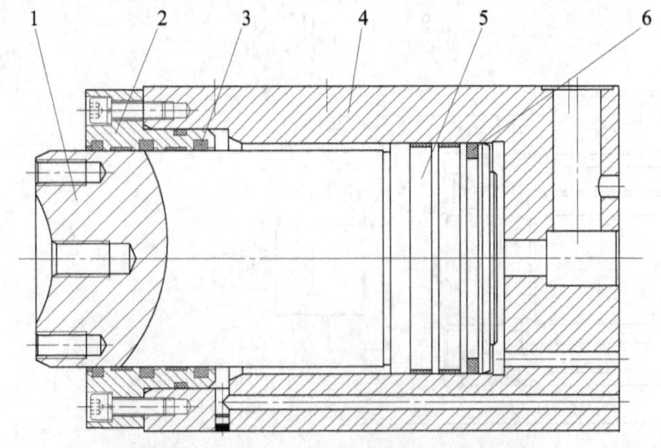

图 4-10 数控同步液压板料折弯机用液压缸

1—活塞杆；2—缸盖；3—活塞杆密封系统；4—缸体；5—活塞（与活塞杆为一体结构）；6—活塞密封（系统）

数控同步液压板料折弯机用液压缸如图 4-10 所示。

(1) 基本参数与使用工况

该数控同步液压板料折弯机用液压缸为双作用液压缸，公称压力为 28MPa（非标），缸径为 160mm，活塞杆外径为 150mm（非标），行程为 120mm。

该液压缸通过具有螺纹孔的缸体侧面与机架由螺钉紧固安装，活塞杆端垫球面垫螺钉连接或特殊销轴双螺钉连接。

该液压缸适配于公称力 1000kN

数控同步液压上动式板料折弯机。

注：图样的设计行程为125mm。

(2) 结构设计特点

如图4-10所示，该液压缸的自制金属机械加工件皆为45钢制造。其活塞杆密封系统3为唇形密封圈＋支承环＋＋唇形密封圈＋支承环＋防尘密封圈；活塞密封（系统）6为同轴密封件＋支承环（2道）；静密封为O形圈＋挡圈。活塞杆密封系统采用了“冗余设计”。

该液压缸有如下特点：

① 活塞杆密封系统3选用了唇形密封圈，而非一般数控液压缸所经常选用的同轴密封件。

② 在缸体4内设置了插装阀（充液阀）阀孔，在缸体4上设计了油路块（盖板）安装面。

③ 接油箱油口采用了法兰连接，但不可取。

④ 两腔面积比超大（$\phi=8.258$），缸回程速度可以更快。

因两腔面积比超大，该液压缸不能在活塞与缸盖接触情况下（即缸进程极限死点或最大缸行程处）做耐压试验，亦即不能在行程＞120mm的情况下试验和使用，也不能用缸盖做实际限位器使用。

注：1.28MPa不是GB/T 2346—2003《流体传动系统及元件　公称压力系列》中规定的压力值，但在其他液压缸产品标准中规定了此压力值。

2. JB/T 2257.2—1999《板料折弯机　型式与基本参数》规定的公称力为1000kN液压传动板料折弯机的滑块行程为100mm。

3. 图4-10中各配油孔（流道）位置为示意，非为产品实际图样。

4.3 机床和其他设备用液压缸

4.3.1 机床用拉杆式液压缸

机床用拉杆式液压缸如图4-11所示。

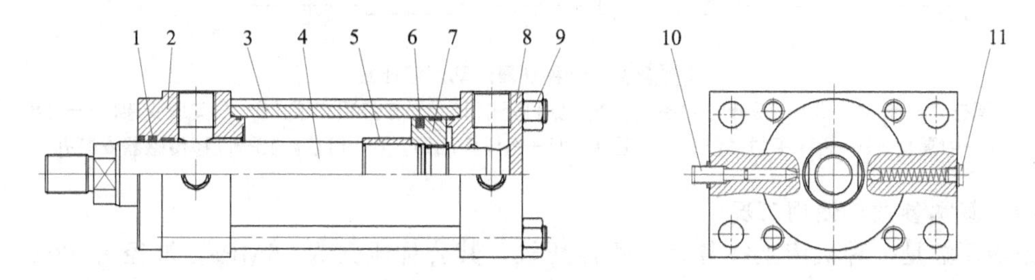

图4-11 机床用拉杆式液压缸

1—活塞杆密封；2—前缸盖（缸头）；3—缸筒；4—活塞杆；5—缓冲套；6—活塞密封；7—活塞；8—后缸盖（缸底）；9—拉杆组件；10—节流阀；11—单向阀

(1) 基本参数与使用工况

该液压缸是机床上使用的一种拉杆式双作用液压缸。其公称压力为8MPa，缸内径为80mm，活塞杆外径为45mm，行程为120mm。

此液压缸尽管是拉杆式液压缸，但其安装不是缸拉杆安装，而是前矩形法兰安装。在其前缸盖（缸头）前端有凸台止口，与机床上孔配合定位，由螺钉紧固在机床上。

该液压缸活塞杆外螺纹连接。

(2) 结构设计特点

如图 4-11 所示，该液压缸为轻型拉杆式液压缸。该液压缸缸筒 3 为 20 钢制造，其他自制金属机械加工件为 45 钢制造；缸行程两端皆设有缓冲装置，且为固定式缓冲装置和缓冲阀缓冲装置的组合，其缓冲性能可通过节流阀 10 调节，单向阀 11 用于防止缸启动时不动、迟动、突然窜动及可能产生的异响等，此为缓冲阀缓冲装置的常见设计。

该缓冲装置只有在缓冲套 5 或缓冲柱塞（与活塞杆为一体）进入缓冲腔时，缓冲才能起作用，且在进入过程中其本身就具有一定的缓冲作用。

活塞密封（系统）6 为支承环＋同轴密封件；活塞杆密封（系统）1 为支承环＋唇形密封圈＋防尘密封圈；所有静密封为 O 形圈密封。

活塞 7 与活塞杆 4 螺纹连接，且采用孔用弹性挡圈防松。拉杆组件也应采用适当的防松措施（图中未示出）。

两油口为螺纹油口，采用组合密封垫圈密封。也有采用其他非细牙普通螺纹（M）油口的。

需要说明的是，在活塞与活塞杆连接结构中，尽管很多参考文献介绍或推荐采用孔用弹性挡圈，但根据作者实践经验，（孔用）弹性挡圈用于对螺纹连接进行防松或缸零件止动（定位）既不一定合理，也不一定可靠，应尽量少采用，因为笔者多次见过、处理过因这种结构的弹性挡圈脱出、破碎而造成液压缸损坏甚至报废的事故。

4.3.2 一种往复运动用液压缸

一种往复运动用液压缸如图 4-12 所示。

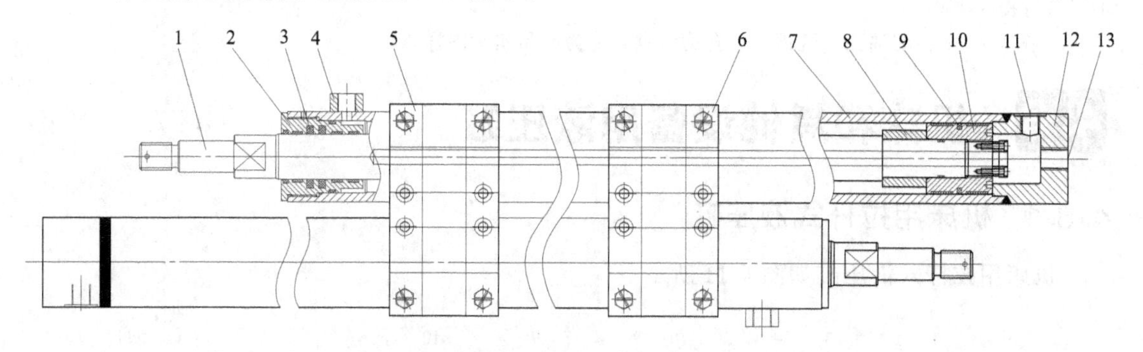

图 4-12 一种往复运动用液压缸

1—活塞杆；2—缸盖；3—活塞杆密封系统；4—有杆腔油口；5—左安装支架；6—右安装支架；7—缸筒；8—中隔套；9—活塞密封系统；10—活塞；11—无杆腔油口；12—缸底；13—位移传感器安装孔

(1) 基本参数与使用工况

该液压缸是一种机床上往复运动用液压缸。其公称压力为 16MPa，缸径为 63mm，活塞杆外径为 40mm，行程为 1100mm。

用于驱动滑台往复运动的这种装置为两台液压缸组合，其基本符合作者给出的术语“组合式液压缸”的定义，即两台液压缸集合在一起作为一个总成的液压缸。

通过左、右安装支架组合的这种组合式液压缸，其左、右安装支架用于安装滑台，左、右活塞杆螺纹连接，且活塞杆螺纹为带肩外螺纹，其肩为配合台肩。

(2) 结构设计特点

如图 4-12 所示，该液压缸除缸筒 7 和缸底 12 外，其他自制金属机械加工件皆为 45 钢制造。其活塞杆密封系统 3 为支承环＋支承环＋同轴密封件＋同轴密封件＋支承环＋防尘密封圈；活塞密封系统 9 为支承环＋同轴密封件＋支承环；所有静密封为 O 形圈＋挡圈（包括两个挡圈）。

该液压缸及组合有如下特点：

① 具有中隔套 8 设计，增大了支承长度，使液压缸更加抗弯曲、抗偏载，同时提高了导向能力。

② 活塞密封圈和活塞杆密封圈皆采用滑环式组合密封，提高了动态性能，使其动态响应速度更快。

③ 内置安装磁致伸缩位移传感器（由用户自行安装）后，可以精确检测和显示液压缸行程位置和/或速度，进一步可以控制缸行程、速度以及方向。

④ 两台液压缸组合后，可以获得往复速度一致，且推力较大的一台滑台驱动装置。

两油口 4 和 11 皆为螺纹油口，但油口 4 不能直接在缸筒 7 上加工出来，而必须有一段接管，即有油口凸起高度，此种结构也是液压缸油口比较典型的型式。

另外，磁致伸缩位移传感器的外露部分应采取适当的防护措施，如加装防护罩等，防止水、乳化液和其他污染物侵入。

注："油口凸起高度尺寸"见于 GB/T 9094—2006《液压缸气缸安装尺寸和安装型式代号》。

4.3.3 90°回转头用制动缸

90°回转头用制动缸如图 4-13 所示。

(1) 基本参数与使用工况

该液压缸是一种工艺装备上使用的液压缸，用于 90°回转头制动。其公称压力为 16MPa，缸径为 100mm，活塞杆外径为 60mm（非标），行程为 25mm，属于一种较短行程的液压缸。

液压缸缸体为长方体，螺钉通过预制在缸体上的螺栓通孔与安装板螺纹孔紧固安装，活塞杆端带柱销孔，通过销轴连接被驱动件。

使用液压油或性能相当的矿物油作为工作介质，工作介质温度为－10～＋80℃。

(2) 结构设计特点

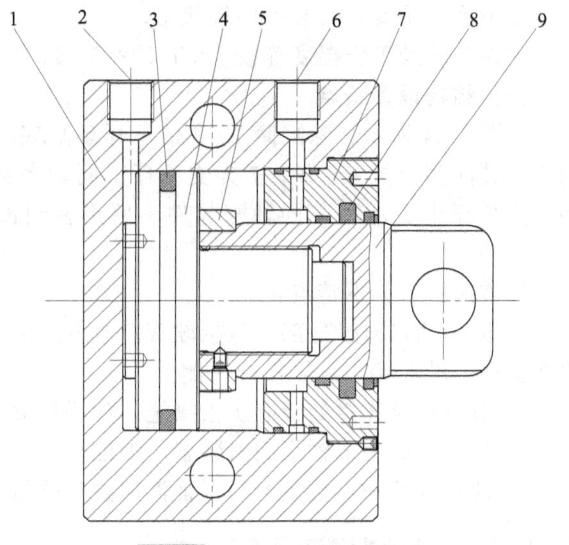

图 4-13 90°回转头用制动缸

1—缸体；2—无杆腔油口；3—活塞密封；4—活塞；5—缓冲套；6—有杆腔油口；7—缸盖；8—活塞杆密封系统；9—活塞杆

如图 4-13 所示，除活塞 4 为球墨铸铁制造外，其他自制金属机械加工件为 45 钢制造。活塞密封 3 采用同轴密封件；活塞杆密封系统 8 为支承环＋同轴密封件＋防尘密封圈，之所以活塞和活塞杆皆采用滑环式组合密封，也是为了提高其动态性能，使其动态响应速度更快。

该液压缸在缸进程端有固定式缓冲设计，以期望在缓冲套 5 进入缓冲腔后，缸进程速度能减速，活塞 4 与缸盖 7 接触时不至于产生异响和超出用户要求的碰撞。

此液压缸作为制动缸使用，其缓冲减速非常有意义。

两油口 2、6 皆为螺纹油口，使用组合密封垫圈密封。

4.3.4 一种设备倾斜用液压缸

一种设备倾斜用液压缸如图 4-14 所示。

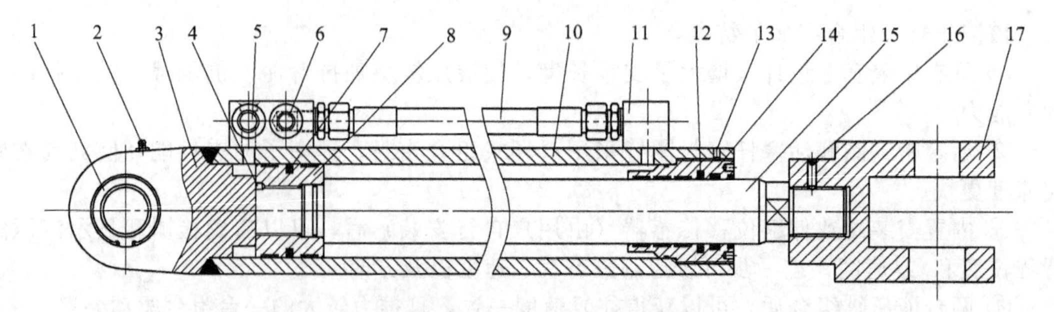

图 4-14 一种设备倾斜用液压缸

1—向心关节轴承；2—油杯；3—带单耳环缸底；4—紧定螺钉Ⅰ；5—无杆腔油口；6—有杆腔油口；7—活塞密封（系统）；8—活塞；9—软管总成；10—缸筒；11—有杆腔油口法兰接头；12—活塞杆密封系统；13—紧定螺钉Ⅱ；14—缸盖；15—活塞杆；16—紧定螺钉Ⅲ；17—活塞杆用双耳环

(1) 基本参数与使用工况

该液压缸是一种驱动设备上部件倾斜用的液压缸，一些工程机械上的倾斜油缸与之类似。其公称压力为16MPa，缸径为80mm，活塞杆外径为55mm（非标），行程为550mm。

该液压缸缸底和活塞杆端分别设计了单耳环和双耳环，通过销轴安装和连接在设备上，但现在图示不是实际安装和连接状态。

工作介质及工作温度等按 JB/T 10205—2010《液压缸》中的相关规定。

(2) 结构设计特点

如图 4-14 所示，除缸筒 10 和带单耳环缸底 3 外，其他自制金属机械加工件皆为 45 钢制造。其活塞密封（系统）7 为支承环＋同轴密封件＋支承环；活塞杆密封系统 12 为支承环＋支承环＋支承环＋同轴密封件＋唇形密封圈＋防尘密封件；所有静密封皆为 O 形圈密封。

该液压缸有如下特点：

① 因两油口通过外部（包括软管总成 9、有杆腔油口法兰接头 11 等）转接，可以使管路在缸底一端连接，且可任选一侧。

② 所有螺纹连接处皆有防松措施，如采用紧定螺钉Ⅰ、Ⅱ、Ⅲ等紧定。

③ 设有向心关节轴承润滑装置，如油杯 2。

④ 此种安装和连接更容易保证液压缸免受偏载作用。

4.3.5 一种穿梭液压缸

一种穿梭液压缸如图 4-15 所示。

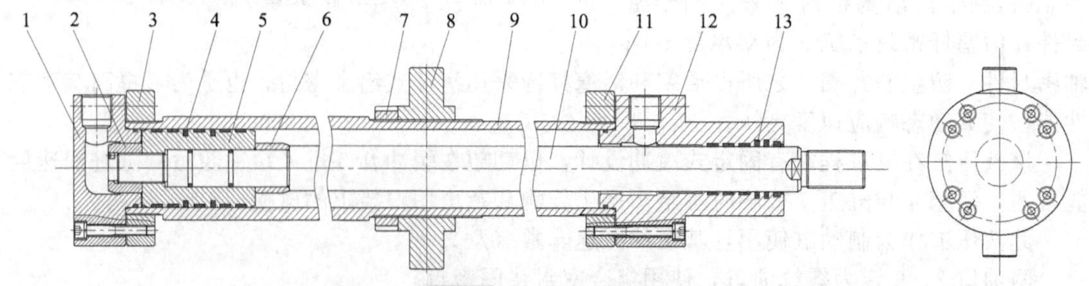

图 4-15 一种穿梭液压缸

1—缸底；2—带螺纹的缓冲柱塞（套）；3—带螺纹法兰Ⅰ；4—活塞密封系统；5—活塞；6—缓冲柱塞（套）；7—圆螺母；8—中间可调节耳轴；9—缸筒；10—活塞杆；11—带螺纹法兰Ⅱ；12—缸头；13—活塞杆密封系统

(1) 基本参数与使用工况

该液压缸是一种设备上的穿梭液压缸。其公称压力为21MPa，缸径为63mm，活塞杆外径为36mm，行程为1450mm。

中部可调节中耳轴安装，活塞杆外螺纹连接。

(2) 结构设计特点

如图4-15所示，所有自制金属机械加工件皆为45钢制造。带螺纹法兰Ⅰ3、带螺纹法兰Ⅱ11分别与缸筒9螺纹连接，缸底1和缸头12分别与其通过螺钉紧固。行程两端皆有固定式缓冲装置设计，当带螺纹缓冲柱塞（套）2或缓冲柱塞（套）6进入各自缓冲腔时，缸回程或缸进程开始缓冲。中间可调节耳轴8与缸体螺纹安装，位置可调，调整后采用圆螺母7锁紧。

活塞密封系统4为支承环＋支承环＋同轴密封件＋支承环＋同轴密封件＋支承环＋支承环；活塞杆密封系统13为支承环＋支承环＋支承环＋同轴密封件＋同轴密封件＋防尘密封圈；所有静密封为O形圈密封，且活塞与活塞杆间静密封还采用了两道O形圈这种“冗余设计”。

因行程相对较长，所以活塞厚度、支承长度等也设计得较厚和较长。

两油口为螺纹油口。

4.3.6 二辊粉碎机用串联液压缸

二辊粉碎机用串联液压缸如图4-16所示。

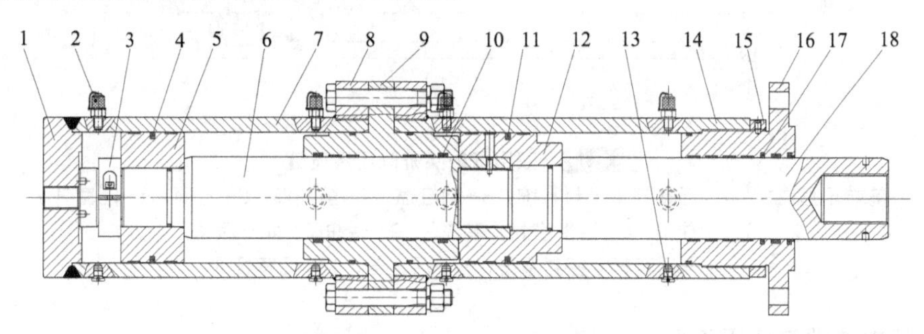

图4-16 二辊粉碎机用串联液压缸

1—缸底；2—测压接头（共4件）；3—两瓣式卡键；4—活塞Ⅰ密封（系统）；5—活塞Ⅰ；6—活塞杆Ⅰ；7—缸体；8—螺纹法兰（共2件）；9—法兰缸套；10—活塞杆Ⅰ密封系统；11—活塞Ⅱ密封系统；12—活塞Ⅱ；13—内六角螺塞（共4件）；14—缸筒；15—圆螺母；16—缸盖；17—活塞杆Ⅱ密封系统；18—活塞杆Ⅱ

(1) 基本参数与使用工况

该液压缸是二辊粉碎机上使用的串联液压缸。其公称压力为10MPa，缸径为200mm，活塞杆外径为125mm，行程为180mm。

该液压缸采用前端圆法兰安装，活塞杆内螺纹连接。

(2) 结构设计特点

如图4-16所示，除缸底1、缸体7和缸筒14外，其他自制金属机械加工件全部为45钢。缸体7、缸筒14分别与螺纹法兰螺纹8连接，夹装法兰缸套9后螺栓紧固，组成串联缸缸体；活塞杆Ⅰ6、活塞杆Ⅱ18夹装活塞Ⅱ12后螺纹连接，组成串联缸活塞杆；活塞Ⅰ5通过两瓣式卡键3定位在活塞杆Ⅰ6的另一端。

活塞Ⅰ、Ⅱ密封系统皆为支承环＋同轴密封件＋支承环（活塞Ⅰ为2道），但如果只作为串联缸使用，其密封系统可以不同。活塞杆Ⅰ密封系统10是双向往复密封，其密封系统为唇形密封圈＋支承环＋支承环＋支承环＋支承环＋唇形密封件；活塞杆Ⅱ密封系统17为支承环＋支承环＋支承环＋支承环＋同轴密封件＋唇形密封圈＋防尘密封圈；静密封为O形圈或＋挡圈密封。

该液压缸还有如下特点：

① 两活塞的两腔各有测压接头2（共4件），可以检测各腔压力。

② 被两活塞分隔的四腔各有内六角螺塞（共4件），可用于各腔排（放）气。

③ 所有螺纹连接都有防松措施（未在图中全部示出）。

④ 串联缸除可以使公称出力增大外，还可快进。

⑤ 此液压缸两有杆腔可用于同步控制。

注：图样设计的设计行程为185mm。

4.3.7 双出杆射头升降用液压缸

双出杆射头升降用液压缸如图4-17所示。

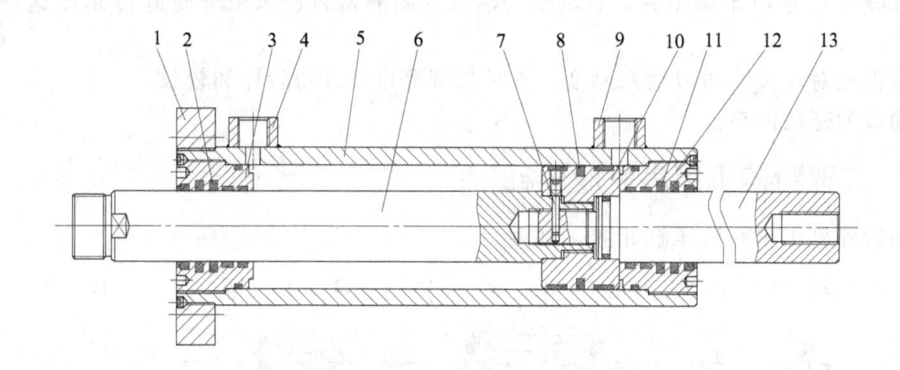

图4-17 双出杆射头升降用液压缸

1—前端矩形法兰；2—活塞杆Ⅰ密封系统；3—前缸盖；4—前油口；5—缸筒；6—活塞杆Ⅰ；7—圆柱销；8—活塞密封（系统）；9—后油口；10—活塞；11—活塞杆Ⅱ密封系统；12—后缸盖；13—活塞杆Ⅱ

（1）基本参数与使用工况

该液压缸是铸造机械上射头升降用双出杆液压缸。其公称压力为16MPa，缸径为63mm，活塞杆Ⅰ、Ⅱ外径皆为36mm，行程为150mm。

前端矩形法兰安装，活塞杆Ⅰ外螺纹连接，活塞杆Ⅱ内螺纹连接。

因为环境无火灾危险，所以工作介质选用液压油。

（2）结构设计特点

如图4-17所示，除活塞杆Ⅰ6、活塞杆Ⅱ13采用了40Cr钢制造外，其他材料选用与一般液压缸相同。其活塞密封（系统）8为支承环＋同轴密封件＋支承环；活塞杆Ⅰ、Ⅱ密封系统2、11皆为支承环＋支承环＋同轴密封件＋同轴密封件＋防尘密封圈，以现在笔者对液压缸密封技术及其设计的认知水平看，用于活塞杆密封系统的两个同轴密封件的滑环应是不同型式，才有可能保证活塞杆"零"外泄漏；所用静密封采用O形圈密封。

活塞杆Ⅰ6与活塞10螺纹连接，活塞杆Ⅰ6与活塞杆Ⅱ13也为螺纹连接，并将活塞10夹装在它们中间；活塞杆Ⅰ、Ⅱ间采用圆柱销7止动防松；其他螺纹（包括圆柱销）采用紧定螺钉防松。

双出杆液压缸可以达到往复运动速度一致。

两油口4和9皆为螺纹油口。

4.3.8 一种增压器

一种增压器如图 4-18 所示。

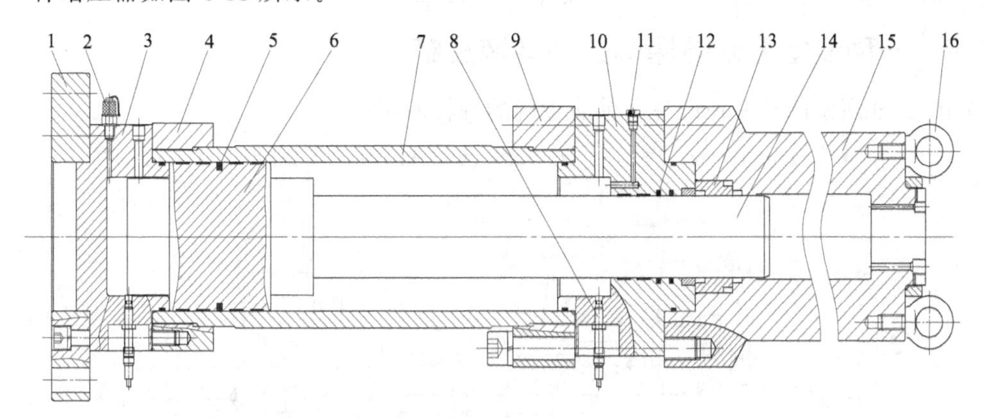

图 4-18 一种增压器

1—后端圆法兰；2—测压接头；3—低压缸底；4—螺纹法兰Ⅰ；5—活塞密封（系统）6—活塞；7—缸筒；8—接近开关；9—螺纹法兰Ⅱ；10—法兰缸套；11—内六角螺塞；12—活塞杆密封系统；13—金属支承环；14—活塞杆（活塞与活塞杆一体结构）；15—高压缸缸体；16—吊环螺钉

(1) 基本参数与使用工况

这是一种增压器，即一种能将流体进口压力转换成较高的次级流体出口压力的液压元件，实质上是一种组合式液压缸。

该增压器进口公称压力为 21MPa，低压缸缸径为 200mm，高压缸（次级）缸径为 110mm，增压比为 1∶3.3，缸行程为 420mm。

因该增压器密封件材料选用聚四氟乙烯和氟橡胶等，所以可以使用液压油及其他与密封件材料相容的工作介质，而且可以使用两种不同流体。

后端圆法兰安装。

(2) 结构设计特点

如图 4-18 所示，除金属支承环 13 采用锡青铜（如 ZQSn5-5-5）等外，其他自制金属机械加工件皆为 45 钢制造。螺纹法兰Ⅰ4 与缸筒 7 一端螺纹连接，低压缸底 3 被夹装在后端圆法兰 1 和螺纹法兰Ⅰ4 中间，通过螺钉将三者紧固在一起；螺纹法兰Ⅱ9 与缸筒 7 另一端螺纹连接，法兰缸套 10 被夹装在螺纹法兰Ⅱ9 和高压缸缸体 15 中间，通过螺钉紧固在一起；活塞 6 和活塞杆 14 为一体结构；缸行程两端皆有固定式缓冲装置设计；增压器设有起吊用吊环螺钉 16。

其活塞密封（系统）5 为支承环＋支承环＋同轴密封件＋支承环＋支撑环；活塞杆密封系统 12 为支承环＋支承环＋同轴密封件＋同轴密封件＋金属支承环；静密封皆为 O 形圈密封。

该增压器在结构上还有如下特点：

① 设计、安装两件金属支承环有利于减小同轴密封件在增压过程中所承受的密封压力。

② 行程两端设有的固定式缓冲装置，可以满足低压液压缸频繁换向，以减小或避免撞击其他缸零件。

③ 行程两端设计、安装接近开关，能监测或控制增压缸工作或运行情况。

④ 设计、安装测压接头 2、内六角螺塞 11，可以分别用于检测压力、排（放）气等。

⑤ 次级流体可以是非液压油的其他流体，但其必须是与密封材料相容且不能使碳钢锈

蚀的流体。

还有一些其他特点，如高压接头防崩出设计等。

但易燃、易爆等有危险的流体，不能使用该增压器增压。

4.3.9 一种设备上带防爆阀的翻转液压缸

如图 4-19 所示的是一种设备上带防爆阀的翻转液压缸。

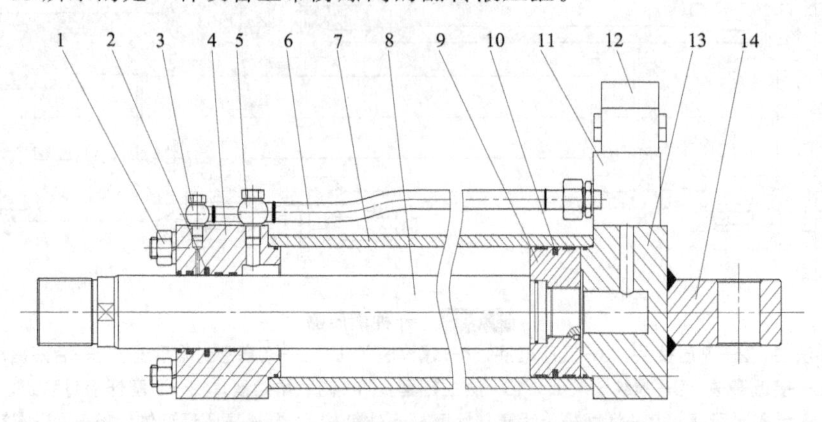

图 4-19 一种设备上带防爆阀的翻转液压缸

1—拉杆组件；2—活塞杆密封系统；3—泄漏油口接头；4—前端盖；5—有杆腔油口接头；6—无缝钢管；7—缸筒；8—活塞杆；9—活塞；10—活塞密封（系统）；11—油路块；12—防爆阀；13—后端盖；14—单耳环

(1) 基本参数与使用工况

该液压缸是一种设备上带防爆阀的翻转液压缸，工作介质为水-乙二醇型难燃液压液，且两台液压缸一起使用。

该液压缸的公称压力为 14MPa，缸径为 125mm，活塞杆外径为 70mm，缸行程 550mm。

后端固定单耳环安装，活塞杆外螺纹连接。

(2) 结构设计特点

如图 4-19 所示，除缸筒 7 采用 20 钢制造外，其他自制金属机械加工件皆为 45 钢制造。活塞密封（系统）10 为支承环＋同轴密封件＋支承环；活塞杆密封系统 2 为支承环＋支承环＋同轴密封件＋唇形密封件＋防尘密封圈；静密封皆为 O 形圈密封。因工作介质为水－乙二醇型难燃液压液，所以选用的密封材料为氟橡胶。

该液压缸活塞杆密封系统 2 在同轴密封件与唇形密封圈间开有泄漏通道，经过同轴密封件泄漏的工作介质可经过泄漏油口（见泄漏油口管接头 3 处）、无缝钢管 6、油路块 11 等回到油箱，可以保证在活塞杆密封处的外泄漏为“零”。

该液压缸还设计、安装了防爆阀（组）12，进一步保证了在特殊情况下的安全。

外置管路（无缝钢管 6）连接于油路块 11，液压缸的两油口集中在后端盖 13 端。

该液压缸不是缸拉杆安装。

注：图样设计的设计行程为 556mm。

4.3.10 汽车地毯发泡模架用摆动液压缸

如图 4-20 所示的是汽车地毯发泡模架用摆动液压缸。

(1) 基本参数与使用工况

此液压缸为笔者设计、制造的汽车地毯发泡模架用双齿条摆动液压缸。该液压缸的公称

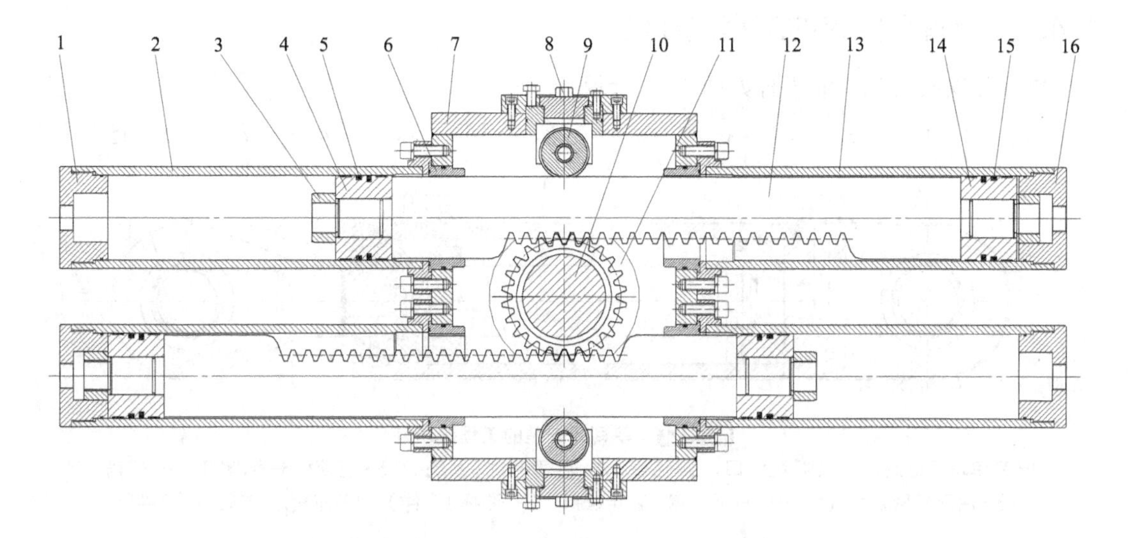

图 4-20 汽车地毯发泡模架用摆动液压缸

1—左缸底（Ⅰ、Ⅱ）；2—左缸筒（Ⅰ、Ⅱ）；3—缓冲柱塞螺纹套（4件）；4—左活塞（Ⅰ、Ⅱ）；
5—左活塞密封系统；6—金属导向套（4件）；7—箱体；8—侧支承调节装置（2套）；
9—侧支承轮；10—齿轮轴；11—轴承；12—齿条（Ⅰ、Ⅱ）；13—右缸筒（Ⅰ、Ⅱ）；
14—右活塞（Ⅰ、Ⅱ）；15—右活塞密封系统；16—右缸底（Ⅰ、Ⅱ）

压力为16MPa，缸径为140mm，活塞杆外径为70mm，缸行程550mm，摆动角度180°。

箱体法兰安装，齿轮轴花键连接（输出）。

(2) 结构设计特点

如图4-20所示，该双齿条摆动液压缸是由4组活塞式单作用液压缸组成总成，其左右缸底、左右活塞Ⅰ、Ⅱ和齿条Ⅰ、Ⅱ为45钢制造，左右缸筒Ⅰ、Ⅱ为35钢制造，金属导向套6为锡青铜制造。

其活塞密封系统5、15皆为支承环＋唇形密封圈＋同轴密封件＋支承环；齿条（Ⅰ、Ⅱ）12由金属导向套6、侧支承轮9（锡青铜制造）支承、导向，且导向套开有6道通气槽，侧支承轮9可通过侧支承调节装置8进行检查和调整；所有静密封皆为O形圈密封（缸底处后另加装了挡圈）。在4组活塞式单作用液压缸缸底处皆设有缓冲装置，在箱体7设有溢流油口，用于限定箱体液面高度及箱体通气；齿轮、齿条和各轴承等润滑油与液压缸工作介质选用了相同牌号、黏度的抗磨液压油。

各液压缸油口设在缸底上，组合密封垫圈密封。

Q235焊接箱体在粗加工后，经过了人工时效处理，且由数控加工中心进行了精加工。

根据5.1.3.1节中关于“组合式液压缸”定义问题的讨论及笔者试给出的术语“组合式液压缸”的定义，此“双齿条摆动液压缸”为组合式液压缸。

注：图样的设计摆动角度为240°。

4.4 工程用液压缸

现在使用的各版手册中一般还有工程用液压缸（简称工程液压缸）系列与产品，其公称压力为16MPa，但此系列液压缸现在没有产品标准。

现在使用的工程用液压缸或工程机械用液压缸的公称压力已更高。

4.4.1 单耳环安装的工程液压缸

单耳环安装的工程液压缸如图 4-21 所示。

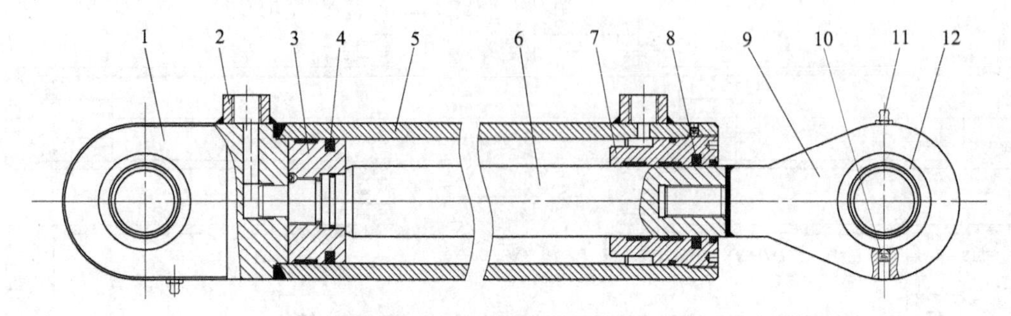

图 4-21 单耳环安装的工程液压缸

1—带单耳环缸底；2—无杆腔油口；3—活塞；4—活塞密封（系统）；5—缸筒；6—活塞杆；7—缸盖；8—活塞杆密封系统；9—单耳环；10—紧定螺钉；11—油杯（2 件）；12—向心关节轴承（2 件）

(1) 基本参数与使用工况

该液压缸是一种工程机械上使用的液压缸。其公称压力为 16MPa，缸径为 80mm，活塞杆外径为 45mm，行程为 580mm。

该液压缸为单耳环安装和连接。

(2) 结构设计特点

如图 4-21 所示，因缸筒 5 和带单耳环缸底 1、活塞杆 6 和单耳环 9 为焊接一体结构，所以一般不应使用 45 钢，而应使用 35 或 20 钢；其他自制金属机械加工件为 45 钢制造。

活塞密封（系统）4 为支承环＋同轴密封件；活塞杆密封系统 8 为支承环＋支承环＋同轴密封件＋防尘密封圈；静密封为 O 形圈密封。

其中缸盖 7 与缸筒 5 间静密封（活塞密封型式）的配合偶合件表面不是缸内径，而是与缸筒 5 端部连接螺纹一道工序加工的一个比缸内径稍大的孔的圆柱表面。这种设计尽管有利有弊，但一般弊大于利。

此台液压缸的密封系统设计，以现在作者对液压缸密封技术及其设计的认知水平看有一定问题，但一般使用还是没有太大问题的。

此液压缸缸回程端有固定式缓冲设计；单耳环组装了向心关节轴承 12（2 件），且各有通过油杯 11（2 件）润滑；各（螺纹）连接处有紧定螺钉止动，尤其是向心关节轴承 12 采用紧定螺钉 10 止动。

此无杆腔油口 2（接管）与典型产品中的一般型式不同，无杆腔油口可直接在缸底上制成。

注：图样设计的设计行程为 585mm。

4.4.2 中耳轴安装的工程液压缸

中耳轴安装的工程液压缸如图 4-22 所示。

(1) 基本参数与使用工况

该液压缸是一种工程机械上使用的液压缸。其公称压力为 25MPa，缸径为 50mm，活塞杆外径为 32mm，行程为 170mm。

该液压缸中耳轴安装，活塞杆外螺纹连接。

(2) 结构设计特点

如图 4-22 所示，除缸筒 6 外，其他自制金属机械加工件皆为 45 钢制造。缸底 1 和缸盖 9 与缸筒 6 皆为螺纹连接，活塞 2 与活塞杆 7 也是螺纹连接，中耳轴 5 与缸筒 6 还是螺纹

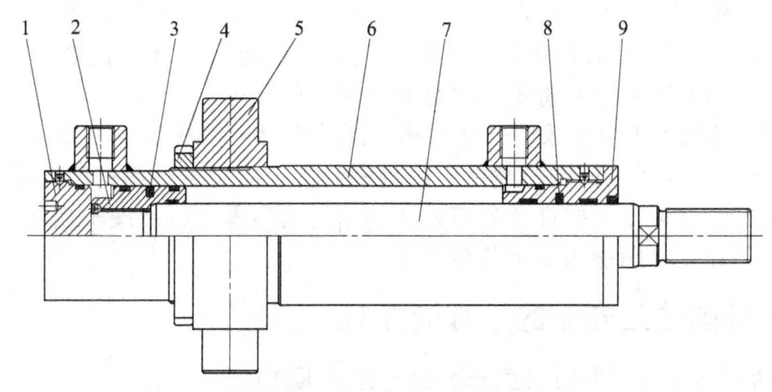

图 4-22　中耳轴安装的工程液压缸

1—缸底；2—活塞；3—活塞密封（系统）；4—圆螺母；5—中耳轴；
6—缸筒；7—活塞杆；8—活塞杆密封系统；9—缸盖

连接。

其活塞密封（系统）3 为支承环＋同轴密封件＋支承环；活塞杆密封（系统）8 为支承环＋同轴密封件＋支承环＋防尘密封圈；静密封为 O 形圈＋挡圈（其中活塞杆与活塞连接处静密封为挡圈 O 形圈＋挡圈）密封。

该液压缸密封及其设计比图 4-21 所示液压缸合理。

中耳轴 5 与缸筒 6 螺纹连接处有定位止口，可以保证安装精度。

所有螺纹连接处皆有防松措施，包括采用圆螺母 4 锁紧中耳轴 5。

两油口为螺纹油口。

4.4.3　一种前法兰安装的工程液压缸

如图 4-23 所示的是一种前法兰安装的工程液压缸。

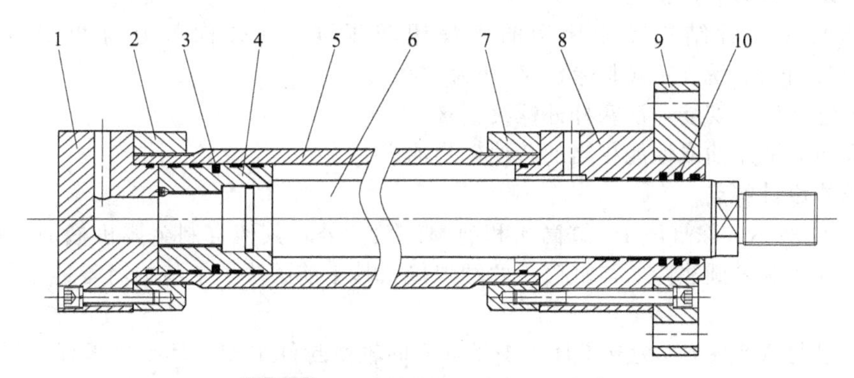

图 4-23　一种前法兰安装的工程液压缸

1—缸底；2—螺纹法兰Ⅰ；3—活塞密封（系统）；4—活塞；5—缸筒；6—活塞杆；
7—螺纹法兰Ⅱ；8—缸头；9—前圆法兰；10—活塞杆密封系统

（1）基本参数与使用工况

该液压缸是一种工程用液压缸。其公称压力为 25MPa，缸径为 100mm，活塞杆外径为 70mm，行程为 400mm。

该液压缸为前圆法兰安装，活塞杆外螺纹连接。

（2）结构设计特点

如图 4-23 所示，所有自制金属机械加工件包括缸筒 5 皆为 45 钢制造。缸筒 5 两端分别与螺纹法兰Ⅰ2和螺纹法兰Ⅱ7螺纹连接，缸底1与螺纹法兰Ⅰ2通过螺钉紧固，前圆法兰9、缸头8与螺纹法兰Ⅱ7等通过螺钉紧固在一起，由此组成了液压缸缸体。这种缸体可以采用标准缸筒（材料）制造，且避免了在缸筒上进行焊接等。

其活塞密封（系统）3为支承环＋支承环＋同轴密封件＋支承环＋支承环；活塞杆密封系统10为支承环＋支承环＋同轴密封件＋同轴密封件＋防尘密封圈；所有静密封为O形圈＋挡圈密封，包括活塞4与活塞杆6连接处的静密封为挡圈＋O形圈＋挡圈。

两油口为法兰连接（图中未示出各螺纹孔）。

4.4.4 另一种前法兰安装的工程液压缸

如图4-24所示的是另一种前法兰安装的工程液压缸。

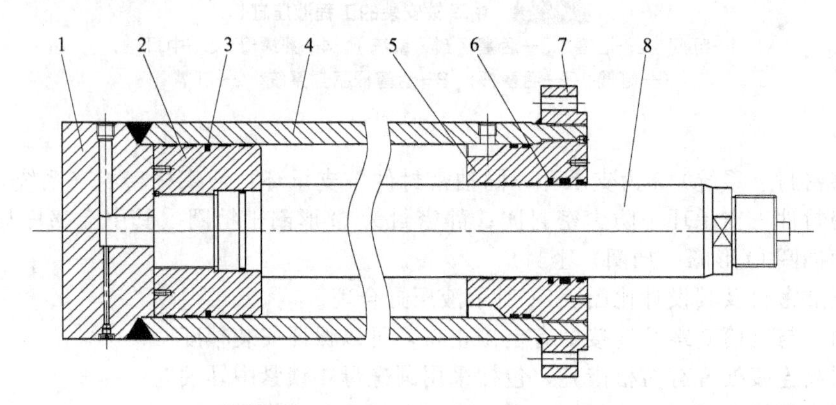

图4-24 另一种前法兰安装的工程液压缸

1—缸底；2—活塞；3—活塞密封（系统）；4—缸筒；5—缸盖；6—活塞杆密封系统；7—前圆法兰；8—活塞杆

(1) 基本参数与使用工况

该液压缸是一种结构较为典型的工程用液压缸。其公称压力为25MPa，缸径为280mm，活塞杆外径为150（非标），行程为700mm。

该液压缸前法兰安装，活塞杆外螺纹连接。

工作介质为液压油或性能相当的其他矿物油。

(2) 结构设计特点

如图4-24所示，除缸底1、缸筒4和前圆法兰7外，其他自制金属机械加工件皆为45钢制造。缸底1和前圆法兰7与缸筒4两端焊接，其中前圆法兰7与缸筒4是在螺纹连接后焊接。

其活塞密封（系统）3为支承环＋支承环＋同轴密封件＋支承环＋支承环；活塞杆密封系统6为支承环＋支承环＋支承环＋同轴密封件＋唇形密封圈＋防尘密封圈；静密封为O形圈＋挡圈密封。

因缸筒4壁厚足够，所以有杆腔油口没有再焊接接管，而是直接在缸筒4上制成。

前圆法兰7在活塞杆8伸出侧有导向台肩（定位止口）；无杆腔设有排（放）气装置。

4.4.5 后法兰安装的工程液压缸

如图4-25所示的是后法兰安装的工程液压缸。

(1) 基本参数与使用工况

该液压缸是一种缸底带后端圆法兰的工程用液压缸。其公称压力为16MPa，缸径为

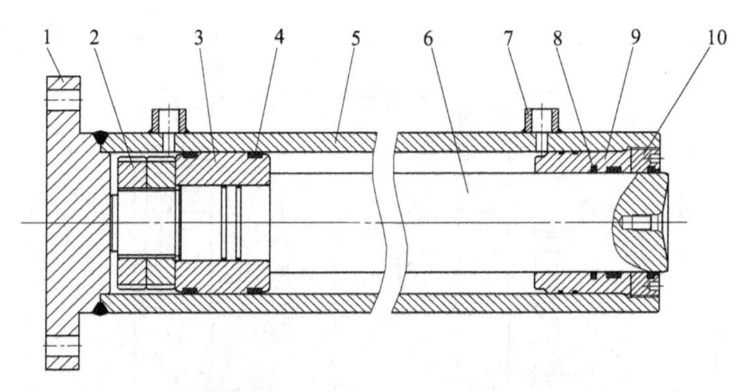

图 4-25 后法兰安装的工程液压缸

1—缸底；2—圆螺母（2件）；3—活塞；4—活塞密封（2件）；5—缸筒；
6—活塞杆；7—油口；8—活塞杆密封系统；9—导向套；10—螺纹端盖

150mm（非标），活塞杆外径105mm（非标），行程600mm。

该液压缸后端圆法兰安装，活塞杆端球铰连接。

(2) 结构设计特点

如图4-25所示，除活塞3和导向套9为球墨铸铁制造外，其他自制金属机械加工件为45钢制造。

该液压缸活塞密封4为2件唇形密封圈背靠背安装，支承和导向由活塞3外径与缸筒5内径直接接触完成；活塞杆密封系统8为同轴密封件＋唇形密封圈＋防尘密封圈，支承和导向由活塞杆6外径与导向套9内孔直接接触完成，但防尘密封圈沟槽却开设在螺纹端盖10上；所有静密封皆为O形圈密封，且采用“冗余设计”，即双道密封。

导向套9与螺纹端盖10分体，在一定程度上可以降低缸筒5的加工难度。

双圆螺母锁紧活塞3，一般比较可靠，但可能加大了液压缸尺寸。

活塞杆端球铰连接，可以尽量减小侧向（外）载荷作用，并可对被驱动件有效输出力。

两油口为螺纹油口。

以现在笔者对液压缸设计与制造技术的认知水平看来，此液压缸有若干处应该修改。

4.4.6 带支承阀的工程液压缸

带支承阀的工程液压缸如图4-26所示。

(1) 基本参数与使用工况

该液压缸就是工程中经常使用的千斤顶。其公称压力为31.5MPa，缸径为450mm，活塞杆外径为320mm，行程为200mm。

该液压缸活塞杆端球铰连接（输出）。

该千斤顶使用时需配备液压站，但该千斤顶自带了支承阀组。

(2) 结构设计特点

如图4-26所示，除导向套3和金属支承环10外，其他自制金属机械加工件为45钢制造。

其活塞密封11为金属支承环＋同轴密封件＋金属支承环；活塞杆密封系统8为唇形密封圈＋防尘密封圈，但防尘密封圈沟槽不是设置在导向套3上，而是设置在螺纹端盖4上；静密封为O形圈密封，其中缸底6处O形圈密封加装了挡圈。

该液压缸有如下特点：

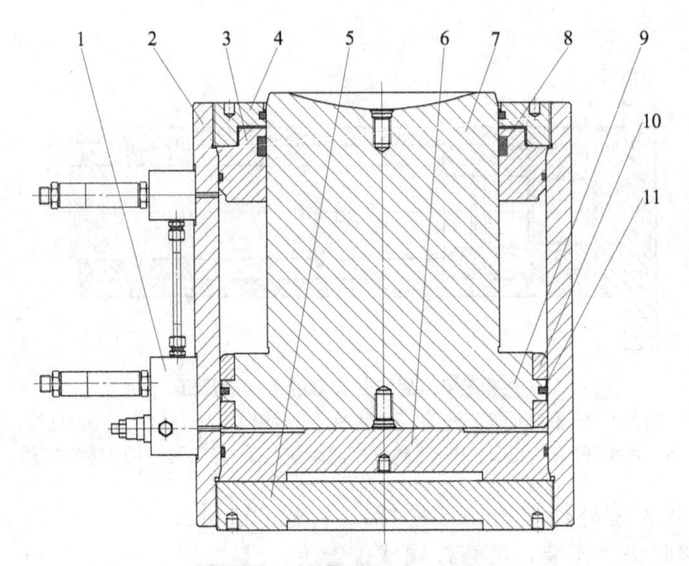

图 4-26　带支承阀的工程液压缸

1—支承阀组；2—缸筒；3—导向套；4—螺纹端盖；5—螺纹底盖；6—缸底；7—活塞杆；8—活塞杆密封系统；9—活塞（与活塞杆为一体结构）；10—金属支承环（2件）；11—活塞密封

① 因缸筒 2 上无焊接件，所以可以使用标准缸筒（材料）制造。

② 活塞 9 使用 2 件金属支承环 10，其导向和支承能力更强。

③ 活塞杆端球铰连接，可以尽量减小侧向（外）载荷作用，并可对被驱动件有效输出力。

④ 缸本身配置了支承阀组，简化了液压系统（液压泵站）。

⑤ 无杆腔预留了压力检测口（图中未示出），可以检测缸实际输出力。

⑥ 设计安装有吊环（图中未示出），可方便移动使用。

4.5 阀门、启闭机、升降机用液压缸

4.5.1 阀门开关用液压缸

如图 4-27 所示的是阀门开关用液压缸。

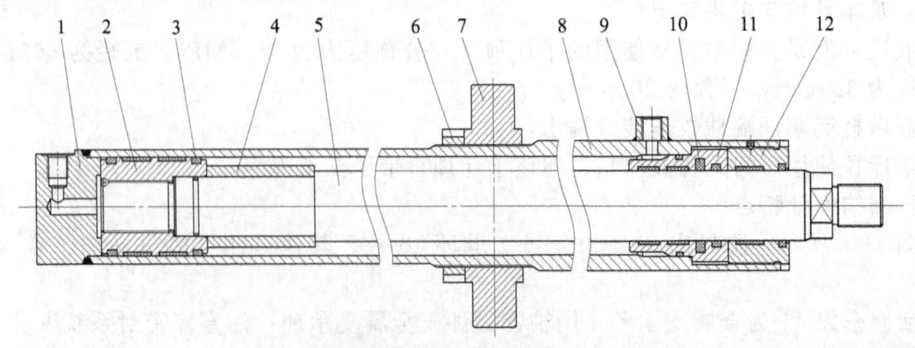

图 4-27　阀门开关用液压缸

1—缸底；2—活塞；3—活塞密封（系统）；4—中隔圈；5—活塞杆；6—圆螺母；7—中耳轴；8—缸筒；9—油口；10—活塞杆密封系统；11—导向套；12—螺纹端盖

(1) 基本参数与使用工况

该液压缸是一种阀门开关用双作用液压缸。其公称压力为10MPa，缸径为63mm，活塞杆外径为45mm，行程1100mm。

该液压缸中耳轴安装，活塞杆外螺纹连接。

(2) 结构设计特点

如图4-27所示，除缸筒8和缸底1外，其他自制金属机械加工件为45钢制造。

其活塞密封（系统）3为唇形密封＋支承环＋支承环＋唇形密封圈；活塞杆密封系统10为支承环＋支承环＋同轴密封件＋唇形密封圈＋支承环＋防尘密封圈，其中1道支承和防尘密封圈沟槽开设在螺纹端盖12上；静密封皆为O形圈密封。

该液压缸有如下特点：

① 密封件皆采用氟橡胶和聚四氟乙烯，液压缸可耐高温。

② 导向套11和螺纹端盖12分开为2件，有利于导向套12与缸筒8间密封。

③ 中耳轴7与螺纹端盖口相对位置可调。

④ 有中隔圈4设计，因此增加了支承长度，并增强了抗偏载能力。

注：1. 图样设计的设计行程为1120mm。

2. 唇形密封圈背靠背安装或只有一件密封圈一般不能称其为密封系统，但考虑到一般还有支承环等，暂且称之，其他亦同。

4.5.2 启闭机用液压缸

如图4-28所示的是一种启闭机用液压缸。

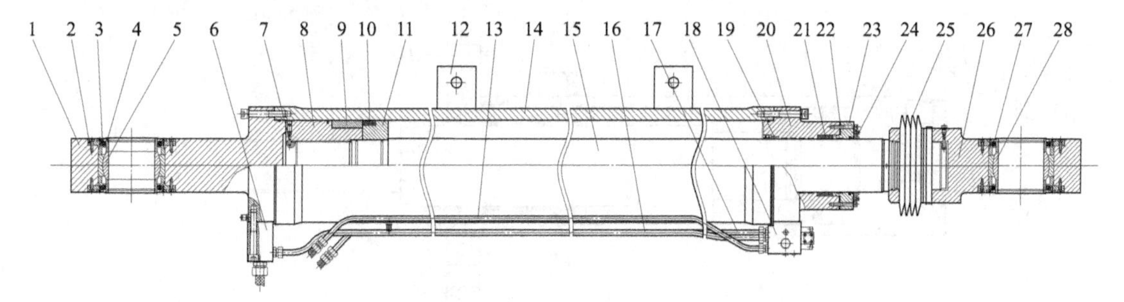

图4-28 一种启闭机用液压缸

1—带单耳环缸底；2—轴承端盖；3—压盖；4—隔套；5—向心关节轴承Ⅱ；6—无杆端通道体；7—内螺纹圆柱销；8—活塞Ⅰ；9—活塞金属支承环；10—活塞填料密封件；11—活塞Ⅱ；12—侧耳环（2件）；13—无缝钢管Ⅰ；14—缸筒；15—活塞杆；16—无缝钢管Ⅱ；17—无缝钢管Ⅲ；18—有杆端通道体；19—活塞杆金属支承环；20—缸头；21—活塞杆填料密封件；22—调整垫片；23—缸头压盖；24—刮环；25—保护罩；26—活塞杆单耳环；27—旋转轴唇形密封圈；28—向心关节轴承Ⅱ（含密封装置等）

(1) 基本参数与使用工况

该液压缸是一种液压启闭机用单作用液压缸。其有杆腔公称压力为20MPa，缸径为340mm，活塞杆外径为200mm，行程为8300mm。

缸底单耳环安装，活塞杆单耳环连接。

缸回程时启门，闭门由门自重完成，即为另一种型式的重力作用单作用缸。

(2) 结构设计特点

如图4-28所示，除缸筒14采用16Mn钢、活塞杆15采用40Cr钢、轴承端盖2和隔套4采用Q235、两金属支承环9、19采用铝青铜外，其他自制金属机械加工件采用45钢。

其活塞密封系统为支承环＋支承环＋支承环＋同轴密封件＋活塞金属支承环9＋活塞填

料密封件 10＋支承环；活塞杆密封系统为活塞杆金属支承环 19＋支承环＋支承环＋支承环＋活塞杆填料密封件 21＋支承环＋防尘密封圈＋刮环 24；静密封皆采用 O 形圈密封。

该液压缸的结构有如下特点：

① 两套向心关节轴承 5、28 采用了密封结构，包括对销轴和活塞杆端止动内螺纹圆柱销的密封。

② 活塞杆单耳环 26 与活塞杆 15 连接处采用 O 形圈密封。

③ 采用刮环 24 及保护罩 25 保护活塞杆 15 及其密封。

④ 活塞和活塞杆采用填料密封件，活塞开式密封沟槽由活塞Ⅰ和活塞Ⅱ组成。

⑤ 活塞杆填料密封件 21 可通过调整垫片 22 的调整，增减轴向压缩以获得有效径向密封。

⑥ 缸自身带支承阀，且通过通道体Ⅰ、Ⅱ和无缝钢管Ⅰ、Ⅱ、Ⅲ等，管路可通过液压缸一端安装。

⑦ 活塞密封系统包括活塞与活塞杆连接处的密封都采用了“冗余设计”。

⑧ 液压缸两腔皆有测压、排（放）气装置。

⑨ 此液压缸注意了防水、防污染和防锈蚀设计，采取措施包括液压缸表面三层涂漆等。

4.5.3 液压剪式升降机用液压缸

剪式升降机用液压缸如图 4-29 所示。

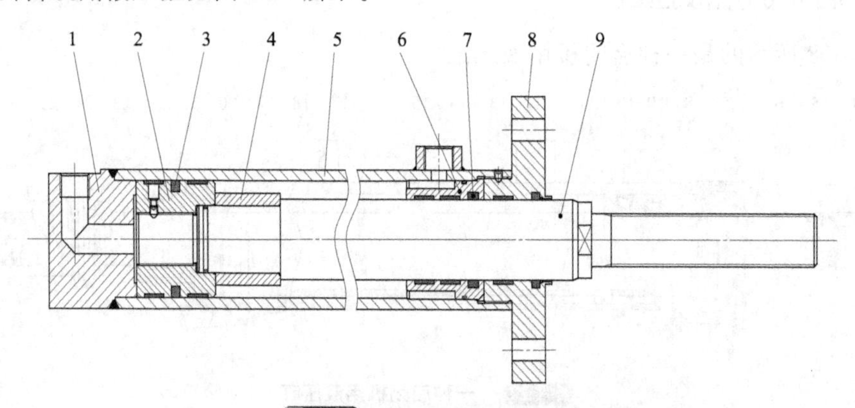

图 4-29 剪式升降机用液压缸

1—缸底；2—活塞；3—活塞密封（系统）；4—中隔圈；5—缸筒；6—导向套；7—活塞杆密封系统；8—前安装法兰；9—活塞杆

(1) 基本参数与使用工况

该液压缸是一种液压剪式升降机用液压缸。其公称压力为 2.5MPa，缸径为 80mm，活塞杆外径为 55mm，行程为 1300mm。

该液压缸前法兰安装，活塞杆螺纹（非标）连接。

(2) 结构设计特点

如图 4-29 所示，除缸筒 5 和缸底 1 为 20 钢制造外，其他自制金属机械加工件为 45 钢制造。

其活塞密封（系统）3 为支承环＋同轴密封件＋支承环；活塞杆密封系统 7 为支承环＋支承环＋唇形密封圈＋支承环＋防尘密封圈，其中 1 道支承环和防尘密封圈沟槽开设在前安装法兰 8 上；静密封皆为 O 形圈密封。

该液压缸活塞杆螺纹为适应其连接的特殊要求设计为非标，前法兰导向台肩直径也设计得较小。

4.5.4 四导轨升降机用液压缸

如图 4-30 所示的是一种四导轨升降机用液压缸。

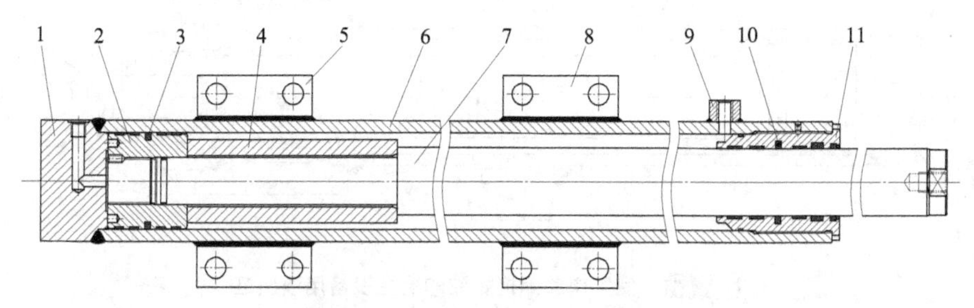

图 4-30 一种四导轨升降机用液压缸

1—缸底；2—活塞；3—活塞密封（系统）；4—中隔圈；5—侧安装脚架Ⅰ；6—缸筒；7—活塞杆；8—侧安装脚架Ⅱ；9—油口；10—活塞杆密封系统；11—缸盖

(1) 基本参数与使用工况

该液压缸是一种四导轨升降机用液压缸。其公称压力为 16MPa，缸径 100mm，活塞杆外径 70mm，行程 1200mm。

该液压缸中部两侧安装脚架安装，活塞杆端内螺钉连接。

(2) 结构设计特点

如图 4-30 所示，该液压缸的自制金属机械加工件全部为 45 钢制造。

其活塞密封（系统）3 为支承环＋支承环＋同轴密封件＋支承环＋支承环；活塞杆密封系统 10 为支承环＋支承环＋同轴密封件＋支承环＋唇形密封圈＋防尘密封圈；静密封皆为 O 形圈＋挡圈密封。以现在笔者对液压缸密封及其设计的认知水平认为，此液压缸的活塞和活塞杆密封系统最外侧的支承环如果采用的是聚四氟乙烯材料支承环，则此液压缸的各密封系统的综合性能将更好。

其中部两处两侧安装脚架 5 和 8 与缸筒 6 为焊接结构，缸底 1、油口 9 与缸筒 6 也为焊接结构。

两油口螺纹连接。

4.6 钢铁、煤矿、石油机械用液压缸

4.6.1 一种使用磷酸酯抗燃油的冶金设备用液压缸

如图 4-31 所示的是一种使用磷酸酯抗燃油的冶金设备用液压缸。

(1) 基本参数与使用工况

该液压缸是一种采用磷酸酯抗燃油为工作介质的冶金设备上使用的液压缸。其公称压力为 6.3MPa，缸径为 63mm，活塞杆外径为 45mm，行程为 2100mm。

该液压缸为中耳轴安装，活塞杆单耳环连接。

该液压缸使用的工作介质为磷酸酯难燃液压油（或磷酸酯抗燃油）。

(2) 结构设计特点

如图 4-31 所示，除活塞 2 为球墨铸铁制造外，其他自制金属机械加工件为 45 钢制造。

其活塞密封（系统）3 为支承环＋同轴密封件＋支承环；活塞杆密封系统 10 为支承环＋同轴密封件＋同轴密封件＋支承环＋防尘密封圈，其中两同轴密封件后的支承环＋防尘

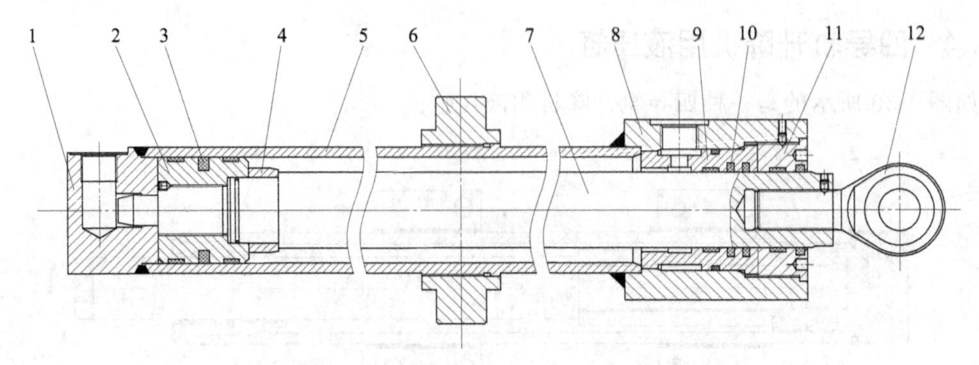

图 4-31 使用磷酸酯抗燃油的冶金设备用液压缸

1—缸底；2—活塞；3—活塞密封（系统）；4—缓冲套；5—缸筒；6—中耳轴；7—活塞杆；
8—缸头；9—导向套；10—活塞杆密封系统；11—螺纹端盖；12—杆用单耳环

密封是在螺纹端盖 11 上设置的；静密封皆为 O 形圈密封。

采用磷酸酯抗燃油的液压缸密封件应选取如硅橡胶、（三元）乙丙橡胶、氟橡胶及聚四氟乙烯等密封材料制作的密封圈及滑环、挡圈和支承环等。该液压缸选用的密封材料是氟橡胶和聚四氟乙烯。

其缸底 1、缸头 8 与缸筒 5 为焊接结构，中耳轴 6 与缸筒 5 为螺纹连接且有止口定位。

缸行程两端皆有固定式缓冲设计，其中缸底端为缓冲柱塞、缸头端为缓冲套，分别与设置在缸底 1 上和导向套 9 上的缓冲腔配合组成缓冲装置。

注：1. 图 4-31 中所指缸头与其他液压缸不同。

2. 图样设计的设计行程为 2130mm。

4.6.2 采用铜合金支承环的冶金设备用液压缸

采用铜合金支承环的冶金设备用液压缸如图 4-32 所示。

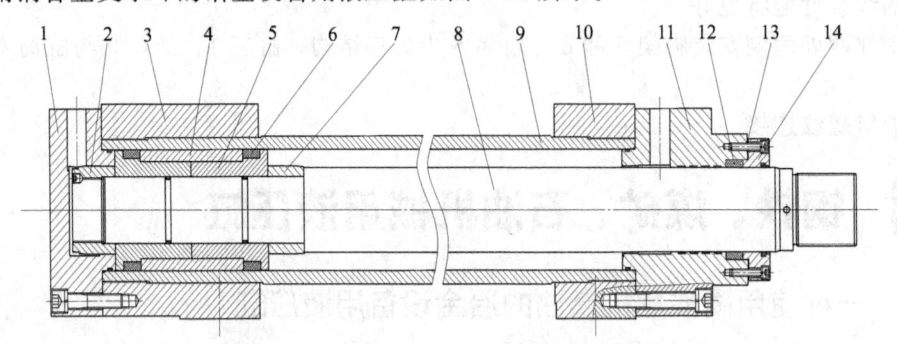

图 4-32 采用铜合金支承环的冶金设备用液压缸

1—缸底；2—缓冲套Ⅰ；3—螺纹法兰Ⅰ；4—金属支承环；5—开式活塞（2件）；
6—活塞填充密封件（2件）；7—缓冲套Ⅱ；8—活塞杆；9—缸筒；10—螺纹法兰Ⅱ；11—缸头；
12—活塞杆填充密封件；13—调整垫片；14—缸盖

(1) 基本参数与使用工况

该液压缸为冶金设备上使用的一种超高压液压缸。其公称压力为 35MPa，缸径为 200mm，活塞杆外径为 140mm，行程为 4600mm。

该液压缸两端部脚架式安装，活塞杆外螺纹安装，但需采用钩扳手紧固。

注：超高压液压机是工作介质压力不低于 32MPa 的液压机，具体请见 GB/T 8541—2012《锻压术语》。公称压力≥32MPa 的液压缸相应亦可称为超高压液压缸。

(2) 结构设计特点

如图 4-32 所示，除缸头 11 和缸盖 14 采用球墨铸铁、金属支承环 4 采用铜合金制造外，其他自制金属机械加工件采用 45 钢制造。

其活塞密封（系统）为活塞填充密封件 6＋金属支承环 4＋活塞填充密封件 6（另 1 件）；活塞杆密封（系统）为支承环＋支承环＋支承环＋活塞杆填充密封件 12＋防尘密封圈；静密封为 O 形圈＋挡圈密封。

在活塞密封系统中采用开式活塞 5（2 件），既能满足安装活塞填充密封件 6（2 件）所需开式沟槽、又能满足安装整体式金属支承环 4；采用整体长金属支承环 4，对活塞及活塞杆的支承和导向作用更大。

螺纹法兰Ⅰ和Ⅱ与缸筒 9 螺纹连接，且有止口定位。缸底 1 与螺纹法兰Ⅰ、缸头 11 与螺纹法兰Ⅱ通过螺钉连接紧固，且各自导向台肩以缸筒 9 缸径定位，此种缸体组成型式如采用标准缸筒，则其变形最小，同轴度公差最容易保证。

缸行程两端皆有固定缓冲设计，缓冲套Ⅰ与缸筒 1、缓冲套Ⅱ与缸头 11 的缓冲腔配合组成缓冲装置，同时为防止缸进程、缸回程开始时，可能出现的活塞及活塞杆不动、缓（迟、滞）动、启动压力大或出现异响等问题，还设有进油单向阀（油口进油时通，回油时止），但在图 4-32 中未示出。

4.6.3 辊盘式磨煤机用液压缸

辊盘式磨煤机用液压缸如图 4-33 所示。

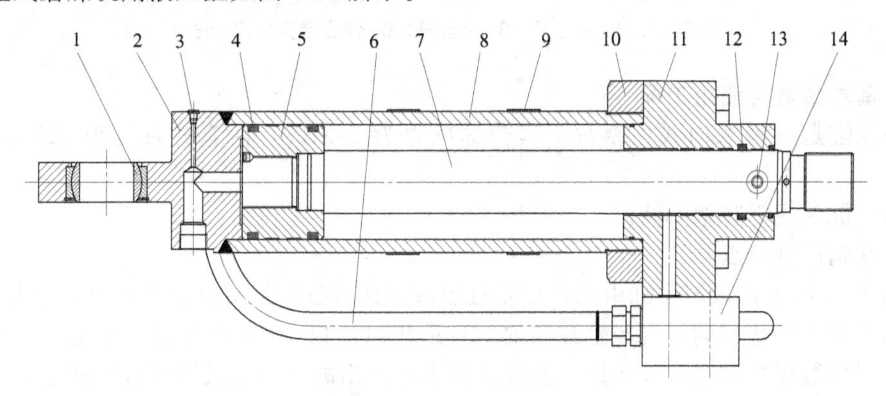

图 4-33 辊盘式磨煤机用液压缸

1—向心关节轴承；2—带单耳环缸底；3—螺塞；4—活塞密封（系统）；5 活塞；6—无缝钢管；7—活塞杆；8—缸筒；9—蓄能器固定装置；10—螺纹法兰；11—缸头；12—活塞杆密封系统；13—泄漏油口；14—油路块（含液压阀）

(1) 基本参数与使用工况

该液压缸为一种辊盘式磨煤机上使用的液压缸。其公称压力为 16MPa，缸径为 200mm，活塞杆外径为 110mm，行程为 550mm。

该液压缸单耳环安装，活塞杆螺纹连接。

(2) 结构设计特点

如图 4-33 所示，除缸底 2 和缸筒 8 外，其他自制金属机械加工件皆为 45 钢制造。

其活塞密封（系统）4 采用唇形密封圈背靠背安装，即为活塞唇形密封圈＋支承环＋活塞唇形密封圈；活塞杆密封系统 12 为支承环＋支承环＋支承环＋组合唇形密封圈＋防尘密封圈；静密封皆为 O 形圈＋挡圈密封。

活塞杆密封系统 12 中这种组合唇形密封圈是一种在 U 形凹槽内嵌装或组合了 O 形圈的

唇形密封圈，其在低压条件下密封性能比普通唇形密封圈更好。尽管组合唇形密封圈在磨损后有一定的补偿能力，但活塞杆密封系统 12 迟早也会或多或少地出现外泄漏。为防止出现外泄漏，该活塞杆密封系统 12 在组合唇形密封圈与防尘密封圈间开有泄漏通道，即通过泄漏油口 13 将通过组合唇形密封圈泄漏的工作介质（液压油液）直接接回开式油箱或开式容器。

该液压缸上还组装了蓄能器（图中未示出）、油路块 14 等，向心关节轴承也有润滑设置（图中未示出）等。

4.6.4 双向式液压缸

如图 4-34 所示的是双向式液压缸。

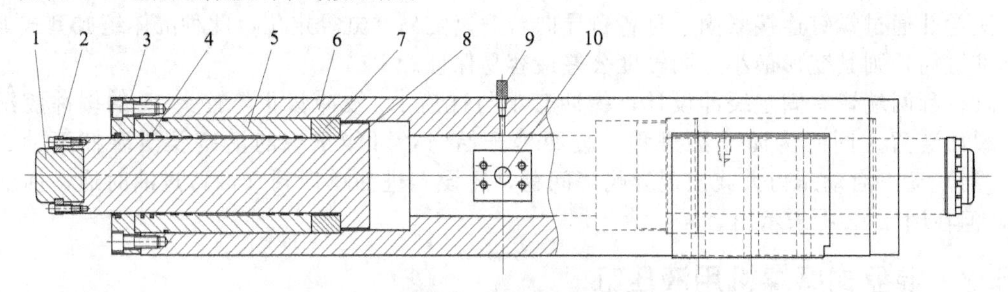

图 4-34 双向式液压缸

1—顶头；2—对开卡板；3—法兰缸盖；4—活塞杆密封系统；5—套；6—缸体；7—限位套；8—活塞杆；9—测压接头；10—油口

(1) 基本参数与使用工况

该液压缸是一种双向式柱塞缸。其公称压力为 25MPa，活塞杆直径为 125mm，行程为 70mm。

该液压缸两端部脚架安装。

(2) 结构设计特点

如图 4-34 所示，该液压缸由两台柱塞缸组成，两台柱塞缸的缸筒集成在一个缸体 6 上，且两缸筒尺寸、形状相同，缸径轴线同轴，只是相对油口 10 对称布置，因此，此种液压缸又可称为对中液压缸或双顶液压缸，且符合作者试给出的“组合式液压缸”的定义，也是一种组合式液压缸。

当通过油口 10 向左右两缸连通容腔输入液压油液后，两活塞杆相对油口 10 各自左、右伸出，其缸进程终点位置相对油口左右对称。缸回程靠外力作用压回。

该液压缸除顶头 1 外，其他自制金属机械加工件皆为 45 钢制造。

该液压缸的活塞杆密封系统 4 为 6 道支承环＋2 道同轴密封件＋防尘密封圈；静密封为 O 形圈＋挡圈密封。

为了提高密封性能，2 道同轴密封件应选择不同型式。

该液压缸还具有如下特点：

① 两顶头左右对称度可通过限位套调整和控制。

② 液压缸对安装机体作用力小。

③ 活塞杆导向、支承能力强。

④ 顶头为合金钢制成，且经热处理（含表面处理）有较高的（表面）硬度。

⑤ 进油腔设有测压接头，可以检测压力和排（放）气。

⑥ 设有 4 个吊环螺钉螺纹孔。

4.6.5 石油机械用液压缸

石油机械用液压缸如图 4-35 所示。

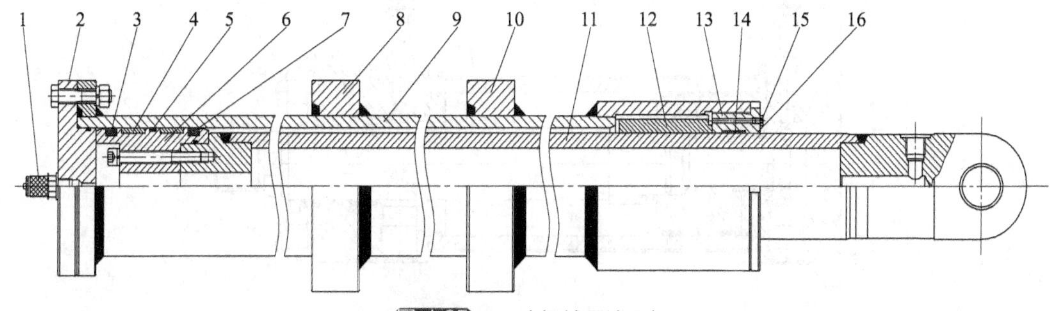

图 4-35 石油机械用液压缸

1—测压接头；2—法兰缸底；3—唇形密封圈Ⅰ；4—活塞对开金属支承环（两瓣一组，共 2 组）；5—O 形圈；6—活塞；7—唇形密封圈Ⅱ；8—安装台Ⅰ；9—缸体；10—安装台Ⅱ；11—活塞杆；12—活塞杆金属支承环；13—缸盖；14—支承环；15—消声器；16—防尘密封圈

(1) 基本参数与使用工况

该液压缸是一种石油机械上使用的液压缸。其公称压力为 16MPa，缸径 110mm，活塞杆外径为 100mm，行程为 8200mm。

该液压缸为活塞式单作用（使用）液压缸，且要求限定缸进程行程，不允许活塞与导向套接触。缸回程靠外力作用回程。

该液压缸活塞杆端单耳环安装，且杆端配油，安装台连接。

(2) 结构、工艺特点

如图 4-35 所示，缸体 9 为焊接结构。活塞 6 和活塞杆金属支承环 12 为球墨铸铁，活塞对开金属支承环 4 为锡青铜。

其活塞密封（系统）为唇形密封圈Ⅰ3＋挡圈＋活塞对开金属支承环 4（一组）＋挡圈＋O 形圈 5＋挡圈＋活塞对开金属支承环 4（另一组）＋挡圈＋唇形密封圈Ⅱ7；活塞杆密封（系统）为活塞杆金属支承环 12＋支承环 14＋防尘密封圈 16；静密封为 O 形圈密封。

该液压缸的活塞密封及其设计较为特殊，一般活塞式单作用液压缸不采用唇形密封圈背靠背安装进行双向密封，也不采用 O 形圈用于往复运动密封。其活塞杆密封（系统）只有防尘、导向和支承作用，而没有密封有杆腔工作介质的作用。

该液压缸的另一特点是活塞杆端配油。活塞杆为内空心焊接结构，油口开设在活塞杆端单耳环上，液压油液通过中孔作用在活塞及中孔端面，使活塞杆做缸进程运动。

缸进程时，有杆腔空气通过消声器 15 排出；缸回程时，有杆腔空气通过消声器 15 吸入。

可考虑选用冷拔高频焊管作为缸体 9 毛坯一部，因为现在冷拔高频焊管用作中高压以下缸筒技术已经很成熟，尤其是用作超长缸筒更有优势，优点之一就是可以降低成本。球墨铸铁材料的活塞杆金属支承环 12 内孔可采用滚压孔作为光整加工工艺；锡青铜材料的活塞对开金属支承环 4 也可采用滚压外圆作为光整加工工艺，整体滚压后再剖分为两半。

4.7 带位（置）移传感器的液压缸

4.7.1 带接近开关的拉杆式液压缸

带接近开关的拉杆式液压缸如图 4-36 所示。

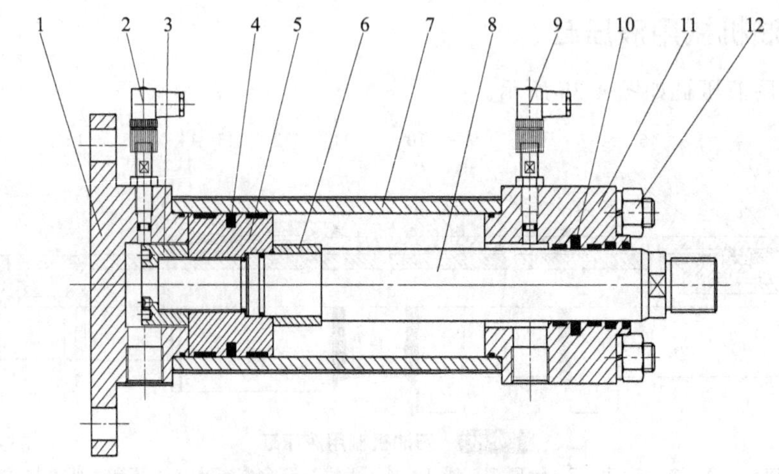

图 4-36 带接近开关的拉杆式液压缸

1—缸底；2—接近开关Ⅰ；3—螺纹缓冲套；4—活塞密封（系统）；5—活塞；6—缓冲套；7—缸筒；8—活塞杆；9—接近开关Ⅱ；10—活塞杆密封系统；11—缸头；12—拉杆组件

(1) 基本参数与使用工况

该液压缸是一种带接近开关的拉杆式液压缸。其公称压力为 6.3MPa，缸径为 80mm，活塞杆直径为 40mm，行程为 150mm。

该液压缸后端矩形法兰安装，活塞杆外螺纹连接。

(2) 结构特点

如图 4-36 所示，除缸筒 7 为 20 钢制造外，其他自制金属机械加工零件皆为 45 钢制造。

其活塞密封（系统）4 为支承环＋同轴密封件＋支承环；活塞杆密封系统 10 为支承环＋同轴密封件＋支承环＋唇形密封圈＋防尘密封圈；静密封皆为 O 形圈密封。

缸行程两端皆设置了固定式缓冲装置。当缸进程到达缓冲套 6 进入缸头 11 缓冲腔时，或当缸回程到达螺纹缓冲套 3 进入缸底 1 缓冲腔时，活塞和活塞杆及其连接的被驱动件开始减速，期望当活塞 5 与缸头 11 或缸底 1 接触时其速度已降为“零”，但这种不可调节的缓冲装置一般达不到如此效果，只能尽量避免零部件间过度碰撞或可达到“当行程到达终点时无金属撞击声”。

该液压缸在两缓冲腔还各设置了接近开关Ⅰ和Ⅱ，当活塞 5 接近或接触缸底 1 或缸头 11 时，接近开关可以发出信号，用于检（监）测和/或控制活塞和活塞杆的行程位置，但一般位置检测及控制精度不高。

4.7.2 带位移传感器的重型液压缸

带位移传感器的重型液压缸如图 4-37 所示。

(1) 基本参数与使用工况

该液压缸是一种设备上的重型液压缸。其公称压力为 25MPa，缸径为 420mm，活塞杆外径为 330mm，行程为 900mm。

该液压缸中部圆法兰安装，活塞杆单耳环连接。

(2) 结构特点

如图 4-37 所示，所有自制金属机械加工零件皆为 45 钢制造。其缸底 2、缸盖 14 与缸筒 9 螺钉连接、紧固；尽管缸盖 14 上设置的活塞杆密封系统 15 包括了一般液压缸所需的功能（件），但为了加强对活塞 7 和活塞杆 10 的支承和导向，又增加了导向套 13。所以严格地

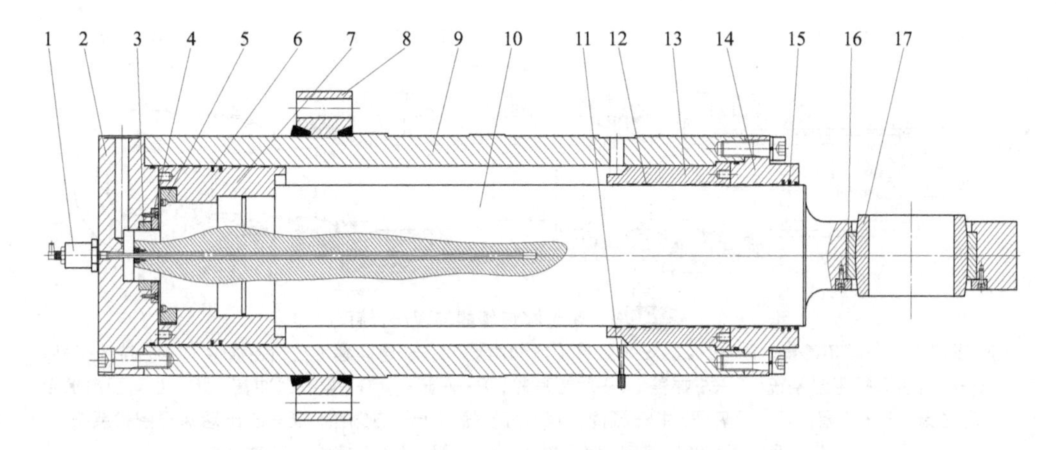

图 4-37 带位移传感器的重型液压缸

1—磁致伸缩位移传感器；2—缸底；3—缓冲腔套；4—固定挡圈；5—圆螺母；6—活塞密封系统；7—活塞；8—中部圆法兰；9—缸筒；10—活塞杆；11—测压接头（2件）；12—活塞杆支承环（6件）；13—导向套；14—缸盖；15—活塞杆密封系统；16—轴承挡圈；17—自润滑关节轴承

讲，此液压缸的活塞杆密封系统应包括导向套 13 上活塞杆支承环 12（6 件）＋缸盖 14 上支承环（2 件）＋同轴密封件（2 件）＋防尘密封圈。

该液压缸活塞 7 与活塞杆 10 螺纹连接，圆螺母 5 锁紧，紧固螺钉紧固防松，且圆螺母 5 沉入活塞 7 端面内，可避免圆螺母 5 碰撞在缸底 2 上。

该液压缸的活塞密封系统 6 为支承环（3 件）＋同轴密封件（2 件）＋支承环（3 件）。

此液压缸的活塞和活塞杆密封系统都采用“冗余设计”。

该液压缸的固定式缓冲装置设计有一定特点：一般液压缸采用缓冲柱塞或缓冲套进入缓冲腔，而此液压缸在缸进程缓冲装置中采用了相反结构；一般液压缸此种固定式缓冲装置一旦制造完毕，其缓冲性能就很难再调整和改变，但此液压缸在缓冲腔处设计了缓冲腔套 3，并通过固定挡圈 4 固定，由于缓冲腔套 3 结构简单，加工、测量相对方便且准确，所以试验或使用时可根据实际情况修改或更换，因此，此液压缸缸回程的缓冲性能就可以在一定范围内做适当调整；另外，在缸回程缓冲装置中还设置了单向阀（图中未示出），其作用前文已有说明。

该液压缸结构还有其他一些特点，如该液压缸设计、安装了磁致伸缩位移传感器；在单耳环内安装了自润滑关节轴承 17，并采用轴承挡圈 16 固定，可以在不便于添加润滑剂或要避免润滑污物污染环境的场合使用；油口皆为法兰油口，且无杆腔为双油口（图中未示出）；两腔皆有测压接头等。

注：图样设计的设计行程为 930mm。

4.7.3 带位移传感器的双出杆缸

带位移传感器的双出杆缸如图 4-38 所示。

(1) 基本参数与使用工况

该液压缸是一种带位移传感器的双出杆拉杆式液压缸。其公称压力为 16MPa，缸径为 140mm，活塞杆外径为 80mm，行程为 160mm。

该液压缸后端耳轴安装，活塞杆单耳环连接。

(2) 结构特点

如图 4-38 所示，除导向套 3、缸筒 13 和传感器安装组件 2 外，其他自制金属机械加工

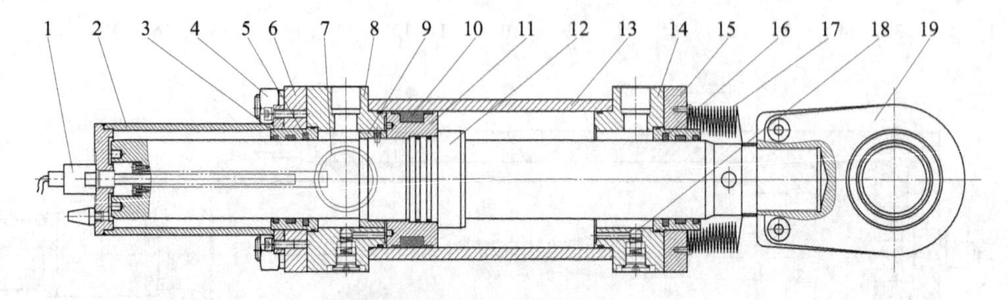

图 4-38 带位移传感器的双出杆缸

1—磁致伸缩位移传感器；2—传感器安装组件（含消声器）；3—导向套（左右各1件）；4—拉杆组件；5—左出活塞杆密封系统；6—左端盖；7—后端耳轴；8—左缸盖；9—螺纹缓冲套；10—双向密封橡胶密封圈；11—活塞；12—活塞杆；13—缸筒；14—右缸盖；15—右端盖；16—右出活塞杆密封系统；17—保护罩；18—单向阀（2件）；19—单耳环（内螺纹关节轴承）

零件皆为45钢制造。其活塞11采用双向密封橡胶密封圈10，因此密封圈组合中有支承环，所以一般不需要再在活塞上另外加装支承环；因为是双出杆缸，其活塞杆从缸体两端（侧）伸出，所以有左出活塞杆密封系统5和右出杆活塞杆密封系统16，两活塞杆密封系统5和16皆为同轴密封件＋唇形密封圈＋防尘密封圈；静密封为O形圈＋挡圈密封。活塞杆12上还设计、安装了保护罩17。

该液压还有如下特点：

① 活塞杆外径相同的双出杆液压缸可以获得一致的缸进程、缸回程速度。

② 缸左出杆用于安装和内置了磁致伸缩位移传感器1的磁环和测杆（波导管）。

③ 缸行程两端皆设置有带单向阀18（2件）的固定式缓冲装置。

④ 传感器安装组件2（包括消声器等）用于安装磁致伸缩位移传感器1，既能防污染，又安全、可靠，且不受工作压力变化影响。

⑤ 用拉杆组件4和单耳环（内螺纹关节轴承）19等设计，此液压缸拆、装容易。

注：图样设计的设计行程为170mm。

4.7.4 带位移传感器的串联缸

带位移传感器的串联缸如图4-39所示。

(1) 基本参数与使用工况

该液压缸是一种带位移传感器的拉杆式液压缸。其公称压力为16MPa，缸径为60mm（非标），活塞杆外径为25mm，行程为45mm。

该液压缸为前、后端部侧脚架安装，活塞杆外螺纹连接。

该液压缸使用航空煤油作为工作介质。

(2) 结构特点

如图4-39所示，串联缸是一种在同一活塞杆上有两个活塞在同一个缸的分隔腔室内运动的缸，其同一活塞杆由活塞杆Ⅰ9和活塞杆Ⅱ17螺纹连接组成，其分隔腔室由中隔盖Ⅰ6、活塞杆Ⅰ密封（系统）7、边墙板8、活塞杆Ⅰ9和中隔板Ⅱ10等分隔，活塞Ⅰ4在缸筒Ⅰ5、活塞Ⅱ12在缸筒Ⅱ13这两个分隔腔室内运动。

此液压缸的后端盖2、活塞杆Ⅰ密封（系统）7、活塞Ⅰ4、缸筒Ⅰ5、中隔板Ⅰ6、活塞杆Ⅰ密封（系统）7、边墙板8和活塞杆Ⅰ9等组成差动缸；活塞杆Ⅰ密封（系统）7、边墙板8、活塞杆Ⅰ9、中隔板Ⅱ10、活塞Ⅱ密封（系统）11、活塞Ⅱ12、缸筒Ⅱ13、前端盖14、活塞杆Ⅱ密封系统15和活塞杆Ⅱ17等组成双出杆缸。差动缸和双出杆缸可以分别控制也可

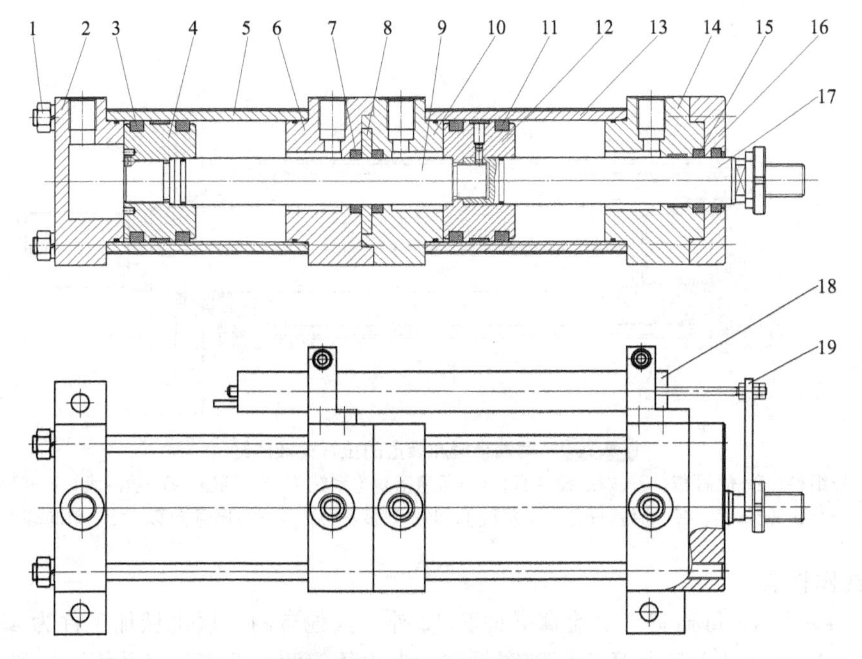

图 4-39 带位移传感器的串联缸

1—拉杆组件；2—后端盖；3—活塞Ⅰ密封（系统）；4—活塞Ⅰ；5—缸筒Ⅰ；6—中隔盖Ⅰ；7—活塞杆Ⅰ密封（系统）；8—边墙板；9—活塞杆Ⅰ；10—中隔盖Ⅱ；11—活塞Ⅱ密封（系统）；12—活塞Ⅱ；13—缸筒Ⅱ；14—前端盖；15—活塞杆Ⅱ密封系统；16—前压盖；17—活塞杆Ⅱ；18—直流差动变压器式位移传感器；19—传感器安装组件

组合控制，所以此串联缸可有等速或差速往复运动，甚至还可有倍增以上的输出力。

其活塞Ⅰ4 和活塞Ⅱ12 密封皆为唇形密封圈，活塞Ⅰ密封（系统）3 和活塞Ⅱ密封（系统）11 中唇形密封圈皆为背靠背安装，且各夹装 1 件支承环；活塞杆Ⅰ9 密封为唇形密封圈，活塞杆Ⅰ密封（系统）7 中唇形密封圈为背靠背安装；活塞杆Ⅱ密封系统 15 为支承环＋唇形密封圈＋防尘密封圈；所有静密封为 O 形圈密封。

所有密封件所用密封材料应能与航空煤油相容；除活塞Ⅰ和Ⅱ为碳钢制造外，其他自制金属机械加工零件皆为不锈钢制造，包括传感器安装组件 19 中的自制金属件。

该液压缸外置安装了直流变压器式位移传感器 18，用于安装此位移传感器的传感器安装组件 19 中的标准件皆进行了表面涂覆。

该液压缸还设置了测压油口，可用于测压和排（放）气，但图中未示出。

该液压缸 4 个油口皆为螺纹油口，其所采用的管接头也为不锈钢材料制成。

4.8 带缓冲装置的液压缸

4.8.1 两端带缓冲装置的拉杆式液压缸

两端带缓冲装置的拉杆式液压缸如图 4-40 所示。

(1) 基本参数与使用工况

该液压缸是缸行程两端带缓冲装置的拉杆式液压缸。其公称压力为 14MPa，缸径为 160mm，活塞杆外径为 90mm，行程为 400mm。

该液压缸矩形前盖式安装，活塞杆外螺纹连接。

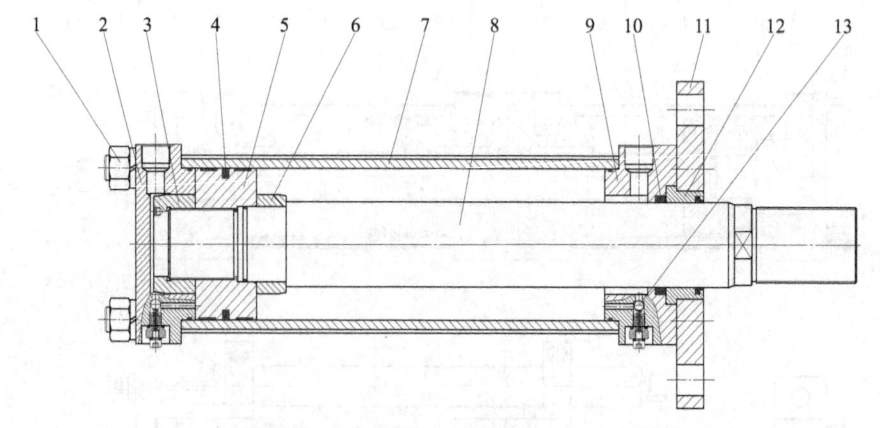

图 4-40 两端带缓冲装置的拉杆式液压缸

1—拉杆组件；2—后缸盖；3—螺纹缓冲套；4—活塞密封（系统）；5—活塞；6—缓冲套；7—缸筒；8—活塞杆；9—前端盖；10—活塞杆密封（系统）；11—安装法兰；12—金属导向套；13—单向阀（2套）

(2) 结构特点

如图 4-40 所示，除缸筒 7 和金属导向套 12 外，其他自制金属机械加工件为 45 钢制造。其活塞密封（系统）4 为支承环＋同轴密封件＋支承环；活塞杆密封（系统）10 为唇形密封圈＋金属导向套 12＋防尘密封圈；静密封为 O 形圈密封。

该液压缸有如下特点：

① 金属导向套 12 采用球墨铸铁，直接用于活塞杆的导向和支承。

② 缸行程两端设有固定式缓冲装置，其组成中各含有外置（外部可拆卸）单向阀 13，可避免缸启动时可能产生的诸多问题。

③ 螺纹缓冲套 3 孔与活塞杆 8 间有止口与导向台肩配合，可保证螺纹缓冲套外圆与缓冲腔孔同轴度公差。

尽管缓冲是运动件（如活塞）趋近其运动终点时借以减速的手段，但还应兼顾液压缸启动性能，不可使液压缸（最低）启动压力超过相关标准的规定，且应避免活塞在启动或离开缓冲区时出现迟动或窜动（异动）、异响等异常情况，其中以设计、安装进油单向阀（油口进油时通，回油时止）为常见手段之一。

4.8.2 两端带缓冲装置的液压缸

两端带缓冲装置的液压缸如图 4-41 所示。

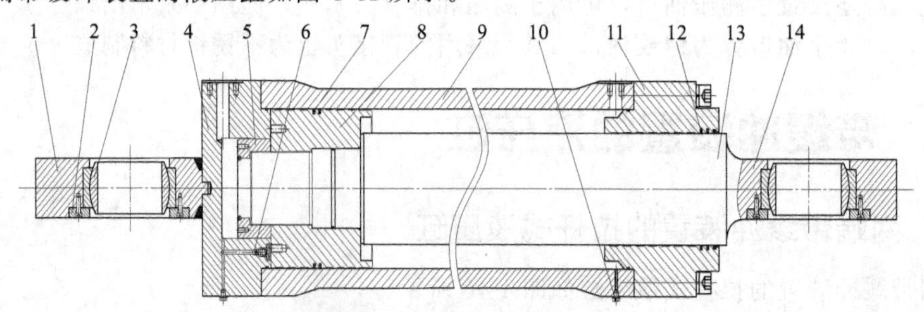

图 4-41 两端带缓冲装置的液压缸

1—后端单耳环；2—轴承压盖（2件）；3—关节轴承（2套）；4—缸底；5—螺纹缓冲套；6—单向阀；7—活塞密封系统；8—活塞；9—缸筒；10—螺塞；11—缸头；12—活塞杆密封系统；13—活塞杆；14—活塞杆单耳环（与活塞杆为一体结构）

(1) 基本参数与使用工况

该液压缸是一种缸行程两端带缓冲装置的液压缸。其公称压力为 25MPa，缸径为 400mm，活塞杆外径为 280mm，行程为 1560mm。

该液压缸单耳环安装，活塞杆单耳环连接。

(2) 结构特点

如图 4-41 所示，该液压缸所有自制金属机械加工件包括缸筒 9 皆为 45 钢制造。缸底 4、缸头 11 与缸筒 9 螺钉连接（缸底 4 与缸筒 9 螺钉连接在图中未示出）；活塞 8 与活塞杆 13 螺纹连接，螺纹缓冲套 5 紧固；后端单耳环 1 与缸底 4 采用焊接结构。其活塞密封系统 7 为支承环（3 道）＋同轴密封件＋同轴密封件＋支承环（3 道）；活塞杆密封系统 12 为支承环（7 道）＋同轴密封件＋同轴密封件＋防尘密封圈；静密封皆为 O 形圈＋挡圈密封。

该液压缸有如下特点：

① 活塞密封系统 7 和活塞杆密封系统 12 皆采用了“冗余设计”。

② 缸行程两端设有固定式缓冲装置，其缸回程缓冲装置组成中含有内置（内部可拆卸）单向阀 6，可避免缸由缸底端启动时可能产生的诸多问题。

③ 缸进程缓冲腔设置在活塞上，结构更为简单。

④ 螺纹缓冲套 5 孔与活塞杆 13 间有止口和导向台肩配合，可保证螺纹缓冲套外圆与缓冲腔孔同轴度公差。

⑤ 两腔皆设置了排（放）气螺塞。

⑥ 两油口皆为法兰连接，安全、可靠。

4.9 伺服液压缸

4.9.1 1000kN 公称拉力的伺服液压缸

如图 4-42 所示的是一种 1000kN 公称拉力的伺服液压缸。

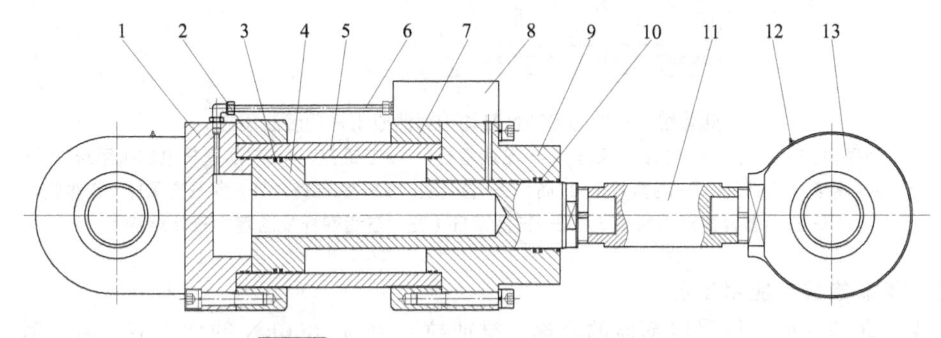

图 4-42 一种 1000kN 公称拉力的伺服液压缸

1—带单耳环缸底；2—螺纹法兰Ⅰ；3—活塞密封系统；4—活塞杆（与活塞一体结构）；5—缸筒；6—无缝钢管；7—螺纹法兰Ⅱ；8—油路块；9—缸头；10—活塞杆密封系统；11—柱式测力传感器；12—油杯（2 件）；13—活塞杆单耳环

(1) 基本参数与使用工况

该液压缸是一种带测力传感器的公称拉力为 1000kN 的伺服液压缸。其公称压力为 28MPa，缸径为 280mm，活塞杆外径为 160mm，行程为 300mm。

该液压缸缸底单耳环安装，活塞杆单耳环连接。

该液压缸主要使用其拉力。

(2) 结构特点

如图 4-42 所示，该液压缸的主要零件采用合金结构钢制造，如缸筒 5 采用 42CrMo、活塞杆 4 采用 30CrMoSiA 等。

其活塞密封系统 3 为支承环＋支承环＋同轴密封件＋同轴密封件＋支承环＋支承环；活塞杆密封系统 10 为支承环（3 道）＋同轴密封件＋同轴密封件＋防尘密封圈；静密封皆采用 O 形圈＋挡圈密封，且所有密封（系统）皆采用“冗余设计”。

该液压缸有如下特点：

① 活塞密封系统 3 和活塞杆密封系统 10 的密封圈皆采用了同轴密封件，（最小）启动压力小，动态特性好。

② 空心活塞杆 4 有利于提高缸回程的动态特性。

③ 油路块 8 上可安装液压阀（包括伺服阀），并可使液压管路在一端安装。

④ 活塞杆上安装了柱式测力传感器 11，可用于检（监）测、计量以及控制输出力等。

⑤ 进一步可安装外置式位移传感器。

注：内空心活塞杆增加了湿容腔体积，一般液压缸不宜采用。

4.9.2 2000kN 缸输出力的双出杆伺服液压缸

如图 4-43 所示的是一种 2000kN 缸输出力的双出杆伺服液压缸。

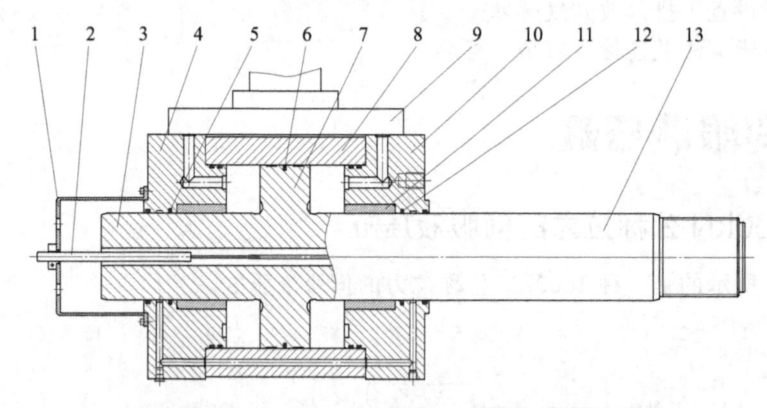

图 4-43 一种 2000kN 缸输出力的双出杆伺服液压缸

1—传感器安装组件；2—位移传感器；3—左活塞杆；4—左缸盖；5—左活塞杆密封（系统）；6—活塞密封（系统）；7—活塞；8—缸筒；9—油路块；10—右端盖；11—金属支承环（2 件）；12—右活塞杆密封（系统）；13—右活塞杆（左、右活塞杆及活塞为一体结构）

(1) 基本参数与使用工况

该液压缸是一种带位移传感器的公称（推或拉）力为 2000kN 的伺服液压缸。其公称压力为 20MPa，缸径为 420mm，活塞杆外径为 200mm，行程为 160mm。

该液压缸为前圆法兰（右活塞杆端）安装，活塞杆外螺纹连接。

(2) 结构特点

如图 4-43 所示，除传感器安装组件 1 和金属支承环 11 外，其他自制金属机械加工件皆为 45 钢制造。其活塞 7 和左、右活塞杆密封（包括防尘密封圈）皆为同轴密封件，活塞杆支承环采用了金属支承环 11（2 件）；静密封为 O 形圈密封。

该液压缸有如下特点：

① 活塞密封（系统）6 和左、右活塞杆密封（系统）5、12 的密封圈皆采用了同轴密封件，（最小）启动压力小，动态特性好。

② 往复运动速度、推拉力可一致或相同。

③ 采用比塑料支承环厚且长的锡青铜金属支承环 11，其导向、支承作用更强。

④ 左、右活塞杆密封（系统）都开设了泄油通道。

⑤ 油路块 9 上可安装液压阀（包括伺服阀），并可使液压管路集中安装。

⑥ 液压缸上安装了位移传感器 2，可用于检（监）测、计量以及控制等。

4.10 高压开关操动机构用液压缸

如图 4-44 所示的是一种高压开关操动机构用液压缸。

(1) 基本参数与使用工况

该液压缸是一种高压开关操动机构碟形弹簧储能用液压缸，工作介质一般为航空液压油，其公称压力为 40MPa，活塞杆Ⅰ（活塞）直径为 140mm，活塞杆Ⅱ直径为 110mm，行程为 85mm。

液压缸带定位凸台，通过对开式卡键定位、安装，活塞杆Ⅱ螺纹连接。

(2) 结构、工艺特点

如图 4-44 所示，该液压缸缸体 3 和活塞杆Ⅰ、Ⅱ皆为合金钢制造，其活塞杆Ⅰ、活塞杆Ⅱ及活塞（图示中未给出单独序号）为一体结构，且活塞直径与活塞杆Ⅰ外径相等。

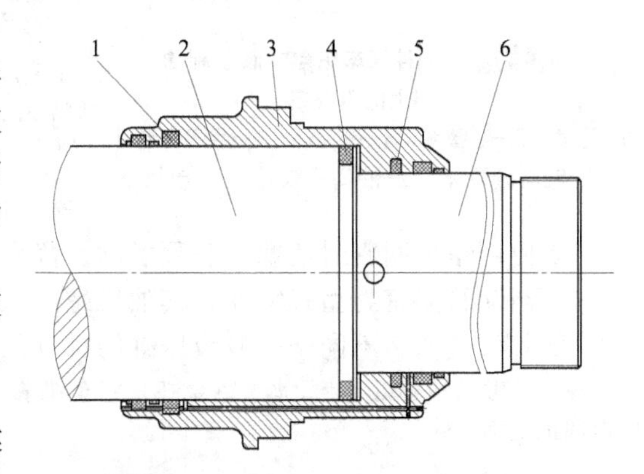

图 4-44 一种高压开关操动机构用液压缸

1—活塞杆Ⅰ（活塞）密封系统；2—活塞杆Ⅰ（活塞）；3—缸体；4—活塞密封；5—活塞杆Ⅱ密封系统；6—活塞杆Ⅱ（与活塞为一体结构）

其活塞杆Ⅰ密封系统 1 为唇形密封圈＋支承环＋防尘密封圈；活塞杆Ⅱ密封系统 5 为同轴密封件＋唇形密封圈＋支承环；活塞密封为同轴密封件。为避免液压缸的外泄漏及为唇形密封圈提供可靠的润滑油膜，在活塞密封 4 与活塞杆Ⅰ密封系统 1 间及活塞杆Ⅱ6 同轴密封件与唇形密封件间开有泄漏通道并相互贯通。

液压缸由活塞杆配油，且处于常加压状态。

该液压缸缸体毛坯为锻件，其材料利用率偏低，宜采用模锻，但一次性投入较大，因批量较大，有进一步研究的必要。

另外，该液压缸缸体的一个特殊加工工艺是：因该液压缸批量较大，为了能达到“同一制造厂生产的型号相同的液压缸的缸体（筒），必须具有互换性”的要求，尽管缸体与活塞杆没有直接接触，但缸体与活塞杆外圆偶合的内孔仍采用了滚压孔作为其光整加工工艺。

注：参考了陈保伦编著的《液压操动机构的设计与应用》，该参考资料介绍了具体使用的航空液压油牌号为 Esso（埃索）Univis　J 13 或 Aero（壳牌）shell　fluid 4。

4.11 汽车及其他车辆用液压缸

4.11.1 汽车钳盘式液压制动器上的液压缸

如图 4-45 所示的是一种汽车钳盘式液压制动器上的液压缸。

(1) 基本参数与使用工况

汽车钳盘式制动器上的分泵是一种柱塞式液压缸，如图 4-45 所示为一种轻型客车前盘、

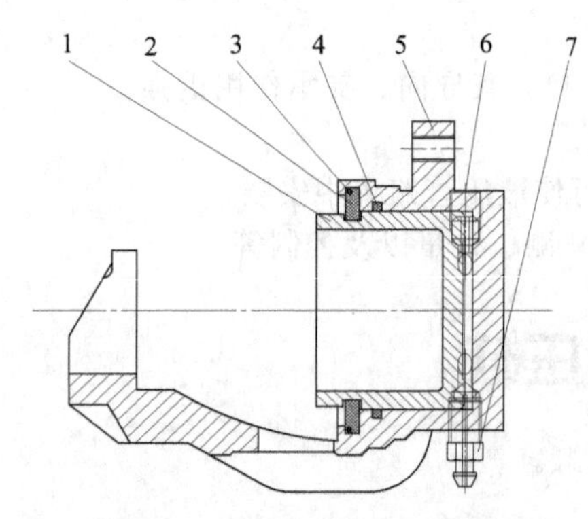

图 4-45 一种汽车钳盘式液压制动器上的液压缸

1—活塞；2—活塞套；3—开口环；4—活塞密封件；5—制动分泵体；6—油口螺纹孔；7—放气塞

后鼓式制动系统中的（前）钳盘式液压制动器。其公称压力为 16MPa（最高工作压力≤8MPa），缸内径（活塞直径）为 66mm，行程为 20mm。

汽车钳盘式制动器以机动车辆制动液为工作介质。

（2）结构特点

如图 4-45 所示，该液压缸的制动分泵体 5 为球墨铸铁、活塞 1 为锻钢或铸钢制造。其活塞密封件 4 为矩形圈。

该液压缸动作频繁，有时行程很短，且是汽车上的保安件，要求安全、可靠，因此具有如下一些特点：

① 活塞套 2（防护罩或保护罩）安装结构特殊，能有效保护活塞 1。

② 使用矩形圈密封活塞，兼顾了动、静密封要求，而且安全、可靠。

③ 制动管路密封型式特殊，其油口螺纹孔 6 内预装配了扩口式管接头密封垫。

④ 其放气塞 7 不同于一般液压缸的排气阀。

注：参考了易毓编《丰田海狮（金杯）客车维修手册》及相关标准，其术语等与 GB/T 17446—2012 规定的词汇不一致。

4.11.2 汽车用支撑液压缸

如图 4-46 所示的是一种汽车用支撑液压缸。

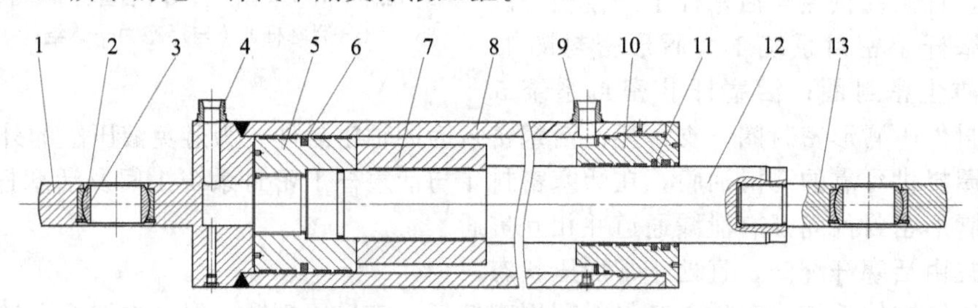

图 4-46 一种汽车用支撑液压缸

1—带单耳环的缸底；2—向心关节轴承；3—孔用弹性挡圈；4—无杆腔油口；5—活塞；6—活塞密封（系统）；7—中隔圈；8—缸筒；9—有杆腔油口；10—缸盖；11—活塞杆密封系统；12—活塞杆；13—单耳环

（1）基本参数与使用工况

该液压缸是一种汽车用支撑液压缸。其公称压力为 16MPa，缸径为 160mm，活塞杆外径为 90mm，行程为 900mm。

该液压缸缸底单耳环安装，活塞杆端单耳环连接。

该液压缸以抗磨液压油为工作介质，最高工作温度为 120℃。

（2）结构特点

如图 4-46 所示，除带单耳环缸底 1 和缸筒 8 外，其他自制金属机械加工件为 45 钢制造。其活塞密封（系统）6 为支承环＋支承环＋同轴密封件＋支承环＋支承环；活塞杆密封系统 11 为支承环（3 道）＋同轴密封件＋唇形密封圈＋防尘密封圈；所有静密封为 O 形圈＋挡圈密封。

因该液压缸用于支撑，所以活塞密封（系统）6 和活塞杆密封系统 11 尽量加大（长）了导向和支承长度，同时还设计了中隔圈 7，进一步增加了支承长度。

因该液压缸最高工作温度可达到＋120℃，所以密封材料选用氟橡胶和聚四氟乙烯。

该液压缸两腔油口 4 和 9 为焊接式锥密封管接头，此种接头可在公称压力 31.5MPa 下使用，且能自动对准中心，密封更可靠、抗振能力更强。

采用孔用弹性挡圈 3 固定向心关节轴承 2 是一种常见的轴承固定方法。

因一般往复运动橡胶密封圈材料（浇注型聚氨酯橡胶材料）的工作温度范围为－40～＋80℃，所以在超过其工作温度范围进行装配、试验（如高温试验）、使用时必须十分小心。

4.11.3 汽车用转向液压缸

如图 4-47 所示的是一种汽车用转向液压缸。

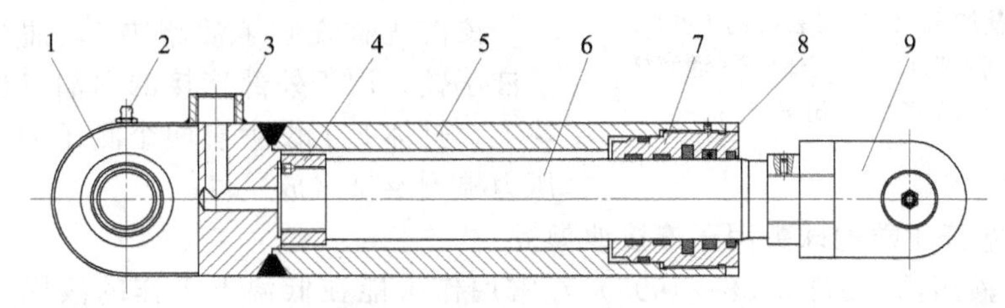

图 4-47 一种汽车用转向液压缸

1—带单耳环缸底；2—油杯（2 件）；3—油口；4—限位螺纹套；5—缸筒；6—活塞杆；7—缸盖；8—活塞杆密封系统；9—双耳环

（1）基本参数与使用工况

该液压缸是一种汽车上使用的单作用转向液压缸。其公称压力为 20MPa，活塞杆外径为 55mm（非标），行程为 160mm。

该液压缸缸底单耳环安装，活塞杆端双耳环连接。

（2）结构特点

如图 4-47 所示，该液压缸所有自制金属机械加工件皆为 45 刚制造。其活塞杆密封系统 8 为支承环＋支承环＋同轴密封件＋唇形密封圈＋防尘密封圈；静密封为 O 形圈＋挡圈密封。

该液压缸是一种单作用液压缸，但通过设有的限位螺纹套 4 限定了活塞杆的行程，此螺纹限位套 4 是缸行程的实际限位器，可避免活塞杆射出。

因汽车用液压缸动作频繁，所以在安装、连接处都设置了润滑装置，可通过油杯 2（2 件）润滑各轴销，其中双耳环端油杯安装在轴销端部。

各螺纹连接处皆有紧固螺钉防松设计。

设置在活塞杆上的柱塞缸行程限位器，不管是分体式（如上文的限位螺纹套），还是一体式（如图 4-34 所示活塞杆）都不具有密封功能。对在 GB/T 17446—2012《液压机　名词术语》中“活塞头”这种说法，作者持有不同意见，请见本书第 2.1.3 节。作者认为以“活塞头”命名上述活塞杆头结构较为贴切。本书中的“活塞头”的一般含义即为上述所述。

4.11.4 带液压锁的支腿液压缸

如图 4-48 所示的是一种车辆用带液压锁的支腿液压缸。

（1）基本参数与使用工况

该液压缸是一种车辆上使用的带液压缸锁（液控单向阀）的支腿液压缸。其公称压力为

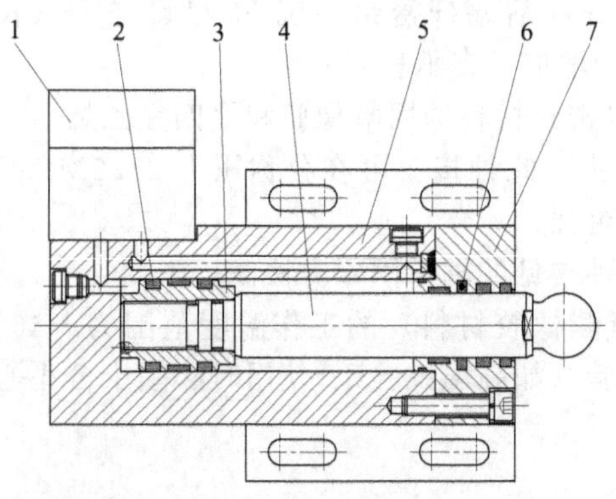

图 4-48 一种车辆用带液压锁的支腿液压缸
1—油路块（含叠加阀）；2—活塞密封（系统）；3—活塞；4—活塞杆；5—缸体；6—活塞杆密封系统；7—缸盖

20MPa，缸内径为 40mm，活塞杆外径为 28mm，行程为 80mm。

该液压缸支架安装，活塞杆端球头连接。

该液压缸以航空液压油为工作介质。

(2) 结构特点

如图 4-48 所示，除活塞杆 4 为合金钢制造外，其他机械加工零件为 45 钢制造。其活塞密封（系统）2 为唇形密封圈＋支承环＋唇形密封圈；活塞杆密封系统 6 为支承环＋同轴密封件＋唇形密封圈＋防尘密封圈；静密封为 O 形圈＋挡圈密封。

该液压缸安装了油路块 1，油路块 1 上叠加了液压锁，用于外部连接的两油口也设置在油路块上。缸体 5 上设置有两个测压油口，用于两腔压力检测及排（放）气。

设置在活塞杆 4 端的球头用于连接地脚板。

10 号航空液压油（SH 0358—1995）经常用作可能在低温下工作的液压系统及液压缸[如除雪车（机）用液压缸等]的工作介质，但其在低温下的运动黏度也很大。

该标准规定的 10 号航空液压油在－50℃下的运动黏度不大于 $1250mm^2/s$。

4.12 伸缩液压缸

4.12.1 带支承阀的二级伸缩缸

如图 4-49 所示的是一种带支承阀的二级伸缩缸。

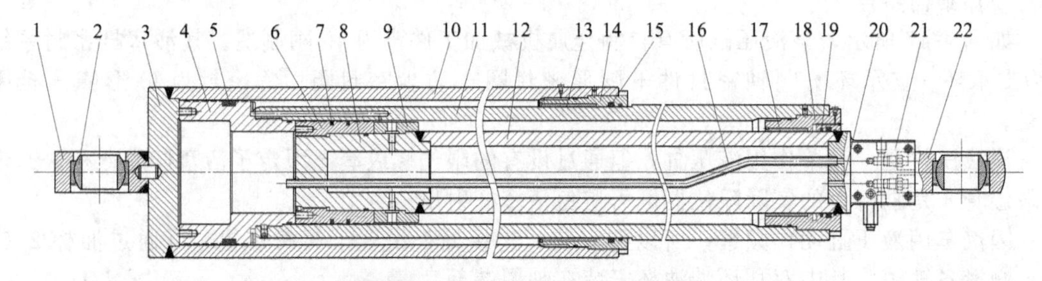

图 4-49 一种带支承阀的二级伸缩缸
1—缸底单耳环；2—向心关节轴承；3—缸底；4—一级活塞；5—一级活塞密封（系统）；6—二级活塞；7—二级活塞密封；8—二级活塞杆端堵；9—二级缸中隔圈；10—缸筒；11—一级活塞杆；12—二级活塞杆；13—一级活塞杆金属支承环；14—一级缸盖；15—一级活塞杆密封（系统）；16—无缝钢管；17—二级活塞杆金属支承环；18—二级缸盖；19—二级活塞杆密封（系统）；20—有杆腔油道；21—油路块；22—二级活塞杆单耳环

(1) 基本参数与使用工况

该液压缸为一种带支承（撑）阀的两级伸缩缸。其公称压力为 25MPa，一级缸内径为 320mm，一级活塞杆外径为 290mm，一级缸行程 900mm；二级缸内径为 230mm，二级活塞杆外径为 180mm，二级缸行程为 3000mm。

该伸缩缸缸底单耳环安装，二级活塞杆单耳环连接。

(2) 结构特点

伸缩缸是靠空心活塞杆一个在另一个内部滑动来实现两级或多级外伸（或内缩）的缸。

如图 4-49 所示，除一、二级活塞杆金属支承环 13、17 和无缝钢管 16 外，其他自制金属机械加工件皆为 45 钢制造。

其一级活塞密封（系统）5 为支承环（3 道）＋双向密封橡胶密封圈＋支承环，一级活塞杆密封（系统）15 为一级活塞杆金属支承环 13＋唇形密封圈＋防尘圈；其二级活塞密封 7 为支承环（3 道）＋同轴密封件＋支承环＋同轴密封件＋支承环（2 道），二级活塞杆密封（系统）19 为二级活塞杆金属支承环 17＋同轴密封件＋唇形密封圈＋防尘密封圈；所有静密封为 O 形圈＋挡圈密封。

该液压缸有如下特点：

① 其二级活塞杆 12 为空心，并通过它为有杆腔配油。

② 活塞杆端配油，并通过油路块 21 与外部管路连接。

③ 油路块上插装了（带）支承阀（组）。

④ 两腔都设有测压油口（有杆腔测压油口图中未示出）。

⑤ 两活塞密封不同，一级活塞密封采用了双向密封橡胶密封圈。

⑥ 两活塞杆分别采用了金属支承环 13 和 17，其支承和导向作用更强。

⑦ 通过加装二级缸中隔圈 9，增加了液压缸的支承长度。

⑧ 还有一些结构细节，如缸底单耳环 1 与缸底间采用圆柱销定位等值得参考、借鉴。

4.12.2 四级伸缩缸

如图 4-50 所示的是一种四级伸缩缸。

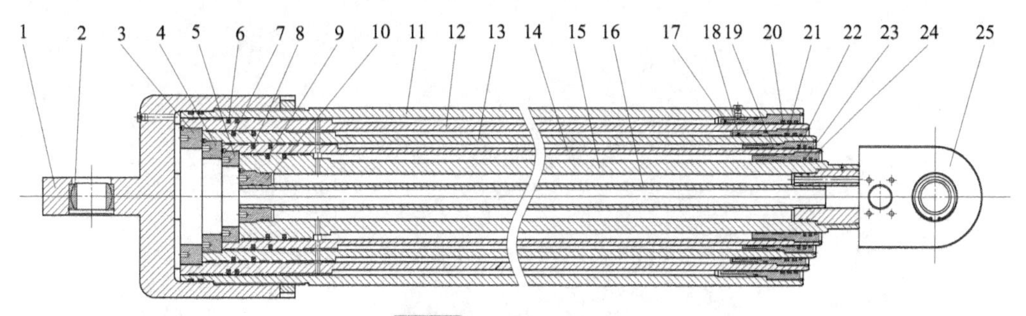

图 4-50 一种四级伸缩缸

1—带单耳环缸底；2—向心关节轴承；3—一级活塞杆挡圈；4—二级活塞杆挡圈；5—三级活塞杆挡圈；6—一级活塞密封系统；7—二级活塞密封系统；8—三级活塞密封系统；9—四级活塞密封系统；10—四级活塞杆端堵；11—缸筒；12—一级活塞杆（与一级活塞为一体结构）；13—二级活塞杆（与二级活塞为一体结构）；14—三级活塞杆（与三级活塞为一体结构）；15—四级活塞杆（与四级活塞为一体结构）；16—无缝钢管；17—一级缸缸盖；18—二级缸缸盖；19—三级缸缸盖；20—一级活塞杆密封系统；21—二级活塞杆密封系统；22—三级缸活塞杆密封系统；23—四级缸活塞杆密封系统；24—四级缸缸盖；25—活塞杆单耳环

(1) 基本参数与使用工况

该液压缸是一种四级伸缩缸。其公称压力为 20MPa，一级缸内径为 310mm，一级活塞杆外径为 290mm，一级缸行程为 1770mm；二级缸内径为 270mm，二级活塞杆外径为 240mm，二级缸行程 1788mm；三级缸内径为 210mm，三级活塞杆外径为 190mm，三级缸行程为 1804mm；四级缸内径为 170mm，四级活塞杆外径为 140mm，四级缸行程为 1838mm。

缸底单耳环安装，四级活塞杆单耳环连接。

(2) 结构特点

如图 4-50 所示，缸筒 11，各级活塞杆 12、13、14、15 及各级缸缸盖 17、18、19 等为合金钢制造，其他自制机械加工件如带单耳环缸底 1，各级活塞杆挡圈 3、4、5 和四级活塞杆端堵 10 等为 45 钢制造。

该液压缸缸筒 11、带单耳环缸底 1 和一级缸盖 17 螺纹连接，其中与带单耳环缸底 1 内螺纹连接的缸筒 11 此端为外螺纹，且由圆螺母锁紧、防松；各级活塞杆与挡圈、端堵和缸盖及活塞杆单耳环 25 等也为螺纹连接，紧定螺钉防松。

该液压缸各级活塞密封系统 6、7、8、9 皆为多道支承环＋2 道同轴密封件；各级活塞杆密封系统 20、21、22、23 皆为多道支承环＋2 道同轴密封件＋滑环式防尘圈；静密封皆为 O 形圈＋挡圈密封。

两法兰油口设置在活塞杆单耳环 25 上，无杆腔通过无缝钢管 16 与其一法兰油口连接，无缝钢管 16 两端与四级活塞杆端堵 10、活塞杆单耳环 25 由 O 形圈＋挡圈密封。

无杆腔和一级缸有杆腔皆设有测压油口，可用于检（监）测压力和排（放）气。

注：图示为非实际安装型式。

第5章 液压缸试验、使用及其维护

5.1 液压缸试验

5.1.1 液压缸试验项目和试验方法

液压缸各相关标准规定的液压缸试验项目和试验方法见表5-1，适用于液压缸产品性能的出厂检验和/或型式检验。

表5-1 液压缸试验项目和试验方法

序号	试验项目	试验方法
GB/T 15622—2005《液压缸试验方法》		
6.1	试运行	调整试验系统压力，使被试液压缸在无负载工况下启动，并全行程往复运动数次，完全排除液压缸内的空气
6.2	启动压力特性试验	试运转后，在无负载工况下，调整溢流阀，使无杆腔(双作用液压缸，两腔均可)压力逐渐升高，至液压缸启动时，记录下的启动压力即为最低启动压力
6.3	耐压试验	使被试液压缸活塞分别停在行程的两端(单作用液压缸处于行程极限位置)，分别向工作腔施加1.5倍的公称压力，型式试验保压2min；出厂试验保压10s
6.4	耐久性试验	在额定压力下，使被试液压缸以设计要求的最高速度连续运行，速度误差为±10%，一次连续运行8h以上。在试验期间，被试液压缸的零件均不得进行调整。记录累计行程
6.5.1	内泄漏	使被试液压缸工作腔进油，加压至额定压力或用户指定压力，测定经活塞泄漏至未加压腔的泄漏量
6.5.2	外泄漏	进行6.2、6.3、6.4、6.5.1规定的试验时，检测活塞杆处的泄漏量；检查缸体各静密封处、结(接)合面和可调节机构处是否有渗(泄)漏现象
6.5.3	低压下的泄漏试验	当液压缸内径大于32mm时，在最低压力0.5MPa(5bar)下；当液压缸内径小于等于32mm时，在1MPa(10bar)压力下，使液压缸全行程往复运动3次以上，每次在行程端部停留至少10s 在试验过程中进行下列检测： a. 检查运动过程中液压缸是否振动或爬行 b. 观察活塞杆密封处是否有油液泄漏。当试验结束时，出现在活塞杆上的油膜不足以形成油滴或油环 c. 检查所有静密封处是否有油液泄漏 d. 检查液压缸安装的节流和(或)缓冲元件是否有油液泄漏 e. 如果液压缸是焊接结构，应检查焊缝处是否有油液泄漏
6.6	缓冲试验	将被试液压缸工作腔的缓冲阀全部松开，调节试验压力为公称压力的50%，以设计的最高速度运行，检测当运行至缓冲阀全部关闭时的缓冲效果

续表

序号	试验项目	试验方法
6.7	负载效率试验	将测力计安装在被试液压缸的活塞杆上，使被试液压缸保持匀速运动，按下式计算出在不同压力下的负载效率，并绘制负载效率特性曲线 $$\eta=\frac{W}{pA}\times 100\%$$
6.8	高温试验	在额定压力下，向被试液压缸输入90℃的工作油液，全行程往复运行1h
6.9	行程检验	使被试液压缸的活塞或柱塞分别停在行程两端极限位置，测量其行程长度
GB/T 24946—2010《船用数字液压缸》		
6.4.1	外观	用目测法检查数字缸的表面
6.4.2.2	材料	按GB/T 5777—2008规定的方法对缸筒和法兰焊缝进行100%的探伤
6.4.3.1	(高环境)温度	在环境温度为65℃±5℃时，将试验液压液的温度保持在70℃±2℃，数字缸以100～120mm/s的速度，全行程连续往复运行1h
6.4.3.2	(低环境)温度	在环境温度为－25℃±2℃时，保温0.5h，然后供入温度为－15℃的液压油，数字缸以100～120mm/s的速度，全行程连续往复运行5min
6.4.4	倾斜与摇摆	按CB 1146.8—1996规定的方法对数字缸进行倾斜与摇摆试验
6.4.5	振动	按CB 1146.9—1996规定的方法对数字缸进行振动试验
6.4.6	盐雾	按CB 1146.12—1996规定的方法对数字缸进行盐雾试验
6.4.7	工作介质	用颗粒计数法或显微镜法测量油液的固体颗粒污染度等级
6.4.8	耐压强度	将被试数字缸的活塞分别停留在缸的两端(单作用数字缸处于行程极限位置)，分别向工作腔输入1.5倍的公称压力的油液，保压5min
6.4.9	密封性	将被试数字缸的活塞分别停留在缸的两端(单作用数字缸处于行程极限位置)，分别向工作腔输入1.25倍的公称压力的油液，保压5min
6.4.10	最低起动压力	数字缸在无负载工况下，调整溢流阀，使进油压力逐渐升高，至数字缸启动，测量此时的液压进口压力
6.4.11	脉冲当量	将油缸活塞杆前端固定一个防止活塞杆转动的导轨。给定1000个脉冲，检查油缸的行程，连续往一个方向运行5～10次，最后用总行程除脉冲总数，得到平均脉冲当量为脉冲当量的实际值
6.4.12	最低稳定速度	在回油背压小于0.2MPa、活塞杆无负载的情况下，使数字缸平稳运行，全程运行不少于2次，测量数字缸运行速度
6.4.13	最高速度	用数字控制器控制数字缸，使速度达到每秒2000个脉冲当量并走满行程
6.4.14	(行程)重复定位精度	用数字控制器控制数字缸，在保证液压缸活塞杆无转动的情况下，用百分表或传感器检测(行程)重复定位精度，在不同位置上重复3次，求平均值
6.4.15	分辨率	用数字控制器控制数字缸，在保证液压缸活塞杆无转动的情况下，用百分表或传感器检测分辨率
6.4.16	死区	用数字控制器控制数字缸，在保证液压缸活塞杆无转动的情况下，用百分表或传感器检测死区
6.4.17.1	(高)脉冲频率	重复向被试数字缸输入1000个脉冲，脉冲频率从2000Hz开始，每次增加100Hz，直到3000Hz
6.4.17.2	(低)脉冲频率	重复向被试数字缸输入500个脉冲，脉冲频率从50Hz开始，每次减少5Hz，直到10Hz
6.4.18	耐久性	在公称压力下，被试数字缸按GB/T 24946—2010中图2试验回路，以设计的最高速度(误差在±10%之间)连续运行，一次连续运行时间不小于8h，试验期间被试数字缸的零件均不应进行调整
6.4.19	清洁度	按JB/T 7858—2006规定的方法，测量数字缸的清洁度

续表

序号	试验项目	试 验 方 法
JB/T 6134—2006《冶金设备用液压缸(*PN*≤25MPa)》		
6.4.1	空载运转	被试缸在无载工况下,全行程上进行5次试运转
6.4.2	有载运转	把试验回路压力设定为公称压力施加负载,以JB/T 6134—2006中表1的最低及最高速度,分别在全行程动作5次以上,当被试缸的行程特别长时,可以改变加载缸的位置,在全行程上依次分段进行有载试运转
6.4.3	最低启动压力	在6.4.1试验时,从无杆侧逐渐施加压力,测其活塞的最低启动压力
6.4.4	内泄漏	将被试缸的活塞固定在行程的两端(当行程超过1m时,还需固定在中间),在活塞的一侧施加公称压力,测量活塞另一侧的内泄漏量
6.4.5	外泄漏	在6.4.1、6.4.2、6.4.4、6.4.7、6.4.9试验时,测量活塞杆防尘圈处的泄漏量
6.4.6	负载效率	调节溢流阀,使进入被试缸无杆侧的压力逐渐升高,测出不同的压力下的负载效率,并会出负载曲线
6.4.7	耐压试验	在被试缸无杆侧和有杆侧分别施加公称(压)力*PN*的1.5倍(当*PN*>16MPa时,应为1.25倍),将活塞分别停在行程的两端,保压2min进行试验
6.4.8	耐高温试验	被试缸在满载工况下,通如90℃±3℃的油液,连续运转1h以上进行试验
6.4.9	耐久性试验	被试缸在满载工况下,使活塞以JB/T 6134—2006中表1规定的最高速度±10%连续运转,一次连续运转时间不得小于8h。活塞移动距离为150km,在试验中不得调整被试缸的各个零件
6.4.10	全行程检验	在6.4.1试验时,将活塞分别停留在行程的两端,测量全行程长度,应符合设计要求及JB/T 6134—2006中表15的规定
JB/T 9834—2014《农用双作用油缸　技术条件》		
7.3.1.1	试运行	被试油缸排出内腔空气后,分别在空载压力下和试验压力下全行程往复运行5次
7.3.1.2	最低启动压力	分别给无外负荷的被试油缸两腔供油,并逐渐增加压力至活塞开始运动。活塞开始移动的压力称为启动压力。本试验中油缸非工作腔中压力应为0,加载油缸应脱开
7.3.1.3	耐压性	活塞分别位于油缸两端,向空腔供油,使油压为试验压力的1.5倍,保压2min
7.3.1.4	内泄漏	分别向被试油缸两腔供油,关死通供油腔的截止阀。用加载油缸使供油腔油压达到试验压力,1min后进行测量。本试验非供油腔油压为0
7.3.1.5	定位性能	将定位卡箍固定在活塞杆中间位置,在试验压力下运行5次
7.3.1.6	行程检验	使活塞分别停留在行程两端的极限位置,测量其行程长度
7.3.1.7	装配质量	采用目测法
7.3.1.8	外观质量	采用目测法或手摸法
7.3.1.9	外渗漏检验	在上述各项试验过程中,活塞杆处不得渗漏
JB/T 11588—2013《大型液压油缸》		
5.2.1.1	准备运转	试验前应进行准备运转。在无负荷状态下启动,并全行程往复运动数次,完全排除液压油缸内的空气,运行应正常
5.2.1.2	最低启动压力	不加负荷液压从零渐增至活塞杆平稳移动时,测定活塞在缸内接近两端及中间的三处的最低启动压力,取其最大值
5.2.1.3	内泄漏	在公称工作压力下,活塞分别停于液压油缸的两端,保压30min,测定经活塞泄漏至未加压腔的泄漏量
5.2.1.4	外泄漏	在公称工作压力下,活塞分别停于液压油缸的两端,保压30min,观测渗漏情况
5.2.1.5	耐压性	使被试液压油缸活塞分别停在行程的两端,分别向工作腔施加1.5倍的公称工作压力,型式试验保压2min;出厂试验保压10s
5.2.2	低压下的泄漏	在最低启动压力下,使液压油缸全行程往复运动3次以上,每次在行程端部停留至少10s 在试验过程中进行下列检测: a. 检查运动过程中液压油缸是否振动或爬行

续表

序号	试验项目	试验方法
5.2.2	低压下的泄漏	b. 观察活塞杆密封处是否有油液泄漏。当试验结束时，出现在活塞杆上的油膜不足以形成油滴或油环 c. 检查所有静密封处是否有油液泄漏 d. 检查液压缸安装的节流和(或)缓冲元件是否有油液泄漏 e. 如果液压缸是焊接结构，应检查焊缝处是否有油液泄漏
5.2.3	缓冲试验	将被试液压缸工作腔的缓冲阀全部松开，调节试验压力为公称压力的50%，以设计的最高速度运行，检测当运行至缓冲阀全部关闭时的缓冲效果
5.2.4	清洁度	利用一腔加压另一腔排油，用油污检测仪对液压油缸排出的油液进行检测
5.2.5	动负荷试验	液压油缸动负荷试验在用户现场进行，观察动作是否平稳、灵活
6.2.6	行程检验	使被试液压油缸的活塞分别停在行程极限位置，测量其行程长度
CB/T 3812—2013《船用舱口盖液压缸》		
5.3.1	试运行	在无负荷工况下，全行程往复运行5次以上，排出空气，观察运行、外观
5.3.2	最低启动压力	将液压缸放在水平安全(安装)位置并在无负荷工况下，使进入液压缸的油压从零逐步升高，测量液压缸活塞启动时的压力
5.3.3	最低稳定速度	在公称压力下，被试缸以8～10mm/s的速度，全行程动作2次以上，不得有爬行等异常现象
5.3.4	内泄漏量	分别将活塞停在液压缸的两端及中部，在被试液压缸工作腔输入公称压力的油液，测量经活塞泄漏至未加压腔的泄漏量
5.3.5	负载效率	将测力计装在被试缸的活塞杆上，使进入被试液压缸的压力逐渐升高，按公式求出各点效率 $$\eta=\frac{W}{F}\times 100\%$$ $$F=p_1S_1-p_2S_2$$
5.3.6	耐压试验	将被试液压缸的活塞停留在行程的两端，使进入液压缸的油压力为公称压力的1.5倍，保压5min
5.3.7	外泄漏量	在公称压力下全行程往复运行10次，活塞杆密封处应无油滴下；各静密封处和动密封处静止时，不应有泄漏；活塞杆动密封处换向1万次后，外泄漏不成滴；每移动100mm：对活塞杆直径 $d\leqslant 50$mm，外泄漏量不大于0.05mL/min；对活塞杆直径 $d>50$mm，外泄漏量不大于 $0.001d$(mL/min)
5.3.8	缓冲效果	将(在)被试液压缸的输入压力为公称压力的50%情况下以设计的最高速度进行试验，观察活塞运动情况
5.3.9	耐久性	在公称压力下，连续动作试验累计往复动作5000次，要求运行正常，不得更换零部件(含密封件)，检查外泄漏及内泄漏
5.3.10	拆检	试验完毕后，检查外形尺寸、缸筒内径、活塞外径、导向塞(套)外径、活塞杆外径、密封件等
5.4	清洁度	清洗液压缸内腔，然后将清洗液缓慢倒入放置在漏斗孔口的滤膜(精度为0.8μm)上过滤，过滤完后烘干、称重，过滤膜滤后的重量与过滤前的重量之差，即为液压缸内腔污染物的重量
5.5.1	(高温)环境适应性	在环境温度为65℃±5℃时，将试验液压液的温度保持在70℃±2℃，液压缸缸以100～120mm/s的速度，全行程连续往复运行1h
5.5.2	(低温)环境适应性	在环境温度为－25℃±2℃时，保温0.5h，然后供入温度为－15℃的液压油，工作约10min
DB44/T 1169.2—2013《伺服液压缸　第2部分：试验方法》		
4.1	试运行	使被试液压缸在无负载工况下起动，并全程往复运动5～8次，完全排净液压缸内空气，初步检查装配、运行是否良好

序号	试验项目	试验方法
4.2.2	无杆腔耐压试验	当被试液压缸额定工作压力≤16MPa时，耐压试验压力为额定工作压力的1.5倍；当被试液压缸额定工作压力＞16MPa时，耐压试验压力为额定工作压力的1.3倍。在(上述)调定压力下进行保压(型式试验保压10min，出厂试验保压5min)，在保压过程中，观察被试液压缸缸体是否有过大变形、开裂、渗漏或泄漏
4.2.4	有杆腔耐压试验	
4.3.2	无杆腔内泄漏试验	在额定工作压力(试验压力)下保压5min，并用适当容器，收接从有杆腔油口E流出的全部油液。计算每分钟流出油液的体积，即为被测液压缸无杆腔在试验压力下的内泄漏流量
4.3.4	有杆腔内泄漏试验	在额定工作压力(试验压力)下保压5min，并用适当容器，收接从无杆腔油口E流出的全部油液。计算每分钟流出油液的体积，即为被测液压缸有杆腔在试验压力下的内泄漏流量
4.4.2	无杆腔外泄漏试验	(在)进行4.3.2试验时，检测活塞杆密封处的外泄漏量，检查缸体各密封部位、可调节机构以及传感器等安装部位是否有渗漏现象
4.4.4	有杆腔外泄漏试验	(在)进行4.3.4试验时，检测活塞杆密封处的外泄漏量，检查缸体各密封部位、可调节机构以及传感器等安装部位是否有渗漏现象
4.5	最低启动压力试验	(省略)
4.6	带载动摩擦力试验	(在)活塞杆带负荷移动条件下，缸筒、端盖和密封装置对活塞杆产生的运动阻力(进行检测)
4.7	阶跃响应试验	(省略)
4.8	频率响应试验的一般规定	在带载条件下，对被试液压缸位移跟踪稳态响应参数进行检测
4.9.1	偏摆试验的一般规定	在带负载条件下，对活塞直径大于500mm以上被试液压缸活塞运动过程中产生的偏摆量进行检测
4.10	低压下的泄漏试验	试验步骤如下： a. 在供油压力0.5MPa、1.5MPa、3MPa下，分别使液压缸全程往复运动6次，每次在行程终端停留至少10s b. 检查运动过程中液压缸是否有卡滞或爬行 c. 观察活塞杆密封处是否有油液泄漏，当检验结束时出现在活塞杆上的油膜应不足以形成油滴 d. 检查所有静密封处、焊缝处是否有油液泄漏
4.11	行程检测	使被试液压缸的活塞或柱塞分别停留在行程两端极限位置，测量其行程
4.12	负载效率试验	对产品由此要求时，参考GB/T 15622—2005《液压缸试验方法》相关条款进行
4.13	高温试验	对产品由此要求时，在额定压力下，向被试液压缸输入90℃的工作油液，全行程往复运行1h，观察液压缸是否有异常现象
4.14	耐久性试验	在额定压力下，使被试液压缸以设计的最高速度连续运行，速度误差±10%。一次连续运行8h以上。在试验期间，被试液压缸的零件均不得进行调整。记录累计行程

5.1.2 液压缸试验装置

在GB/T 15622—2005《液压缸试验方法》中，液压缸出厂试验装置中不包括加载装置。液压缸出厂试验液压系统原理图（原标准图3，以下称原标准图3）与液压缸型式试验装置中被试液压缸型式试验液压系统原理图相同（原标准中图4，以下称原标准图4），如图5-1所示。

在GB/T 24946—2010《船用数字液压缸》型式检验的液压系统原理图中，还有不同于GB/T 15622—2005的另一种加载装置液压系统原理图，如图5-2所示。

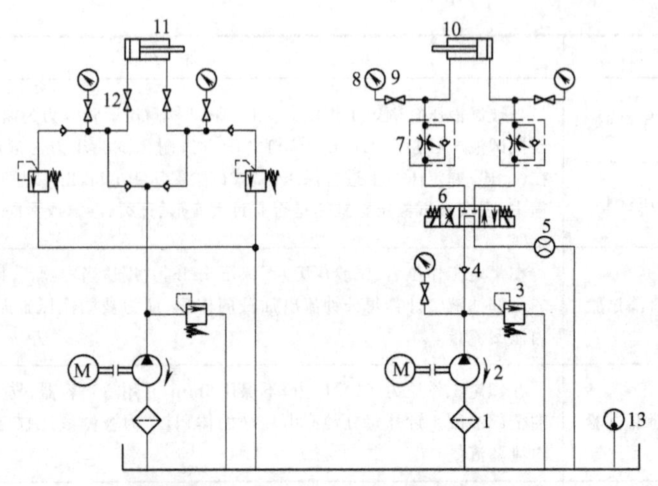

图5-1 液压缸型式试验液压系统原理图

1—过滤器；2—液压泵；3—溢流阀；4—单向阀；5—流量计；6—电磁换向阀；7—单向节流阀；8—压力表；9—压力表开关；10—被试缸；11—加载缸；12—截止阀；13—温度计

注：根据GB/T 786.1—2009《流体传动系统及元件图形符号和回路图 第1部分：用于常规用途和数据处理的图形符号》对原标准图4进行了重新绘制，但被试缸10与加载缸11间没有连接。

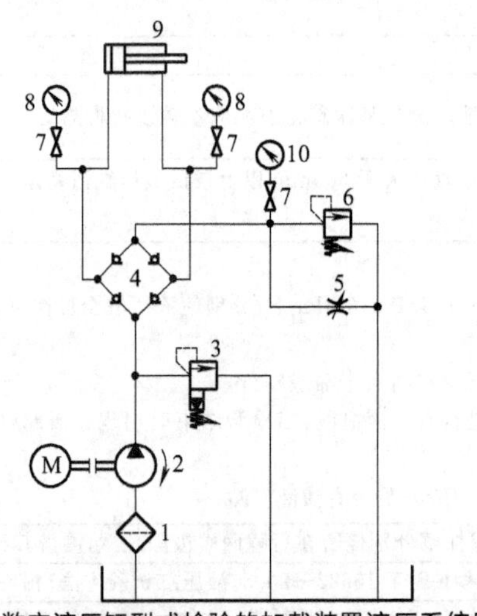

图5-2 数字液压缸型式检验的加载装置液压系统原理图

1—过滤器；2—低压供油泵；3—溢流阀；4—桥式回路；5—加载阀；6—安全阀；7—压力表开关；8—压力表；9—加载缸；10—截止阀

注：根据GB/T 786.1—2009《流体传动系统及元件图形符号和回路图 第1部分：用于常规用途和数据处理的图形符号》对原标准图2中加载装置（缸）液压系统原理图进行了重新绘制，并按原标准图2中元件名称进行了重新编号。

5.1.3 液压缸试验的若干问题

认真比较、分析上述液压缸试验项目及方法，可以很容易地得出如下结论：其权威性、准确性以及随着时间的推移其应有的科学进步亦即先进性无法评价。

现列举几个问题，进行一些简单的讨论和分析。

(1) 耐压（试验）压力

在耐压试验中，各标准有着不同的规定，如公称压力、额定压力、公称工作压力、额定工作压力等。

只有“公称压力”和“额定压力”在GB/T 17446—2012《流体传动系统及元件 词汇》中有定义。

用公称压力或额定压力表示的耐压压力具有特定含义，其他则可能产生歧义。

上述标准中以耐压（试验）压力为“1.5倍的公称压力”的为最高。耐压压力在液压传动系统及元件中是仅次于爆破压力的压力，一般在耐压压力下，只能做耐压（性能）试验，而不能做其他性能试验。耐压试验是静压试验，对于大型液压油缸此点尤为重要。

在耐压试验中，以“出厂试验保压10s”的规定最为科学。其他如在1.5倍的公称压力下保压2min（甚至还有的要求保压5min）进行耐压试验，即使被试缸顺利通过了试验，可能对被试缸造成的损害也是不可维修的。

“公称压力”和“额定压力”问题也存于密封性试验中。无论如何，液压缸的密封性试验压力不应高于或等于耐压试验压力，对应的静态密封性出厂试验的保压时间也应规定合理，否则，液压缸出厂试验后此被试液压缸即行报废。

(2) 活塞与活塞杆

活塞和活塞杆都是相对于液压缸缸体（筒）可进行往复运动的缸零件，且活塞与活塞杆同轴并联为一体。

在上述及其他一些液压缸试验标准中，涉及液压缸运行和停止的状态多以活塞与缸体（筒）间的相对位置加以描述。这样的描述多数是必要的，但活塞内藏于缸体（筒）内，不直接可视，液压缸试验时只能通过外露的活塞杆加以目视判断，因此，涉及液压缸运行和停止时的活塞位置描述缺乏对活塞杆的同期描述。

在 DB44/T 1169.2—2013《伺服液压缸　第 2 部分：试验方法》中，且不论其中规定的试验方法正确、可行与否，仅在偏摆试验一般规定“在带负载条件下，对活塞直径大于 500mm 以上被试液压缸活塞运动中所活塞杆的偏摆量进行检测”中，被试液压缸活塞运动“所活塞杆”的“所”字就很难理解。

即使带内置式位移传感器的液压缸或伺服液压缸，同样也存在在液压缸运行和停止时，对活塞及活塞杆的同期描述问题。

另外，柱塞缸没有活塞，只有活塞杆，以活塞杆描述液压缸的状态更为确切。

(3) 液压缸放置

在 GB/T 15622—2005《液压缸试验方法》中给出了液压缸试验时的两种放置方式：水平放置和倾斜放置。

液压缸试验时一般无法模拟实际使用工况，即无法模拟在主机上的安装型式、连接型式和受力情况，因此，一般被试液压缸不承受侧向载荷或进行侧向力加载。

被试液压缸的不同放置，可能直接影响测试结果，而且可能一些性能还无法测试，如液压缸的沉降量。

在 JB/T 10205—2010《液压缸》中还有“液压缸的试验装置原则上采用以水平基础为准的平面装置”的规定。

(4) 内泄漏试验

大部分液压缸试验都要求“使被试液压缸活塞分别停在行程的两端”，测定经活塞泄漏至未加压腔的泄漏量。

暂且不讨论两端是（行程）极限位置或是其他，笔者认为“分别将活塞停在液压缸的两端及中部”进行内泄漏试验比较合理，尤其液压缸行程超过 1000mm 的液压缸，这种规定更加合理。

在内泄漏试验中，向被试缸输入的液压油（液）温度不能降低，否则试验测量值不准确。更重要的是试验用液压油的黏度必须符合规定或按制造商与用户商定的，否则，在用户现场进行的内泄漏试验包括沉降试验，就可能超标。这样的情况笔者曾有过多次现场经历。

(5) 沉降量检测方法

在 JB/T 9834—2014《农用双作用油缸　技术条件》中表 6 给出的内泄漏出厂试验方法有问题（见表 5-1 或原标准）。主要问题在于：分别向被试油缸两腔供油，但应规定不能使液压缸高速运行；关死通供油腔的截止阀只能是安装在无杆腔的截止阀，而不能是安装在有杆腔的截止阀；用加载油缸使供油腔油压达到试验压力，但必须规定是无杆腔。

采用沉降量检验内泄漏的正确方法应为：向双作用液压缸的两腔分别供油，使其低速运行；在确保无杆腔排净空气、试验油液空气混入量符合规定的情况下，关死临近无杆腔油口的截止阀，使活塞及活塞杆停止在离开缸回程极限位置一段距离处或指定位置（一般应包括缸进程极限位置和缸行程中间位置），并打开有杆腔油口，使其直接通大气；通过外部加载（力）使无杆腔压力始终保持在试验压力（公称压力）下，并在1min后进行活塞（活塞杆）的位移量测量。

根据笔者给出的沉降量检测方法，如图5-1所示的液压缸型式试验液压系统原理图及如图5-2所示的数字液压缸型式检验的加载装置液压系统原理图都无法用于完成该项试验。

5.1.3.1 国家标准《液压缸试验方法》摘要及其问题

(1)《液压缸试验方法》摘要

GB/T 15622—2005《液压缸试验方法》于2005-07-11发布、2006-01-01实施，且代替了GB/T 15622—1995《液压试验方法》。该标准不但被JB/T 10205—2010《液压缸》规范性引用，而且被其他一些液压缸产品标准规范性引用，如DB44/T 1169.2—3013《伺服液压缸　第2部分：试验方法》。为了研究该标准，下面对该标准的部分内容进行摘录：

1　范围

本标准规定了液压缸试验方法。

本标准适用于以液压油（液）为工作介质的液压缸（包括双作用液压缸和单作用液压缸）的型式试验和出厂试验。

本标准不适用于组合式液压缸。

2　规范性引用文件

下列文件中的条款通过本标准的引用而成为本标准的条款。凡是注明日期的引用文件，其随后所有的修改版（不包括勘误的内容）或修订版均不适用于本标准，然而，鼓励根据本标准达成协议的各方研究是否使用这些文件的最新版本。凡是不注明日期的引用文件，其最新版本适用于本标准。

GB/T 14039—2002　液压传动　油液　固体颗粒污染等级代号

GB/T 17446 流体传动系统及元件　术语（GB/T 17446—1998）

3　术语和定义

在GB/T 17446中给出的以及下列术语和定义适用于本标准。

3.1　最低启动压力

液压缸启动的最低压力。

3.4　负载效率

液压缸的实际输出力与理论输出力的比值。

4　符号和单位

本标准使用的符号和单位见表5-2（原表1）。

表5-2　符号和单位（摘要）

名称	符号	单位	单位名称
活塞杆有效面积	A	m^2	平方米

6.7　负载效率试验

将测力计安装在被试液压缸的活塞杆上，使被试液压缸保持匀速运动，按下式计算出在不同压力下的负载效率……

$$\eta=\frac{W}{pA}\times100\%$$

(2)《液压缸试验方法》问题

该项国家标准（简称“国标”）作为JB/T 10205—2010《液压缸》的规范性引用文件，

其大部分内容（包括上面摘要的内容）在 JB/T 10205—2010 中都被引用。然而，笔者认为该国标至少有下列四个问题值得研究。

①"组合式液压缸"定义问题。研究"组合式液压缸"这一术语及定义，是为了能够确定该国标的适用范围。

在该国标规范性引用文件中引用了 GB/T 17446—1998《流体传动系统及元件　术语》，且没有注明日期，说明 GB/T 17446—2012《流体传动系统及元件　词汇》适用于该标准。

在 GB/T 17446—1998 和 GB/T 17446—2012 中都没有"组合式液压缸"这一术语和定义，在其他液压缸相关标准中也未见这一术语和定义，而且该国标自己也没有定义此术语。

进一步查阅了与液压缸分类相关的 5 本手册，情况如下：

a. 参考文献［19］第 1383 页有表 23.1-1，该表摘要见表 5-3。

表 5-3　液压缸的分类（摘要）

类别	名称	图形符号	说　明
组合液压缸	串联式液压缸	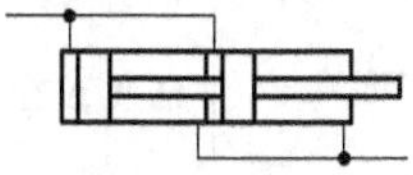	由二个以上的活塞串联在同一轴线上的组合缸 在活塞直径受限制、长度不受限制时，用于获得较大的推、拉力
	多工位式液压缸		同一缸筒内有多个分隔，分别进排油 每个活塞有单独的活塞杆，能做多工位移动
	双向式液压缸	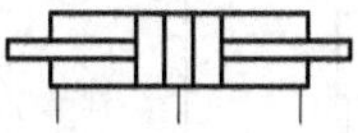	活塞同时向相反方向运动，其运动速度和力相等

注：1. 组合液压缸的图形符号在 GB/T 786.1—1993（2009）中未做规定。
2. 做旋转运动的液压缸其分类见第 25 章摆动液压缸。
3. 以上列出的是常见液压缸分类，未包括一些结构或用途特殊的液压缸。

b. 参考文献［20］第 5 卷第 43-172 页有表 43.6-32，该表摘要见表 5-4。

表 5-4　液压缸的类型（摘要）

名称		符号	说　明
组合式液压缸	串联式	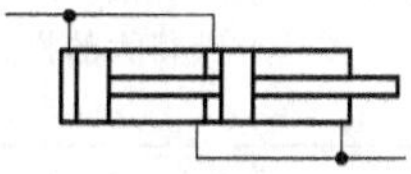	当液压缸直径受到限制而长度不受限制时，用以获得大的推力
	增压式	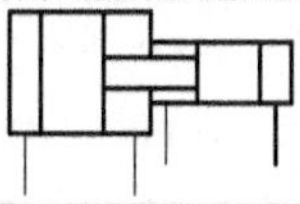	
	多位式		活塞 A 可有 3 个位置
	齿条传动活塞液压缸	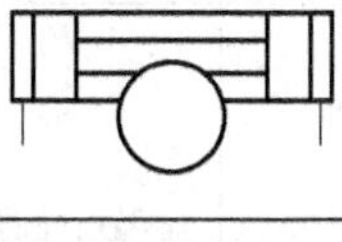	经齿轮齿条传动，将液压缸的直线运动转换成齿轮的回转运动
	齿条传动柱塞液压缸	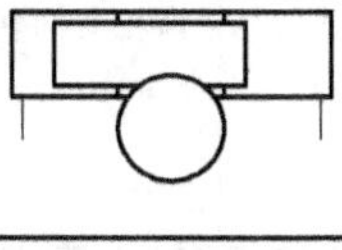	

c. 参考文献［28］第21-274页有表21-6-1，该表摘要见表5-5。

表5-5 液压缸的分类（摘要）

名称		符号	说明
组合液压缸	弹簧复位液压缸	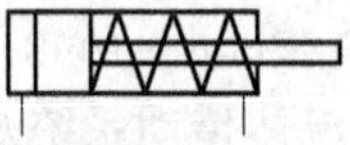	活塞单向运动，由弹簧使活塞复位
	串联液压缸	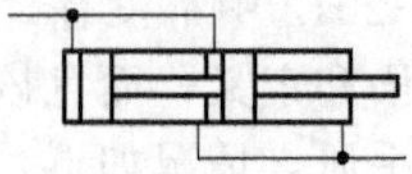	当液压缸直径受限制、而长度不受限制时，用以获得大的推力
	增压液压缸（增压器）	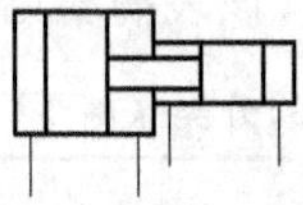	由两个不同的压力室A和B组成，以提高B室中液体的压力
	多位液压缸	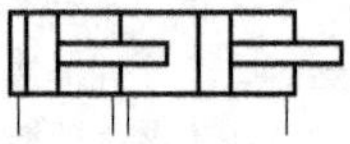	活塞A有3个位置
	齿条传动活塞液压缸	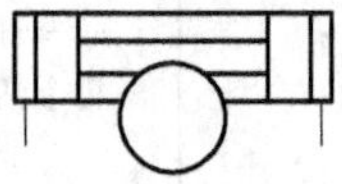	活塞经齿条带动小齿轮产生回转运动
	齿条传动柱塞液压缸	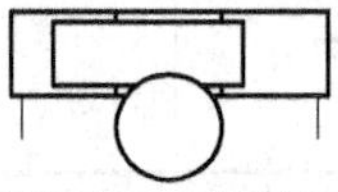	柱塞经齿条带动小齿轮产生回转运动

注："弹簧复位单作用缸"这一术语仅见于GB/T 17446—1998《液压传动系统及元件　术语》。

d. 参考文献［40］第22-230页有表22.6-46，该表摘要见表5-6。

表5-6 液压缸的分类（摘要）

名称		符号	说明
组合式液压缸	串联式	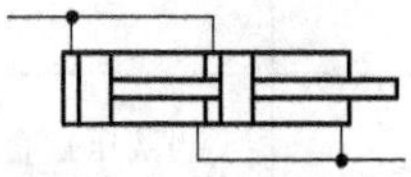	当液压缸直径受限制而长度不受限制时，用以获得大的推力
	增压式	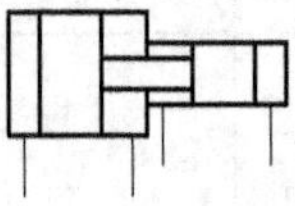	
	多位式	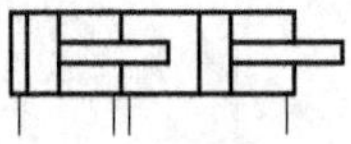	活塞A可有3个位置
	齿条传动活塞液压缸		经齿轮齿条传动，将液压缸的直线运动转换成齿轮的回转运动
	齿条传动柱塞液压缸	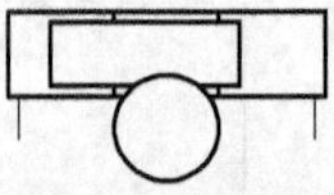	

e. 参考文献［44］第 20-190 页有表 20-6-1，该表摘要见表 5-7。

表 5-7　液压缸的分类、特点及图形符号（摘要）

分类	名称	图形符号	特　　点
组合缸	弹簧复位缸	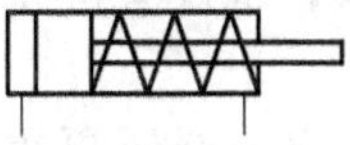	单向液压驱动，由弹簧复位
	增压缸	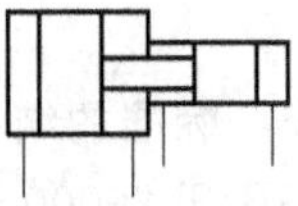	由 A 腔进油驱动，使 B(腔)输出高压油源
	串联缸	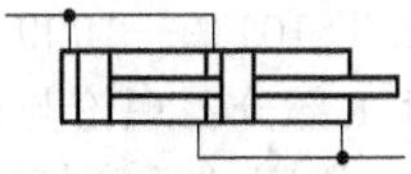	用于缸的直径受限制、长度不受限制处，能获得较大的推力
	齿条传动缸	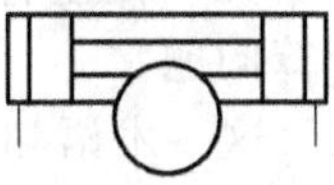	活塞的往复运动转换成齿轮的往复回转运动
	气-液转换缸	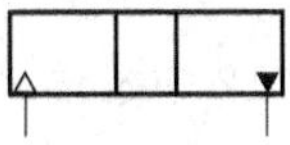	气压力转换成大体相等的液压力

在上述各参考文献即 5 本手册中都没有“组合（式）（液压）缸”这一术语及定义。以上表中“弹簧复位（液压）缸”为例，在各手册中的分类也不尽相同。

为了能确定 GB/T 15622—2005 所规定的适用范围，必须给出“组合（式）液压缸”这一术语的定义。作者试给出术语“组合式液压缸”的定义为：两种（台）或多种（台）液压缸集合在一起作为一个总成的液压缸。

据此定义判断，弹簧复位单作用缸不是组合（式）液压缸；而摆动液压缸是组合（式）液压缸，但不包括齿轮等将液压缸的往复直线运动转换成齿轮的往复回转运动的装置或部分。

还有将组合（式）液压缸称为复合液压缸的。

但作者不同意有的文献中提出的复合液压缸的定义，即：“复合液压缸是将不同的液压缸或其他液压元件组装成一体的液压缸。”如果按此定义，同样一台伺服液压缸，如将伺服阀安装在其缸体上，由此组装成一体液压缸的即可称为复合液压缸；而将伺服阀通过管路与其连接，则此种液压缸就不能称为复合液压缸，这显然存在问题。

关于液压缸的类型及分类，还可参见本书第 1.1.1 节。

②“最低启动压力”和“负载效率”两术语问题。研究“最低启动压力”和“负载效率”这两个术语问题，是为了能使未参加标准编制的专业人员清晰理解、正确应用和引用 GB/T 15622—2005。

在 GB/T 15622—2005 和 JB/T 10205—2010 中都定义了“最低启动压力”和“负载效率”这两个术语。

在 GB/T 15622 规范性引用文件 GB/T 17446—2012（1998）中有“启动压力”和“缸出力效率”两个术语，它们被分别定义为“开始运动（动作）所需的最低压力”和“缸的实际（有效）输出力和理论输出力之间的比值”。

比较“最低启动压力”与“启动压力”和“负载效率”与“缸输出力效率”在 GB/T 15622 和 GB/T 17446 中的定义，可以发现如下问题：

a. 用“最低”定义“最低”，概念与术语相同，等于没定义。

b. 术语不同，定义相同，不符合术语的单名性。

c. 违背了“在 GB/T 17446 中给出的以及下列术语和定义适用于本标准”的声明。

GB/T 15622—2005 中术语“最低启动压力”及其定义，没有按照“表达更具体的概念的术语，通常可由表达更一般的概念的术语组合而成”的选择术语和编写定义的方法；“负载效率”不但不符合术语应具有单名性的要求，也没有遵守不应重复定义在其他权威词汇中定义过的术语这一原则。

所以笔者认为：在 GB/T 15622—2005 中没有必要再重新选择和定义“最低启动压力”和“负载效率”这两术语。

GB/T 1.1—2009《标准化导则　第 2 部分：标准的结构和编写》中规定：“对于已定义的概念应避免使用同义词。”进一步还可参见 GB/T 20000.1—2002《标准化工作指南　第 1 部分：标准化和相关活动的通用词汇》、GB/T 10112—1999《术语工作　原则与方法》和 GB/T 15237.1—2000《术语工作　词汇　第 1 部分：理论与应用》及其他相关标准。

③“活塞杆有效面积”名称和符号问题。研究“活塞杆有效面积”的名称和符号问题，主要是为了解决负载效率或缸输出力效率的计算问题。

在 GB/T 17446 中没有“活塞杆有效面积”这一术语和定义，而有“活塞杆面积”这一术语和定义。

在 GB/T 17446—1998 和 GB/T 17446—2012 中术语“活塞杆面积”分别被定义为“活塞杆的横截面面积”和“活塞杆横截面面积”。

而 GB/T 15622—2005 作为 JB/T 10205—2010 的规范性引用文件在其引用时，尽管 JB/T 10205 在“量、符号和单位”中与引用文件一致，但随后在“负载效率试验”中却将“活塞杆有效面积”变成了“活塞有效面积数值”，符号却仍是“A”。

只在 GB/T 17446—1998 中有“活塞有效面积”这一术语和定义，其定义为：在流体力作用下产生机械力的面积。

笔者认为两项标准中的相关内容都存在问题，按其都不能计算出标准范围规定的单、双作用液压缸的负载效率或缸输出力效率。

④ 负载效率计算与试验问题。前文提出的“活塞杆有效面积”名称和符号问题如不解决，笔者认为，GB/T 15622—2005 所规定的双作用液压缸和单作用液压缸的负载效率或缸输出力效率计算存在以下问题：

a. 按 GB/T 15622—2005 中“符号和单位”及“负载效率试验”，只能计算出柱塞缸的负载效率或缸输出力效率，而双作用活塞缸和单作用活塞缸的负载效率或缸输出力效率无法计算。

b. 按 JB/T 10205—2010 中的“量、符号和单位”及“负载效率试验”，因其前后不一致而无所适从，则负载效率或缸输出力效率无法计算。

c. 按 JB/T 10205—2010 中的“负载效率试验”，只能计算出活塞缸负载效率或缸输出力效率，而柱塞缸的负载效率或缸输出力效率则无法计算。

根据以上分析，在 GB/T 15622—2005 或 JB/T 10205—2010 中的“符号和单位”或“量、符号和单位”内可再添加“活塞（有效）面积”或删除“活塞杆有效面积”，添加“缸有效面积”，否则，无法计算标准范围规定的单、双作用活塞缸。

更为严重的问题不仅如此，如使用 GB/T 15622—2005 中图 4 给出的液压缸型式试验液压系统做负载效率试验，则一些小规格的液压缸可能因试验时最高速度超过设计的最高速度和/或背压过高而无法试验，一般液压缸也会因背压无法限定，其通过负载效率试验而检验液压缸带载动摩擦力的目的将无法实现。

另外，在 GB/T 15622—2005 中还有公称压力与额定压力、泄漏与渗漏、行程与最大行程混用问题，很值得进一步探讨。

注："活塞缸"和"活塞有效面积"见于GB/T 17446—1998。

5.1.3.2 行业标准《液压缸》摘要及其问题

JB/T 10205—2010《液压缸》于2010-02-11发布、2010-07-01实施，至今已经6年多了。与其他液压缸产品标准比较，其所规定的适用范围更广，因此，被没有产品标准的其他液压缸在设计、制造时所普遍遵守。

笔者在应用或引用该项标准时发现其中有诸多需要研究的问题，如下文所列。因笔者对该项标准的修订、修改、勘误等工作没有权利和义务，所以下文只提出问题，并根据相关标准和笔者的实践经验提出意见。因没有进一步按照GB/T 1.1汇总，可能会给读者带来不便。

研究行业标准（简称行标）《液压缸》是为了更好地遵守该标准，并应用或引用该标准设计、制造出更好的液压缸。

(1) 行标《液压缸》范围摘要及其问题

① 摘要。

1 范围

本标准规定了单、双作用液压缸的分类和基本参数、技术要求、试验方法、检验规则、包装、运输等要求。

本标准适用于公称压力为31.5MPa以下，以液压油或性能相当的其他矿物油为工作介质的单、双作用液压缸。对公称压力高于31.5MPa的液压缸可参照本标准执行。除本标准规定外的特殊要求，应由液压缸制造商和用户协商。

② 问题。根据对JB/T 10205—2010中上述内容的摘要，笔者提出如下问题：根据该标准中的行文特点，该标准中缺失公称压力为31.5MPa的液压缸。

正确的表述应为：本标准适用于公称压力小（低）于或等于31.5MPa，以液压油或性能相当的其他矿物油为工作介质的单、双作用液压缸。

或：本标准适用于公称压力不大（高）于31.5MPa，以液压油或性能相当的其他矿物油为工作介质的单、双作用液压缸。

根据GB/T 1.1—2009《标准化工作导则　第1部分：标准的结构和编写》，上述摘要中的标准行文不符合"统一性"要求，即类似的条款应使用类似的措辞来表述，相同的条款应使用相同的措辞来表述；同时，其标准中的"范围"所规定的界限不完整。

(2) 行标《液压缸》规范性引用文件摘要及其问题

① 摘要。下面对JB/T 10205—2010的部分内容摘要如下：

2 规范性引用文件

下列文件中的条款通过本标准的引用而成为本标准的条款。凡是注明日期的引用文件，其随后所有的修改单（不包括勘误的内容）或修订版均不适用于本标准，然而，鼓励根据本标准达成协议的各方研究是否使用这些文件的最新版本。凡是不注明日期的引用文件，其最新版本适用于本标准。

GB/T 786.1《流体传动系统及元件图形符号和回路图　第1部分：用于常规用途和数据处理的图形符号》

GB/T 2346《液压传动系统及元件　公称压力系列》

GB/T 2348《液压气动系统及元件　缸内径及活塞杆外径》

GB/T 2350《液压气动系统及元件　活塞杆螺纹型式和尺寸系列》

GB/T 2828.1—2003《计数抽样检验程序　第1部分：按接受质量限（AQL）检索的逐批检验抽样计划》

GB/T 2878《液压元件螺纹连接　油口型式和尺寸》

GB/T 2879《液压缸活塞和活塞杆动密封沟槽尺寸和公差》

GB/T 2880《液压缸活塞和活塞杆窄断面动密封沟槽尺寸系列和公差》

GB/T 6577《液压缸活塞用带支承环密封沟槽型式、尺寸和公差》

GB/T 6578《液压缸活塞杆用防尘圈沟槽型式、尺寸和公差》

GB/T 7935—2005《液压元件　通用技术条件》

GB/T 9286—1998《色漆和清漆　漆膜的划格试验》

GB/T 9969《工业产品使用说明书　总则》

GB/T 13306《标牌》

GB/T 14039—2002《液压传动　油液　固体颗粒污染等级代号》

GB/T 15622—2005《液压缸试验方法》

GB/T 17446《流体传动系统及元件　术语》

JB/T 7858—2006《液压元件清洁度评定方法及液压元件清洁度指标》

② 问题。根据对 JB/T 10205—2010 中上述内容的摘要，笔者提出如下问题：根据“凡是不注明日期的引用文件，其最新版本适用于本标准”的规定，规范性引用文件现在应为下列情况，其中标注了“*”的 6 项标准与上文不同，具体问题请见下节。

GB/T 786.1—2009《流体传动系统及元件图形符号和回路图　第 1 部分：用于常规用途和数据处理的图形符号》

GB/T 2346—2003《液压传动系统及元件　公称压力系列》

GB/T 2348—1993《液压气动系统及元件　缸内径及活塞杆外径》

GB 2350—1980《液压气动系统及元件　活塞杆螺纹型式和尺寸系列》*

GB/T 2828.1—2003《计数抽样检验程序　第 1 部分：按接受质量限（AQL）检索的逐批检验抽样计划》

GB/T 2878.1—2011《液压传动连接　带米制螺纹和 O 形圈密封的油口和螺柱端　第 1 部分：油口》*

GB/T 2879—2005《液压缸活塞和活塞杆动密封沟槽尺寸和公差》

GB 2880—1981《液压缸活塞和活塞杆窄断面动密封沟槽尺寸系列和公差》*

GB 6577—1986《液压缸活塞用带支承环密封沟槽型式、尺寸和公差》*

GB/T 6578—2008《液压缸活塞杆用防尘圈沟槽型式、尺寸和公差》

GB/T 7935—2005《液压元件　通用技术条件》

GB/T 9286—1998《色漆和清漆　漆膜的划格试验》

GB/T 9969—2008《工业产品使用说明书　总则》

GB/T 13306—2011《标牌》*

GB/T 14039—2002《液压传动　油液　固体颗粒污染等级代号》

GB/T 15622—2005《液压缸试验方法》

GB/T 17446—2012《流体传动系统及元件　词汇》*

JB/T 7858—2006《液压元件清洁度评定方法及液压元件清洁度指标》

(3) 各标准在《液压缸》规范性引用部分的摘要及其问题

① GB/T 786.1—2009 标准引用及其问题。

a. 引用。GB/T 786.1—2009《流体传动系统及元件图形符号和回路图　第 1 部分：用于常规用途和数据处理的图形符号》在 JB/T 10205—2010《液压缸》中的引用：

“11.1　……图形符号应符合 GB/T 786.1 的规定。”

b. 被引用标准摘要。请见本书附录 B 表 B-1 缸的图形符号（摘自 GB/T 786.1）。

c. 问题。一般液压缸铭牌上未见有液压缸的图形符号，因此规范性引用该文件似有多余。

② GB/T 2346—2003 标准引用及其问题。

a. 引用。GB/T 2346—2003《液压传动系统及元件　公称压力系列》在 JB/T 10205—2010《液压缸》中的引用：

“6.1.1　液压缸的公称压力系列应符合 GB/T 2346 的规定。”

b. 被引用标准摘要。请见本书附录 C 表 C-1 公称压力（摘自 GB/T 2346）系列及压力参数代号（摘自 JB/T 2184）以及该标准的进一步摘录：

6　标注说明（引用本标准）

当选择遵守本标准时，建议在试验报告、产品样本和销售文件中采用以下说明：所选择的公称压力符合 GB/T 2346—2003《流体传动系统及元件　公称压力系列》。

c. 问题。在 JB/T 10205—2010《液压缸》中的引用有问题。

正确表述应为：6.1.1　液压缸所选择的公称压力应符合 GB/T 2346 的规定。

③ GB/T 2348—1993 标准引用及其问题。

a. 引用。GB/T 2348—1993《液压气动系统及元件　缸内径及活塞杆外径》在 JB/T 10205—2010《液压缸》中的引用：

“6.1.2　液压缸的内径、活塞杆（柱塞杆）外径系列应符合 GB/T 2348 的规定。”

b. 被引用标准摘要。请见本书第 1.3.2 节表 1-9 缸内径推荐尺寸（摘自 GB/T 2348）。

c. 问题。在 JB/T 10205—2010《液压缸》中的引用有问题。

正确的表述应为：6.1.2　液压缸的缸内径、活塞杆外径应符合 GB/T 2348 的规定。

注：在 GB/T 17446—2012《流体传动系统及元件　词汇》中：“3.2.522　柱塞缸　缸筒内没有活塞，压力直接作用于活塞杆的单作用缸。”

④ GB/T 2350—1980 标准引用及其问题。

a. 引用。GB/T 2350—1980《液压气动系统及元件　活塞杆螺纹型式和尺寸系列》在 JB/T 10205—2010《液压缸》中的引用：

“6.1.3　……，活塞杆螺纹型式和尺寸系列应符合 GB/T 2350 的规定。”

b. 被引用标准摘要。请见本书第 1.3.4 节图 1-1 内螺纹、图 1-2 外螺纹（无肩）、图 1-3 外螺纹（带肩）、表 1-26 活塞杆螺纹（摘自 GB 2350）以及下面该标准的进一步摘录：

3　当液压缸气缸活塞杆螺纹符合本标准时，可在技术文件中注明：活塞杆螺纹符合国家标准 GB 2350 和国际标准……

c. 问题。

· 在 JB/T 10205—2010《液压缸》中的引用有问题。

正确的表述应为：活塞杆螺纹应符合 GB 2350 的规定。

· 原标准编号为“GB 2350—80”。

⑤ GB/T 2828.1—2003 标准引用。GB/T 2828.1—2003《计数抽样检验程序　第 1 部分：按接受质量限（AQL）检索的逐批检验抽样计划》在 JB/T 10205—2010《液压缸》中的引用：

“10.2　抽样　批量产品的抽样方案按 GB/T 2828.1 的规定。”

⑥ GB/T 2878—1993 标准引用及其问题

a. 引用。GB/T 2878—1993《液压元件螺纹连接　油口型式和尺寸》在 JB/T 10205—2010《液压缸》中的引用：

“6.1.3　油口连接螺纹尺寸应符合 GB/T 2878 的规定。”

b. 问题。

· GB/T 2878—1993《液压元件螺纹连接　油口型式和尺寸》已被 GB/T 2878.1—2011

《液压传动连接　带米制螺纹和O形圈密封的油口和螺柱端　第1部分：油口》代替。

·在JB/T 10205—2010《液压缸》中的引用有问题。

正确的表述应为：6.1.3　油口应符合GB/T 2878.1的规定。或应为：6.1.3　螺纹油口应符合GB/T 19674.1的规定。或应为：油口应符合GB/T 2878.1或GB/T 19674.1的规定。

具体可参见本书第2.2.9节。

⑦ GB/T 2879—2005标准引用及其问题。

a. 引用。GB/T 2879—2005《液压缸活塞和活塞杆动密封沟槽尺寸和公差》在JB/T 10205—2010《液压缸》中的引用：

"6.1.4　密封沟槽应符合GB/T 2879……的规定。"

b. 被引用标准摘要。

7　挤出间隙

挤出间隙决定于与密封件相邻的金属件的直径（d_4或d_3）。

注：1. 当活塞或活塞杆与缸的一端或另一端（支承端）相接触时，挤出间隙达到最大。

2. 因内压引起的缸筒膨胀会进一步使活塞密封件的挤出间隙增大。

8　表面粗糙度

与密封件接触的元件的表面粗糙度取决于应用场合和对密封件寿命的要求，宜由制造商与用户协商确定。

c. 问题。

·在JB/T 10205—2010《液压缸》中的引用有问题。

正确的表述应为：6.1.4　密封沟槽尺寸及公差应符合GB/T 2879……的规定。

·被引用标准中缺密封沟槽边（槽）棱倒角、安装倒角表面粗糙度、槽底圆柱面同轴度公差等。

·在被引用标准"7　挤出间隙"注中，只有注2表述正确。

·"8　表面粗糙度"的规定有问题。

根据GB/T 1.1—2009《标准化工作导则　第1部分：标准的结构和编写》给出的规则，上文中"表面粗糙度"不符合标准中"要求"的表述，即要求的表述应与陈述和推荐的表述有明显的区别；表述不同类型的条款应使用不同的助动词，要求性条款应使用"应""应该"，而不应使用推荐性条款应使用的"宜""推荐"和"建议"等助动词。

作者进一步认为，在标准中对必须明确规定的技术要求采用如此表述，其标准还如何能称（成）为标准，下面引用的标准中还有同样问题，笔者无法再加以评价。

⑧ GB/T 2880—1981标准引用及其问题。

① 引用。GB/T 2880—1981《液压缸活塞和活塞杆窄断面动密封沟槽尺寸系列和公差》在JB/T 10205—2010《液压缸》中的引用：

"6.1.4　密封沟槽应符合……GB/T 2880……的规定。"

b. 被引用标准摘要。被引用标准中表1注的摘要：

"注：① 公称内径D大于500mm时，按GB 321—80（2005）《优先数和优先数系》中R10数系选用。

② 滑动面公差配合推荐H9/f8。

⑥ 活塞用动密封的标注方法：$D\times d\times L$-型式-材质

D——液压缸公称内径；d——活塞沟槽公称底径；L——沟槽长度。

型式：Z——窄断面Y形圈；K——宽断面Y形圈。

材质：NBR——丁腈橡胶；AU——聚氨酯橡胶；FPM——氟橡胶。"

被引用标准中表2注的摘要：

"注：① 活塞杆公称外径 d 大于 360mm 时，可按 GB 321—80（2005）中 R20 数系选用。

② 滑动面公差配合推荐 H9/f8。

⑥ 活塞用动密封的标注方法：$d\times D\times L$-型式-材质

d——液压杆公称外径；D——沟槽公称底径；L——沟槽长度。

型式：Z——窄断面 Y 形圈；K——宽断面 Y 形圈。

材质：NBR——丁腈橡胶；AU——聚氨酯橡胶；FPM——氟橡胶。"

c. 问题。

· 在 JB/T 10205—2010《液压缸》中的引用有问题。

正确的表述应为：6.1.4　密封沟槽尺寸及公差应符合……GB 2880……的规定。

但是，在现行密封件（圈）产品标准中无一引用（应用）该沟槽。

· 橡胶材料（材质）中还有 EU 类聚氨酯橡胶。

· 原标准编号为"GB 2880—81"。

⑨ GB 6577—1986 标准引用及其问题。

a. 引用。GB 6577—1986《液压缸活塞用带支承环密封沟槽型式、尺寸和公差》在 JB/T 10205—2010《液压缸》中的引用：

"6.1.4　密封沟槽应符合……GB/T 6577……的规定。"

b. 被引用标准摘要。

"1　引言

1.1　本标准规定的密封沟槽型式、尺寸和公差，适用于安装在往复运动的液压缸活塞上其双向密封作用的带支承环组合密封圈。

注：② 除缸内径 $D=25\sim160$，在使用小截面密封圈外，缸内径 D 的加工精度可选 H11。"

c. 问题。

· "带支承环组合密封圈"在 GB/T 5719 和 GB/T 17446 及其他标准中无此术语和定义。

· 在 JB/T 10205—2010《液压缸》中的引用有问题。

正确的表述应为：6.1.4　密封沟槽尺寸及公差应符合……GB 6577……的规定。

· "缸内径 D 的加工精度可选 H11"有问题。

· 原标准编号为"GB 6577—86"。

⑩ GB/T 6578—2008 标准引用及其问题。

a. 引用。GB/T 6578—2008《液压缸活塞杆用防尘圈沟槽型式、尺寸和公差》在 JB/T 10205—2010《液压缸》中的引用：

"6.1.4　密封沟槽应符合……GB/T 6578 的规定。"

b. 引用标准摘要。

"本标准规定的防尘圈安装沟槽型式适用于普通型和 16MPa 紧凑型往复运动液压缸。

7　表面粗糙度

与密封圈接触的元件的表面粗糙度取决于应用场合和对防尘圈寿命的要求，宜由制造商与用户协商确定。

9　标注说明（引用本标准时）

当选择遵守本标准时，建议在试验报告，产品目录和销售文件中采用以下说明：'液压缸活塞杆用防尘圈沟槽型式、尺寸和公差符合 GB/T 6578—2008《液压缸活塞杆用防尘圈沟槽型式、尺寸和公差》'。"

c. 问题。

· 在 JB/T 10205—2010《液压缸》中的引用有问题。

正确的表述应为：6.1.4　密封沟槽尺寸及公差应符合……GB/T 6578 的规定。

· "普通型往复运动液压缸"或"16MPa 紧凑型往复运动液压缸"在相关标准中无此术语和定义。

· "表面粗糙度"的规定有问题。

⑪ GB/T 7935—2005 标准引用及其问题。

a. 引用。GB/T 7935—2005《液压元件　通用技术条件》在 JB/T 10205—2010《液压缸》中的引用：

6.3.2　液压缸的装配应符合 GB/T 9735—2005 中的 4.4～4.7 的规定。

6.4.1　外观应符合 GB/T 9735—2005 中的 4.8、4.9 的规定。

11.1　液压缸的标志或铭牌的内容应符合 GB/T 7935—2005 中 6.1 和 6.2 的规定。

11.3　液压缸包装时应符合 GB/T 7935—2005 中 6.3～6.7 的规定……。

b. 引用标准摘要。

4.4　元件应使用经检验合格的零件和外购件按相关产品标准或技术文件的规定和要求进行装配。任何变形、损伤和腐蚀的零件及外购件不应用于装配。

4.5　零件在装配前应清洗干净，不应带有任何污染物（如铁屑、毛刺、纤维状杂质等）。

4.6　元件装配时，不应使用棉纱、纸张等纤维易脱落擦拭壳体内腔及零件表面和进、出流道。

4.7　元件装配时，不应使用有缺陷及超过有效使用期限的密封件。

4.8　应在元件的所有连接口附近清晰标注该油口功能的符号。除特殊规定外，油口的符号如下：

P——压力油口；

T——回油口；

A，B——工作油口；

L——泄油口；

X，Y——控制油口。

4.9　元件的外露非加工表面涂层应均匀，色泽一致。喷涂前处理不应涂腻子。

4.10　元件出厂检验合格后，各油口应采取密封、防尘和防漏措施。

6.1　应在液压元件的明显部位设置产品铭牌，铭牌内容应包括：

——名称、型号、出厂编号；

——主要技术参数；

——制造商名称；

——出厂日期。

6.2　对有方向要求的液压元件（如液压泵的旋向等），应在元件的明显部位用箭头或相应记号标明。

6.3　液压元件在出厂装箱时应附带下列文件：

——合格证；

——使用说明书（包括：元件名称、型号、外形图、安装连接尺寸、结构简图、主要技术参数，使用条件和维修方法以及备件明细表等）；

——装箱单。

6.4　液压元件包装时，应将规定的附件随液压元件一起包装，并固定在箱内。

6.5　对有调节机构的液压元件，包装时应使调节弹簧处于放松状态，外露的螺纹、键槽等部位应采取保护措施。

6.6　包装应结实可靠，并有防震、防潮等措施。

6.7　在包装箱外壁的醒目位置，宜用文字清晰地标明下列内容：

——名称、型号；

——件数和毛重；

——包装箱外形尺寸（长、宽、高）；

——制造商名称；

——装箱日期；

——用户名称、地址及到站站名；

——运输注意事项或作业标志。

c. 问题。

· 一般液压缸上未见有标注油口符号和往复运动箭头的，因此规范性引用该文件中的第4.8、6.2条似有多余。

· 其他问题见下文。

⑫ GB/T 9286—1998 标准引用及其问题。

a. 引用。GB/T 9286—1998《色漆和清漆　漆膜的划格试验》在 JB/T 10205—2010《液压缸》中的引用：

6.4.3　涂层附着力：

液压缸表面油漆附着力控制在 GB/T 9286—1998 规定的 0 级～2 级之间。

b. 引用标准摘要。

1　范围

1.1　本标准规定了在以直角网格图形切割涂层穿透至底材时来评定涂层从底材上脱离的抗性的一种试验方法。用这种经验性的试验程序测得的性能，除了取决于该涂料对上道涂层或底材的附着力外，还取决于其他各种因素。所以不能将这个试验程序看作是测定附着力的一种方法。

c. 问题。在 JB/T 10205—2010《液压缸》中引用 GB/T 9286 有问题。因在 GB/T 9286 标准中有“所以不能将这个试验程序看作测定附着力的一种方法”的规定，所以在 JB/T 10205—2010《液压缸》中引用其规定“涂层附着力”有问题。

⑬ GB/T 9969—2008 标准引用。GB/T 9969—2008《工业产品使用说明书　总则》在 JB/T 10205—2010 液压缸中的引用：

“11.2　液压缸的使用说明书的编写格式应符合 GB/T 9969 的规定。”

⑭ GB/T 13306—1991 标准引用及其问题。

a. 引用。GB/T 13306—1991《标牌》在 JB/T 10205—2010《液压缸》中的引用：

“11.1　液压缸的标志或铭牌的内容应符合 GB/T 7935—2005 中 6.1 和 6.2 的规定。铭牌的型式、尺寸和要求应符合 GB/T 13306 的规定，图形符号应符合 GB/T 786.1 的规定。”

b. 引用标准摘要。

1　范围

本标准规定了标牌的型式与尺寸、标记、技术要求、检验方法、检验规则、包装和贮运。

本标准适用于各种机电设备、仪器仪表及各种元器件用的产品铭牌、操作提示牌、说明牌、路线示意图牌、设计数据图表牌和安全标志牌等（总称标牌）。

c. 问题。

· GB/T 13306—1991《标牌》已被 GB/T 13306—2011《标牌》代替。

·在 GB/T 7935—2005 中 6.1 条和 6.2 条的规定没有关于图形符号的内容。

⑮ GB/T 14039—2002 标准引用及其问题

a. 引用。GB/T 14039—2002《液压传动　油液　固体颗粒污染等级代号》在 JB/T 10205—2010 液压缸中的引用：

6.3.1　清洁度　液压缸缸体内部油液固体颗粒污染等级不得高于 GB/T 14039—2002 规定的—/19/16。

7.2.3　污染度等级　试验液压系统油液的固体颗粒污染度等级不得高于 GB/T 14039—2002 规定的—/19/15。

b. 引用标准摘要。

3.2　代号组成

用显微镜计数所报告的污染等级代号，由≥5μm 和≥15μm 两个颗粒范围的颗粒浓度代码组成。

3.3　代码的确定

3.3.1　代码是根据每毫升液样中的颗粒数确定的。

4　标注说明（引用本标准）

当选择使用本标准时，在试验报告、产品样本及销售文件中使用如下说明：油液的固体污染等级代号，符合 GB/T 14039—2002《液压传动　油液　固体颗粒污染等级代号》。

c. 问题。在 JB/T 10205—2010《液压缸》中的引用有问题。正确的表述应为：

6.3.1　清洁度

液压缸缸体内部油液固体颗粒污染等级代号不得高于 GB/T 14039—2002 规定的—/19/16。

7.2.3　污染度等级

试验液压系统油液的固体颗粒污染等级代号不得高于 GB/T 14039—2002 规定的—/19/15。

⑯ GB/T 15622—2005 引用及其问题。

a. 引用。GB/T 15622—2005《液压缸试验方法》在 JB/T 10205—2010 液压缸中的引用：

7　性能试验方法

液压缸的试验方法按 GB/T 15622—2005 的相关规定。

b. 引用标准摘要及其问题。请见本章第 5.1.3.1 节。

⑰ GB/T 17446—1998 标准引用及其问题

a. 引用。GB/T 17446—1998《流体传动系统及元件　术语》在 JB/T 10205—2010《液压缸》中的引用：

3　术语和定义

GB/T 17446 中确立的以及下列术语和定义适用于本标准。

b. 问题。

·GB/T 17446—1998《流体传动系统及元件　术语》已被 GB/T 17446—2012《流体传动系统及元件　词汇》代替。

·其中问题仅从 GB/T 17446—2012 自身比较（如正文与索引比较等）方面列举几例，如气穴与气蚀、相容流体与相容油液、极限工况与极限运行条件、流体力学与液力技术、挡圈与防挤出圈、双杆缸与双出杆缸、间歇工况与间歇运行条件、动密封与动密封件等，有多处不一致。

另外，缸脚架安装与脚架安装近为同义词。

注："气蚀"和"防挤出圈"分别见于 GB/T 17446—2012 标准中第 3.2.40 条"防气蚀阀"定义和第 3.2.528 条"聚酰胺"注中。

⑱ JB/T 7858—2006 标准引用。JB/T 7858—2006《液压元件清洁度评定方法及液压元件清洁度指标》在 JB/T 10205—2010《液压缸》中的引用：

6.3.1 清洁度 ……液压缸的清洁度指标应符合表 8（即 JB/T 7858—2006 的表 2）的规定。

(4) 行标《液压缸》活塞式单、双作用液压缸内泄漏量摘要及其问题

① 摘要。双作用液压缸的内泄漏量不得大于表 5-8（原标准表 6）的规定。

表 5-8 双作用液压缸的内泄漏量

液压缸内径 D /mm	内泄漏量 q_v /(mL/min)	液压缸内径 D /mm	内泄漏量 q_v /(mL/min)
40	0.03(0.0421)	180	0.63(0.6359)
50	0.05(0.0491)	200	0.70(0.7854)
63	0.08(0.0779)	220	1.00(0.9503)
80	0.13(0.1256)	250	1.10(1.2266)
90	0.15(0.1590)	280	1.40(1.5386)
100	0.20(0.1963)	320	1.80(2.0106)
110	0.22(0.2376)	360	2.36(2.5434)
125	0.28(0.3067)	400	2.80(3.1416)
140	0.30(0.38465)	500	4.20(4.9063)
160	0.50(0.5024)		

注：1. 使用滑环式组合密封时，允许泄漏量为规定值的 2 倍。

2. 液压缸采用活塞环密封时的内泄漏量要求由制造商与用户协商确定。

3. 括号内的值为笔者按（缸回程方向）沉降量 0.025mm/min 计算出的内泄漏量。

活塞式单作用液压缸的内泄漏量不得大于表 5-9（原标准表 7）的规定。

表 5-9 活塞式单作用液压缸的内泄漏量

液压缸内径 D /mm	内泄漏量 q_v /(mL/min)	液压缸内径 D /mm	内泄漏量 q_v /(mL/min)
40	0.06(0.0628)	110	0.50(0.4749)
50	0.10(0.0981)	125	0.64(0.6132)
63	0.18(0.1558)	140	0.84(0.7693)
80	0.26(0.2512)	160	1.20(1.0048)
90	0.32(0.3179)	180	1.40(1.2717)
100	0.40(0.3925)	200	1.80(1.5708)

注：1. 使用滑环式组合密封时，允许泄漏量为规定值的 2 倍。

2. 液压缸采用活塞环密封时的内泄漏量要求由制造商与用户协商确定。

3. 采用沉降量检查内泄漏时，沉降量不超过 0.05mm/min。

4. 括号内的值为作者按（缸回程方向）沉降量 0.05mm/min 计算出的内泄漏量。

② 问题。JB/T 10205—2010《液压缸》代替了于 2000 年 8 月首次发布的 JB/T 10205—2000《液压缸技术条件》。在 JB/T 10205—2000 中双作用液压缸的内泄漏量（表 5）和（活塞式）单作用液压缸的内泄漏量（表 6）与上文 JB/T 10205—2010 摘要中的表 5-8（原标准表 6）和表 5-9（原标准表 7）仅在"注"上略有不同，说明起码在 10 年后液压缸出厂试验中，活塞式单、双作用液压缸内泄漏量性能指标方面没有变化。但其不是本文讨论的重点。

进一步在JB/JQ 20301—1988《中高压液压缸产品质量分等（试行）》表1中，其检查项目和质量分等的关键项目，缸内径为40～250mm的中高压液压缸内泄漏量指标也与上文JB/T 10205—2010摘要中的表5－8（原标准表6）相同；而在其中却没有将活塞式双作用液压缸和活塞式单作用液压缸的内泄漏量分列，也没有关于采用沉降量检查内泄漏的“注”。

根据标准上述摘要及该标准所代替的历次版本分布情况，JB/T 10205—2010中活塞式单、双作用液压缸内泄漏量性能指标方面存在如下问题：

a. 活塞式单作用液压缸内泄漏量性能指标问题。在JB/T 10205—2010表7中所列活塞式单作用液压缸的内泄漏量（数值）为表6所列双作用液压缸的内泄漏量（数值）2倍或还多。

JB/T 10205—2010表6起码可以追溯到JB/JQ 20301—1988，其沿革清楚，应为行业内共识；但JB/T 10205—2010表7在JB/JQ 20301—1988中没有，只能追溯到JB/T 10205—2000。

从液压缸密封结构、机理及试验情况等方面考虑，在JB/T 10205—2010表7中所列活塞式单作用液压缸的内泄漏量（数值）不合理。

b. 采用沉降量检测活塞式双作用液压缸内泄漏量问题。既然活塞式单作用液压缸可以采用沉降量检查（测）内泄漏，那么活塞式双作用液压缸也应该可以采用沉降量检查（测）其内泄漏。在JB/T 9834—2014《农用双作用油缸　技术条件》、JB/T 11588—2013《大型液压油缸》等标准中就规定了可以采用沉降量检测或计算双作用液压缸的内泄漏量。

在采用沉降量检测或计算双作用液压缸的内泄漏量时应规定测试（试验）方法。

沉降量与内泄漏量之间有一一对应关系且经换算后数值基本相当，具体请见表5-9。如果确认JB/T 10205—2010中表6给出的双作用液压缸内泄漏量合理，则双作用液压缸的沉降量只能是在0.025mm/min左右。

c. 液压缸内泄漏量性能指标技术进步问题。尽管JB 2146—1977《液压元件出厂试验技术指标》与JB/JQ 20301—1988《中高压液压缸产品质量分等（试行）》、JB/T 10205—2000《液压缸技术条件》和JB/T 10205—2010《液压缸》没有代替或引用关系，但因在JB 2146—1977中规定了“内泄漏量允许值是按油缸0.5mm/5min（0.1mm/min）沉降量来计算的”，这不仅说明可以采用沉降量检测活塞式双作用液压缸内泄漏量，由此也可以看出液压缸内泄漏量性能指标的技术进步。

标准应充分考虑最新技术水平，并为未来技术发展提供框架。JB/T 10205—2010《液压缸》中仅就双作用液压缸的内泄漏量这一液压缸性能指标而言，从1988年10月实施的JB/JQ 20301—1988《中高压液压缸产品质量分等（试行）》算起，近30年来没有变化，该标准无法体现出它是建立在现代科学、技术和经验的总结的基础上的。

技术总是在进步的，在JB/T 11588—2013《大型液压油缸》表7注中就有：“特殊规格的液压油缸内泄漏量按照无杆腔加压0.01 mm/min位移量计算”。

注：JB/T 11588—2013中的上述表述并不完全正确。进一步可参考本章5.1.1节中JB/T 9834—2014《农用双作用油缸　技术条件》摘录。

(5)《液压缸》其他部分摘要及其问题

① 公称压力与额定压力摘要及其问题。

a. 摘要。

本标准适用于公称压力在31.5MPa以下，以液压油或性能相当的其他矿物油为工作介质的单、双作用液压缸。

7.3.3　耐压试验　将被试液压缸活塞分别停在行程的两端（单作用液压缸处于行程极

限位置)，分别向工作腔施加 1.5 倍公称压力的油液，型式试验保压 2min，出厂试验保压 10s，应符合 6.2.7 的规定。

7.3.4 耐久性试验 在额定压力下，使被试液压缸以设计要求的最高速度连续运行，速度误差±10%，每次连续运行 8h 以上。在试验期间，被试液压缸的零部件均不得进行调整，记录累计行程或换向次数。试验后各项要求应符合 6.2.6（的）规定。

7.3.8 高温试验 在额定压力下，向被试液压缸输入 90℃的工作油液，全行程往复运行 1h，应符合 6.2.9 的要求。

b. 问题。“公称压力”是标准规定的基本参数，现在又采用“额定压力”，这样不但很混乱，而且问题很复杂，已不是仅仅不符合相关标准规定的问题。

具体可参见本章第 5.1.3 节 1 条和第 5.2.1.2 节。

② 术语和定义摘要及其问题。

a. 摘要。

GB/T 1744 中确立的以及下列术语和定义适用于本标准。

3.1 滑环式组合密封

滑环（由具有低摩擦系数和自润滑性的材料制成）与 O 形圈等组合而成的密封型式。

3.2 负载效率

液压缸的实际输出力和理论输出力的百分比。

3.3 最低启动压力

使液压缸启动的最低压力。

b. 问题。在 JB/T 8241—1996《同轴密封件词汇》中已确定了同轴密封件术语及其定义，即：

2 术语

2.1 同轴密封件

塑料圈与橡胶圈组合在一起并全部由塑料圈作摩擦密封面的组合密封件。

2.2 塑料圈

在同轴密封件中作摩擦密封面的塑料密封圈。

2.3 橡胶圈

在同轴密封件中提供密封压力并对塑料圈磨耗起补偿作用的橡胶密封圈。

在 GB/T 17446—2012（1998）中已界定（确定）了下面两个术语，即：

3.2.82（2.2.4.12） 启动压力

开始运动所需的最低压力。

3.2.164（3.5.3.7.1） 缸输出力效率（输出力效率）

缸的（实际输出力与理论输出力之间的比值）。

在其他现行标准中已经确定（界定）了的术语（词汇）没有必要重新定义，况且经比较、分析其重新定义的还有问题，如：滑环式组合密封中的滑环，没有明确指出应为塑料环；滑环式组合密封中 O 形圈等，其一组成的不全是 O 形圈，还可能是方（矩）形圈，其二，O 形圈等的表述容易产生歧义；负载效率中的百分比，表述不准确；最低启动压力中“最低”两字多余。

进一步可参见本章 5.1.3.1 节第 2）款。

③ 量、符号和单位

a. 摘要。

4 量、符号和单位

量、符号和单位应符合表 5-10（原标准表 1）的规定。

表 5-10　量、符号和单位

名称	符号	单位
压力	p	Pa(MPa)
压差	Δp	Pa(MPa)
缸内径、套筒直径	D	mm
活塞杆直径、柱塞直径	d	mm
行程	L	mm
外渗漏量、内泄漏量	q_v	mL
活塞杆有效面积	A	mm^2
实际输出力	W	N
温度	θ	℃
运动黏度	v	$m^2/s(mm^2/s)$
负载效率	η	—

7.2.7　负载效率试验

将测力计安装在被试液压缸的活塞杆上，使被试液压缸保持匀速运动，按下面公式计算出在不同压力下的负载效率，并绘制负载效率曲线，见图 2。

$$\eta=\frac{W}{pA}\times 100\%$$

式中　η——负载效率；

W——实际出力（推力或拉力）的数值，N；

p——压力的数值，MPa；

A——活塞有效面积的数值，mm^2。

b. 问题。

· 术语问题。在 GB/T 17446 中界定了如下词汇：

——缸径：缸体的内径。

——缸行程：其可动件从一个极限位置到另一个极限位置所移动的距离。

——缸输出力：由作用于活塞上的压力产生的力。

——缸输出力效率：缸的实际输出力与理论输出力之间的比值。

——外泄漏：从元件或配管的内部向周围环境的泄漏。

——内泄漏：元件内腔之间的泄漏。

——缸有效面积：流体压力作用其上，以提供可用力的面积。

在 GB/T 17446 中没有界定如下术语或词汇：

——缸内径。

——套筒直径。

——活塞杆直径。

——柱塞直径。

——外渗漏（量）。

——活塞杆有效面积。

——实际输出力。

——负载效率。

· 在 GB/T 2348—1993《液压气动系统及元件　缸内径及活塞杆外径》中规定了液压气动系统及元件用液压缸、气缸的缸内径和活塞杆外径。

· 在摘要表 5-10（原标准表 1）中 A 为活塞杆有效面积，而在摘要 7.2.7 中 A 又为活塞有效面积的数值，前后不一致。

• 在摘要表 5-10（原标准表 1）中 W 为实际输出力，而在摘要 7.2.7 中 W 又为实际出力，前后不一致。

• 根据 GB 3102.1—1993《空间和时间的量和单位》的规定，L 为长度的符号，s 才是行程（程长）的符号；根据 GB 3102.3—1993《力学的量和单位》的规定，W 为重量或功的符号，F 才是力的符号。

• 缸输出力效率计算请参见本章 5.1.3.1 节第 4）款。

④ 外渗漏和外渗漏量。

a. 摘要。

6.2.3　外渗漏

6.2.3.1　除活塞杆（柱塞杆）处外，其他各部位不得有渗漏。

6.2.3.2　活塞杆（柱塞杆）静止时不得有渗漏。

6.2.3.3　外渗漏量

（略）

6.2.4　低压下的泄漏

液压缸在低压试验过程中，观测：

a）液压缸应无振动或爬行；

b）活塞杆密封处无油液泄漏，试验结束时，活塞杆上的油膜应不足以形成油滴或油环；

c）所有静密封处及焊接处无油液泄漏；

d）液压缸安装的节流和（或）缓冲元件无油液泄漏。

b. 问题。

• 在 GB/T 17446—2012（1998）中无“渗漏”这一术语（词汇）及定义。

• 从摘要中可以看出其使用“渗漏”或“泄漏”的前后不一致。

• 由摘要中可以看出这是一种“同义现象”，其不符合 GB/T 1.1—2009 中关于“统一性”的规定，即对于同一概念应使用统一术语，对于已定义的概念应避免使用同义词。

• 如果按照 GB/T 241—2007《金属管　液压试验方法》中“渗漏”定义判断，其问题不仅如此。

⑤ 性能试验方法。

a. 摘要。

“7.3.3　耐压试验”

b. 问题。在 GB/T 17446 中没有“行程”而只有“缸行程”这一术语和定义。根据下文“单作用液压缸处于行程极限位置”和缸行程定义判断，上文“行程的两端”应分别是缸进程极限位置和缸回程极限位置。

在一般液压缸中，单、双作用活塞缸的活塞和单作用柱塞缸的活塞杆头经常被用作限位器。当活塞或活塞杆头与其他缸零件抵靠时，即是缸行程的一端（缸进程极限位置或缸回程极限位置）。

在高压、高速（缸回程高速）液压缸中，一般活塞直径（或缸内径）与活塞杆外径、活塞杆头直径与活塞杆外径相差不大。在此情况下，如果在缸进程极限位置，向工作腔施加 1.5 倍公称压力的油液做耐压试验，极可能损坏缸零件。因此，在一些其他液压缸产品标准中有“（在液压缸耐压性能试验时，）将被试缸的活塞分别停留在行程两端（不能接触缸盖）”或“（在双作用活塞式液压缸耐压试验时，）从无杆端加压时将活塞固定在靠近行程终点位置进行试验；从有杆端加压时将活塞固定于靠近行程起始位置进行试验”等规定。

⑥ 出厂检验。

a. 摘要。

10.1.2 出厂检验

出厂检验系指产品交货时必须逐台进行的检验，分必检和抽检项目。

10.1.2.1 出厂检验必检项目中性能检验项目和方法按 7.1～7.3 的规定，其中试验项目为 7.3.1、7.3.2、7.3.3、7.3.5、7.3.6、7.3.9；性能要求应分别符合 6.2.1、6.2.7、6.2.2、6.2.3.1、6.2.3.2、6.2.4、6.2.8、6.1.6 的规定。

b. 问题。在 JB/T 10205—2010《液压缸》标准中没有“6.1.6”这一条款。

⑦ 缓冲试验。

a. 摘要。

6.6 缓冲试验

将被试缸工作腔的缓冲阀全部松开，调节试验压力为公称压力的 50%，以设计的最高速度运动，当运行至缓冲阀全部关闭时，缓冲效果应符合 6.2.8 要求。

6.2.8 缓冲

液压缸对缓冲性能有要求的，由用户和制造商协商确定。

b. 问题。缓冲是运动件（如活塞）在趋近其运动终点时借以减速的手段，主要有固定（式）或可调节（式）两种。显然在 GB/T 10205—2010 中缺少固定（式）缓冲（装置）的试验方法。

缓冲阀缓冲（装置）一般由单向阀和可调节的节流阀组合而成，在 GB/T 10205—2010 中所述“缓冲阀松开”应为节流阀松开，但节流阀的调节一般不是靠缓冲行程来调节的，亦即在液压缸运行中缓冲阀不能自行关闭。

注：由 GB/T 10205—2010 中“液压缸安装的节流和（或）缓冲元件无油液（外）泄漏”可为旁证。

⑧ 其他问题。除上述具体指出的 JB/T 10205—2010《液压缸》中的一些问题外，该标准中还存在一些其他问题，如：

a. 规范性引用文件中没有液压缸静密封用密封件沟槽。

b. 规范性引用文件中没有 GB/T 15242.3—1994《液压缸活塞和活塞杆动密封装置用同轴密封件安装沟槽尺寸系列和公差》，其术语和定义中“滑环式组合密封”指向空无。

c. 分类、标记和基本参数中无型号标记规定和标记示例。

d. 液压缸安全技术要求缺失。

e. 耐压性及耐压试验的规定缺乏理论基础，且与其他标准不一致，如与 JB/T 3818—2014。

f. 液压缸的工作介质温度规定缺乏理论基础，且与其他标准不一致，如与 JB/T 3818—2014。

g. 双作用液压缸内（的）泄漏量（规定值或允许值）与活塞式单作用液压缸的内泄漏量（规定值或允许值）至少有一组值得商榷。

h. 液压缸的低温性能、行程定位性能、半行程内泄漏量、活塞（杆）偏摆和在一定侧向力作用下的耐久性等，在 JB/T 10205—2010 标准中缺失。

i. 其他如条款表述中缺助动词或不符合 GB/T 1.1—2009 中给出的助动词使用规则的情况很多。

截至 2016-06-01，未见 JB/T 10205—2010《液压缸》有修改单包括勘误表。

总之，为了能够通过遵守《液压缸》标准，进而设计、制造出符合标准的液压缸，首先《液压缸》标准本身应该是严谨、准确的，且应该是科学、技术和经验的总结，同时还应为液压缸未来技术发展提供框架。

本节笔者提出的上述问题有助于提高液压缸标准的准确性及未参加《液压缸》标准编制

的专业人员对此标准的理解。

5.1.4 液压缸密封性能试验

除有产品标准的液压缸外，其他液压缸可据此进行密封性能试验。对各产品标准中缺少的密封性能试验项目，也可参照本方法和规则进行试验。

注：其他液压缸可能还包括有特殊技术要求和特殊结构的液压缸。

5.1.4.1 液压缸密封性能试验项目、条件与试验装置

(1) 试验项目与条件

液压缸密封试验遵守现行标准：

① GB/T 15622—2005《液压缸试验方法》。

② JB/T 10205—2010《液压缸》。

③ 其他现行液压缸相关标准。

出厂试验是指液压缸出厂前为检验液压缸质量所进行的试验。下面表5-11所列的液压缸密封性能试验属于液压缸出厂试验，且必须逐台进行试验；其所列的试验项目分必试（必检）和抽试（抽检），其抽检项目应按相关标准规定或定期抽测。

表5-11 液压缸密封性能试验项目

序号	项目	要求	备注
1	试运行	必试	在JB/T 10205中规定的必检项目“7.31 试运行”，无需加外负载
2	低压、低速试验	必试	在JB/T 10205中规定的必检项目“7.3.2 启动压力特性试验”和“7.3.5.3 低压下的泄漏”，除启动压力特性试验外，需要加(小的)外负载
3	高速试验	抽试	在JB/T 10205中规定的抽检项目“7.3.4 耐久性试验”，需加外负载
4	耐压试验	必试	在JB/T 10205中规定的必检项目“7.3.3 耐压试验”，一般需加外负载
5	内泄漏试验	必试	在JB/T 10205中规定的必检项目“7.3.5.1 泄漏试验”，一般需加外负载
6	高温试验	抽试	在JB/T 10205中规定的抽检项目“7.38 高温试验”，需加外负载
7	缓冲试验	抽试	在JB/T 10205中规定的必检项目“7.36 缓冲试验”，需加外负载
8	动特性试验	抽试	在JB/T 10205中无规定，一般不需要加外负载
9	外泄漏试验	必试	在JB/T 10205中规定的必检项目，包括上述所有试验项目

除JB/T 9834—2014规定的农用双作用液压缸和JB/T 11588—2013规定的大型液压油缸外，其他液压缸试验时，试验台液压油油温在+40℃时的运动黏度应为29～74mm^2/s，且宜与用户协商一致。

注：试验用油液品种牌号与黏度等级宜与用户协商确认，并达成一致。在GB/T 7935—2005《液压元件 通用技术条件》中规定试验用油黏度：油液在40℃时的运动黏度应为42～74mm^2/s（特殊要求另做规定）。

除特殊规定外，出厂试验应在液压油油温50℃±4℃下进行。出厂试验允许降低油温试验，但在油温低于50℃±4℃下所取得的试验测量值经换算后，其换算值一般不准确。

试验用液压油应与被试液压缸的材料主要是密封件的密封材料相容，且试验液压系统油液的固体颗粒污染等级代号不得高于GB/T 14039—2002规定的19/15或—/19/15。

试验中各参量应在稳态工况下测量并记录，出厂试验测量准确度可采用C级，在JB/T 10205—2010《液压缸》中规定的被控参量平均显示值允许变化范围见表5-12，测量系统允许系统误差见表5-13，液压缸（型式）试验时的安装和连接及放置方式宜与实际使用工况一致。

表 5-12　被控参量平均显示值允许变化范围（摘自 JB/T 10205—2010）

被控参量		平均显示值允许变化范围	
		B级	C级
压力	在小于 0.2MPa 表压时/kPa	±3.0	±5.0
	在等于或大于 0.2MPa 表压时/%	±1.5	±2.5
温度/℃		±2.0	±4.0
流量/%		±1.5	±2.5

在试验中，试验系统各被控参量平均显示值在表 5-12 规定的范围内变化时为稳定工况。

表 5-13　测量系统允许系统误差（摘自 JB/T 10205）

测量参量		测量系统的允许系统误差	
		B级	C级
压力	在小于 0.2MPa 表压时/kPa	±3.0	±5.0
	在等于或大于 0.2MPa 表压时/%	±1.5	±2.5
温度/℃		±1.0	±2.0
力/%		±1.0	±1.5
流量/%		±1.5	±2.5

(2) 试验装置

液压缸密封性能出厂试验装置一般应由加载试验装置和液压缸试验操作台（含液压系统、检测仪器、仪表、装置和/或电气控制、操作装置及其他控制装置等）组成。

根据液压缸试验相关标准，液压缸密封性能出厂试验装置应具备以下性能：

① 应具有对被试液压缸施加外负载装置，且应使该负载作用沿液压缸的中心线发生。其作用能使被试液压缸各工作腔产生大于或等于 1.5 倍公称压力的压力，并可作为被试液压缸在行程各个位置包括液压缸行程的两个极限位置（即所谓行程两端）的实际的限位器。还可设置对被试液压缸施加侧向力（负载）装置。液压缸（型式）试验时的安装和连接及放置方式宜与实际使用工况一致。

② 液压系统应设置溢流阀来防止被试液压缸承受超过“1.1×1.5×公称压力”的压力，尤其应防止液压缸有杆腔由于活塞面积差引起的增压超过上述压力；应设置被试液压缸各腔手动卸压装置；应设置必要的安全装置，采用可取的保护办法、防护措施来保证设备、人员安全。

③ 液压系统应能对被试液压缸施加 0～1.5 倍公称压力或以上的压力；应能使液压缸以公称压力（或额定压力）、0～最高设计速度连续（换向）稳定运行；应能对被试液压缸施加 0.2MPa 的背压；应能使油箱内及输入液压缸油口的油液温度达到并保持＋50℃±4℃或＋90℃±4℃；应能使油箱内及输入液压缸油口的油液的固体颗粒污染等级代号不得高于 GB/T 14039—2002 规定的 19/15 或—/19/15。

④ 被试液压缸两腔（油口）应能既可与系统连接，也可与系统截止，还可在与系统截止后直通大气；压力测量点应设置在距被试液压缸油口 $2d$～$4d$ 处（d 为连接管路内径），温度测量点应设置在距测压点 $2d$～$4d$ 处（d 与上同）。

⑤ 测量系统允许系统误差及被控参量平均显示值允许变化范围应按相关标准规定。应能检测 0.03MPa（伺服液压缸最低启动压力）直至 1.1×1.5×公称压力的压力，且（压力表）量程一般应为（1.5～2.0）×1.5×公称压力；应能检测 0.02mL/min 直至使被试液压缸能以设计最高速度运行的输入流量；应能检测大于或等于被试液压理论输出力的力；应能检测一般被试液压缸的行程及偏差；或能精确检测有特殊技术要求或特殊结构的被试液压缸

的缸行程定位精度和行程重复定位精度等。

还应能自动累计换向次数（计数）、计时、环境温度测量等。液压缸的倾斜、摇摆、振动及偏摆的测量按相关标准规定进行。

⑥ 电气控制电压宜采用 DC24 V，并配有可靠的接地连接。电气操作装置（台）宜独立设置，且可移动。试验装置安装场地的环境污染程度、背景噪声级别、电源容量及质量、消防设施、安全防护措施等都应符合相关标准规定。

以 GB/T 15622—2005《液压缸试验方法》给出的“图 3 出厂试验液压系统原理图”（见图 5-1）为例，根据 JB/T 10205—2010《液压缸》规定的液压缸出厂必检项目、规则（方法或步骤）及所对应的液压缸密封性能必试项目及规则，该图中有如下一些问题有待解决：

① 油箱。由于原标准图 3 所示油箱内没有设计、安装热交换器，油箱内及输入液压缸油口的油液温度无法保证达到并保持规定的温度及变化范围允许值，因此在 JB/T 10205—2010 中规定的所有必检项目及在液压缸密封性能试验中规定的所有必试项目都无法取得准确的试验测量值及换算值，即不符合在 JB/T 10205—2010 中所规定的试验条件。

② 过滤器。由于液压泵吸油管路上只允许用粗过滤器，因此原标准图 3 所示过滤器只能是一台粗过滤器。经粗过滤器过滤的油液无法保证符合 JB/T 10205—2010 中规定的及液压缸密封性能试验中规定的试验用油污染度等级，即：输入液压缸油口的油液的固体颗粒污染等级代号不得高于 GB/T 14039—2010 规定的 19/15 或—/19/15，亦即不符合在 JB/T 10205 中所规定的试验条件。

③ 液压泵。由于原标准图 3 中只有一台定量液压泵、一台溢流阀，且为回油节流、无旁路节流调速回路，因此该系统无法实现（取得）在无负载工况下低压、低速的稳定运行（工况），即无法进行在 JB/T 10205—2010 中规定的必检项目及在液压缸密封性能试验中规定的必试项目“试运行”，亦即“启动压力特性试验”；或还无法进行“低压、低速试验”和“低压下的泄漏”试验项目。

④ 溢流阀。由于原标准图 3 中只有一台溢流阀，如要将液压系统在小于 0.3MPa（或 0.03MPa）与大于或等于 1.5×31.5MPa（或 1.1×1.5×公称压力）之间都能调整出稳定的压力工况，以现有溢流阀的性能（如调压范围）而言，这几乎是不可能的。

况且，为防止被试液压缸有杆腔由于活塞面积差引起的增压，无杆腔应设置溢流阀。

⑤ 加载装置。因原标准图 3 中没有加载装置，而原标准图 4 所示“型式试验液压系统原理图”中有加载装置，所以判断，原标准图 3 所示的“出厂试验液压系统原理图”没有加载装置。

没有加载装置不但无法检验沉降量，而且可能在 JB/T 10205—2010 中规定的必检项目“耐压试验”也无法进行。因为不是所有被试液压缸都允许活塞分别停在行程两端（极限位置）（单作用液压缸处于行程进行位置）对其施加耐压压力，如果被试液压缸有如上要求，则液压系统将无法加压至耐压压力，进而无法向工作腔施加 1.5 倍公称压力（或额定压力）的油液，所以也就无法进行耐压试验。

同样，没有加载装置也无法进行缸出力效率或负载效率试验。

⑥ 压力表与流量计及其他。压力表与流量计问题与上述溢流阀问题相似，主要是单一一支（台）压力表或流量计的量程和精度无法达到相关标准规定要求。

温度测量点也不能只设在油箱上，相关标准规定温度测量点应设在压力测量点附近。

由于在原标准图 3 所示的液压系统中没有旁路节流调速（回路），该系统很难满足被试缸试验时的各种速度要求，如设计的最高速度。

现行标准没有要求所有液压缸都应设有排（放）气装置，因此液压系统应设置排（放）气装置，以使尽量少的空气进入管路、元件（附件）及油箱。

其他一些问题在此不再一一讨论，因原标准图 3 存在上述问题，所以有必要给出一种液压缸密封性能出厂试验装置液压系统原理图，如图 5-3 所示。

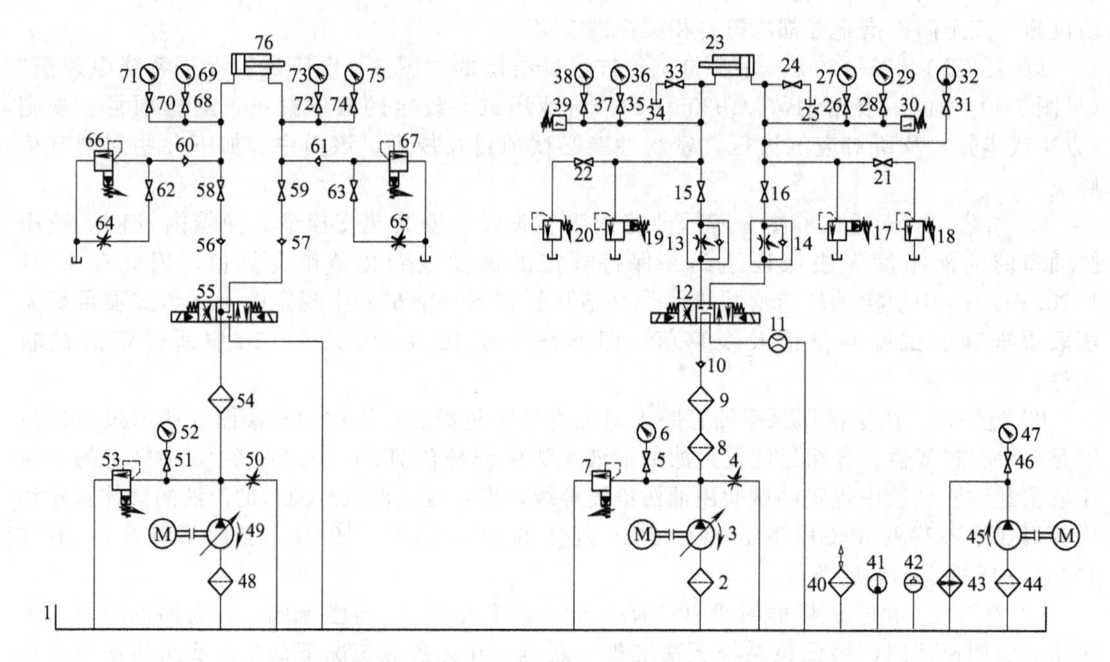

图 5-3 液压缸密封性能出厂试验装置液压系统原理图

1—油箱；2，8，9，44，48，54—过滤器；3，49—变量液压泵；4，50，64，65—节流阀；5，26，28，35，37，46，51，68，70，72，74—压力表开关；6，27，29，36，38，47，52，69，71，73，75—压力表；7，17，18，19，20，53，66，67—溢流阀；10，56，57，60，61—单向阀；11—流量计；12，55—电液换向阀；13，14—单向节流阀；23—被试液压缸；15，16，21，22，24，33，58，59，62，63—截止阀；25，34—接油箱；30，39—压力继电器；31—温度计截止阀；32，41—温度计；40—空气滤清器；42—液位计；43—温度调节器；45—定量液压泵；76—加载液压缸

说明：

① 图 5-3 所示的液压系统原理图，没有包括侧向力加载装置液压回路。

② 油箱 1 为带盖油箱（图中未示出油箱盖），其他未给出序号的油箱皆为此油箱。

③ 过滤器分为吸油口粗过滤器（滤网）、压力管路粗过滤器和精过滤器。

④ 泄漏油路在图 5-3 中未示出。

⑤ 不同序号的压力表（或电接点压力表）量程及精度等级可能各有不同。

⑥ 节流阀可以采用其他更为精密的流量调节阀，如调速阀等；单向节流阀也可如此。

⑦ 流量计在一些情况下可考虑不安装，如可采用量筒计量的。

⑧ 各截止阀皆为高压截止阀，且要求性能良好，能够完全截止。

⑨ 压力、温度测量点位置按相关标准规定（或按文中所述）。

⑩ 接油箱 25、34 一般为液压缸试验操作台前油箱，也可另外选用容量足够的清洁容器，但应对油液喷射、飞溅等采取必要的防范措施。

⑪ 没有设计排（放）气装置的液压缸应首选采用通过截止阀 24 或 33 排（放）气。

⑫ 溢流阀 17、19、66 和 67 应安装限制挡圈，限定其可调节的最高压力值。

⑬ 由 43、44、45、46、47 等元件组成的油温控制装置，现在已有商品。

⑭ 各过滤器上所带旁通阀及报警（或压力指示）、电液换向阀先导控制、各仪表电接点等在图 5-3 中没有进一步示出。

5.1.4.2 液压缸密封性能试验方法与检验规则

(1) 液压缸密封性能技术要求

在下述所有试验中，不应有零部件（包括密封件）损坏现象。

在下述所有试验中，除活塞杆密封处外，其他各处都不应有外泄漏或渗漏；活塞杆处在液压缸静止时不应有外泄漏；液压缸缸体（筒）外表面不应有渗漏。

在低压、低速试验和内泄漏试验中，内泄漏量不应超过标准规定值。

采用沉降量法检查（测）内泄漏量时，其沉降量不应超过标准规定值。

运行中，液压缸不应有振动、异响、突窜、卡滞和爬行等现象。

必要情况下，建议进行环境适应性试验。

注：1. 运行工况一般应包括高低压下、高低温下和高低速下及它们的组合。

2. 有偏摆性能要求的液压缸，其偏摆值不应大于规定值。

3. 关于液压缸启动、运行状态（况）描述还可参见本书第 1.3.13 节。

(2) 液压缸密封性能出厂试验方法

① 试运行（必试）。液压缸在无负载工况下启动，并全行程往复运动数次，完全排出液压缸内的空气。

② 低压、低速试验（必试）。

a. 压力调整范围：(0～0.5)MPa 或(0～1.0)MPa。

b. 速度调整范围：[0～4.0(8.0)]mm/s 或[0～5.0(10.0)]mm/s。

调整压力和速度，最后选择压力 0.5MPa 或 1.0MPa 和速度 4.0(5.0)mm/s 或 5.0(10.0)mm/s，应全行程往复运动至少 3 次（6 次），每次在行程端部停留至少 10s。

注：最低稳定速度指标宜与用户协议确定，且应订立在合同中。另外，两组最低速度指标分别见于 GB/T 13342—2007 和 CB/T 3812—2006 中。

③ 高速试验（抽试）。在公称压力下，液压缸以设计要求（规定工况或额定工况下）的最高速度连续运行，速度误差±10%，每次应连续运行 8h 以上。

上述试验亦称耐久性试验。

注：最高速度指标宜与用户协议确定，且应订立在合同中。

④ 耐压试验（必试）。除技术要求明确规定不得以缸零件做实际的限位器的液压缸外，其他液压缸耐压试验时，应将液压缸活塞分别停在行程的两端（单作用液压缸处于行程极限位置），分别向工作腔施加 1.5 倍或 1.25 倍公称压力的油液，出厂试验应保压 10s。

⑤ 内泄漏试验（必试）。液压缸应分别停在行程的两端或应分别停在离行程端部（终点）10mm 处，分别向工作腔施加公称压力（或额定压力）的油液进行试验。

行程超过 1m 的液压缸，除应进行上述试验外，还应使液压缸停在一半行程处，进行上述试验。

建议通过制造商与用户协商确定，内泄漏试验压力采用“额定压力”。

⑥ 高温试验（抽试）。在公称压力下，向液压缸输入 90℃的工作油液，应全行程往复运行 1h。

注：仅当对产品有高温性能要求时，才应对液压缸进行此项试验。试验后，是否进行拆检及更换密封件，应由制造商与用户协商确定。

⑦ 缓冲试验（抽试）。在公称压力的 50%的压力或最高工作压力下，液压缸应以设计要求（规定工况或额定工况下）的最高速度运行数次。

注：仅当对产品有缓冲性能要求时，才应对液压缸进行此项试验。此试验主要检验在“缓冲压力”或“缓冲压力峰值”作用下液压缸的密封性能。

⑧ 动特性试验（抽试）。有动特性要求的液压缸，动特性试验按其产品标准规定，如数字液压缸和伺服液压缸。没有产品标准规定的液压缸有动特性要求的，至少应按制造商与用

户商定的（特殊）技术要求（条件或指标）进行检验。

建议制造商根据产品起草、制订产品企业标准。

注：动特性试验时可能有超出规定工况的极限工况出现。

⑨ 外泄漏试验（必试）。外泄漏试验包含在上述所有试验中；在上述试验结束时，出现在活塞杆上的油膜应不足以形成油滴或油环。

没有进行抽试项目的液压缸，应在公称压力（或额定压力）下，全行程往复运动20次以上，检查外泄漏量，要求同上。

液压缸的进出油口、排（放）气（阀）装置、缓冲（阀）装置、行程调节装置（机构）、输入装置（含减速装置和驱动装置等）、液压阀或油路块、检测和监测等仪器仪表、传感器的安装处（面）不应有外泄漏。

(3) 液压缸密封性能出厂试验检验规则

液压缸出厂时必须逐台进行液压缸密封性能出厂试验，其必检（试）项目和与用户已商定的抽检（试）项目的检验结果（试验测量值）应符合相关标准规定。

经过型式试验的已定型或批量生产的液压缸，其抽检（试）项目也应定期进行。

(4) 液压缸密封性能试验注意事项

① 液压缸试验应由经过技术培训具有专业知识的专门人员操作。

② 液压缸试验时存在危险，如可能造成缸体断裂、连接（包括焊接）失效、活塞杆脱节（射出）和密封装置（系统）失效等事故，应采取必要的防护措施，包括安装、使用防护罩等以避免高压和/或高温油液飞溅、喷射可能对人身造成的伤害。

③ 设计了排（放）气装置的液压缸在试运行时应使用其完全排出液压缸内的空气，并应避免排出油液飞溅、喷射对人员造成危险。

④ 没有排（放）气装置的液压缸（包括试验系统）在试运行时，应全行程往复运动数次，完全排出液压缸内的空气，并应停置一段时间再进行其他项目试验，以便使混入空气在油箱内从油液中析出。

⑤ 液压缸密封性能试验用油液宜与其所配套的液压系统或主机的工作介质品种牌号和黏度等级一致，否则可能造成产品批量不合格。

⑥ 除高、低温试验外，其他液压缸密封性能检验宜在工作腔内工作介质温度为52℃±4℃（考虑了测量系统允许系统误差）下进行，否则可能造成产品批量不合格。

⑦ 在JB/T 10205—2010中规定的活塞式单作用液压缸的沉降量是指无杆腔油液通过活塞密封装置（系统）向有杆腔的泄漏所造成的缸（活塞及活塞杆）回程方向上的位移量。而安装在主机上的（活塞式）双作用液压缸的沉降（量），既可能是缸回程方向上的位移（量），也可能是缸进程方向上的位移（量）。因此，应注意双作用液压缸缸进程方向上的沉降量与内泄漏量的换算关系。同时应注意液压缸的沉降量是外部加载造成的，无加载试验装置的液压缸试验台无法检测该项目。

⑧ 在试验时，应缓慢、逐级地对液压缸进行加载（加压）和卸载（泄压）。进行耐压试验时，不应超过标准规定的保压时间（出厂试验保压10s）。

⑨ 在JB/T 10205—2010中规定的双作用液压缸内（的）泄漏量（规定值）与活塞式单作用液压缸的内泄漏量（规定值）至少有一组值得商榷，试验前应与用户进一步协商确定。

⑩ 以目视检查活塞杆处外泄漏时，宜在试运行后再次擦拭干净后检查。以避免假“泄漏”被误判为泄漏。

⑪ 对渗漏或外渗漏检查，可使用帖覆干净吸水纸（对固定缸零件表面，如缸体表面）或沿程铺设白纸（对移动缸零件沿程，如活塞杆往复运动沿程）的办法检查，以纸面上有油迹或油点为渗漏或外泄漏。

⑫ 所有抽检项目试验都可能对液压缸密封造成一定损伤，建议首台进行了抽检项目试验的液压缸在试验后进行拆检。

5.2 液压缸使用

5.2.1 液压缸的使用工况

液压缸的使用工况一般是指由液压缸的用途所决定的环境条件、公称压力或额定压力、速度、工作介质等一组特性值，液压缸设计时一般以额定使用工况给出。

液压缸使用时的环境条件应包括环境温度及变化范围、倾斜和/或摇摆状况、振动、空气湿度（含结冰）、盐雾、环境污染、辐射（含热辐射）等；额定压力包括最低额定压力（即为启动压力）和最高额定压力（即为耐压压力）、速度包括最低（稳定）速度和最高速度；工作介质包括液压油（液）牌号（黏度）和污染等级（或清洁度）等。

额定使用工况是液压缸设计时必须给出或确定的，并按此设计液压缸才能保证液压缸使用寿命足够。

极限使用工况是一个特殊工况，在此工况下，液压缸只能运行一个给定时间，否则将对液压缸造成不可维修的损伤，如在耐压压力下或高温试验时的超时运行。

5.2.1.1 环境温度范围

(1) 额定使用工况

一般情况下，液压缸工作的环境温度应在－20～＋50℃范围。

(2) 极限使用工况

有标准规定，在环境温度为65℃±5℃时，工作介质温度在70℃±2℃。液压缸应可以以规定速度全行程连续往复运行1h。

在环境温度为－25℃±2℃时，工作介质温度在－15℃，液压缸应可以以规定速度全行程连续往复运行5min。

所以，极限环境温度范围暂定为：－25～＋65℃。

5.2.1.2 最高额定压力

因为最高额定压力即为耐压压力，耐压压力理论上是由液压缸结构强度，主要是由液压缸广义缸体结构强度决定的，如果液压缸结构既已确定，那么，该液压缸的耐压压力也可确定。

尽管在液压缸设计中可以通过类比、反求设计等按上述办法确定最高额定压力，但通常还是以1.5倍的公称压力确定最高额定压力亦即耐压压力。

JB/T 10205—2010《液压缸》适用于公称压力为31.5MPa以下，以液压油或性能相当的其他矿物油为工作介质的单、双作用液压缸。

按照GB/T 2346—2003《流体传动及元件　公称压力系列》，31.5MPa以下为25MPa，则该标准规定了最高额定压力（耐压压力）为1.5×25＝37.5MPa的，以液压油或性能相当的其他矿物油为工作介质的单、双作用液压缸。

笔者建议通过制造商与用户的协商，将液压缸的耐压（试验）压力确定为：当公称压力大于或等于20MPa时，耐压试验压力应为1.25倍公称压力。

如果是这样，则JB/T 10205—2010《液压缸》规定了最高额定压力（耐压压力）为1.25×25＝31.25MPa的，以液压油或性能相当的其他矿物油为工作介质的单、双作用液压缸。

还要强调几点：

① 最高额定压力或耐压（试验）压力应与相应温度组合成组合工况。

② 最高额定压力或耐压（试验）压力应是静态压力，且可以验证。

③ 最高额定压力是仅次于爆破压力的压力。

5.2.1.3 速度范围

在液压缸试验中，一般（最低）启动压力对应的不是最低速度，因为此时只是液压缸启动，而非具有稳定的速度。

现行标准包括密封件标准规定的液压缸最低速度一般没有低于 4.0mm/s 的，通常最低速度为 8.0mm/s；船用数字液压缸的最低稳定速度应不大于每秒 20 个脉冲当量。

液压缸的最高速度与密封件及密封系统设计密切相关，丁腈橡胶制成的密封圈一般限定速度在 500mm/s 以下，通常最高速度为 300mm/s 以下；船用数字液压缸的最高速度可达到每秒 2000 个脉冲当量。

速度高于 200mm/s 的液压缸必须设置缓冲装置。

5.2.1.4 工作介质

JB/T 10205—2010《液压缸》中规定的单、双作用液压缸是以液压油或性能相当的其他矿物油为工作介质的。工作介质必须与材料（主要是密封材料）相容。

除特殊要求外，在其他液压缸试验时，试验台用液压油油温在 40℃时的运动黏度应为 29～74mm²/s，且最好与用户协调一致。

GB/T 7935—2005《液压元件　通用技术条件》中规定试验用液压油油温在 40℃时的运动黏度应为 42～74mm²/s（特殊要求另做规定）。

JB/T 6134—2006《冶金设备用液压缸（$PN \leqslant 25$MPa）》中规定的试验用油液黏度等级为 VG32 或 VG46。

JB/T 9834—2014《农用双作用油缸　技术条件》中规定的试验用油液推荐用 N100D 拖拉机传动、液压两用油或黏度相当的矿物油，其在 40℃时的运动黏度应为 90～110mm²/s。

JB/T 3818—2014《液压机　技术条件》中规定油箱内的油温（或液压泵入口的油温）最高不应超过 60℃，且油温不应低于 15℃。

用户与制造商协商确定有高温性能要求的液压缸，输入液压缸的工作介质温度一般不能高于 90℃，且应限定高温下的运行时间。

一般液压缸（包括船用数字缸）的试验用油液的固体颗粒污染等级不得高于 GB/T 14039—2002 规定的—/19/15；DB44/T 1169—2013《伺服液压缸》中规定的试验用油液的固体污染等级不得高于 GB/T 14039—2002 规定的 13/12/10。

进一步内容还可参考本书第 2.6 节。

5.2.2 液压缸使用的技术要求

(1) 一般要求

① JB/T 10205—2010《液压缸》规定了公称压力在 31.5MPa 以下，以液压油或性能相当的其他矿物油为工作介质的单、双作用液压缸的技术要求。对于公称压力高于 31.5MPa 的液压缸可参照该标准执行。

② 一般情况下，液压缸工作的环境温度应在－20～＋50℃范围内，工作介质温度应在－20～＋80℃范围内，最好将工作介质温度限定在＋15～＋60℃范围内。

③ 液压系统的清洁度应符合 JB/T 9954—1999《锻压机械液压系统　清洁度》的规定。

④ 一般应使用液压缸设有的起吊孔或起吊钩（环）吊运和安装液压缸，避免磕碰、划伤液压缸，保护好标牌，防止液压缸锈蚀。

⑤ 液压缸安装和连接应尽量使活塞和活塞杆免受侧向力，安全可靠，并保证精度。

⑥ 尽量避免以液压缸作为限位器使用。

⑦ 安装有液压缸的液压系统必须设置安全阀，保证液压缸免受公称压力 1.1 倍以上的超压压力作用，尤其要避免因活塞面积差引起的增压的超压。

注：可按所在主机超负荷试验压力设定安全阀压力，尤其应以 1.1 倍额定压力设定的超负荷试验压力。

(2) 性能要求

① 液压缸在试运行中应能方便地排净各容腔内空气。

② 液压缸应能在规定的最低启动压力下正常启动，且在低压下能平稳、均匀运行，应无振动、爬行和卡滞现象。

③ 除活塞杆密封处外，其他各部位不得有外泄漏（渗漏）；停止运行后，活塞杆密封处不得有外泄漏；运行中活塞杆密封处（包括低压下）的外泄漏量应符合相关标准规定。

④ 液压缸的内泄漏量应符合相关标准规定。

⑤ 在公称压力以下，负载效率 90%以上的液压缸应能正常驱动负载。

⑥ 液压缸行程及公差应符合相关标准规定或设计要求。

⑦ 有行程定位性能的液压缸，其定位精度和重复定位精度应符合相关规定。

⑧ 液压缸的耐压性、耐久性、缓冲性能、高温性能等应符合相关标准规定。

(3) 安全技术要求

① 液压缸使用时，应根据液压缸设计时给出的失效模式进行风险评价，并采取防护措施。

② 活塞杆连接的滑块（或运动件）有意外下落危险的应采取安全防范措施。

③ 液压缸意外超压时有爆破危险，最好在液压缸外部设置防护罩。

④ 液压缸安装必须牢固、可靠，避免倾覆、脱落、断开。

⑤ 安装和连接液压缸的紧固件宜尽量避免承受剪切力，并应采取防松措施。

⑥ 在液压缸设计强度、刚度内使用液压缸，避免由于推或拉动负载引起液压缸结构的过度变形。液压缸在推动负载时活塞杆有弯曲或失稳的可能，应避免其超过设计规定值。

⑦ 液压缸活塞（活塞杆）运动速度超过 200mm/s 时，活塞必须经缓冲后才能与缸底或缸盖（导向套）接触。

⑧ 一般情况在，工作介质温度超过＋90℃、环境温度超过＋65℃或低于－25℃时，必须停机。

⑨ 液压缸泄漏会造成环境污染，尤其液压油喷射可能造成更大危害，应采取防护措施以消除人身伤害和火灾危险。

⑩ 使用中的液压缸不可检修、拆装。

5.3 液压缸维护

5.3.1 液压油液污染度评定与控制

液压系统使用的液压油液应与系统所有元件、附件、合成橡胶和滤芯相容。

5.3.1.1 液压油液污染度评定

在液压系统及元件中，污染物都或多或少地存在，评定这种污染程度的量化指标即为污染度或清洁度，污染度的反义词即为清洁度。

存在于液压油液中的固体颗粒污染物可能造成严重后果，因而需要对其进行测量。

在 GB/T 14039—2002《液压传动　油液　固体颗粒污染等级代号》中规定了确定液压

系统油液中固体颗粒污染物等级所采用的代号。

在 GB/Z 20423—2006《液压系统总成　清洁度检验》中规定了对于总成后的液压系统在出厂前要求达到的清洁度水平进行测定和检验的程序。

在 GB/T 27613—2011《液压传动　液体污染　采用称重法测定颗粒污染度》中规定了测定液压系统工作介质颗粒污染度的两种称重法，即双滤膜法和单滤膜法。该标准适用于检测颗粒污染度大于 0.2 mg/L 的液压系统工作介质。

在 JB/T 9954—1999《锻压机械　液压系统清洁度》中规定了锻压机械液压系统清洁度的表示方法、限值及其测量方法。其中 GB/T 14039—2002 标准被 JB/T 10205—2010《液压缸》标准规范性引用。

5.3.1.2　液压油液污染度的控制

液压系统中包括各类液压元件、附件、管路（油路块）、油箱、工作介质等，液压缸作为一类液压元件，其中存在的污染物会引起液压系统的性能下降和可靠性降低。对液压缸从制造到安装过程中的污染度（清洁度）控制，可以达到和控制液压油液期望的清洁度等级。

(1) 液压缸清洁度的控制

由于液压缸的清洁度（污染度）可以以液压缸内部残留的污染物质量多少来评定（见 JB/T 7858—2006《液压元件清洁度评定方法及液压元件清洁度指标》）或通过单位体积油液中固体颗粒计数法来标定污染等级（见 GB/T 14039—2002《液压传动　油液　固体颗粒污染等级代号》），因此，液压缸清洁度控制就是要使液压缸的清洁度（污染度）符合相关标准的规定。

在 JB/T 11588—2013《大型液压油缸》中液压油缸的清洁度试验是利用一腔加压另一腔排油，用油污检测仪对液压油缸排出的油液进行检测。

在 CB/T 3812—2013《船用舱口盖液压缸》中液压缸的清洁度是通过清洗液压缸内腔，然后将清洗液缓慢倒入放置在漏斗孔口的滤膜（精度为 0.8μm）上过滤，过滤完后烘干、称重，计算过滤膜滤后的重量与过滤前的重量之差（即为液压缸内腔污染物的重量）这种“称重法”来评定的。

液压缸清洁度的控制方法一般应按如下规定：

① 液压缸的清洁度是靠适当的程序（工艺）来控制和维护的，因此需要建立一套程序。

② 各工序、各程序需要人来操作和执行，应对员工进行污染控制的基础教育。

③ 控制工作间环境污染，消除“脏”环境。

④ 通过清（冲）洗工序控制缸零件清洁度，但密封件一般不得清洗。

⑤ 试验后的液压缸应排空各容腔液压油液，并及时封堵各油口。

⑥ 避免涂（喷）漆污染液压缸内部，保护好活塞杆表面使之免受油漆污染。

⑦ 包装、贮存、运输等应保证液压缸免受污染。

液压缸进一步控制污染可参照 GB/Z 19848—2005《液压元件从制造到安装达到和控制清洁度的指南》。

(2) 液压系统清洁度控制

液压系统中可能存在大量污染物，这些污染物可能是组成液压系统的各部分的残留物，诸如切屑、沙子、锉屑、灰尘、焊滴、焊渣、橡胶、密封胶、水、含水杂质、氯、酸和除垢剂等残留物。液压系统在使用过程中还可能产生或增加一些污染物，如水、酸、磨损金属(机械杂质)、(正戊烷）不容物等。

液压系统的清洁度的控制方法一般应按如下规定：

① 制造商应通过有效信息，告知买方污染物进入元件内部会造成的有害影响。

② 应提供符合 GB/T 17489—1998《液压颗粒污染分析　从工作系统管路提取液样》的

提取具有代表性油样的手段，检查液压油清洁度等级状态。

③ 液压油液的清洁度等级必须与液压缸等元件的清洁度等级相同或更高。

④ 液压系统需配备适当的过滤装置，在线迅速去除使用过程中产生的污染物。

⑤ 使用GB/T 3766—2001（2015）《液压系统通用技术条件》中规定的油箱，保证液压油在规定的温度范围内，尤其不得超高温。

⑥ 一般来说，买方不得拆卸液压元件及液压系统，即使作为质量保证程序中的部分内容而按百分比抽样基础上的拆卸也不允许。

⑦ 根据或制定换油指标，及时检测，及时换油。

5.3.2 液压缸失效模式与风险评价

失效是执行某项规定能力的终结，失效后，该功能项有故障。“失效”是一个事件，而区别于作为一种状态的“故障”。实际上，故障和失效这两个术语经常作同位语用。

故障是不能执行某规定功能的一种特征状态。它不包括在预防性维护和其他有计划的行动期间，以及因缺乏外部资源条件下不能执行规定功能。

失效通常是可靠性设计中研究的问题，失效是可靠的反义词，如工程中液压缸密封件失去原有设计所规定的密封功能称为密封失效。

失效包括完全丧失原定功能、功能降低或有严重损伤或隐患，继续使用会失去可靠性及安全性。

判断失效的模式，查找失效原因和机理，提出预防再失效的对策的技术活动和管理活动称为失效分析。

失效分析是一门发展中的新兴学科，在提高产品质量，技术开发、改进，产品修复及仲裁失效事故等方面具有重要现实意义。

5.3.2.1 缸体的失效模式

(1) 在额定静态压力下出现的失效模式

① 结构断裂。

② 在循环试验压力作用下，因疲劳产生的任何裂纹。

③ 因变形而引起密封处的过大泄漏。

④ 产生有碍压力容腔体正常工作的永久变形。

额定静态压力验证准则：被试压力容腔不得出现如上任何一种失效模式。

(2) 在额定疲劳压力下出现的失效模式

① 结构断裂。

② 在循环试验压力作用下，因疲劳产生的任何裂纹。

③ 因变形而引起密封处的过大泄漏。

额定疲劳压力验证准则：被试压力容腔不得出现如上任何一种失效模式。

5.3.2.2 活塞杆失效模式

一般情况下，活塞杆失效模式包括：

① 冲击损坏。

② 压凹、刮伤和腐蚀等损坏。

③ 弯曲或失稳。

④ 因变形而造成活塞杆表面镀层损坏。

活塞杆失效判定准则：活塞杆不得出现如上任何一种失效模式。

5.3.2.3 一般液压缸失效模式

除上述液压缸缸体、活塞杆失效模式外，一般液压缸的主要失效模式有：

① 液压缸安装或连接部结构变形或断裂。
② 液压缸附件结构变形或断裂。
③ 弯曲或失稳。
④ 缸零件冲击、压凹、刮伤和腐蚀等损坏。
⑤ 有除活塞杆密封处外的外泄漏。
⑥ 内泄漏大，活塞杆密封处外泄漏大。
⑦ 规定的高温或低温下，内和/或外泄漏大。
⑧ 外部污染物（含空气）进入液压缸内部。
⑨ 启动压力大。
⑩ 活塞和活塞杆运动时出现振动、爬行、偏摆或卡滞等异常。
⑪ 金属、橡胶等缸零件重度磨损，工作介质被重度污染。
⑫ 缸零件间连接松脱。
⑬（最大）缸行程变化，或行程定位不准。
⑭ 排气装置无法排出或排净液压缸各容腔内空气。
⑮ 活塞或活塞头与其他缸件过分撞击。
⑯ 油口损坏。

5.3.2.4 风险评价

风险是伤害发生概率和伤害发生的严重程度的综合。但在所有情况下，液压缸应该这样设计、选择、应用、安装和调整，即在发生失效时，应首先考虑人员的安全性，应考虑防止对液压系统和环境的危害。

液压缸在设计时，应考虑所有可能发生的失效（包括控制部分的失效）。

风险评价是包括风险分析和风险评定在内的全过程，是以系统方法对与机械相关的风险进行分析和评定的一系列逻辑步骤。其目的是消除危险或减小风险，如通过风险评价，存在于起火危险之处的液压缸，应考虑使用难燃液压液。

风险评定是以风险分析为基础和前提的，进而最终对是否需要减少风险做出判断。

风险分析包括：

① 机械限制的确定。
② 危险识别。
③ 风险评估。

风险评价信息包括：

① 有关机械的描述。
② 相关法规、标准和其他适用文件。
③ 相关的使用经验。
④ 相关人类工效学原则。

其中用户液压缸使用（技术）说明书、液压缸预期使用寿命说明（描述）、失效模式、相关标准等，对液压缸设计与制造都非常重要。

另外，单个液压缸可以正常承受的压力与其额定疲劳压力和额定静态压力有一定的关系。这种关系可以进行估算，并且可作为液压缸在单独使用场合下寿命期望值的评估基础。这种评估必须由用户做出，用户在使用时还必须对冲击、热量和误用等因素做出判断。

5.3.3 液压缸在线监测与故障诊断

液压缸在线监测主要是利用安装在机器和/或液压缸上、液压系统上的仪器仪表或装置对液压缸各容腔压力、温度，输入输出流量，工作介质污染度（清洁度），以及活塞杆运动速度、位置等进行监测。

一般液压机上的液压缸主要是进行压力、温度和活塞杆运动极限位置监（检）测。

5.3.3.1 压力监测

液压缸在线监测压力经常使用一般压力表、电接点压力表、数字压力表等仪表。其中数字压力表必须配有压力传感器或压力模块等感压元件一同使用。

一般压力表只能目视监测。永久安装的压力表，应利用压力限制器（压力表阻尼器）或压力表开关来保护，且压力表开关关闭时必须能完全截止。压力表量程的上限至少宜超过液压缸（液压系统）公称压力的1.75倍左右。

电接点压力表和数字压力表可进一步通过检测到的压力控制其他元件，限定或调节（整）液压缸（液压系统）的压力。

用于检测液压缸压力的压力表（或压力传感器）测量点宜位于离液压缸油口（2～4）倍连接管路内径处。

5.3.3.2 温度监测

液压缸在线温度监测装置一般应安装在油箱内。为了控制工作介质的温度范围，一般液压系统上都设计有冷却器和/或加热器（统称热交换器）。

最简单的温度监测装置是安装在油箱上的液位液温计，它只能用于目视监测。

液压温度计或控制器既可用于油箱温度检测，也可用于热交换器控制。

在液压缸出厂检验时，一般要求用于检测液压缸温度的测量点应位于液压缸油口（4～8）倍连接管路内径处。

5.3.3.3 工作介质污染度监测

除大型、精密、贵重的液压设备外，一般液压系统或液压设备上不安装工作介质污染度在线监测装置（如在线颗粒计数器）。

为了较为准确地监测液压缸容腔内工作介质的污染度，应按相关标准要求设置油样取样口。

实践中最为困难的是能否坚持定期监测，并在监测到问题时及时处理。

在JB/T 11588—2013《大型液压油缸》中规定用油污检测仪对液压油缸排出的油液进行检测。

5.3.3.4 活塞杆运动极限位置监（检）测

非以液压缸为实际限位器的一般液压缸，监（检）测活塞或活塞杆位置主要是为了防止活塞直接与缸底和/或缸盖（导向套）接触（碰撞），即限定活塞和活塞杆行程的极限位置，其经常采用的是行程开关和接近开关，或是在数控系统中设定软限位。

有行程定位和重复定位精度要求的液压缸，一般在液压缸内或外设置位移传感器（如磁致伸缩位移传感器），或在液压缸活塞杆（或其连接件，如滑块）上安装或连接位移传感器（如拉杆式、滑块式位移传感器）。其中，在液压机上采用最多的是光栅位移传感器，亦即光栅尺。

5.3.3.5 液压缸故障诊断

因液压缸失效后，液压缸某一或若干功能项有故障，所以，根据液压缸失效模式，对液压缸故障进行诊断。

液压缸故障不单单表现在在规定的条件下及规定的时间内，不能完成规定的功能，而且可能表现在在规定的条件下及规定的时间内，一个和几个性能指标超标，或液压缸零部件损坏（包括卡死）。

本节所列故障不包括因液压控制系统和/或液压缸驱动件（如滑块）非正常情况而造成的液压缸故障或故障假象。

液压缸常见故障及诊断见表5-14。

表 5-14　液压缸常见故障及诊断表

序号	故　障	诊　断
1	缸体变形或结构断裂	①缸体结构、材料、热处理等可能有问题，其强度、刚度不够 ②压力过高或受耐压试验压力作用时间过长 ③活塞高速撞击缸底和/或缸盖(导向套) ④缓冲腔内压力峰值过高 ⑤缸零件间连接有问题 ⑥缸安装和连接有问题 ⑦受外力作用造成的缸体变形 ⑧低温下缸零件材料选择有问题等
2	缸体因疲劳产生裂纹	①缸体结构、材料、热处理等可能有问题 ②各表面尤其是缸内径表面质量有问题 ③过渡圆角、砂轮越程槽或退刀槽等处应力集中 ④压力过高或交变力频率过高 ⑤已达到使用寿命等
3	缸零件如活塞杆因冲击、压凹、刮伤和腐蚀等造成损坏	①受外力作用造成活塞杆损坏 ②受外部环境因素影响造成活塞杆损坏 ③缺少必要的活塞杆保护措施，如没有加装活塞杆保护套 ④活塞杆材料选择不合理 ⑤活塞杆(机体)表面硬度低 ⑥活塞杆表面镀层硬度低等
4	活塞杆受力后弯曲或失稳	①液压缸设计不合理或超过设计负载、工况(包括行程)使用 ②缸安装和/或连接有问题等
5	因变形而造成活塞杆表面镀层损坏	①热处理尤其是活塞杆表面热处理可能有问题，包括硬度不均 ②活塞杆刚度不够或受超高负载作用 ③镀层太厚或太薄，镀层硬度低 ④镀层质量有缺陷等
6	液压缸安装或连接部结构变形或断裂	①液压缸及其附件设计、安装和/或连接不合理 ②螺纹连接或标准件性能等级低 ③连接松脱，螺纹连接缺少防松措施 ④接合件(包括附件)强度、刚度低 ⑤没有按规定及时检修、维护，如活塞杆螺纹锁紧螺母松脱、销轴上开口销或锁板脱落等 ⑥超高负荷或疲劳断裂等
7	液压缸整体受力后弯曲或失稳	①设计或安装和连接不合理 ②活塞杆刚度不够或受超高负载作用等
8	有除活塞杆密封处外的外泄漏	①静密封的设计、制造有问题 ②漏装、少装或装错(反)了密封件(含挡圈) ③缸零件受压变形或缸筒膨胀 ④密封件损伤，主要可能是安装时损伤 ⑤沟槽和/或配合偶件尺寸、几何精度或表面粗糙度有问题 ⑥超高温、超低温下运行 ⑦缸体结构、材料、热处理等有问题，表面会出现渗漏 ⑧如在焊接结构的缸体焊缝处泄漏，则焊接质量差等
9	活塞杆密封处外泄漏量大	①活塞杆密封(系统)设计不合理 ②漏装、少装、装错(反)了密封圈(含挡圈) ③活塞杆超高速下运行 ④超高温、长时间下运行 ⑤超低温下运行 ⑥活塞杆变形，尤其是局部压凹、弯曲 ⑦活塞杆几何精度有问题 ⑧活塞杆表面(含镀层)质量有问题 ⑨导向套或缸盖变形 ⑩活塞杆磨损 ⑪密封圈磨损 ⑫活塞杆密封系统因内、外部原因损坏等

续表

序号	故障	诊断
10	内泄漏量大	①活塞密封(系统)设计不合理 ②密封件沟槽设计错误或制造质量差 ③缸内径尺寸和公差、几何精度或表面质量差 ④缸内径与导向套(缸盖)内孔同轴度有问题 ⑤超过 1m 行程的液压缸缸筒中部受压膨胀 ⑥密封件破损,包括被绝热压缩空气烧伤(毁) ⑦缸内径、密封件磨损或已达到使用寿命 ⑧液压缸受偏载作用 ⑨超高压、超低压、超高温、超低温运行 ⑩工作介质(严重)污染 ⑪可能长期闲置或超期储存,密封件性能降低 ⑫活塞往复运动速度太快等
11	高温下,有除活塞杆密封处外的外泄漏	①设计对高温这一因素欠考虑,主要是热膨胀问题 ②密封件沟槽设计、密封件选型、工作介质选择等有问题 ③对密封件预期寿命设定过高等
12	高温下,活塞杆密封处外泄漏量大	
13	高温下,内泄漏量大	
14	低温下,有除活塞杆密封处外的外泄漏	①设计对低温这一因素欠考虑,主要是冷收缩问题 ②密封件沟槽设计、密封件选型、工作介质选择等有问题 ③对密封件预期寿命设定过高
15	低温下,活塞杆密封处外泄漏量大	
16	低温下,内泄漏量大	
17	外部污染物(含空气)进入液压缸内部	①没有设计、安装防尘密封圈 ②液压缸结构设计不合理,活塞杆端安装导入倒角缩入防尘密封圈内 ③防尘密封圈沟槽设计、制造有问题 ④防尘密封圈选型有问题,如在低温、高温下的选型 ⑤防尘密封圈被内压破坏(撕裂)或顶出 ⑥防尘密封圈被外部尖锐物体刺穿 ⑦防尘密封圈被冰损坏或飞溅焊渣烧坏 ⑧防尘密封圈磨损 ⑨防尘密封圈被外部水、水蒸气、盐雾或其他物质损坏 ⑩防尘密封圈在超低温、超高温下损坏 ⑪防尘密封圈被损坏的活塞杆表面损坏 ⑫防尘密封圈被连接件或附件损坏 ⑬防尘密封圈被重度环境污染损坏(包括泥浆等) ⑭防尘密封圈被臭氧、紫外线、热辐射等损坏 ⑮液压缸吸空时,混入空气从液体相分离 ⑯防尘密封圈缺少必要的活塞杆保护罩保护等
18	活塞和活塞杆无法启动	①长期闲置且保护不当,活塞和/或活塞杆锈死 ②密封件与金属件粘附或对金属件腐蚀 ③活塞密封损坏或无密封(无缸回程) ④密封圈压缩率过大或溶胀过大 ⑤聚酰胺等材料制造的挡圈、支承环等吸湿后尺寸变化 ⑥金属件间烧结、粘连(粘接) ⑦缸零件变形,尤其可能是活塞杆弯曲 ⑧异物进入液压缸内部 ⑨装配质量问题,尤其可能是配合问题等

续表

序号	故　障	诊　断
19	(最低)启动压力大	①密封圈压缩率过大或溶胀过大 ②聚酰胺等材料制造的挡圈、支承环等吸湿后尺寸变化 ③密封系统冗余设计 ④缸零件公差与配合、几何精度、表面质量有问题 ⑤支承环沟槽设计、加工有问题,或支承环尺寸有问题 ⑥装配质量问题,尤其可能是配合问题等
20	活塞和活塞杆运动时出现振动、爬行、偏摆或卡滞等异常	①容腔内空气无法排出或未排净 ②工作介质中混入空气或其他污染物 ③缸径尺寸和公差、几何精度有问题 ④缸径或导向套同轴度有问题 ⑤缸径和/或导向套内孔表面质量有问题 ⑥活塞杆弯曲或失稳 ⑦活塞杆外径尺寸和公差、几何精度有问题 ⑧活塞杆表面质量有问题 ⑨活塞和/或活塞杆密封有问题 ⑩缸径和/或活塞杆局部磨损 ⑪液压缸装配质量问题 ⑫液压缸安装和/或连接问题等
21	缸输出效率低或实际输出力小	①设计时活塞尺寸圆整不合理,甚至设计计算错误 ②装配质量差,缸零件间有干涉或干摩擦 ③摩擦力或带载动摩擦力过大,最可能是密封圈、支承环或挡圈等压缩率过大 ④活塞密封系统装置泄漏量大 ⑤油温过高,内泄漏加大 ⑥系统背压过高 ⑦缸容腔压力测量点或压力表有问题 ⑧系统溢流阀设定压力低等
22	金属、橡胶等缸零件快速或重度磨损	①缸零件公差与配合的选择有问题 ②相对运动件表面质量差,表面硬度低或硬度差不对 ③工作介质(严重)污染或劣化 ④高温或低温下零件尺寸(形状)变化 ⑤缸零件加工工艺选择不合理,如缸筒选择滚压还是珩磨做精整加工以适应不同材料的密封件、支承环和挡圈 ⑥缸零件及零件间几何精度、表面粗糙度等有问题 ⑦装配质量有问题 ⑧缸安装和/或连接有问题 ⑨缸零件变形,尤其是活塞杆弯曲或失稳 ⑩已达到使用寿命等
23	工作介质污染	①使用劣质油液试验液压缸 ②液压缸及液压系统其他部分的清洁度在组装前不达标 ③加注工作介质时没有过滤 ④油箱设计不合理,或加注劣质油液 ⑤拆解、安装液压缸或液压系统其他元件、附件和管路等带入污染物 ⑥外泄漏油液直回油箱 ⑦防尘密封圈破损,在液压缸缸回程时带入污染物 ⑧过滤器滤芯没有及时清理或更换 ⑨液压元件中的零配件含密封件(严重)磨损 ⑩工作介质超过换油期

续表

序号	故障	诊断
24	缸零件间连接松脱	①设计不合理,包括螺纹连接缺少防松措施 ②没有按规定及时检修、维护 ③加工、装配质量有问题,包括螺纹连接拧紧力矩未达到规定值 ④液压缸超负载工作 ⑤设计时对振动、倾斜、摇摆等欠考虑 ⑥高速撞击等
25	(最大)缸行程变化	①缸内零件连接松脱 ②缸零件定位设计不合理,或没有定位 ③装配质量有问题,包括螺纹连接拧紧力矩未达到规定值 ④缸零件刚度不够 ⑤静压、冲击造成缸零件变形 ⑥缓冲装置处有问题,其中一种可能是出现困油等
26	行程定(限)位不准	①行程定位结构设计不合理、不可靠 ②定(限)位件松脱,如安装在活塞杆上的定位卡箍松动 ③定(限)位装置精度差,包括输入装置精度差 ④其他因素,如数控系统问题等
27	排气装置无法排出或排净液压缸各容腔内空气	①设计不合理,或没有放(排)气装置设计 ②密封件安装工艺有问题,唇形密封圈凹槽内存有空气 ③试验时与主机安装时的液压缸放置位置不同,致使液压缸无法自动放气或无法接近、操作排(放)气装置 ④液压缸试运行次数太少或混入空气没有足够时间排出
28	活塞与其他缸零件过分撞击	①液压缸上没有缓冲装置设计,或设计不合理 ②超设计(额定)工况使用或工况变化过大 ③缸连接的可动件(如滑块)带动非正常下落 ④高温下高速运行 ⑤环境温度升高 ⑥使用低黏度工作介质 ⑦缓冲阀调整不当,如全部松开或开启太大等
29	油口损坏	①使用非标接头与标准孔口螺纹旋合 ②油口加工质量差 ③使用被代替的标准接头与现行标准油口连接 ④用错密封件 ⑤油口螺纹(攻螺纹)长度短等

5.3.4 液压缸维修与保养

5.3.4.1 液压缸维修规程

(1) 准备

① 液压缸在定期检修或发生故障时应由经过专业培训的技术人员检修。

② 应有维修计划，查清故障，备好图样、零配件、拆装工具等，预定好工期。

③ 准备好维修场地，处理好外泄（漏）油液，保证清洁、无污染作业。

④ 拆卸液压缸前一定要将连接件（如滑块等）支承、固定好，并使用吊装工具吊装。

⑤ 必要时应对维修后的液压缸性能（包括精度）的恢复、安全性、可靠性等进行预评估。

⑥ 液压缸必须在停机后检修，包括断开总电源（动力源）。

⑦ 油口处接头拆卸后，应立即采取封堵措施，避免和减少对环境的污染。

⑧ 一般液压缸拆卸应由制造商完成。制造商与用户商定由用户自行拆卸的，制造商一般应提供作业指导文件。

警告：在拆卸液压缸油口处接头及管路前，必须将液压缸与所驱动件（如滑块等）的连接断开，并将液压缸各腔压力泄压至零。否则，拆卸液压缸将可能出现危险。

(2) 拆卸

① 按照图样及工艺（作业指导书）拆卸液压缸，杜绝野蛮拆卸，如直接锤击缸零件。

② 拆检前，没有安装工作介质污染度在线监测装置的，应对液压缸容腔内工作介质采样后，再对液压缸表面进行清污处理。工作介质的离线分析应与液压缸维修同步进行。

③ 清污处理后，应首先对液压缸安装和连接部位进行检查，并做好记录。

④ 活塞密封（系统）和活塞杆密封（系统）上的密封件必须检查、记录后再拆卸，拆卸时应尽量保证其完整性，并不得损伤其他零件。拆卸下的密封件（含挡圈、支承环等）必须作废，但应按规定保存一段时间备查。

⑤ 除对液压缸外形尺寸、缸内径、活塞杆外径、活塞外径、导向套（缸盖）配合孔和轴（主要是导向套内孔）、各密封件沟槽的表面质量及尺寸进行检验外，主要应对故障所涉及的零部件进行重点检查和分析。

⑥ 查找故障原因即失效分析是一门科学，应由具有专业知识的工程技术人员协同完成。根据工程技术人员做出的《失效分析报告》，对液压缸的各零部件分别采取措施，具体包括：再用、修复、更换、修改设计重新制作、报废或整机退货（报废）等。

⑦ 定期检修时的拆卸，也应有《失效分析报告》。对液压缸及缸零件功能降低或有严重损伤或隐患时，继续使用会失去可靠性及安全性的零部件或整机做出具体说明。

⑧ 未做出《失效分析报告》的已拆卸的液压缸，不得重新装配。

(3) 维修

① 需要维修的零部件应运（搬）离拆装工作间。

② 未拆解的液缸不许焊接。

③ 维修不得破坏原液压缸及缸零件的基准，尤其不得破坏活塞杆两中心孔。

④ 维修后的液压缸应尽量符合相关标准，如缸内径、活塞杆外径、活塞杆螺纹、油口、密封件沟槽（沟槽）等。

⑤ 具体问题，具体分析，并采用安全、可靠、快速、性价比好的维修办法修复。一般而言，除更换所有密封件包括挡圈、支承环等外，液压缸及缸零件可修复性较差。

⑥ 因强度、刚度问题而变形、断裂的缸零件一般不可维修再用，即有“无可修复性”。

(4) 装配

① 液压缸装配应按照液压缸装配工艺进行。

注：具体可参考本书第 1.3.12 节。

② 用于液压缸装配的所有件必须是合格件，包括外协件和外购件。如需使用已经磨损超差的再（回）用件进行装配，必须经过批准。

③ 所有原装密封件必须全部更换，包括挡圈、支承环等。

④ 保证液压缸清洁度要求。

(5) 试验

① 维修后的液压缸应在试验台上检验合格后，再用于主机安（组）装。

② 利用主机液压系统检验液压缸时，存在危险。

可能的危险有：

a. 不可预知的误操作、误动作。

b. 液压油液喷射、飞溅。

c. 超压，爆破。

d. 对其他零部件的挤压，等。

③ 至少应经过密封性能试验，液压缸才能与所驱动件（如滑块）连接。

注：密封性能试验可参考第 5.1.4 节。

④ 液压缸应在无负载、低速下试运行多次，直至缸内空气排净后，再与所驱动件连接。

⑤ 可采用测量沉降量来检查液压缸内泄漏量。

5.3.4.2 液压缸保养

液压缸保养对保证液压缸的安全性和可靠性，延长液压缸的使用寿命具有重要意义。液压缸的保养应着眼液压系统乃至整机，日常保养最主要的内容是保证工作介质的清洁和在规定的温度下工作。具体应包括如下内容：

① 及时清理、更换过滤器滤芯。

② 保证换热器换热介质充足。

③ 定期监测、检查油品质量，并按换油周期及时换油。

④ 按规定巡检或点检油箱温度，并保证液压机（械）在规定的温度范围内工作。

⑤ 定期检查液压缸安装和连接。

⑥ 活塞杆保护罩破损后及时更换。

⑦ 按规定时间检修，并更换全部密封件含挡圈、支承环等。

⑧ 一般液压缸在经历了（剧烈）振动、倾斜和摇摆的应进行试运行后再开始工作。

⑨ 发生（现）故障的液压缸应及时检修，不得带病工作。

⑩ 长期闲置的液压缸应将液压缸各容腔泄压，但不得排空液压油液。

⑪ 保护液压缸外表面不得锈蚀，并可重新涂装。

⑫ 保护好标牌和警示、警告标志。

⑬ 整机吊运时，不得使用作为部件的液压缸起吊孔或起吊钩（环）。

⑭ 达到预期使用寿命的液压缸一般应予报废。如用户继续使用，则需特别防护。

液压缸是液压机（械）上的主要部件，一旦出现故障，液压机（械）就可能被迫停机。液压缸又是一种较为精密的液压元件，需要具有专业技能的人员精心维护与保养。液压缸的维护与保养应列入液压机（械）的技术文件中，并得到切实执行。

附　录

附录 A　液压缸设计与制造相关标准目录

标准是为了在一定范围内获得最佳秩序，经协商一致制定并由公认机构批准，共同使用和重复使用的一种规范性文件。

标准是一种规范性文件，是以科学、技术和经验的综合成果为基础，为了达到在一定范围内获得最佳秩序的目的，按协商一致原则制定并经公认机构批准，具有共同使用和重复使用的特点。

注：阐明要求的文件，这类文件称为规范。而规范性文件是诸如标准、技术规范、规程和法规等这类文件的通称。

液压缸的设计与制造等涉及很多现行标准，根据这些相关标准，可以对液压缸进行标准化设计与制造，进而获得统一、简化、协调、优化的液压缸。

尽管下列 157 项标准并非全部会在某一种（台）液压缸设计、制造中被直接引用或使用，但确有一定参考价值。

液压缸设计与制造等相关的国际、国家、行业及地方标准目录，见下列各表。

A.1　基础标准目录

液压缸设计与制造相关的基础标准目录见表 A-1。

表 A-1　基础标准目录

序号	标　准
1	GB/T 786.1—2009《流体传动系统及元件图形符号和回路图　第1部分：用于常规用途和数据处理的图形符号》
2	GB/T 2346—2003《液压传动系统及元件　公称压力系列》
3	GB/T 2348—1993《液压气动系统及元件　缸内径及活塞杆外径》
4	GB 2349—1980《液压气动系统及元件　缸活塞行程系列》
5	GB 2350—1980《液压气动系统及元件　活塞杆螺纹型式和尺寸系列》
6	GB/T 7937—2008《液压气动管接头及其相关元件　公称压力系列》
7	GB/T 17446—2012《流体传动系统及元件　词汇》
8	JB/T 611—1991《液压机　主参数系列》
9	JB/T 2184—2007《液压元件　型号编制方法》
10	JB/T 3042—2011《组合机床　夹紧液压缸　系列参数》
11	JB/T 4174—2014《液压机　名词术语》
12	JB/T 7939—2010《单活塞杆液压缸两腔面积比》
13	CB/T 3004—2005《船用往复式液压缸基本参数》
14	MT/T 94—1996《液压支架立柱、千斤顶内径及活塞杆外径系列》

A.2　技术条件、要求和规范标准目录

液压缸设计与制造相关的技术条件、技术要求和规定标准目录见表 A-2。

表 A-2　技术条件、技术要求和规范标准目录

序号	标　　准
1	GB/T 3766—2001《液压系统通用技术条件》
2	GB/T 7935—2005《液压元件　通用技术条件》
3	GB/T 13342—2007《船用往复式液压缸通用技术条件》
4	GB 17120—2012《锻压机械　安全技术条件》
5	GB 28241—2012《液压机　安全技术要求》
6	JB/T 1829—2014《锻压机械　通用技术条件》
7	JB/T 3818—2014《液压机　技术条件》
8	JB/T 3915—1985《液压机　安全技术条件》
9	JB/T 9834—2014《农用双作用油缸　技术条件》
10	JB/T 10607—2006《液压系统工作介质使用规范》
11	CB 1374—2004《舰船用往复式液压缸规范》
12	QC/T 460—2010《自卸汽车液压缸技术条件》
13	MT/T 459—2007《煤矿机械用液压元件通用技术条件》
14	MT/T 900—2000《采掘机械液压缸技术条件》
15	DB44/T 1169.1—2013《伺服液压缸　第 1 部分：技术条件》

注：1. JB/T 3915—1985 仍在与 GB 28241—2012 并行。

2. GB/T 3766—2015《液压传动　系统及其元件通用规则和安全要求》于 2016-07-01 实施。

A.3　产品及试验标准目录

液压缸设计与制造相关的产品及试验标准目录见表 A-3。

表 A-3　产品及试验标准目录

序号	标　　准
1	GB/T 15622—2005《液压缸试验方法》
2	GB/T 24655—2009《农用拖拉机　牵引农具用分置式液压油缸》
3	GB/T 24946—2010《船用数字液压缸》
4	GJB 150.16A—2009《军用装备实验室环境试验方法　第 16 部分：振动试验》
5	GJB 150.18A—2009《军用装备实验室环境试验方法　第 18 部分：冲击试验》
6	GJB 150.23A—2009《军用装备实验室环境试验方法　第 23 部分：倾斜和摇摆试验》
7	JB/T 2162—2007《冶金设备用液压缸（$PN\leqslant 16$MPa）》
8	JB/T 5000.1—2007《重型机械通用技术条件　第 1 部分：产品检验》
9	JB/T 6134—2006《冶金设备用液压缸（$PN\leqslant 25$MPa）》
10	JB/T 10205—2010《液压缸》
11	JB/T 11588—2013《大型液压油缸》
12	YB/T 028—1992《冶金设备用液压缸》
13	CB/T 3812—2013《船用舱口盖液压缸》
14	CB 1146.8—1996《舰船设备环境试验与工程导则　倾斜与摇摆》
15	CB 1146.9—1996《舰船设备环境试验与工程导则　振动（正弦）》
16	CB 1146.12—1996《舰船设备环境试验与工程导则　盐雾》
17	DB44/T 1169.2—2013《伺服液压缸　第 2 部分：试验方法》

A.4　密封件、沟槽标准目录

液压缸设计与制造相关的密封件、沟槽标准目录见表 A-4。

表 A-4 密封件、沟槽标准目录

序号	标 准
1	GB/T 2879—2005《液压缸活塞和活塞杆动密封沟槽尺寸和公差》
2	GB 2880—1981《液压缸活塞和活塞杆窄断面动密封沟槽尺寸系列和公差》
3	GB/T 3452.1—2005《液压气动用O形橡胶密封圈 第1部分:尺寸系列及公差》
4	GB/T 3452.2—2007《液压气动用O形橡胶密封圈 第2部分:外观质量检验规范》
5	GB/T 3452.3—2005《液压气动用O形橡胶密封圈 沟槽尺寸》
6	GB/T 4459.8—2009《机械制图 动密封圈 第1部分:通用简化表示法》
7	GB/T 4459.9—2009《机械制图 动密封圈 第2部分:特征简化表示法》
8	GB/T 5719—2006《橡胶密封制品 词汇》
9	GB/T 5720—2008《O形橡胶密封圈试验方法》
10	GB/T 5721—1993《橡胶密封制品标注、包装、运输、储存的一般规定》
11	GB 6577—1986《液压缸活塞用带支承环密封沟槽型式、尺寸和公差》
12	GB/T 6578—2008《液压缸活塞杆用防尘圈沟槽型式、尺寸和公差》
13	GB/T 10708.1—2000《往复运动橡胶密封圈结构尺寸系列 第1部分:单向密封橡胶密封圈》
14	GB/T 10708.2—2000《往复运动橡胶密封圈结构尺寸系列 第2部分:双向密封橡胶密封圈》
15	GB/T 10708.3—2000《往复运动橡胶密封圈结构尺寸系列 第3部分:橡胶防尘密封圈》
16	GB/T 13871.1—2007《密封元件为弹性体材料的旋转轴唇形密封圈 第1部分:基本尺寸和公差》
17	GB/T 14832—2008《标准弹性材料与液压液体的相容性试验》
18	GB/T 15242.1—1994《液压缸活塞和活塞杆动密封装置用同轴密封件尺寸系列和公差》
19	GB/T 15242.2—1994《液压缸活塞和活塞杆动密封装置用支承环尺寸系列和公差》
20	GB/T 15242.3—1994《液压缸活塞和活塞杆动密封装置用同轴密封件安装沟槽尺寸系列和公差》
21	GB/T 15242.4—1994《液压缸活塞和活塞杆动密封装置用支承环安装沟槽尺寸系列和公差》
22	GB/T 15325—1994《往复运动橡胶密封圈外观质量》
23	GB/T 20739—2006《橡胶制品贮存指南》
24	JB/T 982—1977《组合密封垫圈》
25	JB/ZQ 4264—2006《孔用Y_X密封圈》
26	JB/ZQ 4265—2006《轴用Y_X密封圈》
27	JB/T 8241—1996《同轴密封件词汇》
28	HG/T 2579—2008《普通液压系统用O形橡胶密封圈材料》
29	HG/T 2810—2008《往复运动橡胶密封圈材料》
30	HG/T 2811—1996《旋转轴唇形密封圈橡胶材料》
31	HG/T 3326—2007《采煤综合机械化设备橡胶密封件用胶料》
32	MT/T 576—1996《液压支架立柱、千斤顶活塞和活塞杆用带支承环的密封沟槽型式、尺寸和公差》
33	MT/T 985—2006《煤矿用立柱和千斤顶聚氨酯密封圈技术条件》
34	MT/T 1164—2011《液压支架立柱、千斤顶密封件第1部分:分类》
35	MT/T 1165—2011《液压支架立柱、千斤顶密封件第2部分:沟槽型式、尺寸和公差》

A.5 零部件标准目录

液压缸设计与制造相关的零部件标准目录见表A-5。

表 A-5 零部件标准目录

序号	标 准
1	ISO 6162-1:2012《液压传动 带有分体式或整体式法兰以及米制或英制螺栓的法兰管接头 第1部分:用于3.5MPa(35bar)至35MPa(350bar)压力下,*DN*13到*DN*127的法兰管接头》
2	ISO 6162-2:2012《液压传动 带有分体式或整体式法兰以及米制或英制螺栓的法兰管接头 第2部分:用于35MPa(350bar)至40MPa(400bar)压力下,*DN*13到*DN*51的法兰管接头》
3	ISO 6164:1994《液压传动 25MPa至40MPa压力下使用的四螺栓整体方法兰》
4	ISO/DIS 8132—2013《液压传动-单杆缸,16MPa中型系列和25MPa系列-附件安装尺寸》
5	ISO/DIS 8133—2013《液压传动-单杆缸,16MPa小型系列-附件安装尺寸》
6	ISO 8134《杆用单耳环(带球铰轴套)》
7	GB/T 241—2007《金属管 液压试验方法》
8	GB/T 2351—2005《液压气动系统用硬管外径和软管内径》

续表

序号	标　　准
9	GB/T 2878.1—2011《液压传动连接　带米制螺纹和O形圈密封的油口和螺柱端　第1部分：油口》
10	GB/T 2878.2—2011《液压传动连接　带米制螺纹和O形圈密封的油口和螺柱端　第2部分：重型螺柱端(S系列)》
11	GB/T 2878.4—2011《液压传动连接　带米制螺纹和O形圈密封的油口和螺柱端　第4部分：六角螺塞》
12	GB/T 3098.1—2011《紧固件机械性能　螺栓、螺钉和螺柱》
13	GB/T 3639—2009《冷拔或冷轧精密无缝钢管》
14	GB/T 5312—2009《船舶用碳钢和碳锰钢无缝钢管》
15	GB/T 8162—2008《结构用无缝钢管》
16	GB/T 8163—2008《输送流体用无缝钢管》
17	GB/T 9163—2001《关节轴承　向心关节轴承》
18	GB/T 13306—2011《标牌》
19	GB/T 14036—1993《液压缸活塞杆端带关节轴承耳环安装尺寸》(ISO 6982—1982)
20	GB/T 14042—1993《液压缸活塞杆端柱销式耳环安装尺寸》(ISO 6981—1982)
21	GB/T 19674.1—2005《液压管接头用螺纹油口和柱端　螺纹油口》
22	GB/T 19674.2—2005《液压管接头用螺纹油口和柱端　填料密封柱端(A型和E型)》
23	GB/T 19674.3—2005《液压管接头用螺纹油口和柱端　金属对金属密封柱端(B型)》
24	GB/T 26143—2010《液压管接头　试验方法》
25	JB/T 966—2005《用于流体传动和一般用途的金属管接头O形圈平面密封接头》
26	JB/T 8727—2004《液压软管　总成》
27	JB/T 9157—2011《液压气动用球涨式堵头　尺寸及公差》
28	JB/T 10759—2007《工程机械　高温高压液压软管总成》
29	JB/T 10760—2007《工程机械　焊接式液压金属管总成》
30	JB/T 11718—2013《液压缸　缸筒技术条件》

A.6　工作介质、清洁度标准目录

液压缸设计与制造相关的工作介质、清洁度标准目录见表A-6。

表A-6　工作介质、清洁度标准目录

序号	标　　准
1	GB/T 14039—2002《液压传动　油液　固体颗粒污染等级代号》
2	GB/Z 19848—2005《液压元件从制造到安装达到和控制清洁度的指南》
3	GB/Z 20423—2006《液压系统总成　清洁度检验》
4	GB/T 27613—2011《液压传动　液体污染　采用称重法测定颗粒污染度》
5	GB 11118.1—2011《液压油(L-HL、L-HM、L-HV、L-HS、L-HG)》
6	JB/T 7858—2006《液压元件清洁度评定方法及液压元件清洁度指标》
7	JB/T 9954—1999《锻压机械　液压系统清洁度》
8	NB/SH/T 0599—2013《L-HM液压油换油指标》

A.7　其他相关标准目录

液压缸设计与制造相关的其他标准目录见表A-7。

表A-7　其他标准目录

序号	标　　准
1	GB/T 699—1999《优质碳素结构钢》
2	GB/T 1184—2008《形状和位置公差　未注公差值》
3	GB/T 1800.2—2009《产品几何技术规范(GPS)极限与配合　第2部分：标准公差等级和孔轴极限偏差》
4	GB/T 1801—2009《产品几何技术规范(GPS)　极限与配合　公差带和配合的选择》
5	GB/T 2828.1—2012《计数抽样检验程序　第1部分：按接受质量限(AQL)检索的逐批检验抽样计划》
6	GB/T 3323—2005《金属融化焊焊接接头射线照相》

续表

序号	标　　准
7	GB/T 4879—2016《防锈包装》
8	GB/T 5777—2008《无缝钢管超声波探伤检验方法》
9	GB/T 6402—2008《钢锻件超声检验方法》
10	GB/T 9094—2006《液压缸气缸活安装尺寸和安装型式代号》
11	GB/T 9286—1998《色漆和清漆　漆膜的划格试验》
12	GB/T 9969—2008《工业产品使用说明书　总则》
13	GB/T 13384—2008　机电产品包装通用技术条件
14	GB/T 19934.1—2005《液压传动　金属承压壳体的疲劳压力试验　第1部分：试验方法》
15	JB/T 4730.3—2005《承压设备无损检测　第3部分：超声检测》
16	JB/T 5000.2—2007《重型机械通用技术条件　第2部分：火焰切割件》
17	JB/T 5000.3—2007《重型机械通用技术条件　第3部分：焊接件》
18	JB/T 5000.4—2007《重型机械通用技术条件　第4部分：铸铁件》
19	JB/T 5000.5—2007《重型机械通用技术条件　第5部分：有色金属铸件》
20	JB/T 5000.6—2007《重型机械通用技术条件　第6部分：铸钢件》
21	JB/T 5000.7—2007《重型机械通用技术条件　第7部分：铸钢件补焊》
22	JB/T 5000.8—2007《重型机械通用技术条件　第8部分：锻件》
23	JB/T 5000.9—2007《重型机械通用技术条件　第9部分：切削加工件》
24	JB/T 5000.10—2007《重型机械通用技术条件　第10部分：装配》
25	JB/T 5000.11—2007《重型机械通用技术条件　第11部分：配管》
26	JB/T 5000.12—2007《重型机械通用技术条件　第12部分：涂装》
27	JB/T 5000.13—2007《重型机械通用技术条件　第13部分：包装》
28	JB/T 5000.14—2007《重型机械通用技术条件　第14部分：铸钢件无损探伤》
29	JB/T 5000.15—2007《重型机械通用技术条件　第15部分：锻钢件无损探伤》
30	JB/T 5058—2006《机械工业产品质量特性重要度分级导则》
31	JB/T 5673—2015《农林拖拉机及机具涂漆　通用技术条件》
32	JB/T 5924—1991《液压元件压力容腔体的额定疲劳压力和额定静态压力试验方法》
33	JB/T 5943—1991《工程机械焊接件通用技术条件》
34	JB/T 7033—2007《液压传动　测量技术通则》
35	CB/T 3317—2001《船用柱塞式液压缸基本参数与安装连接尺寸》
36	CB/T 3318—2001《船用双作用液压缸基本参数与安装连接尺寸》
37	QC/T 484—1999《汽车油漆涂层》
38	QC/T 625—2013《汽车用涂镀层和化学处理层》
39	QC/T 29104—2013《专用汽车液压系统液压油固体污染度限值》

附录 B　缸的图形符号

元件图形符号一般不代表元件的实际结构，但应给出所有的接口，且元件图形符号表示的是元件未受激励的状态（非工作状态）。

缸图形符号见表 B-1，本表中的每个图形符号按照 GB/T 20063 赋有唯一的注册号。

表 B-1　缸的图形符号（摘自 GB/T 786.1—2009）

序号	注册号	图　形	描　述
6.3.1	X11430 101V13 2002V3 101V14 F004V1 401V2		单作用单杆缸，靠弹簧力返回行程，弹簧腔带连接油口

续表

序号	注册号	图　形	描　述
6.3.2	X11450 101V13 101V14 F004V1 401V2	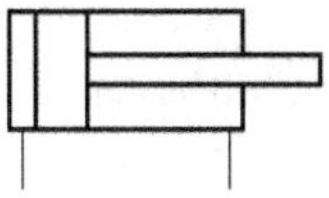	双作用单杆缸
6.3.3	X11460 101V13 101V14 F004V1 F004V2 101V19 201V7 401V2	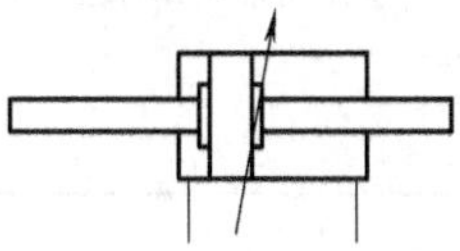	双作用双杆缸，活塞杆直径不同，双侧缓冲，右侧带调节
6.3.4	X11480 101V13 F006V1 F004V1 F003V1 201V1 401V2	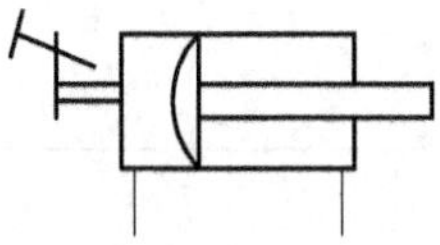	带行程限制器的双作用膜片缸
6.3.5	X11480 101V13 F004V1 F006V1 101V19 2002V3 2174V1 401V2	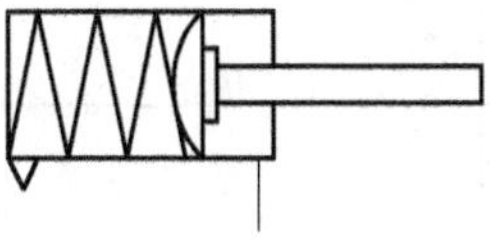	活塞杆终端带缓冲的单作用膜片缸，排气口不连接
6.3.6	X11490 101V22 101V18 401V2	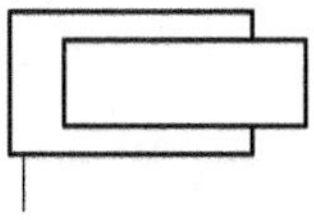	单作用缸，柱塞缸
6.3.7	X11500 101V22 F004V1 F004V3 401V2	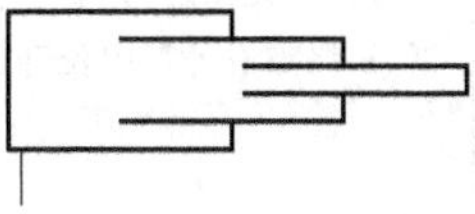	单作用伸缩缸

续表

序号	注册号	图形	描述
6.3.8	X11510 101V22 F005V1 F005V2 401V2		双作用伸缩缸
6.3.9	X11520 101V13 101V14 101V19 101V20		双作用带状无杆缸，活塞两端带终点位置缓冲
6.3.10	X11530 101V13 101V14 101V19 101V20 201V7 245V1 401V2		双作用缆绳式无杆缸，活塞两端带可调节终点位置缓冲
6.3.11	X11540 101V13 101V14 753V1 F045V1 F048V1 326V1 401V2	G	双作用磁性无杆缸，仅右边终端位置切换
6.3.12	X11550 101V13 101V14 F004V1 655V1 F041V1 401V2		行程两端定位的双作用缸
6.3.13	X11560 101V13 101V14 F004V1 753V1 F045V1 F048V1 401V2	G G	双杆双作用缸，左终点带内部限位开关，内部机械控制，右终点有外部限位开关，由活塞杆触发

续表

序号	注册号	图形	描述
6.3.14	X11580 101V13 101V14 243V2 244V2 401V2		单作用压力介质转换器，将气体压力转换为等值的液压压力，反之亦然
6.3.15	X11590 F007V1 F008V1 243V2 244V2 401V2	p_1 p_2	单作用增压器，将气体压力 p_1 转换为更高的液体压力 p_2

注：本部分的图形符号按模数尺寸 $m=2.0$mm（原 $m=2.5$mm）、线宽 0.25mm 来绘制。

附录 C　公称压力系列及压力参数代号

公差压力系列及压力参数代号见表 C-1。

表 C-1　公称压力（摘自 GB/T 2346）**系列及压力参数代号**（摘自 JB/T 2184）

MPa	(以 bar 为单位的等量值)	压力参数代号	注
1	(10)		优先选用
[1.25]	[(12.5)]		
1.6	(16)	A	优先选用
[2]	[(20)]		
2.5	(25)	B	优先选用
[3.15]	[(31.5)]		
4	(40)		优先选用
[5]	[(50)]		
6.3	(63)	C	优先选用，C 可省略
[8]	[(80)]		
10	(100)	D	优先选用
12.5	(125)		优先选用
16	(160)	E	优先选用
20	(200)	F	优先选用
25	(250)	G	优先选用
31.5	(315)	H	优先选用
[35]	[(350)]		
40	(400)	J	优先选用
[45]	[(450)]		
50	(500)	K	优先选用
63	(630)	L	优先选用
80	(800)	M	优先选用
100	(1000)	N	优先选用
125	(1250)	P	优先选用
160	(1600)	Q	优先选用
200	(2000)	R	优先选用
250	(2500)		优先选用

注：方括号中的值是非优先选用的。

附录 D （资料性附录）缸筒材料强度要求的最小壁厚δ_0的计算

D.1 δ_0按以下条件计算

a. 缸筒由塑性材料制造，且没有淬硬（即非淬火状态）。

b. 计算指定的位置为缸筒中段，受三向应力作用而非受弯曲力矩影响的部分。

c. 缸筒为等壁厚单层圆筒，且承受均匀内压作用。

d. 可按 JB/T 10205—2010 规定的耐压试验、耐久性试验方法进行试验或检验。

D.2 缸筒材料强度要求的最小壁厚 δ_0的计算公式

δ_0可按下列应用范围进行计算：

a. 当$\delta/D<0.08$时，推荐使用公式 D-1 计算缸筒材料强度要求的最小壁厚δ_0。

$$\delta_0 \geqslant \frac{p_{\max}D}{2[\sigma]}(\mathrm{mm}) \tag{D-1}$$

b. 当$\delta/D \geqslant 0.08$时，推荐使用公式 D-2 计算缸筒材料强度要求的最小壁厚δ_0。

$$\delta_0 \geqslant \frac{D}{2}\left(\sqrt{\frac{[\sigma]}{[\sigma]-\sqrt{3}p_{\max}}}-1\right)(\mathrm{mm}) \tag{D-2}$$

c. 当$p_{\max} \leqslant 0.4[\sigma]$且不大于 35MPa 时，建议参考使用公式 D-3 校核缸筒材料强度要求的最小壁厚δ_0。

$$\delta_0 \geqslant \frac{p_{\max}D}{2.3[\sigma]-p_{\max}}(\mathrm{mm}) \tag{D-3}$$

d. 当$\delta/D \geqslant 0.08$时，建议参考公式 D-4 计算（验算）缸筒材料强度要求的最小壁厚δ_0。

$$\delta_0 \geqslant \frac{p_{\max}D}{2.3[\sigma]-3p_{\max}}(\mathrm{mm}) \tag{D-4}$$

式中 δ——缸筒壁厚，mm；

δ_0——缸筒材料强度要求的最小壁厚，mm；

$p_{\max}$——缸筒耐压（试验）压力，MPa；

D——缸径，mm；

$[\sigma]$——缸筒材料的许用应力，MPa，其中$[\sigma]=\sigma_s/n_s$；

σ_s——缸筒材料的屈服强度，MPa，或可按R_{eL}；

n_s——安全系数，通常取$n_s=2\sim2.5$。

参考文献

[1] 天津市锻压机床厂编. 中小型液压机设计计算 [M]. 天津：天津人民出版社，1973.
[2] 联合编写组编. 机械设计手册 [M]. 第2版. 下册. 北京：石油化学工业出版社，1978.
[3] 盛敬超编. 液压流体力学 [M]. 北京：机械工业出版社，1980.
[4] 唐英千编. 锻压机械液压传动的设计基础 [M]. 北京：机械工业出版社，1980.
[5] [俄] Г·С·皮萨连科等著. 材料力学手册 [M]. 范钦珊，朱祖成译. 北京：中国建筑工业出版社，1981.
[6] 孙键，曾庆福主编. 机械制造工艺学 [M]. 北京：机械工业出版社，1982.
[7] 俞新陆主编. 液压机 [M]. 北京：机械工业出版社，1982.
[8] 何存兴主编. 液压元件 [M]. 北京：机械工业出版社，1982.
[9] 胜帆，罗志骏编. 液压技术基础 [M]. 北京：机械工业出版社，1985.
[10] 联合编写组编. 机械设计手册 [M]. 第2版（修订）. 下册. 北京：化学工业出版社，1987.
[11] 贾培起编. 液压缸 [M]. 北京：北京科学技术出版社，1987.
[12] 林建亚，何存兴主编. 液压元件 [M]. 北京：机械工业出版社，1988.
[13] 王信义，计志孝，王润田，张建民编. 机械制造工艺学 [M]. 北京：北京理工大学出版社. 1989.
[14] 张仁杰编著. 液压缸的设计制造和维修 [M]. 机械工业出版社，1989.
[15] 雷天觉主编. 液压工程手册 [M]. 北京：机械工业出版社，1990.
[16] 徐灏主编. 机械设计手册 [M]. 第5卷. 北京：机械工业出版社，1992
[17] 刘震北编. 液压元件制造工艺学 [M]. 哈尔滨：哈尔滨工业大学出版社，1992.
[18] 成大先主编. 机械设计手册 [M]. 第3版. 第4卷. 北京：化学工业出版社，1993
[19] 雷天觉主编. 新编液压工程手册 [M]. 下册. 北京：北京理工大学出版社，1998.
[20] 徐灏主编. 机械设计手册 [M]. 第2版. 第5卷. 北京：机械工业出版社，2000.
[21] 黄迷梅编著. 液压气动密封与泄漏防治 [M]. 北京：机械工业出版社，2003.
[22] 成大先主编. 机械设计手册 [M]. 单行本. 连接与紧固. 北京：化学工业出版社，2004.
[23] 成大先主编. 机械设计手册 [M]. 单行本. 液压传动. 北京：化学工业出版社，2004
[24] 魏龙主编. 密封技术 [M]. 北京：化学工业出版社，2004.
[25] 姚正耀主编. 铸造手册 [M]. 第2版. 第2卷. 北京：机械工业出版社，2006.
[26] 于万成主编. 质量控制与检测技术 [M]. 北京：机械工业出版社，2006.
[27] 王先逵主编. 机械加工工艺手册 [M]. 第2版. 北京：机械工业出版社，2006.
[28] 成大先主编. 机械设计手册 [M]. 第5版. 北京：化学工业出版社，2007.
[29] 中国机械工程学会热处理学会编. 热处理手册 [M]. 北京：机械工业出版社，2008.
[30] 陈宏钧主编. 机械加工工艺装备设计员手册 [M]. 北京：机械工业出版社，2008.
[31] 俞新陆主编. 液压机的设计与应用 [M]. 北京：机械工业出版社，2009.
[32] 聂恒凯主编. 橡胶材料与配方 [M]. 北京：化学工业出版社，2009.
[33] 张凤山，静永臣主编. 工程机械液压、液力系统故障诊断与维修 [M]. 北京：化学工业出版社，2009.
[34] 湛从昌等编著. 液压可靠性与故障诊断 [M]. 北京：冶金工业出版社，2009.
[35] 付平，常德功主编. 密封设计手册 [M]. 北京：化学工业出版社，2009.
[36] 臧克江主编. 液压缸 [M]. 北京：化学工业出版社，2009.
[37] 武友德，吴伟主编. 机械零件加工工艺编制 [M]. 北京：机械工业出版社，2009.
[38] 魏龙主编. 密封技术 [M]. 第2版. 北京：化学工业出版社，2010.
[39] 崔建昆编著. 密封设计与实用数据速查 [M]. 北京：机械工业出版社，2010.
[40] 闻邦椿主编. 机械设计手册 [M]. 第5版. 第4卷. 北京：机械工业出版社，2010.
[41] 邹增大主编. 焊接材料、工艺及设备手册 [M]. 北京：化学工业出版社，2011.
[42] 李新华主编. 密封元件选用手册 [M]. 北京：机械工业出版社，2011.
[43] 许贤良，韦文术主编. 液压缸及其设计 [M]. 北京：国防工业出版社，2011.
[44] 秦大同，谢里阳主编. 现代机械设计手册 [M]. 北京：化学工业出版社，2011.
[45] 赵丽娟，冷岳峰编著. 机械精度设计与检测 [M]. 北京：清华大学出版社，2011.
[46] 刘笃喜，王玉主编. 机械精度设计与检测技术 [M]. 北京：国防工业出版社，2012.
[47] 刘丽华，李争平主编. 机械精度设计与检测基础 [M]. 哈尔滨：哈尔滨工业大学出版社，2012.
[48] 叶玉驹，焦永和，张彤主编. 机械制图手册 [M]. 第5版. 北京：机械工业出版社，2012.
[49] 张绍九等编著. 液压密封 [M]. 北京：化学工业出版社，2012.

［50］ 宗培言主编. 焊接结构制造技术手册［M］. 上海：上海科学技术出版社，2012.
［51］ 王春行主编. 液压控制系统［M］. 北京：机械工业出版社，2013.
［52］ 张利平编著. 液压控制系统设计与使用［M］. 北京：化学工业出版社，2013.
［53］ 吴晓玲，袁丽娟编著. 密封设计入门［M］. 北京：化学工业出版社，2013.
［54］ 黄志坚编著. 密封原理、应用与维护［M］. 北京：化学工业出版社，2013.
［55］ 蔡仁良编著. 流体密封技术—原理与工程应用［M］. 北京：化学工业出版社，2013.
［56］ 韩桂华，时玄宇，樊春波编著. 液压系统设计技巧与禁忌［M］. 第2版. 北京：化学工业出版社，2014.
［57］ 关月华，陈根琴，罗长根主编. 机械零件加工工艺编制及夹具设计［M］. 南京：南京大学出版社，2014.
［58］ 宋惠珍主编. 零件及加工工艺设计［M］. 北京：机械工业出版社，2014.